高性能混凝土技术

冯乃谦
邢　锋　编著

原子能出版社
·北京·

图书在版编目(CIP)数据

高性能混凝土技术/冯乃谦,邢锋著.—北京:原子能出版社,2000.2

ISBN 7-5022-2086-0

Ⅰ.高… Ⅱ.①冯…②邢… Ⅲ.混凝土,高性能-生产工艺 Ⅳ.TU528.06

中国版本图书馆 CIP 数据核字(1999)第 50315 号

内容简介

本书从高性能混凝土的组成、配制及应用技术进行系统的论述。特别是混凝土的耐久性的检测与评价,以及耐久性设计等方面,从理论到实际进行了全面的介绍,对我国混凝土耐久性研究和设计会有较大的参考价值。

矿物质粉体是高性能混凝土的第六组份。为了达到低水灰比,还必须使用新型高性能减水剂。低水胶比、使用矿物质超细粉的品种、数量和质量,是高性能混凝土具有长寿命的关键。

高性能混凝土的钢筋混凝土结构的使用寿命可达百年以上,这是普通度混凝土所不能比的。

“与环境共生”是混凝土技术发展的新方向。本书首次将国外最新动态介绍给我国读者,对混凝土技术今后发展会有很大的指导意义。

Wittmann 教授及其夫人还特为本书撰写了“第十八章　高性能混凝土的应用潜力与风险:尚需进一步研究”,从高性能混凝土的结构性能及发展方向进行了更透彻的阐述。

本书可供混凝土科技工作者、工作技术人员,以及与此相关的科研、工业生产、施工技术人员和高等院校师生参考阅读。

原子能出版社出版 发行

责任编辑:王裕新

社址:北京市海淀区阜成路 43 号 邮政编码:100037

原子能出版社印刷厂印制 新华书店经销

开本:787×1092mm 1/16 印张:22.875 字数:565 千字

2000 年 6 月北京第一版 2000 年 6 月北京第一次印刷

印数:1－3000 册

定价:63.00 元

序 言

100 多年来,混凝土是世界范围内的主导工程材料。目前,就全世界而言,混凝土的年产量约 28 亿 m^3 左右。可以预计,混凝土将长期服务于世界。

过去 10 多年来,生产应用的混凝土强度越来越高:80、90、100、120 MPa,甚至更高的强度。有些地方已生产和应用强度为 140 MPa 的混凝土。

但是,高性能混凝土与高强混凝土是不同的。在性能上,高性能混凝土能满足特定环境条件下所需的高弹模、低渗透性和抵抗环境中侵蚀介质破坏的性能。

在组成材料方面,高性能混凝土都含有矿物质粉体。如硅粉、超细矿渣与超细粉煤灰等,有时还同时含有两种以上的超细粉。低水灰比和矿物质超细粉的混凝土拌合物,必须使用新型高性能减水剂,才能提高混凝土的流动性,控制坍落度损失,并提高耐久性。高性能混凝土的骨料最大粒径介于 15～20 mm,小于普通混凝土骨料。这样可以降低骨料-水泥石界面的应力差。而且较小骨料的颗粒强度比大颗粒的高,能配制出更高性能的混凝土。

从混凝土技术的整个发展进程来看,60 年代的高效减水剂的发明与应用,把混凝土技术带进了高强度与高流态的新领域。而 90 年代的粉体技术,使混凝土进入了高性能时代。矿物质超细粉是高性能混凝土的第 6 组份。低水胶比,矿物质超细粉的品种、数量与质量,是高性能混凝土具有使用寿命长的关键。

混凝土的使用寿命是混凝土与环境协调性的重要指标。在海洋工程条件下,普通钢筋混凝土结构的使用寿命一般是 40～50 年;而高性能混凝土的钢筋混凝土结构的使用寿命达百年以上。这意味着资源、能源及资金的大量节约,同时也减少了由于结构构件的过早破坏而带来环境的污染。这是高性能混凝土技术与环境共生的重要方面。

良好的养护是混凝土获得高质量的工艺措施。普通混凝土与高性能混凝土对这方面均具有同样要求。

城市建设、建筑工程、地下及水下工程,海洋开发与核能工程等,都需要大量的高性能混凝土。特别是非常严酷的暴露环境中,氯离子或硫酸盐或其他侵蚀性介质可能进入混凝土,渗透性及化学稳定性成为混凝土的主要技术要求,高性能混凝土在这些领域将获得更广泛应用。

高性能混凝土的水胶比低,浇注后硬化初期往往出现自收缩裂纹;硬化后长期处于水中,又往往由于继续水化而产生裂纹。高性能混凝土的延性差。这些都是需要进一步克服的缺点。

本书在编写过程中,得到了社会同行的大力支持与鼓励。深圳大学邢锋博士编著了本书的第六章、第七章、第八章、第十章和第十七章(约 15 万字)。张新华博士编写了本书的“高性能混凝土的微观结构”一章。RILEM 主席 F. H. Wittmann 教授为本书撰写了“高性能混凝土应用的潜力与风险”一章。本书在出版时还得到了深圳市科委“高性能混凝土技术”研究项目组的资助。对此表示衷心感谢。

此书可供我国混凝土科技工作者、工程技术人员,以及高校师生参考。

望批评指正。

冯乃谦

2000.1.1 于清华园

目 录

第一章　概　论

高性能混凝土就是具有优异耐久性的混凝土。其主要特点是高强度、高抗渗性、高工作性能与体积稳定性。

第一节　问题的提出

一、混凝土技术进入了高科技的时代

过去一般都认为混凝土是一种经验配制的材料。从原材料的选择、配制工艺到施工应用都比较简单。但从70年代末期,混凝土技术已有很大的进展,混凝土所达到的强度已远远超出了工程所要求的范围。混凝土技术已进入了高科技的领域。其表现为:

1. 在原材料方面,除了常用的水泥以外,新出现了球状水泥,调粒水泥,活化水泥与生态水泥等。这些水泥的标准稠度用水量低,在水胶比相同的情况下,比普通水泥的流动性大;如果流动性相同,这些新型水泥可以减少用水量,降低水灰比,提高强度。利用矿渣、粉煤灰、天然沸石等制造的超细粉,以及硅粉等,对改善与提高混凝土的性能起着重要的作用,成为高性能混凝土不可缺少的组分。日本近两年新出现的高性能AE减水剂,除了高效减水外,还能控制混凝土坍落度损失。这为高性能混凝土的发展提供了一种关键性的材料。使混凝土的性能设计和控制达到了更高的水平。

在日本,研制出了耐久性达500年以上的混凝土。在水灰比0.50的普通混凝土中,掺入乙二醇醚衍生物及氨基醇衍生物,混凝土可达超高耐久性。其干燥收缩约为普通混凝土的50%～60%;能控制碳化发展速度,约为普通混凝土的1/3,可以防止钢筋锈蚀;密实度高,Cl^-渗透速度仅为普通混凝土的1/4。这种混凝土具有优异的耐酸性,能有效地控制盐酸、硝酸对混凝土的渗透。

2. 在混凝土的施工技术方面,现在与50年代截然不同。各种新型搅拌设备、原材料的检验与监测设备、计算机的应用等高新技术,很容易得到均匀的多组分的混凝土拌合物。并根据新拌混凝土的检测,可以准确地预测混凝土28 d的强度。更重要的是混凝土拌合物可以达到高流态,而且可以使混凝土在搅拌、运输与施工过程中坍落度基本上无损失,泵送后的混凝土可以自流平与自密实。这样的混凝土施工,完全可以保证质量,不会像50年代的干硬、半干硬性混凝土,容易产生蜂窝、狗洞等质量事故。

以上情况说明混凝土技术已取得了很大的进展,能根据选择的原材料,设计并预测混凝土的性能。也就是说,高性能混凝土可以按照材料科学的方法,设计并施工。

二、混凝土在耐久性方面的问题日益增多

随着建设事业的发展,混凝土材料在工程中获得了更加广泛的应用。许多专家学者预言,21 世纪混凝土仍为主要的建筑材料。

一般情况下,钢筋混凝土结构设计者往往只对混凝土的强度特别感兴趣。但是,很多工程的钢筋混凝土结构,往往会发生过早破坏,其原因不是由于强度,而是由于耐久性不足。这使很多设计者意识到耐久性的重要。1980 年 3 月 27 日,北海 Stavanger 近海钻井平台 Alexander Kjell 号突然破坏,导致 123 人死亡[2]。乌克兰境内的切尔诺贝利核电站,由于钢筋混凝土结构的泄漏,造成了大面积的放射性污染,生态环境遭受了严重的破坏。1983 年日本的小林一辅教授,在 NHK 电视台的讲话中,明确地指出:当前,日本混凝土的主要问题是耐久性问题,而耐久性中的主要问题是碱—骨料反应问题。在日本海沿岸,许多港湾建筑、桥梁等,建成后不到 10 年的时间,混凝土表面开裂、剥落,钢筋锈蚀外露。主要原因是由于碱—骨料反应。例如,日本的鸟取县境内,有一座钢筋混凝土桥,也由于碱骨料反应造成严重破坏,达到了不可修复的程度,而被炸掉重建。在中国,北京的三元立交桥桥墩,建成后不到两年,个别地方发生“人字形”的裂纹,有人认为是碱—骨料反应。更严重的是在 1987 年左右,我国某处的钢筋混凝土大水塔突然毁坏,水流象山洪暴发一样的冲下,造成很大的人员伤亡和建筑设施等严重毁坏。这是由于渗漏造成钢筋锈蚀,混凝土断裂而毁坏。

由于混凝土耐久性不足而导致结构破坏的现象日益增多。相当多的混凝土结构物在使用过程中,在物理、力学与化学等因素的作用下,过早地破坏,造成了严重的经济损失。P. K. Mehta 指出,在工业发达国家,建筑工业总投资的 40%以上用于现存结构的修理和维护,60%以下用于新的设施。在美国,1980 年的报道,有 56 万座公路桥因使用除冰盐引起混凝土剥蚀和钢筋锈蚀,其中有 9 万座需要大修或重建,仅 1978 年,经济损失已达 63 亿美元。在桥梁方面,目前已有253 000座桥的桥面板不同程度的劣化,而且每年还以 35 000 座的速度增加,修复这些桥面板需要 500 亿美元、而维修或更换所有劣化的混凝土结构将花 2 000 亿美元。这样惊人的维修费是结构设计者没能预计到的。

种种工程事故及惊人的维修费用,使人们意识到,在结构设计时,对使用材料的耐久性应象力学性质一样予以仔细的考虑。

三、特种结构中,混凝土将获得越来越多的应用

在未来的几十年里,海底隧道,海上采油平台与堤坝,污水管道,核反应堆外壳,有害化学物的容器等恶劣环境下的结构物,对混凝土要求的使用寿命将为几百年,而不是对普通混凝土要求的 40～50 年,对混凝土性能的要求更高了。

综上所述,在很多特种结构中,混凝土是一种必不可少的建筑材料;而对这些结构工程来说,混凝土的耐久性与长期性能显得更加重要,甚至比强度都更重要。

混凝土既然进入了高科技行列,能按材料科学的观点与方法,根据要求设计其性能;又有客观工程要求;因此,高性能混凝土就自然而然地被提出来了。

混凝土技术的发展,归纳起来,可以说由初期的大流动性混凝土;发展到塑性混凝土;二次大战后,由于机械设备的发展,提高混凝土的质量,发展了半干硬性与干硬性混凝土;后来由于劳动力的贵昂,新的高效减水剂的出现,发展了流态混凝土;直至今天,由于混凝土技术水平的

提高及工程的特种性能要求，又发展为高强度、高性能混凝土。核心问题都是围绕着混凝土的质量与施工水平的提高而发展。

第二节　何谓高性能混凝土(High Performance Concrete 简写为 HPC)

1990 年 5 月在马里兰州 Gaithersburg 城，由美国 NIST 和 ACI 主办的讨论会上，HPC 被定义为具有所要求的性能和匀质性的混凝土，这些性能包括：易于浇注、捣实而不离析；良好的、能长期保持的力学性能；早期强度高、韧性高和体积稳定性好；在恶劣的使用条件下寿命长。也就是说 HPC 要求高的强度、高的流动性与优异的耐久性。

但是，不同的学派，根据实际工程的要求，对 HPC 的看法有所不同：

一、Mehta 为代表的美、加学派的观点

他们强调的是硬化后混凝土的性能。Mehta 认为对于近来建造的暴露于腐蚀性环境下的混凝土结构物，其受腐蚀的速率之快表明：抗压强度指标已不足以保证其长期耐久性，而耐久性应当放在 HPC 的首位。Mehta 还认为 HPC 应该满足下列规定：

1. 抗渗性：大多数化学侵蚀都是在水分与有害离子渗透进入的条件下产生的，混凝土的抗渗性是防止化学侵蚀的第一道防线。混凝土的抗渗性是以美国的 AASHTO277 方法为标准，在该方法中，氯离子的渗透速度以“库伦”为单位，如果某种混凝土进行 6 小时渗透试验后，通过的电量≤500 库伦，则认为该混凝土是不透水的。

2. 尺寸稳定性：尺寸稳定性良好的混凝土的主要特征是高弹性模量、低干燥收缩、徐变及温度应变率小。尺寸稳定性好的混凝土可以降低预应力损失，降低混凝土的原生裂纹。为了获得良好尺寸稳定性，需要限制水泥用量，使用高弹模、高强度的粗骨料。经验表明，选用适当的原材料，配合比适当，混凝土 90 d 龄期的干缩值可以降低到 0.04%以下。

二、美国战略公路研究项目(SHRP)的一项研究，定义 HPC 如下：

1. 最大的水胶比(w/B)为 0.35；

2. 按 ASTMC666 评价性能，最小耐久性系数为 0.8；

3. 最小强度指标为：(a)浇注 4 小时内，强度达到 21 MPa，(b)24 小时内达到 34 MPa，(c)25 d 龄期达到 69 MPa。

三、欧洲学派的观点

RILEM 主席 F. H. Wittmann 教授认为由普通混凝土达到高性能混凝土的方法如下图所示：

通过高效减水剂降低水灰比，利用硅粉或微填充料填充水泥粒子间的空隙，采用新型水泥，通过一定压力作用可使混凝土达到高性能。他还指出，如果将硅酸盐水泥 475 kg 和 47 kg 硅粉、138 升水、1790 kg 骨料和 2%的超塑化剂拌合，得到 1 m^3 混凝土，这时混凝土的耐久性提高，28 d 强度在 80 MPa 以上。

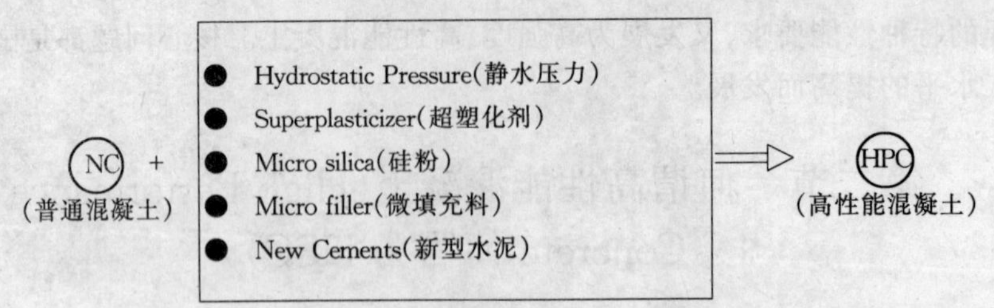

图 1.2.1 由普通混凝土达到高性能混凝土的技术途径

四、以冈村为代表的一部分日本学派的观点

这一学派认为高流态、免振自密实的混凝土就是高性能混凝土。也就是说他们强调的是搅拌混凝土的性质,其理由是:1. 混凝土技术熟练的工人越来越少,自密实的混凝土用不着什么技术就可以保证混凝土的施工质量,也可以保证施工速度;2. 可以有效的减少混凝土施工时的环境噪音。

该学派为了获得免振自密实的 HPC,又能保证混凝土硬化后的性能,对原材料采用了严格的控制,特别注重砂、石的含水量的控制。混凝土搅拌时,粗、细骨料先进入预处理器,使其含水量稳定在某一控制值,然后再进入搅拌机。这样搅拌混凝土的水灰比不会产生波动,从而保证了硬化混凝土的性能。为了自流平、自密实,混凝土组成材料中粗骨料用量也相对降低,砂率增大,胶凝材料也增多;而且还掺入膨胀剂,以补偿混凝土硬化后的收缩。这种 HPC 已用于日本明石大桥的混凝土工程。

五、日本大多数学者及工业界的观点

他们强调的仍然是高强、超高强与高流态混凝土。因为高性能首先必须具有高强度。

日本建设省综合技术开发计划"钢筋混凝土结构建筑物的超轻量与超高层技术的开发"(简称新 RC 总计划),从 1988 年开始为期 5 年的工作,获得了大量的科研成果,并在工程中获得了试验验证与工程应用,受到了人们的普遍关注。

在新 RC 的总计划中,把混凝土的高强与超高强作为目标,同时与钢筋的高强度相匹配,把研究的对象分成四个区,如图 1.2.2 所示。

日本许多商品混凝土公司、从事生产与开发高性能减水剂的公司,均纷纷从事高强度、高流态混凝土的开发研究。如日本三菱材料(株)开发了一种超高强、耐磨的混凝土,使用硅粉、高性能减水剂、特殊的天然骨料,成型后蒸养 16 h 脱模,混凝土脱模强度达 140 MPa。按照 ASTMC666 方法进行抗冻试验,重量损失小于 0.2%,耐久性系数 0.97;此外,耐磨耗性明显地提高,按雷氏磨耗试验法测定,耐磨耗性比过去的混凝土提高 10 倍。这是超高强混凝土,也是高性能混凝土。

六、本书作者的观点

高性能混凝土必须具有高的耐久性。高性能混凝土也应具有高的强度。但仅仅是高强度,还不一定具有高耐久性。混凝土为了获得高耐久性,还要与使用环境相结合,采取相应的对策,例如掺入矿物质超细粉。高性能混凝土应是流动性好,可泵性的混凝土,以保证施工的密实性。高性能混凝土一般需要控制坍落度损失,以保证施工要求的工作度。

作者把国内外高性能混凝土的技术途径归纳如下：

1. 为了达到高强度与高耐久性，混凝土的水灰比一般要在 0.38 以下。这样可使水泥石具有足够的密实度。

2. 高性能减水剂是降低混凝土中水灰比的必须材料，也是高性能混凝土不可缺的组分。对高性能减水剂的要求除了高的减水率以外，还希望能具有控制坍落度损失的功能。

3. 矿物质超细粉是高性能混凝土的功能组分之一。其可以填充水泥的空隙，在相同的水胶比下，比基准水泥浆能提高流动性，硬化后也能提高强度。更重要的是改善混凝土中水泥石与骨料的界面结构，使混凝土的强度、抗渗性与耐久性均得到提高。常用的矿物质超细粉，除了硅粉以外，还有超细矿渣、分级粉煤灰、天然沸石与石灰石超细粉等。硅粉的比表面积约 20 万 cm^2/g；矿渣及天然沸石、石灰石、磨细粉煤灰等也要求比表面积达 6000 cm^2/g 左右，才能具有比较好的功能。

对于水泥，在我国除了硅酸盐 525 号以外，作者首推洛阳生产的低热硅酸盐 525 号水泥，其特点是 C_3A 含量低，高效减水剂能充分发挥作用，当高效减水剂与硅酸盐水泥具有相同的掺量时，坍落度明显增大。作者的研究证明，采用这种水泥，$W/C=26\%$，外掺萘系高效减水剂 1.2%～1.4%，坍落度仍可达 22 cm。这对配制高性能混凝土相当有利。

骨料的质量对高性能混凝土也十分重要。国际上希望粗骨料的 D_{max} 不超过 20 mm，有人认为粗骨料的粒径应在 10 mm 以下。作者对 C70 混凝土的断裂韧性测试，粗骨料的 D_{max} 不超过 25 mm 时，其 k_{IC} 值不会降低。建议采用 $D_{max}\leqslant 25$ mm 的粗骨料配制高性能混凝土。并建议用质量系数综合评价骨料的质量，根据质量系数选择骨料。关于骨料的质量系数请参阅第三章。

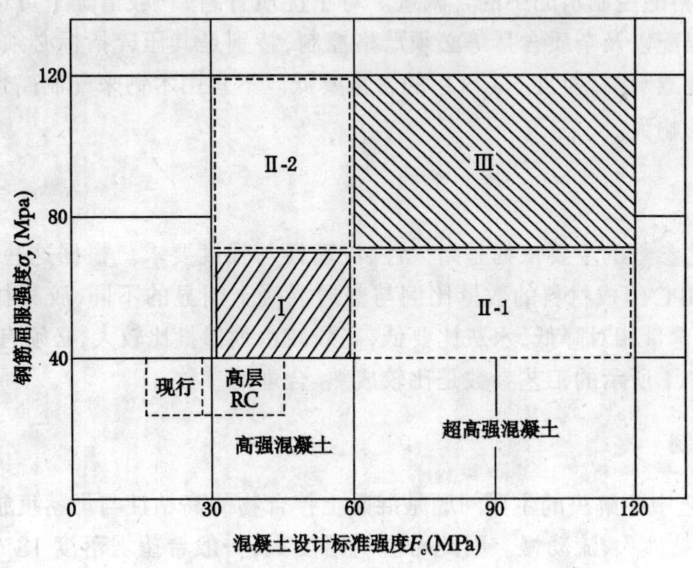

图 1.2.2　材料强度与研究开发区关系

区域Ⅰ：用高强材料的 RC 结构

区域Ⅱ-1：超高强混凝土的 RC 结构

区域Ⅱ-2：超高强钢筋的 RC 结构

区域Ⅲ：超高强材料的 RC 结构

第三节　混凝土如何达到高性能

综上所述，混凝土要获得高性能，其主要的技术途径可归纳如图 1.3.1 所示。

正确选择原材料 →	合理的工艺参数 →	施工工艺选择与控制 →	HPC
硅酸盐水泥 (包括中热硅酸盐水泥、球状水泥、调粒水泥、活化水泥) 优质骨料 超细矿物质掺料 新型高效减水剂	水灰比<0.40 粗骨料体积含量 0.4 m^3 左右、D_{max}≤25 mm 砂率 36%～40% 胶凝材料用量 500～600 kg 新型高效减水剂 0.8%～1.4%	强制式搅拌机，泵送施工，高频振动，坍落度损失控制，混凝土养护剂养护	密实的水泥石及合理的孔结构；界面过渡区的改善（解决 $Ca(OH)_2$ 在过渡区富集与定向排列）体积稳定性，高强、高耐久性

图 1.3.1　HPC 的技术途径

一、正确选择原材料

根据工程实际的要求及所处的环境，确定原材料的品种与质量是很重要的。例如海洋工程的 HPC，要求抗 Cl^-、SO_4^{2-}、Mg^{2+}、Na^+ 等渗透与腐蚀，在这种情况下，胶凝材料掺入超细矿渣最为有效。为了抑制碱骨料反应，混凝土中的硅粉、天然沸石超细粉的掺量要在 10%～15%左右；或者严格的控制水泥中的含碱量。对于优质骨料，一般情况下可选用石灰石碎石，但其粒径、粒形、级配以及杂质含量等必须严格控制，特别是其压碎指标必须在国家规定范围内。必须选用高效减水剂，而且 Na_2SO_4 的含量要低。不宜用木钙来配制高性能混凝土，因其对混凝土的强度影响大。

二、合理的工艺参数

选择合理工艺参数的主要依据是耐久性、流动性与强度要求。根据这些要求确定原材料的数量与质量。HPC 组成材料的数量比例与普通混凝土明显的不同，胶凝材料用量偏高，砂率偏高，粗骨料的含量相对降低，水灰比要低，高效减水剂掺量比较大，必须有一定的超细矿物质掺合料。图 1.3.1 所示的工艺参数是比较成熟、合理的参数。

三、施工工艺的控制

HPC 施工工艺中要解决的主要问题是混凝土拌合物的高粘性与坍落度损失。水灰比低、胶凝材料含量高，粘性大，流动慢。因此希望坍落度大；一般希望坍落度 18 cm 以上，且在 90 min 内无坍落度损失。这样便于泵送施工。HPC 需要良好的养护条件，拆模后喷涂养护剂，比浇水养护的效果更好。

四、HPC 的性能

从组成材料→配合参数→施工工艺→HPC 的全过程，都可以影响到 HPC 的性能。在保证密实成型的条件下,HPC 的性能取决于其组成材料的质量与数量比例。其中尽量降低水灰比,以及一定的超细粉含量是很重要的。因为这两方面都与混凝土的密实度、水泥石的孔隙体积、孔结构及界面结构有关。而这两方面也是混凝土达到高性能的关键。

第四节　本书介绍的主要内容

本书的主要目的是告诉读者如何配制出 HPC,从微观结构角度分析与了解 HPC 的特性并评价 HPC 的性能。围绕这一目的,作者在本书中将介绍以下的主要内容:

一、HPC 的组成材料

1. 高性能混凝土的水泥。一般来说,高性能混凝土必须使用 525 号以上的硅酸盐水泥,或中热硅酸盐水泥。但是,为了混凝土的高强化与高性能化,在国外出现了球状水泥,调粒水泥,以及活化水泥等。这些新品种水泥的一个很大的特点是,达到相同的标准稠度下,需水量很低,混凝土的 $W/E \leqslant 17\%$ 时,坍落度仍达 20 cm 以上。这是混凝土技术新进展的一个方面。

2. 超细粉。包括硅粉、超细矿渣、超细粉煤灰、超细天然沸石粉等。超细粉是 HPC 中不可缺少的组分,既可改善流动性,又可以提高强度与耐久性。

3. 新型高效减水剂。其与一般萘系高效减水剂的主要区别是,既具有高的减水效果,又能控制混凝土的坍落度损失,而且其作用机理又与普通高效减水剂不同。

4. 骨料。配制高性能混凝土的骨料与普通混凝土的要求不同,骨料本身的强度要求高,一般采用花岗岩、硬质砂岩,以及石灰岩等,卵石不能配制高性能混凝土。如何评价与选择骨料,本书第三章将有详尽的介绍。

二、HPC 的物理力学特性

1. 耐久性。这是本书论述的重点。高性能混凝土在各种使用环境条件下,耐久性如何,如何评价与检验,如何进一步提高等等,是 HPC 发展过程中必须解决的问题。

2. 混凝土拌合物的粘稠度。HPC 与普通混凝土具有相同的坍落度时,由于粘性大,流动慢,必须引入时间因素,也即引入流变学的有关概念。

3. HPC 的强度与断裂。引入了分数维(Fractal)理论,对 HPC 的结构与断裂进行了深入的分析,这是作者与研究生们辛勤劳动的成果。

三、HPC 的微结构

HPC 的性能取决于其成分与结构。本书除了在各种超细粉的 HPC 中,做一般的论述其结构以外,还专门写了一章,系统地介绍了 HPC 的微结构。从水泥浆、砂浆到混凝土的微结构,进行了深入浅出的分析与介绍,使读者对微结构研究的历史、发展及现状等有全面的了解。使读者能从混凝土的组分、结构状态和性能等方面,了解 HPC 与普通混凝土的区别,进一步提高混凝土的性能。

高性能混凝土是近几年发展起来的,在工程中已得到广泛的应用。我国每年都浇灌数亿立方米的混凝土,如能用到$\frac{1}{3}$或$\frac{1}{4}$的高性能混凝土,则我国混凝土工程质量将大大提高,给国家带来重大的社会效益、技术效果与经济效果。

四、HPC 的配合比设计

考虑了 HPC 的环境行为及其劣化,针对不同的使用环境的腐蚀性介质,按照耐久性要求设计了 HPC,使 HPC 满足耐久性要求的同时,也能满足强度要求。耐久性与强度既相关,又有不同设计特点。在本书中进行了初次尝试。

五、普通混凝土高性能化

迄今为止,国内外所指的 HPC,一般均系 C60 以上的高强度高性能混凝土。作者认为,高性能一般需要具有高强度,但高强度的混凝土不一定具有高性能。因此,低强度的混凝土,如 C20,C30,C40,甚至 C50 的混凝土如何提高其性能、延长其使用寿命,这是混凝土研究的另一个方面,本书对普通混凝土如何达到高性能进行了初步的介绍。

六、人类与环境共生是水泥混凝土技术发展的新方向

有效的利用城市垃圾灰、下水道污泥及其他工业废渣为原料,生产水泥,达到省能源、省资源、降低 CO_2 排放量、减少环境污染;利用再生骨料等再生资源,生产混凝土;混凝土达到长的使用寿命等等,这些都是水泥混凝土可持续发展的重要方面,本书初步介绍了日本在这方面的成就与发展。

混凝土材料仍然是 21 世纪的主要工程材料。望我国混凝土材料工作者能从本书得到借鉴与参考。

参考文献

1 柳橋邦生、吉岡保彦、齊藤俊夫."超高耐久性混凝土",コンクリート,Vol. 32. No. 7,1994,7

2 P. K. Mehta. 混凝土的结构、性能与材料(祝永年、沈威、陈志源译),同济大学出版社,1991.7

3 W. R. Kilareski. Failure of Reinforced Concrete Structures due to Corrosion, Material Performance, 1980,3

4 P. K. Mehta. Durability of Concrete-fifty Years of Progress? In V. M. Malhotra eds. Durability of Concrete, second International conference, Detroit, American Concrete Institute,1991

5 P. K. Mehta and Pierre-Claude C. Aitcin. Principles Underlying Production of High-Performance Concrete, ASTM Cement, Concrete, and Aggregates V. 12. N2, Winter 1990

6 F. H. Wittmann. High-performance of Cement-Based Materials, AEDIFICATIO VERLAG. FRAUNHOFER IRB VERLAG, 1997

7 岡村 甫ほか. 締固め不要への挑戰,セソント. コンクリート. NO. 539. Jan. 1992

8 日本建築學會. 高强度コンクリートの技術の現狀,發売所:丸善株式會社;印刷所:株式會社昭和工業寫真印刷所,1991 年 1 月 15 日第一版第 1 次印刷

第二章　高性能混凝土用水泥

胶结材料(cement)从广义来讲是把物与物粘结在一起的材料的总称。石膏、石灰,以及火山灰等均属此范围。但是,一般所指的水泥(cement)均系硅酸盐水泥及其所属系列的含掺合料的水泥。对于高性能混凝土来说,对水泥的性能,有其特殊要求。

第一节　高性能混凝土对水泥的选择

高性能混凝土的特点之一是低水灰比,为了确保其流动性,必须掺入高效减水剂。因此,必须选择适宜低水灰比特性的水泥。其一是细度及粒子的组成,另一方面是加水后的早期水化。

水泥粒子群的比表面积、粒子形状、密度及粒子之间的级配(互相填充)等,对浆体的流动性影响很大。比表面积小,粒子形状接近球状,比重大,填充性越大,流动性也大。优化这些因子,可以获得最适宜的流动性。

对于加水后的早期水化来说,水泥中的铝酸三钙的量越少,流动性的经时降低越小。特别是采用高性能减水剂时,坍落度损失的抑制问题较大。从水化方面考虑,含有适当的 fCaO 是比较有效的。关于早期水化反应的流动性,如图 2.1.1 所示。含适量的 fCaO 的水泥浆的屈服值低(图中曲线 1),流动性比图 2.1.1 中的曲线 2、3 的好。

为了混凝土的高强化,提高水泥的活性,过去一直试图增加 C-S-H 的生成量。其方法是在水泥熟料烧成时,在高温烧成过程中急冷,使熟料中的 $3CaO \cdot SiO_2$ 及 $2CaO \cdot SiO_2$ 固溶体产生高温变态,固溶适当的微量成分,增加其活性。降低 C_3A、钙矾石的含量,使低硫酸铁水化物及 $Ca(OH)_2$ 的生成量降低。硅酸二钙含量高的水泥,在低水灰比下,水化热低,强度发展好。

从低水灰比的观点出发,水泥的粒子组成,除了水泥本身最密实的填充之外,也应包含骨料的最密实填充。从理论上讲,希望能获得如图 2.1.2 所示的粒子组成。

一般情况下,骨料的粒度分布近似于最密实的填充状态,但水泥的粒度分布却相差很远,2 μm 以下的微粒部分,及 50～200 μm 的粒子部分不足。因此,要调整水泥本身的粒度,以及通过掺合料调整粒度是很必要的。

一般的情况下,水泥粒子的形状系数为 0.67 左右。但是,把水泥粒子球状化处理后,形状系数成为 0.8～0.9。过去混凝土的水灰比只能在 0.18～0.20 的范围,而由于形状系数的提高,0.14 的水灰比成为可能。在低水灰比下,即使水泥的水化量少,但水泥石却能获得高密实度与高强度。

为了获得高性能混凝土,对水泥性能的要求,除了确保最低限度的流动性之外,还要求水泥在低的水灰比下,能促进水泥的水化反应,使水泥石的结构密实化。这是至关重要的。

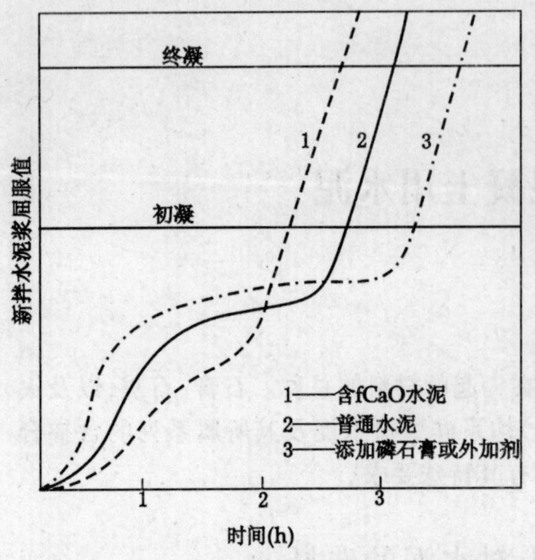

图 2.1.1　各种水泥浆的屈服值与凝结时间的关系

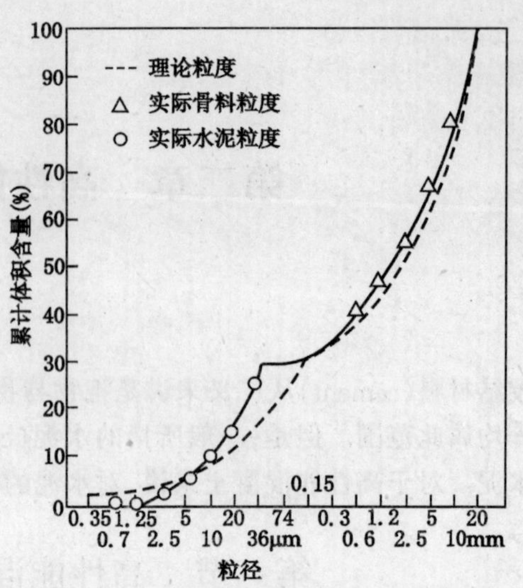

图 2.1.2　混凝土中固体部分的粒度分布与最密实填充粒度分布比较

第二节　球状化水泥

当前使用的各种水泥,在电子显微镜下观测,其粒形是碎石状的,这是水泥熟料在球磨中磨细的结果。所谓球状水泥,是将水泥粒子加工成球状,与当前使用的水泥粒形不同。球状水泥是由日本小野田水泥公司与清水建设共同研究开发的。球状水泥比普通水泥具有优越的物理力学性能,是一种高性能水泥。在日本,这种水泥已投入实用化的试验阶段。

一、球状水泥的生产机理

所谓球状水泥是水泥熟料通过高速气流粉碎及特殊处理而得的。其工艺过程如图 2.2.1 所示。

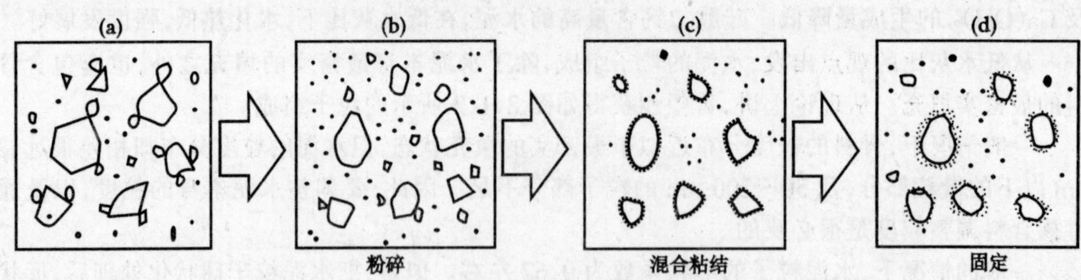

图 2.2.1　球状水泥的形成过程

在球状化处理之前,水泥颗粒表面有棱角,长径比大,在颗粒表面上还有许多粉尘凝聚着(图中 a)。处理初期,大粒子被粉碎,凸出部分由于磨碎,微粉增加(图中 b),进一步处理,在大粒子表面粘着微粉(图中 c)。通过机械打击,微粉被固定在粒子表面上。这样在处理后粒子带圆形,粉尘减少,粒度分布合理,没有凝聚状态的微粉,分散状态好(图中 d)。

使用球状化水泥是混凝土达到高流动性、高强度与高耐久性的重要手段。

二、球状水泥的形状与粉体特性

(一)形状——球状化

普通水泥与球状水泥的形状不同,如图 2.2.2 所示。

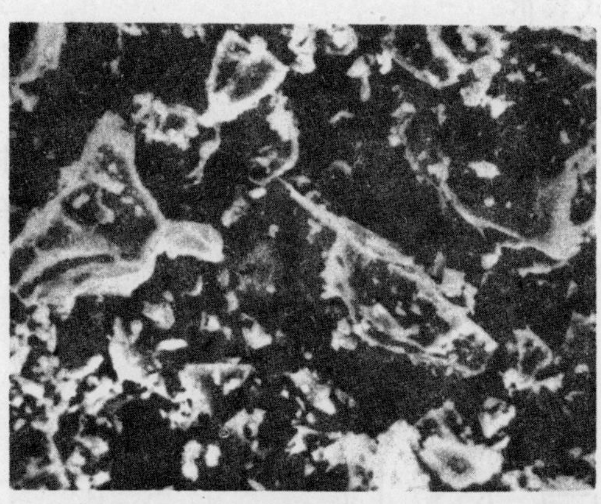

普通水泥

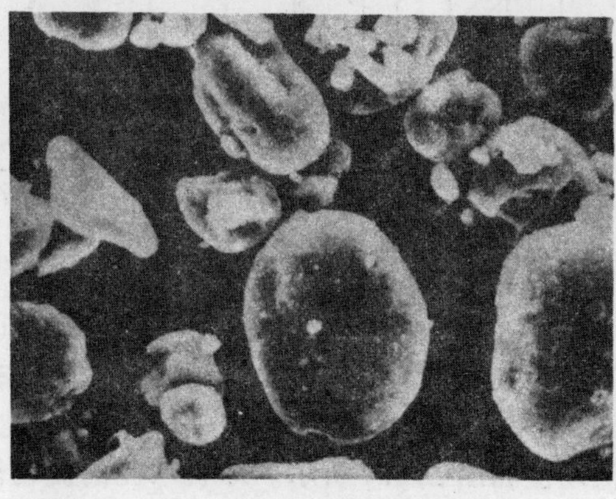

球状化水泥

图 2.2.2 水泥颗粒的 SEM

球状化水泥与普通水泥相比,凹凸部分与棱角部分消失了,呈球形,而且几乎都是 1～30 μm 大小的粒子。根据扫描电镜观测,进一步通过图像处理可以看到,变化比较明显的是 10 μm 以下的粒子,通过下式求出粒子的球状度加以评价。

$$粒子球状度 = \frac{粒子投影面积相等的圆的直径}{粒子投影面最小外接圆直径}$$

普通水泥的球状度是 0.67,球状水泥是 0.85。球状水泥的球状度与真球(球状度＝1)相接近。

球状水泥的表面，由于摩擦粉碎，熟料矿物表面没有裂纹；而且粉尘还通过特殊处理，固结在颗粒表面。水泥粒子表面经过改性后，粒子具有高的流动性与填充性，使混凝土的质量提高。

1. 球状化与填充性

图 2.2.3 所示为水泥及水泥砂混合后的表观密度。球状水泥的表观密度比分级水泥的大，约增加 15%；水泥与砂子混合后，约增加 2%～3%。说明球状粒子的填充性提高。也暗示出水泥浆的流动性也在提高。

一般粉体的空隙率以下式表示：

$$空隙率\ k = (1/d)^n$$

式中 k、n 为常数，d 为平均粒径。

普通水泥 $k=1.01$，$n=0.290$，根据这些参数，与球状水泥具有相同的平均粒径（11.34 μm）的普通水泥，其空隙率约 50%。而根据表观密度试验的数据计算，球状水泥的空隙率仅 40%，比普通水泥密实度提高 10%。

2. 球状化与流动性

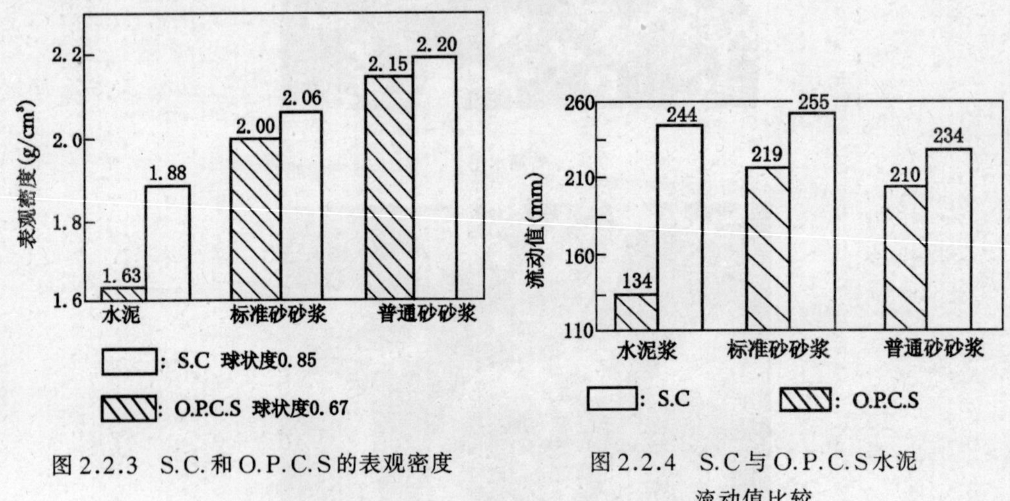

图 2.2.3 S.C. 和 O.P.C.S 的表观密度

图 2.2.4 S.C 与 O.P.C.S 水泥流动值比较

球状水泥与分级水泥的流动值如图 2.2.4 所示。球状水泥的流动值与分级水泥相比，净浆增大 110 mm 约（80%）；标准砂砂浆增大 36 mm（约 16%）；普通砂砂浆增大 24 mm（约 11%）。这是由于球状化后需水量降低，在相同用水量下，流动性可以提高。

（二）粒度分布与微粉量

以普通硅酸盐水泥（符号为 O. P. C）、球状水泥（S. C）、分级水泥（O. P. C. S）进行筛分试验，结果如图 2.2.5（a）所示。5 μm 以下的粒子筛余量（%）降低，5～40 μm 粒子的筛余量（%）增加。从图 2.2.5（b）的粒度分布所示：40 μm 以上的大粒子消失，3 μm 以下的微粒子减少，粒度分布变狭。

大粒子的消失与微粒粉尘的减少，都是由于球状化处理的结果。通过处理后，将微粉固结到大粒子表面上，使球状水泥中的微粒粉尘含量降低。

（三）球状化水泥表面元素及其 Zeta 电位

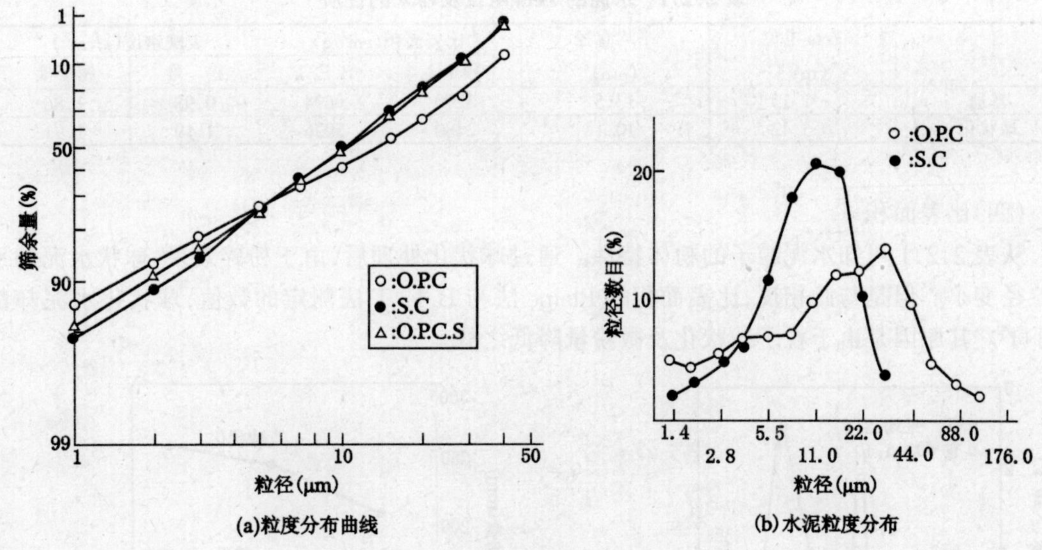

图 2.2.5　不同品种水泥的粒度分布曲线

用 X 射线对球状水泥颗粒表面进行微观分析，如图 2.2.6 所示。在球状水泥表面普遍存在 Al，Fe 及 S 等元素。也就是一些间隙相物质及石膏等容易粉碎的东西，通过球状化处理后成为粉尘，粘附在大粒子表面上。而对普通水泥粒子表面就没有这种元素的普遍存在。

表 2.2.1 及图 2.2.7 表示一部分水泥粒子 Zeta 电位的测定结果。球状化水泥与普通水泥相比，Zeta 电位向(+)侧方向变化。间隙相成分(C_3A，C_4AF)的 Zeta 电位可以认为是(+)的，球状化水泥的 Zeta 电位也是(+)的，这可能是由于球状化处理，表面含有间隙相成分的粒子之故。球状化水泥的 Zeta 电位约为普通水泥的 3 倍。这是由于球状化后，粒子间静电斥力引起的。

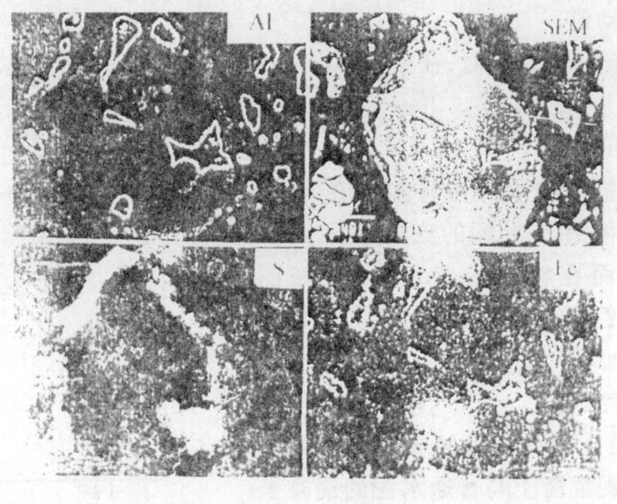

图 2.2.6　SEM 和 Al，Fe，S 等元素在球状水泥颗粒的表面

表 2.2.1　水泥的 Zeta 电位及粉末的性质

	Zeta 电位 (mV)	平均直径 (μm)	比表面积(cm^2/g)		表观密度(g/cm^3)	
			Blaine	B.E.T	松　堆	密　实
普通	-1.13	13.5	3270	9694	0.98	1.86
球状化	+3.42	10.1	2480	5026	1.19	1.91

(四)比表面积

从表 2.2.1 可知水泥粒子的粉体特性。通过球状化处理后,由于粉碎效果,球状水泥的平均粒径变小。但是与此相反,比表面积的 Blaine 法与 B.E.T 法测定的数值,球状化水泥却都变小了。其原因是由于粒子球状化及微粉量降低之故。

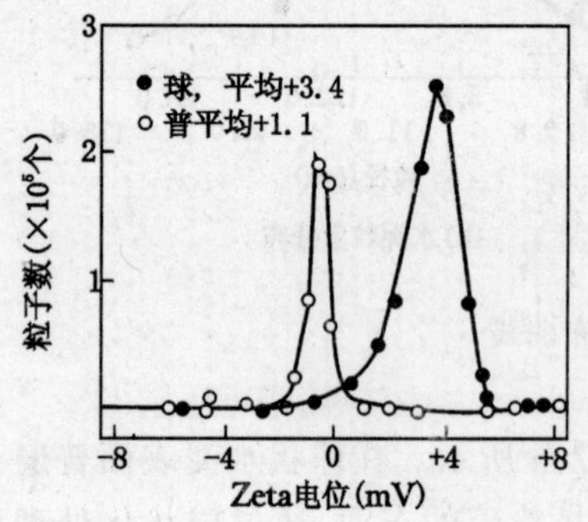

图 2.2.7　球状水泥与普通水泥的 Zeta 电位

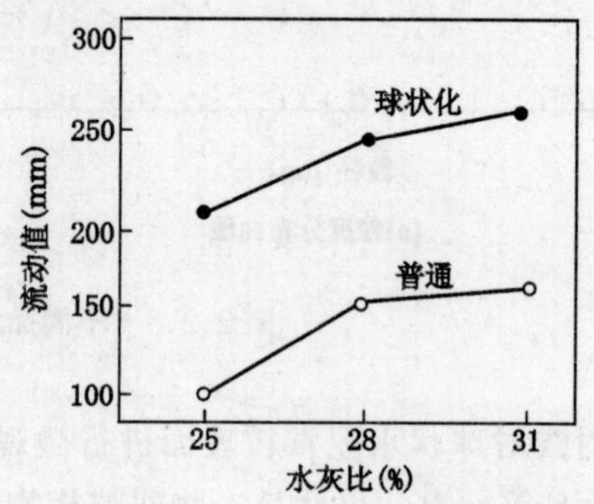

图 2.2.8　水灰比与水泥浆流动值关系

由表 2.2.1 还可见,球状水泥与普通水泥相比,表观密度增大,填充性提高,特别是松堆密度方面更加明显。水泥浆与混凝土的流动性与水泥及掺合料体系的填充性相关。球状化水泥所显示出的高填充性对其具有高流动性是很有效的。

三、流动性试验

(一)水泥浆的流动值

水泥净浆作跳桌流动值试验时,在相同的水灰比下,球状水泥浆的流动值比普通水泥浆大(图 2.2.8)。

(二)砂浆的流动值

图 2.2.9 所示为砂浆的水灰比与流动值关系。球状水泥与普通水泥相比,在相同的流动值下,可降低 10% 的用水量。而在相同的用水量下,如图 2.2.10 所示,可大幅度提高砂浆的流动性。而且砂浆的流动值经时变化小(图 2.2.11)。

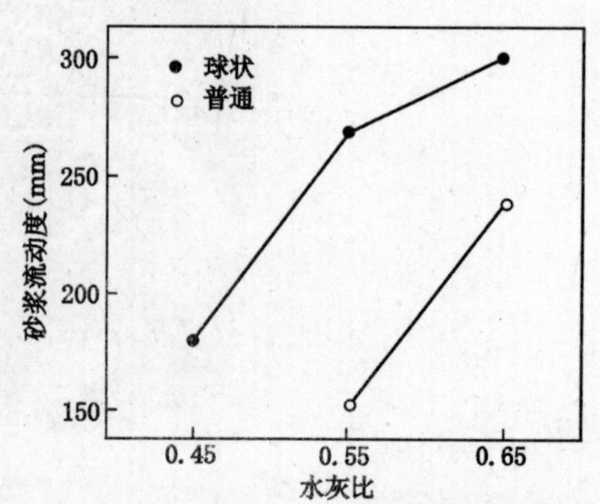

图 2.2.9　砂浆流动度与水灰比关系

(三)混凝土流动性

图 2.2.12 为混凝土刚搅拌后的水灰比与坍落度关系。使用球状水泥混凝土与普通水泥的混凝土相比,同一水灰比下,坍落度增大(最大 22 cm),显示出良好的流动性。另一方面,如果坍落度相同,球状

(a)普通水泥：$W/C=55\%$，C:S=1:2，砂浆流动度 177 mm
(b)球状水泥：$W/C=55\%$，C:S=1:2，砂浆流动度 277 mm

图 2.2.10　砂浆流动性试验

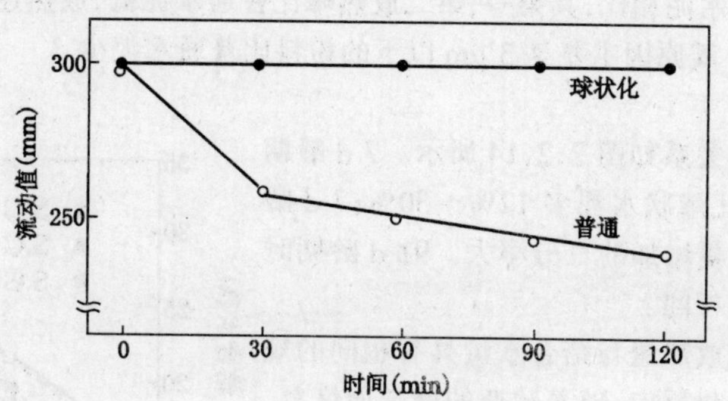

图 2.2.11　砂浆流动值经时变化

化水泥的用水量比普通水泥的降低 9%～30%。

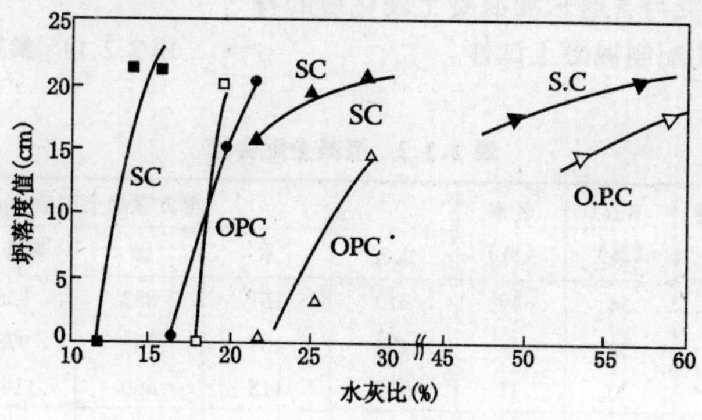

图 2.2.12　水灰比与坍落度间关系

用河砂配制混凝土，水灰比 14%时还能得到 21 cm 的坍落度。

四、水化热与结合水

(一)水化放热速度与水化热

通过微热量计测得 72 h 水泥水化放热速度及累计发热量如图 2.2.13 所示。

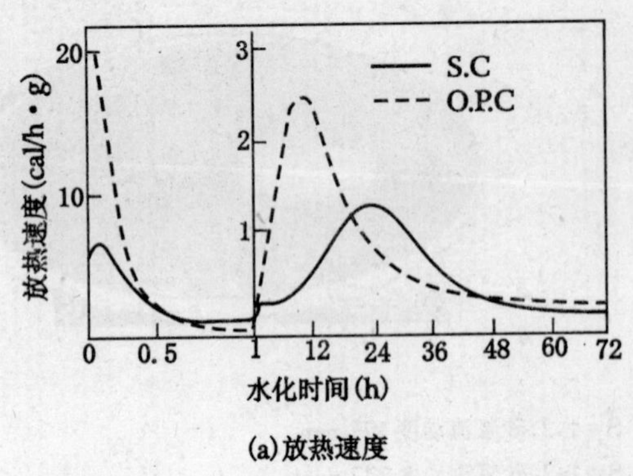

(a)放热速度

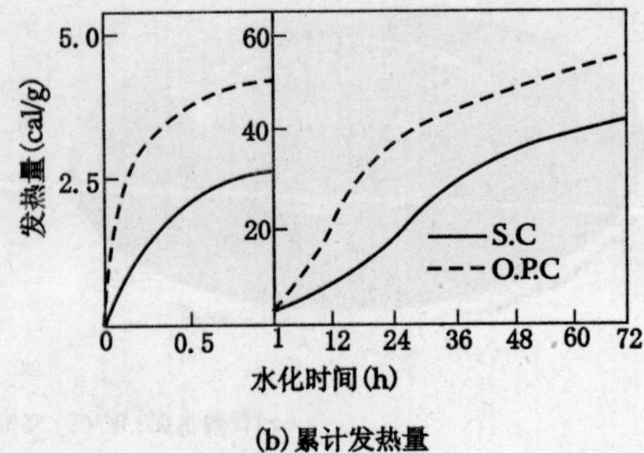

(b)累计发热量

图 2.2.13　水泥的热特性曲线(1 cal=4.18 J)

球状水泥与普通水泥相比,其第一、第二放热峰比普通水泥低,放热速度也慢,早期水化热被抑制而降低25%。其原因主要是3 μm以下的粉料比普通水泥少。

(二)结合水

龄期与结合水的关系如图2.2.14所示。7 d龄期时,普通水泥结合水比球状水泥多12%～30%;7 d龄期后球状水泥结合水量增加的百分率大。91 d龄期时两者的结合水量大体相同。

球状水泥的水化放热量与结合水量具有相同的规律。也即早期抑制水化反应,随着龄期的增长而恢复,长期龄期时球状水泥的水化反应比普通水泥大。

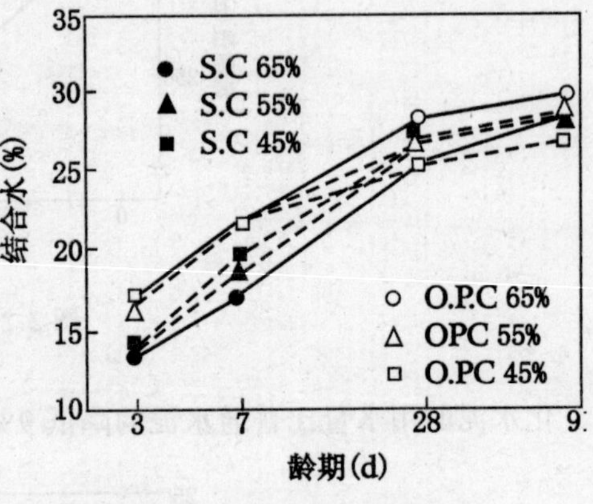

图 2.2.14　龄期与结合水的关系

五、球状水泥混凝土的特性

为了对比球状水泥与普通水泥混凝土硬化后的特性,按表2.2.2的配比配制混凝土试件。

表 2.2.2　混凝土配合比

水泥种类	坍落度(cm)	含气量(%)	W/C(%)	砂率(%)	单方混凝土用量(kg)				
					水泥	水	砂	粗骨料	外加剂
O.P.C	18	4	54	49	310	167	882	936	P(0.75)A(1.5)
	21	1	32	45	492	157	785	978	M(6.0)
	21	1	20	37	517	115	660	1143	M(23.0)SF(58)
S.C	18	4	49	49	310	152	902	957	P(0.75)A(1.5)
	21	1	27	45	492	133	816	1017	M(6.0)
	21	1	14	37	517	81	673	1182	M(23)SF(58)

表中P:木钙;A:引气剂;M:萘系减水剂;SF:硅粉

按表2.2.2配合比,制成ϕ10×20 cm的试件,在标准水中养护(20℃)到7 d、28 d及56 d后进行有关试验。

(一)抗压强度

结果如图 2.2.15 所示。使用球状水泥的普通混凝土、高强混凝土及超高强混凝土的抗压强度与普通水泥混凝土相比,56 d 龄期时约提高 10%~50%。特别是超高强混凝土时,7 d 龄期抗压强度 100 MPa,56 d 为 140 MPa,主要是由于球状水泥填充性高,达到相同的坍落度时,能降低用水量。

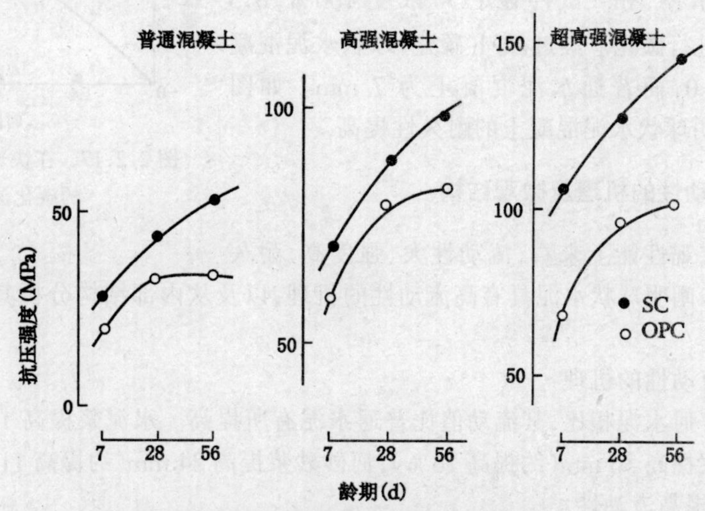

图 2.2.15　养护龄期与抗压强度关系

(二)强度与弹性模量关系

球状水泥与普通水泥混凝土的抗压强度与弹性模量关系如图 2.2.16 所示。

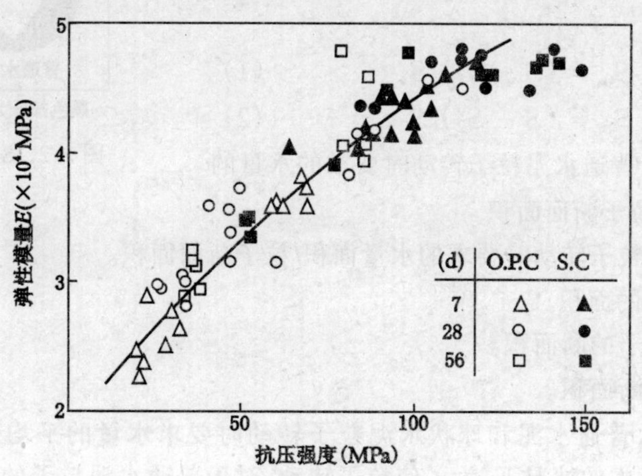

图 2.2.16　抗压强度与弹性模量关系

球状水泥混凝土强度为 30~50 MPa 时,弹性模量为$(2.5\sim3.5)\times10^4$ MPa、抗压强度为 70~140 MPa 时,弹性模量为$(4.0\sim4.8)\times10^4$ MPa;抗压强度超过 110 MPa 时,弹性模量的增长很少。此外,抗压强度 100 MPa 时球状水泥混凝土与普通水泥混凝土的弹性模量无明显差别。

(三)碳化速度

一般情况下,混凝土的 $W/C=40\%$ 以下时,碳化速度相当慢,也就是说混凝土的水灰比大于40%时,才考虑其碳化问题。为了对比球状水泥与普通水泥混凝土的碳化,分别按水灰比48%(球状水泥)及54%(普通水泥)配制混凝土,坍落度均为18 cm。试件在 CO_2 浓度100%,0.3 MPa压力条件下进行碳化。经过96 h碳化,球状水泥混凝土的碳化深度为0,而普通水泥混凝土为7 mm。如图2.2.17所示。说明球状水泥混凝土的耐久性提高。

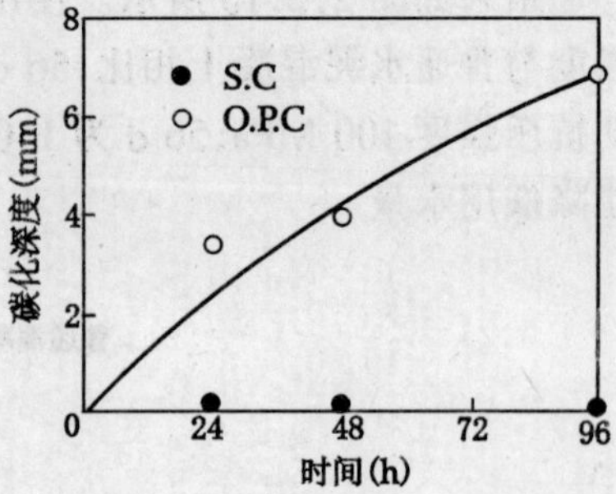

图 2.2.17　在快速碳化条件下的碳化深度

六、球状水泥高流动性的机理及微观结构

球状水泥从宏观性能上来看,流动性大、强度高、耐久性好。下面进一步阐明球状水泥具有高流动性的机理,以及从内部结构分析其具有高强度及高耐久性的原因。

(一)关于高流动性的机理

球状水泥与普通水泥相比,其流动值比普通水泥有所提高。水泥浆提高110 mm(提高约80%),标准砂砂浆提高36 mm(约提高16%),河砂砂浆提高24 mm(约提高11%)。把粒子球状化后,能有效的提高流动性。

1. 粒子转动要求的水量

一个水泥粒子在水中自由转动时要求的水量可以计算出来,计算的概念图如图2.2.18所示。计算时以SEM照像为基础,选择普通水泥与球状水泥的标准粒子,在 xy 坐标上进行,如下式所示。

图 2.2.18　粒子转动时要求的水量比较

$$S_0 = (S - S_1)/S_1 \qquad (1)$$

$$S_S = (S - S_2)/S_2 \qquad (2)$$

式中 S_0:相当于普通水泥粒子转动时要求的水量的面积/粒子断面面积。

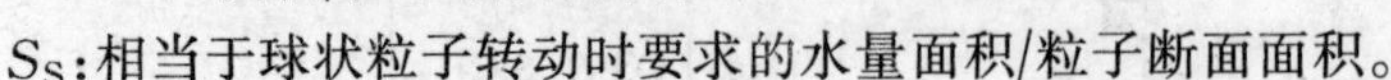

S_S:相当于球状粒子转动时要求的水量面积/粒子断面面积。

S :粒子外接圆的面积。

S_1:普通水泥粒子的断面积。

S_2:球状粒子的断面积。

根据(1)、(2)式,普通水泥和球状水泥粒子转动时要求水量的平均值分别约为1.07与0.41。以粒子断面考虑的情况下,为了使粒子转动,对于普通水泥粒子的需水量,大约与其粒子的面积相同;而球状粒子的需水量仅为其粒子面积的$\frac{1}{2}$。由上述可见,水泥粒子为球状时,可以提高其流动性效果。

2. 粒度分布及微粉量与流动性关系

球状水泥与普通水泥相比,粒度分布狭,3 μm 以下的粉尘少。为了了解粒度分布和微粉量对水泥浆及砂浆流动性的影响,进行分级水泥与普通水泥流动值的比较(图2.2.19)。

由图可见,分级水泥的流动值与普通水泥相比,水泥浆增大 22 mm,砂浆增大 20～40 mm,约增大 10%～20%。这是由于 3 μm 以下的微粉粘着,凝聚性大,含 3 μm 以下粉尘多时流动性差。

此外,3 μm 以下的粉尘活性高,分级水泥微粉少,早期水化变慢,流动性提高,这也是原因之一。而且分级水泥与普通水泥相比,40 μm 以上的大粒子也被剔除了。但有人研究证明,剔除大粒子对增加流动性希望不大。也就是说,分级水泥与普通水泥流动性的差别主要是微粉量。

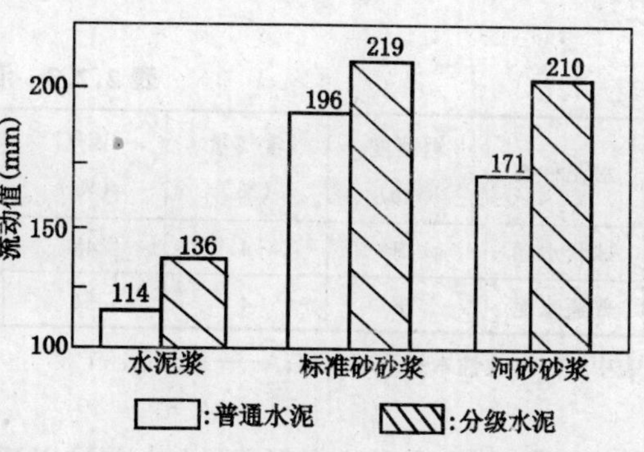

图 2.2.19 微粉量不同时流动值比较
普通水泥(3 μm 以下粉尘 14.2%)
分级水泥(3 μm 以下粉尘 9.0%)

球状水泥一方面由于球状化,另一方面由于 3 μm 以下的粉尘含量降低,而使球状水泥能获得高流动性。

3. 减水剂添加量与流动性关系

图 2.2.20 是普通水泥、球状水泥的减水剂等温吸附曲线。对于球状水泥,减水剂的添加量达 1%(占水泥量)时达到饱和。普通水泥的饱和吸附量约 16 mg/g,球状水泥约 5 mg/g,差别很大,即使考虑到其比表面积的差,那么对减水剂的吸附量,球状水泥也只是普通水泥的 $\frac{1}{2}$ 左右。

因此,对于球状水泥,即使减水剂的添加量少,其流动性也比普通水泥的好。

图 2.2.21 是高效减水剂添加量与流动值增加的百分率的关系。

在水灰比相同,减水剂浓度相同的情况下,球状水泥的流动值比普通水泥的大得多。

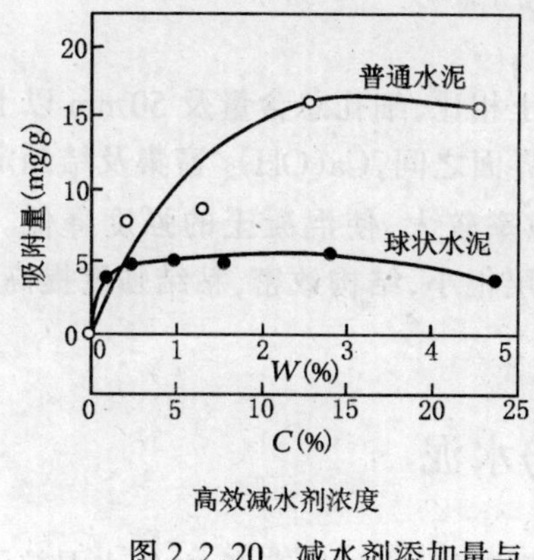

图 2.2.20 减水剂添加量与吸附量关系

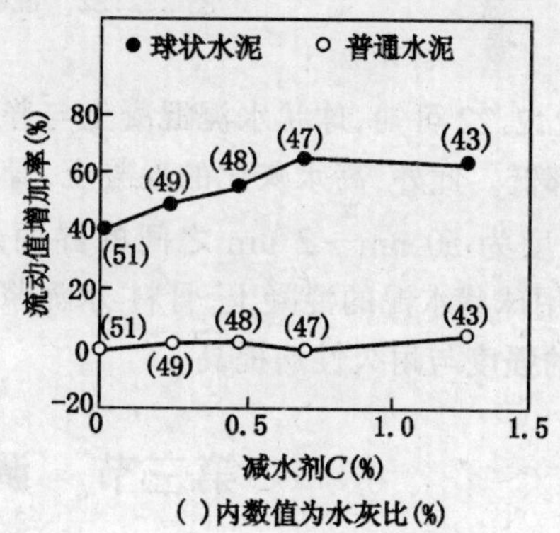

图 2.2.21 高效减水剂添加量与流动值增加的百分率的关系

(二)微观结构

按表 2.2.3 配制混凝土,对比球状与普通水泥混凝土的结构。

表 2.2.3 混凝土配合比

编号	水泥种类	坍落度(cm)	含气量(%)	W/C(%)	s/a(%)	单方用料(kg/m³)	
						水泥	外加剂
7	球状水泥	18	4	48	50	310	(P)0.75(A)1.5
8	普通水泥	18	4	54	50	310	(P)0.75(A)1.5

表中:P——改性木钙系减水剂;A——引气剂。

制作的试件,在标准条件下,水中养护以后,用压汞法测定其细孔孔径分布。此外,将试件端部研磨,做成磨片,用电子显微镜观察骨料与水泥浆界面。

普通强度混凝土与球状水泥混凝土的试件,其细孔含量分布如图 2.2.22,界面结构 SEM 如图 2.2.23 所示。

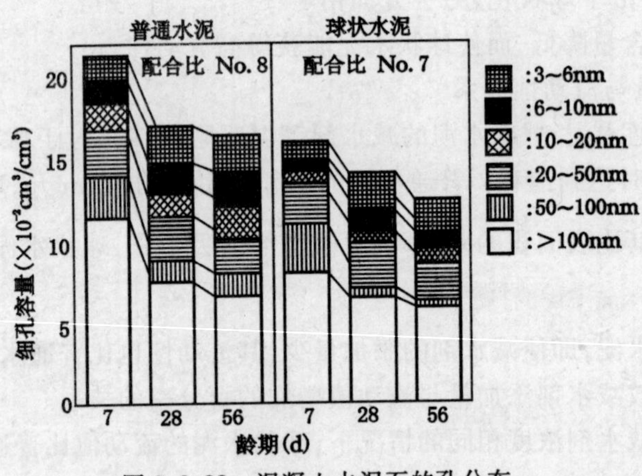

图 2.2.22 混凝土水泥石的孔分布

由图 2.2.22 可知,球状水泥混凝土与普通水泥混凝土相比,细孔总含量及 50 nm 以上的细孔含量都低。此外,高水灰比的混凝土,骨料与水泥浆界面之间,$Ca(OH)_2$ 富集及结晶定向排列,在厚度为 50 nm～2 μm 之间的界面过渡层,空隙率较大,使混凝土的强度降低。图 2.2.23 使用球状水泥的混凝土,骨料-水泥浆的界面过渡层很小,结构致密,粘结强度提高,故使混凝土的强度与耐久性均提高。

第三节 调粒(级配)水泥

调粒水泥是将水泥组成中的粒度分布进行调整,提高胶凝材料的填充率;并使水泥粒子的最大粒径增大,粒度分布向粗的方向移动;同时还掺入超细粉,以获得最密实的填充。这样就能获得流动性好的水泥浆,具有适当的早期强度,水化热低,水化放热速度慢等方面性能优良的胶凝材料。

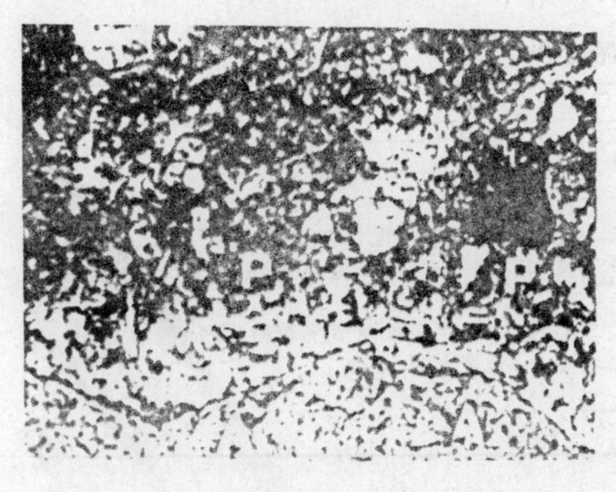

普通水泥混凝土　10 μm
P —— 水泥浆
A —— 骨　料
配合比 No. 8

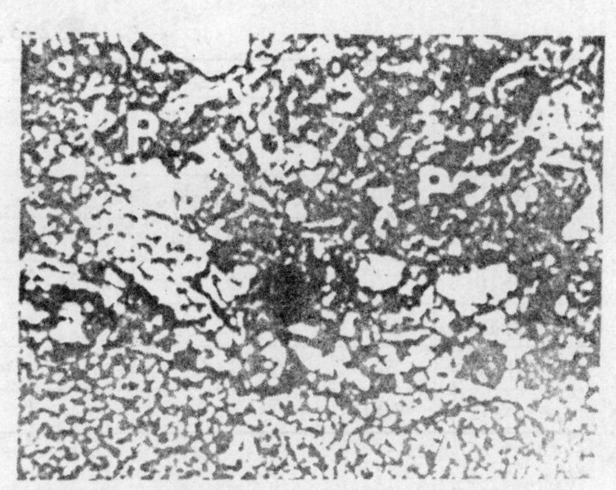

球状水泥混凝土　10 μm
P —— 水泥浆
A —— 骨　料
配合比 No. 7

图 2.2.23　骨料-水泥浆界面的 SEM

一、调粒水泥的原料及性能

调粒水泥常用的原料及性能见表 2.3.1。

表 2.3.1　调粒水泥的原料

使用材料	代号	相对密度	比表面积 (cm^2/g)	平均粒径(μm)
硅酸盐水泥	N	3.17	3400	19.57
水泥粗粉	O	3.17	600	90.74
石灰石粉	W	2.71	18000	6.04
硅　　粉	S	2.26	200000	
粉煤灰	F	2.18	4320	17.38
高炉矿渣	K	2.92	6260	7.86

调粒水泥中各种组分的组合如表 2.3.2 所示。

二、各种调粒水泥性能的评价

根据表 2.3.2 的各种组合的调粒水泥，对其流动值、水化热及抗压强度进行试验，以评价其性能的优劣。试验结果分别如图 2.3.1，2.3.2，以及 2.3.3 所示。

表 2.3.2 调粒水泥的组合

代 号	组成材料(%)						备 注
	水泥	粗粉	石灰石粉	硅粉	粉煤灰	矿渣	N——水泥,W——石灰石粉 S——硅粉,F——粉煤灰 K——矿渣 N7.3——代表水泥 70% 石灰石灰 30%, N7.W10——代表水泥 70%粗粉 20%,石灰石粉 10% N7S10——代表水泥 70%粗粉 20%,硅粉 10% N——代表水泥 100%
N73	70		30				
N7W10	70	20	10				
N7S10	70	20		10			
N7F10	70	20			10		
N7K10	70	20				10	
N	100						

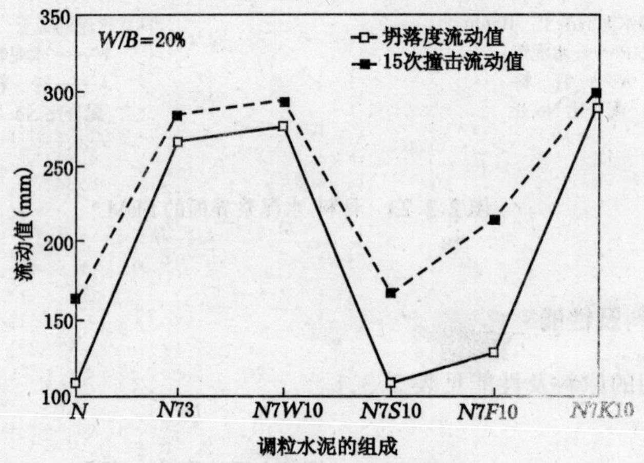

图 2.3.1 调粒水泥的流动值

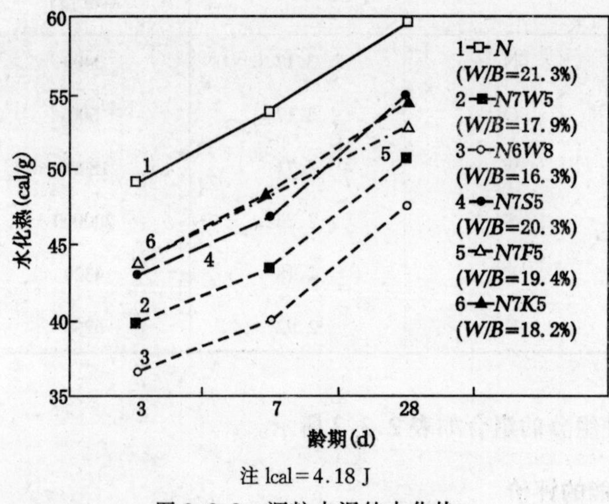

注 lcal=4.18 J

图 2.3.2 调粒水泥的水化热

由图 2.3.1 可见,调粒水泥的坍落度流动值与 15 次撞击的跳桌流动值具有相同的规律。纯水泥(N)的流动值最低;N73、N7W10 及 N7K10 的流动值均较大,三者大体相同。含硅粉的

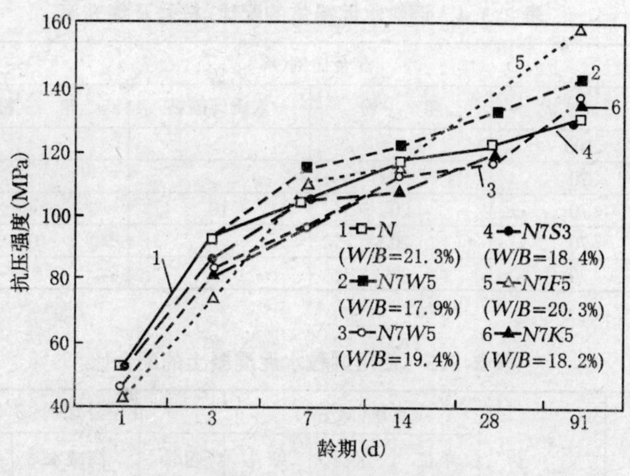

图 2.3.3 调粒水泥的强度

(N7S10)流动值也最低。高强高性能混凝土胶凝材料的组成应为 N73,N7W10 及 N7K10。

由图 2.3.2 可见,水化热最高的是编号 N,3 d 龄期达 209.3 J/g,28 d 达 251.2 J/g;水化热最低的是 N6W8(硅酸盐水泥 60%,粗粉 32%,石灰石粉 8%),其次是 N7W5(硅酸盐水泥 70%,粗粉 25%,石灰石粉 5%)。水化热最低者,3 d 龄期时为 150.7 J/g,而 28 d 时 196.7 J/g 胶凝材料组成中含粗粉及石灰石粉的水化热均大幅度降低。

由图 2.3.3 可见,达到相同的流动性时,组成不同的调粒水泥,需水量不同,因而水粉体比也不同。代号 N 的需水量大,28 d 龄期强度与其他组成的调粒水泥相比,强度偏低,约 120 MPa;但代号 N7S5(硅酸盐水泥 70%,粗粉 25%,硅粉 5%)及 N7W5(硅酸盐水泥 70%,粗粉 25%,石灰石粉 5%)的强度均偏高,28 d 龄期时达 140 MPa。

从流动性,水化放热及抗压强度等三方面,综合评价调粒水泥的组成时,N7W5 或 N7S5 较好。这是配制高性能混凝土的新型胶凝材料。

三、调粒水泥混凝土

通过各组分的组合,得到了调粒水泥的组成及性能,需进一步利用这种水泥配制高性能混凝土。

(一)原材料及混凝土配合比

混凝土试验用的原材料如表 2.3.3,调粒水泥配比如表 2.3.4,调粒水泥混凝土配比如表 2.3.5 所示。

表 2.3.3 使用材料及物性

材　　料	相对密度	比表面积 (cm^2/g)	体积加权平均粒径(μm)	细度模量
硅酸盐水泥	3.17	3400	19.57	
硅水生产时回收粗粉	3.17	600	90.74	
石灰石粉	2.71	18000	6.04	
硅　　粉	2.26	200000		
细骨料	2.58			2.73
粗骨料	2.62			6.63

表 2.3.4 调粒水泥粉体的配比、符号及填充率

代号	混合比例(%)				填充率
	普通水泥	粗粉	重质碳酸钙	硅粉	
A	100	0			0.5
B	70	30			0.57
C	70	20	10		0.55
D	70	20		10	0.55
E	70	20	5	5	0.55

表 2.3.5 使用调粒水泥混凝土的配合比

试验代号	W/B (%)	s/a (%)	重量(kg/m^3)				化学外加剂($B\times\%$)		含气量 (%)
			单位水量	水泥粉体	细骨科	粗骨科	高减水性外加剂	含气量调节剂	
A25	25.0	39.6	165	660	618	950	1.8	0.008	2.0
A30	30.0	43.8	155	533	736	950	1.4	0.006	2.1
B20	20.0	33.8	165	825	482	950	2.4	0.015	2.4
B25	25.0	40.7	160	640	647	950	1.4	0.007	2.5
B30	30.0	44.7	155	517	762	950	1.4	0.006	2.2
C17.5	17.5	30.2	160	914	409	950	3.5	0.018	1.7
C20	20.0	36.3	155	776	537	950	2.4	0.012	1.1
C25	25.0	42.6	150	600	700	950	1.8	0.008	1.9
C30	30.0	46.3	145	483	812	950	1.5	0.006	2.5
D20	20.0	30.6	170	850	417	950	3.2	0.018	2.5
D25	25.0	38.7	165	660	594	950	2.3	0.012	2.8
D30	30.0	43.2	160	533	718	950	2.0	0.015	2.5
E17.5	17.5	27.0	165	943	348	950	4.0	0.028	1.9
E20	20.0	34.2	160	800	490	950	3.0	0.018	1.5
E25	25.0	41.1	155	620	658	950	2.0	0.014	2.7
E30	30.0	45.3	150	500	781	950	2.0	0.014	2.9

(二)实验结果

1. 各种混凝土的最低水粉体比

表 2.3.6 列出了流动值相同的配合比的各种混凝土的水粉体比、流动特性,以及各种龄期的抗压强度。

表 2.3.6 使用调粒水泥混凝土的性能

实验符号	W/B (%)	混凝土物性		砂浆的物性		抗压强度			
		坍落度 (cm)	坍落度流动值(cm)	粘度 (s)	屈服值 (Pa)	3 d	7 d	28 d	91 d
A25	25.0	26.0	61	16.1	67.5	76.5	92.7	105.3	118.3
A30	30.0	26.5	65	11.9	44.2	63.6	77.8	92.6	103.0
B20	20.0	27.0	63	24.6	91.1	77.2	93.7	110.1	117.2
B25	25.0	25.0	68	10.8	27.8	64.8	80.6	94.7	110.9
B30	30.0	26.5	64	11.9	38.3	45.6	64.5	78.6	92.4

续表

实验符号	W/B (%)	混凝土物性		砂浆的物性		抗压强度			
		坍落度(cm)	坍落度流动值(cm)	粘度(s)	屈服值(Pa)	3 d	7 d	28 d	91 d
C17.5	17.5	26.5	60	54.0	161.8	86.0	96.3	108.3	121.3
C20	20.0	–	74	18.5	17.6	86.7	95.4	109.8	122.9
C25	25.0	28.0	71	13.6	15.9	63.2	77.6	91.2	100.0
C30	30.0	25.5	59	8.9	43.5	55.0	69.7	84.2	97.2
D20	20.0	27.0	64	38.1	111.7	76.8	95.8	124.5	135.3
D25	25.0	27.5	66	17.2	41.9	58.8	80.5	107.9	127.1
D30	30.0	27.0	64	13.9	40.5	51.2	71.6	101.0	109.4
E17.5	17.5	27.0	62	59.7	158.3	82.6	99.1	125.0	133.7
E20	20.0	–	70	26.6	28.6	88.0	102.9	124.8	143.1
E25	25.0	–	68	16.5	27.4	65.9	84.5	106.8	117.1
E30	30.0	27.0	66	13.1	24.7	53.6	70.9	96.6	113.3

由此可见配合比B、C、D及E比配合比A能降低水粉体比5%。特别是配合比C及E,水粉体比17.5%的混凝土,不需要什么特殊的装置与技术就能制造出来。

水粉体比为20%的配合比的混凝土,强度都可达到100 MPa以上。

2. 砂浆的屈服值

以粉体A、B、C、D、E配制砂浆的屈服值如图2.3.4。

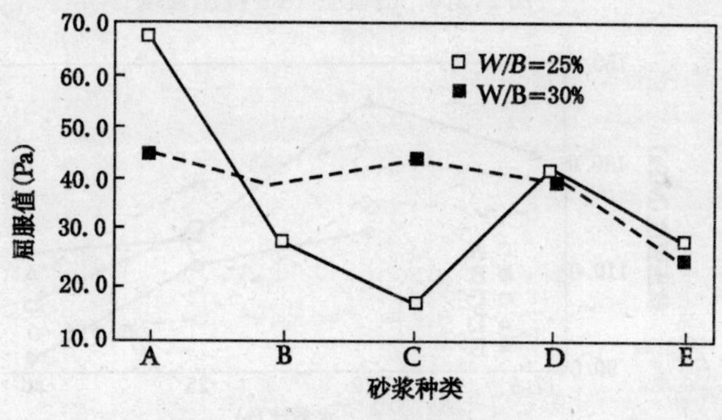

图2.3.4 不同砂浆的屈服值

由图可见,同一水粉体比的情况下,配合比B、C、D及E均比A的屈服值小,流动性好。

3. 混凝土的抗压强度

各种混凝土的3 d、28 d与91 d的抗压强度如图2.3.5、图2.3.6及图2.3.7所示。

3 d龄期的混凝土强度,水粉体比25%及30%时,粉体配合比A的强度大。但由于粉体配合比B,C,D及E,能够制造水粉体比20%的混凝土,配合比C及E比配合比A的抗压强度增加15%左右。

28 d龄期的混凝土强度。关于配合比B及C,即使把水粉体比降低到20%以下,对配合比A的抗压强度也没有增加。另一方面,配合比D及E,水粉体比为30%及25%范围,与配合比A具有相同的强度。

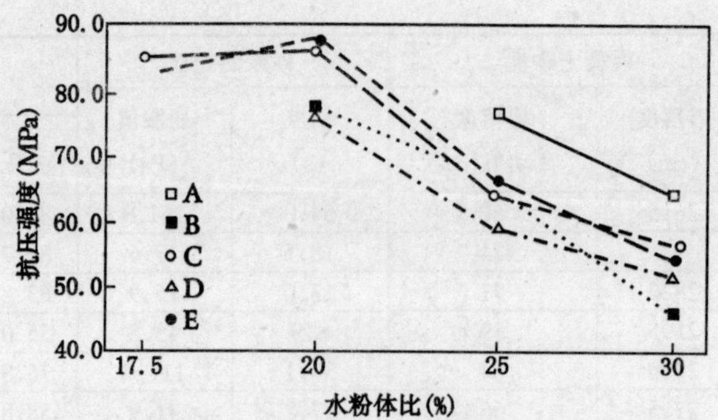

图 2.3.5 混凝土 3 d 龄期抗压强度

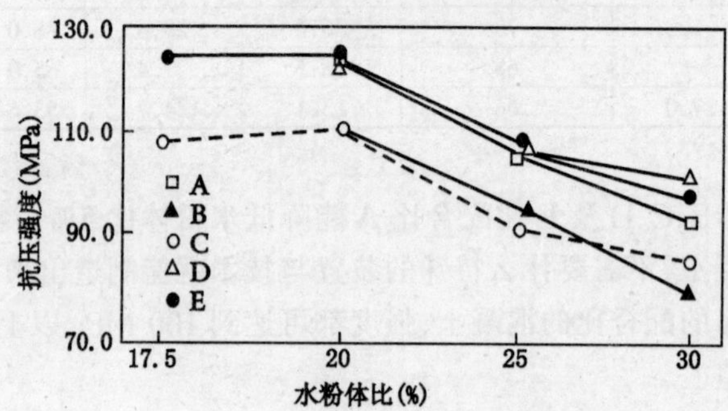

图 2.3.6 混凝土 28 d 抗压强度

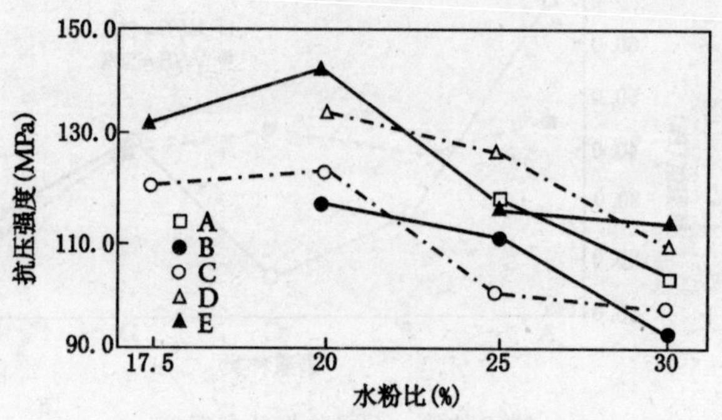

图 2.3.7 混凝土 91 d 强度

由图 2.3.7 混凝土 91 d 龄期强度与水粉体比关系可见，配合比 D 及 E，在水粉比 25%、30%范围内，与配合比 A 具有同等的抗压强度。进一步降低水粉体比，使配合比 A 提高强度约 14%。特别是配合比 E，在水粉比 20%时，能得到超高强 143 MPa 的混凝土。

(三)结论

1. 使用调粒水泥的情况下，得到相同坍落度的混凝土，水粉体比可以降低 5%。

2. 使用调粒水泥可以降低砂浆的屈服值。

3. 普通水泥 70%，粗粉 20%，重炭酸钙 5%以及 5%硅粉(配合比 E)，水粉体比 20%，坍落度流动值 70 cm，91 d 强度 143.0 MPa。可以得到高强高流态的高性能混凝土。

第四节 活化填料与活化水泥

一、活化填料

把有机外加剂与天然矿石及矿渣同时粉磨，使外加剂吸附于磨细矿物颗粒表面，得到活化填料。当水泥混凝土中，以这种活化填料取代一部分水泥时，可以降低减水剂用量并能提高水泥混凝土的强度。

采用活化填料与二次搅拌工艺，即首先在普通或高速搅拌机内制备水泥胶结料拌合物，同时加入超塑化剂；然后，使之与骨料在主搅拌机内混合；这样，能以普通水泥，甚至低标号水泥制成高强混凝土，如表 2.4.1 所示。

表 2.4.1 活化填料混凝土

编号	材料用量(kg/m^3)					密度(kg/m^3)	混凝土抗压强度(MPa)			
	水泥	活化填料	高效减水剂	水	骨料		1 d	7 d	28 d	60 d
1	600	–	6	162	1774	2542	64.2	76.4	84.2	93.8
2	500	100	5	122	1873	2600	72	99	103	108
3	400	200	4	120	1876	2600	66	78	92	96
4	300	300	3	100	1777	2580	39	56	72	81

由表 2.4.1 可见，2 号混凝土 28 d 龄期强度可达 100 MPa，可经受 500 次冻融循环，而无任何破坏迹象；28 d、60 d 的抗弯强度分别为 9.6 MPa 及 12.2 MPa，棱柱体强度为 105 MPa，抗渗压力超过 1.8 MPa。

含活化填料的水泥胶结料以及采用二次搅拌工艺可以制造高强、高性能混凝土管沟、路面板、拱和溜槽等。

二、活化水泥(FFC)

将粉状超塑化剂与熟料混磨即能制得活化水泥(FFC-100)。或者把粉状超塑化剂与矿物质材料混磨制成活化填料，取代部分水泥，可以得到需水量低的胶结料，活性大大提高。表 2.4.2 是活化水泥混凝土的配比及性能。

表 2.4.2 活化水泥混凝土配比及性能

胶结料类别	水泥用量(kg/m^3)	胶结料总用量(kg/m^3)	水胶结料比	坍落度(cm)	蒸养时间(h)	混凝土抗压强度(MPa)				
						1 d	28 d	90 d	180 d	360 d
325 水泥	390	390	0.50	2.8	1.3	20.8	31.6	34.4	37.6	40.2
FFC-50	195	390	0.30	3.0	10	23.0	64.8	71.0	77.6	82.4
FFC-25	95	390	0.30	2.0	10	32.0	41.0	44.8	53.2	58.6
525 水泥(高效减水剂)0.7%	480	480	0.33	18.0	标养	42.6	63.0	67.8	77.4	84.5
FFC-50	240	480	0.27	18.0	标养	41.3	65.0	69.3	73.0	81.4

在表 2.4.2 中:(1)FFC-50 意即水泥中含 50%活性填料,FFC-25 意即水泥中含 75%的活性填料。以 325 号水泥为基料的 FFC-50 可以代替 525 号水泥,其蒸养 10 h 后 28 d 龄期强度可达 64.8 MPa,比 525 号水泥配制的混凝土标养 28 d 时强度 63.0 MPa 还略高;而且前者的水泥用量只有 195 kg/m³,而后者则为 480 kg/m³。技术经济指标相当显著。(2)FFC-50 混凝土标准养护 1 d 强度为 41.3 MPa,能脱模并传递预应力,比通常工艺使用超塑化剂的混凝土,达到同样强度的时间要缩短一半。(3)在 FFC-50 中水泥,利用系数高得多。

FFC 水泥混凝土除了具有高的抗压强度外,其他方面的性能,如抗冻性与抗裂性也十分优异。其试验结果如表 2.4.3 所示。

表 2.4.3 FFC 混凝土的性能

胶结料类别	水胶结料比	密度 (kg/m³)	28d 抗压强度 (MPa)	棱柱体强度 (MPa)	$E\times10^4$ (MPa)	新拌混凝土坍落度 (cm)	裂缝形成的应力水平 (%R 混凝土)		冻融循环次数	抗冻性系数
							R°_{crc}	R°_{crc}		
325# 水泥	0.42	2400	36.2	28.6	2.85	3.5	35.3	78	300	0.88
同上水泥掺高效减水剂 0.7%	0.42	2390	37.6	28.2	2.91	20	37	79	300	0.89
FFC-100	0.29	2450	75.3	64.8	3.7	20	56	89	500	1.23
FFC-60	0.30	2430	59.8	49.6	3.1	21	52	87	500	1.08
FFC-40	0.32	2400	44.5	36.6	3.08	20	49	86	400	0.92
FFC-100	0.25	2530	104.6	93.2	4.72	3	64	91	500	1.27
FCC-60	0.26	2490	77.6	67.4	3.89	3.5	58	87	500	1.12
FFC-40	0.26	2475	60.4	51.4	3.12	3	52	86	500	0.97

FFC 中活化填料为磨细水淬矿渣;水泥用量 400 kg/m³。

FFC-100 为活化水泥。

FFC 混凝土与无外加剂或按通常方法掺入高效减水剂的混凝土相比,吸水率低 40%~50%,收缩和徐变低 10%~30%。325 号活化水泥 400 kg/m³,水胶结料比 0.29,坍落度 20 cm,混凝土标养 28 d 强度可达 75 MPa,如水灰比降至 0.25,混凝土 28 天强度还可以达到 100 MPa。

使用 FFC 配制混凝土,与通常方法相比,拌合水用量能降低 15%~25%;必要时可不需对混凝土进行湿热养护,或能有效的缩短蒸养时间。使用 FFC 配制混凝土,当混凝土强度为 C15~C35 时,能节约水泥 130~290 kg/m³,即节约水泥 56%~68%,并且可在 FFC 用量 300 kg/m³ 的条件下获得 80 MPa 的高强度、高性能混凝土。采用 FFC 配制混凝土,在 -10℃ 下无须采用防冻剂;在 -15℃ ~25℃ 时,防冻剂掺量可减少$\frac{1}{2}\sim\frac{2}{3}$。

第五节 超细水泥

超细水泥是比表面积达 10000 cm²/g 以上的水泥。这种水泥的凝结硬化特性、24 h 内的水化反应及其结构形成、早期强度等均与普通水泥不同;硬化后的碳化深度、干燥收缩等均比普通水泥要低。这是一种新品种水泥。

一、超细水泥的初期水化反应

(一)试验用的水泥及测试内容

以硅酸盐水泥熟料与二水石膏共同磨细成普通细度的硅酸盐水泥(称作水泥①),以及超细水泥(称水泥②),在超细水泥中掺入0.5%的蔗糖酸钠(称水泥③)。水泥的细度与化学成分如表2.5.1所示。加入蔗糖酸钠主要是为了缓凝。

表2.5.1 水泥的细度与化学成分

水泥*种类	比表面积(cm^2/g)	平均粒径(μm)	化学成分(%)									
			烧失量	不溶物	SiO_2	Al_2O_3	Fe_2O_3	CaO	MgO	SO_3	Na_2O	K_2O
①	3100	16.3	0.5	0.2	21.1	5.2	3.7	64.6	1.0	2.0	0.29	0.63
②	13600	2.1	2.5	0.1	20.7	5.1	3.5	63.4	1.0	2.0	0.27	0.62

*:水泥③与水泥②同,仅多掺入0.5%蔗糖酸钠。

将上述三种水泥,测定其水化放热速度,进行水泥浆的液相与固相分析。

水化放热速度测定:$W/C=100\%$,20℃,用传导热量计测定。

液相与固相分析用水泥浆,根据日本工业标准(J1SR5201)《水泥的物理试验方法》中规定的,试验凝结用的水泥浆的制作方法来制作。标准用水量对水泥①、水泥②及水泥③分别是25.7%,63.4%及41.2%。各水泥浆搅拌后在20℃下密闭养护。到龄期时用压力机压榨出其中液相进行分析。固相分析试样用丙酮停止水化后,进行干燥。关于这些试样测试项目及方法概括如下:

1. 液相中离子浓度的定量:Ca^{2+},Na^{+},K^{+},Si^{4+},Al^{3+},SO_4^{2-},OH^{-}及蔗糖酸离子的定量。

2. 固相分析:孔分布,包括硬化水泥浆,搅拌后3 min、1 h、2 h、5 h及24 h的水泥浆的试样,同时测定未水化物及水化生成物。通过XRD测定未反应的石膏及C_3A的水化生成物。此外,还测定未水化的C_3S、C_3S+C_2S,生成的$Ca(OH)_2$的衍射峰面积比。

水化率的测定:在950℃测定其失重,计算结合水量。在别的试验中,测定了一年的试样的结合水量,以及计算出水化率,作为经验的水化率。

细孔分布的测定:将硬化水泥浆破碎成1.2~2.5 mm,用压汞法测定。龄期24 h的试件,用N_2吸附法测定。

微观结构的观测:通过SEM观测水化物的形状及生成状态。

(二)试验结果

1. 水化放热速度的测定结果如图2.5.1所示。与作为比较基准用的水泥①相比,水泥②刚加水后第一次的发热量大、诱导期长,而且第2次的发热量明显的增大,这是水泥②的特征。对于水泥③,第一个放热峰约1小时后出现,诱导期长,而且第二次放热从开始到最大值的时间长。这些是它们之间的不同点。

2. 液相中离子浓度的测定

从水泥浆中压榨出来的液相中各种离子浓度的经时变化如图2.5.2所示。

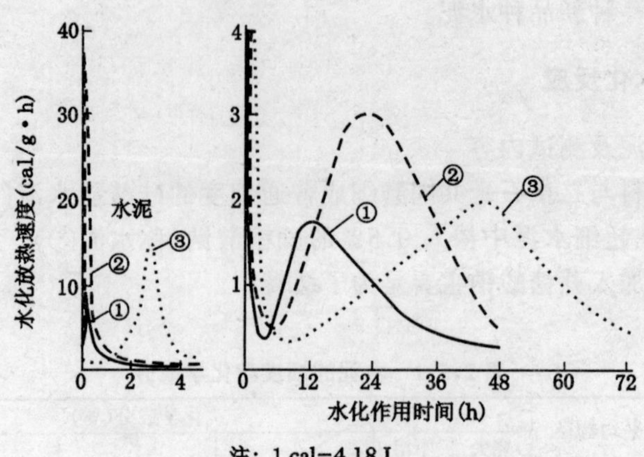

图 2.5.1　水泥浆的放热曲线

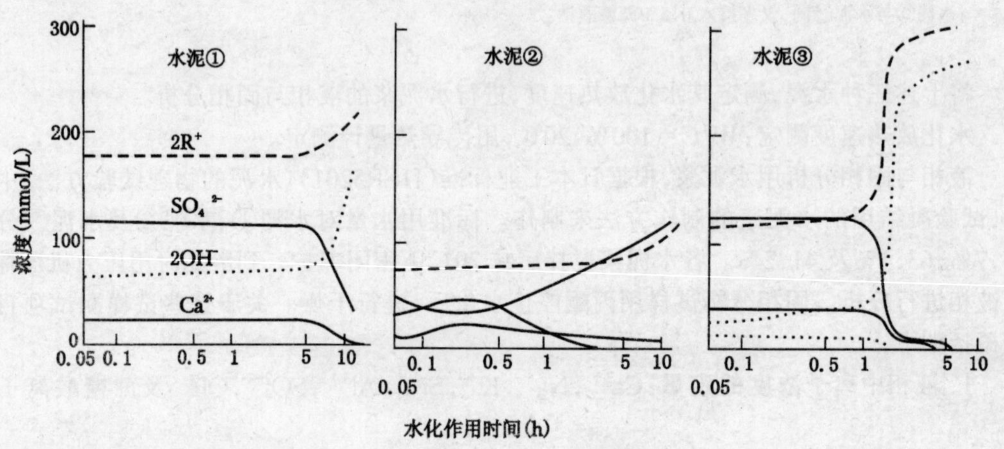

图 2.5.2　水泥浆溶液中离子浓度变化曲线

由图可见,不同时期水泥试件离子浓度变化很大。水泥①约 5 h 后 Ca^{2+} 及 SO_4^{2-} 浓度降低。水泥②约 10 min 后 Ca^{2+} 及 SO_4^{2-} 浓度徐徐降低。而关于水泥③约 1 h 后蔗糖酸离子消失,Ca^{2+},SO_4^{2-} 浓度降低以及 Si^{4+},Al^{3+} 浓度稍有增加(约 0.5 m mol/L)。

3. 固相分析

首先,通过 XRD 分析水泥浆中未反应的二水石膏、铝酸三钙的水化生成物,其鉴定结果如表 2.5.2 所示。

表 2.5.2　未反应二水石膏及 C_3A 水化物(XRD 分析)

水泥	水化作用时间(h)				
	0.05	1	2	5	24
①	G	G	G	–	E
②	G	E	E	E	E
③	G	G	M	M	M

表中 G:二水石膏;E:钙矾石;M:C_4AH_x。

二水石膏消失之后，水泥①和水泥②形成钙矾石，而水泥③则形成 C_4AH_x 的水化物。另一方面，C_3S、C_3S+C_2S 及 $Ca(OH)_2$ 衍射峰强度比，如图 2.5.3 所示。

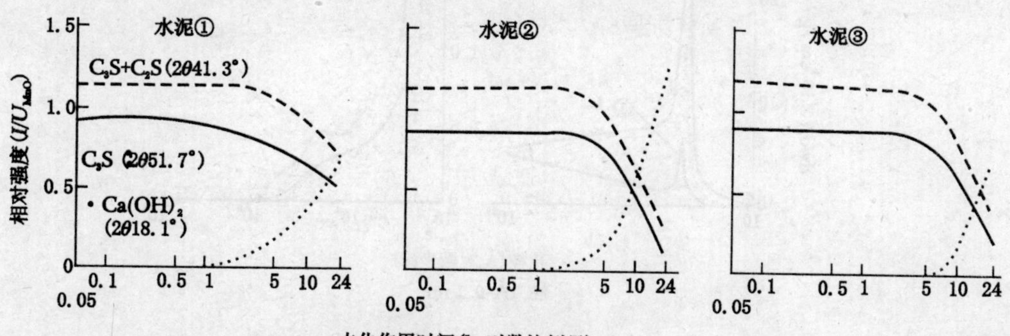

图 2.5.3　水泥浆中硅酸钙和氢氧化钙的 XRD 衍射峰强度比

硅酸钙的 XRD 峰值开始降低时，水泥①约 3 h 后，水泥②约 5 h 后，水泥③约 8 h 后。水化放热速度的第 2 个峰主要是由于硅酸钙水化引起的。

从结合水的量计算水泥的水化率如图 2.5.4 所示。此外，从水化率计算出平均的水化深度(24 h 龄期)如图中括号内所示。

平均水化深度的计算是以熟料粒子为球形、平均粒径，而且水化反应从外侧均匀向里进行为前提，按下式计算：

$$d=\frac{(1-\sqrt[3]{1-\alpha})}{2}\cdot D \qquad (1)$$

式中 d：平均水化深度(μm)；

α：水化率；

D：平均粒径(μm，参照表 2.4.1)。

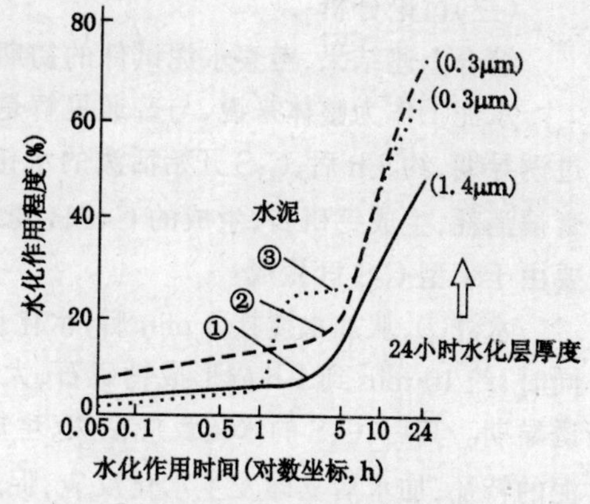

图 2.5.4　水泥浆水化作用程度的变化

搅拌过程中，水泥②的水化已很快进行，但水泥③则推迟了。但是水泥③的水化率约 1 h 后与水泥①大体相同。此后，以及大约 6 h 后，根据其水化进行，水泥①的水化率也增大。但是，平均的水化深度，超细水泥与普通粒度的水泥相比，正好相反，变小了。

硬化水泥浆的细孔分布如图 2.5.5 所示。半径 2 nm(20Å)的细孔相当于凝胶孔隙，其含量顺序是水泥②＞水泥③＞水泥①，此结果的前提是，认为水化进行的同时，凝胶的孔隙含量增大。这和水化率的结果对应的相关性是很好的。

水泥浆微观结构的特征如图 2.5.6 所示。根据不同的水泥试件，水化物的生成时期以及形状是很不相同的。水泥①，水化 2 h 后，熟料表面为水化膜覆盖(a)；但 5 h 后，由于 C_3S 的水化反应活泼，Ⅰ型 C-S-H 和 $Ca(OH)_2$ 生成(b)。龄期 24 h 时，生成Ⅲ型 C-S-H(c)和钙矾石(d)。水泥②，水化 3 min 后熟料表面为水化物所覆盖(e)；1～5 h 内生成钙钒石(f，g)；随着生成Ⅲ型 C-S-H(h)。水泥③在搅拌过程中，熟料表面为水化膜覆盖(i)；2～5 h 时，可能是铝酸

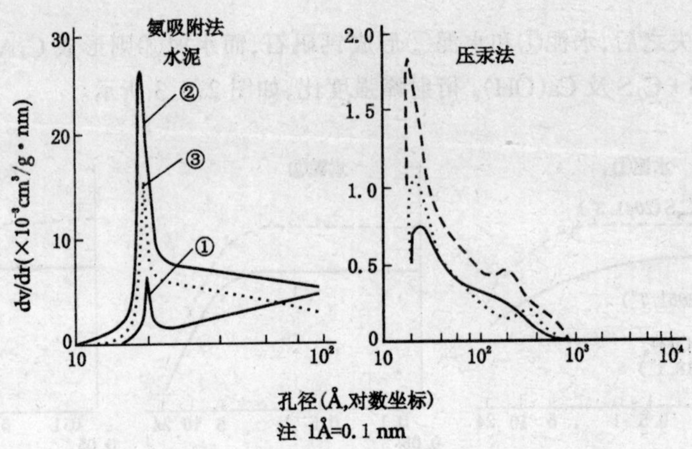

图 2.5.5 硬化水泥浆的细孔分布(龄期 24 h)

钙水化物,为一种板状相(j);此外,熟料表面长出一种纤维状水化物(j)、针状水化物(k);24 h时,生成Ⅲ型 C-S-H 相(1)。

(三)讨论分析

综合上述结果,考察水泥试件的初期水化反应过程,有如下几点:

水泥①作为整体来说,与普通见解是一致的。也就是,与水接触时,熟料的一部分溶解,经过诱导期,约 3 h 后,C_3S 开始活泼的水化反应,生成Ⅰ型 C-S-H 及 $Ca(OH)_2$。其后 24 h 时,石膏被消耗,生成钙矾石,生成的 C-S-H 变成Ⅲ型。水泥的初凝 160 min、终凝 230 min。凝结主要由于Ⅰ型 C-S-H 生成。

水泥②,从加水搅拌 3 min 后,水化反应就迅速进行,在水泥熟料表面形成水化物薄膜的同时,约 10 min 到 1 h 内形成钙矾石,大部分石膏在此期间消耗掉。大约至 6 h 的长时间都是诱导期。其后,C_3S 的水化反应活泼,生成Ⅲ型的 C-S-H 及 $Ca(OH)_2$。也就是说,作为超细水泥的特征,加水后立即发生水化反应,促进了钙矾石的形成和诱导期的延长,其后生成大量的形状不同的Ⅱ型 C-S-H。超细水泥的初凝 10 min,终凝 1.1 h。初凝是由于水化膜(C-S-H)的形成,终凝是由于钙矾石的形成。

水泥③,在超细水泥中添加蔗糖酸钠时,加水后的水化反应明显地受到抑制。液相中 Ca^{2+} 及 SO_4^{2-} 在高浓度下得到维持。从 1 h 后到 2 h 之间,液相中蔗糖酸离子作为不溶的钙盐析出,而且由于被吸附到熟料表面而消失。与此同时,Ca^{2+} 与 SO_4^{2-} 的浓度减少,生成铝酸钙水化物。此外,在这一时期,熟料表面生成纤维状的水化物。约 8 h 后,C_3S 的水化活泼起来,生成Ⅲ型 C-S-H。这样,超细水泥中添加蔗糖酸钠的情况下,能抑制初期水化,蔗糖酸从液相中消失的同时,C_3A 迅速水化,诱导期延长,其后Ⅲ型 C-S-H 比较缓慢的生成。这种水泥的初凝时间 92 min,终凝时间是 103 min。凝结是由于铝酸钙水化物生成而造成的。超细水泥的水化深度比通常的水泥小;对此,用 XRD 对熟料表面分析结果,确认其是一种完全结晶格子,熟料表面的结晶结构没受到干扰,主要是由于水化膜层的水化物的生成状态不同而造成的。

(四)结论

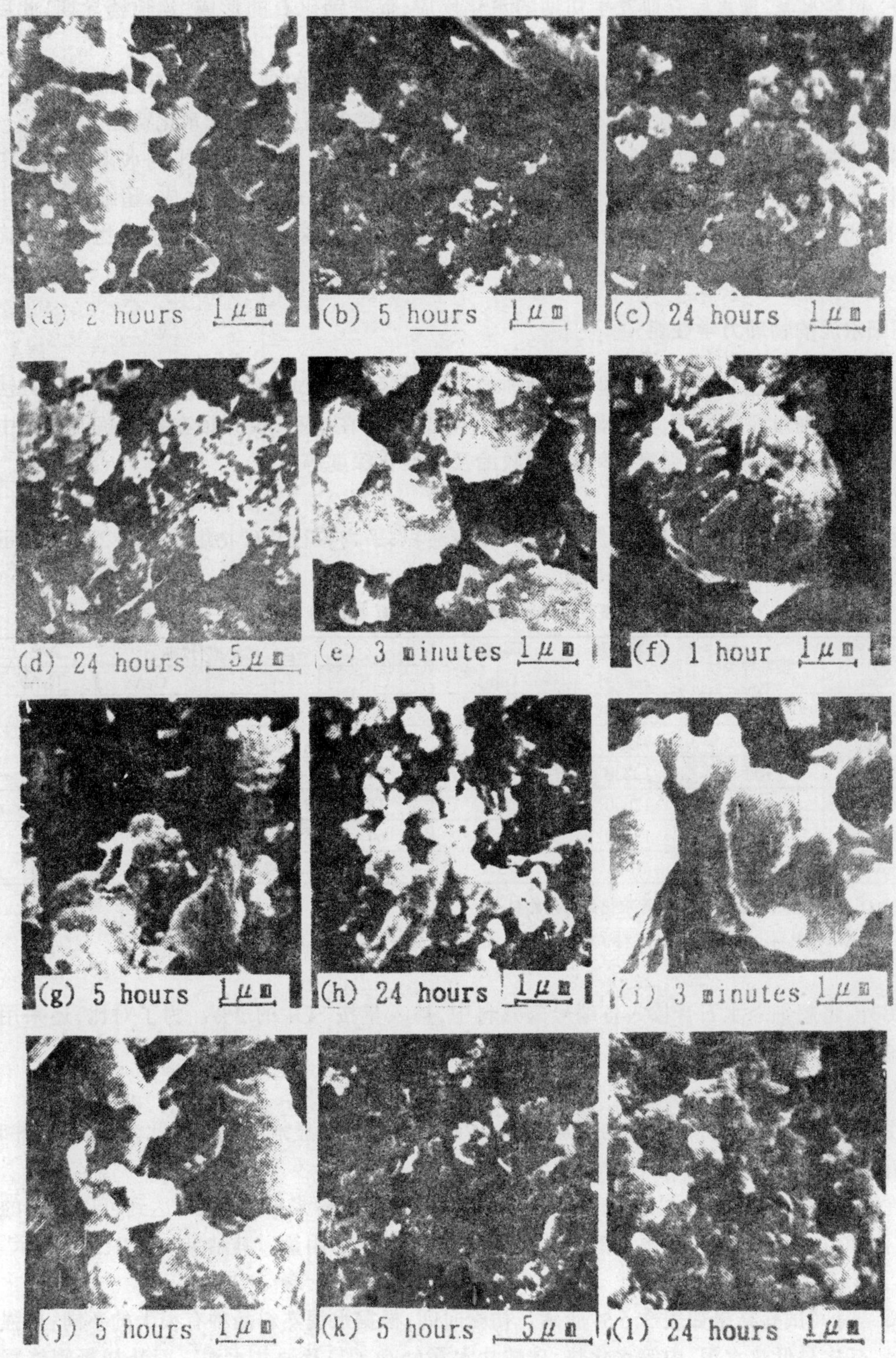

图 2.5.6　水泥浆在不同水化时间的 SEM

1. 超细水泥,加水后立即发生初期的水化反应,促进钙矾石的形成,延长诱导期,此后大量的生成了形态不同的C-S-H。

2. 超细水泥中添加蔗糖酸钠时,加水后的初期反应明显的延迟,其后迅速生成铝酸三钙水化物以及缓慢的生成Ⅲ型的C-S-H,这是含有蔗糖酸钠的超细水泥的水化特征。

3. 超细水泥与普通粒度的水泥相比,在相同的龄期中,水化率大,但平均水化深度小。

4. 关于这三种水泥的凝结:普通粒度的水泥是由于Ⅰ型C-S-H的生成;超细水泥是由于C-S-H膜层及钙矾石的形成;超细水泥中添加蔗糖酸钠时,则是由于铝酸钙水化物的生成而引起的。

二、超细水泥的物理力学性能

至今为止,对超细水泥的物理力学性质的研究还很少,其试验结果也与试样的制作方法有关,在关于超细水泥领域中,其物性还有许多不明之处。在这里,仅介绍在各种超细水泥中添加缓凝剂后,其凝结、砂浆强度,砂浆干燥收缩及中性化深度等。

(一)试样

在试验中采用5种不同的水泥熟料,其比表面积、平均粒径及矿物组成如表2.5.3所示。

表2.5.3 熟料的细度与矿物成分

NO	熟料种类	比表面积 (cm^2/g)	平均粒径 (μm)	矿物成分(%)			
				C_3S	C_2S	C_3A	C_4AF
①	O	13360	2.3	56	19	8	11
②	MH	11580	2.6	46	32	4	12
③	RH	13230	2.1	71	7	8	9
④	LH	12600	2.4	18	62	3	11
⑤	O.W	12510	2.2	64	16	0	15
⑥	OPC	3140	15.2	53	22	9	10

表中O:硅酸盐水泥熟料;MH:中等水化热水泥熟料;

RH:快硬水泥熟料;LH:低热水泥熟料;O.W:油井水泥熟料。

另外,将超细二水石膏掺入各编号的熟料中,掺入量按SO_3的2%。为了对比,还采用了通常粒度的硅酸盐水泥(OPC)。

(二)性能测定

由于水泥的细度大,在一定的水灰比下,砂浆的流动性明显地降低。因此,在制作试件时,掺入有机添加剂,测定有关物性。

在进行物性测定之前,以水灰比低的、干燥收缩试验用砂浆作为基准,达到可以成型的流动性(流动值(205±5)时,对不同熟料的样品,求出缓凝剂的用量。其结果如表2.5.4所示。

1. 凝结时间

凝结时间试验结果如表2.5.4所示。初凝时间,根据水泥熟料品种有很大的不同:早强水泥最短,其次是低热水泥,中等水化热、硅酸盐水泥(NO.①)及油井水泥。而从初凝到终凝所经过的时间,多掺缓凝剂的反而缩短。

表 2.5.4　缓凝剂的掺量及砂浆的凝结时间

NO	缓凝剂(%)	水(%)	凝结时间(min)		NO	缓凝剂(%)	水(%)	凝结时间(min)	
			初凝	终凝				初凝	终凝
①	0.50	41.2	92	103	④	0.25	39.2	48	114
②	0.35	40.5	82	104	⑤	0.35	39.5	105	131
③	0.55	41.7	35	102	⑥	–	28.5	143	230

2. 砂浆的抗压强度

不同熟料的超细水泥的早期强度差别很大。快硬水泥(RH)熟料约 8 h,硅酸盐水泥熟料(O)约 12 h,中等水化热水泥熟料(MH)约 2 d,油井水泥熟料(O.W)约 5 d,才具有强度。而以后的强度发展,由于①、③、⑤中的 C_3S 含量高,强度发展显著。

3. 水化热

通过溶解热的方法,测定水泥的水化热如表 2.5.5 所示。

表 2.5.5　水化热

NO	水化热(J/g)			NO	水化热(J/g)		
	1 d	3 d	28 d		1 d	3 d	28 d
①	305.6	414.7	471.9	④	41.0	172.6	313.1
②	79.0	278.0	403.4	⑤	66.0	143.8	414.2
③	375.4	437.2	488.6	⑥	–	232.4	393.8

4. 干燥收缩及碳化

砂浆的干燥收缩,经测定 26 周龄期的长度变化,以低热水泥(LH)最低。然后是 O.W 水泥、MH 水泥、RH 水泥及 O 水泥的收缩,按顺序增大。

利用干缩试件,测定了龄期为 13 周的碳化深度,其结果分别是:硅酸盐水泥是 0.9 mm、中等水化热水泥是 1.5 mm,早强水泥是 0.7 mm,低热水泥为 2.1 mm,油井水泥为 1.8 mm。也即超细水泥的碳化深度因熟料的品种而异。但在本试验范围内,均比普通细度的水泥要小(普通细度水泥的碳化深度为 3.1 mm)。

第六节　现状与问题

当前水泥的生产中,对水泥质量影响较为突出的有两个问题:一是碱含量,二是氯离子的含量。对混凝土的耐久性都带来不利的影响。

一、碱含量

水泥的碱含量是按水泥中 Na_2O 及 K_2O 的分析值,按下式:$R_2O = Na_2O + 0.658K_2O$ (0.658 是 K_2O 对 Na_2O 的分子量比),换算成 Na_2O 含量,作为水泥的全碱量(R_2O)。

硅酸盐水泥的 R_2O 在 0.7%以下,与碱-骨料反应的极限含碱量(0.6%)相接近。这种微量成分令人关注。作为预防碱-骨料反应的手段之一,1986 年,日本工业标准 JISR5210 规定水泥中全碱量在 0.6%以下。这是低碱型硅酸盐水泥规格之一。

水泥中的含碱量,是由于水泥原料粘土带进来的,与水泥的制造方法等无关。因此,要选择低碱含量的粘土为原料。此外,对用高炉矿渣、硅石代替粘土的辅助原料,也要限制,因为这些辅助原料中也含有碱。

低碱型的水泥在制造运输过程中,要与其他水泥分开。这也会影响水泥的价格。

二、氯离子的含量

混凝土中由于氯盐的存在,会促进其中的钢筋等钢材的锈蚀。使用海砂时,会带进大部分氯盐。从水泥、掺合料及水中也会带进少量的氯盐。此外,在含氯离子的介质中,氯离子也会从混凝土的外部渗入内部,对这部分氯离子,要采取其他对策。日本建筑学会、土木工程学会的标准,在混凝土中水泥与骨料带进的氯盐,折合成 Cl^- 的含量最高为 0.3 kg/m^3。这是提高混凝土耐久性的手段之一。

实践这个方法的时候,在配合比设计的各个阶段,对各种材料的氯盐含量要有正确的了解。

参考文献

1,2,3 宇智田　俊一郎,岡村　隆吉.高强度化のためのセメントの開發と水和の理論,セメント.コンクリート,8,1992

4 Hsdeo Yamamoto, Nobuo Suzuki etc. A study on Spherical Cement, Research Report of Onoda V.43 N.125 1991

5 田中　勳ほか.球狀化セメントを用いたコンクリートの高耐久性化に關する研究,日本建築學會大會學術講演梗概集(九洲)1989-10.

6 田中　勳ほか.球狀化セメントの實用化に關する研究,その2高流動性に關する檢討,日本建築學會大會學術講演梗概集(中國)1990-10.

7 武高男ほか.球狀化セメントの實用化に關する研究,その3コンクリートの基本物性に關する檢討,日本建築學學會學術講演梗概集(中國)1990-10.

8 武高男ほか:球狀化セメントの實用化に關する研究,その4モルヌルの高流動性に關する檢討,日本建築學會大會學術講演梗概集(東北)1991-09

9 北村昌彥ほか:球狀化セメントの實用化に關する研究,その5超高强度コンクリートに關する檢討,日本建築學會大會學術講演梗概集(東北)1991-09

10 友沢史紀ほか:高强度·高流動コンクリート用バインダーの開發に關する研究,その1性能評價方法および試作粒度調整セメントの開發,日本建築學會大會學術講演梗概集(北陸),1992-08

11 陳庭ほゐ:高强度·高流動コンクリート用バイングーの開發に關する研究,その2粒度調整セメントを使用したコンクリートに關すの檢討,日本建築學會大會學術講演梗概集(北陸)1992-08

12 小野山　貫造:高强度.高流動性コンクリート用バイングーの開發に關する研究,その3粗粒セメントを混入したフレッシコベーストの物性に關すゐ檢討,日本建築學會大會學術講演梗概集(北陸)1992-08

13 吉田孝三郎ほか:各種高微粉碎セメントの諸物性,セメント.コンクリート論文集 NO.43,1989

14 吉田孝三郎ほか:セメントの粒度分布と充てり性およびペースト强さ,セメント。コンクリート論文集 NO.45,1991

15 吉田孝三郎ほか:高微粉碎セメントの初期水和反應,セメント.コンクリート論文集 NO.44,1990

第三章 骨 料

第一节 概 述

骨料在混凝土中约占70%，是混凝土的主要组成成分。顾名思义，骨料就是作为混凝土骨架的材料。

混凝土骨料有粗、细之分，细骨料粒径范围是0.15～5 mm，如天然砂与石屑；粗骨料的粒径范围是5～150 mm，如卵石、碎石及碎卵石等。在混凝土中，骨料具有重要的技术和经济作用。正确的选择骨料的品种，符合有关技术标准的要求，是配制高性能混凝土的基础。

在普通混凝土中，一般骨料的强度高于混凝土的3～4倍，由于骨料不同，混凝土的抗压强度差别很小。但高强度、高性能混凝土中，随着混凝土强度的提高，骨料的差别对混凝土的抗压强度的影响很大。如图3.1.1所示，当混凝土抗压强度50 MPa以下时，也即水灰比0.4左右，这时用碎石T碎石K及卵石R配制混凝土，其抗压强度均大体相同。但当水灰比<0.35以后，用不同品种的粗骨料，在相同水灰比下配制混凝土时，抗压强度的差别比较明显。碎石本身的强度及其界面结构均比卵石有利，故其混凝土强度高。

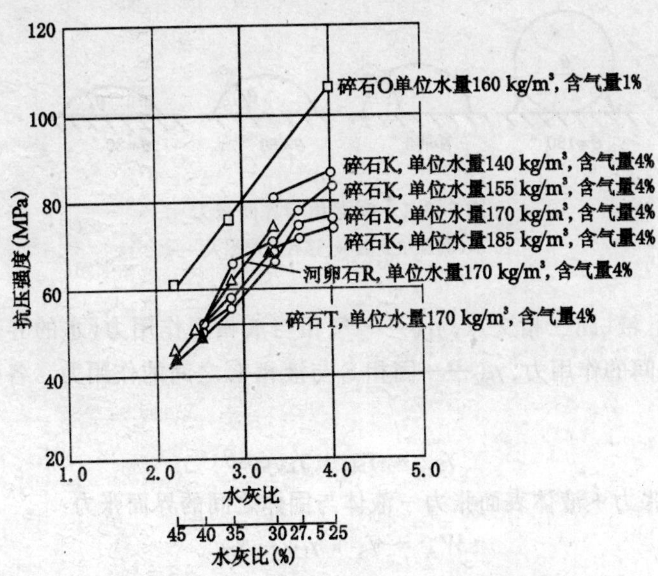

图3.1.1 不同骨料的水灰比与抗压强度

过去,一般把混凝土看成是水泥砂浆与粗骨料的两相复合材料,分析其在外力作用下的应力与变形,以找出混凝土组成材料的数量与质量对强度的影响。但是,实际上混凝土是由三相复合而成,也即骨料,水泥浆与界面过渡层所组成。在高强度、高性能混凝土中界面过渡层则是相对薄弱环节,如何改善与提高界面过渡层,是提高高性能混凝土的耐久性与抗渗性的技术关键。故必须研究骨料与水泥浆之间的相互作用,并研究骨料的品种、数量与质量对界面过渡层的影响。

第二节　骨料与水泥浆的粘结强度

为了提高水泥浆与骨料界面的粘结力,必须要对有关理论进行研究,下面对粘结理论进行分析与说明。

一、粘结理论

粘结力是不同种类的二种物质接触时,相互间的附着力,这是由于构成物质的分子、原子间相互作用的引力而造成的。分子间的引力是由范德华引力及两个氢原子间键形成的结合力构成的。粘结是固体被粘结时,涂上一种粘结剂,经固化后粘结在一起的一种现象。这种粘结现象,从液体粘结剂润湿被粘结的固体开始。图 3.2.1 所示的润湿角 θ 越小,则越容易润湿。而且越易润湿,粘结力越大。也就是说润湿角越小粘结力越大。

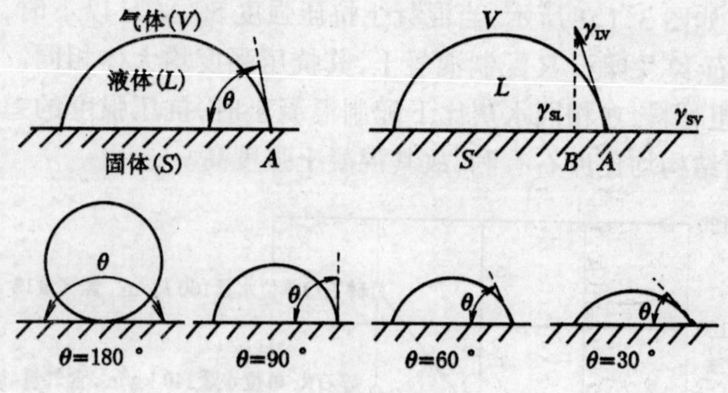

图 3.2.1　润湿角与界面张力

(润湿角 θ 越小,越容易润湿)

图中 A 点是气、液、固三相交点,γ_{LV}——气相与液相间作用力(水的界面张力),γ_{SV}——固相 S 与气相 V 之间的作用力,γ_{SL}——固相 S 与液相 L 之间的作用力。各作用力在 A 点平衡时:

$$\gamma_{SV} = \gamma_{SL} + \gamma_{LV}\cos\theta \tag{3.2.1}$$

粘结功=固体表面张力+液体表面张力-液体与固体之间的界面张力

$$W_A = \gamma_S + \gamma_{LV} - \gamma_{SL} \tag{3.2.2}$$

将式(3.2.1)代入式(3.2.2),如 $\gamma_S = \gamma_{SV}$ 时,则

$$W_A = \gamma_{LV} \cdot (1 + \cos\theta)$$

润湿角 θ 越小,W_A 越大,粘结性能好。此外,在固体中有临界的表面张力 γ_C,为了润湿

物体的表面，液体的表面张力 γ_{SL} 必须大于 γ_C。

此外，关系到粘结强度的溶解度因子(Solubility Parameter，简称 SP)与凝聚能(Cohesive Energy Dencity，简称 CED)之间有以下关系：

$$SP = (CED)^{1/2} \tag{3.2.3}$$

$$CED = \Delta E/V = \Delta H - RT/V = d/M \cdot (\Delta H - RT)$$

式中 ΔE——蒸发能量；

V——分子体积；

ΔH——蒸发潜热；

R——气体常数；

d——密度；

M——克分子量；

T——绝对温度。

根据上式可以计算出凝聚能 CED，再根据(3.2.3)式可以计算溶解度因子 SP、相互间的 SP 值越相近，则易润湿，粘结强度增大。

上述理论适用于水泥-骨料之间的界面。日本的大岸等研究了数种建设工程材料的界面能对强度与润湿方面的影响；中国的陈志源等研究了水泥浆与大理石的粘结；这些都与润湿角有关。R. Zimbelmann 为了改善水泥水化物与骨料的粘结性能，使用一种添加剂(洗涤剂)使水的表面张力降低，粘结强度提高 2～2.8 倍。

二、水泥浆与骨料间的粘结机理

(一)粘结强度与混凝土的破坏

混凝土中的水泥浆，除了把骨料粘结在一起外，还有保持骨料粒子间的基体部分强度的作用，这与用环氧树脂等将 2 个物体粘结起来是不同的。

此外，水泥浆的水化物的粘结与有机物的粘结不同。由于粘结剂是水泥浆，随着龄期的增长，其结构与强度都发生变化。而且因水灰比、养护条件与骨料的物理化学性质而异。

也就是说，界面范围的强度与下列因素有关：①水泥浆的强度，②骨料本身的强度，③骨料与水化物的粘结力，④水化物的凝聚力，⑤水化物与硬化水泥浆的结合。因此，混凝土的破坏，有各种各样情况：水泥石部分、界面、骨料或者这些因素的复合状态。

川村等人通过显微硬度计连续的测定在界面处水泥浆一侧及骨料一侧的两边的硬度，进一步探明了界面区的物理化学特征；还通过微观分析说明了界面发展裂纹的状况。谷川等人把混凝土中与粗骨料有关的裂纹分类如下：①由于泌水在加载之前骨料下面形成的原生裂纹；②砂浆与骨料界面处，由于温度而产生变形的差异而造成的裂缝；③在砂浆处发生的裂缝；④砂浆处裂纹与骨料裂纹连结在一起，长大的裂缝；⑤ 骨料内部发生的裂缝等等。

普通混凝土的破坏在骨料界面及水泥石处发生；但强度超过 80～100 MPa 的高强混凝土的破坏，则由于骨料破坏的比例较大。

(二)界面状态

在水泥浆与骨料的界面附近，形成一个过渡带，其特征是粗大的孔隙富集，如图 3.2.2 所示。

在过渡带范围内，在接触层与骨料表面处几乎是垂直板状或者是层状的 $Ca(OH)_2$(以下

图 3.2.2 水泥浆-骨料界面的微观结构模型图

以 CH 代表)定向结晶,在中间层则分布着 CH 及钙矾石的粗大结晶及少量的 C-S-H,呈现出一种强度不好的状态。硅酸盐水泥混凝土中,大量的 CH 结晶在骨料的表面形成一个粗糙的结构。强度低、抗渗性及耐久性均不好。

三、骨料的种类与粘结强度的关系

支配各种各样骨料表面的主要原因有:①物理的凹凸、粗密、软硬;②岩石、矿物的种类与结构;③骨料的化学成分;④岩石、矿物的反应性;⑤风化、变质;⑥粘土矿物以及粘结的不纯物等。由于上述诸方面的不同,水泥骨料的粘结强度也不同。

(一)骨料表面磨光的试件的粘结强度

将不同岩石破碎成的粗骨料,表面磨光,制备成低水灰比的试件,测定其与水泥浆的粘结强度如图 3.2.3 所示。

由图可见,从岩石的种类来看,比较好的是砂岩,安山岩、石英斑岩等。其次是石灰岩、玄武岩。

(二)物理凹凸、矿物种类不同试件的粘结

在这种情况下,水泥浆中含与不含硅粉时,粘结强度相差很大。掺硅粉时,界面的粘结强度相当高,28 d 龄期时,纯的抗拉强度最高值达 11 MPa。但离散性大,为了获得稳定的高强度必须充分注意。

(三)骨料的化学成分及活性骨料与粘结关系

通过高压蒸养处理,使界面与基体高强化。在高温高压的水热条件下,骨料表面具有活性,骨料的结构不同,生成各种反应性的水化物。如托勃莫来石及碳氢化合物。前者对强度有利,后者无用。一般说来希望使用石英质骨料。即使在常温下,使用石英质骨料,1 d 龄期,强度可达 100 MPa。石灰石骨料在常温下粘结性能很好,但骨料本身强度还有些不足之处。用石灰石粗骨料,可以得到抗压强度 120 MPa 的超高强混凝土。

上述最后两方面骨料的高强度,非本书所讨论的范围。

在获得混凝土最高强度的实例中,有用钢球代替骨料拌制砂浆的,通过高压蒸养,可以得到抗压强度 300 MPa 的试件,比同条件下的硅砂试样(强度 220 MPa)还高。这就说明了在选

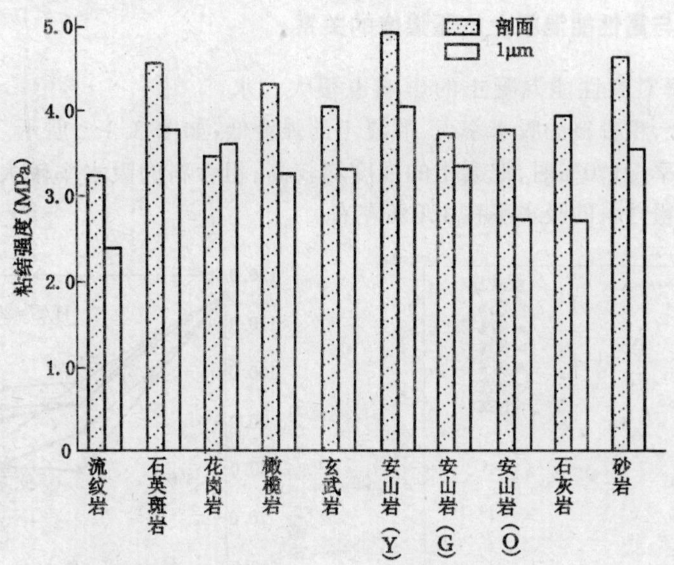

图 3.2.3 岩石与水泥浆的粘结强度

择骨料时,骨料本身的强度是至关重要的。

关于粗骨料本身的强度,一般都采用破碎值试验方法。高强混凝土的强度与其中粗骨料破碎值有很好的相关性。

最近报道,综合的评价粗骨料的强度与粘结性能,可作为判断骨料是否适宜于混凝土的标准。其中最主要的是改变混凝土中粗骨料用量,进行混凝土与砂浆抗压强度试验。从粗骨料用量与抗压强度降低比例,综合的评价骨料质量对混凝土抗压强度的影响。对水灰比 0.25 和 0.45 的高性能混凝土的试验结果表明,粗骨料的质量对混凝土抗压强度的影响是很明显的。

第三节 骨料的表观密度与吸水率对混凝土强度的影响

一、骨料的表观密度与高性能混凝土抗压强度间的关系

粗骨料表观密度与高性能混凝土的强度之间关系如图 3.3.1 所示。

由图可见,相同水灰比的混凝土中,例如水灰比为 0.25,骨料表观密度≤2.5 时,混凝土的强度较低,但当骨料表观密度>2.65 时,混凝土的强度可达 110 MPa。水灰比由 0.25~0.35,粗骨料的表观密度为 2.65~3.0 时,配制的混凝土强度都比较高。也就是说,配制高强度、高性能混凝土时,粗骨料的表观密度要在2.65 g/cm^{3}以上。

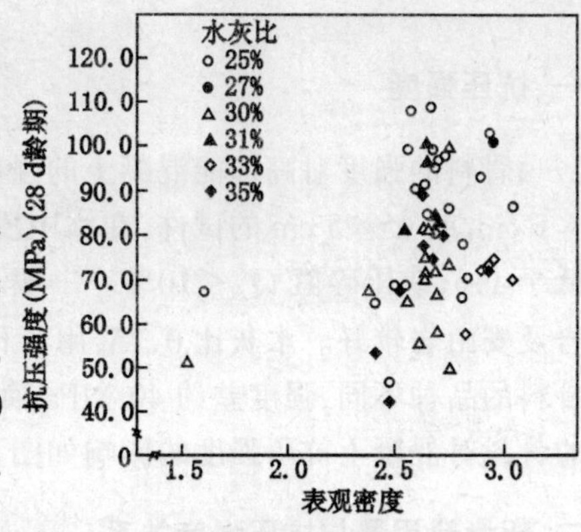

图 3.3.1 粗骨料的表观密度与高性能混凝土抗压强度关系

二、骨料的吸水率与高性能混凝土抗压强度的关系

骨料的吸水率对高性能混凝土的影响也很大。水灰比相同的混凝土,粗骨料的吸水率大,混凝土的强度低,如图 3.3.2 所示。从水灰比 0.25~0.35,骨料的吸水率≤1.0%时,混凝土的强度均较高;粗骨料的吸水率较大时,混凝土的强度较低,故一般希望粗骨料的吸水率在 1.0%左右。

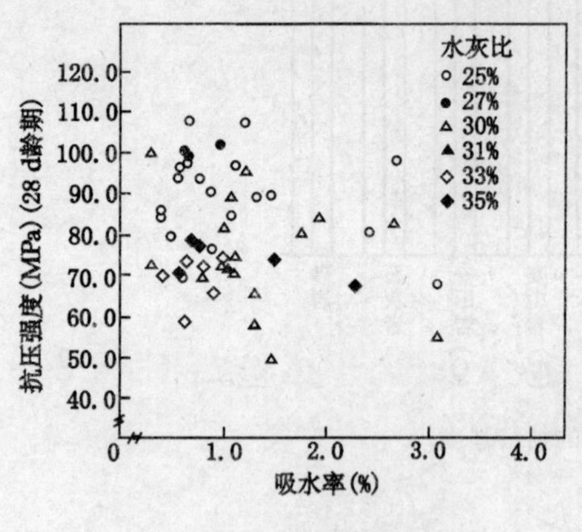

图 3.3.2　粗骨料的吸水率与混凝土抗压强度关系

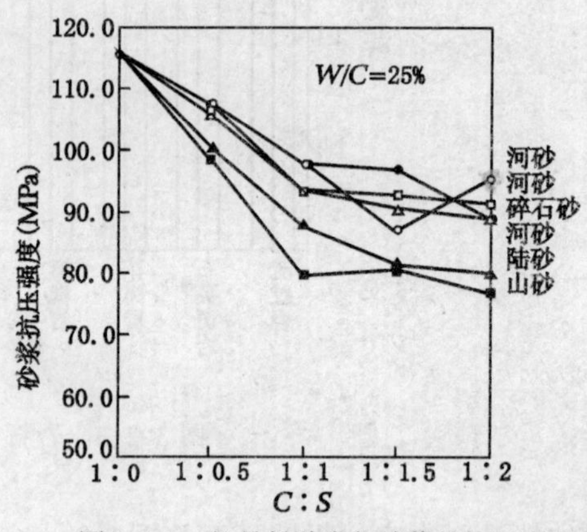

图 3.3.3　细骨料种类与砂浆的抗压强度

三、细骨料种类与抗压强度关系

配制高强度高性能混凝土的细骨料有河砂、山砂、陆砂、碎石砂等,不同品种的砂,配制的砂浆,其抗压强度如图 3.3.3 所示。河砂与碎石砂的砂浆强度高,陆砂与山砂配制的砂浆强度较低。故高性能混凝土都用河砂或碎石砂。

第四节　骨料对混凝土力学与变形性能的影响

一、抗压强度

骨料的强度对高性能混凝土的强度影响很大。为了测定粗骨料的强度,将母岩制成 5×5×5 cm,或 ϕ5×5 cm 的试件,在水中浸泡 48 h,测抗压极限值,与混凝土要求强度等级之比不低于 1.5;或压碎值 Q_A<10%。一般来说,碎石比卵石好,碎石中母岩强度大、致密的硬质砂岩及安山岩较好。水灰比 0.25,用各种骨料配制的混凝土进行抗压强度试验的结果,由于粗骨料的品种不同,强度差约 40 MPa;而由于细骨料的差别造成的强度差约 20 MPa。不同品种的骨料对混凝土抗压强度的影响如图 3.4.1 及图 3.4.2 所示。

二、粗骨料用量与抗压强度关系

单方混凝土中,粗骨料用量多少比较合适呢? 试验结果如图 3.4.3 所示。

由图可见,对于碎石,单方混凝土中粗骨料用量 300 L/m³ 时,混凝土的强度差别不大;但

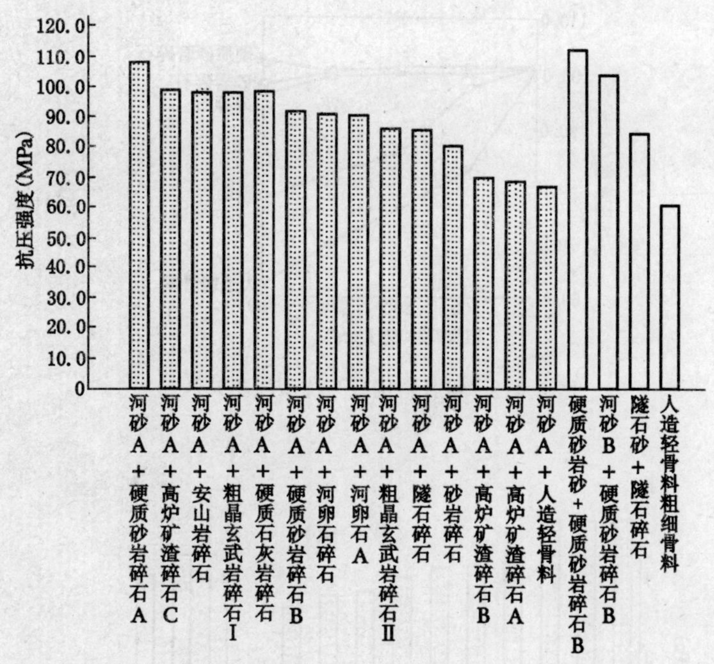

图 3.4.1 不同种类的骨料与混凝土抗压强度关系

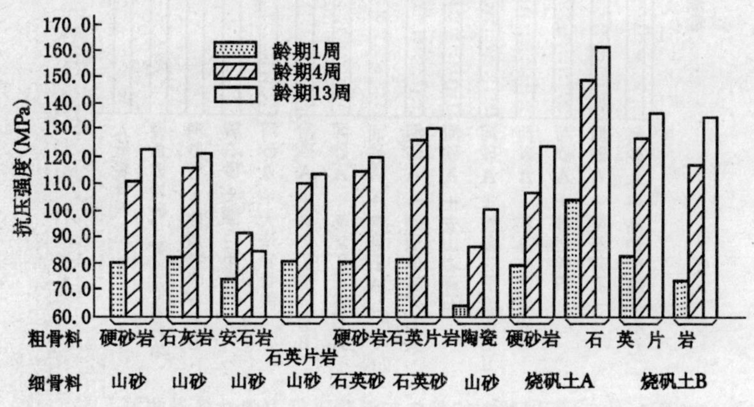

图 3.4.2 粗、细骨料的种类与混凝土抗压强度关系

粗骨料的用量达 400 L/m^3 时，混凝土的抗压强度有明显差别，卵石碎石与硬质砂岩碎石相比，混凝土强度约差 10 MPa。抗压强度 100 MPa 以上的高强高性能混凝土，应选用硬质砂岩碎石，单方混凝土中的含量约 400 L 左右。

碎卵石在高性能混凝土中，随着用量增大，强度相应降低。山卵石不能配制高性能混凝土。

三、粗骨料与混凝土的弹性模量关系

不同粗骨料配制的混凝土，弹性模量不同。如图 3.4.4 所示。

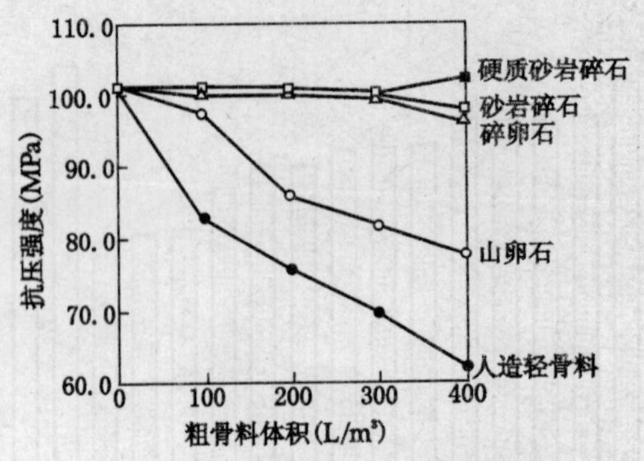

图 3.4.3　粗骨料用量与抗压强度关系

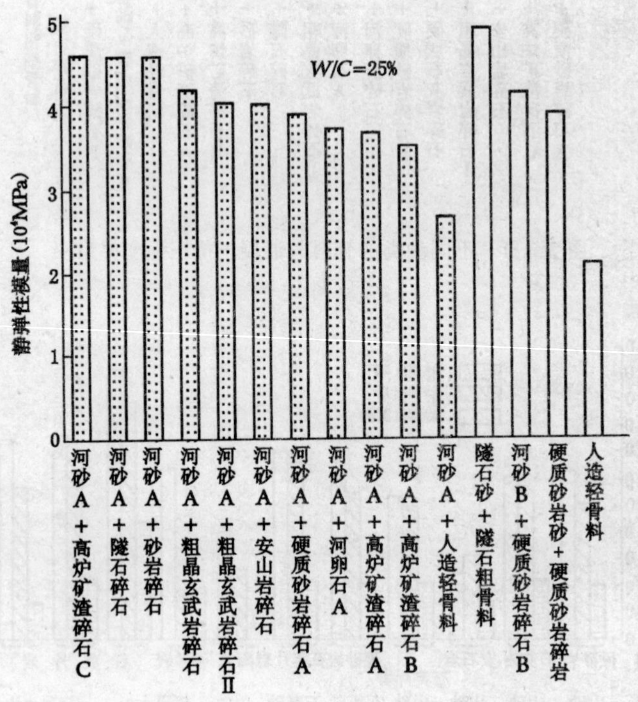

图 3.4.4　不同种类的骨料与混凝土静力弹性模量的关系

一般情况下,混凝土的密度和抗压强度越大,弹性模量 E 越高。一般认为混凝土的弹性模量以相当于抗压强度的 0.5 倍而增加。高强度高性能混凝土的弹性模量要根据所用骨料配制混凝土进行实测。由图可见,$W/C=0.25$ 的混凝土,河砂＋硬矿渣碎石(或砂岩碎石,燧石碎石)的弹性模量 E 较高,达 4.5×10^4 MPa。

四、不同骨料对泊松比的影响

可以说,不同品种的骨料,对混凝土的泊松比影响较小。强度为 50～100 MPa 的各种骨料混凝土的泊松比是 0.16～0.26。即使改变水泥品种和粗骨料进行试验,泊松比也是在上述范围。因此,看不出来由于骨料的不同,泊松比有多大变化。但是,使用水泥熟料配制混凝土,其抗压强度为90～100 MPa时,泊松比为0.19～0.25。

第五节　粗骨料的体积含量、粒径对HPC抗压强度影响的数学模型

抗压强度为30 MPa的混凝土中,混凝土受压破坏时,粗骨料是完整的,没受破坏。但在高性能混凝土中,混凝土受破坏时,粗骨料几乎完全断裂破坏。通过不同品种粗骨料在混凝土中的体积含量、最大粒径,对混凝土强度影响的试验,总结出的数学模型,用以评价不同品种骨料的性能。

一、试验原材料及方案

(一)原材料

1. 水泥　普通硅酸盐水泥525#,实际强度58 MPa

2. 高效减水剂　萘系,减水率20%～25%

3. 矿物质超细粉　超细矿渣(8000 cm^2/g)

4. 细骨料　河砂、中砂

5. 粗骨料　(1)硬质砂岩碎石,比重2.65,吸水率0.59%,空隙率39.2%,$D_{max}=20$ mm

(2)石英片岩碎卵石,比重2.65,吸水率0.49%,空隙率32.1%,$D_{max}=20$ mm

(3)人造轻骨料,比重1.29,吸水率25%,空隙率39.7%,$D_{max}=15$ mm,球状

(二)试验方案　试验的因素与水平如表3.5.1所示。

表3.5.1　混凝土的因素与水平

因素	水平			
	1	2	3	4
W/C(%)	20	25	35	65
粗骨料品种	A	B	C	/
粗骨料用量(l/m^3)	0	200	400	/
D_{max}(mm)	10	15	20	

表中:A——硬质砂岩碎石;

B——石英片麻岩碎卵石;

C——人造轻骨料。

二、试验结果

1. 粗骨料体积含量 V_G 与最大粒径 D_{max} 增加时,与砂浆强度(F_m)以及相应的混凝土强度(F_c)关系。

V_G对混凝土抗压强度影响如图3.5.1;D_{max}对混凝土抗压强度的影响如图3.5.2。

由图3.5.1与图3.5.2可见:1. 骨料A的体积含量 V_G和 D_{max}增大时,在 $W/C=0.65$ 的普通混凝土中,强度降低;但随着混凝土强度提高后,混凝土的强度,随着骨料A的 V_G和 D_{max}增大而增大。2. 骨料B和骨料C时,对于 $W/C=0.65$ 的普通混凝土,与骨料A的情况

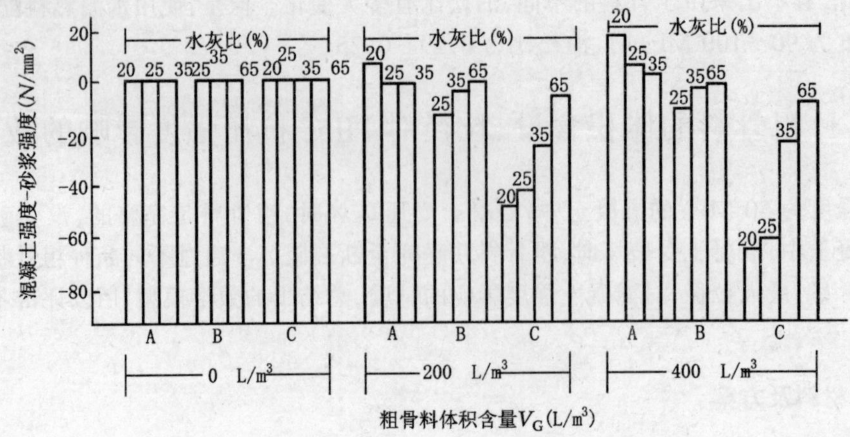

图 3.5.1 粗骨料体积含量对抗压强度的影响

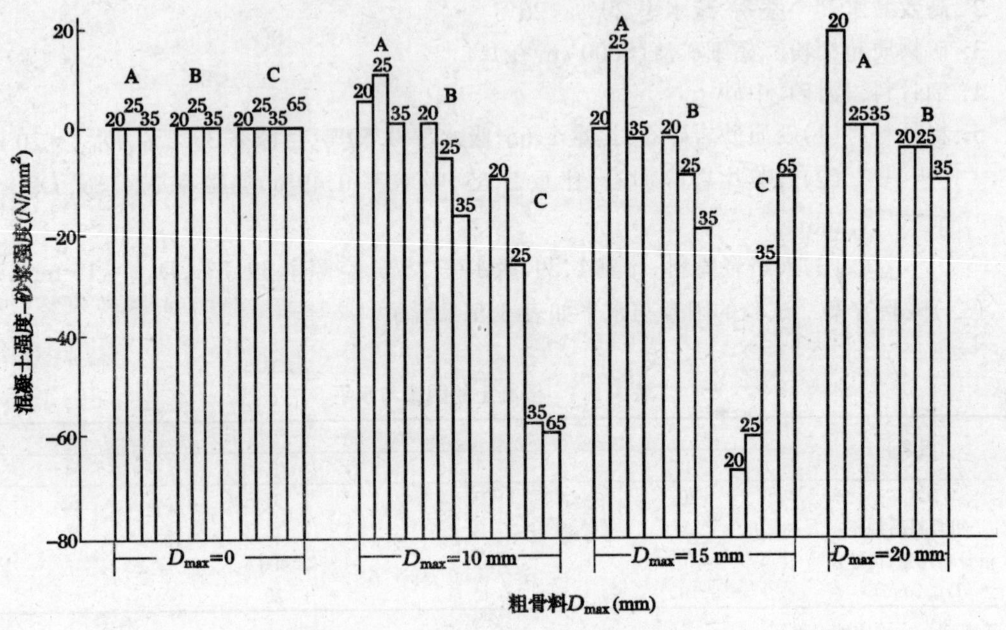

图 3.5.2 最大粒径对抗压强度的影响

类似;但在高强度的 HPC 范围($W/C=0.20\sim0.35$)时,没有发现混凝土强度提高现象;相反,随着混凝土高强化,骨料 B 和 C 的 V_G及 D_{max}提高,抗压强度反而下降了。

三、粗骨料对混凝土抗压强度影响的计算模型

如试验结果所示,V_G、D_{max}对混凝土抗压强度的影响,随着粗骨料品种及混凝土的水灰比不同而不同。在普通混凝土中($W/C=0.65$),不管粗骨料的品种如何,随着 V_G 及 D_{max} 的增大,混凝土抗压强度降低。但随着 W/C 降低:(1)骨料 A 混凝土的抗压强度由低转向高;(2)骨料 B、C 的混凝土的抗压强度仍急剧下降。把这样的结果变成模型化时,如图 3.5.3 和

图 3.5.4所示。

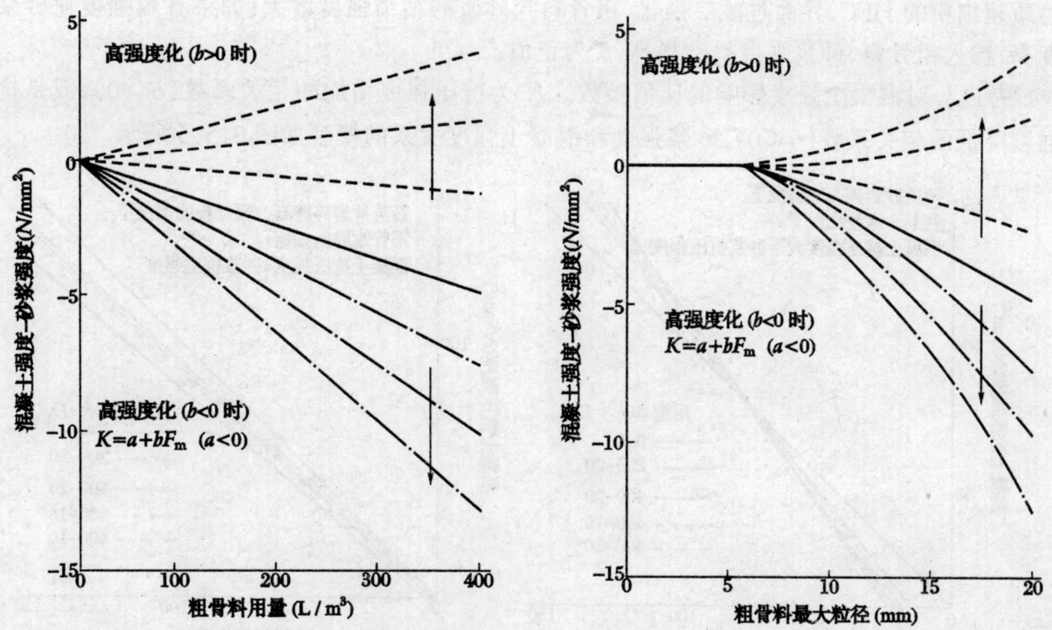

图 3.5.3　粗骨料体积含量对混凝土-砂浆抗压强度关系　　图 3.5.4　最大粒径对混凝土-砂浆抗压强度关系

图 3.5.3 为 V_G 对混凝土强度影响的模型化。当 D_{max} 为定值时，混凝土强度 F_c 与砂浆强度 F_m 和 V_c 成增减关系。比例常数 K 是砂浆抗压强度 F_m 的函数。由于粗骨料品种不同，K 值随 F_m 的增加可能提高，但也可能降低，正负效应均有。也就是说 V_G 对抗压强度的影响，可用(1)式表示

$$F_{C_1} - F_m = K \cdot V_G = (a + bF_m) \cdot V_G \tag{1}$$

$$K = a + b \cdot F_m$$

a，b 为粗骨料与砂浆物性有关的参数，但 $a<0$。

图 3.5.4 为粗骨料最大粒径 D_{max} 对混凝土强度影响的模型。粗骨料粒径为 5 mm 时，没有粒径的影响，粒径 5 mm 的骨料混凝土已变成砂浆。超过 5 mm 时，其对强度的影响成指数关系。此外，D_{max} 对强度的影响与 V_G 的影响相同。其有增强效果，也有负效应。如下式所示：

$$\begin{aligned} F_{C_2} - F_m &= c \cdot K \cdot (D_{max} - 5)\mathrm{d} \\ &= c \cdot (a + b \cdot F_m)(D_{max} - 5)\mathrm{d} \end{aligned} \tag{2}$$

式中：c——粗骨料对抗压强度影响度与粗骨料最大粒径对抗压强度影响度之比。

因此，V_G 与 D_{max} 对混凝土强度的影响，综合考虑时，为下式所示：

$$\begin{aligned} F_c - F_m &= (a + bF_m) \cdot [V_G + c \cdot (D_{max} - 5)d] \\ &= K \cdot [V_G + c \cdot (D_{max} - 5)d] \end{aligned} \tag{3}$$

式中：a 为负值，砂浆与骨料的弹性模量相等时，a 为 0。

b 表示混凝土内部缺陷敏感性参数，受水灰比影响。在 HPC 中，薄弱环节为粗骨料和粗

骨料与砂浆的界面,两者均很强时,b 为正值;而其中有一为薄弱环节时,b 为负值。例如,用矿物质超细粉的 HPC,界面过渡层强化,粗骨料与砂浆的粘结强度增大;如果骨料强度比砂浆强度高,掺入粗骨料,砂浆强度得到提高,b 为正值。

c 为 D_{max} 对混凝土强度影响的比值参数。K 为抗压强度增加的相关系数($b>0$),或是抗压强度降低的相关系数($b<0$),砂浆强度和混凝土强度关系的模型如图 3.5.5 所示。

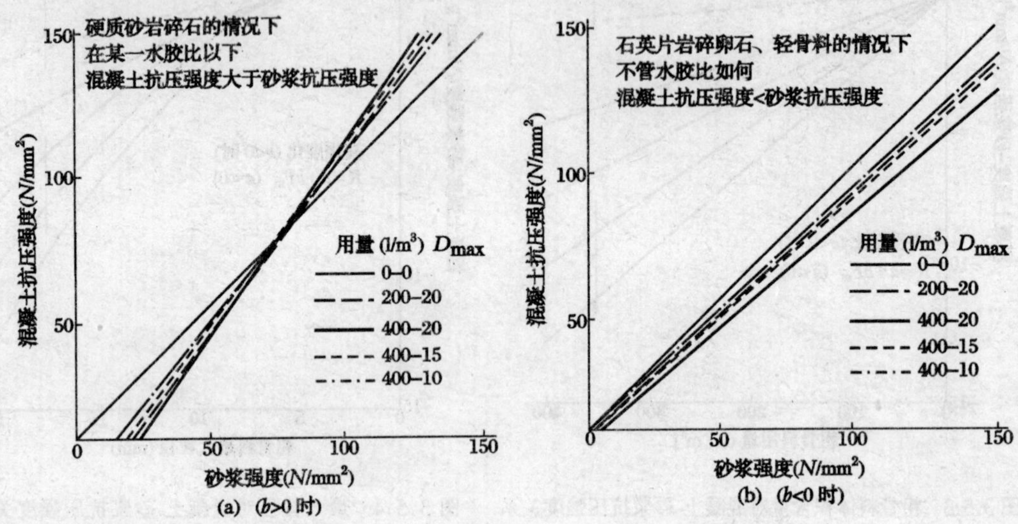

图 3.5.5 砂浆抗压强度和混凝土抗压强度(野口,友泥)

四、粗骨料的评价

根据试验结果和上述数学模型相对比,粗骨料对混凝土抗压强度的影响,分析如下:

(一)硬质砂岩碎石的强度,比水灰比为 20%的砂浆强度高,粗骨料本身也没有结构缺陷,其表面富于凹凸不平,随着水灰比降低,粘结力增大;粗骨料与砂浆界面也没有缺陷。其结果,在 HPC 中粗骨料起增强作用。

(二)石英片岩碎石的强度也比 $W/C=20\%$ 的砂浆强度高,骨料本身也无缺陷,但试验中所用的是破碎卵石,表面比较圆滑,界面结构有缺陷,故即使 W/C 降低,也由于其界面结构制约而强度下降。

(三)人造轻骨料的强度与水灰比 65%的砂浆的强度大体相同或偏低,骨料本身结构具有缺陷;为此,随着其体积含量 V_G 及最大粒径 D_{max} 增大,混凝土的抗压强度降低,随着混凝土高强化而更加明显。

由上述可见 HPC 的抗压强度,与所用的粗骨料的品种、体积含量及最大粒径有关。粗骨料的强度高,与水泥砂浆的界面结构强度高,对砂浆的增强作用明显,HPC 的强度高。如果粗骨料与砂浆的界面粘结强度差,即使骨料自身的强度高,HPC 的强度也会产生负效应。人造轻骨料由于自身强度低,即使界面粘结强度高,混凝土的强度也下降。

从混凝土抗压强度出发,考虑粗骨料的影响得到的数学模型,可以评价骨料的性能,但仍需对有关参数定量化,使其能正确预测混凝土配合比阶段的力学性能。

第六节　骨料对混凝土耐久性的影响

耐久性是高性能混凝土的重要性能，也是高性能混凝土设计的重要依据。在此仅介绍粗骨料对混凝土的抗冻性及干燥收缩性能的影响，对混凝土其他方面耐久性的影响，将在其他章节加以陈述。

一、抗冻性

一般，高性能混凝土的水灰比都比较低(≤35%)，即使不掺引气剂，其抗冻性也很好。但是，如果使用吸水率高的骨料，即使混凝土的水灰比很低，抗冻性也是不好的。如图 3.6.1 所示。

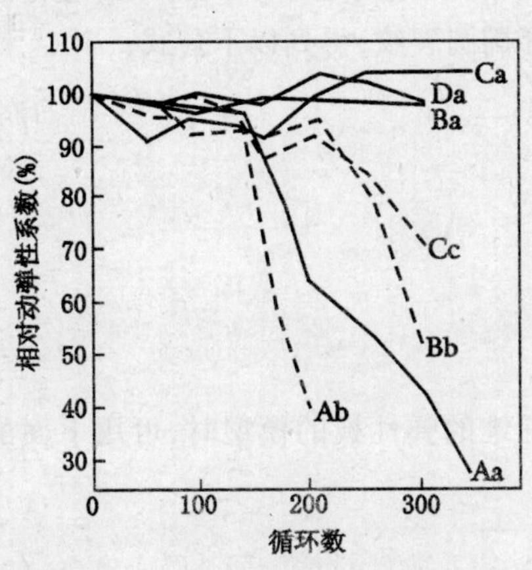

符号	种　类	吸水率(%)
A	硬质砂岩碎石	0.78
B	安山岩碎石	1.49
C	安山岩碎石	2.44
D	安山岩碎石	2.30
a	河砂	1.69
b	河砂	3.80
c	碎石砂	4.90

图 3.6.1　骨料种类对混凝土

由图可见，骨料 Ca,Da 及 Ba 的混凝土($W/C=30\%$)，虽经 300 次冻融循环，相对动弹性模量仍在 100%上下波动。但骨料 Ab,Aa,Bb 及 Cc 的混凝土，经过 150 次或 200 次冻融之后，相对动弹性模量 E 迅速降低。这与骨料的吸水率关系很大。因此要注意选择吸水率低的骨料，特别是细骨料。

二、干燥收缩

由于干燥收缩会造成混凝土表面的微裂纹，从而引起中性化或腐蚀性离子的扩散加快，进一步引起混凝土内部的钢筋腐蚀。对高强度、高性能混凝土来说，早期的干燥收缩量大；最终的收缩值由于水灰比低，与普通混凝土比，大体相同或者还稍有降低。但是，骨料对高性能混凝土的收缩影响较大，使用吸水率大的骨料时，收缩值增大。使用石灰石碎石为骨料的混凝土，收缩量小。用水泥熟料为骨料的混凝土，收缩量大。

第七节　粗骨料的最大粒径

在配制普通混凝土时，在可能条件下，应选用粒径尽可能大的骨料，以降低用水量或在相同用水量下，提高混凝土流动性。但在高强度、高性能混凝土中，骨料的最大粒径 D_{max} 应如何选择呢？

根据 Jennings. H. M 的推荐，配制高强度混凝土时应选择强度高的硬质骨料，其最大粒径在 10 mm 以下，而且粒度分布处于密实填充状态。其原因是选用 D_{max} 小的粗骨料，骨料与水泥浆的界面变狭了，大的缺陷难以发生。最密实填充状态的粒度分布，骨料间空隙减小，界面变小，水泥浆量可以降低，有利于强度与耐久性。

从理论上进一步分析如下：

混凝土的强度基本上也属于固体材料的破坏强度，可以用葛理菲斯(Griffith)理论进行分析。对一个受均匀拉伸的无限大弹性板中的一条贯穿椭圆裂纹，得到以下公式：

$$\sigma_0 = \sqrt{\frac{2E\gamma}{\pi a}} \tag{3.7.1}$$

式中　σ_0——断裂应力；

E——弹性模量；

γ——表面能；

$2a$——把潜在缺陷作为椭圆形孔时的长径。

公式(3.7.1)是关于二维弹性板的模型，推广到三维的弹性板的模型时，可用下面的公式表示：

$$\sigma_0 = \sqrt{\frac{\pi E\gamma}{2(1-\nu^2)a}} \tag{3.7.2}$$

式中　ν——材料的泊松比；

其他符号的意义同(3.7.1)。

式(3.7.2)中，以 $E=4.5\times10^4$MPa，$\gamma=10\times10^3$erg/cm^2，$\nu=0.20$，如果潜在缺陷尺寸(椭圆孔半径)a 几乎可以看成是骨粒的 D_{max}。设 $D_{max}=10$ mm，此时相对应的断裂应力为 σ_{10}；$D_{max}=20$mm 时的断裂应力 σ_{20}。则 $\sigma_{20}=0.7\sigma_{10}$。也就是说，骨料的 D_{max} 增大，断裂应力降低。因此，在高性能混凝土中粗骨料的 D_{max} 应尽可能降低。一般认为 $D_{max}\leqslant10$ mm，最大也不应超过 20 mm。我们的研究工作也证明当 D_{max} 超过 20 mm 以后，K_{1c} 随粒径的增大而降低。

第八节　粗骨料的细度模量与质量系数

一、粗骨料的细度模量(M_Z)

粗骨料的细度模量 M_Z 也是评价骨料质量的一个重要指标。其计算方法与细骨料的相似。可用有关筛孔的筛子(40,20,10,5,2.5,1.25,0.63,0.315 及 0.16 mm)进行骨料的筛分，求出各筛上累计筛余量(表 3.8.1),并按下公式计算 M_Z。

表 3.8.1 骨料的筛分结果

筛孔尺寸(mm)	累计筛余量(%)	筛孔尺寸(mm)	累计筛余量(%)
40	$A_1=a_1$	1.25	$A_6=a_1+a_2+a_3+a_4$
20	$A_2=a_1+a_2$	0.63	$A_7=a_1+a_2+a_3+a_4$
10	$A_3=a_1+a_2+a_3$	0.315	$A_8=a_1+a_2+a_3+a_4$
5	$A_4=a_1+a_2+a_3+a_4$	0.16	$A_9=a_1+a_2+a_3+a_4$
2.5	$A_5=a_1+a_2+a_3+a_4$		

因粗骨料的 $d>5$ mm,故小于 5 mm 筛孔的累计筛余量均相同。

$$M_Z=\frac{(A_2+A_3+A_4+A_5+A_6+A_7+A_8+A_9)-6A_1}{100-A_1}$$

粗骨料的细度模量 M_Z,在一般情况下为 6~8。

二、骨料的质量系数 *K*

质量系数 K 是一个综合评价混凝土骨料质量的指标。既可用于细骨料,又可用于粗骨料。

$$K=M_Z\cdot(50-P) \tag{3.8.1}$$

式中 K——骨料的质量系数;

M_Z——骨料的细度模量;

P——骨料的空隙体积百分率。

K 值与细度模量 M_Z 和空隙体积百分率 P 有关。K 值大,骨料的质量高,级配好。

第九节 高性能混凝土对骨料的选择

根据当前国内外对高性能混凝土的一些看法,其强度等级应在 C60 以上,而耐久性则在一百年以上。按照这样的目标,对骨料选择时必须考虑到以下问题:

一、级配要好

空隙率尽可能低;这样达到相同流动性时,水泥浆的用量低,混凝土的自收缩变形低,水化热低,体积稳定性好,对强度耐久性均好。所以混凝土用骨料,既要求级配合格(空隙率要小),也要粗细、大小适中,所以要综合评价骨料质量好坏,采用骨料质量系数。

二、物理性能要好

骨料的表观密和堆积密度要大。吸水率要低,表面要粗糙,粒形好。表观密度>2.65,堆积密度≥1450 kg/m^3。这样可以降低骨料空隙率,降低水泥浆用量,有利于流动性,耐久性和强度。吸水率<1.0%,这说明岩石比较致密,稳定性好。粒形方正,针片状低,表面粗糙的石灰石碎石,或硬质砂岩碎石。粒径一般≤20 mm。

三、力学性能

不能含软弱颗粒的骨料或风化骨料。JGJ53-92 规定,岩石抗压强度应为混凝土强度的 1.5 倍。采用 50 mm 的立方体试件或 $\phi50\times50$ mm 圆柱体,在饱水状态下测定抗压强度值,不宜低于 80 MPa。压碎指标<10%。混凝土的弹性模量与骨料的弹性模量有以下关系:

$$y = 2.50 + 0.20x \qquad \text{(初始弹模)}$$

y—— 混凝土弹性模量

x—— 骨料弹性模量

由此可见,骨料的弹性模量越大,混凝土的弹性模量也相应增大。故要选择弹性模量大的骨料。

四、化学性能

首先是无碱活性骨料。避免 HPC 中发生碱-骨料反应。不含泥块,含泥量低<1.0%;应不含有机物、硫化物和硫酸盐等杂质。

第十节 现状与问题

当前利用我国现行骨料配制的高性能混凝土,存在以下有关问题:

一、骨料的粒形和粒径问题:

目前,我国市场上供应骨料的粒径一般大于 25 mm,甚至 30 mm 以上;而且针片状含量较多,空隙率大,对配制高性能混凝土是很不适宜的。特别是对 C80 以上的高性能混凝土,利用现成标准的骨料及市面上使用的骨料,配制 C80 以上的混凝土,技术上难度较大。

二、骨料的强度问题:

骨料强度一般通过母岩取样(5×5 cm,或 $\phi5\times5$ cm)进行抗压强度试验加以确定,或通过压碎指标(Q_A<10%)间接加以确定。有些含有风化的岩石,压碎指标>12%,强度低,利用这种骨料配制 C80 以上的高性能混凝土,很难。

三、碱活性骨料问题:

我国北方一些地方的石灰石骨料,如北京的南口,潍坊的石灰石采石厂,天津的某石灰石采石厂的骨料,含有活性 SiO_2,或粘土质的石灰岩,能与水泥中的碱反应。形成碱-氧化硅反应或碱-碳酸盐反应,造成钢筋混凝土结构的破坏。如北京的四元立交桥、原西直门桥及天津八里台的立交桥等,均发现了碱-骨料反应对桥墩、对梁的破坏。高性能混凝土中一般水泥用量偏高,很容易使单方混凝土中碱含量超过 3 kg。如果采用含有碱活性的骨料,存在着碱骨料反应的危险,对重大工程的 HPC,必须对骨料的碱活性严格测检。

第十一节　今后的方向

我国每年混凝土的骨料用量达10亿 m^3 以上，除了开发江河的卵石、卵碎石以外；目前大量使用的是石灰石及花岗岩骨料。大规模的开发矿山，与水泥生产大量需求的石灰石相呼应，造成天然资源枯竭，环境负荷日益增大。如何开发新的骨料资源，是混凝土工业的新课题。

一、低品位骨料的有效利用

所谓低品位的骨料，在这里所指的是容易发生碱-骨料反应的骨料，以及密度、吸水量等比较差的骨料。例如北京市南口的石灰石碎石场，碱活性较高；永定河流域的卵石，也是一种碱活性较高的骨料；针对这些骨料的情况开展研究，采取适当措施，使这些骨料得到合理利用，对扩大资源，保护生态环境，都具有重要的影响。

二、再生骨料

所谓再生骨料，是将解体的混凝土破碎成骨料。1988年，曾在东京召开了RILEM第二届混凝土解体和再利用的国际会议。从省资源、省能源，以及可持续发展的观点出发，解体混凝土作为骨料再生资源，越来越受到重视。这是建材资源循环利用，与生态协调的重要方面。但再生骨料含水泥浆多，吸水率高，混凝土的流动性差。再生骨料中含砖头、灰渣、人造石及玻璃等对强度影响很大。再生骨料混凝土的工作性与物理力学性能均低于同条件下的基准混凝土。一般情况下，以30%以内的再生骨料置换30%混凝土中的骨料时，再生骨料混凝土的性能与基准混凝土大体相同。

再生骨料混凝土可用于钢筋混凝土，无筋混凝土等，桥梁下部工程、隧道护壁、海岸防波堤及重力桥墩等。

三、超轻陶粒的开发

由于高层、超高层钢筋混凝土结构物的普及，高强度混凝土轻量化技术，也是一个重要的课题。轻骨料高性能混凝土是今后发展的方向。作为混凝土轻量化技术，有两种方法：一种是在混凝土内引入大量气泡；另一种是用轻骨料代替普通骨料。但是，一方面要保持混凝土的强度；另一方面又要达到轻量化，采用轻骨料是有利的。现在最需要开发的是具有坚固外壳、质量轻、吸水率低的人造轻骨料。

参考文献

1　友沢史紀ほか：高强度コフクリートの調合と基礎的物性，建設省建築研究所年報，1987

2,3　森野　奎二：骨材との付着の観點から强度なみゐ，セフント.コフクリートNO.546，Aug.1992

4　森野　奎二ほか：各種岩石骨材とセフントベーストとの付着性狀；第二回コフクリート工學年次講演會論文集，1980

5,6　飛坂基夫：高强度コフクリートの壓縮强度および静彈性系數に及ぼす骨材の影響，セフント.コンクリートNO.394，1979.12

7　依田彰彦.新井一彥：高强度コフクリートに關する一實驗，セメント技術年報22，1968

8　國府勝郎，飛坂基夫：高强度コフクリートと骨材，コフクリートエ學，V.28，N2 Feb.1990

9　大鹽　明ほか：高强混凝土(その1.配合上の檢討，セメントの品質および骨材の品質の影響，微視的檢討)，小野田研究

报告第28卷第1册第95號,1980
10 飛坂基夫ほか:高强度コフクリートの凍結融解に放する抵抗性に及ばす骨材品質の影響,セメント技術年報,1986
11 真野孝次ほか:高强度コフクリート用骨材の品質判定規準に關する研究(その1:コフクリートの壓縮强度による品質判定),日本建築學會大會學術講演梗概集(九州)1989.10
12 真野孝次 笠井芳夫ほか:高强度コフクリートの壓縮强度に及ばすセメント及び細骨材の種類の影響(モルタルによる實驗的研究),日本建築學會關東支部研究報告集.構造系:1989
13 久保田晶吾ほか:RC造超高層建物用コフクリートに關する研究(その7.高强度化のたあの要因),日本建築學會學術講演梗概集(九州)1989.10
14 飛坂基夫ほか:高强度コフクリート用骨材の選定方法に關する一提案,日本大學理工學部學術講演會論文集,1986
15 野口貴文等.高强度コフクリートのひずみ特性值と壓縮强度に及ぼす粗骨材の影響.セメント·コフクリート NO.588. Feb.1996.
16 冯乃谦:高强混凝土技术.中国建材工业出版社.1992.12.

第四章　新型高效减水剂

自 1824 年 Joseph Aspdin 获得波特兰水泥的专利权以来,在水泥应用科学上已发生了三次大的飞跃。第一次是在 19 世纪中叶出现了钢筋混凝土;第二次是 1928 年出现了预应力技术;第三次是本世纪 70 年代末出现了混凝土化学外加剂,特别是当前具有高分散性、高分散维持性的高效减水剂的出现,揭开了混凝土技术的新篇章。

全世界化学外加剂的产品,据不完全统计已有 500 种以上。日本、北欧、澳大利亚等国几乎百分之百的使用外加剂来生产混凝土制品,西欧、北美有 95% 以上的混凝土掺用外加剂。我国大约有 40% 的混凝土掺用外加剂,而且成功地研制和生产了 100 种以上的混凝土外加剂。

外加剂的应用不但提高了水泥混凝土的施工性能和硬化后的性能,而且节约了水泥,降低了能耗。据统计,利用高效减水剂,在达到同样强度下,可以节约 10%～20% 以上的水泥。从混凝土的搅拌和成型来看,每用一吨高效减水剂,可节煤 4 吨。

近年,由于混凝土技术及设计方法的显著进步,混凝土结构物大型化与高强化。为了使混凝土达到高强度、高耐久性及高流动性,也就是说达到高性能;在混凝土中要掺入硅粉、超细矿渣、分级粉煤灰及天然沸石粉等,而这些超细矿物质掺合料的利用,必须要掺入高效减水剂。高效减水剂是高性能混凝土不可缺的组成材料之一。

当前的高效减水剂的主要特点是:高的减水性(减水效果可达 20%～30%),适当的引气性与控制坍落度,使混凝土具有高的耐久性及工作性能。

第一节　新型高效减水剂的种类与特性

当前,国际国内配制高强度、高性能混凝土,都采用高效减水剂,这种高效减水剂可以分成 4 大类。

1. 萘系(Naphthalin);2. 多羧酸系(Polycarboxylic acid);3. 三聚氰胺系(Melamine);4. 氨基磺酸系(Aminosulfonic acid)。其化学结构式分别如下:

以上所述 4 大类高性能减水剂,是以这 4 大类成分为主体的分类。如果在这些高性能减水剂上再赋予控制坍落度损失的功能,那么还可以进一步分成以下 3 大类型:1.2 成分系[分散性(减水性)成分+分散保持成分],2.2 成分系[具有分散保持成分的分散性(减水性)成分+分散保持成分],3.1 成分[具有分散保持性成分的分散性(减水性)成分]。

上述 4 大类的高性能减水剂,在日本都统称为高性能 AE 减水剂。能使单方混凝土用水量大幅度降低(减水 20%～30%),制造高流动性的混凝土,同时坍落度损失小。这是一种特殊的化学外加剂。

1.萘系

萘磺酸盐甲醛缩合物

R=H, CH_3, C_2H_5
n=1
SO_3M SO_3M

2.三聚氰胺系

三聚氰胺磺酸盐甲醛缩合物

$HO-[CH_2-NH-C_3N_3(NHCH_2SO_3M)-NH-CH_2O]_n-H$

3.多羧酸系

烯烃马来酸共聚物

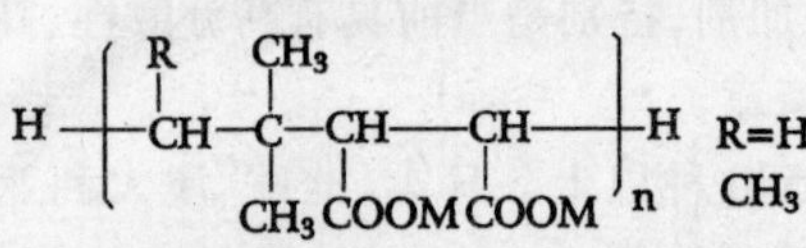

丙烯酸、丙烯酸酯系

(多羧酸酯)

$H-[CH_2-C(CH_3)(C{=}O\ OM)]_n-[CH_2-C(CH_3)(C{=}O\ O(CH_2CH_2O)_mR)]-H$

R=CH_3

4.氨基磺酸系

芳香族氨基磺酸聚合物

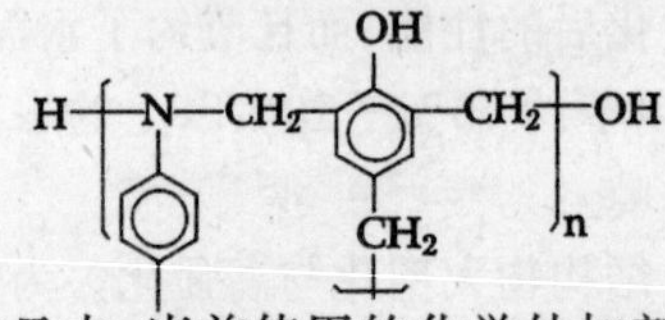

在日本，当前使用的化学外加剂汇总于表4.1.1。

表4.1.1 高强度、高性能混凝土使用的化学外加剂的种类及特性

种类		主成分	标准	特性	使用效果
(1) AE剂		树脂松香皂 合成界面活性剂	JISA 6204	稳定的细小气泡，引气性	降低单方用水量，改善工作度 提高耐久性(特别是抗冻性)
(2) AE减水剂	标准型 缓凝型 促凝型	木质素磺酸盐 葡萄糖酸盐 合成界面活性剂	JISA 6204	引气性 水泥分散性 调整凝结时间	降低单方用水量(10%～13%)提高强度 降低水泥用水量 调整冬、夏季施工混凝土凝结时间 提高耐久性
(3) 减水剂	标准型 缓凝型 促凝型	NSF[2]) MSF[3])	JISA 6204	水泥分散性 但坍落度损失大	降低单方用水量 提高强度
(4) 高性能减水剂	一般用	NSF[2]) MSF[3])	–	水泥分散性 但坍落度损失大	单方水量可大幅度降低(25%以上) 强度大幅度提高
	降低坍落度损失	同上+坍落度损失抑制剂		水泥分散性 坍落度损失小	单方水量可大幅度降低(25%以上)强度大幅度提高
(5) 流化剂	现场添加型 标准型 缓凝型	NSF[2]) MSF[3]) 多羧酸	JASS5T－402土木学会标准	水泥分散性 坍落度损失大	流态化 降低单方用水量(高减水，高强度混凝土)

续表

种类		主成分	标准	特性	使用效果
(5) 流化剂	降低坍落度损失 标准型 缓凝型	同上＋坍落度损失抑制剂	JASS5T－402 土木学会标准	水泥分散性 坍落度损失大 (坍落度损失小)	流态化 降低单方用水量(高减水，高强度混凝土)
(6) 高性能 AE 减水剂	一般用标准型 缓凝型	NSF²)＋坍落度损失抑制剂 MSF³)＋坍落度损失抑制剂		具有(2)AE 减水剂的特性，特别是减水效果大坍落度损失也与(2)相同或偏小	能大幅度降低单方用水量(减水 16%～20%)，可代替(5)制造高流态混凝土
	高强度用	多羧酸盐 聚胺基磺酸盐			制造低 W/C 的预拌混凝土

作为高强度混凝土用的高性能减水剂 NSF 已经得到广泛的应用。NSF 在 20 世纪 30 年代就已被发现；但是，这种高缩合物的减水剂的有效性在 60 年代中才被发现。

NSF 没有引气性，缓凝性小，通过高添加高效减水剂，可以减水 25%以上，适宜于高强度高性能混凝土的制造。NSF 主要用于蒸养或蒸压的高强混凝土。但由于坍落度损失大，预拌混凝土基本上不能使用。流化剂在欧洲是 60 年代左右使用的，而在日本则是 1970 年以后的事。低水灰比的基体混凝土经流化后，可制造高强度高流态混凝土。随着现场对添加流化剂管理的完善及考虑混凝土施工的噪声问题等，流态混凝土的普及达到了顶峰。1979 年发表了木质素系控制坍落度损失的外加剂，市场上开始销售含有这种外加剂的流化剂及高效减水剂。1980 年发表了能控制坍落度损失的反应性高分子。1985 年左右，高效减水剂与控制坍落度损失的外加剂复合，得到高性能 AE 减水剂，开始使用。另一方面，开始研究从分子结构角度能控制坍落度损失的新型外加剂；发现了许多有效的化合物，多羧酸系化合物以及氨基磺酸盐系化合物成为产品供应市场。采用高性能 AE 减水剂比一般混凝土可减水 18%～20%，能和过去的 AE 减水剂一样，在预拌混凝土工厂搅拌时和其他材料同时投入搅拌，具有适量的引气性，能制造运送到工地现场的高强混凝土。现在，这种高性能 AE 减水剂已广泛用于生产制造高强度、高性能混凝土。.

我国目前现有减水剂品种，按其原材料及加工工艺上的差别，可分成以下几个系列：

1. 木质素系　有木质素磺酸盐、硫化木素、碱木素等；正式生产的产品有：M 型、WN 型、JMN 型、TRB 型、MZS-3F 型、木镁型、TL-A 型等。具有一定的减水作用，具有相当的引气性，并有一定的缓凝性。

2. 磺化煤焦油系

(1)以萘为主要成分的减水剂：如 NF、UNF FDN NSZ、DH、SN 及 NNO 等。

(2)以萘的衍生物为原料合成的减水剂：如 MF 等。

(3)以蒽为原料合成的减水剂：如 AF 等。

(4)以煤焦油的各种不同馏分为原料制成的减水剂：如建 1、JN 等。

此系列减水剂的减水率可达 16%～20%。现已普遍用于高性能混凝土中。为了控制坍落度损失，常与木质素系复合使用。

3. 树脂系　如三聚氰胺磺酸盐甲醛缩合物。减水效果与萘系减水剂大体相同。又如反应性高分子减水剂，其溶于碱不溶于水，用以控制坍落度损失。掺量为 0.1C%时，坍落度 1 小时内无变化。

4. 复合系　如载体流化剂(CFA),用以控制混凝土的坍落度损失。当混凝土中掺量为水泥量的1.5%~2.0%时,可控制2.0小时内坍落度无损失。

第二节　新型高性能减水剂的作用机理

近几年来,在国内外的高性能减水剂,除了传统的萘系、三聚氰胺系以外,还有多羧酸系、氨基磺酸盐系、溶于碱不溶于水的有机共聚物、接枝共聚物等新型高效减水剂。使用这些新型减水剂或与其他成分复合,可以具有高的减水性,又具有保持分散性的功能。在实际工程中应用,使混凝土具有高的流动性,又能控制坍落度损失,成为高性能混凝土的发展与应用不可缺的组分。

一、分散机理

高性能AE减水剂的分散机理只是用DLVO理论是说明不了的。图4.2.1是萘系及三聚氰胺系高性能减水剂以及多羧酸系高性能减水剂的用量与Zeta电位的关系。前两者随着掺量的增加,Zeta电位增大,说明其具有高的分散性。而多羧酸系的Zeta电位最大值,大体上只有前者的50%。仅以Zeta电位值的大小是不能说明多羧酸系具有高的分散效果的。必须从高性能减水剂的分子与水泥粒子之间的吸附形态加以分析说明。

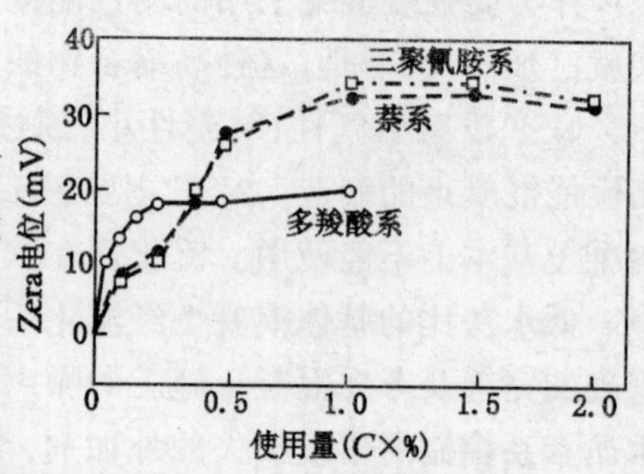

图4.2.1　高性能减水剂的掺量与Zeta电位的关系

在水泥浆中,掺入高性能减水剂以后,在固-液界面上,高分子的各种各样的吸附形态如图4.2.2所示。

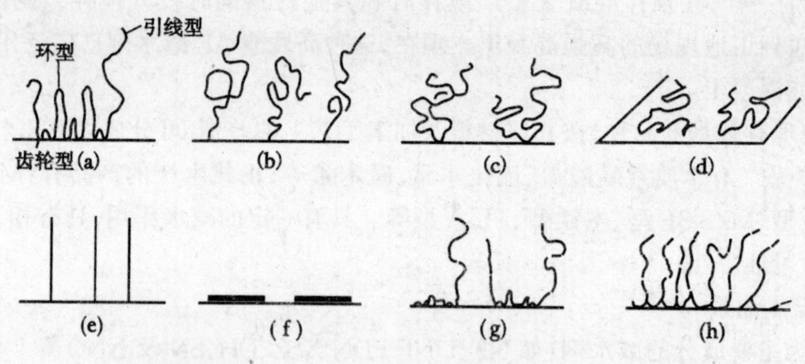

图4.2.2　水泥粒子表面吸附高分子链的各种形态

(*a*)同聚物(环型、齿轮型、引线型)
(*b*)末端吸附(引线型)
(*c*)点吸附(2根引线型)
(*d*)平面状吸附
(*e*)刚性垂直链吸附
(*f*)刚性链横卧吸附
(*g*)左:AB型　右:ABA型块状聚合物的环型、齿轮型、引线型
(*h*)接枝共聚物的齿型吸附

这种对胶凝材料粒子的吸附形态,因高分子的种类及结构而不同,对减水性能及控制坍落

度损失有很大的影响。

萘系及三聚氰胺系具有刚直棒状的分子结构，如图 4.2.2 中的(f)。另一方面从多羧酸系的结构来看，其吸附形态如图 4.2.2 中的(h)，是栉形的吸附形态。而胺基磺酸盐系的吸附形态则如图 4.2.2 中的(a)或(g)，是环型及引线型的。

这样的高分子，在胶凝材料的表面形成如图 4.2.3(a)的吸附层，并形成图 4.2.3(b)折线的密度分布曲线。在图 4.2.3(b)中从线段层到环形层的交界面处，密度有很大变化。这与双电层的静电排斥力及高分子吸附层的相互作用为基础的分散理论相似，只不过这里是立体排斥力，具有更大的分散效果。

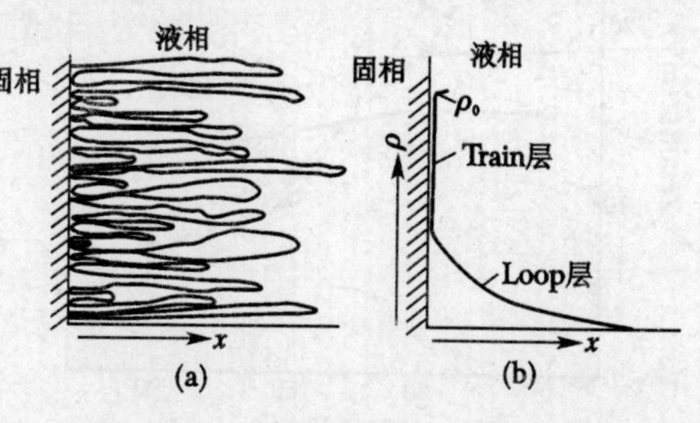

图 4.2.3　固-液界面的高分子吸附层

立体的排斥力，能够根据吸附的高分子结构及吸附形态，或者吸附层的厚度等平均信息量的效果进行计算。通过这种立体的排斥力，能保持其分散系统的稳定性。水泥粒子与这些新型高性能减水剂的分子吸附以后，粒子间作用的全能量曲线如图 4.2.4 所示。立体排斥力(V_S^R)和范德华引力(V_A)的总和(全能量曲线 V_T)，是粒子间的移动力。其总和为"+"时处于分散状态；总和为"-"时表示为凝聚状态。因而，其结果可以理解为与 DLVO 理论有类似的性质。但由于其立体作用，具有更大的分散效果。

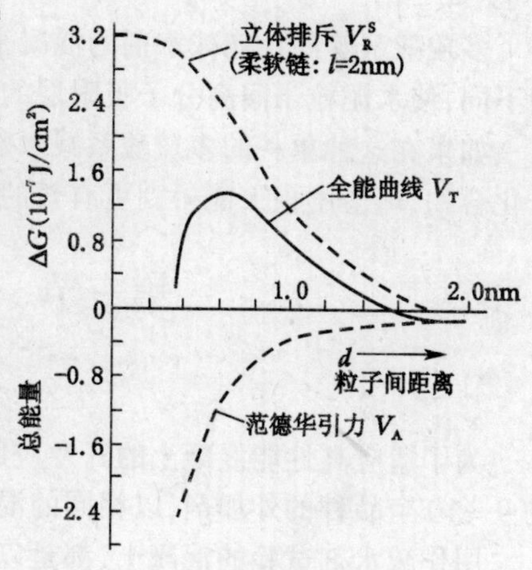

图 4.2.4　立体效果理论的全能量曲线

在此所介绍的高性能 AE 减水剂，分别从双电层及高分子的吸附说明了其分散作用机理。但是多羧酸类的高性能减水剂，除了上述两方面都同时存在之外，实际上其性质要比这个复杂得多。

二、保持分散机理

如上所述，萘系、三聚氰胺系以及多羧酸系高性能减水剂，吸附在胶凝材料的粒子表面，具有各种各样的形态。但另一方面由于水化反应的进行，水泥浆体系中的粒子进一步活化与分散。因此，这些超细粒子的水化物进一步又要吸附更多的高性能减水剂的分子，电性被中和，静电排斥作用及立体的排斥作用也随之降低，平衡受到破坏，范德华引力的作用变成主导，水泥浆开始凝聚。这就是坍落度损失的原因。图 4.2.5 是水泥浆拌合后的经过时间与 Zeta 电位的关系。图 4.2.6 为混凝土坍落度的经时变化。两者有明显的相关性。从图 4.2.6 可见，萘系及三聚氰胺系高性能减水剂的 Zeta 电位经时变化降低很快，60 min 后由原来的 30 mV 降至 10 mV 以下，但多羧酸系高性能减水剂的 Zeta 电位在 90 min 内基本不变。从图 4.2.6 的坍落度损失与图 4.2.5 的 Zeta 电位变化，两者密切相关。

萘系及三聚氰胺系高性能减水剂的混凝土，经 60 min 后坍落度由 18 cm 降至 8 cm；而含多羧酸系的高性能减水剂的混凝土在相同时间内，坍落度损失仅 3 cm 左右。

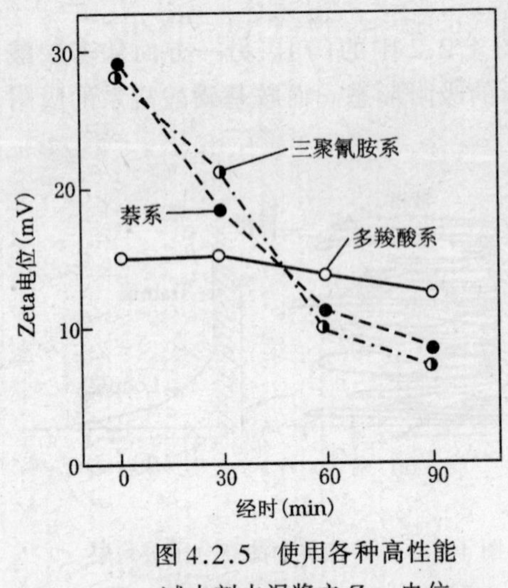

图 4.2.5 使用各种高性能减水剂水泥浆之 Zeta 电位

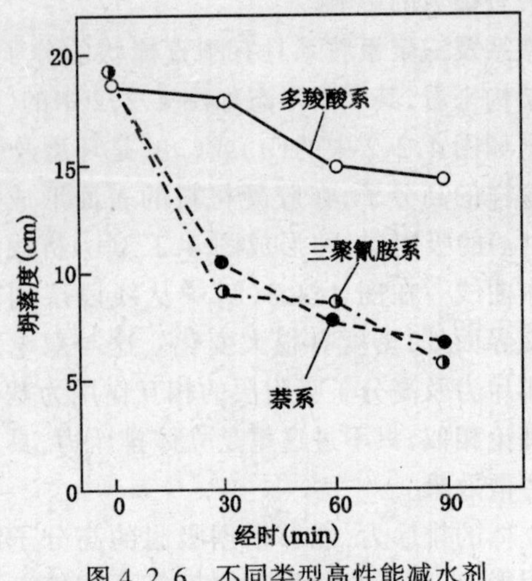

图 4.2.6 不同类型高性能减水剂的混凝土坍落度经时变化

多羧酸系等高性能减水剂的混凝土坍落度的经时损失小,主要是其与水泥粒子的吸附模型不同,使水泥粒子间高分子吸附层的作用力是立体静电斥力,Zeta 电位变化小。

如果在这种单一的多羧酸系减水剂中,加入能保持分散的组分,如溶于碱不溶于水的高分子化合物,坍落度损失能得到更有效的控制,此部分将在第四节加以叙述。

第三节 新型高性能减水剂对高性能混凝土的适应性

为了适应高性能混凝土的开发应用,日本建设省建筑研究所与混凝土外加剂协会,将日本的 9~10 个品种的外加剂,以相同的混凝土配合比进行对比试验,研究其性能。

用作减水剂试验的混凝土,都是以 0.30、0.25 和 0.22 的超低水灰比进行的。而且坍落度损失小,都可以在现场浇注。

但是,水灰比越低,混凝土的粘性越大。这也与减水剂的品种有关。此外,搅拌的难易也与矿物质掺合料的种类、掺量及有无掺合料,以及减水剂的品种关系很大。大体上是达到相同稠度时,减水剂用量多者,粘性大,不易搅拌。

一、高性能减水剂的高性能混凝土试验

不同配比混凝土的试验结果如表 4.3.1 所示。

二、不同强度混凝土的初凝时间

含高性能 AE 减水剂的混凝土与普通混凝土相比,凝结时间长。水灰比越低,高性能 AE 减水剂的添加量越多,凝结时间越长;凝结时间推迟,1 d 龄期的强度也低。如图 4.3.1 所示。$W/C=0.25$ 的混凝土,减水剂掺量高达 3.06%,初凝时间最长达 18 h。$W/C+SF=0.22$,减水剂掺量 2.68%,初凝时间也长达 10.28 h。

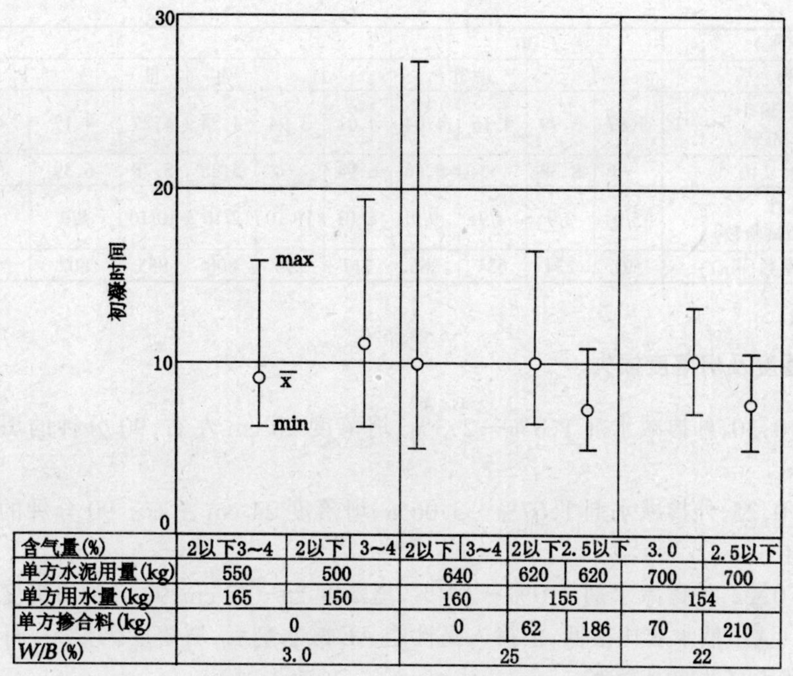

图 4.3.1 不同强度、不同减水剂掺量的混凝土的凝结时间

表 4.3.1 新型高性能减水剂混凝土试验结果

W/B(%)		30				25				22		
系列		Ⅰ		Ⅱ		Ⅰ		Ⅱ	Ⅲ	Ⅰ		Ⅱ
单方用量(kg/m³)	胶结料	C:550		C:500		C:640		$C+SF$ 620	$C+S_g$ 620	$C+SF$:700		$C+S_g$ 700
	水	165		150		160		155		154		
	掺合料	0				0		62	186	70		210
目标坍落度		18~23cm				21~26cm				25cm (SI 流动值 50~60)		
目标含气量		≤2%	3~4%	≤2%	3~4%	≤2%	3~4%	2%以下		≤2.5%	3.0%	≤2.5%
减水剂掺量(B%)		1.81	1.79	2.31	2.31	3.06	3.17	2.32	1.67	2.59	2.68	1.97
坍落度(cm)		21.0	20.8	20.4	19.7	24.2	24.0	24.6	24.9	24.6	25.5	27.1
坍落度流动值(cm)		34.1	33.0	33.3	33.1	48.6	48.4	52.6	53.6	50.6	54.3	62.4
坍落度流动速度(cm/s)		0.35	0.40	0.18	0.24	0.25	0.24	0.43	0.36	0.37	0.30	0.29
含气量(%)		2.0	3.5	2.4	3.6	1.8	3.5	1.4	1.4	1.5	3.1	1.4
密度(kg/m³)		2421	2385	2425	2391	2455	2416	2448	2452	2437	2391	2449
混凝土温度(℃)		22.8	22.1	22.0	22.3	23.7	23.7	21.2	22.6	22.1	21.6	23.6
凝结时间(初凝)min			557		663	596		590	438		617	470
90min 的坍落度损失			−5.8		−5.6	−4.1		−0.1	−1.3			−2.7
抗压强度(MPa)	1 d	24.2	23.9	22	20.2	28.7	27.6	34.4	24.0	39.6	41.8	33.3
	3 d	58.3	53.9	56.3	53.2	61.4	58.5	67.9	56.4	76.8	72.6	81.8
	7 d	73.3	68.3	75.9	72.2	80.8	74.4	84.7	80.5	93.3	87.9	103.1
	28 d	91.0	86.3	90.0	84.4	96.3	92.6	117.5	113.0	120.6	112.1	119.4
	91 d	103.1	94.1	108.2	100.7	112.1	103.0	126.8	120.1	138.8	131.7	131.0

续表

W/B(%)	30				25				22		
系列	Ⅰ		Ⅱ		Ⅰ		Ⅱ	Ⅲ	Ⅰ		Ⅱ
静弹模 28 d ($\times 10^4$MPa)	3.87	3.79	4.16	4.04	4.01	3.94	4.24	4.27	4.17	4.05	4.41
干缩 180 d($\times 10^{-4}$)	–	8.38	–	8.56	6.94	–	5.88	5.78	6.39	6.62	5.32
耐久性 (合格数*/试验数)	5/9	9/9	4/9	9/9	8/10	10/10	2/10	10/10	8/9	9/9	4/4
气泡间隔系数(μm)	591	234	634	266	717	295	808	855	802	274	850

三、关于坍落度及坍落度损失

$W/C=0.30$,外掺减水剂 1.8%～2.3%,坍落度 20 cm 左右,90 分钟的坍落度损失 6.0 cm 左右。

$W/C=0.25$,外掺减水剂 1.67%～3.06%,坍落度 24 cm 左右。90 分钟的坍落度损失 0～4 cm。

$W/C=0.22$,外掺减水剂 2.0%～2.7%,坍落度 25～27 cm,90 分钟坍落度损失 2.7 cm。

由此可见,虽然水灰比很低,但掺入高性能 AE 减水剂后,坍落度仍很大,而且坍落度损失很小,很适宜于高性能混凝土。

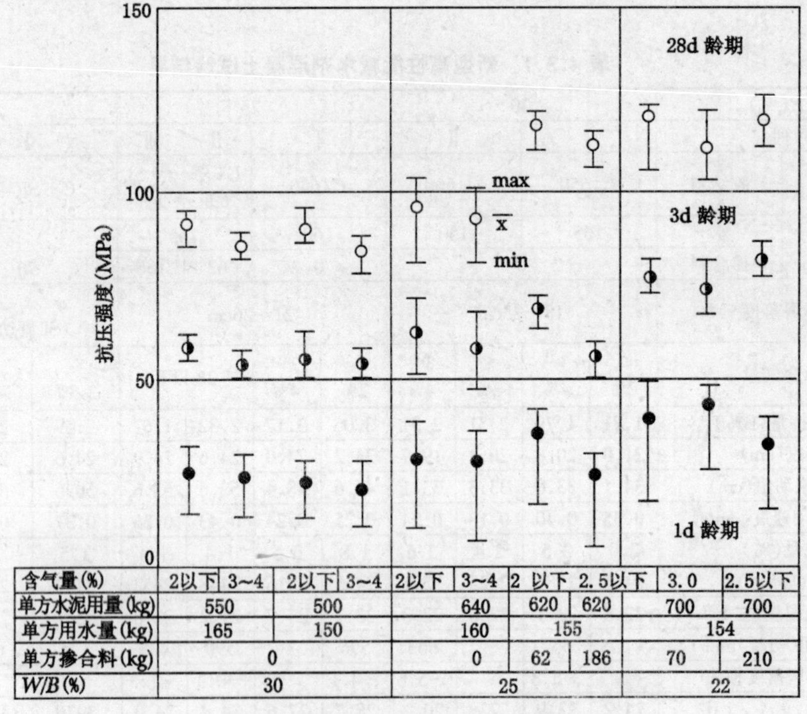

含气量(%)	2以下	3~4	2以下	3~4	2以下	3~4	2 以下	2.5以下	3.0		2.5以下
单方水泥用量(kg)	550		500		640		620	620	700		700
单方用水量(kg)	165		150		160		155		154		
单方掺合料(kg)	0				0		62	186	70		210
W/B(%)	30				25				22		

图 4.3.2 高性能混凝土抗压强度

四、抗压强度

对于普通混凝土，配合比相同时，由于高性能 AE 减水剂的种类不同，差别不大，但混凝土的强度越高，由高性能 AE 减水剂不同，强度差别很大，如图 4.3.2 所示。因此，配制高性能混凝土时，要适当的选择高性能 AE 减水剂，其中特别要注意引气性及缓凝性。一般含气量增加 1%，抗压强度降低 3%～4%。但通过一系列的试验证明，可以获得 140 MPa 的高性能混凝土。

五、混凝土的干缩

混凝土试件长度的变化率与高性能 AE 减水剂的种类有关。即使混凝土的配合比相同，坍落度相同，如果高性能 AE 减水剂掺量大，凝结时间长，长度变化率也大。由于引气，也会使长度变化率增大。掺入硅粉、超细矿渣，可使长度变化率降低，(参阅图 4.3.3)。

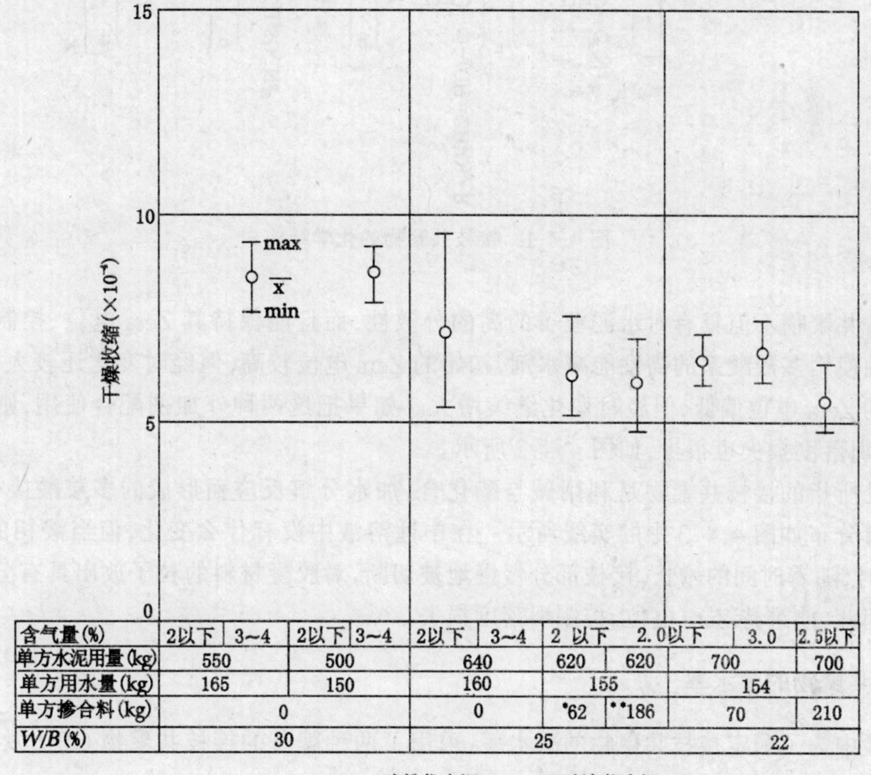

含气量(%)	2以下	3~4	2以下	3~4	2以下	3~4	2 以下	2.0以下		3.0	2.5以下
单方水泥用量(kg)	550		500		640		620	620	700		700
单方用水量(kg)	165		150		160		155		154		
单方掺合料(kg)	0				0		*62	**186	70		210
W/B(%)	30				25				22		

*——硅粉代水泥 **——矿渣代水泥

图 4.3.3 不同强度的高性能混凝土的干缩

六、抗冻性

降低水灰比，能提高抗冻性。但是，低水灰比的混凝土是否要一定的含气量，这与掺合料的种类及外加剂的品种有关。事前无法决定的时候，最好还是适当的引气，以确保抗冻性。掺入超细矿渣，抗冻性明显的提高。掺入硅粉如何，尚需进一步研究。

今后，为了制造低粘度、高耐久性，以及高强度的高性能混凝土，对于外加剂的类型、掺量及水泥浆硬化体的微观结构之间的关系，需要进一步的研究。

第四节 接枝共聚物高效减水剂

一、接枝共聚物的构成及特性

接枝共聚物的分子骨架由官能基和含有烷基组分的多组分系构成。其官能基以羧基和磺酸基为主；而羧基又以结合成悬挂状的接枝状链（聚乙二醇链）为主要成份。这种聚合物是通过单体合成，以获得明确的分子结构。

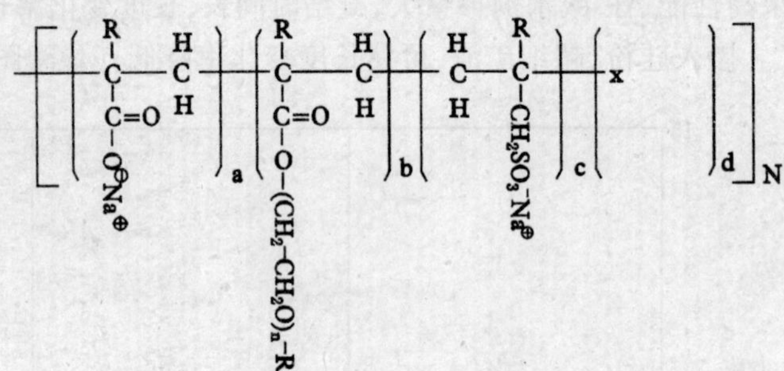

图 4.4.1 接枝共聚物的化学结构式

接枝共聚物不但具有对水泥粒子的高的分散性，而且能保持其 Zeta 电位，控制坍落度损失。单独使用多羧酸系的高性能减水剂，初始的 Zeta 电位较高，但经时变化还较大；接枝共聚物初始的 Zeta 电位偏低，但经时变化继续增大。如果把这两种外加剂配合使用，则初始坍落度较大，坍落度损失也很少，如图 4.4.2 所示。

此处所指的接枝共聚物是利用碱与酯化合，加水分解反应而形成的多羧酸接枝共聚物。其分子量分布如图 4.4.3 中的实线所示。在中性溶液中没有什么变化，但当液相的 pH 值为 12～13 时，随着时间的增长，接枝部分慢慢地被切断，对胶凝材料的粒子放出具有分散性的多羧酸。因此，能维持 Zeta 电位，控制坍落度损失。

二、接枝共聚物的减水率

试验中为了测定接枝共聚物的减水率，采用了两种牌号的接枝共聚物 GP-1 及 GP-2。其化学性质如表 4.4.1 所示。

表 4.4.1 接枝共聚物的化学性质

种类	功能基团		接枝部分		分子量(Mn)
	COOH 摩尔(%)	SO_3H 摩尔(%)	分子量	接枝比率	
GP·1	58	8	400	80%	5300
GP·2	59	10	1000	160%	6000

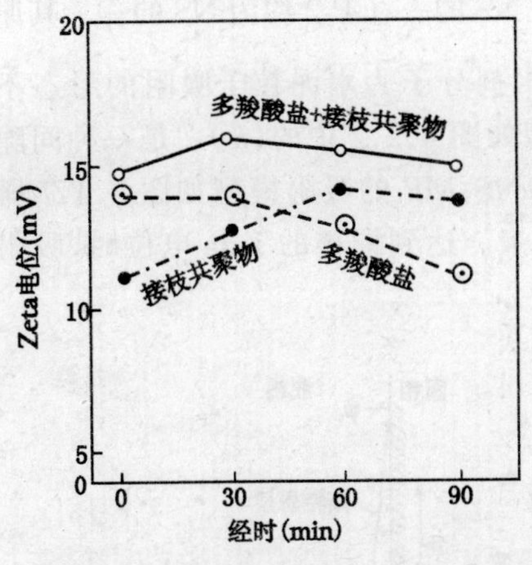

图 4.4.2 接枝共聚物、多羧酸系高性能减水剂的 Zeta 电位及其经时变化

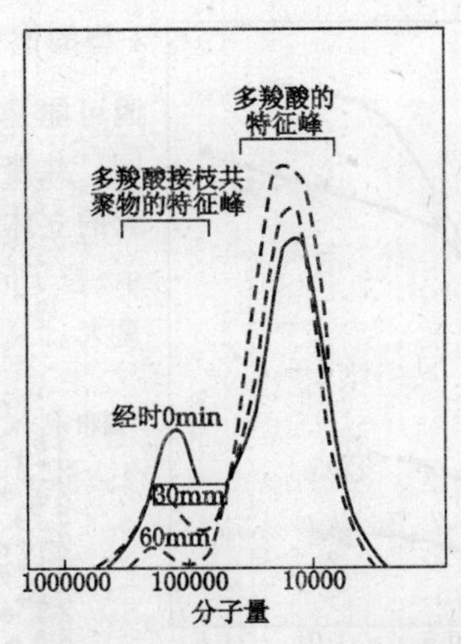

图 4.4.3 pH 值为 12.5 的水溶液中多羧酸接枝共聚物分子量分布的经时变化

水泥为硅酸盐水泥，水灰比 $W/C=0.25$，改变 GP-1，GP-2 的添加量，观察流动值的变化。作为对比，同时还测定了一般代表性的高性能减水剂 NS 及 MF 的减水率。结果如图 4.4.4 所示。

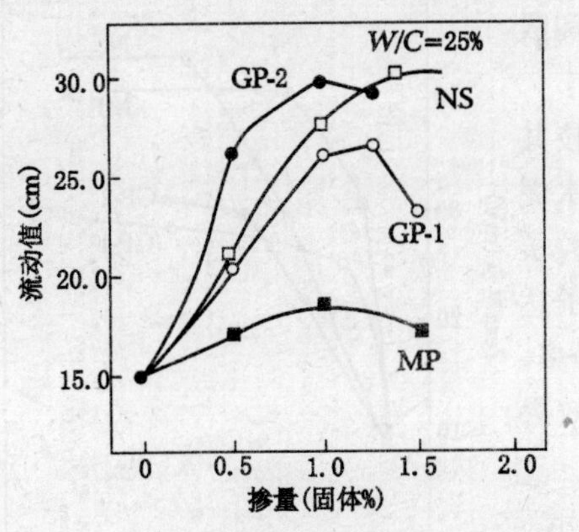

图 4.4.4 水泥浆流动性与减水剂添加量的关系

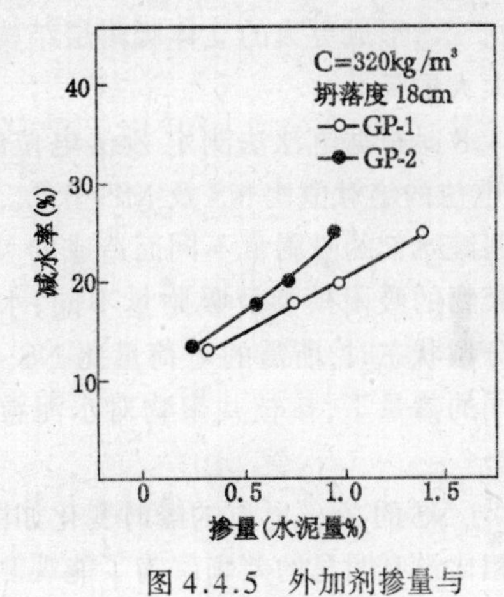

图 4.4.5 外加剂掺量与减水率关系

由图 4.4.4 可见，GP-1，GP-2 都随着其添加量的增大，流动值增大。添加量比较少时，就具有很大的流动性。但当添加量过多时，水泥浆的粘度增大，流动值明显下降，其添加量一般不超过 1%。NS、MF 的效果介于 GP-2 与 GP-1 之间。掺量增大，流动性也增大，MF 的效果较差。GP-1 与 GP-2 的减水率均在 20%～30%之间，如图 4.4.5 所示。

三、抑制坍落度损失机理

水泥粒子对接枝共聚物以及 NS、MF 的饱和吸附量如图 4.4.6 所示。横坐标为掺量(固体含量占水泥%)，纵坐标为吸附量。接枝共聚物达到饱和吸附量时比 NS 及 MF 低得多；GP-

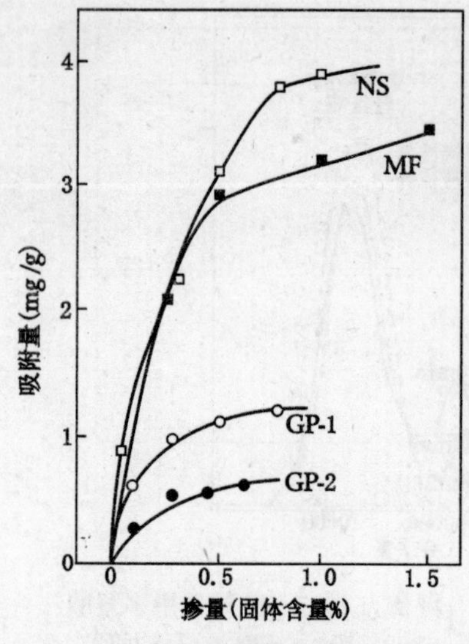

图 4.4.6 外加剂掺量与水泥粒子吸附量变化

1 型的饱和吸附量约为 NS 的$\frac{1}{3}$,GP-2 约为 NS 的$\frac{1}{7}$。其原因可能是由于这些减水剂分子为水泥粒子吸附的形态不同。共聚物的吸附模型如图 4.2.2 中的(h)。是一种间隙大的立体吸附结构;而 NS、MF 的吸附模型如图 4.4.7 所示,粒子间容易产生凝聚。达到同样的 Zeta 电位时,吸附量大。

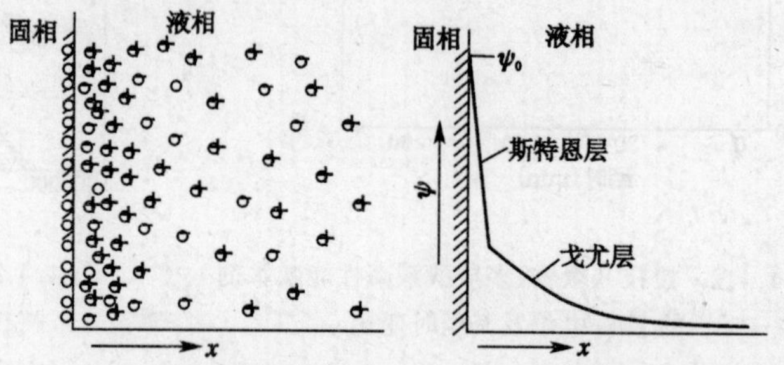

图 4.4.7 在液相中水泥粒子对减水剂吸附的双电层模型

而 GP-2 比 GP-1 吸附量更少的原因是由于接枝部分的长度不同造成的。接枝部分的链长,吸附时扩大,形成更大的立体吸附层结构。因而饱和吸附量可以大大的降低。

图 4.4.8 是根据电泳法测定 Zeta 电位的结果,接枝共聚物 Zeta 电位的绝对值比 NS 及 MF 稍低。这是由于水泥粒子对这些减水剂的吸附量不同而造成的。由于水泥粒子对接枝共聚物的吸附模型及吸附量不同,水泥浆中粒子达到相同的分散状态时,所需的电荷量比 NS 及 MF 少得多。因而在相同的掺量下,接枝共聚物对水泥粒子的分散效果大。

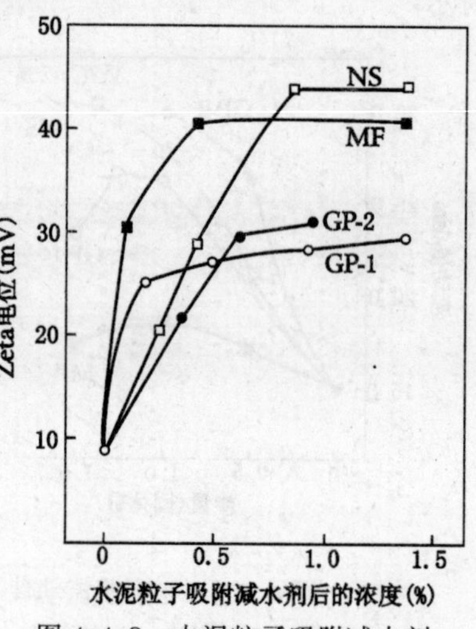

图 4.4.8 水泥粒子吸附减水剂浓度与 Zeta 电位变化

GP-1 与 NS 的 Zeta 电位的经时变化如图 4.4.9 所示。两者相比没有明显的差别。为了能观测到吸附着减水剂的水泥粒子的分散效果,在其水溶液中,从水泥粒子的沉降速度曲线中,求出一定量的水泥粒子(此处为 1115 mg)的沉降时间与减水剂添加量的关系,其结果如图 4.4.10 所示。如果水泥粒子的沉降时间越长,则说明分散与稳定的效果越好。

NS 高性能减水剂(磺基系),水泥粒子对其吸附力比较弱,随着水化的进行,容易发生脱落;但 GP-1 接枝共聚物具有较多的羧基,比较适度的螯形性赋予的吸附力,枝链立体障碍,能控制粒子间碰撞引起的物理凝聚作用,从而保持良好的分散性。

四、混凝土坍落度的经时变化

为了进行坍落度损失的试验,按表 4.4.2 的配合比配制混凝土,进行坍落度损失的试验结

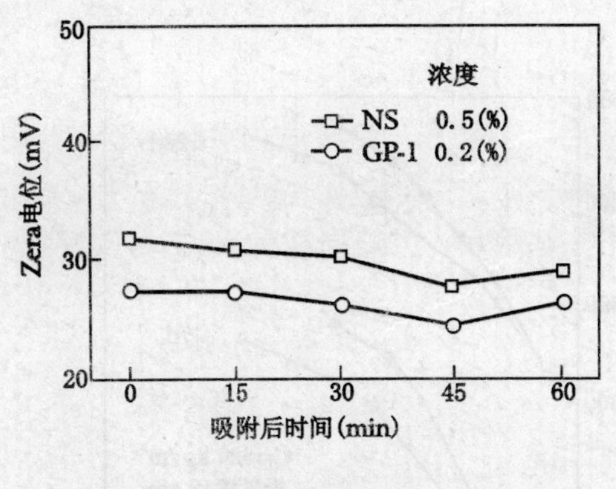

图 4.4.9 水泥粒子 Zeta 电位经时变化

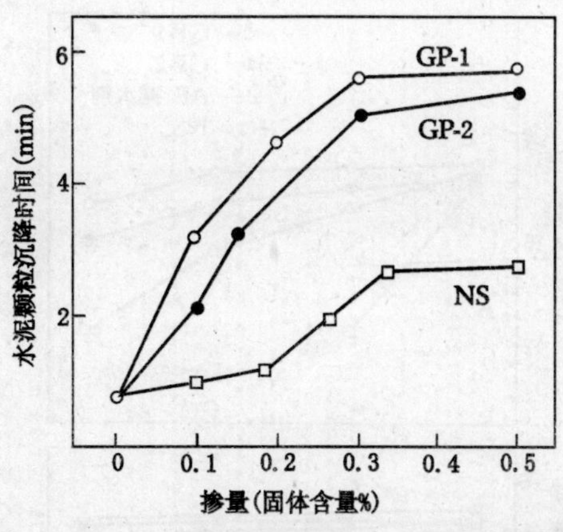

图 4.4.10 水泥粒子沉降时间与减水剂添加量关系

果如图 4.4.11 所示。

接枝共聚物 GP-1,GP-2 的坍落度损失很小。含气量的经时变化也小。而 AE 减水剂及 NS 混凝土的坍落度损失均大;特别是 NS,半小时后,坍落度由 18 cm 降至 12 cm,损失约 33%。

表 4.4.2 混凝土配合比

编号	减水剂的种类	减水率(%)	水灰比(%)	砂率(%)	坍落度(cm)	含气量(%)	单方混凝土用料量(kg)				
							水泥	水	砂*	石**	减水剂
1	空白	–	61.9	49.0	18	2	320	198	888	933	–
2	AE 减水剂	12	54.7	46.0	18	4	320	175	825	978	0.60
3	GP-1 GP-2	18	50.9	47.1	18	4	320	163	859	975	2.40 1.82

表中:* 砂-河砂,表观密度 2.63,细度模量 2.73。

* * 粗骨料-碎石,表观密度 2.66,细度模量 6.65,$D_{max}=20$ mm。

水泥-硅酸盐水泥。

接枝共聚物与适当的引气剂并用,可以得到稳定的混凝土拌合物。

五、抗压强度

抗压强度试验仍用表 4.4.2 中的混凝土配合比。水泥用量相同($C=320$ kg/m^3),坍落度相同时,接枝共聚物的添加量与抗压强度的关系如图 4.4.12 所示。由于添加量增大,减水率提高,混凝土的抗压强度几乎直线提高。

六、凝结时间

改变接枝共聚物在混凝土中的添加量与混凝土的凝结时间如图 4.4.13 所示。随着添加量的增大,凝结时间延长。在减水率为 18% 时,GP-1 的添加量为 0.75%,凝结时间为 60 min;GP-2 的添加量为 0.57%,凝结时间是 20 min。

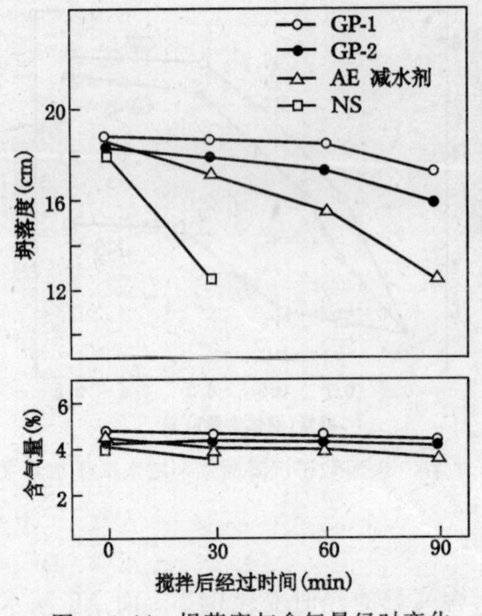

图 4.4.11 坍落度与含气量经时变化

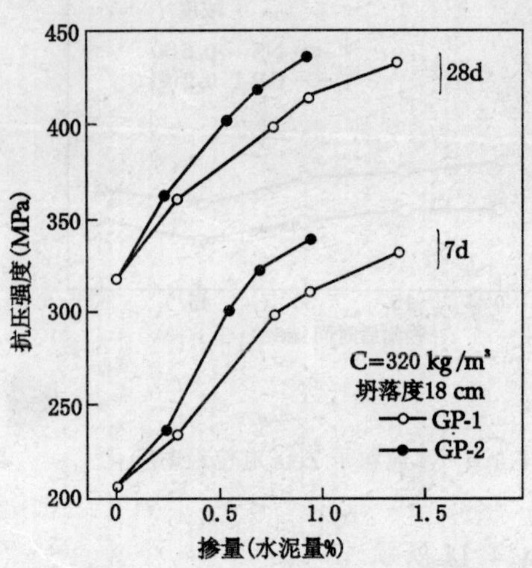

图 4.4.12 添加量与抗压强度的关系

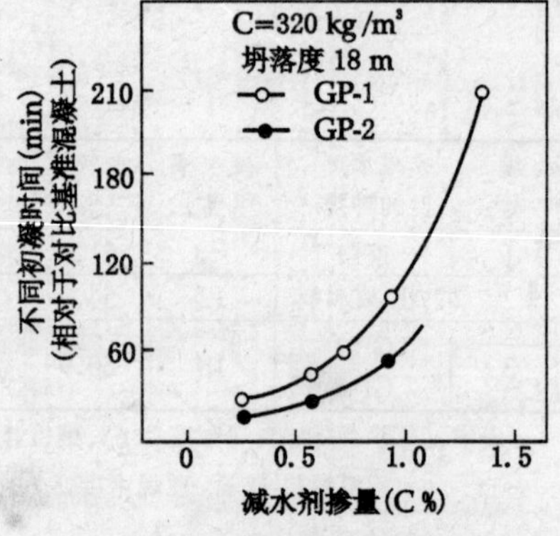

图 4.4.13 接枝共聚物添加量与初凝时间关系

一般来讲,多羧酸系分散剂具有缓凝性质。但接枝共聚物 GP-2 的缓凝性很小;因缓凝主要是由于水泥粒子表面吸附了缓凝剂成分,缓和了水化反应而引起的。GP-2 分子结构中含有的缓凝成分是羧基,其含量百分率比多羧酸系分散剂少得多。GP-2 比 GP-1 含有的缓凝成分更少。而且,由于 GP-2 少量添加就能得到较大的减水效果,因而对水泥的水化影响极少。

第五节 氨基磺酸系高效减水剂的生产与应用

氨基磺酸系高效减水剂对水泥粒子具有高的分散性,减水率高达 30%,并具有控制坍落度损失的功能,混凝土的耐久性好。而且投资省,生产工艺简单,是当前国内外最有发展前途的高效减水剂。

作者参观了日本花王的高效减水剂的生产,1998 年又参观了竹本油脂的减水剂生产工艺线。在此基础上与中山大学的老师合作,以对氨基苯磺酸和苯酚为主要原料,在试验室研制出了氨基磺酸盐系高效减水剂。后又参照了李崇智的经验,以对氨基苯磺酸钠为原料,在清华大学进行了合成,并在雍阳外加剂厂进行了中试。现武汉联合化工厂已生产了这种产品。

一、制备原理

芳香族氨基磺酸盐甲醛缩合物,是以对氨基苯磺酸及苯酚为主要原料,在含水条件下与甲醛加热缩合而成。其主要产物的分子式为:

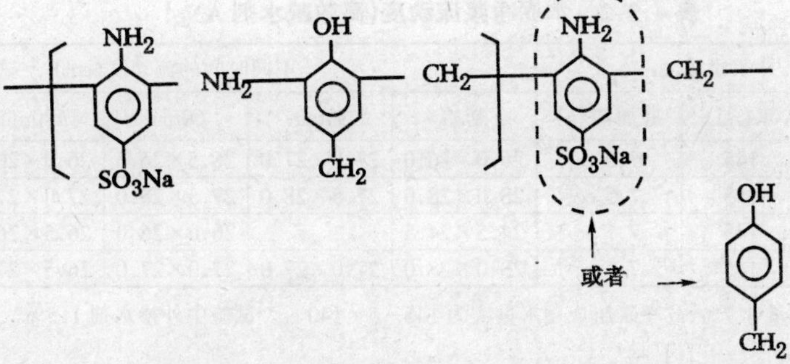

$$-\left[\text{(}NH_2\text{, }SO_3Na\text{-benzene ring)}-NH_2-\text{(}OH\text{, }CH_2\text{-benzene ring)}-CH_2-\right]-\text{(}NH_2\text{, }SO_3Na\text{-benzene ring)}-CH_2-$$

或者 → (OH, CH_2-benzene ring)

有时,还加入尿素($NH_2-\underset{\underset{O}{\|}}{C}-NH_2$),生成以下产物。

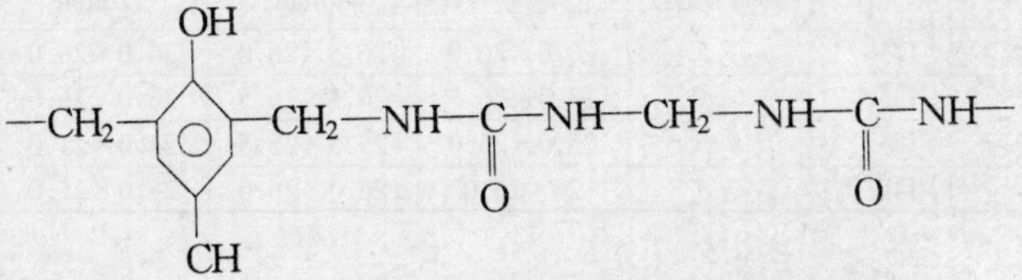

$$-CH_2-\text{(}OH\text{, }CH\text{-benzene ring)}-CH_2-NH-\underset{\underset{O}{\|}}{C}-NH-CH_2-NH-\underset{\underset{O}{\|}}{C}-NH-$$

其分子结构的特点是分支较多,疏水基分子段较短,极性强。

二、水泥净浆试验及混凝土试验

试验时采用氨基磺酸盐高效减水剂(代号 AS),以及 AS 与萘系高效减水剂复配的 AN_1 及 AN_2。

1. 水泥　小野田 525# 普硅,东方龙 525# 普硅,大宇 525# 普硅韶峰 525# 普硅。

2. 砂　中粗砂,比重 2.65,容重 1450 kg/m^3。级配合格,有机物含量符合规范要求。

3. 碎石　石灰石碎石,粒径 5~25 mm,比重 2.65,容重 1460 kg/m^3,级配合格。

4. 其他外加剂　防腐剂,天津产,用以防止硫酸盐腐蚀。脂肪酸系高效减水剂,南宁产,水剂,含固量 40%。

(一)净浆流动度试验

称取水泥 500 g,w/c=0.29 外加剂掺量 0.7%,各种水泥的净浆流动度及净浆流动度的经时损失如表 4.5.1,表 4.5.2,表 4.5.3(水剂时折合成粉剂,并扣除其中水量)。

表 4.5.1　水泥净浆流动度(高效减水剂 As)

水泥品种	净浆组成			不同时间的流动度(cm)				
	水泥(g)	水(ml)	外加剂(g)	初始	30min	60min	90min	120min
小野田	500	145	3.5	25×25	25×25	25×25	26×26	25×25
东方龙	500	145	3.5	24×24	25×25	25×25	25×25	24×24
大宇	500	145	3.5	24.5×25	25×25	24.5×24	24×24	24×24
韶峰	500	145	3.5	26×25	25×25	25×25	25×25	24×24.5

表 4.5.2　水泥净浆流动度(高效减水剂 AN_1)

水泥品种	净浆组成			不同时间的流动度(cm)				
	水泥(g)	水(ml)	外加剂(g)	初始	30min	60min	120min	180min
小野田	500	145	7.5 cc	26.0×26.0	27.0×27.0	26.5×26.5	26.0×26.0	
东方龙	500	145	7.5 cc	28.0×28.0	27.5×28.0	27.5×28.0	27.0×27.0	
大宇	500	145	7.5 cc	24.5×24.5		26.0×26.0	26.5×26.0	25.5×26.0
韶峰	500	145	7.5 cc	28.0×28.0	27.0×27.0	27.0×27.0	26.5×27.0	

* 外加剂为水剂,含固量 3.7%,故净浆组成用水量实为 145－5＝140 cc。试验中外掺水剂 1.5%。

表 4.5.3　水泥净浆流动度(高效减水剂 AN_2)

水泥品种	净浆组成			不同时间的流动度(cm)			
	水泥(g)	水(ml)	外加剂(g)	初始	60min	120min	180min
小野田	500	145	7.5	26.0×26.0	26.5×26.0	26.0×26.0	
东方龙	500	145	7.5	27.0×26.5	26.5×26.5	26.0×26.0	
大宇	500	145	7.5	25.0×25.0	25.5×25.5	24.0×24.0	24.0×24.0
韶峰	500	145	7.5	26×26.0	26.0×26.0	25.0×25.0	

加水量同上表 4.5.2。

由水泥净浆试验可知 AS、AN_1 及 AN_2 三种氨基磺酸盐系列减水剂,对试验中所用的四种水泥,均有很好的适应性,初始流动度均较大;而且 2 小时净浆流动度基本无损失。减水率高,控制流动度损失功能好,这是氨基磺酸系高效减水剂的特点之一。

(二)混凝土试验。

表 4.5.4　混凝土试验配比

水泥品种	W/B	单方混凝土用料(kg/m^3)						减水剂	备注
		水泥	粉体	砂	豆石	碎石	水		
小野田	0.40	300	140(1)	760	/	1000	180	AS 0.7%	粉剂
大　宇	0.43	340	75(2)	800	150	850	180	AN_1 2.0%	水剂
珠江 525#	0.30	385	165(3)	750	150	850	165	AS 3.0%	水剂

AN_1 含固量 37%,在混凝土中扣除减水剂含水。

AS 含固量 42%,在混凝土中扣除减水剂含水。

表中所用粉体:(1)为矿渣与粉煤灰复合粉体

(2)为Ⅱ级粉煤灰

(3)为矿渣与硅粉复合粉体

混凝土拌合用 50 升强制式搅拌机,先倒入砂子,然后是水泥及粉体,拌合均匀后加水搅拌 1 分钟;加入减水剂,搅拌 1 分钟;然后倒入粗骨料,搅拌 1 分钟,出料。测初始坍落度及流动度(坍落度扩展度)。并测坍落度经时变化。试验结果如下表 4.5.5。砼强度与导电量及 Cl^- 扩散系数如表 4.5.6。

表 4.5.5 混凝土坍落度经时变化(气温 28℃～30℃)

NO	水泥品种	坍落度经时变化(cm)			备 注
		初始	60 min	120 min	
1	小野田	$\frac{24.5}{68}$	$\frac{24.5}{63}$	$\frac{23.0}{48}$	分子为坍落度,分母为扩展度
2	大　宇	$\frac{24.0}{63}$	$\frac{21.0}{62}$	$\frac{20.0}{56}$	分子为坍落度,分母为扩展度
3	珠江	$\frac{23.0}{58}$	$\frac{22.0}{56}$	$\frac{22.0}{54}$	分子为坍落度,分母为扩展度

表 4.5.6 混凝土强度、导电量及 Cl^- 扩散系数

NO	水泥品种	抗压强度(MPa)			导电量*(库仑)		Cl^- 扩散系数($\times10^{-9}cm^2/s$)	
		3 d	7 d	28 d	28 d	56 d	28 d	56 d
1	小野田	35.6	46.6	60.7	2605	700	15.3943	6.0216
2	大宇	32.5	42.7	58.5	2760	750	16.1568	6.2676
3	珠江	56.4	64.8	81.2	1605	495	10.4743	5.0131

* 导电量采用 ASTMC1202 方法,测定 6 小时通过总电量(库仑)。

Cl^- 扩散系数按公式 $y=2.57765+0.00492x$ 计算。

式中:y——Cl^- 扩散系数($\times10^{-9}cm^2/s$)

x——导电量(库仑)

根据表 4.5.6 中 56 d 导电量评定 No.1,No.2,No.3 的三种混凝土,导电量均在 1000 库仑以下,按 ASTMC1202 对混凝土渗透性评价,属于 Cl^- 渗透性很低的范围。参考西班牙马德里建筑和水泥科学研究所,对高性能混凝土 Cl^- 扩散系数的评价,普通混凝土 Cl^- 扩散系数的下限为$(0.3\sim0.5)\times10^{-8}cm^2/s$,钢筋保护层厚度 3 cm,在海洋环境下,使用年限为 75 年,本试验中 No.3 混凝土,56 d Cl^- 扩散系数为 $0.5\times10^{-8}cm^2/s$。为钢筋保护层厚度为 3 cm,则在海洋条件下,使用年限也达到 75 年。而 No.1,No.2 的混凝土,在同条件下,使用年限 70 年左右。

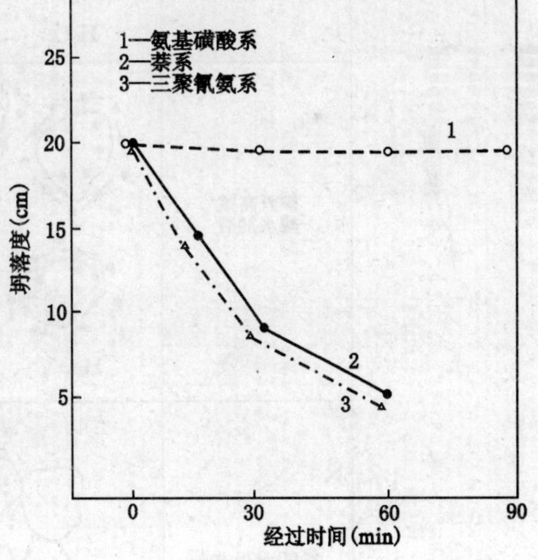

图 4.5.1 不同减水剂坍落度经时变化

综上所述,氨基磺酸盐系高效减水剂,与矿物质粉体配合,混凝土具有低的导电量及 Cl^- 扩散系数,具有高的耐久性。

由表 4.5.4、表 4.5.5 的试验结果可知,混凝土的水胶比 0.4～0.43,用水量 180 kg/m^3,As 及 AN_1 掺量 0.7%左右,初始坍落度值 24 cm 左右,2 小时后,坍落度仍维持 20～23 cm,说明对水泥的分散效果及控制坍落度损失功能均

好。而 No.3 水胶比 0.3 的混凝土,按南宁提供的含固量 40% 的高效减水剂(注:脂肪酸为原料合成的),外掺 1.9%(折合成粉剂),混凝土拌合物仍很干硬。而氨基磺酸系高效减水剂,掺入 1.4%左右(粉剂),坍落度值达 23 cm,且 2 小时坍落度损失很少。说明与同类高效减水剂相比,具有高的减水率。

三、控制坍落度损失机理

试验证明,萘系、三聚氰氨系及氨基磺酸盐系高效减水剂的坍落度经时变化如图 4.5.1 所示。萘系及三聚氰氨系高效减水剂的坍落度损失很快。但氨基磺酸系高效减水剂的混凝土可以 90 分钟以上坍落度基本不变。

这与水泥与高效减水剂的吸附形态有关。氨基磺酸系高效减水剂被水泥粒子吸附是刚性垂直键吸附( );而萘系及三聚氰氨系则为刚性横卧吸附,或点式吸附( )。前者具

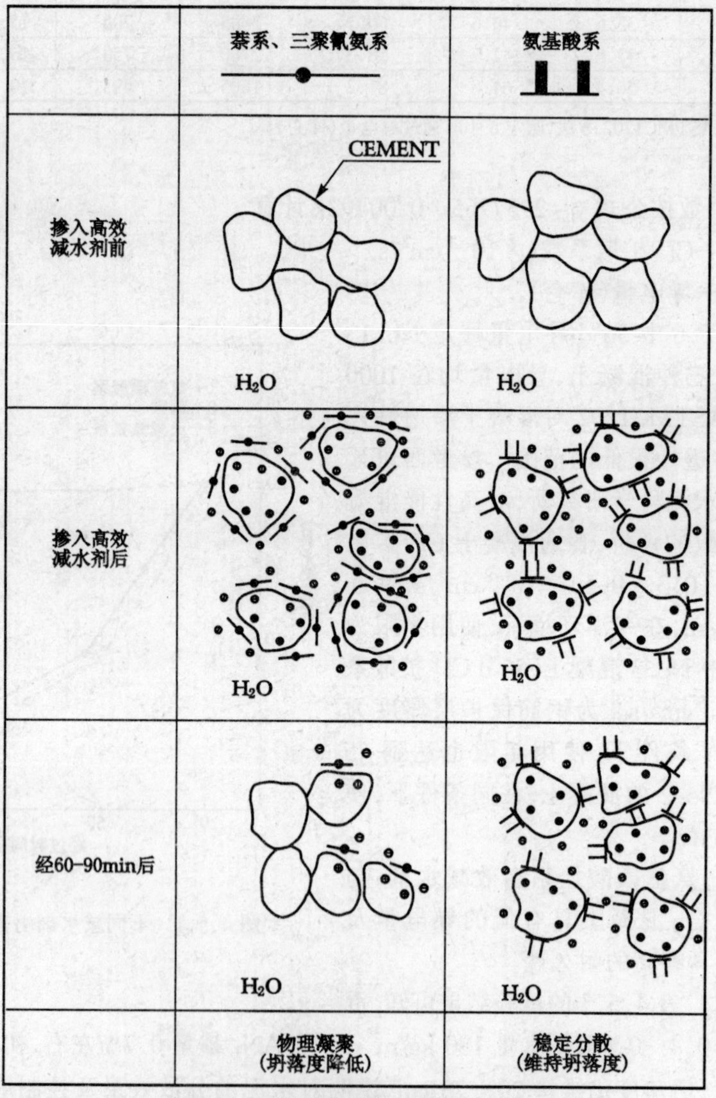

	萘系、三聚氰氨系	氨基酸系
掺入高效减水剂前	CEMENT H_2O	H_2O
掺入高效减水剂后	H_2O	H_2O
经60-90min后	H_2O	H_2O
	物理凝聚 (坍落度降低)	稳定分散 (维持坍落度)

图 4.5.2 坍落度维持与损失模型

有立体的分散效果，减水章高，使水泥粒子稳定分散，坍落度经时损失小。而后者是平面排斥力，水泥粒子容易产生物理凝聚，坍落度经时损失快，如图 4.5.2 所示。

四、结论

1. 芳香族氨基磺酸甲醛缩合物，是对氨基苯磺酸及苯酚，在含水条件下与甲醛加热聚合而成。其分子结构特点是分支较多，疏水基分子段较短，极性强。

2. 氨基磺酸系高效减水剂减水率高，控制坍落度损失功能好。可以维持混凝土坍落度在 2 hr 内基本不变。这是由于该种减水剂与水泥粒子吸附形态是刚性垂直吸附，水泥粒子间是立体排斥力，对水泥粒子分散性强，能保持分散系统的稳定。

3. 氨基磺酸系高效减水剂与超细粉匹配使用，混凝土的 Cl^- 扩散系数低，抗渗性耐久性好。

4. 氨基磺酸系高效减水剂与萘系相比，合成温度低，工艺 简单，管理方便。

第六节　混凝土坍落度损失及其抑制机理

本章的第二节、第四节均从不同角度论述到坍落度损失及其抑制机理(保持分散机理)。本节再进一步从水泥粒子的分散与凝聚，液相中高效减水剂浓度与坍落度变化及屈服值变化关系，进一步阐明坍落度损失原因及其恢复的途径。

一、水泥粒子的凝聚与分散

在水泥浆中，掺入高效减水剂后，水泥粒子吸附高效减水剂分子后，Zeta 电位提高，静电斥力提高，图 4.2.4 中的全能量曲线 V_T 增大，水泥浆体的网状结构破坏，其中自由水释放出来，浆体流动性增大。但是，由于物理分散和化学分散，水泥微粒增多，为了降低其表面能，粒子之间的靠近、吸附，使水泥粒子产生凝聚，坍落度降低。

服部建一认为，如果水泥粒子的布朗运动和重力、机械搅拌等力的作用，超越双电层电位造成的势垒 V_{max}(参阅图 4.2.4)，就产生凝聚。

设系统中最初总的水泥颗粒数为 n(个/mL)，由于相互碰撞而减少一半的时间 $t_{1/2}$ 为：

$$t_{1/2} = \frac{2\pi a^2}{3K}(1 + \rho_a \frac{W}{C})\exp(V_{max}/KT)$$

式中：K——实验常数；

a——水泥粒子半径；

W/C——水灰比；

ρ_a——水泥密度；

T——绝对温度。

粒子数减半的时间 $t_{1/2}$，也即混凝土坍落度降低至一半的时间，称之为半衰期。从上式可见势垒 V_{max} 数值的大小，对半衰期的影响最大，也即对坍落度损失的影响最大；水泥越细，即 a 越小；水灰比越小，半衰期时间也越短，坍落度损失也越大。

二、水泥浆屈服值与坍落度经时变化与液相中超塑化剂残存浓度的关系

服部建一等人的试验证明，水泥浆中掺入超塑化剂后，随着时间的延长，超塑化剂(SP)在

液相中的残存量减少,对应的水泥浆的屈服值增大,混凝土坍落度损失增大。如图 4.6.1,图 4.6.2 所示。

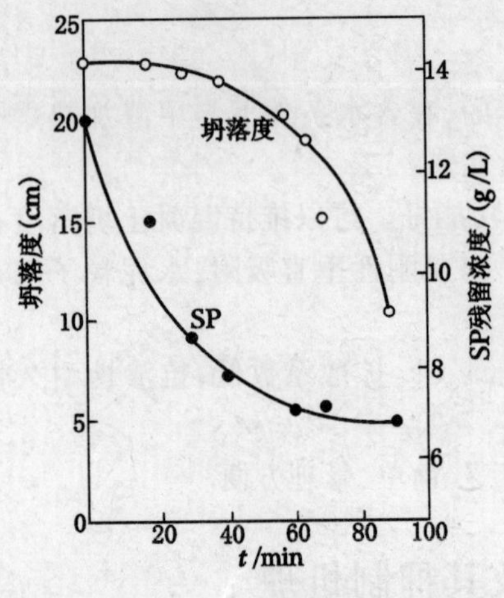

图 4.6.1 坍落度经时变化与超塑化剂残存浓度(服部健一)

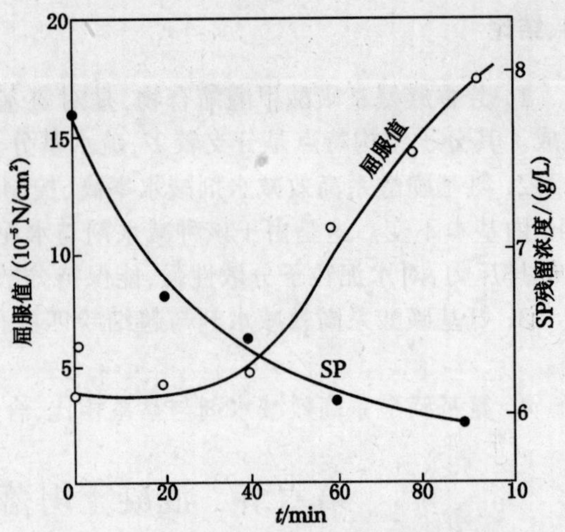

图 4.6.2 水泥浆屈服值经时变化与 SP 残存浓度(服部健一)

由图 4.6.1,4.6.2 可见,如果能及时补充水泥浆中或混凝土中的超塑化剂,水泥浆的屈服值或混凝土的坍落度是可以抑制的。

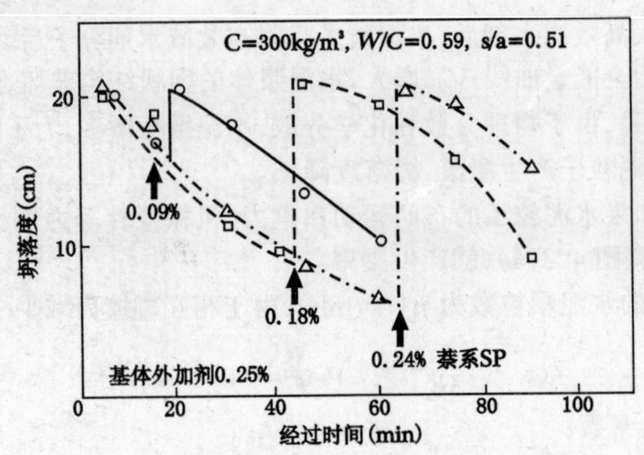

图 4.6.3 坍落度的恢复与超塑化剂添加关系

因此,可以通过在不同时间里添加超塑化剂,来控制混凝土的坍落度损失。图 4.6.3 是超塑化剂添加量与添加时间的关系。混凝土初始坍落度为 21 cm,经 20 分钟后坍落度损失,恢复到初始值要添加 0.09%XC 的超塑化剂;经 40 分钟后,坍落度损失更大,要恢复到初始值,需添加超塑化剂 0.18%XC;如此类推,60 分钟后需要添加 0.24%XC 的超塑化剂。

图 4.6.4 是超塑化剂相同的添加量,在不同时间的添加效果。混凝土在搅拌后 4~87 min 的时间内,添加超塑化剂。坍落度恢复的幅度是不同的。但经 90 分钟后,坍落度均相同。

服部建一的试验证明,采用多次添加萘系高效减水剂。能维持坍落度在 2 小时以上,且对

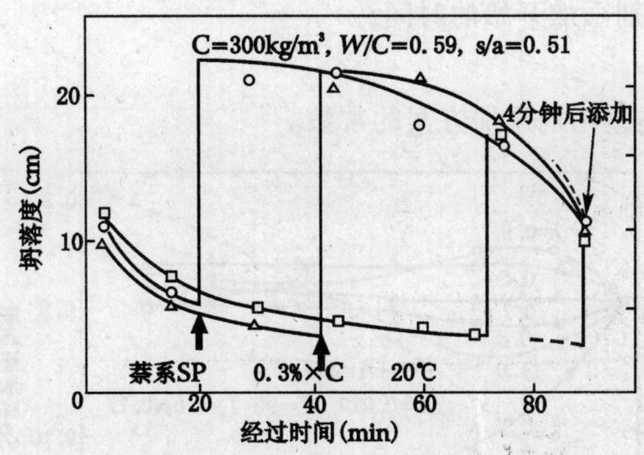

图 4.6.4　超塑化剂添加时间对坍落度恢复的影响

混凝土强度没有不良的影响。

三、坍落度损失与恢复的模型

通过以上分析,可以考虑图 4.6.5 的模型。

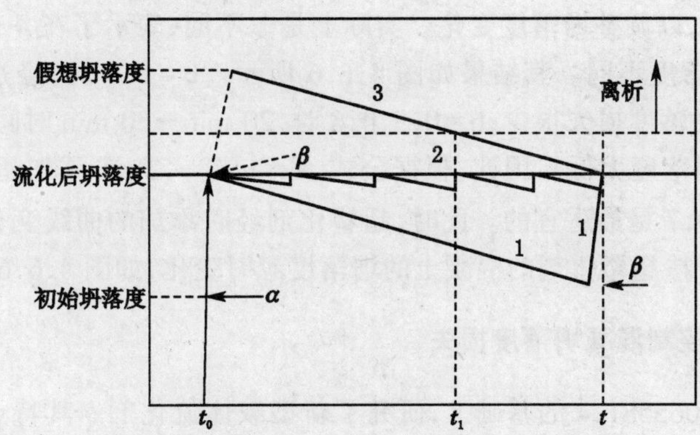

曲线 2 系通过多次添加高效减水剂,使坍落度得以维持;

曲线 1 是通过后添加高效减水剂,使坍落度得以恢复;

曲线 3 是由于在 τ_0 时间里再添加高效减水剂 β,混凝土产生离析。

图 4.6.5　高效减水剂添加与坍落度损失与恢复模型

在混凝土中,掺入超塑化剂 α,混凝土达到流化后的坍落度;经 t 时间后,坍落度损失,若与流化后的坍落度相同,必须添加超塑化剂 β,称之为后添加(图中①);而将 β 分成几次添加,以恢复坍落度的方法,如图中②,称之为反复添加;但如果将 α+β 一次加入混凝土中,混凝土将产生离析,质量不能保证。

由以上结果分析,将超塑化剂添加到混凝土中,在 t 时间内保持坍落度不变,可采用公式 4.6.1 的曲线形式添加超塑化剂:

$$A = a(T - T_0)^b \tag{4.6.1}$$

式中:A——累计添加量;

T——坍落度维持时间;

T_0——超塑化剂添加开始的时间；

a——常数；

b——决定于超塑化剂添加方案的常数。

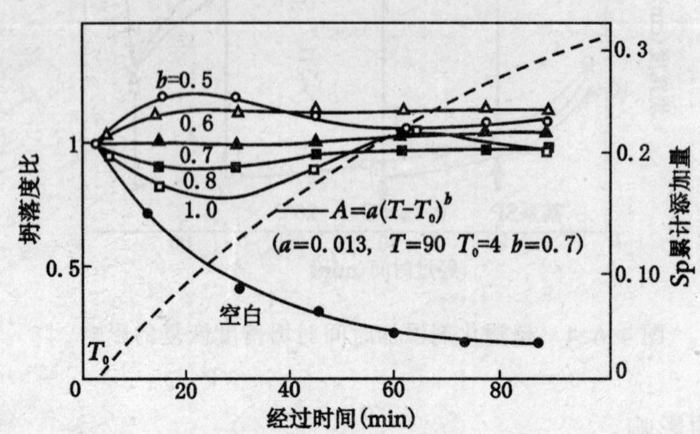

图 4.6.6 超塑化剂添加方案与坍落度

如果 A=胶凝材料用量×0.3%(固体含量)，$T=90$ min，$T_0=4$ min；b 在 0.5,0.6,0.7,0.8,1.0 范围内变化，以调整坍落度变化。实际上是 b 不同，表示了在 4～30 min 内添加的超塑化剂的量不同，坍落度不同。其结果如图 4.6.6 所示。b=0.7 时，经过 90 分钟，坍落度变化平稳，90 min 时，坍落度损失很少；b=0.5,0.6 时，20 min～30 min 时间范围内坍落度太大；而 b=0.8,1.0 时，坍落度太低。因此，根据公式 $A=a(T-T_0)^b$ 添加超塑化剂，以维持坍落度损失时，采用 $b=0.7$ 是最适宜的。此时，超塑化剂经时添加的曲线变化如图 4.6.6 中的虚线所示。而不继续外掺超塑化剂的混凝土的坍落度经时变化，如图 4.6.6 中的空白曲线所示。

四、新型载体流化剂控制混凝坍落度损失

在中国专利 871065581,4 的基础上，研究了新型载体流化剂。其特点是利用矿物质粉体为载体，吸附超塑化剂，其吸附的量可以人为控制，以保证在所需的时间内坍落度维持在原有的水平上为度。新型载体流化剂在溶液中对超塑化剂解吸曲线如图 4.6.7 所示：

该曲线与图 4.6.6 中 $A=0.0133(T-T_0)^{0.7}$ 的形状是一致的。说明利用新型载体流化剂可以控制混凝土的坍落度损失。

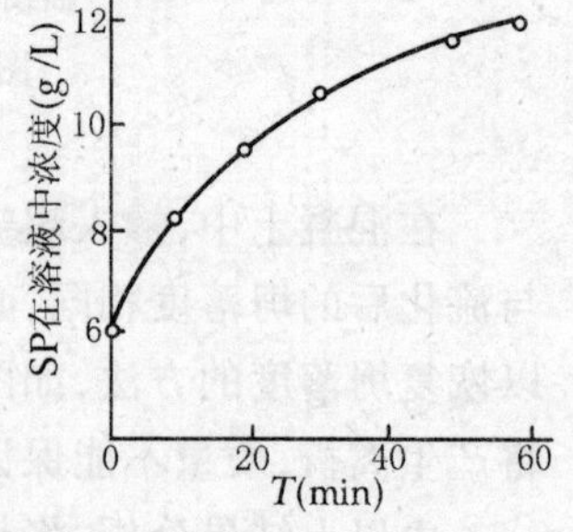

图 4.6.7 载体在溶液中排放超塑化剂曲线

1. 试验原材料

水泥：宣化水泥厂 525[#] 普通硅酸盐水泥

河砂：中砂，细度模数 $M_x=2.54$

粗骨料：碎石 $D_{max}=31.5$ mm

超塑化剂：NF 清华大学研制

新型载体流化剂：NCFA，清华大学研制

NCFA(1)粒状 0.5～3 mm

NCFA(2)粉状，过 0.315 mm 筛

2. 试验结果

(1)净浆流动度　按 GB8077 规定的方法，用水泥 400 g 、NF 0.6%，NCFA 1%，搅拌净

浆,每隔 30 min 测流动度,结果如表 4.6.1。

表 4.6.1 净浆流动度经时变化

时间(min) / NCFA	0	30	60	90
NCFA(1)	140	140	120	116
NCFA(2)	180	190	170	165

(2)胶砂扩展度 按水泥胶砂强度试验方法搅拌胶砂,NF 用量 0.6%,NCFA 1%,每隔 30 min 测跳桌扩展度,结果如表 4.6.2。

表 4.6.2 胶砂扩展度经时变化

时间(min) / NCFA	0	30	60	90
NCFA(1)	140	140	120	116
NCFA(2)	180	190	170	165

(3)NCFA 对胶砂强度影响 将测完流动度的胶砂分别成型试件,测得 7 d,28 d 强度如下:

表 4.6.3 胶砂强度

龄期 / 砂浆类型	7 d		28 d	
	抗折(MPa)	抗压(MPa)	抗折(MPa)	抗压(MPa)
基准	6.3	45.5	9.1	65.2
NCFA(1)	7.1	48.4	9.7	72
NCFA(2)	6.5	40.7	8.2	64

(4)混凝土试验

由表 4.6.5 可见:编号 NCFA(1)掺复合超细粉 30%(165kg)的混凝土,$W/C=0.3$,初始坍落度 26 cm,2 小时坍落度损失仅 3 cm,28 d 强度达 97 MPa。

表 4.6.4 混凝土配合比

材料 / 混凝土类型		材料用量(kg/m^3)					NF	NCFA
		水泥	超细粉	砂	碎石	水		
基准混凝土		550	0	630	1100	165	1.3%	/
含 NCFA 混凝土	NCFA(1)	275	275	630	1100	165	1.3%	1.5%
	NCFA(2)	275	275	630	1100	165	1.3%	1.5%
	NCFA(1)	385	165	630	1100	165	1.3%	1.5%

表 4.6.5　坍落度经时变化及强度

编号	坍落度经时变化(CW)					强度(MPa)	
	初始	30 min	60 min	90 min	120 min	7 d	28 d
基准混凝土	2.5	1	0			66	80.5
NCFA(1)	21	24	24	22		28	76.3
NCFA(2)	25	25	25	25.5	25	25.6	78.2
NCFA(1)	26	26	25	24	23	56.1	97

第七节　发展的方向

目前,混凝土化学外加剂围绕着混凝土的施工应用以及性能提高,沿着如图 4.7.1 所示的方向发展。

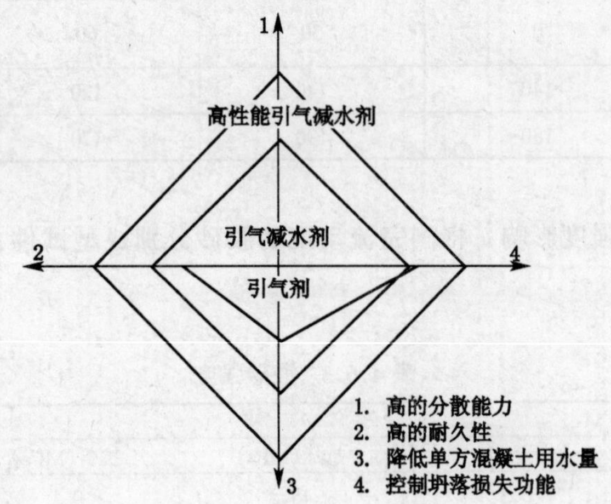

图 4.7.1　混凝土化学外加剂的性能图形

由图 4.7.1 可见,高性能引气减水剂对水泥的分散能力,提高混凝土的耐久性,降低单方混凝土用水量以及控制坍落度损失功能等四个方面,均优于普通减水剂及引气减水剂。

今后,高效减水剂应具有四个方面的基本功能:1)对水泥粒子的分散能力高,使混凝土具有高的强度;2)达到相同工作度条件下,混凝土用水量能降低到最低值;3)提高混凝土的耐久性;4)能控制混凝土坍落度损失,便于施工。

为了适应各种混凝土的功能需要与技术发展,混凝土化学外加剂还必须具有特种功能。列举如下:

1. 降低低水灰比混凝土粘性的外加剂。低水胶比的高性能混凝土,胶凝材料用量多,用水量少,粘性大,为了便于施工操作,必须降低其粘性。这就需要降低粘性的特种外加剂。

2. 在高流态混凝土中,给予混凝土一定的粘性,以免发生泌水、离析与分层。这就需要增粘剂。而且还须要考虑到化学外加剂与粉体复合,使混凝土具有均匀性,流动性与填充性。

3. 开发对水泥基体有效增加密实度的外加剂,提高混凝土耐久性与抗碳化的性能。

4. 开发效果较高的促凝剂,使之能缩短工期,或者能提高预应力构件生产效率为目标的外加剂。

参考文献

1 児玉　和巳　岡沢　智:高强度化のための高性能 AE 減水劑の開發,セメト.コンクリート,1992.8

2 杉本貢:高流動化のための材料—化學混和劑—コンクリートエ學 Vol 32,NO.7 1994.7.

3 児玉和巳:高强度化のための材料——混和劑——コンクリートエ學 Vol 32,NO.7,1994,7

4 馮乃謙:流態混凝土 中國鐵道出版社,1996

5 橋田实ほか:架橋ポリマーを用ひた高性能 AE 減水劑の特性(その1 架橋ポリマーの作用機構)。日本建築學會大會學術講演梗概集(新瀉)1992

6 馮乃謙等:控制混凝土坍落度的添加劑及制造方法,中國發明專利 8413 號

7 服部健一ほか:粒狀化高性能減水劑たよゐスランペロス防止と現場施工实驗,セメント.コメクリートNO.443,Jan,1984

8 土木學會　高性能 AE 減水劑を用ひたコメクリートの施工指針(案)

9 杉本貢　化學混合劑の現狀と展望　月刊生コンクリート　NO.12,1992

10 馮乃謙　高性能混凝土　中國建築工業出版社,1996

11 李崇智等　氨基磺酸系高效減水劑的試驗研究混凝土。99-4.

12 児玉和巳ほか:高强度化のための高性能 AE 減水劑の開發　セメント、コメタリート No.546,1992,8

13 馮乃謙　混凝土的高性能與高耐久性混凝土的研究与應用　鑒定材料,深建技(1998)17 号.

14 Take moto Oil & Fat CO., LTD CHUPOL HP-8 1999.1 Japan

注:其中"实"字的日文出不来,暂用此字代替。

第五章　矿物质超细粉

矿物质超细粉是指粒径<10 μm 的矿物质粉体材料。是高性能混凝土的第六组份；也是普通混凝土高性能化不可缺少的材料。

矿物质超细粉有硅粉、矿渣超细粉、超细粉煤灰、超细沸石粉、磷渣超细粉及其复合超细粉等。

高性能混凝土，除了具有较低的水灰比，使水泥石中不具有毛细管孔隙，提高抗渗性以外；主要的技术途径是通过不同品种、不同数量及质量的超细粉，取代混凝土中的部分水泥，使混凝土获得高的耐久性，也即长的使用寿命。当然，不同环境条件下，还需要选择适当的水泥品种，这是混凝土长寿命的前提。

矿物质粉体，由于超细化而具有了新的特性：(1)表面能高；(2)微观的填充作用；(3)化学活性提高。超细粉对水泥浆体有显著的流化与增强效应，并使水泥石结构致密化。作用效果与超细粉的品种、细度以及掺量有关。认识这些特性，有助于理解高性能混凝土的性能，也便于生产中对高性能混凝土进行质量控制。

第一节　试验用原材料及试验方法

一、原材料

1．水泥　普硅525#，由宣化水泥厂生产，化学成分见表5.1.1。

表5.1.1　水泥化学成分

化学成分	CaO	SiO_2	Al_2O_3	Fe_2O_3	MgO	SO_3
含量(%)	65	22.3	4.3	3.8	3.1	2.3

2．超细粉

(1)超细粉的品种与化学成分见表5.1.2。

(2)超细粉的制备

粉煤灰和硅灰由厂家提供，其余均为自行磨制。

复合超细粉配制：将沸石60%与矿渣40%混合，记为沸-矿粉；沸石70%与硅灰30%混合，记为沸-硅粉。

(3)超细粉细度见表5.1.3。

表 5.1.2 超细粉的化学成分

品种	产地	化学成分(%)								
		CaO	SiO_2	Al_2O_3	Fe_2O_3	MgO	Na_2O	K_2O	SO_3	P_2O_5
矿渣	宣钢	35.71	32.32	12.02	6.25	8.14			0.23	0.16
磷渣	张家口化工原料厂	44.4	36.88	3.92	2.93	1.56			0.18	0.60
沸石	赤城	1.42	72.09	11.47	1.37	0.62	1.84	4.72		
硅灰	太原	少量	95.2	1.5	少量	少量				

表 5.1.3 超细粉细度

品种	矿渣粉(Ⅰ)	矿渣粉(Ⅱ)	硅灰
细度(cm^2/g)	6820	8560	约20万

试验中所用的磷渣粉(Ⅰ)、沸石粉(Ⅰ)与矿渣粉(Ⅰ)的研磨制度相同,磷渣粉(Ⅱ)、沸石粉(Ⅱ)和矿渣粉(Ⅱ)的研磨制度相同,可以认为前三种和后三种分别具有相同细度。

3. 高效减水剂　粉状高浓 NF,清华大学研制生产。

二、试验方法

1. 净浆稠度　用水泥标准稠度仪,按 GB1346—89 规定的方法进行,以试锥沉入度来表示。

2. 使用 NF 的浆体流动度按 GB8077 规定的方法进行,以浆体在玻璃板上的扩展度来表示。

3. 胶砂流动度按 GB3419—81 规定的方法进行,以跳桌扩展度表示。

第二节　超细粉的填充效应

利用不同粒径的超细粉与水泥粒子组合,其比例为水泥粒子 70%,超细粉粒子为 30%,复合粉体的空隙体积,随着粉体的细度增大而降低。如图 5.2.1 所示。这种粉体的微观填充作用,除了单一品种的粉体与水泥组合外,还可以采用复合超细粉与水泥组合,如硅粉与矿渣,或硅粉与粉煤灰复合;如硅粉 30%与矿渣超细粉(粒径 2.55 μm)70%复合之后,得到复合超细粉矿-硅,再用矿-硅 70%与水泥 30%复合,3 组分的复合粉空隙率低,达到相同流动性时用水量低,水泥石的强度与耐久性均达到最优效果。

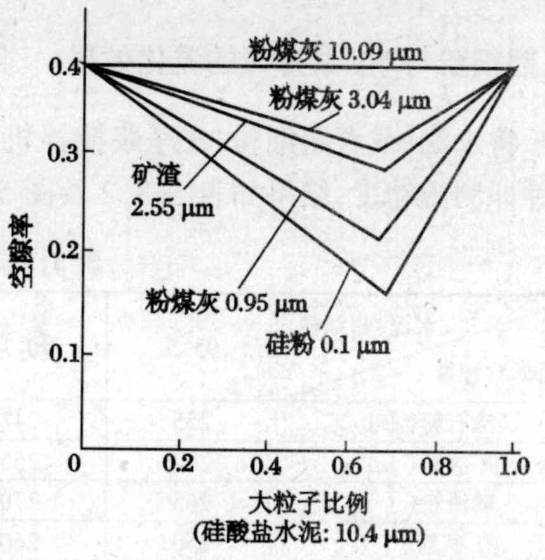

图 5.2.1 粒子组合与空隙率变化

第三节　矿物质超细粉的流化效应

一、水泥与超细粉不同比例配合时的浆体流动度

以 27% 的加水量测得基准水泥浆沉入度 32 mm,然后以不同品种超细粉等量取代水泥,加水

量不变，实测浆体沉入度见表 5.3.1 及图 5.3.1。

表 5.3.1 含超细粉浆体的沉入度(mm)

水泥:超细粉 / 超细粉的种类	95:5	90:10	85:15	80:20	75:25
矿渣粉(Ⅰ)	33.5	34	35	37	38
矿渣粉(Ⅰ)	34	35.5	36	38	38.5
沸石粉(Ⅰ)	31	30	26	20	16.5
硅灰(Ⅰ)	31	21	14.5		

①100%水泥沉入度为 32mm。

②加水量 27%。

由表 5.3.1 及图 5.3.1 试验结果可见：①不同品种的超细粉对净浆稠度影响不同，磷渣、矿渣使浆体流动性增加，而且随着掺量增加，沉入度几乎呈线性增加，磷渣效果优于矿渣。②沸石、硅灰随掺量增加沉入度减小，表明浆体变得稠化，硅灰和沸石掺量分别超过 10% 和 20% 时变化尤为明显。见图 5.3.1。引起沉入度变化的原因是：(1)掺入矿渣磷渣细粉后，可填充于水泥粒子间隙和絮凝结构中，占据了充水空间，原来絮凝结构中的水被释放出来，使浆体稀化。(2)沸石粉除了上述填充作用之外，由于其本身的多孔性，能吸入一部分水，吸水性带来的稠化作用会占优势，使流动性减小。(3)硅灰平均粒径约 0.1 μm，比表面积约 20 万 cm^2/g，日本笠井哲郎和笠井芳夫的研究证明，其对水泥最密实填充的掺量是 15%左右，而本试验中，硅灰掺量超过 10%，已使浆体稠度明显增大，这应归因于其表面吸附水量很大。

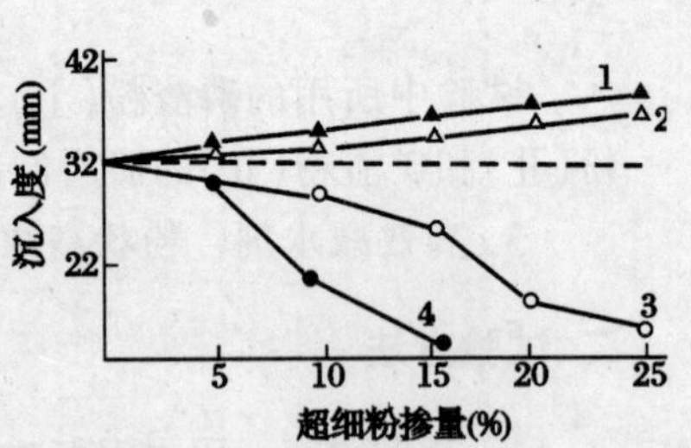

图 5.3.1 超细粉掺量对浆体稠度的影响

1——磷渣；2——矿渣；3——沸石；4——硅灰

无论是何种超细粉，均有表面能高的特点；由玻璃体材料研磨制成的矿物粉，在磨制过程中，产生极多断裂键，这一特点尤为突出。其自身或对水泥颗粒所产生的吸附现象，也会在一定程度上形成絮状结构的浆体，加上某些超细粉的多孔吸水性和表面吸水性带来的稠化作用，可能会使超细粉的填充稀化效果减小或不能表现出来。

二、超细粉与 NF 共掺时的流化效果

将水泥(或含超细粉)在净浆搅拌机中加水搅拌 2 分钟，静止 15 秒，加入 NF 后再快搅 2 分钟即测流动度，结果如表 5.3.2 及图 5.3.2。

表 5.3.2 含超细粉浆体流动度

水泥:超细粉 / 超细粉种类	95:5	90:10	80:20	70:30	100%超细粉	
					不用 NF	使用 NF
沸石粉(Ⅰ)	255	242	不流		不流	不流
矿渣粉(Ⅰ)	260	265	270	280	80	285
磷渣粉(Ⅰ)	265	270	275	285	85	230
沸-矿粉(Ⅰ)	250	260	170			
沸-硅粉(Ⅰ)	265	258	246	215		

W/B(水胶比)=0.29，NF 掺量 0.9%，100%水泥度为 240 mm；超细粉浆体 W/B=0.33。

由表 5.3.2 及图 5.3.2 可见，在与基准浆体的 NF 用量和加水量相同的情况下，各种超细粉的掺量在 5% 范围内，均使流动度增大。随着掺量的增加各种超细粉情况有别，当矿渣磷渣掺量达到 30% 时，流动度达到 280 和 285 mm，而基准浆体为 240 mm。

沸石掺量到 10% 时，流动度减小，沸-硅粉随着掺量增大，流动度增幅减小，这是由于前面所叙述的多孔吸水性和表面吸水性所至。

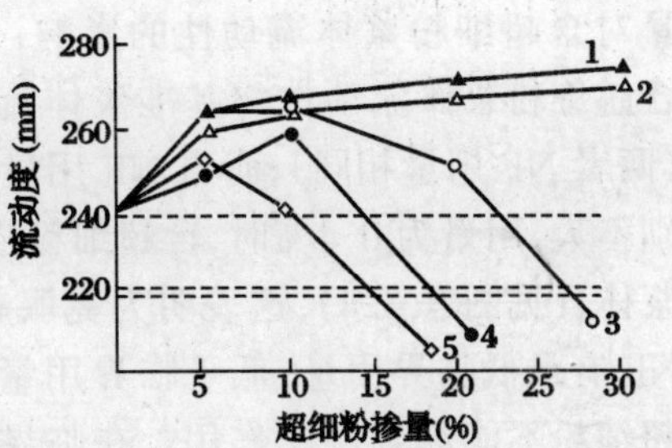

图 5.3.2　超细粉掺量对浆体流动度的影响

1——磷渣；2——矿渣；3——沸-硅粉；4——沸-矿粉；5——沸石-硅粉

试验结果表明，超细粉与 NF 共同掺用，比单独使用 NF 或超细粉浆体流动性明显增大，因为超细粉表面能很高，对能降低表面能的减水剂分子会迅速吸附，使其表面能降低，造成(1)不仅不会再对水泥颗粒产生吸附现象，而且还能在水泥颗粒之间形成静电斥力，增大分散效果；(2)克服超细粉自身或与水泥的吸附现象之后，超细粉能正常发挥其微观填充效应，从而使浆体稀化。可见减水剂对于超细粉的使用是必不可少的。这一点从表 5.3.2 中所列 100% 超细粉浆体在使用 NF 后，其流动度显著增大，增大幅度高于水泥的现象可以证实。用 SEM(扫描电子显微镜)也从微观观察到超细粉浆体由于吸附 NF 呈均匀分散状态，而不用 NF 的超细粉浆体有絮凝现象。但是将 100% 硅灰，沸石粉等掺入 NF，则无流化现象，说明只有玻璃体材料，经超细磨后才能吸附 NF 产生分散现象，这两种超细粉的作用机理，分别如图 5.3.3(*a*)，(*b*)所示。

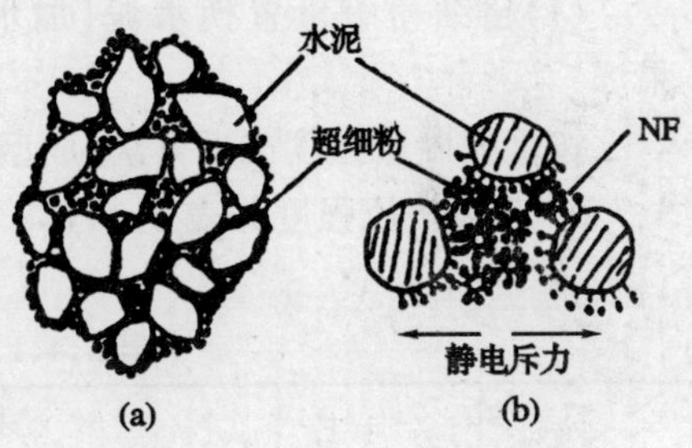

图 5.3.3　超细粉流化效应示意图

(*a*)填充性超细粉；(*b*)分散性超细粉

三、NF 掺量对超细粉流化效果的影响

将水泥和分别含 20% 矿渣、20% 磷渣和 10% 沸石的浆体加入不同掺量的 NF，测得净浆流动度如表 5.3.3 所示。

表 5.3.3　NF 掺量对浆体流动度的影响

浆体类别 \ NF 掺量(%)	0.4	0.5	0.6	0.7	0.8
水　泥	129	138	155	190	235
含 20% 矿渣粉(Ⅰ)	125	136	185	230	265
含 20% 磷渣粉(Ⅰ)	132	170	215	250	270
含 10% 沸石粉(Ⅰ)		不流	130	195	237

注：加水量 29%，NF 在加水搅拌 2 分钟后添加。

在试验结果表 5.3.3 及图 5.3.4 中,表现了 NF 掺量对含超细粉浆体流动性的影响,当 NF 掺量增大时,含超细粉浆体流动性与基准浆体流动性差别愈加明显(两者 NF 用量相同),而当 NF 用量在 0.5%时,两者差别不大,用量为 0.4%时,含超细粉浆体流动度低于基准浆体,(见图 5.3.4),这表明为克服超细粉的吸附现象,NF 有最低临界用量,低于临界用量,受吸附性的影响,超细粉不能起到流化作用。在临界用量之上时如欲使含超细粉浆体与基准浆体有同样的流动性,则前者 NF 的用量可以减少。

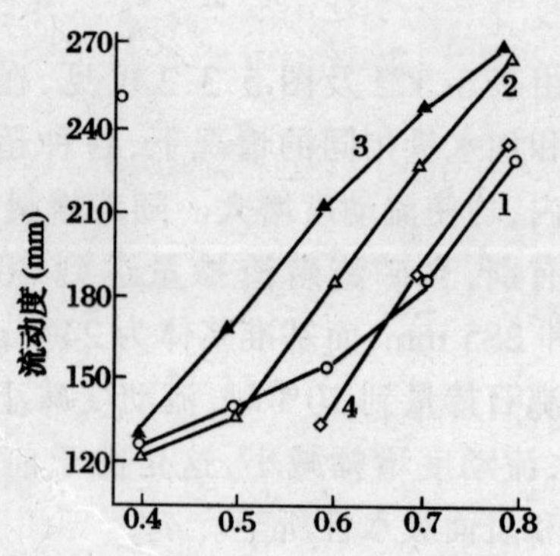

图 5.3.4 NF 掺量对流化效果的影响

1——基准;2——矿渣;3——磷渣;4——沸石

第四节 超细粉对水泥的增强效果

(1)超细粉等量置换水泥(加水量不变)的增强效果。

按水泥砂浆强度成型方法,成型水泥(或含 20%超细粉)胶砂试块,W/B(0.44)不变,测得 3、7 和 28 天抗压强度如表 5.4.1。

表 5.4.1 加水量不变时的胶砂强度(MPa)

期 \ 胶砂类别	水泥	掺超细粉(Ⅰ)				掺超细粉(Ⅱ)		
		矿渣	磷渣	沸-硅	沸-矿	矿渣	磷渣	沸-矿
3 d	26.4/100	22.4/85	21.9/83	22.6/86	23.8/90	27.7/105	24/91	24.3/93
7 d	37.5/100	32.6/87	32.3/86	33.4/89	35.3/94	42/112	36/96	32.6/103
28 d	58.1/100	61/105	63.9/110	61.6/106	65/112	62.2/107	65.7/113	66.8/115

各龄期强度表示方法:分子是实测强度,分母是对于基准胶砂的相对强度。

(2)保持胶砂流动性不变,超细粉的增强效应。

以水泥胶砂(W/C=0.38,NF1.1%)跳桌扩展度为 150 mm 作为基准,然后将掺超细粉的胶砂减水,当扩展度在 150 mm 左右(相差不超过 3 mm)作为比较组,测定 3、7 和 28 天强度,结果如表 5.4.2。

表 5.4.2 流动度不变时胶砂强度(MPa)

胶砂类别 \ 项目	NF(%)	W/B	流动度(mm)	3 d	7 d	28 d
水泥	1.1	0.38	152	41.2/100	53.6/100	71.2/100
含 20%矿渣(Ⅱ)	1.1	0.36	150	48.2/117	64.8/121	74.4/105.5
含 20%磷渣(Ⅱ)	1.1	0.35	153	42.4/103	59.2/110	89.7/126
含 20%沸-矿粉(Ⅱ)	1.1	0.37	150	44.9/109	63.2/118	82.1/115.3

注:流动度为 3 次平均值;强度数据表示方法同表 5.3.4。

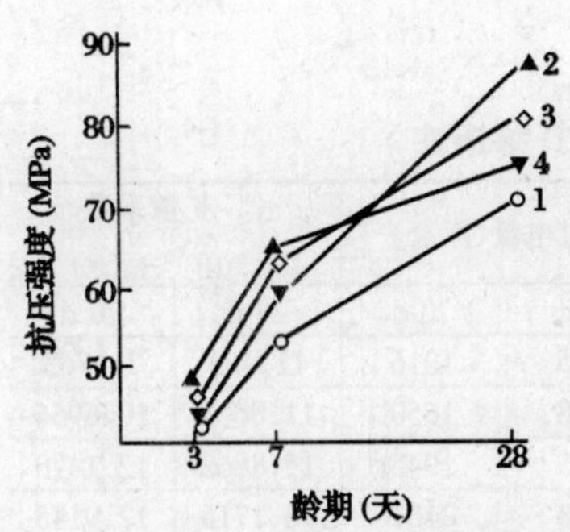

图 5.4.1　流动度不变时超细粉的增强效应

1——基准;2——磷渣;

3——沸-矿;4——矿渣

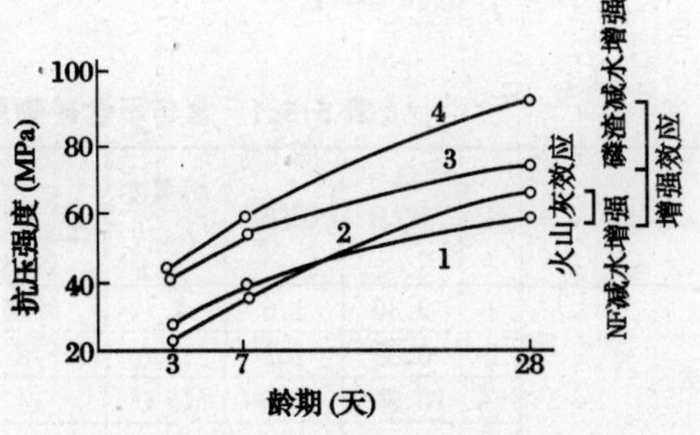

图 5.4.2　超细粉的增强效应说明

1——基准;2——含 20%磷渣粉;

3——基准加 NF,水灰比 0.38;

4——含 20%磷渣粉,加 NF,水灰比 0.35

(注:1,2 水灰比相同,为 0.44;3,4 流动度相同)

由试验结果表 5.4.1 可见,以比表面积 6820 cm^2/g 的Ⅰ类超细粉,置换同量水泥,其胶砂强度在 3、7 天低于基准强度,而 28 天超过基准强度,当掺用比表面积 8560 cm^2/g 的Ⅱ类超细粉时,强度增长率明显增大,掺矿渣的 3 天超过基准强度,掺沸-硅粉时,7 天超过基准强度。这表明超细化明显增加了反应活性。XRD(X 射线衍射)分析表明掺用超细粉的浆体同时掺用 NF 和超细粉的胶砂其流动性明显大于掺 NF 时的流动性,在保持流动度相同时,含超细粉胶砂可适当减水(见实验结果表 5.4.2)。掺量为 20%的矿渣粉减水 5.3%,3 天强度提高 17%,7 天提高 21%,28 天提高 5.5%;掺磷渣粉可减水 7.9%,3 天强度提高 3%,7 天提高 10%,28 天提高 26%;沸-矿粉可减水 2.6%,3 天强度提高 9%,7 天提高 18%,28 天提高 15.3%,见图 5.4.1。所以,超细粉的增强效应为:火山灰活性 + 减水增密效应。掺磷渣的 28 天火山灰活性与矿渣基本相同。而作为超细粉的磷渣粉增强效应(28 天)却远比矿渣粉高。因为其减水增密效应大。超细粉的减水增密效应是区别于通常活性混合材料的一个重要特征(以磷渣粉的试验结果为例的说明见图 5.4.2)。

第五节　超细粉的耐久性效应

HPC 一方面通过降低水灰比提高混凝土密实度和抗渗性,以达到高耐久性;另一方面还通过超细粉使混凝土的水胶比进一步降低,并通过火山灰反应,混凝土密实度提高,抗渗性进一步提高;最重要的还是通过掺入不同品种和掺量的超细粉,提高混凝土抵抗环境腐蚀的耐久性。

在不同水灰比混凝土中,通过内掺 30%的矿渣或 30%的粉煤灰,测出其 28 天及 70 天的抗压强度,并按 ASTMC1202-91 方法,测定 28 天及 70 天的 6 小时总导电量,再通过公式计算其 Cl^- 扩散系数。其结果如表 5.5.1。

将 6 小时通过的总电量(库仑)代入下公式,求出 Cl^- 扩散系数。

$$Y = 2.57765 + 0.00492X$$

式中:Y——氯离子扩散系数($\times 10^{-9}$)

X——电量(库仑)

表 5.5.1 含与不含矿物质超细粉混凝土的 Cl^- 渗透性

类别	No	W/B	NF(%)	坍落度(cm)	抗压强度(MPa)		通过电量(库仑)		Cl^- 扩散系数 $\times(10^{-9}cm^2/s)$	
					28 d	70 d	28 d	70 d	28 d	70 d
普硅 525#	1	0.30	1.6	4.5	83.5	90.3	1805	1016	11.463	7.5763
	2	0.33	1.2	15.0	78	86.1	2248	1650	11.0601	10.6956
	3	0.36	0.6	15.0	74	83.5	2705	1945	15.8862	12.1470
	4	0.39	0	2.0	72.4	77.8	2763	2101	16.1716	12.9145
普硅 525# 内掺矿渣 30%($4822\ cm^2/g$)	5	0.30	1.6	5.0	74.4	91.0	1223	500	8.5948	5.03765
	6	0.33	1.2	11.5	73.2	89.0	1783	580	11.3500	5.4312
	7	0.36	0.6	16.0	72.4	89.0	2549	585	15.1187	5.4558
	8	0.39	0	3.0	67.5	78.0	2588	664	15.3106	5.8445
普硅 525# 内掺粉煤灰 30%($5863\ cm^2/g$)	9	0.30	1.6	5.0	77.5	91.1	1685	509	10.8678	5.0819
	10	0.33	1.2	14.5	71.2	91.5	1798	584	11.4238	5.4509
	11	0.36	0.60	12.5	72.6	80.2	1959	563	12.2159	5.3476
	12	0.39	0	2.0	67.6	77.6	2605	654	15.3942	5.7953

由表 5.5.1 可见:1)相同水胶比条件下,同龄期的混凝土,含 30% 矿渣或粉煤灰的混凝土,其 Cl^- 扩散系数均低于基准混凝土;2)随着龄期增长,混凝土强度提高,导电量降低,Cl^- 扩散系数降低。含 30% 矿渣或粉煤灰的混凝土,强度提高及 Cl^- 扩散系数降低更加明显;3)含矿物质超细粉的混凝土,宜加强养护,使后期的强度与耐久性均获得提高。

第六节 抗硫酸盐腐蚀

硫酸盐腐蚀是混凝土耐久性的一项重要内容,也是影响因素最复杂,危害性非常大的一种环境水侵蚀。

混凝土遭受硫酸盐破坏的实质是环境水中的 SO_4^{2-} 进入混凝土内部,与水泥石的某些组分($Ca(OH)_2$、C_3AH)发生化学反应,生成一些难溶的盐类矿物,吸水而产生体积膨胀;当膨胀应力超过混凝土的抗拉强度时,就会导致混凝土的破坏。

一、硫酸盐侵蚀的类型

根据结晶产物和破坏形式的不同,硫酸盐侵蚀分为以下几种类型:

1. 钙矾石结晶型

环境水中的 SO_4^{2-} 通过毛细管进入混凝土内部,与水泥石中 $Ca(OH)_2$ 和水化铝酸钙反应,生成水化硫铝酸钙(钙矾石)。水化硫铝酸钙是溶解度极小的盐类矿物,在很低的石灰溶液浓度中,均能稳定存在。由于它结合大量的水分子,固相体积显著膨胀。因而在水泥石内部产生很大的内应力。

2. 石膏结晶型

当侵蚀溶液中的 SO_4^{2-} 浓度大于 1000 毫克/升时,若水泥石的毛细孔为饱和石灰溶液所填充,不仅会有钙矾石生成,而且还有石膏结晶析出。在水泥石内部形成的二水石膏体积增大

1.24 倍、使水泥石因内应力过大而破坏。

另外，当环境水中 Mg^{2+} 和 SO_4^{2-} 共存时，如溶液中 SO_4^{2-} 浓度较低，则镁盐侵蚀会滞缓或停止。当 SO_4^{2-} 含量较高时，由于钙矾石和石膏的生成，会使水泥石表层松散，促进了 Mg^{2+} 向水泥石内部扩散，从而加剧了镁盐的分解性侵蚀。

二、硫酸盐和镁盐对混凝土的腐蚀

在 ACI 规程 318-83 中，把硫酸盐腐蚀分成 4 个等级：

1. 可忽略的侵蚀：在土壤中硫酸盐含量为 0.1%，或所在水溶液中低于 150 ppm(mg/L)；
2. 中等侵蚀：硫酸盐在土壤中含量为 0.1%～0.2%，或在水溶液中为 150～1500 ppm；
3. 严重侵蚀：在土壤中含量为 0.2%～2.0%，或在水溶液中为 1500～10000 ppm；
4. 非常严重侵蚀：在土壤中含量超过 2.2%，或在水溶液中超过 10000 ppm。

三、超细粉的抗硫酸盐腐蚀性能

(一)粉煤灰

Dikeou 试验了内掺 30% 粉煤灰的三种类型水泥混凝土的抗硫酸盐性能。在连续浸渍 2.1% Na_2SO_4 溶液试验中，V 型水泥 + FA、Ⅱ型水泥 + FA、Ⅰ型水泥 + FA 的混凝土，10000 天膨胀值均在安全线以下；但如果用加速干湿 2.1% Na_2SO_4 溶液试验时，除了 V 型 + FA 的混凝土合格外，其他的混凝土均超过膨胀破坏线规定值。如图 5.6.1 所示。

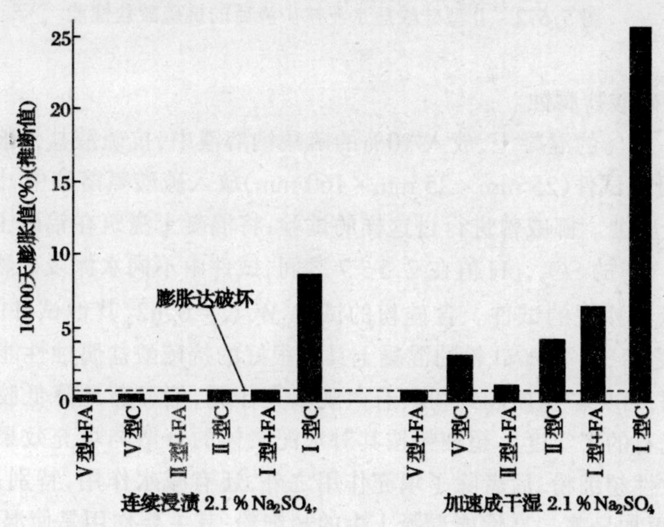

图 5.6.1 含 30%FA 混凝土的抗硫酸盐腐蚀性能

内掺 30% 粉煤灰的混凝土具有较好的抗硫酸盐腐蚀性能。我国铁道科学研究院发明的抗腐蚀剂，在内掺 30%FA 的混凝土中，外掺抗腐蚀剂 2.0%，可以使混凝土在非常严重的硫酸盐侵蚀条件下，得到安全使用。

粉煤灰中的 CaO 和 Fe_2O_3 的相对含量，对抗硫酸盐腐蚀的影响很大。低钙灰抗硫酸盐腐蚀的性能好。

(二)矿渣超细粉

水淬高炉矿渣超细粉，具有改善抗硫酸盐的特性，在德国、法国和荷兰用矿渣代替混凝土中的部分水泥，用于有硫酸盐侵蚀的环境下。Hogan 和 Meusel 报道了他们的研究结果。采用Ⅱ型水泥，C_3A 含量 6.4%，矿渣对水泥取代量 40%，50%及 65%，做成砂浆棒。按照 Wolochow 的方法，检测其抗硫酸盐性能。结果如图 5.6.2 所示。随着矿渣掺量的提高，抗硫酸盐腐蚀的效果也提高。我国有些铁路隧道，由于严重的硫酸盐腐蚀，隧道衬砌混凝土很快就受到毁坏，即使用抗硫酸盐水泥，也难以避免。后来在抗硫酸盐水泥中掺入矿渣超细粉及少量天然石膏，取得了很好的效果。

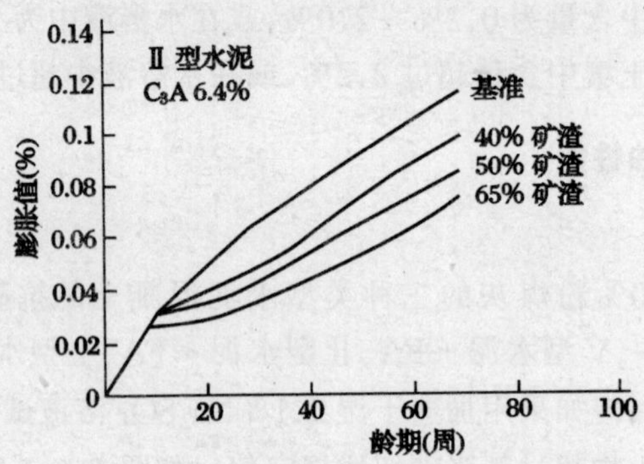

图 5.6.2 Ⅱ型硅酸盐水泥掺矿渣后的抗硫酸盐性能

(三)硅粉的抗硫酸盐腐蚀

含硅粉 10%～15%的混凝土，放入 10%的硫酸钠溶液中，抗硫酸盐性能得到很大的改善。popovic 等人将混凝土试件(25 mm×25 mm×160 mm)放入硫酸氨溶液中，证明含 15%硅粉的试件能防止硫酸盐腐蚀。挪威曾进行过这样的试验：将混凝土浇筑在铝矾土及油页岩区域，地下水每立升中含 4 mg 的 SO_3，pH 值在 2.5～7 之间，试件由不同水泥及矿物质粉体做成，其中包括以 15%硅粉代替水泥的试件。含硅粉的试件 $W/C=0.62$，其他试件的 $W/C=0.50$，经过 20 年暴露试验之后，含 15%硅粉的混凝土具有很好的抗硫酸盐腐蚀性能。

通过以上介绍，可见矿物质超细粉具有微观填充作用，能显著地降低胶凝材料的空隙率；从而可以提高水泥石的密实度。超细粉按其对水泥浆体的分散与填充效果，可分为填充性超细粉和填充与分散性超细粉，后者除了填充作用之外，还有减水作用，特别是与高效减水剂并用的时候，其作用更加显著。高性能混凝土中的超细粉，其主要作用是使混凝土具有好的耐久性，在海洋工程混凝土中，通过不同细度、不同品种及不同掺量的超细粉，可以使高性能混凝土的使用寿命达百年以上。因此，超细粉已成为混凝土的第 6 组分(石云兴参与本章编写)。

参 考 文 献

1 冯乃谦．高性能混凝土的结构、性能与粉体效应，混凝土与水泥制品．1996，No.2．

2 冯乃谦．高强混凝土技术，中国建材工业出版社．1992．

3 冯乃谦．高性能混凝土，中国建筑工业出版社．1996．

4 Taja Hakkinen，Cement and Concrete Research．VOL．23．1993．

5 笠井哲郎,笠井芳夫.第49回セメント技術大會講演集.1995

6 E. Peris Mora, J. Paya and J. Monzo. Cement and Concrete Research. VOL23.1993

7 工业建筑防腐蚀设计规范.建筑防腐材料设计与施工手册.化学工业出版社.1996.

8 S. L. Sarkar. Mineral Admixtures in Cement and Concrete. Volume-4 abi Books. 1993.

9 洪灿然等.含硫酸盐和镁盐地区防腐蚀混凝土研究.铁道科学院.

10 D. Wolochow (1952). Sulfate resistance of portland cement ASTM proc. 52:250~266.

11 F. J. Hogan and J. W. Meusel(1981). Evaluation of durability and strength development of ground granulated blast furnace slag. ASTM Cem. Concr. Aggreg. 3(1),40~45.

12 冯乃谦.石云兴.超细粉对水泥浆体的流化与增强效应.混凝土与水泥制品.1997,No.2.

第六章　高性能混凝土中的粉煤灰掺合料

第一节　粉煤灰的种类与性质

一、简介

粉煤灰也叫飞灰(Flyash),是由燃煤热电站烟囱收集的灰尘。一般地说,粉煤灰比水泥还细,且含有大量的球状玻璃珠。

在煤粉燃烧时,得到的产品是飞灰、底部灰及气体(或蒸气)。飞灰是进入烟道气灰尘中最细的部分,底部灰是分离出来的比较粗的颗粒,或是炉渣。这些东西有足够的重量,从燃烧带跑到炉子的底部(参考图 6.1.1)。

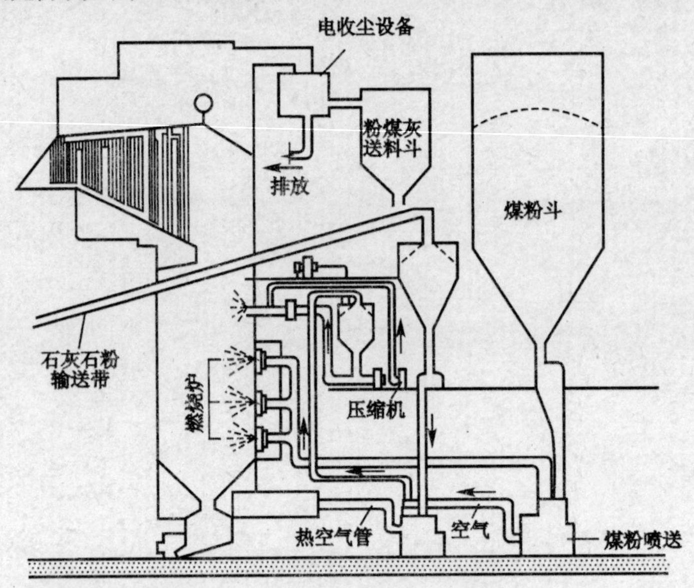

图 6.1.1　煤粉输送燃烧与粉煤灰收集

由煤粉中蒸发与分馏出来的水蒸气及气体,一部分排放到大气中,一部分凝聚在飞灰的表面。为了控制 SO_x 的污染,在烟道气排出之前,通入石灰石浆或石灰石粉,捕获烟道气中的 SO_x,特别是含硫高的煤作为燃料时。总的煤灰中的 75%～85%变成飞灰,而剩余部分则为底部灰及炉灰。

粉煤灰的性能变化很大,而且与许多因素有关。例如煤的品种和质量,煤粉细度,燃点,氧化条件,预处理及燃烧前的脱硫,粉煤灰的收集和存贮方法等。粉煤灰用作为水泥混凝土的矿物质掺合料,各国都有自己的标准。美国的标准是ASTMC618-96,中国的标准是GB1596-91。在ASTMC618-96标准中,按火山灰活性分成N、F、C和S级。把火山灰活性定义为硅质的或硅质与铝质材料,这些材料本身不具有或具有很小的胶凝性质;但磨细后,在潮湿条件下与常温下,能与氢氧化钙起化学反应,形成新的矿物,具有胶凝性质。其与一般的火山灰具有明显的胶凝性质不同。

粉煤灰的标准如表6.1.1所示。

ASTMC618-89把火山灰分成N、F、C和S级。N级是原状火山灰或煅烧天然火山灰;如硅藻土,一种具有硅质细胞壁的微观单细胞藻类;蛋白石页岩或者燧石,以及火山灰或浮石。S级是在某些条件下形成的火山玻璃多孔质材料,以及在一定条件下煅烧及磨细的硅藻土、粘土及页岩。F级和C级火山灰是不同煤燃烧而得到的飞灰。

全世界粉煤灰产量约500亿t。大多数用于修建码头,堤坝,筑路,以及用作混凝土的掺合料等。具有胶凝性质或水硬性质的粉煤灰,代替部分水泥配制高性能混凝土,具有很大的潜力。粉煤灰也是生产水泥的原料和掺合料,粉煤灰还用来烧陶粒、烧砖,以及生产砌块等。目前,全世界对粉煤灰的利用很不一样,高的可达57%,而低的仅有3%;全世界平均约16%左右。而在水泥混凝土中的利用只是粉煤灰总排放量的6%~10%。

表6.1.1 粉煤灰的技术要求

项目					JISA	ASTMC618-1996		
					6201-1996	N	F	C
品质	化学成分	SiO_2			>45.0	–	–	–
品质	化学成分	$SiO_2+Al_2O_3+Fe_2O_3$			–	>70	>70.0	>50
品质	化学成分	含水量			<1.0	<3.0	<3.0	<3.0
品质	化学成分	烧失量			<5.0	<10.0	<6.0	<6.0
品质	化学成分	SO_3 含量			–	<4.0	<5.0	<5.0
品质	化学成分	可溶性碱含量(Na_2O 当量)			–	<1.5	<1.5	<1.5
品质	物理性能	比重			>1.95	–	–	–
品质	物理性能	细度	比表面积(cm^2/g)		>2400	–	–	–
品质	物理性能	细度	45 μm 筛余(%)		<40	<34	<34	<34
品质	物理性能	流动值比(%)			>92	<115	<105	<105
品质	物理性能	活性指数(%)	粉煤灰代替25%砂浆强度比	28 d	>80	–	–	–
品质	物理性能	活性指数(%)	粉煤灰代替25%砂浆强度比	90 d	>90	–	–	–
品质	物理性能	强度活性指数(%)	粉煤灰代替20%的砂浆的强度比	7 d	–	>75	>75	>75
品质	物理性能	强度活性指数(%)	粉煤灰代替20%的砂浆的强度比	28 d	–	>75	>75	>75
品质	物理性能	单方砼用水量比(%)			–	<115	<105	<105
品质	物理性能	安定性(蒸压膨胀,收缩)(%)			–	±0.8	±0.8	±0.8
品质	物理性能	高温烧失量×45 μm 筛余量(%)			–	–	<255	–
品质	物理性能	干燥收缩(砂浆28 d)(%)			–	<0.03	<0.03	<0.03
品质	物理性能	碱反应性,作为低碱水泥膨胀率14 d(%)			–	<0.1	<0.1	<0.1
品质的均匀性		比重						
品质的均匀性		细度	比表面积(cm^2/g)		±450	–	–	–
品质的均匀性		细度	45 μm 筛余(%)		±5	±5	±5	±5
品质的均匀性		砂浆中要求引气剂添加量(%)			–	±20	±20	±20

在我国,1983年以来,粉煤灰年均增加近400万吨;到1988年,5万kW以上电厂排放的

粉煤灰达5500多万t;预计到20世纪末,年排灰量将达1.2～1.5亿t。我国的粉煤灰主要用于建材、回填、筑路、建工、农(种植)业等方面。与世界各国相比,我国粉煤灰利用量排在世界前列,利用率每年在排灰量1000万t以上国家中居中。我国粉煤灰的质量要求如表6.1.2。

表6.1.2　GB1596-91规定的粉煤灰质量要求

粉煤灰级别	Ⅰ级	Ⅱ级	Ⅲ级
来　　源	电收尘	磨细灰	原状灰
烧失量小于(%)	5	8	15
45 μm筛余小于(%)	15	25	45
需水量比小于(%)	95	105	115

Ⅰ级灰可用于预应力混凝土。

Ⅱ级灰主要用于普通钢筋混凝土及轻集料混凝土。

Ⅲ级灰主要用于无筋混凝土和砂浆。

二、粉煤灰的化学成分和矿物组成

粉煤灰的化学成分是由原煤的成分和燃烧条件而决定。根据我国40个大型电厂的资料,粉煤灰化学成分的变动范围如表6.1.3所示。

表6.1.3　我国粉煤灰的化学成分(质量%)

成　分	SiO_2	Al_2O_3	Fe_2O_3	CaO	MgO	SO_3	烧失量
变化范围	20～62	10～40	3～19	1～45	0.2～5	0.02～4	0.6～51

其中大部分火力发电厂的煤的成分为:(SiO_2 40%～50%,Al_2O_3 20%～35%,Fe_2O_3 5%～10%,CaO 2%～5%)烧失量3%～8%。

个别的例子如:云南开远电厂粉煤灰CaO含量高达45%,乌鲁木齐电厂粉煤灰烧失量高达51%。

国外的粉煤灰化学成分,除烧失量较低外,也大致在表6.1.3范围内。

SiO_2和Al_2O_3是粉煤灰中的主要活性成分。我国多数电厂粉煤灰的$SiO_2+Al_2O_3$均在60%以上。美国ASTMC618要求$SiO_2+Al_2O_3+Fe_2O_3\geqslant70\%$;日本JISA6201要求$SiO_2\geqslant45\%$;前苏联标准ЮСТ6269要求$SiO_2\geqslant40\%$。前苏联的бл донилов认为,$Al_2O_3$含量为20%～30%即属高活性的粉煤灰。$Al_2O_3<20\%$的为低活性粉煤灰。

前苏联的Г.Н.Книгина提出用指数K表示粉煤灰的活性。$K=\dfrac{Al_2O_3+CaO}{SiO_2}$;根据$K$值把粉煤灰分成四大类。如表6.1.4所示。

表6.1.4　K值与粉煤灰活性

分　类	Ⅰ	Ⅱ	Ⅲ	Ⅳ
活　性	高	中	较低	低
K　值	0.8～1.0	0.6～0.8	0.4～0.6	<0.4

粉煤灰中的有害成分是未燃尽煤粒，粉煤灰的烧失量主要是含炭量。其吸水大，强度低，易风化，故为有害成分。美国 ASTM 标准要求≤10%，而美国垦务局标准要求≤5%；日本的标准也要求≤5%；前苏联标准要求≤10%；我国标准要求 5%～15%。

关于粉煤灰的矿物组成，根据国内外的研究，一致认为主要是：玻璃体、莫来石、石英和少量其他矿物。

	玻璃体	莫来石	石英
范围(%)	69.4～84.4	7.8～18.2	5.4～11.5
平均(%)	77.6	12.2	8.5

从 SEM 观察，主要为直径 1～50 μm 的玻璃球和一部分形状不规则的晶体颗粒。而玻璃体的化学成分为 SiO_2 60%～65%，Al_2O_3 12%～20%，Fe_2O_3 9%～11%其他约 10%。说明粉煤灰中玻璃体含硅量较高，含铝量较低。

此外，粉煤灰中尚有方解石、钙长石、β-C_2S、赤铁矿和较少量的硫酸盐、磷酸盐矿物。

三、粉煤灰的物理性质

粉煤灰的物理性质如表 6.1.5。粉煤灰的比表面积测定根据 GB287-63 水泥的比表面积测定方法。

表 6.1.5　粉煤灰的物理性质

粉煤灰		密度 (g/cm³)	45 μm 筛余(%)	20 μm 筛余(%)	10 μm 筛余(%)	比表面积 (cm²/g)	玻璃珠含量 (%)
原状灰		2.11	35.2	79.0	–	–	75
分级灰	10 μm	2.84	–	–	1.4	7850	90
	25 μm	2.43	–	1.0	22.6	5690	85～90
	45 μm	2.31	5.7	41	–	3290	80
Ⅱ级灰		2.15	19.1	70	–	4200	35

分级灰的密度、比表面积随着粒径的增加而降低。分级灰中粒径≥25 μm 的密度及比表面积明显的大于Ⅱ级灰，粒径 10 μm 的分级灰的比表面积高达 7850 cm^2/g。

粉煤灰的粒度分布曲线如图 6.1.2 所示。由图可见，通过干燥分离器处理的不同分级的粉煤灰，粒度多多少少得到改善。甚至对粒径 45 μm 的分级粉煤灰，即使大多数小于 25 μm 的超细颗粒已经被提取，也比Ⅱ级灰细。

四、粉煤灰的火山灰活性

在评价粉煤灰的活性方面，传统上是用石灰吸收值法和消石灰强度试验方法。我国标准是以 30%粉煤灰掺入水泥中，与不含粉煤灰的纯水泥，配制相同流动度的砂浆，以其 28 d 抗压强度比值，作为分级粉煤灰火山灰活性的评价方法。根据 GB751 及 GB1596-79 测定其需水量；结果列于表 6.1.6。

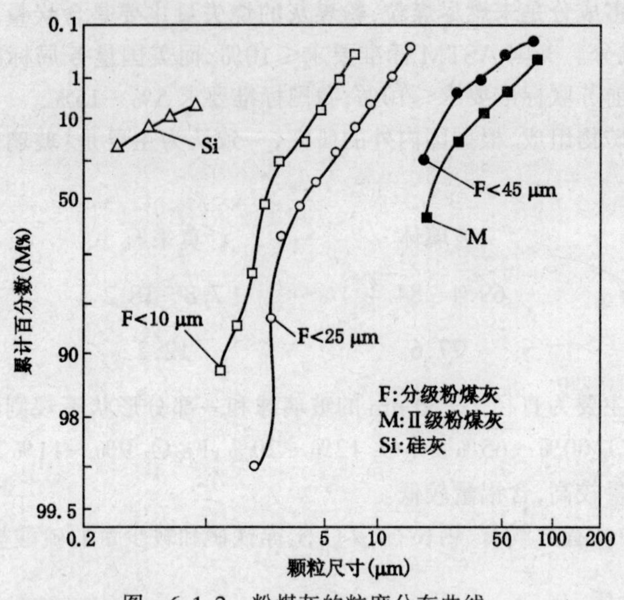

图 6.1.2 粉煤灰的粒度分布曲线

表 6.1.6 分级粉煤灰的火山灰活性测定

粉煤灰	置换水泥量(%)	砂、胶凝材料比值	需水量(%)	抗弯强度比(%)	抗压强度比(%)
对比基准	0	$S/C=2.5$	100	100	100
Ⅱ级灰	30	$S/(C+F)=2.5$	98	–	–
10 μm	30	$S/(C+F)=2.5$	92	110	94
25 μm	30	$S/(C+F)=2.5$	95	109	92
45 μm	30	$S/(C+F)=2.5$	99	87	74

由表 6.1.6 可见,分级灰的细度对其需水量有很大影响。粒径小于 25 μm 的分级灰的需水量,不仅明显地低于Ⅱ级灰,而且也不大于我国标准的一级灰。45 μm 的分级灰,虽然 25 μm 的粒径的粒子均被剔出去,但需水量和Ⅱ级灰相同。粉煤灰的火山灰活性,用抗压强度比值表明,随着分级灰粒度增大而降低。这说明了,通过分离技术,可以有效的改善粉煤灰的质量,提高其火山灰活性。

此外,由表 6.1.6 还可见,10 μm,25 μm 的分级灰的砂浆,抗弯强度的比值明显地高于抗压强度的比值。细度对抗弯强度比的影响与其对抗压强度比的影响具有相同的规律性。

第二节 粉煤灰对水泥混凝土性能的影响

粉煤灰在结构混凝土中,可置换水泥量高达 60%,且不管是新拌混凝土还是硬化混凝土,都具有优越的性能。

一、工作度

粉煤灰是煤粉燃烧后的熔融成分，受急冷后而得到的，粒子大部分为光滑球状。因此，以一部分粉煤灰置换部分水泥后使用时，达到相应工作度要求时，用水量可以降低。单方混凝土用水量减少的程度与粉煤灰的品质、置换率、混凝土的配合比及细骨料的细度模量等有关，一般情况下，粉煤灰取代25%的水泥，用水量可降低7%左右。有的资料认为粉煤灰对混凝土工作度的影响，主要因素是大于45 μm颗粒的比例；小于45 μm的球状粉煤灰，可以降低混凝土的需水量。有的资料还认为以50%的粉煤灰取代相应的水泥可降低大约25%的需水量。粉煤灰的细度越大，烧失量越小，单方混凝土用水量降低越大。细骨料的细度模量越大，单方混凝土用水量的降低也越大。如图6.2.1所示。

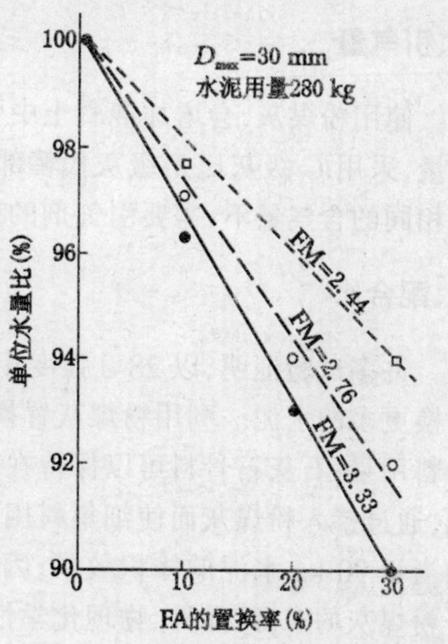

图6.2.1 细骨料细度模量与粉煤灰混凝土单方用水量比的关系。(笠井)

二、凝结时间

一般来说，粉煤灰掺入水泥混凝土中有缓凝作用。表6.2.1是含粉煤灰及引气剂的混凝土。由于采用了引气剂，以及粉煤灰的高掺量，表中大多数粉煤灰混凝土的初凝与终凝时间明显地延长。但是粉煤灰对混凝土凝结时间的影响，不如水泥细度、用水量及周围气温的影响大。

表6.2.1 粉煤灰混凝土配合比及其性能(加拿大)

种类 配比与性能	基准混凝土	掺粉煤灰混凝土										
		F_1	F_2	F_3	F_4	F_5	F_6	F_7	F_8	F_9	F_{10}	F_{11}
水泥(kg/m^3)	295	236	237	238	237	238	238	239	236	236	237	237
粉煤灰(kg/m^3)	0	59	59	59	59	59	59	59	59	59	59	59
细骨料(kg/m^3)	782	780	782	786	792	782	784	780	775	775	781	782
粗骨料(kg/m^3)	1082	1077	1080	1088	1094	1080	1082	1077	1069	1070	1079	1080
引气剂(ml/m^3)	170	320	200	200	160	690	660	370	230	240	290	150
$W/(C+F)$	0.50	0.50	0.50	0.50	0.50	0.50	0.50	0.50	0.50	0.50	0.50	0.50
坍落度(mm)	70	100	105	100	110	65	75	100	115	100	130	140
含气量(%)	6.4	6.2	6.2	6.2	6.3	6.4	6.5	6.1	6.2	6.4	6.5	6.6
密度(kg/m^3)	2320	2300	2310	2310	2320	2310	2300	2300	2300	2280	2290	2290
泌水(%)	2.9	3.1	4..6	5.1	4.3	2.7	2.6	2.9	5.6	4.4	2.5	0.6
初凝(min)	250	290	435	320	380	315	270	255	310	325	285	240
终凝(min)	360	480	615	490	505	535	410	380	450	540	420	365

三、混凝土的绝热温升

水泥的水化作用是一种放热反应，由于放热而使混凝土的温升提高。以部分粉煤灰代替部分水泥，由于减少水化热，从而可以降低新拌混凝土的绝热温升。低钙烟煤粉煤灰与高钙粉煤灰相比，更能降低升温速度。采用粉煤灰高代替率置换水泥，在大体积混凝土中降低新拌混凝土的绝热温升是很重要的。否则会由于温升过大而造成混凝土的开裂。

四、引气量

使用粉煤灰，会增加混凝土中引气剂的用量。有报告指出，为了使混凝土中获得6%的含气量，采用 C 级灰比 F 级灰代替部分水泥时，其需要的引气剂要低。粉煤灰中含炭量高时，达到相同的含气量下，需要引气剂的量大。

五、配合比

许多试验证明，以28 d强度相比，次烟煤的粉煤灰比高质量的烟煤粉煤灰，在混凝土中能置换更多的水泥。利用粉煤灰置换水泥时，可以保持超塑化剂的量不变，每 m^3 混凝土中的粗骨料用量，石灰石骨料可以保持在1100 kg，而卵石则为1175 kg。细集料(砂)的用量可以降低，通过掺入粉煤灰而使细集料用量降低的体积得到补偿。例如以84 kg的次烟煤的粉煤灰，相当于90 kg水泥的体积效果；因此，以粉煤灰置换等量的水泥时，可以降低砂子用量。但由于粉煤灰的来源、品种、物理化学性质及矿物组成不同，用粉煤灰代替部分水泥降低砂率，还需要作更多的试验。

为了控制混凝土的早期强度与对比的基准混凝土相同，在混凝土配合比中，粉煤灰必须采用超量代替，即被取代的水泥量 $C=KF$，K 为超量系数，一般为1.2～1.4；F 为粉煤灰之量。

六、强度

以质量优良的粉煤灰取代25%的普通硅酸盐水泥，20℃潮湿养护时，3～6个月龄期时，与不含粉煤灰的基准混凝土具有同等的强度，以后继续增长提高。含粉煤灰混凝土的抗压强度，与不含粉煤灰基准混凝土的抗压强度相比，其强度提高百分率如图6.2.2所示。

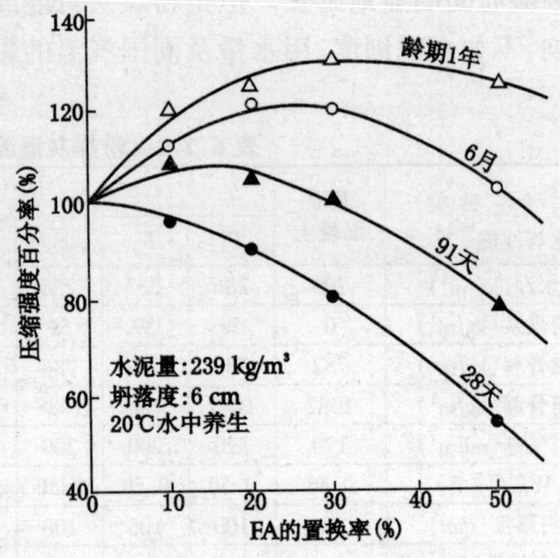

图6.2.2 粉煤灰的置换率与混凝土抗压强度关系

由于掺入粉煤灰，使混凝土后期强度得到较大增长，在抗拉强度方面也是很显著的。例如龄期10年的试验混凝土板，从中取出圆柱体和梁的试件，试验结果证明，与不同粉煤灰的基准混凝土相比，抗压强度提高120%左右，而抗弯强度提高150%。这是由于粉煤灰与硬化水泥石的骨面层受到火山灰反应产物的填充，相互结合强化的结果。

由于粉煤灰的火山灰温度越高活性越大。强度增长效果，养护温度越高越显著。粉煤灰置换率为30%时，在20℃水中养护，这种混凝土与对比的基准混凝土具有同等程度的抗压强度时，其龄期为三个月；在40℃养护时缩短至1个月左右。因此，混凝土在高温下养护对其强度发展是很不利的。而由于掺入了粉煤灰，这种缺陷可以得到缓和。在干燥条件下，含粉煤灰混凝土的强度增长会受到阻碍。由于干燥条件的影响含粉煤灰混凝土的强度降低。粉煤灰置换率20～30%的混凝土,施工应用于日本国道线上的铺装板,钻孔取样的试验证明,龄期3个月到9年6个月之间,强度增长才60%左右。

粉煤灰在水泥用量较多的富配合比混凝土中,对强度的影响更加显著。特别是水泥浆含量高、水胶结料比较低的混凝土中,如图6.2.3所示。

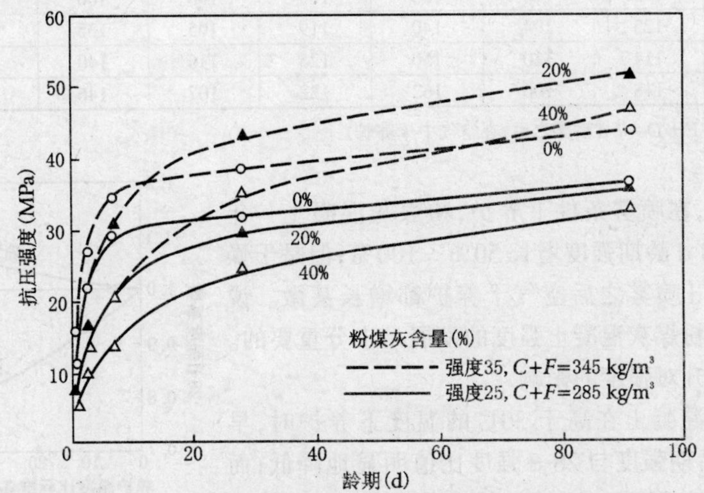

图6.2.3　水泥与粉煤灰含量对混凝土抗压强度的影响

养护温度28±2℃,相对湿度75±15%。

(15 cm×15 cm×15 cm的立方体试件)

由图6.2.3可见,在粉煤灰相同的置换量下,水泥含量高的混凝土强度发展快。胶结料用量345 kg/m^{3}的混凝土中,含20%的粉煤灰的混凝土,28 d龄期的强度比纯水泥的对比混凝土强度高。这可能是水泥浆中碱的浓度较高,早期水化放热量大,这两个条件均有利于粉煤灰的水化,以提高其强度。

(一)养护条件对强度的影响

差的养护条件影响各种粉煤灰混凝土的强度;特别是那些含有高掺量粉煤灰的混凝土。Hague等人报道,含次烟煤粉煤灰的混凝土,粉煤灰对水泥置换量高达50%,在50%相对湿度的条件下养护,其强度与低掺量粉煤灰的混凝土相比,降低很少。这种差的养护条件对8 d龄期以前强度的影响不明显,因试件圆柱体会含有足够的剩余水供应水泥继续水化。但是,含40%次烟煤的粉煤灰的混凝土试件,表面无保护,放于干燥条件下养护,一般情况下,会使混凝土配合比中水分通过蒸发而损失;在相对湿度50%和10%养护50 h,拌合水的30%和60%相应地被蒸发掉。另外,由于水分蒸发而造成强度的损失,在其报告中认为,低养护温度以及低相对湿度下水分蒸发的冷却作用,降低了水化作用的速度,因此其强度发展慢。

混凝土养护的重要性与环境条件有关,特别是在低温下,与降低混凝土浇注后最初几个小时的水分蒸发量有密切的联系。

表6.2.2指出了三种粉煤灰含量的混凝土,在不同养护条件下强度的发展规律。

表 6.2.2 混凝土强度发展占 28 d 强度的百分率

龄期 (d)	抗压强度(相对%)								
	20*			40*			60*		
	喷雾	干燥	7F+D	喷雾	干燥	7F+D	喷雾	干燥	7F+D
1	19	–	–	25	–	–	34	–	–
7	55	71	–	67	80	–	68	79	–
28	100	100	100	100	100	100	100	100	100
150	176	125	104	140	119	105	135	123	117
270	197	114	110	150	125	116	140	113	121
365	209	118	106	162	122	107	146	116	118

·粉煤灰置换量:7F+D=7 d 喷雾之后,在空气中干养护。

由上表可见,在喷雾条件下养护,粉煤灰混凝土一年龄期的强度比 28 d 龄期强度增长 50%~100%;但是干燥条件下养护及 7 d 喷雾之后空气干养护都增长甚微。说明喷雾养护对含粉煤灰混凝土强度的发展是十分重要的。

(二)早期温升对强度的影响

硅酸盐水泥混凝土在高于 30℃ 的温度下养护时,早期强度增长,但后期强度与 28 d 强度比值明显地降低;而粉煤灰混凝土的性质明显地不同。如图 6.2.4 所示,含粉煤灰混凝土与对比的基准混凝土,在早期温升养护条件下的强度与 28 d 标准养护的强度比值,差别很大。

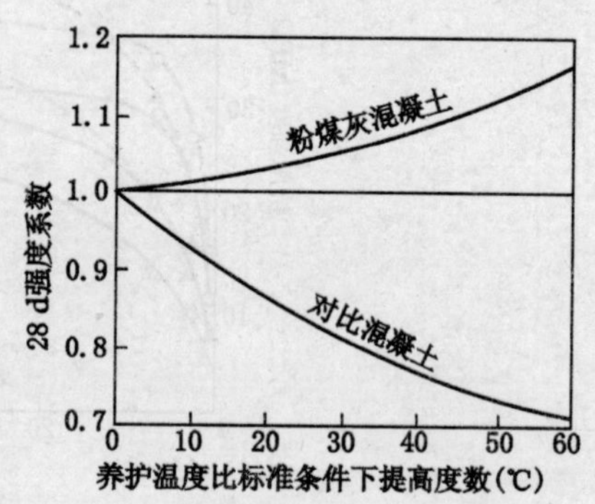

图 6.2.4 在养护过程中,温度上升对混凝土抗压强度发展的影响

在高温下,含粉煤灰混凝土的性能与普通混凝土不同。在相同的条件下,其强度高于对比的基准混凝土,如图 6.2.5 所示。这种性质可用于预制混凝土构件的生产。

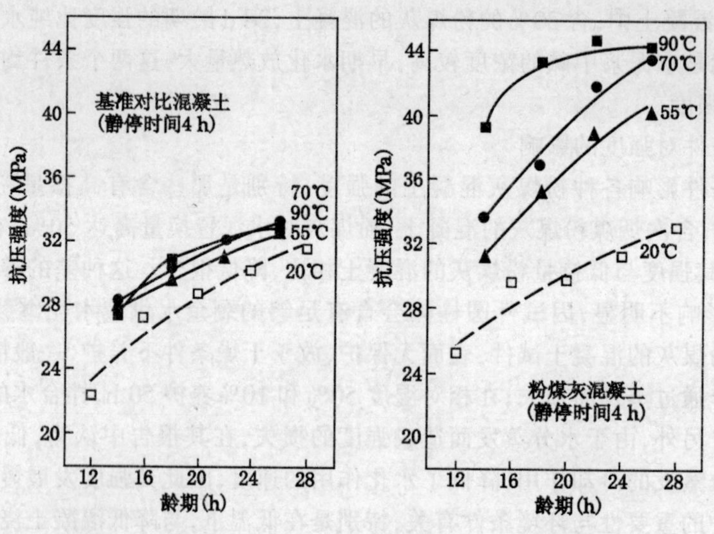

图 6.2.5 混凝土中含与不含粉煤灰时早期强度的发展

由此可见,提高早期养护温度,有利于粉煤灰混凝土强度的发展。从另一个角度来说,要注意在寒冷气温下粉煤灰混凝土的养护,以免在低温下混凝土强度脆弱而受到冻害。

七、弹性模量

粉煤灰对混凝土弹性模量的影响与对抗压强度的影响相类似;一般来说,早期偏低,后期逐渐提高。一般情况下,在混凝土中采用粉煤灰,会提高其弹性模量。这是由于粉煤灰的火山灰反应在整个水化作用过程均进行,生成类似于托勃莫来石凝胶,使含粉煤灰混凝土比不含粉煤灰的对比混凝土更加密实之故。

八、收缩与徐变

在混凝土中以20%~50%的高钙粉煤灰代替相应的水泥,对混凝土的干缩有一些影响。Haque等人以40%~70%的次烟煤煤灰(ASTMC级灰)代替相应的水泥,进行混凝土的试验指出,混凝土的干缩随着粉煤灰的含量提高而降低。一般来讲,粉煤灰在实际应用中,比例适当,不会对干缩湿胀或温度膨胀有明显的影响。

关于粉煤灰混凝土的徐变,研究工作相对少。Lohtia等人指出:以15%的F级印度的粉煤灰代替相应的水泥配制混凝土,粉煤灰对徐变的影响很小。含15%粉煤灰的混凝土,与基准混凝土相比,徐变稍高一些。徐变恢复大约为相应150 d徐变的23%~43%之间。粉煤灰对水泥置换量较高的混凝土,徐变恢复较低。一般情况下,徐变与时间关系及其性质,含粉煤灰混凝土与基准混凝土相似。有一些文章介绍,混凝土中粉煤灰的最优掺量,能提高混凝土的强度,提高弹性模量,降低徐变与收缩。

第三节　粉煤灰对硬化混凝土耐久性的影响

虽然混凝土的强度对于结构物来说是至关重要的。但混凝土的耐久性却决定了建筑物的使用期限。这是设计的目的。也就是耐久性设计。混凝土中掺入粉煤灰后,对耐久性的影响归纳如下:

一、粉煤灰对混凝土渗透性的影响

检验侵蚀性介质对混凝土作用时,首先考虑的是其渗透性。渗透性与混凝土的孔隙密切相关。而且部分地受水泥浆的物理-化学性质的影响。

Berry和Malhotra把粉煤灰对混凝土渗透性的影响归纳如下:

1. 水的渗透性增大。强度为40~60 MPa的混凝土,含粉煤灰的原始表面吸附水0.09~0.05 mL/m^{2}s,而基准混凝土是0.08~0.03 mL/m^{2}s。

以粉煤灰等量置换了部分水泥后的混凝土,其透水性如表6.3.1所示。早期的透水性高于对电的基准混凝土,但随着龄期增长明显地低于基准混凝土。

表6.3.1　粉煤灰混凝土透水性试验结果一例(吉越盛次)

粉煤灰置换率(%)	单方混凝土用水量(kg/m^3)	渗透(透水)系数×10^{-12}(cm/s)			
		28 d	60 d	91 d	120 d
0	180	28(100)	65(100)	9.0(100)	8.1(100)
20	172	98(350)	–	4.0(44)	1.5(19)
30	168	324(1157)	93(143.1)	7.1(79)	3.5(43)

试验中:D_{max}25 mm,胶凝材料总量300 kg/m^3,坍落度6.5 cm,表中括号内数值是对不用粉煤灰的基准混凝土的百分率。

2. 空气渗透增加。就是使混凝土表面的相对湿度降低。

上述影响都可以认为是由于粉煤灰混凝土的多孔结构而造成的。特别是,如果混凝土过早地受到干燥,对空气渗透的影响更加明显,因为多孔块中水分是空气流动的通道。Nagataki 和 Ujike 等人指出:混凝土中粉煤灰对水泥的置换量由 0～50%,水胶结料比 0.40,在水中养护 28 d 和 91 d,然后干燥 21,84 和 119 d,粉煤灰对混凝土渗透性的影响如图 6.3.1 所示。

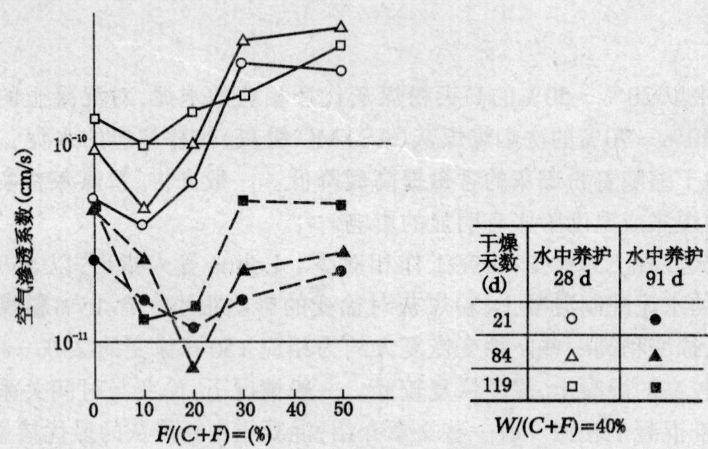

图 6.3.1　粉煤灰置换水泥量对空气渗透性影响

由图可见,在水中养护 91 d 的混凝土,即使粉煤灰对水泥的置换量达 20%,但其干燥后的渗透系数也比基准混凝土低。即使粉煤灰对水泥的置换量达 30%～50%的混凝土,渗透系数也是较低的。

3. 氯离子扩散系数(D_{Cl})降低

Li 和 Roy 认为 $W/C=0.30$ 和 0.35 的硅酸盐水泥浆,在 38℃ 时 Cl^- 离子的扩散系数是 15.6 和 $8.7\times10^{-12}m^2/s$;而以 F 级粉煤灰代替 30%的水泥后,扩散系数是 1.35 和 $1.34\times10^{-12}m^2/s$。氯离子扩散系数的大小与孔的尺寸分布是不十分一致的;虽然一般来讲,低的孔隙率相应 Cl^- 的扩散系数低。作者认为粉煤灰水泥浆的氯离子渗透系数比纯水泥浆的低。主要是由于:

(1)C-S-H 凝胶堵塞扩散通道;

(2)总离子浓度 Ca^{2+},Al^{3+} 或 $AlOH^{2+}$ 及 Si^{4+} 是基准水泥浆的 2 倍(离子具有低的扩散率,限制共同的 Cl^- 移动。粉煤灰中的铁相也有助于降低 Cl^- 的扩散速度);

(3)含粉煤灰水泥浆中的通道比基准水泥浆的弯曲。

在水化初期,胶凝材料中含 50%的低钙或高钙粉煤灰的混凝土,其渗透性高于对比的基准混凝土;但到了 180d 龄期后则颠倒过来了,因为混凝土中粉煤灰的火山灰反应,硬化水泥石中的空隙,部分地为水化物所填充;因此,能降低混凝土和砂浆的渗透性。

二、粉煤灰混凝土对腐蚀性环境的抵抗

在这里主要讨论海洋环境和硫酸盐介质环境下,粉煤灰混凝土的抗腐蚀问题。

海洋工程混凝土遭受物理与化学侵蚀的联合作用；也就是在潮夕区混凝土钢筋受 Cl^- 侵蚀及硫酸盐腐蚀。Berry 与 Malhotra 认为，由于资料不足，粉煤灰对这些只能说有一些潜在的影响。

最近，Thomas 报道了三级强度的混凝土（抗压强度 25，35，45MPa）的性能。这三级强度的混凝土用 F 级粉煤灰 15%，30%和 50%，分别置换混凝土中相应的水泥。测定这些混凝土与海水接触处的总的 Cl^- 离子浓度分布。含粉煤灰混凝土的 Cl^- 离子扩散系数是 $(1.13\sim3.73)\times10^{-12}m^2/s$，明显地低于对比的基准混凝土的 $(2.13\sim15.06)\times10^{-12}m^2/s$。很明显，这可以使钢筋的腐蚀大大地减轻。他们还进一步报道了与海水接触 1～2a，含 30%和 50%的粉煤灰混凝土，渗透深度大于 10mm 的部分混凝土的 Cl^- 离子，没有明显的增加。说明粉煤灰混凝土用于海洋工程是很有希望的。

海水对混凝土的侵蚀，还有硫酸盐侵蚀，详见第九章第四节。

三、粉煤灰混凝土的碳化

碳化对混凝土的侵蚀主要是使混凝土中钙的存在状态不同。最终产物是通过 $Ca(HCO_3)_2$，$CaCO_3$ 等平衡。混凝土孔缝中的 pH 值降低，从而降低对钢筋的保护能力。另一方面，由于碳化而产生收缩，提高了空气对混凝土的渗透性。

由于混凝土中粉煤灰的火山灰反应，消耗了一部分 $Ca(OH)_2$，一定会影响混凝土的 pH 值，从而影响到混凝土的碳化。

日本的八尾和长崎进行了粉煤灰混凝土的加速碳化试验（7% CO_2，40℃，50%RH）与自然碳化试验，他们得出了以下结论：

1. 混凝土的碳化深度，在加速试验时，与暴露存放时间的平方根成正比。与混凝土配比及原来的养护条件无关；
2. 粉煤灰混凝土的碳化系数，与其说受最初养护条件的影响，还不如说受粉煤灰掺量的影响更大；
3. 随着混凝土中粉煤灰代替水泥量增大，及含气量增加，碳化系数增大；
4. 在加速试验与自然碳化试验条件下，混凝土的碳化深度，均与其 28 d 龄期强度有关；
5. 自然条件下的碳化深度，可以通过加速试验的经验方程预测。

通过 20 年长期的自然碳化试验，他们得出了以下经验公式：

$$x=\alpha(\beta-\sqrt{f_{28}})\cdot\sqrt{t}$$

式中 x——碳化深度（mm）；

f_{28}——28 d 抗压强度；

α,β——经验系数；

t——存放时间（d）。

试验证明，粉煤灰混凝土是易受碳化的。

四、粉煤灰混凝土的抗冻性

试验证明，混凝土中以 20%粉煤灰代替相应的水泥，其抗冻性超过对比的基准混凝土。但是掺量太高（50%）时，经 150～200 次冻融后，混凝土出现明显的破坏。

混凝土中含气量相同,抗压强度相同,其中含与不含粉煤灰,抗冻性无明显差别。

第四节　粉煤灰高性能混凝土的配制

配制粉煤灰高性能混凝土时,一般希望采用粒径为 10 μm 的分级灰,其比表面积约为 7850 cm^2/g。按 GB1596－91 规定的一级灰也可。有时,还通过空气分离器,进一步将粉煤灰分成 20 μm,10 μm 和 5 μm 的不同细度。将超细粉煤灰取替部分水泥配制高性能混凝土,或超细粉煤灰与矿渣适当配合,生产高性能混凝土。

一、粒径为 10 μm 的分级灰高性能混凝土

采用 10 μm 的分级灰代替部分水泥,高效减水剂 NF,525 号硅酸盐水泥,河砂(中砂),石灰石碎石(D_{max}25 mm)。混凝土的坍落度 15～18 cm,泵送施工。混凝土配合比与抗压强度如表 6.4.1 所示。

表 6.4.1　粉煤灰高性能混凝土配比与强度

编号	水泥 (kg/m^3)	粉煤灰 (kg/m^3)	粗骨料粒径(mm)	减水剂 (%)	配合比				抗压强度(MPa)		
					水	胶结料	细骨料	粗骨料	3 d	28 d	56 d
1	550	0	5～15	1.0	0.367	1	1.14	1.74	60.0	60.9	69.4
2	495	55	5～25	0.5	0.36	1	1.34	1.60	57.4	64.5	72.3
3	641	0	5～25	0.75	0.33	1	1.95	1.45	65.3	76.1	79.1
4	520	130	5～15	0.50	0.34	1	0.958	1.29	48.9	65.3	74.6
5	750	0	5～15	0.75	0.29	1	0.864	1.03	59.9	79.7	85.6
6	594	149	5～25	1.0	0.28	1	0.753	1.15	61.9	80.1	86.8

由表 6.4.1 可见:

1. 编号 1、2 两组混凝土为对比试验的混凝土。2 组是以 10% 的粉煤灰代替混凝土中 10% 的水泥,除了 3 d 龄期的强度稍低外,28 d 及 56 d 的强度均高于 1 组的对比混凝土。

2. 编号 3、4 两组混凝土对比;4 组是以 20% 左右的粉煤灰代替相应的水泥,混凝土的水灰比为 0.34,新拌混凝土减水剂用量降低 50%,但坍落度仍与对比的第 3 组混凝土相同;抗压强度虽各龄期的强度均比对比的混凝土低,但 28 d 龄期时仍能达 65 MPa,56 d 达 74.6 MPa。

3. 编号 5、6 两组对比,6 组是以 20% 粉煤灰代替相应的水泥,混凝土的水灰比适当降低,由原来的 0.29 降至 0.28,高效减水剂用量增加 0.25%,5、6 两组混凝土坍落度相同,但强度则是含粉煤灰的混凝土各龄期的强度均高于对比混凝土。

当水泥用量 600 kg/m^3,掺入 150 kg/m^3 粉煤灰,$W/C=0.28$,可获得强度为 80 MPa 的泵送高强混凝土。水泥用量 495 kg/m^3,外掺 50～60 kg/m^3 粉煤灰,可获抗压强度为 65 MPa 的高性能泵送混凝土。

一般情况下,粉煤灰对水泥的等量置换,配制出混凝土的强度,7 d、28 d 龄期的强度均低于对比的纯水泥混凝土。为了使粉煤灰混凝土与不掺粉煤灰混凝土具有相同的和易性和强度指标,粉煤灰置换混凝土中的水泥时,应乘以超量系数 1.2。意即 50 kg 水泥要用 60 kg 的一级粉煤灰来置换。

根据大量的试验与统计分析,采用525号硅酸盐水泥,萘系高效减水剂;河砂(中偏粗);碎石,级配合格,$D_{max}=20$ mm,压碎指标在10%以下;一级粉煤灰,含碳量低于5%。

混凝土的水灰比在0.28~0.35的范围内,混凝土的胶凝材料水比$\left(\frac{C+F}{W}\right)$与强度关系式如下:

$$f_{C28}=0.50C_R\left(\frac{C}{W}-0.35\right)\qquad \gamma=0.96 \tag{1}$$

$$f_{C28}=0.51C_R\left(\frac{C+F}{W}-0.50\right)\qquad \gamma=0.97 \tag{2}$$

$$f_{C28}=0.52C_R\left(\frac{C+F}{W}-0.67\right)\qquad \gamma=0.96 \tag{3}$$

式中 f_{C28}——高性能混凝土28天强度;

C_R——水泥的实际强度;

γ——相关系数。

(1)式适用于硅酸盐水泥混凝土;(2)式适用于水泥置换量为10%,粉煤灰掺入量为60~70 kg的混凝土;(3)式适用于水泥置换量为20%,粉煤灰掺入量为120~140 kg的混凝土。

二、粉煤灰、矿渣双组分掺合料的高性能混凝土

以平均粒径10 μm(FA10)的粉煤灰与超细矿渣(比表面积8500 cm^2/g),共同掺入混凝土中,配制高性能混凝土;同时也将矿渣与磨细粉煤灰分别单独掺入混凝土中,观察单组分与双组分掺合料的效应。混凝土配合比如表6.4.2。

表6.4.2 高性能混凝土拌合物配合比

系列		Ⅰ								Ⅱ			Ⅲ		
编号		1	2	3	4	5	6	7	8	1	2	3	1	2	3
水-胶结料比(W/B)(%)		25.0	25.0	25.0	25.0	27.5	27.5	27.5	27.5	27.5	27.5	27.5	27.5	25.0	27.3
砂-粗细骨料比(S/a)(%)		38.0	38.0	38.0	38.0	38.5	38.5	38.5	38.5	38.5	38.5	38.5	38.5	38.5	38.5
单位体积混凝土重(kg/m^3)	水(W)	170	170	170	170	168	168	168	168	160	165	170	168	152	166
	水泥(C)	680	612	408	476	609	548	365	426	349	360	371	609	548	365
	分级粉煤灰(FA10)	0	98	68	0	0	61	61	0	58	60	62	0	61	61
	磨细矿渣(BS)	0	0	204	204	0	0	183	183	175	180	186	0	0	183
	细骨料(S)	564	558	553	559	596	591	586	591	602	592	580	596	605	587
	粗骨料(G)	964	954	994	955	997	988	980	989	1002	989	971	998	1013	982
	超塑化剂(SP)	2.1	1.2	1.8	2.0	1.5	1.0	1.2	1.3	1.4	1.3	1.1	1.5	1.5	1.5

(一)混凝土拌合程序

$$\left(\frac{1}{2}\text{细骨料}+\text{胶结料}\right)\xrightarrow{\text{干拌 15 s}}\left(\frac{1}{2}\text{细骨料}\right)\xrightarrow{\text{干拌 15 s}}(\text{引气剂}+\text{水}+\text{NF})\xrightarrow{\text{搅拌 60 s}}(\text{粗骨料})\xrightarrow{\text{搅拌 60 s}}(\text{出料})$$

采用强制式搅拌机。该工艺中砂子分两次投入的目的是使砂与水泥充分搅拌均匀。先搅

好砂浆，然后再投入粗骨料进行搅拌。总搅拌时间为 3 min。

(二)高效减水剂用量

在Ⅰ系列混凝土中，水胶结料比和用水量是固定的(W/B＝25％，W＝170；W/B＝27.5％，W＝168)，为了获得要求的坍落度 22±2cm，目标含气量 3±1％。高效减水剂 SP 的用量如图 6.4.1 所示。

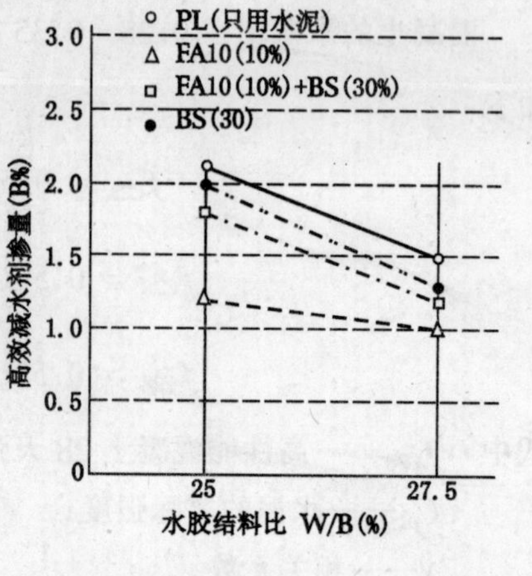

由图 6.4.1 可见：1)以 FA10 代替混凝土中 10％的水泥，SP 用量明显地低于纯硅酸盐水泥混凝土。2)当磨细高炉矿渣 BS 代替混凝土中 30％水泥时，SP 用量与纯硅酸盐水泥混凝土相比几乎相同；但如果 FA10(10％)＋BS(30％)取代相应的水泥时，SP 用量比纯硅酸盐水泥混凝土有较大幅度的降低。3)分级灰 FA10 可以单独使用，也可以与超细矿渣 BS 共同使用。

图 6.4.1　高效减水剂需要量

(三)搅拌机马达电流与流动速度

固定水胶比及单方用水量(Ⅰ系列配比)，搅拌完成时(3 min)搅拌机马达所需电流；以及作坍落度试验时的流动值除以流动时间，得到流动速度。水胶比与搅拌机电流关系如图 6.4.2。水胶比与流动速度如图 6.4.3 所示。

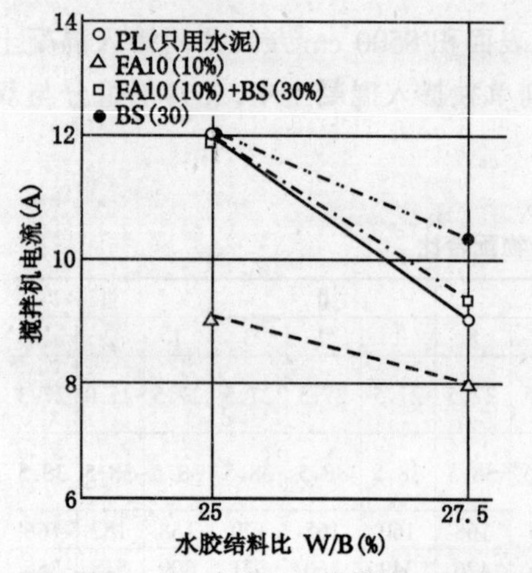

图 6.4.2　水胶比与搅拌机马达电流关系

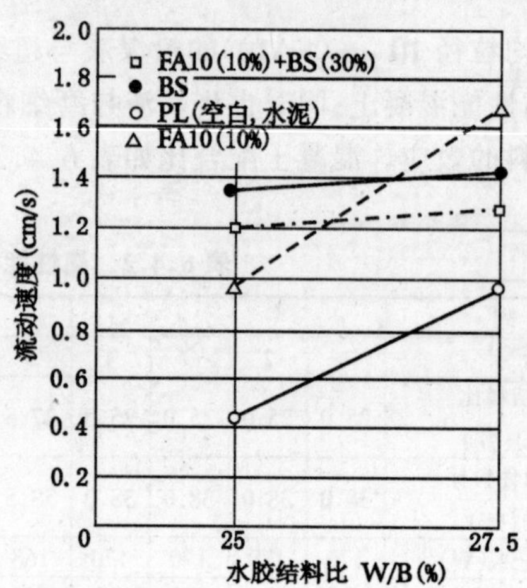

图 6.4.3　水胶比与流动速度

由图可见，含 FA10 的混凝土比对比混凝土(PL)的电流低。

由图 6.4.3 可见，含 FA10(10％)的混凝土；含 BS(30％)的混凝土；含 FA10(10％)＋BS(30％)的混凝土；其流动速度均比 PL 混凝土的高。也即含 FA10 的混凝土可以得到低粘度与好的工作度。

(四)抗压强度

W/B＝0.25 及 W/B＝0.275 的混凝土(Ⅰ系列)的 7 d、28 d 及 91 d 龄期的混凝土强度分别如图 6.4.4。由图可见：(1)W/C＝0.25，FA10(10％)内掺时，R_7 低于 PL 混凝土，但 R_{28} 及 R_{91} 大体上与 PL 混凝土相同；W/C＝0.275 时，FA10(10％)内掺时的混凝土，除 R_7 外，R_{28}，R_{91}

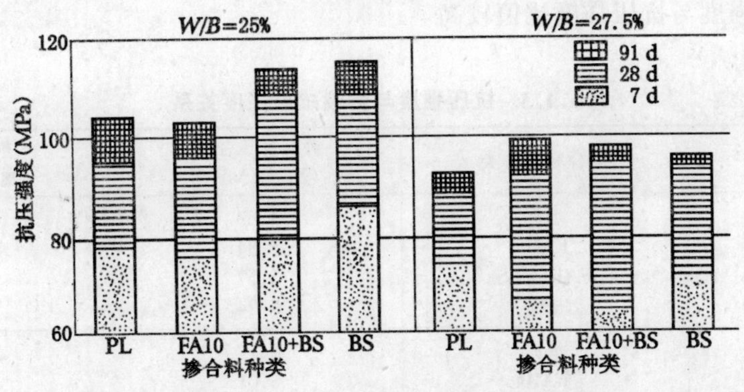

图 6.4.4　抗压强度与矿物质掺料关系

均高于 PL 混凝土。(2)BS(30%)内掺的混凝土,R_{28},R_{91} 均高于 PL 混凝土。(3)BS(30%)+FA10(10%)内掺的混凝土,R_{28} 及 R_{91},均高于对比 PL 混凝土。

其次,FA10 和 BS 共同使用,通过 SP 掺量与改变单方混凝土用水量,保持混凝土的坍落度不变(22±2 cm)(Ⅱ系列)。其强度变化如图 6.4.5 所示。

由图 6.4.5 可见,随着单位用水量的增加,混凝土的 7 d、28 d 龄期强度均降低。

最后,单方混凝土胶结料含量及 SP 用量保持一个常数,调整单方混凝土用水量,使坍落度为常数(22±2 cm),第Ⅲ系列的试验。其抗压强度与超细矿物质材料用量关系如图 6.4.6 所示(胶结料总量 B=609 kg/m^3)。

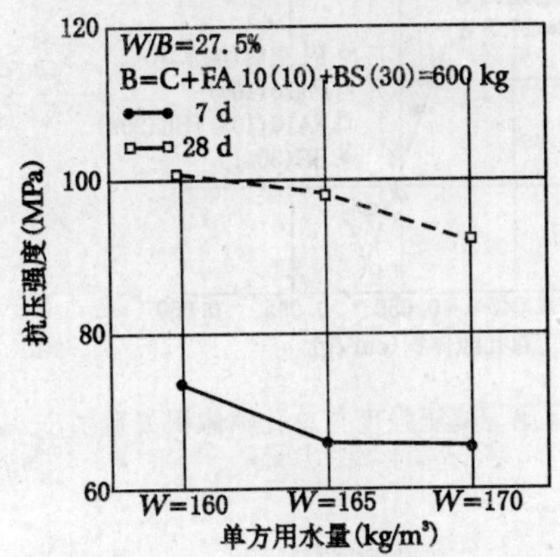

图 6.4.5　混凝土单方用水量与抗压强度关系

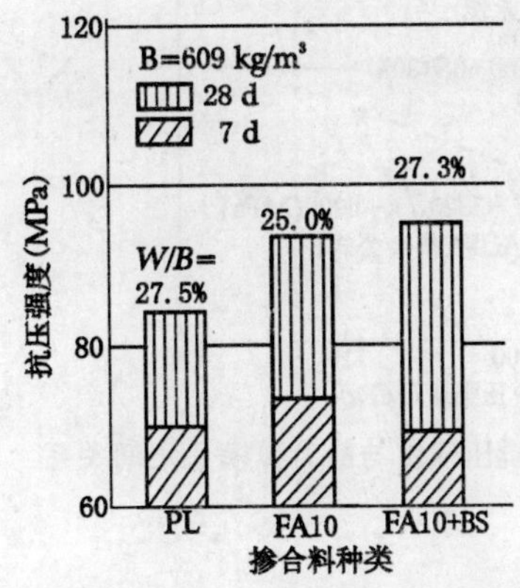

图 6.4.6　胶结料含量相同情况下的混凝土抗压强度(Ⅲ系列)与超细矿物质材料用量关系

内掺 FA10 的混凝土,在 SP 用量相同时达到相同的坍落度时,用水量可以降低,W/B 由 0.275 降至 0.250,故混凝土的 R_7,R_{28} 均高于对比的 PL 混凝土。而内掺 FA10(10%)+BS(30%)的混凝土,W/B 与 PL 混凝土相近,但 R_{28} 高于 PL 混凝土。

(五)劈裂抗拉强度

抗压强度与劈裂抗拉强度关系如表 6.4.3。当 FA10 或 BS 掺入混凝土中,与对比的 PL

混凝土相比,抗拉强度与抗压强度比值较高。

表 6.4.3 抗压强度与劈裂抗拉强度关系

水胶比(W/B)(%)	掺合料的种类	劈裂抗压强度(28 d)(MPa)	抗压强度(28 d)(MPa)
27.5	水泥	4.63	99.6
	FA10	5.84	91.9
	FA10+BS	5.57	94.6
	BS	6.24	94.7
25.0	水泥	6.17	95.5
	FA10	6.01	96.1
	FA10+BS	6.87	108.6
	BS	6.67	108.2

(六)静力弹性模量

抗压强度与静力弹性模量之间的关系如图 6.4.7 所示。含与不含 FA10 或 BS 的混凝土,其静力弹性模量实际上是相同的。ACI 提出的计算混凝土的 E 的公式也示于图中。试验数据与这条直线基本协调。

(七)孔隙率

通过压汞仪测定孔径 3.7~7600 nm 的总孔隙体积与抗压强度间关系如图 6.4.8 所示。虽然数据比较少,但总孔隙体积与抗压强度之间关系似乎也得到了验证。

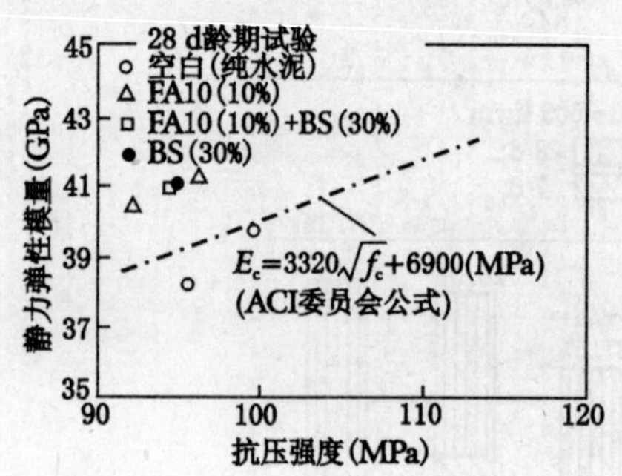

图 6.4.7 抗压强度与静力弹模 E 之间关系

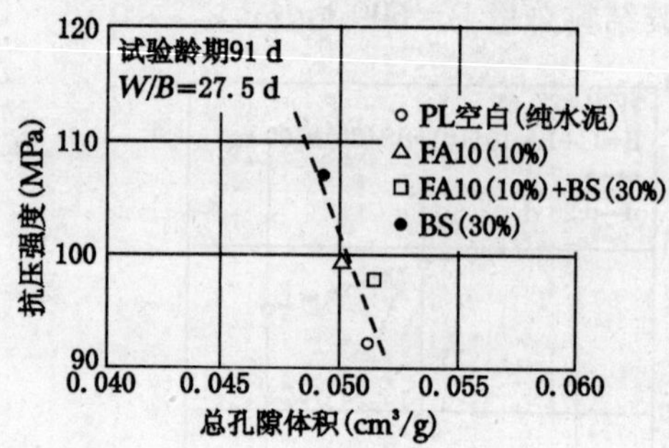

图 6.4.8 抗压强度与总孔隙体积关系

(八)小结

粒径为 10 μm 的分级粉煤灰,用来配制高性能混凝土,归纳如下:

1.FA10 可使混凝土用水量降低,与对比的 PL 混凝土相比,单位用水量可以降低。单位用水量相同时,SP 的用量可以降低。

2.低 W/B 比及含高效减水剂的混凝土,具有高的粘性。即使这种混凝土与普通混凝土的坍落度相同,施工操作也难。掺入 FA10 后,粘性可以降低,工作度可以改善。

3.固定 W/B,以 FA10 代替部分水泥的混凝土,早期强度偏低,但 28d 龄期后,强度发展高。FA10 可以安全地用于高强度高性能混凝土。

4.FA10 与超细高炉矿渣 BS 共同使用,两者对水泥置换量可达 40%,28 d 及 91 d 龄期混凝土的强度均超过对比的 PL 混凝土。说明双组分掺合料效应高于单组分;这是高性能矿物质掺合料的发展方向，也是高性能混凝土配制的方向。

第五节　粉煤灰在特种混凝土中的应用

一、超高强混凝土

将混凝土以大约180℃的温度，10个大气压左右的高压釜中进行养护时，水泥中的钙和硅发生水热反应，在短时间内可得到60.0～70 MPa（ϕ10×20cm试件）以上的超高强度。通过这样的水热反应，在通常湿养护条件下不可能看得到的托勃莫来石高强度的矿物生成；胶结料的强度 $CaO/(SiO_2+Al_2O_3)$ 的摩尔比为0.8～1.0时，得到的托勃莫来石多。这样，为了得到超高强度，仅靠水泥中的硅是不够的，一般都需要以水泥30～40％的粉煤灰以及优质的硅砂加以置换。使混凝土中的胶凝材料具有上述钙硅（铝）比。

以高压釜养护混凝土的强度，受使用材料的品质、配合比、养护条件等影响。但通过使用高效减水剂、离心成型等工艺，可以得到100 MPa左右的高强度混凝土（ϕ10×20cm）。蒸压养护混凝土的干缩和徐变均小，抗硫酸盐腐蚀性能也高。高强度桩等许多混凝土预制厂均使用蒸压方法。

此外，粉煤灰添加高效减水剂，在混凝土中应用时可以明显地降低水灰比，即使标养条件，强度的发展也具有优异效果。也就是说，通过粉煤灰与高效减水剂并用，使混凝土中水灰比降低至28％左右，在20℃水中养护，28 d强度，当粉煤灰置换率为15％时，混凝土强度可达75 MPa以上（ϕ10×20cm）。

二、超干硬混凝土

在水工混凝土中，为了抑制由于水泥水化热而造成的混凝土绝热温升，达到降低单方混凝土中水泥用量的目的，使用坍落度为2～5 cm的混凝土拌合物。近年来为了进一步降低成本与缩短工期，发展了碾压混凝土坝（roller compacted dam）RCD。RCD用混凝土，稠度相当小，为了碾压捣实。水泥浆的量比普通大坝混凝土少得多。因此，以部分粉煤灰置换水泥，增加混凝土中微粉的绝对容积，使混凝土容易振动捣实。

在日本，1978年建造的岛地川水坝（山口县）以及在福岛县的大川水坝的工程中，混凝土配合比中使用了 $D_{max}=80$ mm的粗骨料，单方混凝土中水泥与粉煤灰用量才102 kg，施工结果认为通过掺入粉煤灰能改善工作度并有效的降低了水化热。

三、灌浆混凝土

先将粗骨料铺好、振实，再向其空隙中注入水泥砂浆，得到灌浆混凝土。这种混凝土灌浆时，希望流动性提高，节约水泥，使水化热降低，长期强度及抗渗性提高。为此目的，广泛采用粉煤灰掺合料。粉煤灰对水泥的置换率要考虑到混凝土早期强度和抗冻融性能无不良影响，一般为20％左右。而在要求不很高的条件下，粉煤灰对水泥置换率可为20％～50％。

灌浆混凝土中为了使用粉煤灰，希望能获得早期高的抗压强度是比较困难的。如能保证混凝土具有潮湿状态，长期强度增长是相当大的，在设计上一般以91d龄期强度为标准。在灌浆材料中，除粉煤灰外，还掺入膨胀剂或适当添加铝粉，比普通混凝土的抗渗性高。

第六节　粉煤灰在使用中应注意的问题

一、含气量的管理

粉煤灰中的碳,能吸附引气剂,使含气量发生变化,对混凝土的工作度、强度及耐久性均有影响,含气量的管理实际上是对粉煤在含碳量的管理、控制引气剂掺量。

粉煤灰的品质与煤的质量、锅炉运行状况等有关,粉煤灰质量波动是正常的。因此,必须在现场根据粉煤灰含炭量控制引气剂掺量,使混凝土中含气量保持在要求的数 值内变化,这样,对混凝土的工作度、强度及耐久性等均不会带来不良的影响。

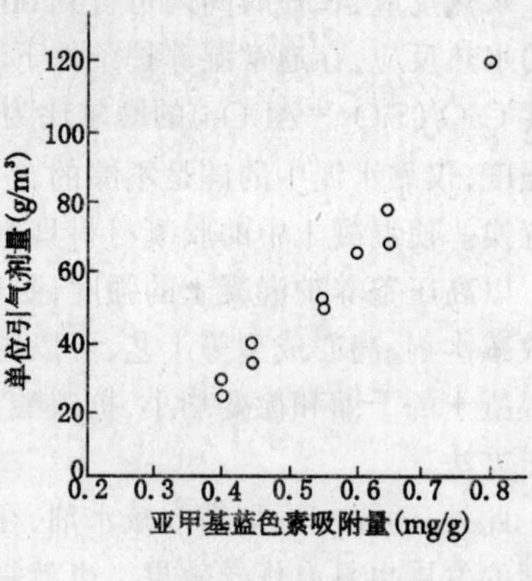

施工过程中粉煤灰含炭量的检测可通过比色法测定。采用亚甲基蓝色素。对煤的质量相对固定,锅炉燃烧方式大体相同的粉煤灰,对色素的吸附量,以及为了达到一定含气量所需的引气剂掺量具有直线关系,如图6.6.1 所示。

图 6.6.1　粉煤灰的亚甲基蓝色素吸附量及单方混凝土引气剂掺量关系

因此,事前在试验室测定这种关系,根据这种关系进行含气量管理,也即调整引气剂的掺量。

此外,日本高野等人开发了亲油性高的非离子型的新型引气剂。一种是聚氧化乙烯(polyoxyethylene)系的引气剂;另一种是缩水甘油(glycido)。这两种引气剂对不同烧失量的粉煤灰,引气剂掺入量均很低,而且引气量变化不大。与树脂系(resin)的引气剂不同,如图 6.6.2 所示。

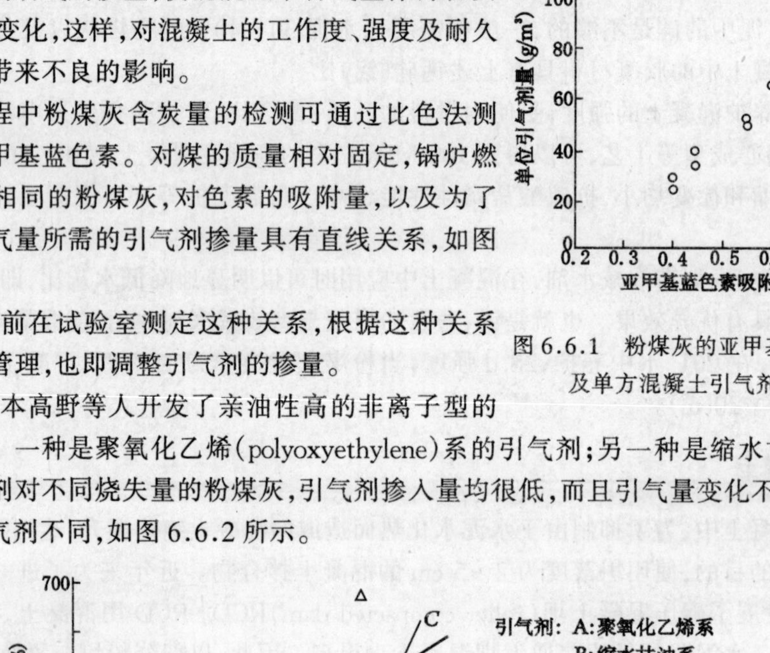

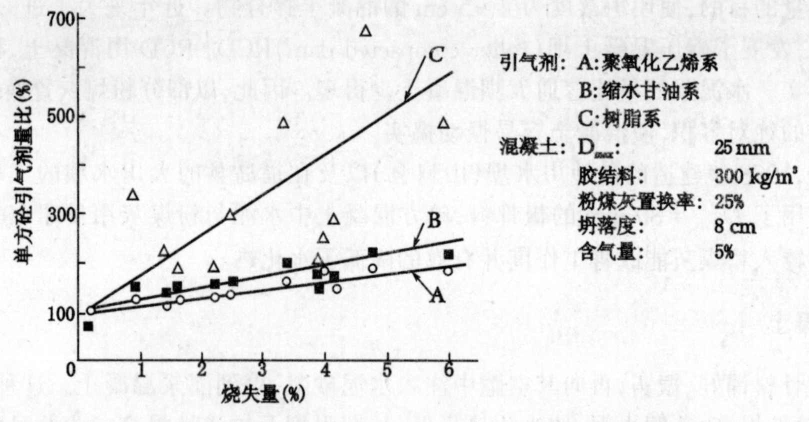

图 6.6.2　粉煤灰的烧失量与单方砼中各种引气剂掺量比关系

二、粉煤灰在贮运过程中结块对策

粉煤灰本身无水硬性,但在潮湿空气的作用下,产生凝聚;在加压状态下,会粘结成块。这样在生产使用过程中操作困难,特别是细度大的粉煤灰。结块的原因众说不一,有的人认为粉煤灰表面含有微量碳，和硫黄相结合，生成石膏，再由于水分作用，使粒子相互结合在一起。

防止粉煤灰结块的方法很多，实际使用中应保证相对湿度在30%以下进行通风，使与粉煤灰接触的空气湿度降低，这样粉煤灰不会固结成块。另一种方法是使粉煤灰变成浆体，使用粉煤灰浆，日本有不少水坝施工用的粉煤灰浆。

参考文献

1 R. C. Joshi and R. P. Lohtia: Types and properties of Fly Ash, Mineral Admixtures in cem-ewt and concrete V. 4 abi New Delhi 1993 First Edition

2 笠井芳夫：コンクリート總覽，技術書院 1998 年 3 月.

3 K. Ukita, M. Ishii, K. Yamamoto, K. Azuma, and K. Kohno: Properties of High Strength concrete using "Classifying Fly Ash", 1992 Istanbul Conference.

4 R. C. Joshi, R. L. Day, B. W. Langan and M. A. Ward: Streng th and Durabilitg of Concrete with High proporfion of Flg Ash and Other Mineral Admixtures, Durability of Building Materials, 4, 1988

5 S. Popovics: What Do We know About the Contributions of Fly Aoh to the Sfrength of Concnefe, Second ICFSS, Madrid, ACI SP-114,1,1986

6,7 山崎寛司：鉱物質微粉末かコンクリートのワーカビリチー：に及ぼす効果に關する基礎研究，土木學會論文集 84，昭和 37 年

8 同 1

9,10,11,12 笠井芳夫·小林正幾：セメント.コンクリート用混和材料 技術書院. 1993. 9 月

13 R. N. Swang and H. B. Mahmud: Mix propertions and Strength Characteristics of Concrete Containing so percent Low Calcicon Flg Ash, Proc. 2nd CANMET/ACI Int. Conf. on Fly Ash, Sieica Fume, Slag and Natural Pozzolans in Concrete, Ed. V. M. Malhotra, 1,1986

14 E E. Berry and V. M. Malhotra: Fly Ash in concrete in Supplementary Cementing Maferials for concrete, Ed. V. M. Malhotra, CANMET, Ottawa, 1987.

15 G. G. Carette, V. M. Malhotra, C. Bedard, V. De Benedics and M. Plumat: Development of Heat-Curing Cycles for portland Cement Fly Ash Concrete for the precast Indnstry, Second ICFSS. Madrid: ACISP-91,1,1986.

16 S. Nagataki and I. Ujike: Air Permeability of Concretes Mixed with Fly Ash and Condensed Silica Fume, Second ICFSS, Madrid, ACI SP-91,2,1986

17 Y. Yamamoto etal., Use of Mineral Fines in High Sfrengyt Concrete-Water Requirement and Strength, ACI Concrete International, 1982

18 相沢亀之肋ほか：フライァッシェセメントを用ひた超硬練りコンクリートペロックの研究"共和コンクリート工業株式會社研究報告"第 5 號，昭和 43 年

19 國土開發技術研究センター"RCDI 法によるダム施工"昭和 56 年

20 笠井芳夫·小林正幾：セメント.コンクリート用泥和材料，技術書院，1993 年 9 月

21 高野俊介ほか：Flyash Concrete 用特殊 AE 劑の試驗"セメント技術年報"10，昭和 32 年

22 M. Kokubu: Mass Concrete Practices in Japan, Symp. on Mass Concrete, ACI Publication Sp-6,1963

第七章　硅粉在高性能混凝土中的应用

第一节　概　　述

硅粉在混凝土中的应用在过去几年中已经明显地增加,但其有效的性能并没有被真正理解,直至70年代末和80年代初,挪威技术研究院研究了硅粉对混凝土性质的影响以后,才有了新的发展。

第一个结构工程使用硅粉的是在瑞典。该工程是一座桥梁,完成于1981年底。其目的是利用部分硅粉代替水泥,在不降低强度的同时能降低大体积混凝土部分的水化热。

在美国,第一个使用硅粉的混凝土工程是1983年的Kinzua大坝。混凝土中水泥用量386 kg/m^3,硅粉70 kg/m^3;混凝土7天强度70 MPa,28 d强度86 MPa。3年后抗压强度达110 MPa。从此以后,在美国的硅粉混凝土得到了很大的发展与应用。

在全世界范围内,硅粉在水泥基材料中应用,有以下这些方面:1. 硅粉混凝土用于生产预制制品(表7.1.1)。2. 硅粉混凝土用于结构物的实例(表7.1.2)。

表7.1.1　硅粉混凝土生产制品的实例

混凝土制品名称	国　名	硅灰的使用目的	硅灰用量(%)
轻混凝土砌块	美国	减少水泥用量	
	欧洲	减少砌块破损	5~25
板、梁或常温养护的混凝土	美国	高强度	
		防止高坍落度下材料的离析	5~20
	欧洲	制品表面光滑	
屋面板(瓦)	欧洲	高强度	
		低透水性	5~30
玻璃纤维混凝土石棉制品等	欧洲	提高抗弯强度	
		提高耐久性	10~30
	美国	减少$Ca(OH)_2$	
管桩	日本	高强(80MPa级)	
		提高耐久性	

表 7.1.2　硅粉混凝土用于结构物实例

国名	结构物名称	建造年份	环　境	使用目的	配比、强度等
美国	高层大厦	1984		减小柱子截面 增加强度 降低造价	水泥(C)=390 kg/m^3 SF=15% 坍落度=18 cm f_{28}=84 MPa
挪威	受浮筒的基础、贮油库	1981	北海	耐久性	SF=10% f_{28}=71.5 MPa
挪威	桥梁	1983～1985	寒冷地带	防止材料离析、抗冻 优良的光面修饰性	SF=8% f_{28}=41 MPa
美国	道路路面	1983～1984	交通重荷载	早强 长期的耐久性 钢筋抗腐蚀 提高抗冻性	C=450 SF=10% f_1=40 MPa f_{28}=98 MPa
美国	人工河床	1984		长期的耐久性、抗磨性	
瑞典	码头	1976～1978	受海浪冲击的码头	耐久性 耐磨 高强度 钢筋抗腐蚀	C=370 SF=15% f_{28}=61 MPa
挪威	谷仓	1979	海港区	钢筋抗腐蚀 耐久性	C=280 SF=15% f_{28}=37.7 MPa
挪威	桥面板	1971	受 SO_2 污染的海边	防止 SO_2 侵蚀	C=316 SF=12% f_{28}=48 MPa
美国	大坝消能池	1983	流水中含砂石	抗磨性 抗侵蚀性	C=474 SF=18% f_{28}=98 MPa
挪威	桥面板	1977	硝酸工厂附近	防止硝酸侵蚀	C=306 SF=15% f_{28}=45 MPa
美国	海岸护坡	1984	海水侵蚀、冻融	护坡	水泥 450 kg/m^3(C) 硅粉 45 kg/m^3(SF) 钢纤维 75 kg/m^3(CT) f_{28}=89 MPa
挪威	隧道	1982～1984	高抗渗与耐腐蚀	高强高抗渗 降低成本 减少回弹	C=450 kg/m^3 SF=36 kg/m^3 CT=75 kg/m^3
日本	钻井平台	1984	海洋工程	高强度 高密实度 高耐久性	f_{28}=40 MPa

续表 7.1.2

国名	结构物名称	建造年份	环　境	使用目的	配比、强度等
法国	水下工程	1991	水下,抗渗,耐磨	耐久性,工作度、早强耐磨	
法国	大跨度 PC 斜拉桥	1991	桥梁	超高强 大垮度 530 m 预应力	超高强>100 MPa
摩洛哥	特殊基础	1991	基础工程	抗压强度,早期强度,变形性能,工作度	
美国、加拿大	高层建筑超高层建筑	1990～	加拿大多伦多 Scotia 广场。 芝加哥 311South wacker Tower。 2Union Square	高抗压强度 高耐久性	f_{28} 80～100 MPa
日本	高层建筑	1990～	钢骨架钢筋混凝土结构	超高强 高流态	$W/(C+SF)=0.20\sim0.25$ 坍落度流动值 550 mm

在我国,铁道部门 C80 硅粉混凝土用于 40m 跨的后张梁中。上海制品三厂采用硅灰混凝土生产 12m 预应力板。上海缝纫机厂用硅粉混凝土铺筑了耐油地面,抗渗标号达 S20 以上。上海崇明丁家桥路面应用硅粉混凝土,使耐磨性得到明显地提高,在新建成的浦东大桥及一些高层建筑中,硅粉混凝土也得到了应用。水利部门,如长江科学院等单位,在水泥砂浆或混凝土掺入硅粉,使耐磨性提高。北京有些高层建筑中,掺入 10%～15% 硅粉的混凝土,强度达 C60 以上,用于底层框架柱。

上述可见,硅粉混凝土多用于有特殊要求的混凝土工程,如高强度、高抗渗、高耐久性、耐侵蚀性、耐磨性及对钢筋无侵蚀的混凝土中。硅粉是配制高性能混凝土的优质超细粉掺合料。

第二节　硅粉的生产

硅粉(Silica Fume,简写 SF)又称硅灰,是铁合金厂在冶炼硅铁合金或金属硅时,从烟尘中收集的一种飞灰。

从 SF 的收集来看有两种情况,一种是带有热回收利用系统的,另一种是无热回收利用系统的。如图 7.2.1 所示。这两种系统收集的 SF 具有不同的含碳量及颜色。

图中(a)是无热回收装置的,负荷表面上部气体温度大约 200～400℃,在这样低的温度下排出的气流中还有一些未燃尽的炭,生产出的 SF 多多少少有点暗灰色。

图中(b)是带热回收装置的,负荷表面上部气体温度大约 800℃,这样能使大部分碳都能燃烧掉,收集到的硅粉由于含碳量低,色白或灰白。

在世界范围来说,带热回收装置的铁合金厂很少;因此,白色硅粉的供应是不多的。

从硅铁合金生产收集的 SF 总产量,还没有一个有把握的正确的资料。从硅铁合金生产量方面推断,SF 的总生产量,1981 年是 100 万 t,1986 年为 160 万 t。主要的生产国是苏联,美

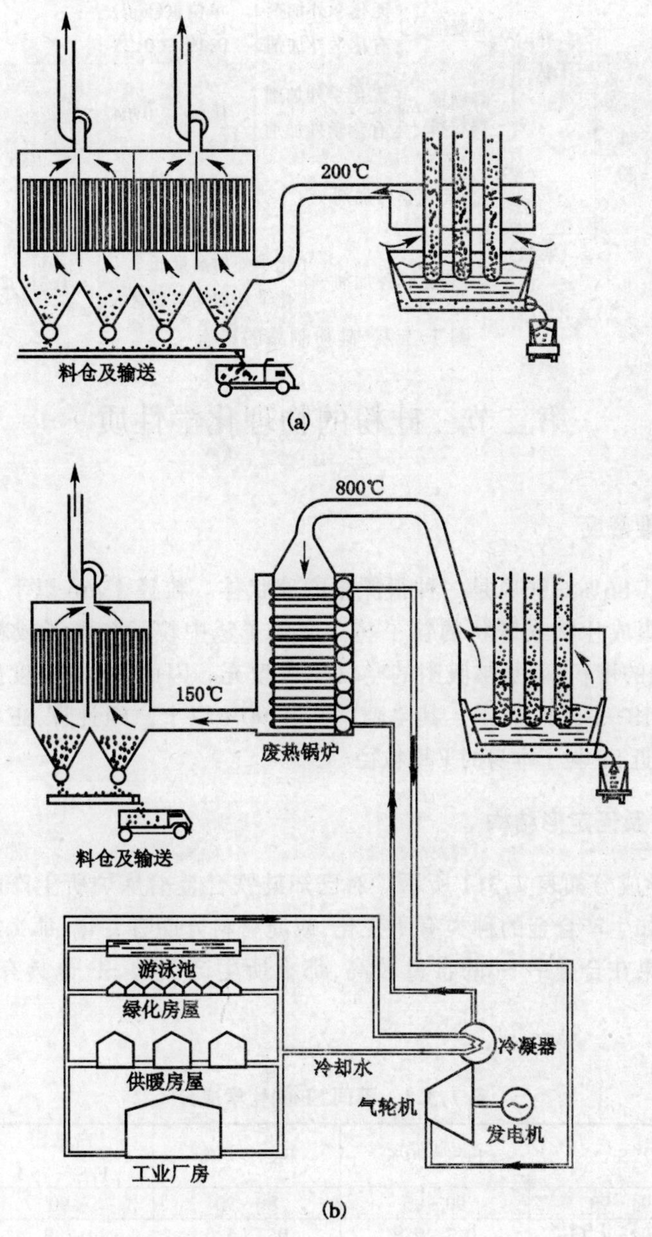

图 7.2.1 铁合金厂硅铁冶炼时有否热回收利用工艺流程图

国,挪威,瑞典,加拿大,巴西,澳大利亚,意大利,日本等国。我国 SF 的产量约 3000～4000t/年。

SF 制品 的形态如图 7.2.2 所示,有干燥状态和浆体状态两种;而其产品则有 7 种类型。

非凝聚 SF 是一种灰尘,移动困难,运费高,不经济。而凝缩 SF 不起尘,也没有固结,容易流动,输送方面也经济。水与硅粉混合成浆状 SF,比没有凝缩的 SF 输送价钱低,而且与化学外加剂容易混合,使用上方便。

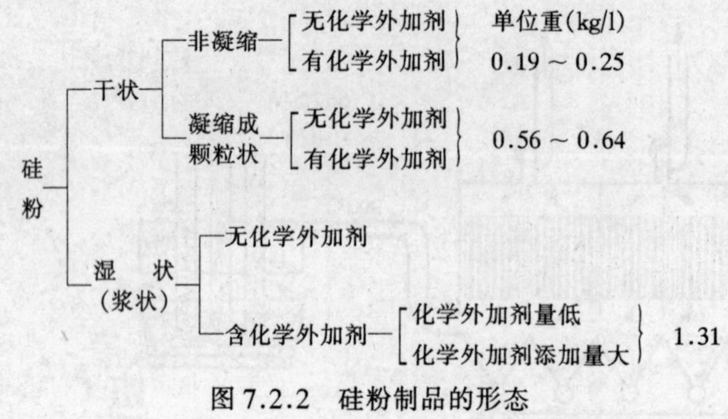

图 7.2.2　硅粉制品的形态

第三节　硅粉的物理化学性质

一、形状、密度与松堆密度

SF 的组成中，其 86%～96%是一种很漂亮的球状体。粒径 1 μm 以下，平均粒径 0.1 μm 左右。部分粒子凝聚成片状或球状的粒子丛。在粒子丛中粒子与粒子或粒子丛与粒子丛之间，也是非紧密接触的堆积，而是被吸附的空气层所填充。因而 SF 的密度虽为 2.2 g/cm^3，但松堆密度却只有 0.18～0.23 g/cm^3。其空隙率高达 90%以上。经计算 SF 的粒子与粒子间的净距为 0.103 μm，接近 SF 粒子本身的平均粒径。

二、硅粉的化学成分及无定形结构

不同 SF 的化学成分如表 7.3.1 所示。对已知硅铁合金冶炼炉所生产的 SF，具有相对稳定的化学成分。但如生产合金的种类有所变化，或原材料方面有变化，那么所生产的硅粉的成分也发生变化。如果在合金中 Si 的含量较高，那么所生产出的 SF 也具有比较高的 SiO_2 含量。

表 7.3.1　不同 SF 的化学成分

成分 \ SF 种类	Si	FeSi－90%	FeSi－75%	白色 SF FeSi－75%	FeSi－50%
SiO_2	94～98	90～96	86～90	90	84.1
Fe_2O_3	0.02～0.15	0.2～0.8	0.3～5.0	2.9	8.0
Al_2O_3	0.1～0.4	0.5～3.0	0.2～1.7	1.0	0.8
CaO	0.1～0.3	0.1～0.5	0.2～0.5	0.1	1.0
MgO	0.2～0.9	0.5～1.5	1.0～3.5	0.2	0.8
Na_2O	0.1～0.4	0.2～0.7	0.3～1.8	0.9	－
K_2O	0.2～0.7	0.4～1.0	0.5～3.5	1.3	－
C	0.2～1.3	0.5～1.4	0.8～2.3	0.6	1.8
S	0.1～0.30	0.1～0.4	0.2～0.4	0.1	－
MnO	0.1*	0.1～0.2*	0～0.2*	－	－
L、O、1	0.8～1.5	0.7～2.5	2.0～4.0	－	3.9

*为 Mn 的含量

用三角坐标表示硅粉和其他火山灰质材料的位置如图 7.3.1 所示。

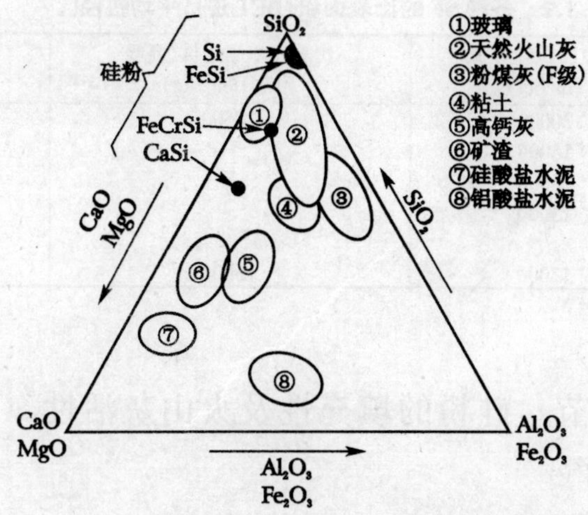

图 7.3.1　硅粉与相关连材料的组成

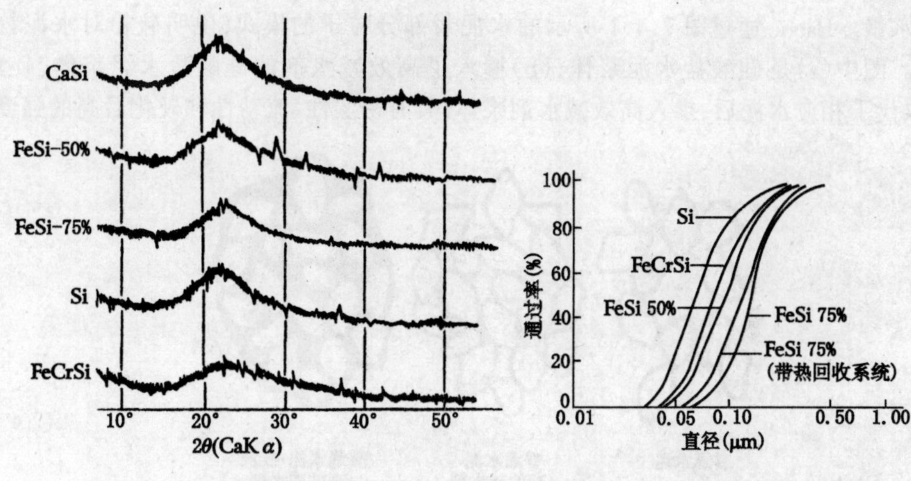

图 7.3.2　硅粉的 XRD 图谱　　　图 7.3.3　各种硅粉的粒度分布图

硅粉的 SiO_2 含量高，这种 SiO_2 是非晶质的，其特征是易溶于碱溶液中。硅粉的 XRD 图谱如图 7.3.2 所示。在 $2\theta=22.4°$(CuKα)处衍射图上有峰值，这只表示衍射图的缓坡形状，而不是结晶衍射峰。将非晶质的硅粉加热至 1100℃时，X 射线图上 $2\theta=21.9°$(CuKα)处，具有第一个峰，变成了 α 方晶石。

三、粒度分布及比表面积

SF 的粒度分布与制造方法、电气炉的操作条件等有关。通过氮吸附法测定的比表面积大约为 15～25 m^2/g，平均为 20 m^2/g 左右。根据 Aitcin 等人推算的粒度分布结果如图 7.3.3 所示。比表面积如表 7.3.2 所示。

表 7.3.2　各种 SF 的比表面积(BET 法),平均粒径

硅　粉	比表面积计算值(m^2/kg)	比表面积测定值(氮吸附法)(m^2/kg)	平均粒径(μm)
Si 系	20000	18500	0.18
FeCrSi 系	16000	–	0.18
FeSi－50%	15000	–	0.21
FeSi－75%(热回收)	13000	–	0.23
FeSi－75%	13000	15000	0.26

第四节　硅粉的填充性及火山灰活性

一、硅粉对水泥浆体的填充性

硅粉具有独特的细度。高硅(SiO_2)含量及无定形性质,使其适宜于代替一部分胶凝材料,小的球状硅粉填充于水泥颗粒之间,使胶凝材料具有更好的级配,低掺量下,还能降低水泥标准稠度用水量。Bache 通过图 7.4.1 所示的水泥浆部分粒子的模式,说明硅粉对水泥粒子间的填充性。图中(a)是硅酸盐水泥浆体,(b)掺入了高效减水剂的硅酸盐水泥浆体,(c)是以 5%硅粉取代了相应水泥后,掺入高效减水剂浆体;具有密实性、流动性和硬化后高的强度。

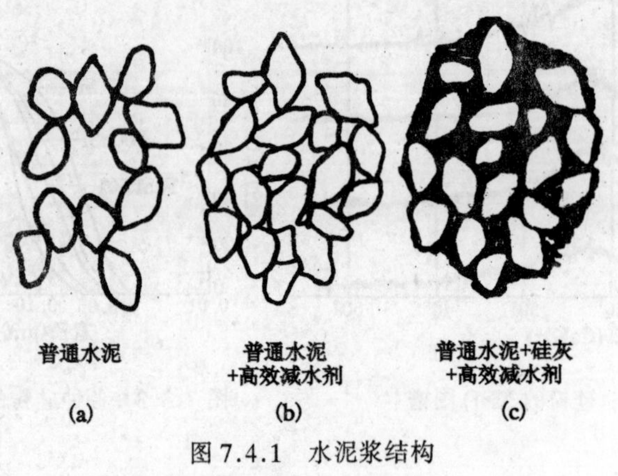

图 7.4.1　水泥浆结构

二、火山灰反应

硅粉是非常细小的非晶质硅,与粉煤灰及天然火山灰一样,具有火山灰反应。硅粉含有大量的非晶质硅及超细粉末,显示着在水化初期就能和 $Ca(OH)_2$ 反应。硅粉的粒子大约为水泥粒子的 1/25 左右,填充水泥粒子间的细微空隙(图 7.4.1)。为了确认火山灰反应,在硅酸盐水泥中,掺入 30%的各种火山灰物质,经 80 ℃40 h 养护后,砂浆的 XRD 图谱如图 7.4.2 所示。

由图 7.4.2 可见,以火山砂与天然硅质矿物为掺合料时,$Ca(OH)_2$ 的衍射峰很明显;而以硅粉为掺合料的试件,则无 $Ca(OH)_2$ 的特征峰存在,这是因为硅粉与 $Ca(OH)_2$ 反应,C-S-H

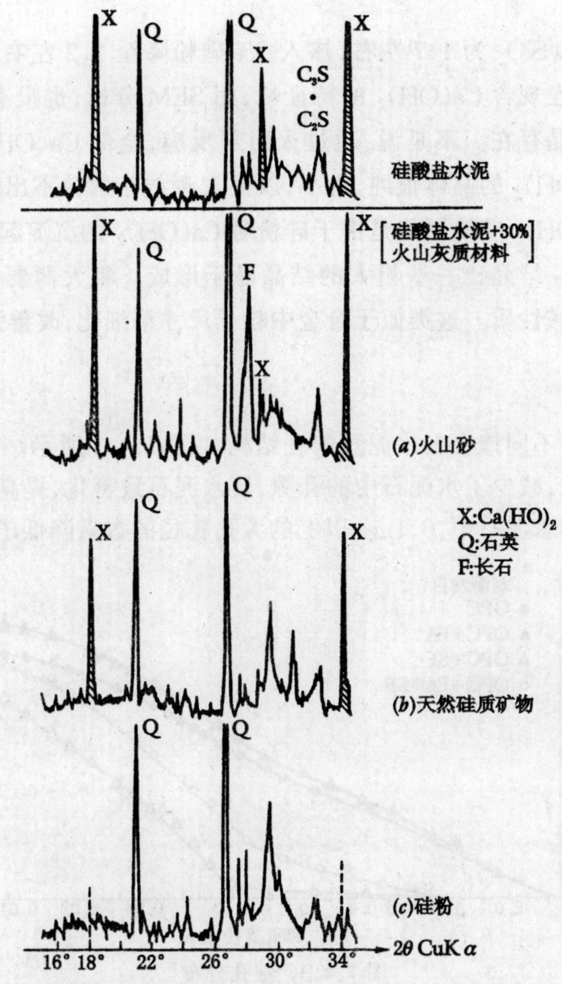

图 7.4.2 掺入各种火山灰质材料的水泥砂浆的 XRD

凝胶的性质发生了变化，在 XRD 图谱上看不到 $Ca(OH)_2$ 特征峰的存在。

掺入硅粉生成的 C-S-H 凝胶的 CaO/SiO_2 变小了，CaO/SiO_2 越小组织结构越致密，对强度的发展更有利。通过 EPMA(electron probe micro analysis)对含不同掺合料的硬化水泥石，测定 CaO/SiO_2 如表 7.4.1 所示。

表 7.4.1 CaO/SiO_2 比(水泥浆 $W/C=0.5$,20℃水中,28d)

水泥类型		掺合料	CaO/SiO_2
CPJ*	NO.2	30%急冷矿渣	1.55
	NO.3	25%急冷矿渣+5%硅粉	1.20
	NO.6	30%徐冷矿渣	1.70
	NO.7	25%徐冷矿渣+5%硅粉	1.43
	NO.10	30%粉煤灰	1.50
	NO.11	25%粉煤灰+5%硅粉	1.28

*法国规格的混合水泥：以35%以下的矿渣、火山灰质矿物或石灰石掺入的水泥。

硅酸盐水泥的 CaO/SiO_2 为 1.7 左右，掺入 5% 硅粉降至 1.2 左右。通过 XRD 对含硅粉的水泥石的分析，没有发现含 $Ca(OH)_2$ 的特征峰，用 SEM 分析，也没有发现水泥石中含有六角片状的 $Ca(OH)_2$ 结晶存在。不是说，通过火山灰反应，全部 $Ca(OH)_2$ 都变成 C-S-H 凝胶了；而是可能由于 $Ca(OH)_2$ 的晶体很纯、太小，以至 X 射线衍射分不出来。Mehta 解释含硅粉水泥石中，粗大的 $Ca(OH)_2$ 空缺可能是由于硅粉对 $Ca(OH)_2$ 的沉淀起到"成核"作用，其结果是许多细小的 $Ca(OH)_2$ 结晶比一些粗大的结晶易于形成。粗大薄弱的 $Ca(OH)_2$ 结晶的空缺，提高了混凝土的机械性质。这类似于合金中粒子尺寸精细化，改善强度。

三、孔结构

以压汞法测定了含不同掺合料水泥石的孔结构如图 7.4.3 所示。由于掺入硅粉，填充了水泥浆部分的微细空隙，减少了水泥石中的孔隙，使水泥石致密化，提高了强度，降低了透水性与透气性。掺入硅粉的水泥石中，0.1μm 以上的大孔孔径的数量降低了。

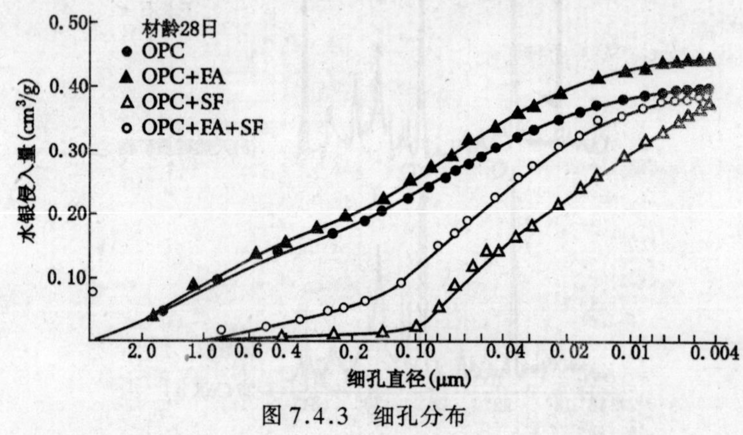

图 7.4.3　细孔分布

四、水化热

在应用中，内掺硅粉，与其他火山灰质矿粉一样，水化热降低。但掺 5% 左右硅粉与改性木质素磺酸盐高效减水剂共用，水化热不见得降低。图 7.4.4 是不同品种水泥，内掺 0～15% 的硅粉的水化热曲线图。图 7.4.5 是使用高效减水剂情况下的水化热曲线(见 P119)。

第五节　硅粉对混凝土性能的影响

SF 的填充和火山灰作用，使其成为一种有效的附加的胶凝材料，能增强混凝土的物理与机械性质，在这一节里将回顾和汇总近年来所出版的研究成果，概括地说明 SF 对新拌混凝土和硬化混凝土特性的影响。

一、稠度、稳定性与塑性收缩

小的球状的 SF 颗粒，填充粗颗粒水泥之间的部分空间，其结果就使细颗粒的粒度分布更

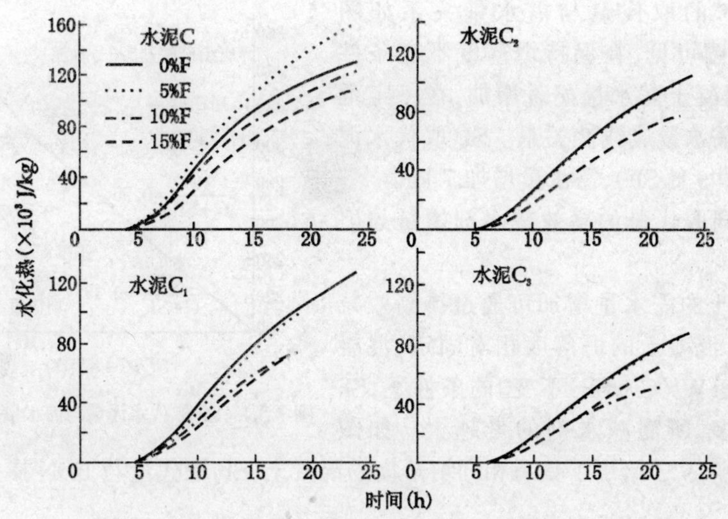

图 7.4.4　掺入硅粉水泥的水化热

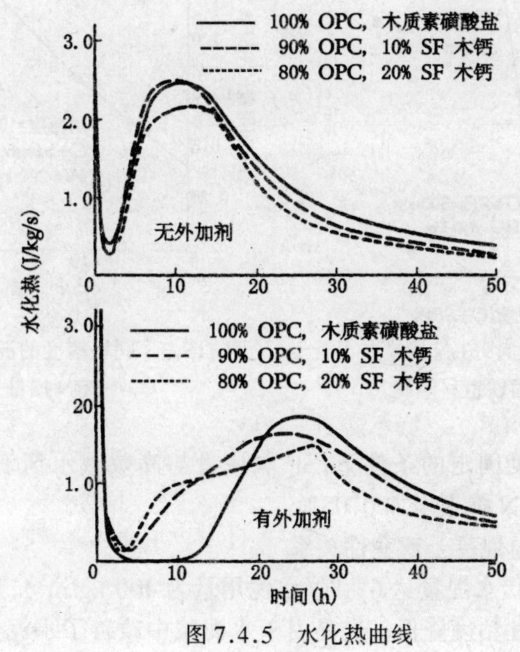

图 7.4.5　水化热曲线

合理,而且能置换出部分水泥颗粒间的填充的水分。这种填充作用有助于拌合水去改善混凝土的流动性。因此,改善水泥和 SF 的级配,就能使拌合物中可利用的自由水增加,达到所要求的稠度时降低需水量。这就是说,对于已给出用水量的混凝土,能改善流动性。另一方面,因 SF 的比表面积大,SF 微粒能吸收水分和增加用水量。SF 对用水量要求的净的效果取决于好几种因素,特别是外掺减水剂或超塑化剂时,与 W/(C+SF),水的用量及 SF 的掺量等有关。

(一)SF 的取代量与需水量关系

在同坍落度的条件下,SF 对水泥的取代量越大,需水量也越多,根据我国铁道科学研究院的试验结果，SF 的取代量与需水量关系如图 7.5.1 所示。由图可见，在保持坍落度不变条件下，SF 掺量使混凝土需水量显著增加，在一定范围内，取代量与需水量成线性关系。SF 取代水泥量每增加 1%（即 5 kgSF），需水量增加 7 kg。

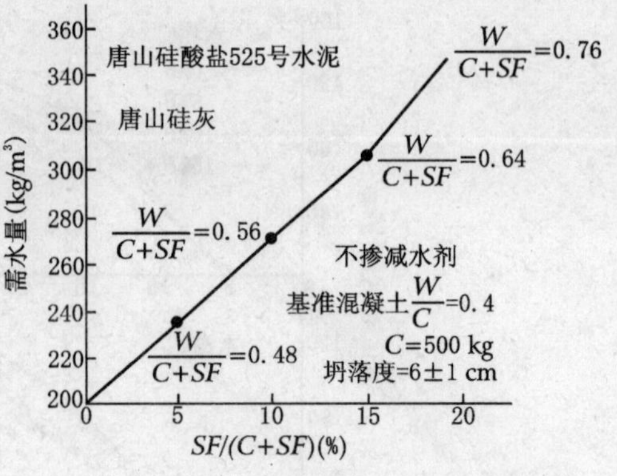

图 7.5.1　SF 取代水泥量与需水量关系(中国铁科院)

（二）SF 不同取代量的高效减水剂掺量与坍落度关系

掺 SF 混凝土的需水量增加可通过掺高效减水剂得以补偿。混凝土的坍落度相对固定，混凝土的需水量不变（W/（C+SF）不变）的条件下，SF 取代水泥量越多，所需减水剂的量越大。如图 7.5.2 所示。图 7.5.3 给出了具有相同坍落度的混凝土，SF 取代量与 FDN 掺量关系。

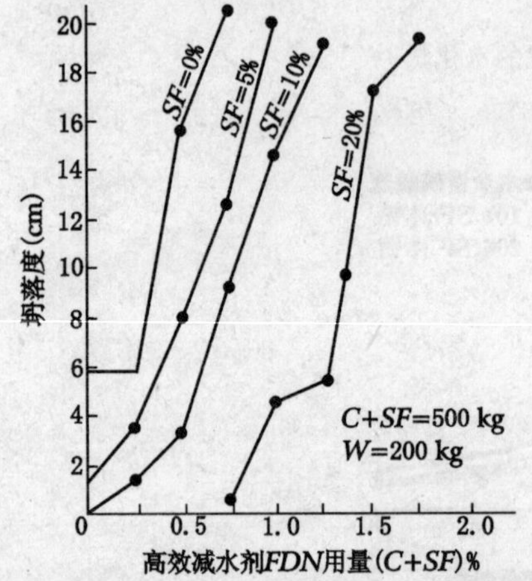

图 7.5.2　SF 取代量不同时，FDN 掺量与混凝土坍落度关系（中国铁道科学院）

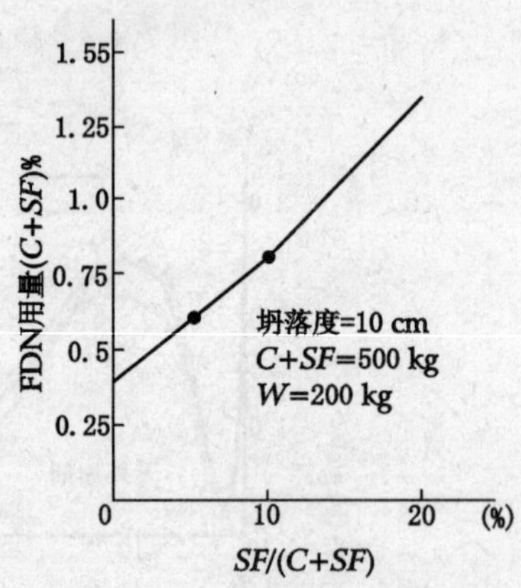

图 7.5.3　同坍落度的混凝土 SF 取代量与 FDN 掺量关系

由图 7.5.3 可见，坍落度固定的条件下，SF 取代量与高效减水剂 FDN 掺量接近线性关系。SF 取代量增加 1%，FDN 掺量增加 0.05%。

（三）SF 对水泥取代量与混凝土流变性关系

图 7.5.4 说明了 SF 取代水泥量达 6%时（水泥用量为 400 kg/m^3），其结果，随着混凝土中内摩擦阻力的稍微变化，塑性粘度降低。这是由于水泥浆中改善了水泥与 SF 颗粒级配，取代了水泥粒子间部分自由水的结果。

由图 7.5.4 还可见，不增加混凝土内摩擦阻力的情况下，SF 的极限掺量与混凝土中水泥含量有关。当水泥用量为 200，300 和 400 kg/m^3 时，相应 SF 的取代量大致是 2%，4%和 6%。

掺入 SF 能提高水泥浆的稠度，降低泌水量。如图 7.5.5 所示。

但是，流动性的 SF 混凝土，仍然可能还会产生离析，特别是如果在长时间的振动作用下。

二、含气量

掺入 SF 的混凝土中，为了得到所希望的含气量，需要掺入较多的引气剂。特别是对那些

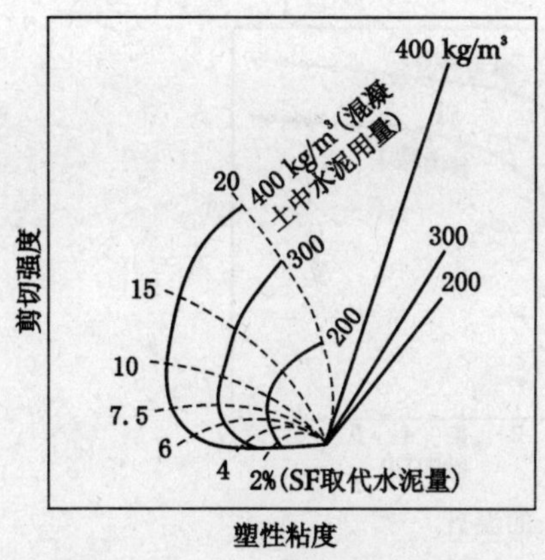

图 7.5.4 SF 取代量对混凝土流变性的影响

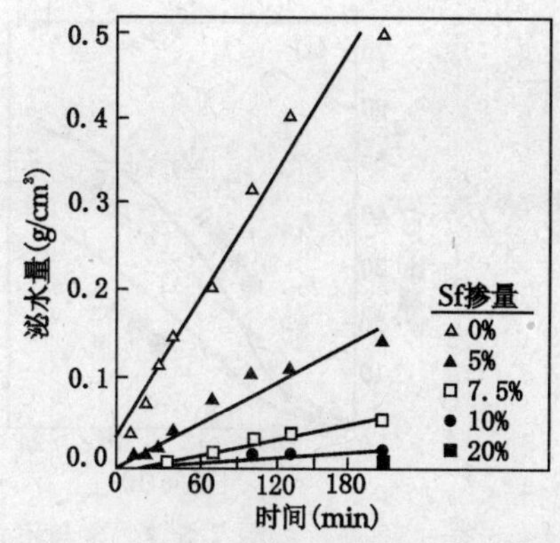

图 7.5.5 混凝土的泌水量与SF 掺量关系

低的 W/(C+SF)的混凝土。如图 7.5.6 所示。

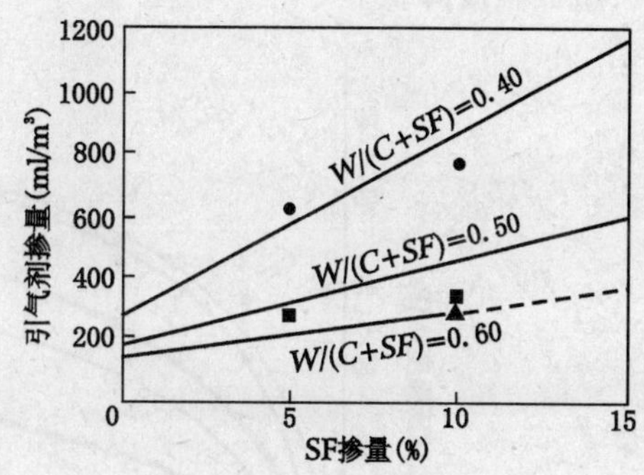

图 7.5.6 含 SF 混凝土的引气剂掺量

由图 7.5.6 可见,在 W/(SF+C)相同的情况下,SF 掺量增加,需要掺入的引气剂数量增大。在相同的 SF 掺量下,W/(C+SF)越低,需要掺入引气剂的量增大。

三、凝结时间与水化热

Sellevold 阐释过 SF 混凝土比空白对比等强度的混凝土,凝结时间长。Bellander 也发现,掺 SF 的混凝土,不掺减水剂或高效减水剂时,与不含 SF 的等强度混凝土相比,凝结时间会延长。特别是 SF 含量高时。

Tachibana 等人报告中指出:以 SF 代替混凝土中部分水泥,能降低放热量而不降低强度。同时还指出:高强混凝土中,含 540 kg/m³ 的水泥和 60 kg/m³SF,其水化放热量比对比的空白混凝土(水泥用量 600 kg/m³)水化热降低 9%。

Bentur 和 Goldman 试验过含与不含硅粉的三种混凝土的温升,如图 7.5.7 所示。

外掺水泥量 15%SF 的混凝土,其 3 d 龄期的放热量比不含 SF 的对比混凝土(参照混凝土Ⅰ)高。从图 7.5.7 还可见,以水泥量 13%的 SF 代替混凝土中相应的水泥,能降低混凝土(参照混凝土Ⅱ)中的温升。含 SF 混凝土的 1 d(图 a)和 7 d(图 b)的抗压强度比相同 W/(C+SF)的对比混凝土(参照混凝土Ⅱ)强度高。

SF 混凝土比较大的放热量有助于 SF 与 $Ca(OH)_2$ 之间的火山灰反应。

四、强度发展

铁道科学研究院用不同硅粉取代混凝土中的水泥,不掺减水剂而是用增加用水量的办法保持混凝土的坍落度为一定值。试验结果如图 7.5.8 所示。

从图 7.5.8 可见,含 SF 的混凝土的早期强度均低于对比的基准混凝土。对于 28 d 强度,

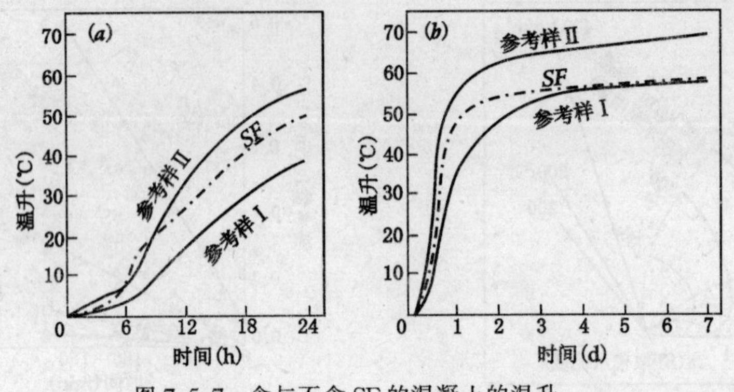

图 7.5.7　含与不含 SF 的混凝土的温升

除了 SF 取代 5% 水泥的混凝土，其强度与基准混凝土相同外；取代量超过 5% 时，28 d 强度均比基准混凝土强度低。取代量越大，强度降低越大。这是因为 SF 的取代量大，W/(C+SF) 增大，造成强度降低。

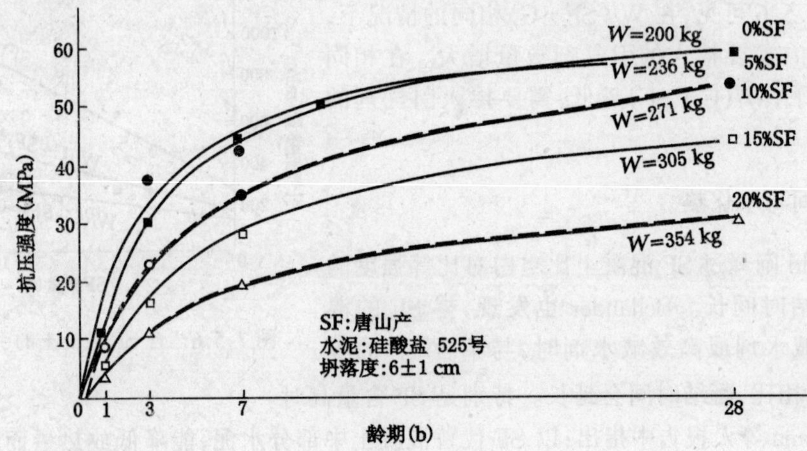

图 7.5.8　SF 混凝土的强度发展曲线（中国铁道科学院）

如果外掺高效减水剂，使 W/(C+SF) 及坍落度保持与基准混凝土的坍落度一致，含 SF 的混凝土的强度，高于对比的基准混凝土（图 7.5.9）。

由图 7.5.9 可见，当坍落度与 W/(C+SF) 相同时，SF 取代 5%，10% 及 20% 时，3 d 强度均高于基准混凝土；但取代量 20% 的混凝土，其 3 d 强度要比取代量为 5% 和 10% 的混凝土低。对 28 d 强度，在 SF 的取代量在 20% 以内，随着取代量的增加，混凝土的强度也随之增大。

故掺 SF 的混凝土必须与高效减水剂同时使用。试验还证明，SF 与 FDN 高效减水剂双掺可以得到节约水泥、提高强度的双重效果（表 7.5.1）。

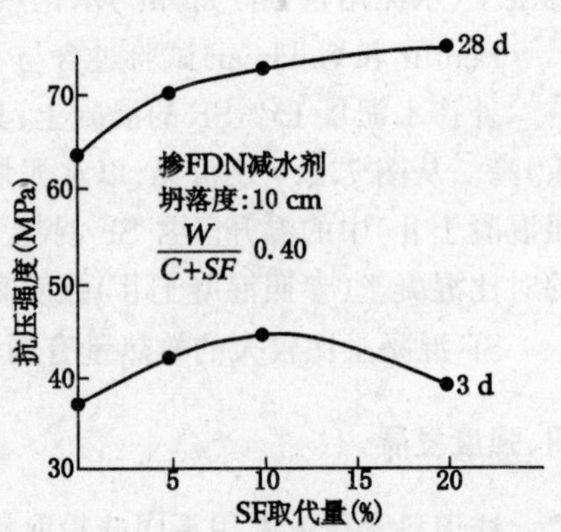

图 7.5.9　掺高效减水剂保持坍落度为定值 SF 混凝土强度发展曲线

表 7.5.1 SF 及 FDN 并用的效果

	编号	水泥用量[*1] (kg/m³)	SF 用量[*2] (kg/m³)	FDN 用量 (kg/m³)	坍落度 (cm)	28d 强度 (MPa)	增强及降低用灰量	
							提高强度 (MPa)	降低水泥量 (kg/m³)
第一组	1	400	–	–	13.5	44.4	0	0
	2	315	85	5.0	17.0	55.0	10.6	85
第二组	3	370	–	2.96	17.0	46.7	0	0
	4	270	100	4.81	18.0	50.0	3.3	100
第三组	5	400	–	–	6.5	47.1	0	0
	6	380	–	2.6	16	54.6	7.5	20
	7	300	100	4.8	8	53.2	6.1	100

[1]525 硅酸盐水泥；[2] 唐山产 SF

由此可见，使用高效减水剂的情况下，SF 对水泥的取代量可达 20%～30%，混凝土 28d 强度仍有增长。利用 SF 高效节约水泥的特点，可以配制高强低热的高性能混凝土，用于大体积混凝土工程。

五、(C+SF)/W 与抗压强度关系

关于 SF 混凝土的抗压强度与(C+SF)/W 的关系已有很多研究。有报告认为当(C+SF)/W 超过 3.3〔W/(C+SF)=0.30〕时，混凝土的抗压强度达到最高值，而且强度与(C+SF)/W 成线性关系。但是，一般来讲，(C+SF)/W=4〔W/(C+SF)=0.25〕左右，还认为混凝土抗压强度与(C+SF)/W 之间仍为线性关系。甚至当(C+SF)/W 在 4.0 以上，适当选用材料(包括 SF，水泥，骨料及高效减水剂)，进行充分搅拌，(C+SF)/W=4.6〔W/(C+SF)=22%〕时，混凝土的强度还可望得到提高(图 7.5.10)。

最近的研究认为水胶比低于 19%时，混凝土 28d 强度有降低的倾向。使用 SF 现场浇注

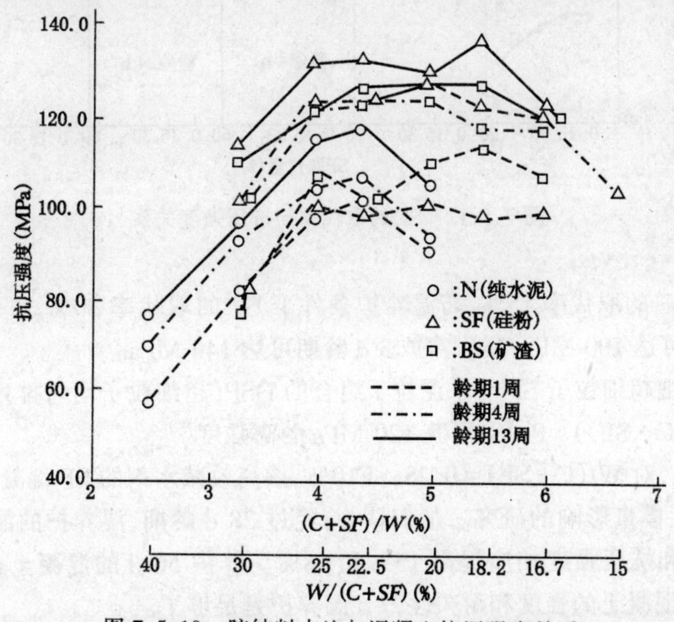

图 7.5.10 胶结料水比与混凝土抗压强度关系

的混凝土，水胶比的界限是20%左右(参考图7.5.11)。

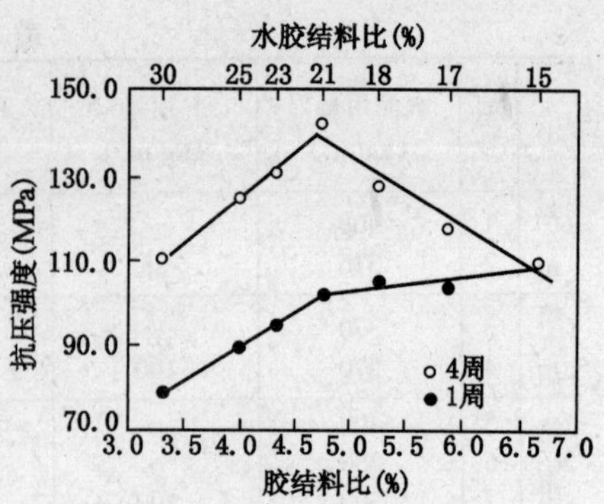

图7.5.11 胶结料水比与抗压强度关系

由于泌水积存在水平钢筋与粗骨料的下面，增加钢筋和粗骨料与水泥浆之间的孔隙，降低粘结强度。但掺入SF以后，可以降低泌水，从而也就减轻了上述现象。

在潮湿养护条件下，SF混凝土对钢筋的粘结力比非SF混凝土的高。而且粘结力随SF的掺量增大而提高，当SF掺量达20%时，粘结强度达最大值。

SF掺入混凝土中，对钢筋的粘结力的提高效果很明显。基准混凝土(SF=0)的钢筋粘结力低，但当SF掺量达8%时，粘结力明显提高；SF16%时粘结强度仍有提高，但增长速度缓慢。

七、养护条件与SF混凝土强度的关系

以SF20%取代水泥，掺入高效减水剂，配制净浆与砂浆。砂浆的抗压强度如图7.5.12所示，因取代率与养护条件而不同。

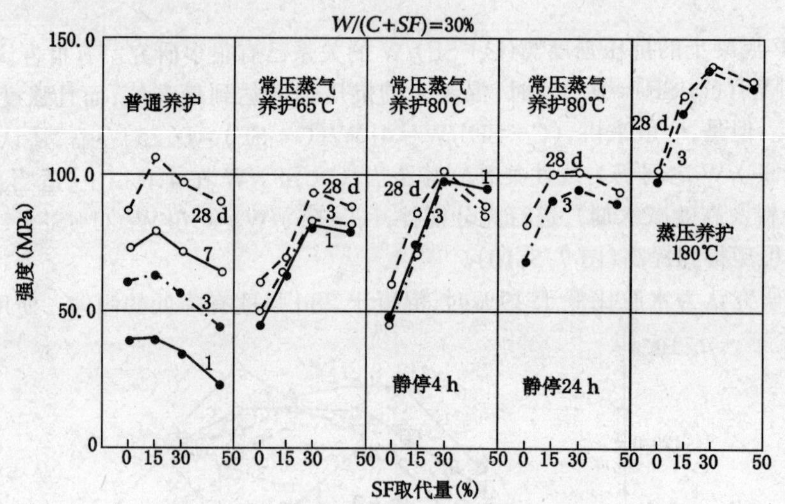

图7.5.12 SF的取代率与抗压强度关系

在水中养护SF的取代率15%，高温养护条件下SF的取代率30%，可以获得最高强度。水中养护28 d时可达100 MPa；蒸压养护3 d龄期可达140 MPa。

有报告认为，把超细粒子SF与水泥粒子组合的DSP(超细粒子均匀排列、密实填充体系)砂浆，水胶比(W/(C+SF))=0.18，可获120 MPa的高强度。

Asselanis等人，对W/(C+SF)=0.28，SF10%，掺高效减水剂的SF混凝土，进行了干养护对抗压强度及弹性模量影响的研究。他们认为：经过28 d龄期，湿养护的混凝土比干养护的混凝土，弹性模量和抗压强度相应提高15%和18%。养护56 d的混凝土也有类似的结果。作者认为对于SF混凝土的强度和耐久性，7 d湿养护是足够了。

Maage等人进行了10年以上含高效减水剂的混凝土强度的发展试验。湿养护的立方体

连续的放在水中，试验时是饱水的；而空气养护的试件存放于干燥环境中，试验时是干燥的。W/(C+SF)为0.40、0.50和0.60的水中养护的混凝土试件，超过10年龄期的抗压强度一直在增加。W/(C+SF)=0.37和0.39的混凝土试件，分别在水中和空气中养护时，其抗压强度的增长分别如图7.5.13及图7.5.14所示。由这些图可见，不管养护条件如何，SF混凝土的相对强度增长比非SF混凝土低。W/(C+SF)=0.50和0.60的混凝土也有类似的情况。

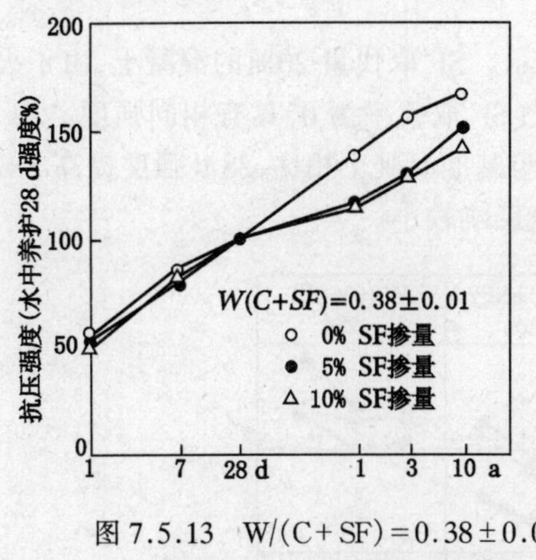

图7.5.13　W/(C+SF)=0.38±0.01的混凝土，水中养护的强度发展

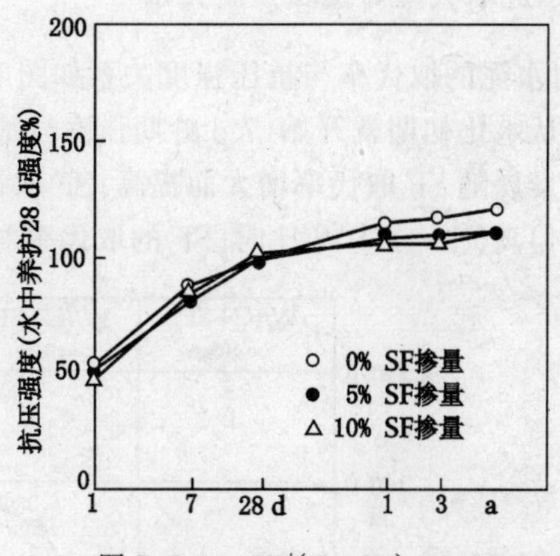

图7.5.14　W/(C+SF)=0.38±0.01的混凝土，空气中养护的强度发展

Carette和Malhotra比较了非SF混凝土与SF混凝土的抗压强度和抗弯强度。SF混凝土是用10%SF代替混凝土中相应的水泥。W/(C+SF)分别为0.25、0.30和0.40。标准圆柱体试件存放于饱和的石灰水溶液中养护3.5年，而另一部分试件，在潮湿条件下养护7 d后，再放于试验室的空气中养护。其试验结果汇总于表7.5.2。

表7.5.2　抗压强度试验结果

W/(C+SF)	拌合物种类	养护	28d抗压强度(MPa)	28d抗压强度(%)						
				龄期(d)			龄期(a)			
				56	91	180	1	1.5	2.5	3.5
0.25	100%水泥	水中	66.3	113.	123	132	133	–	149	151
		空气中	65.8	110	114	115	111	–	112	144
	90%水泥10%SF	水中	81.7	103	114	117	116	124	128	131
		空气中	84.3	102	107	109	105	104	103	102
0.30	100%水泥	水中	45.6	101	116	124	131	141	142	152
		空气中	47.9	101	107	112	109	130	105	109
	90%水泥10%SF	水中	53.2	105	108	110	113	114	120	123
		空气中	56.5	100	102	99	96	95	90	92
0.35	100%水泥	水中	34.4	108	120	125	134	139	147	150
		空气中	34.8	108	116	117	111	113	114	116
	90%水泥10%SF	水中	42.8	111	108	113	116	117	121	123
		空气中	45.2	104	104	101	96	91	89	88

由表 7.5.2 可见,水中养护 SF 混凝土及非 SF 混凝土,28d 龄期强度前者比后者低。然而两者经 3.5 年潮湿养护后,强度大体相同。从表 7.5.2 还可见,空气中养护的试件强度发展低于水中养护试件。空气中养护的混凝土试件,特别是 W/(C+SF)=0.40,其强度发展比最大值低 16%。

八、SF 对水泥取代率与抗压强度关系

SF 对水泥的取代率与抗压强度关系如图 7.5.15 所示。SF 取代量 20% 的混凝土,由于火山灰反应从水化初期就开始,7 d 龄期强度与基准混凝土(SF 取代率为 0)具有相同强度。中、长期强度发展随 SF 取代率增大而提高;SF 取代率 20% 与基准混凝土相比,28 d 强度提高 5%~35%。但高(C+SF)/W 比时,SF 的取代率对抗压强度影响较小。

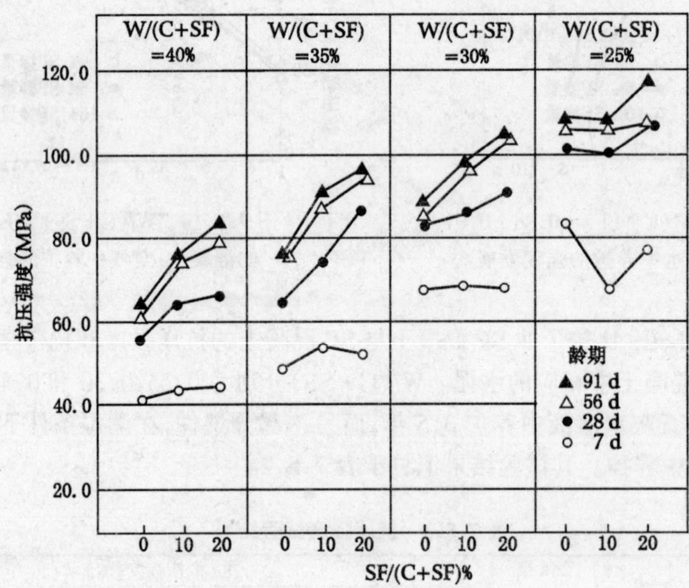

图 7.5.15 SF 取代率与抗压强度关系

九、SF 混凝土的收缩与徐变

(一)收缩值

以 28 d 龄期抗压强度分别为 74.2 MPa(SF 混凝土)及 72.2 MPa(非 SF 混凝土)的两种混凝土,试件成型后第三天开始读数测量。收缩龄期 350 d 的混凝土干缩曲线如图 7.5.16 所示。

由图可见,SF 混凝土与含 FDN 非 SF 混凝土,早期收缩值相差不多。20 d 后 SF 混凝土收缩增值随着龄期的增长而逐渐减小。含 FDN 非 SF 混凝土也有类似情况,但降低的速率要慢一些。至 150 d 后,两者差距开始稳定,收缩值也趋于稳定,一年龄期时,SF 混凝土比非 SF 混凝土的收缩值小 100 $\mu\varepsilon$ 左右。

(二)徐变

28d 龄期时加荷。SF 混凝土与非 SF 混凝土的加荷应力均为 18MPa,即应力等级为 0.3。

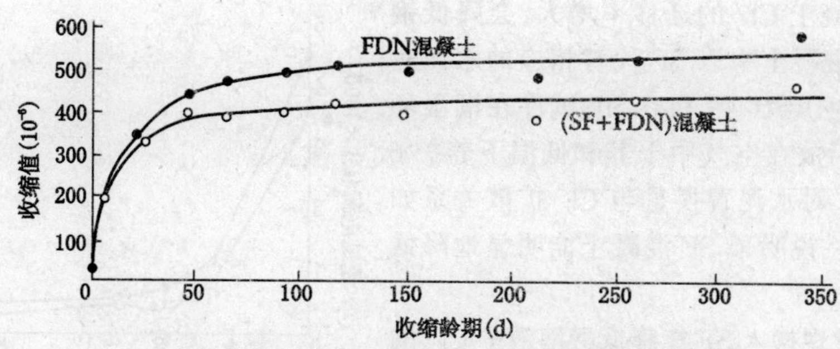

图 7.5.16 混凝土的干缩曲线(中国铁科院)

试验结果如图 7.5.17 所示。

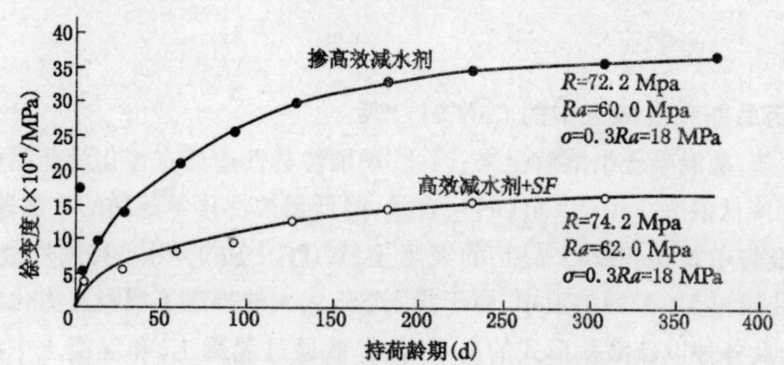

图 7.5.17 混凝土的徐变曲线(中国铁科院)

由图 7.5.17 可见,同强度 SF 混凝土的徐变度无论早期还是后期,都比非 SF 混凝土徐变度小得多。约低 50%。徐变度终极值小于 20×10^{-6}/MPa。

第六节 硅粉混凝土的耐久性

如前所述,SF 混凝土的干缩与徐变均比同强度等级含 FDN 的混凝土低。说明 SF 混凝土的尺寸稳定性好。SF 混凝土也具有高的耐久性。

一、SF 混凝土的渗透性

掺入 SF 能明显地降低硬化水泥浆的孔隙,以及骨料与水泥浆之间的过渡区的孔隙。因此,SF 混凝土能降低干缩与扩散系数。Sorensen 比较了两种混凝土薄片的扩散系数,分别含 8% 和 16% 的 SF 的混凝土,不管是否干燥,SF 混凝土的功效系数在 6~8 之间;比在抗压强度方面的功效系数大。

Gjorv 叙述了 SF 能大大地降低贫混凝土的渗透,但其对富混凝土的渗透性有些小影响。Sandvik 测定了两种混凝土水的渗透系数:一种是含 300kg/m^3 胶凝材料的非 SF 混凝土,另一种是内掺 5%SF 的混凝土,非 SF 混凝土是 3×10^{-11}m/s,而 SF 混凝土是 6×10^{-14}m/s。

暴露在海水或去冰盐中混凝土,会引起氯离子扩散,破坏阳离子对钢筋的防护层,使钢筋腐蚀。通过混凝土 Cl^- 的迁移率增大，会降低钢的腐蚀电位。混凝土中以 SF 代替相应的水泥达 20%，W/(C+SF)=0.40 和 0.50，试件在潮湿环境中养护 7 d 后放在空气中干养和低温下养护 6 个月。测定 SF 对水泥置换量与 Cl^- 扩散关系如图 7.6.1 所示。说明了 SF 混凝土能明显地降低 Cl^- 的扩散。

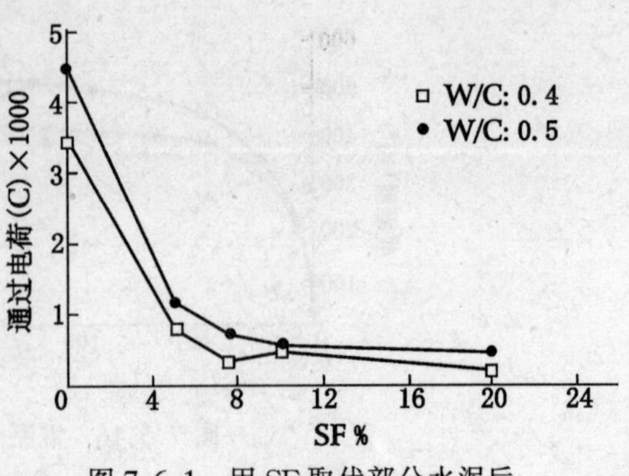

图 7.6.1 用 SF 取代部分水泥后，混凝土中 Cl^- 渗透的变化

Marusin 发现掺入 SF 能降低酸溶液中 Cl^- 的浓度，从而降低从混凝土暴露表面到深度超过 12 mm 处的腐蚀极限 0.03%。但是，掺 SF 对降低靠近混凝土表面的 Cl^- 含量，没有明显的作用。

二、抗化学侵蚀

各种化学药品能和混凝土中的 $Ca(OH)_2$ 反应，生成水溶性盐，从混凝土中溶解出来；因此，增加渗透性造成有害化学药品更快和更大的腐蚀。掺入 SF 能降低混凝土中的 $Ca(OH)_2$ 含量，降低侵蚀性化学药品的扩散速率。

Mehta 在报告中指出，掺 15% SF 的混凝土，W/(C+SF)=0.33，试件放于 1% HCl，1% H_2SO_4，1% 的乳酸和 5% 醋酸溶液中，由于掺入 SF，大大地推迟了混凝土劣化的速度。

镁盐、钠盐及各种以硫酸盐形式的离子，能扩散通过混凝土，和混凝土中的水化物（如 C-S-H 和 $Ca(OH)_2$）进行反应，形成钙矾石。在潮湿环境中，这种新形成的钙矾石能肿胀，使硬化的混凝土产生破坏性膨胀。在混凝土中掺入 SF，降低了混凝土的渗透性及 $Ca(OH)_2$ 含量。

混凝土试件含 SF15%，W/(C+SF)=0.63。试件放于高浓度 SO_3(4 g/l)、pH=2.5～7.0 的地下水中，经过 20 年的暴露试验，与 W/C=0.50 抗硫酸盐水泥混凝土试件相比，具有比较好的性能。

Mehta 发现，以 15% SF 置换相应的水泥、W/(C+SF)=0.33 的 SF 混凝土，当浸入 5% 的硫酸铵溶液中时，会受到比非 SF 混凝土更大的毁坏。Khayat 也发现在 SF 混凝土中，C-S-H 量较多，由于硫酸铵盐会引起破坏。

三、抗碱-骨料反应

由于碱-骨料反应，形成的碱硅凝胶，在潮湿条件下，产生肿胀，使混凝土结构物产生裂缝，耐久性显著降低。用天然沸石粉、粉煤灰及磨细矿渣等掺入水泥混凝土中，可以抑制碱-骨料反应。但是，如果掺入 10%～15% 的 SF，能更有效的抑制碱-骨料反应。如图 7.6.2 所示。

四、抗冻融循环作用

由于 SF 的填充和火山灰作用，SF 在混凝土中应用的结果，使孔溶液净化，提高小毛细孔中的冰点。例如，SF 混凝土的 W/(C+SF)=0.28，在近于 93% 的湿度下，混凝土的温度降至 −10℃，也没有观察到由于结冰而产生膨胀。在 −20℃ 下，W/(C+SF)=0.25 和 0.40 的 SF 混凝土，才可以测量出有少量的水结冰。

Hooton 和 McGrath 说明了 7.5%或 15%SF 代替相应的水泥，配制 W/(C+SF)=0.60 的砂浆耐久性系数，可能受到一些影响。但是，如果砂浆的 W/(C+SF)=0.45，冻融的耐久性能显著提高。SF 混凝土的抗冻性试验结果如图 7.6.3 所示。由于掺入 SF 及使用高效减水剂，耐久性系数提高。

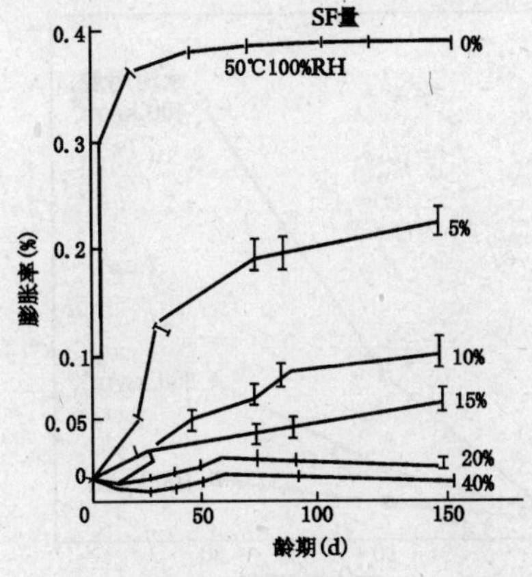

图 7.6.2　SF 掺量对含 4%蛋白石砂浆膨胀的影响

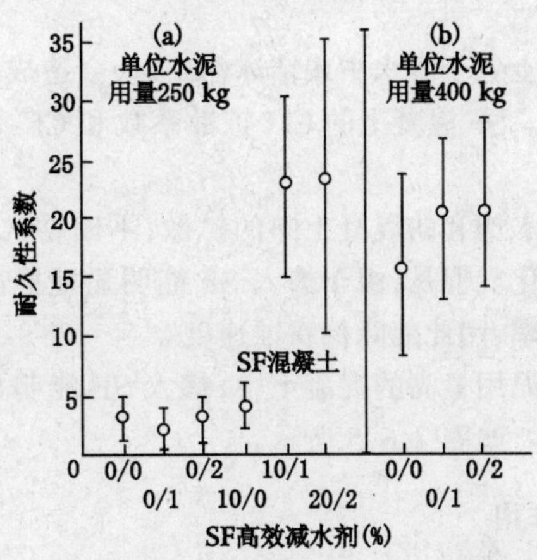

图 7.6.3　SF 混凝土的抗冻耐久性

五、预防混凝土中钢筋的腐蚀

在混凝土中的钢筋，表面上生成钝化的氧化铁薄膜，能防止钢筋的锈蚀。但是当钢筋周围的混凝土的 pH 值降至 10～11，或钢筋表面的钝化氧化铁膜层与 Cl^- 接触时，就变得不稳定。一旦钝化层受到破坏，在钢筋的不同表面之间形成一个原电池，则钢筋的一部分成为阴极，另一部分成为阳极。如图 7.6.4 所示。在阴极和阳极间产生化学反应

金属离子转化为铁锈时，体积增大，使混凝土开裂。进一步又加重对钢筋的腐蚀。其腐蚀

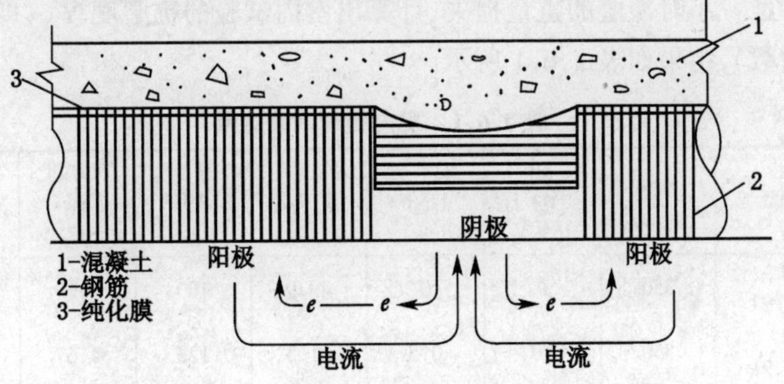

图 7.6.4　由于表面钝化膜破坏在钢筋不同表面间形成原电池

阴极：$\underset{(\text{金属铁})}{Fe} \rightarrow 2e^- + Fe^{2+}$ ↘ $\underset{(\text{铁锈})}{FeO \cdot (H_2O)}$

↓

阳极：$\underset{(\text{空气})}{\frac{1}{2}O_2} + \underset{(\text{水})}{H_2O} + 2e^- \rightarrow 2(OH)^-$ ↗

的速度与湿度及氧在混凝土中的传送和混凝土中电子传导速度有关。

SF取代水泥,混凝土中pH值会降低;由于SF火山灰反应$Ca(OH)_2$含量降低,而且降低了孔缝中碱溶液的浓度,从而降低pH值。但是,这些因素对破坏钝化的氧化膜层的影响是很少的。因为不会由于使用SF而使混凝土的pH值降低很多。当SF掺量达30%时,pH值也不低于12。

混凝土处于海水中或结冰盐中时,会造成Cl^-透过混凝土。SF混凝土的Cl^-扩散系数和Cl^-含量是低的。

氧在水饱和的混凝土中的扩散,不因掺入SF而有明显变化。但是,由于掺入SF能明显地提高混凝土的电阻率,因此能降低腐蚀速度。

在水泥用量高的混凝土中,掺入SF能明显地改善电阻率。如图7.6.5所示。

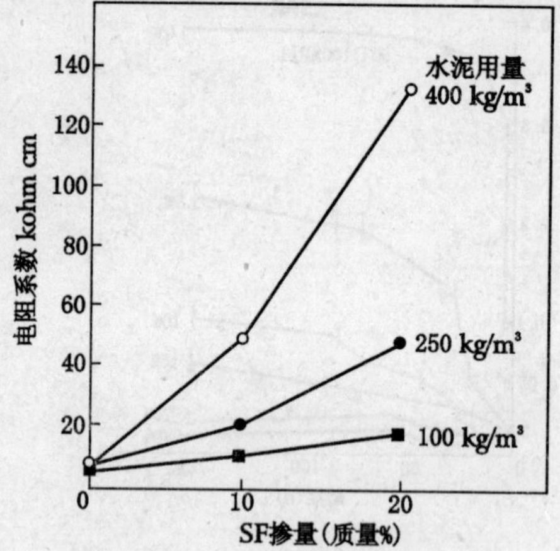

图7.6.5 SF对混凝土电阻系数的影响

六、碳化作用

Vennestand和Gjorv采用酚钛试液方法,测定混凝土中碳化深度。他们发现,随着混凝土强度增加碳化深度降低。掺SF稍为降低了碳化深度。早期养护不好的混凝土,会增加碳化深度。特别是对低强度混凝土,渗透性相对提高。

七、抗磨损性能

根据长江科学院试验:按混凝土的强度为40 MPa进行配比设计,在相同配比基础上,内掺SF10%,再掺入高效减水剂,并用不同骨料配制成五种混凝土。试件边长15 cm,标准养护28 d龄期进行抗冲击耐磨试验。利用压缩空气,形成69 m/s的高速挟砂气流,冲磨混凝土试件表面。以试件经一小时冲磨的重量损失,计算出室内试验的抗磨度$Y_内$(即被磨蚀1cm深的混凝土所需小时数),结果如表7.6.1所示。

表7.6.1 室内磨耗试验结果

项目 编号	配合比 水:水泥: 砂:石	水泥 (kg/m³)	硅 粉 (%)	减水剂 UNF (%)	抗压强 度R_28 (MPa)	强度 增长 Ra/R	抗磨度 $Y_内$ (h/$c_内$)	抗磨度 Y (h/$c_内$)	Y_n/Y (%)
A_1	0.38:1: 1.635:3.91	350	0	0	49.9	100	4.19	221	100
A_2	0.38:1: 1.635:3.91	350	10	0.5	61.3	123	4.67	277	125
A_3	0.315:1: 1.56:4.12	350	10	1.5	75.9	152	5.30	351	159
A_4	0.4:1: 1.82:3.93	360	10	1.5	64.5	129	4.27	266	120
A_5	0.4:1: 2.89:5.86	360	10	1.2	81.3	163	8.99	667	301

注:A_1、A_2、A_3均为葛洲坝天然砂、卵石 A_4为花岗岩人工粗骨料 A_5为铁矿石碎石+葛洲坝天然砂

Y内为室内用气流挟砂喷射法的试验结果,Ya为不含硅灰混凝土的耐磨度。

Y为抗磨度,根据丹江口现场资料的经验公式与室内试验资料的换算结果。

表 7.6.1 中，A_1、A_2、A_3 混凝土的骨料相同。随着内掺 SF 和高效减水剂，混凝土强度提高，抗磨度提高

另一方面，粗骨料对抗磨性影响很大。如 A_5 为铁矿石碎石，掺入 10%SF 和 1.2%高效减水剂，不仅强度高达 81.3MPa，抗磨度也提高。A_5 的抗磨度为 A_1 的 3 倍。A_4 为花岗岩骨料，虽然也掺入 10%SF 及 1.5%的高效减水剂，但抗磨度仍偏低。

八、抗火性能

加热温度与速度，含湿量以及构件尺寸等，直接影响到混凝土的抗火性能。因为掺入 SF，使水泥浆孔缝溶液净化，蒸发水通过混凝土渗出的速度低于非 SF 混凝土。其结果，超蒸气压力使混凝土内部发生裂纹，降低强度，在潮湿混凝土中还可能发生爆裂。混凝土温度达 500℃和 700℃时，其内部的氢氧钙石和 C-S-H 凝胶会相应地脱水，也使混凝土解体。

Williamson 和 Rashed 评价了低强、中强与高强度砂浆(分别含 SF 为 0,8,及 16%)在不同温度下的残余强度和弹性模量。试件按 ASTME119 进行耐火试验。结果如表 7.6.2 所示。高强 SF 砂浆的强度和硬度比非 SF 砂浆的降低均较大。而低强度的 SF 砂浆则比那些低强度非 SF 砂浆的耐火性好些。

表 7.6.2　高温下砂浆的抗压强度与弹性模量

SF 掺量(%)	0	8	16	0	8	16	0	8	16
$\frac{W}{C+SF}$	0.71	0.82	0.91	0.46	0.53	0.58	0.26	0.27	0.29
	在 20℃时								
强度(MPa)	40.7	37.2	33.1	75.9	75.9	60.7	112.4	99.3	120.7
E(GPa)	29.7	26.5	25.1	31.8	28.7	23.5	33.0	32.3	32.5
320℃时	残余抗压强度(相对于 20℃时%)								
	96.1	108.0	112.0	90.6	86.3	95.2	94.7	89.1	65.0
	残余弹性模量 E(相对于 20℃时%)								
	66.8	63.6	49.7	83.9	65.8	44.9	57.0	58.0	37.4
520℃时	残余抗压强度(相对于 20℃时%)								
	72.7	78.0	80.7	63.0	58.1	60.0	75.0	61.0	42.3
	残余弹性模量 E(相对于 20℃时%)								
	25.0	21.2	24.1	32.5	31.0	22.3	20.0	22.1	18.0
700℃时	残余抗压强度(相对于 20℃时%)								
	45.5	40.0	42.5	42.3	35.0	40.0	48.0	37.0	27.3
	残余弹性模量 E(相对于 20℃时%)								
	8.0	5.0	6.9	12.0	9.4	11.3	9.0	8.4	6.0

九、混凝土的高耐久性与硅粉

混凝土高耐久性的主要因素有多种。图 7.6.6 是采用 SF 混凝土的抗冻性，抗碳化性能。抵抗 Cl^- 渗透，抗电化学腐蚀，抗化学腐蚀，抑制碱-骨料反应，耐磨性，耐火性，不透水性等方面的性能，通过检索有关文献，加以汇总，以便判断 SF 混凝土在上述各方面性能的可行性。

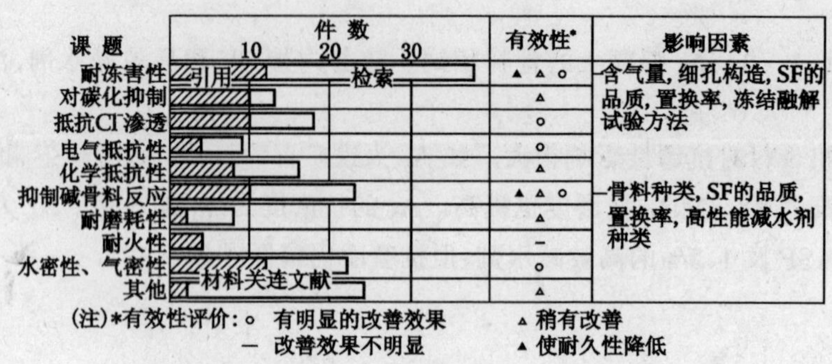

图 7.6.6　在提高耐久性方面对 SF 可行性评价的有关文献比较

其结果认为,采用 SF 的情况下,有明显改善效果的方面是:抗 Cl^- 渗透,抗电化学腐蚀,抗水性能;对于抗冻性及抑制碱骨料反应,根据论文,有不同的结论。在这里提供了令人感兴趣的资料。

第七节　硅粉混凝土的微结构

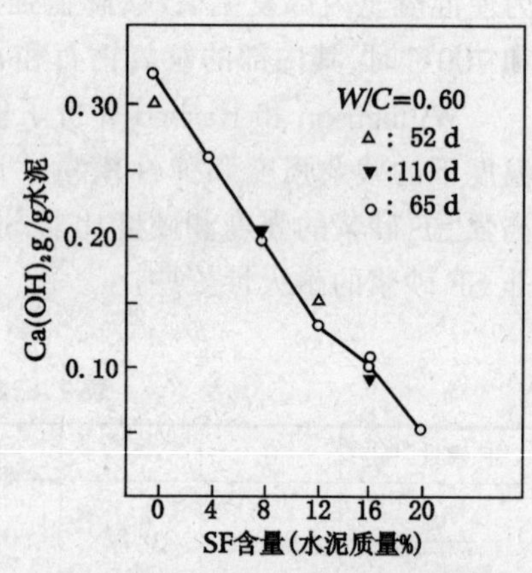

图 7.7.1　硅粉对普通硅酸盐水泥中 $Ca(OH)_2$ 含量的影响

与普通混凝土相比,SF 混凝土的主要特点之一是更均匀的微结构。

在低水胶比时,掺入 SF,则水泥石中的微结构主要由结晶不良的水化物,形成低孔隙率的更加致密的基质构成。随着 SF 含量增加,$Ca(OH)_2$ 转变为硅酸钙水化物的量增加;也就是说,水泥石中的 CH 含量随 SF 掺量的增大而降低,如图 7.7.1 所示。剩余的 CH 与不含 SF 的硅酸盐水泥相比,易于形成更细小的晶粒。从表 7.7.1 还可见,硅酸盐水泥(OPC)中掺入 SF,水化物中 Ca/Si 减小,水化物能与其他离子结合(如碱离子和铝离子)。结果使水泥石抗离子侵入和抑制碱-骨料反应的能力提高,电阻率提高。

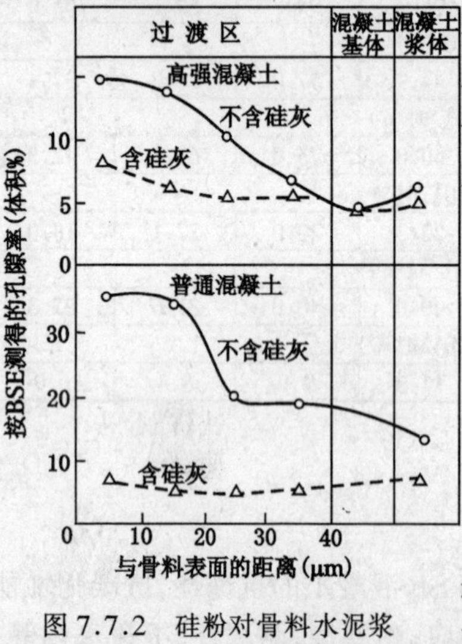

图 7.7.2　硅粉对骨料水泥浆过渡带孔隙率的影响

表 7.7.1　SF 对水化物 Ca/Si 比的影响

胶凝材料	Ca/Si 比
硅酸盐水泥(OPC)	1.6
OPC+SF13%	1.3
OPC+SF28%	0.9

SF 在混凝土中,粗骨料与水泥石之间的过渡区的微结构得到了明显的改善。Rogourd 等人的研究证明,含 SF 的高强度混凝土,在骨料周围所有的空间都充满了无定形致密的 C-S-H 相。SF 混凝土中,粗骨料和 C-S-H 相直接接

触，与普通混凝土中的CH结晶形成定向排列不同。Scivener等人定量的表示了界面区的孔隙结构(图7.7.2)。在界面过渡区，SF混凝土的孔隙率明显地降低，且观察不到孔隙率梯度。

Khayat等也观察到SF取代15%水泥的混凝土(W/(C+SF)=0.33)中，界面过渡区孔隙率明显地降低。界面过渡区孔隙率降低及降低原生CH结晶浓度，如图7.7.3的模型所示。

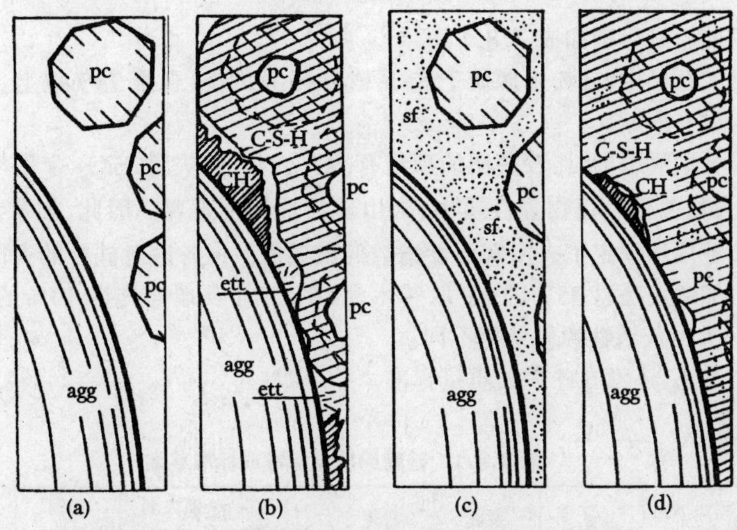

图7.7.3　含SF与不含SF混凝土中，水泥石与粗骨料的界面区形成简图

图中(a)无SF的新拌混凝土，由于泌水，在粗骨料表面周围形成水囊，而界面连接处水泥粒子也不足；(b)在(a)所示基体系统的过渡区，在过渡区存在着CH相、C-S-H相以及留下大量孔隙，还有一些类似于针状物填充其间。(c)SF新拌混凝土，SF微粒填充于粗骨料周围的空间，而不是为水所占据；(d)为(c)的基体中的过渡区，孔隙很低。

以上定性与定量的观测证明：在高性能混凝土中，典型的致密结构扩展到骨料表面，大大地消除了过渡区的不均衡性。结构的改善使混凝土的性能提高。

图7.7.4系SF混凝土与SF砂浆28d龄期强度的对比。含SF的高强度高性能混凝土比水泥浆基体强度高。说明骨料对强度的贡献与普通混凝土相反。而未掺SF的混凝土强度略低于未掺SF水泥浆的强度。

SF混凝土粘结强度的提高也影响混凝土的性能。SF高性能混凝土的应力-应变曲线大约在强度的80%以内为线性的，而普通混凝土只达40%。且在卸荷时，滞后环的延伸也比普通混凝土小。同理，钢筋与混凝土的粘结由于掺入SF而获得改善。钢筋与水泥浆体过渡区微结构的改善，提高了嵌入钢筋的抗拔出强度。

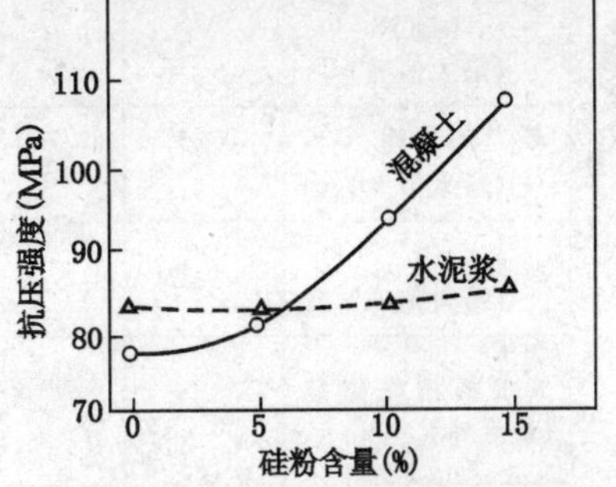

图7.7.4　硅粉对水灰比为0.33，龄期28天的浆体和混凝土的强度的影响

第八节　硅粉混凝土的配合、制造与施工

一、关于硅粉的各国标准

关于硅粉的质量标准如表 7.8.1 所示。

在加拿大的标准中，硅粉来源属于 Si 系或 FeSi 系的，Si 含量 75% 以上。但 ACI-234 委员会的报告认为没有限制。

在化学成分中规定的，比较共同的项目有 SO_3 含量、烧失量、SiO_2 含量与含水率等。特别是 SiO_2 和烧失量两项。而物理性质中，火山灰活性特别重要。因此，加拿大、RILEM、德国、美国以及瑞典等国均规定了火山灰活性指数的最低值。但各国对硅粉的火山灰活性的试验标准是不同的。加拿大是以 35% 的 SF 取替水泥，RILEM 及瑞典均以 10% 的 SF 取替水泥；因此，各国对 SF 火山灰活性的最低值不同。

我国至今为止，还没有硅粉的质量标准。

表 7.8.1　硅粉的质量标准或标准草案

	国名或提案人	加拿大	挪威 NS3098	丹麦 DS411	RILEM	澳大利亚[*3]（建议）	德国 DIN 1045	USA[*2] ASTM C618	瑞典 PFS852
	硅粉来源	Si FeSi（Si≥75%）				Si FeSi（Si≥75%）			
化学成分	SO_3（最大值%）	1.0	–	4.0	–	–	2.0	4.0	4.0
化学成分	烧失量（最大值%）	6.0	–	5.0	6.0	6.0	2.0	10.0	5.0
化学成分	SiO_2（最小值%）	85	85	–	85	85	–	70	–
化学成分	含水率（最大值%）	(3.0)	–	1.5	(3.0)	–	–	3.0	–
化学成分	MgO（最大值%）	–	–	5.0	–	–	–	5.0	5.0
化学成分	可溶物（最大值%）	–	–	1.5	–	–	–	1.5	–
化学成分	Cl（最大值%）	–	–	0.1	–	–	0.1	–	0.2
	火山灰活性指数（最低%）	85[*1]	–	–	95[*6]	今后考虑	100[*4]	75[*1]	90[*6]
	蒸压长度变化（最大%）	0.2	–	–	–	0.2	–	0.8	

续表 7.8.1

国名或提案人		加拿大	挪威 NS3098	丹麦 DS411	RILEM	澳大利亚*3 (建议)	德国 DIN 1045	USA*2 ASTM C618	瑞典 PFS852
物理性质	45μm 湿筛筛余(最大%)	10	–	40.0	–	10	1*5	34	
	均匀性,密度变化(最大%)	5	–	–	–	5	–	5	
	45μm 筛余变化(最大%)	$x\pm5$	–	–	–	–	–	5	
	干缩 (最大%)	(0.03)	–	–	–	–	–	(0.03)	
	减水剂掺量变化(最大%)	(20)	–	–	–	–	–	(20)	
	抑制碱-骨料反应性能(最小%)	(80)	–	–	–	–	–	75	
	标准软水增加用量值(最大%)	–	–	–	–	–	–	115	

注:括号内标准值表示是可变的。*1:SF 取代水泥 35%时;*2:ASTMCG 没考虑 SF 的适应性,在标准软水量规定之外。*3:澳大利亚的建议稿是从有关论文中引用的。*4:SF 取代 15%水泥时;*5:63μm 的筛余;*6:SF 取代 10%水泥时。

二、硅粉混凝土的基本考虑方法

SF 混凝土的配合比,要通过试拌,达到所要求的质量、适宜于工程应用时,才能决定。

SF 对水泥的取代率,要考虑到所生产混凝土的性能和生产成本,一般情况下是水泥重量的 5%~15%左右。在加拿大的魁北克,SF 外掺 8%以下,挪威外掺 10%以下;丹麦的标准是内掺 10%以下;德国的标准是外掺 15%以下;加拿大标准委员会对 SF 取代水泥 10%的限制条款正在讨论中。取代率大,会造成混凝土的收缩大,易产生裂纹,降低抗冻性。

掺入 SF,混凝土的坍落度降低,含气量减少。因此,要获得所需要的坍落度,要适当增加用水量或掺入高效减水剂。与不含硅粉的混凝土相比,SF 混凝土的粘性高,为了保证工作度,坍落度要增大 2㎝。

三、SF 混凝土的制造

在工厂制造 SF 混凝土时,作为一个规定,就是计量误差要符合标准要求。挪威与丹麦规定计量误差要在 5%以内;德国是 3%以内;美国在实际工程中是基本称量的 1%。

硅粉投入搅拌机搅拌时,可以与水泥同时投入,也可以在适当的时候单独投入。

搅拌时间要适当延长,使得混凝土均匀。在加拿大规定,搅拌 SF 混凝土时比普通混凝土要增加 5%的时间。搅拌机有自由倾斜式的以及强制式的,不同搅拌机的搅拌时间也不同。

四、混凝土的施工

SF 混凝土的运输、浇注、捣实,可采用与不含硅粉混凝土相同的施工设备,但是要注意以下几点。

采用搅拌运输车运输时,卸料后,车筒内会粘上许多水泥浆(因 SF 混凝土的粘性大),在配合比上要考虑到这一点,也即要适当提高流动性,降低粘性。

SF 混凝土在浇注以前,浇注、捣实、表面抹平、养护等有关人员,使用的器具以及养护材料等,必须预先作好准备。施工方法可用泵送或吊篮等方法。在浇注混凝土时,为了避免发生塑性收缩,应避免高温、强风、低湿度及太阳光直晒。ACI 委员会建议在混凝土板施工时,为了润湿混凝土的浇注面,使用喷雾器。同样,为了控制混凝土从施工浇注面逸散的水分,在一些技术标准中还规定了浇注时间的长短。

关于表面抹平与养护,与普通混凝土相比,必须要注意以下几点:硅粉混凝土的泌水量少,而且粘性大,表面抹平比普通混凝土难,因此采用喷雾器及塑料薄膜养护,有利于表面抹平。表面抹平后,为了防止干燥,表面用塑料薄膜遮盖养护,而且要浇水养护 7 d 以上。

五、质量管理

SF 混凝土的质量管理项目与普通混凝土相同,主要是坍落度、含气量与抗压强度。但是,要注意 SF 的质量标准,混凝土配合、制造与施工方面的有关标准。按标准要求管理。

参 考 文 献

1 O.E. Gjorv and K.E. Loland, (1982). Condensed Silica Fume im Concrete proc. Nordic Res. Semi. Condensed silica Fume in Concrete :293pp

2 Kamal H. Khayat and Pierre-Clande Aitcin (1993)Silica Fume-A Unique supplementary cementitions Material, Mineral Admixtures in cement and concrete Vol.4. AB1. 1993 India pp226 - 263

3 T.C. Holland and R.A. Gutschow, (1987). Erosion Resistance with Silica-fume concrete, concr. Inf. Design and Construction, 9. No. 3: pp. 32 - 40

4 G. Rau and P.C. Aitcin, (1983). Different types of Condensed silica Fume. Condensed silica Fume. Quebec: pp9 - 14

5 Dr. Pierre-Claude Aitcin, Condensed Silica Fume, Les Editions de I′ Universite de Snerbrooke pp10. 1983

6 Dr. Pierre-Claude Aitcin, Condensed Silica Fume, Les Editions de I′ Universite de Snerbrooke pp14

7 Dr. Pierre-Claude Aitcin, Condensed Silica Fume, Les Editions de I′ Universite de Snerbrooke pp. 21

8 M. Regourd et al., Use of condensed Silica Fume as Filler in Blended Cement, ACI SP-79, p. 851

9 P.K. Mehta et al., properties of portland cement containing Fly Ash and Condensed Silica Fume, Cement and Concrete Research [12], pp593, 1982.

10 A. Kumar et al., A study of silica Fume-Modified Cemeuts of Varied finenese, J. Ame. Cera. Society 67-1, pp62, 1984

11 I. Meland, Influence of Condensed Silica Fume and Fly Ash on the Heat Evolution in Cement Pastes, ACI SP - 79, pp. 675 - 676, 1983

13 長瀧重義:高强度コンクリートに關する研究とその实用化,コンクリートエ學年次論文報告集,10 - 1,1988

14 三井健郎はか:シリカフユームを用ムた高强度コンクリートの諸特性に關する研究(その2.硬化コンクリートの特性),日本建築學會大會學術講演梗概集(關東),1988.10

15 M. Maage, S. Smeplass and R. Johansen, (1990), Long Term Strength of High streagth silica Fume Concrete, Proc. Second Int. Symp. Utilization of High Strength Concrete.

16 D. Perraton, P.C. Aitcin, and D. Vezina, (1988). Permeabilities of Silica Fume, Proc. First. Int. Conf. Use of Fly Ash,

Silica Fume, Slag, and Other Mineral By-Products in Concrete, Montebello, (Ed. V. M. Malhotra). ACI SP－79,2:pp. 695－708

17 S. Diamond, (1983). Effect of Microsilica Fume on pore solution Chemistry of cement pastes. J. American Ceramic SOC., 66, NO. 5:pp. C－82－C－84

18 O. Vennesland and O. E. Gjorv, (1983). Silica Concrete-protection Corrosion of Embeded Steel, Proc. First Int. Conf. on the use of Fly Ash, Silica Fume, Slag, and Other Mineral By-Products in Concrete. Montebello, (Ed. V. M. Malhotra), ACl SP－79,2:pp. 719－729

19 A. Goldman and A. Bentur, (1989). Bond Effects in High Strength Silica Fume Concretes, ACl Mater. J., 86:No. 5, pp440－447

第八章　水淬矿渣超细粉高性能混凝土

高炉矿渣是在高炉炼铁过程中的副产品，生产1吨铸铁时，需要1.5～1.6吨铁矿石，焦炭0.4～0.5吨，石灰石0.2～0.3吨，将这三种主要原料装入高炉内，鼓入热风，焦炭燃烧，放出热量及还原性气体，把铁矿石还原、溶融，变成生铁水。铁矿石中的杂矿石和焦炭中的灰分等与石灰石在高炉内生成高炉渣。高炉渣比重小，溶于生铁水表面上。大约1吨生铁，同时产生0.3吨渣。矿渣生产过程如图8.1.1。

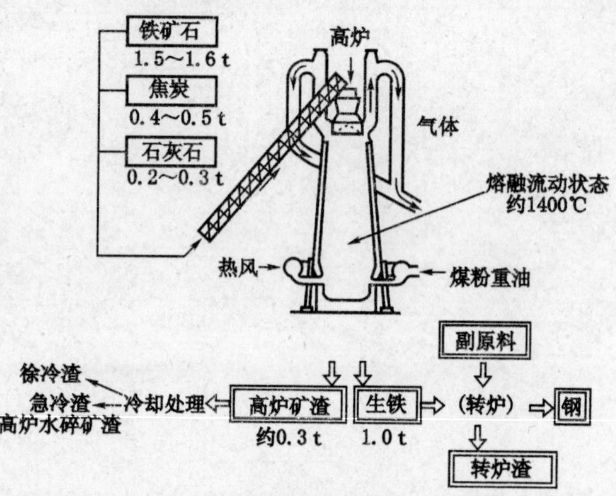

图8.1.1　生铁和高炉矿渣的生成过程概要

1862年，德国的E. Langen发现通过碱性激发，能发挥水淬矿渣的水硬性。此后，在欧洲，矿渣作为一种水硬性材料进行了研究与开发，使矿渣与普通水泥一样，成为不可缺少的工程材料。我国的矿渣水泥是以硅酸盐水泥熟料与水淬矿渣(20%～80%)及天然二水石膏共同粉磨而成。

在日本，1925年8月，通产省公告，矿渣掺量达70 %；其后经多次修改，至1960年11月，正式颁布A种矿渣水泥为矿渣掺量30 %以下，超过30 %至60 %以下称为C种矿渣水泥。1979年10月，为了省资源、省能源，在硅酸盐水泥中矿渣掺量可达5 %，A种矿渣水泥矿渣掺量超过5 %～30 %，其他仍与上述同。

近年来，由于粉磨技术的进步，生产了比表面积6000 cm^2/g（平均粒径6μm左右)，8000 cm^2/g（平均粒径5 μm左右)的超细粉。通过不同比表面积和对水泥置换率组合，得到很有特色的混凝土。例如高强度混凝土及高流态混凝土。可用于新的领域。这除了更有效的利用高炉矿渣超细粉的潜在水硬性之外，还可在生产水泥时不需要烧成，降低CO_2的发生量，这对于地球环境的保护和资源循环利用是很重要的。

第一节　高炉矿渣超细粉的性质

一、化学成分

根据1991～1992年度统计，高炉矿渣的化学成分如表8.1.1所示。

高炉矿渣的化学成分，以含有必要的石膏添加量的化学成分表示。由于掺入石膏，CaO含量稍有提高。水淬矿渣中 SO_3 含量约 0.04 %左右。可根据下式推算矿渣中石膏掺量。

石膏掺量(%)=(SO_3 − 0.04)×2.15

$$高炉矿渣的碱度\ b=\frac{CaO+MgO+Al_2O_3}{SiO_2}-0.70\frac{SO_3-0.04}{SiO_2}$$

表 8.1.1 矿渣的化学成分

制造工厂	化学成分(%)															全碱量(%)	碱度	比重
	ig. loss	insol	SiO_2	Al_2O_2	CaO	MgO	Fe_2O_3	MnO	P_2O_5	TiO_2	S	SO_3	Na_2O	K_2O	Cl^-			
A	0.3	−	32.3	14.7	41.8	5.7	0.7	0.3	−	0.9	−	2.6	0.22	0.29	−	0.41	1.93	2.91
	0.1	−	34.1	15.3	41.6	6.0	0.7	0.2	−	0.8	−	−	0.26	0.31	−	0.46	1.85	2.91
B	0.8	0.19	32.6	14.0	42.5	5.7	0.41	0.25	−	1.05	0.89	1.96	0.21	0.41	0.003	0.48	1.87	2.88
	0.01	0.11	33.8	14.6	42.9	6.0	0.4	0.27	−	1.09	0.91	0.11	0.22	0.42	0.002	0.49	1.88	2.91
C	1.03	0.12	32.9	13.7	41.4	6.5	0.43	0.27	0.02	1.04	0.75	1.82	0.21	0.28	0.006	0.39	1.84	2.88
	0.10	0.11	34.2	14.2	41.7	6.7	0.42	0.28	0.02	1.07	0.75	0.04	0.20	0.29	0.00	0.39	1.84	2.91
D	0.15		34.8	14.2	40.7	7.1	0.5	0.37	0.02	1.36	0.80	0.0	0.21	0.30	0.004	0.41	1.78	2.91
E	1.8	0.0	31.7	13.2	43.1	6.0	0.3	0.31	0.03	0.96	0.82	2.0	0.20	0.35	0.002	0.43	1.92	2.89
F	1.0	0.17	33.2	12.9	42.0	6.4	0.4	0.44	0.01	0.71	0.76	2.0	0.19	0.39	0.002	0.44	1.81	2.89
G	0.3	−	32.5	14.4	42.6	6.1	0.37	0.47	−	0.73	1.4	1.7	0.18	0.42	<0.01	0.44	1.90	2.90
H	0.5	0.2	32.6	14.1	43.1	5.5	0.8	0.3		1.2	0.8	2.0	0.18	0.32	0.002	0.40	1.88	2.91
I	0.42	0.06	31.3	13.1	40.6	7.0	0.25	0.35	−0.01	1.07	1.03	1.88	0.19	0.21	0.004	0.32	1.91	2.89
	+0.22	0.05	33.7	14.2	41.6	7.3	0.1	0.4	0.01	1.05	0.95	0.02	0.22	0.28	0.005	0.41	1.87	2.92
J	0.14	0.066	34.3	14.2	42.2	6.3	0.26	0.41	0.01	0.77	0.75	0.04	0.22	0.32	0.003	0.42	1.83	2.91

二、物理性质

水淬高炉矿渣的比重 1.89～2.77；74μm 以下的矿渣粉的比重 2.85～2.94；比表面积 3500 cm^2/g 矿渣的比重 2.90～2.93，与硅酸盐水泥(比重 3.15)相比约低 8 %左右。石膏比重 2.3 左右。粉体松散容重约 1.1 kg/L，振密容重约 1.25 kg/L。

三、潜在的水硬性和水硬性的判断

为了得到反应性好的高炉矿渣，其评价方法很多。通常以碱度和玻璃化率、与细度来表示。

$$碱度=\frac{CaO+MgO+Al_2O_3}{SiO_2}>1.4 \qquad CaO/SiO_2>1.0$$

玻璃化率通过 XRD 方法，测出结晶化率，计算玻璃化率。

玻璃化率=(1−结晶化率)×100 %，我国矿渣一般大于 90 %。

细度对活性的影响。美国 ASTM989 把矿渣分成三个等级：80 级、100 级和 120 级；不同等级矿渣砂浆强度是用矿渣：硅酸盐水泥=1∶1；胶砂比 1∶2.75，砂浆流动度 110±5 %，进行对比试验，其结果与硅酸盐水泥基准砂浆相比，基准砂浆的强度为 100，各级矿渣活性指标如下表 8.1.2 所示。

表 8.1.2　矿渣的活性

矿　渣　级　别		5 个连系试件平均值	任意单个试件
7 d 最小值(%)	80 级	–	–
	100 级	75	70
	120 级	95	90
28 d 最小值(%)	80 级	75	70
	100 级	95	90
	120 级	95	110

在日本,以超细矿渣与水泥比为 1:1,按 JISR5201 配制砂浆,其强度与硅酸盐水泥基准砂浆强度比的百分率来表示,为活性指标:

$$活性指数=\frac{磨细矿渣置换50\%水泥的砂浆强度}{硅酸盐水泥砂浆的标准强度}\times 100(\%)$$

不同细度矿渣的活性指数的实例,如图 8.1.2 所示。矿渣越细,早期龄期的活性指数大,但后期,细度对活性指数的影响较小。例如 91 d 龄期时,比表面积为 6000 cm^2/g 与8000 cm^2/g的磨细矿渣,其活性指数均为 128 %。

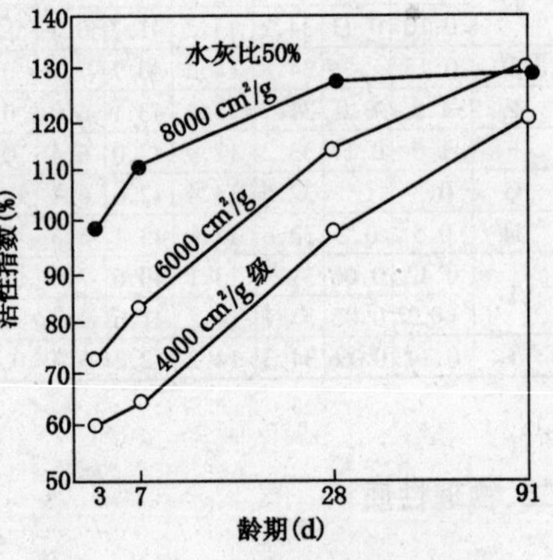

图 8.1.2　不同细度矿渣活性指数

第二节　矿渣超细粉混凝土的性质

矿渣超细粉取代混凝土中的部分水泥后,可以降低混凝土单方用水量,提高混凝土的强度与耐久性。

一、配合比修正

达到相同工作度与流动性混凝土时,含矿渣超细粉的混凝土用水量需要加以修正,如下表 8.2.1。

表 8.2.1　高炉矿渣超细粉混凝土配合比修正

比表面积(cm^2/g)	置换率(%)	单方水量	细骨料率
4000	30	3~4 %减少	不须修正
	50	4~7 %减少	
6000	70	5~6 %减少	
	30	2~3 %减少	
8000	50	3~4 %减少	
	70	4~5 %减少	

二、泌水量

含高炉矿渣粉混凝土的泌水量与矿渣细度有关。比表面积小,置换率越大,反应慢,泌水量大,如下表 8.2.2。

表 8.2.2　高炉矿渣粉混凝土的泌水量与凝结时间(水胶比 55 %,Sl = 18)

比表面积(cm^2/g)	置换率(%)	泌水量(cm^3/cm^2)			凝结时间(h:m)	
		30 分	60 分	120 分	初凝	终凝
4000	30	0.12	0.28	0.37	6:50	9:00
	50	0.23	0.34	0.41	7:30	9:50
	70	0.33	0.39	0.45	8:15	11:20
6000	50	0.14	0.31	0.36	7:20	9:40
8000	50	0.13	0.25	0.28	7:00	9:25
基准混凝土	0	0.22	0.33	0.40	6:35	8:50

试验温度 20 ℃,相对湿度 80 %。

三、凝结

含矿渣粉的混凝土的凝结,比表面积小,置换率大,凝结推迟。

四、绝热温升

一般情况下,20 ℃的环境下测定,含矿渣粉混凝土的水化热与置换率大体上成比例降低。但是矿渣粉对水泥置换率与绝热温升关系是复杂的。置换率小时,绝热温升上升量比基准混凝土的大。图 8.2.1 是高炉矿渣粉对水泥置换率与绝热温升量的关系。绝热温升受高炉矿渣粉对水泥置换率的影响大,而矿渣的比表面积影响小。

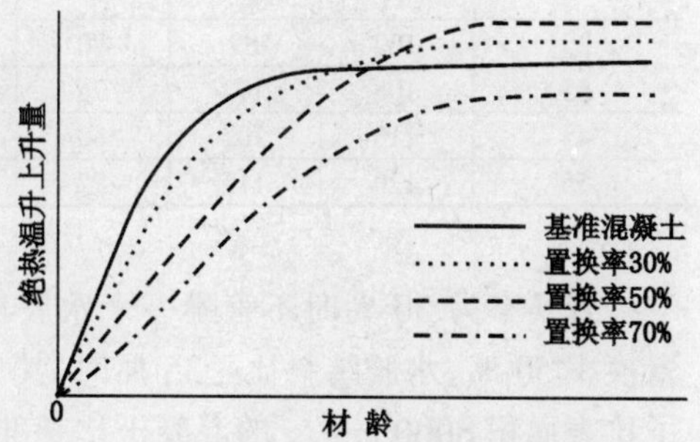

图 8.2.1　置换率与绝热温升曲线概念图

按图 8.2.1 中所示,不管矿渣粉的比表面积如何,置换率对绝热温升是主要支配因素。在水化初期,随着置换率增加,温度上升速率降低。但是,最终温度上升量,当置换率为 50 %以下时,随着置换率增加,绝热温升增大;超过此值后,随着置换率增大,绝热温升降低。其原因是由于高炉矿渣粉的水化反应,与温度的依存性大;高温反应进行容易,低温进行较难。因此,图 8.2.1 中的前部分,随着置换率增大绝热温升降低。

掺入高炉矿渣粉的混凝土,早期强度发展慢。如上述,矿渣的细度对混凝土的绝热温升没有多大影响;而提高矿渣的比表面积,能解决含矿渣超细粉混凝土早期强度低的问题。也就是说,适当的选择矿渣的细度和对水泥的置换率,可以降低热量又能得到高强混凝土。

五、抗压强度

1. 图 8.2.2 所示,为水胶比 50 %,矿渣粉的置换率 30 %时,矿渣的比表面积和龄期对强度关系。1 d 抗压强度,不管那一个比表面积的矿渣混凝土,均比基准混凝土强度低,约为基准混凝土的 1/3～1/2 左右。3 d 和 7 d 强度除了比表面积 4000 cm^2/g 的矿渣混凝土强度稍低外,比表面积 6000 cm^2/g 和 8000 cm^2/g 矿渣混凝土的强度均高于基准混凝土。一般来说,矿渣的置换率 50 %,和 70 %,3 d,7 d 强度,4000 cm^2/g 和 6000 cm^2/g 强度的混凝土稍低外,比表面积 8000 cm^2/g 的超细矿渣混凝土早强效果好。

2. 表 8.2.3 为不同比表面积的矿渣粉和不同置换率的混凝土 28 d 抗压强度

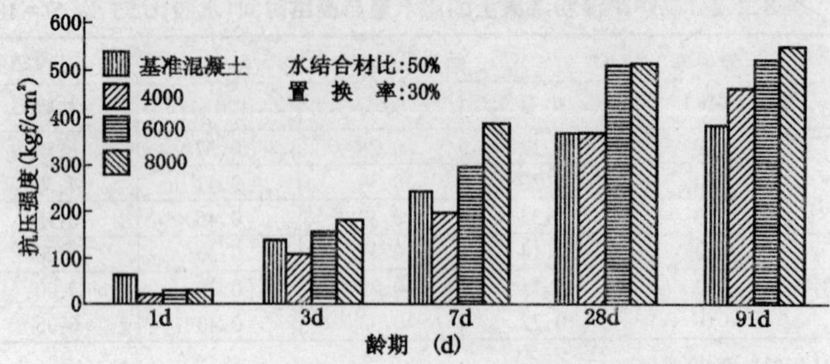

图 8.2.2 高炉矿渣粉混凝土的抗压强度的发展

表 8.2.3 含不同比表面积矿渣粉混凝土的抗压强度

水胶结料比(%)	以基准混凝土的强度为100时的强度比率(%)								
	比表面积 4000			比表面积 6000			比表面积 8000		
	置换率(%)			置换率(%)			置换率(%)		
	30	50	70	30	50	70	30	50	70
25	102	89	70	107	93	79	113	110	98
35	108	102	76	112	107	90	124	120	102
45	116	102	82	129	109	98	138	129	110
55	120	115	72	134	120	91	157	143	123

置换率为30 %时不管哪一个水胶比与比表面积,其28 d强度均比基准混凝土强度高。置换率50 %,水胶结料比≥35 %时,其28 d强度均比基准混凝土强度高。置换率70 %时,除了比表面积8000 cm^2/g的混凝土比基准混凝土强度稍高外,其余均比基准混凝土强度低。

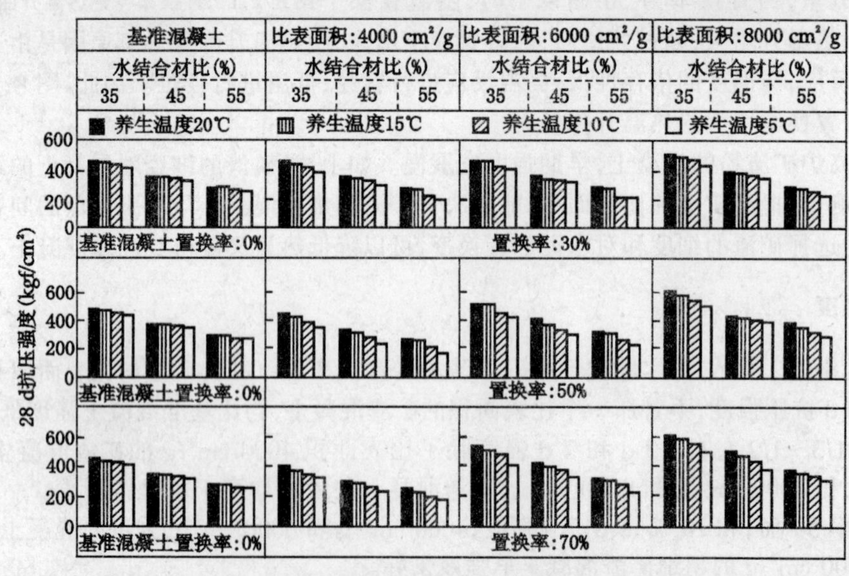

图 8.2.3 高炉矿渣粉混凝土的养护温度和28天强度关系

(c) 图 8.2.3 为脱模后在 20 ℃、15 ℃、10 ℃和 5 ℃水中养护的各种混凝土的抗压强度。高炉矿渣粉混凝土养护温度和 28 d 强度之间关系如下：

① 15 ℃以下水中养护的混凝土的抗压强度比基准混凝土低得多。

② 15 ℃、10 ℃和 5 ℃水中养护的混凝土与 20 ℃养护的混凝土相比，当置换率为 30 %时，强度降低 20～70 kgf/cm^2，置换率为 50 %和 70 %时，强度降低 30～100 kgf/cm^2。随着养护温度降低，抗压强度差越大。

③ 比表面积 8000 cm^2/g 时，28 d 后强度比基准混凝土抗压强度大得多。

(d) 含矿渣粉的混凝土只要进行充分养护，强度发展是很好的，如以 56 d 或 91 d 龄期进行设计，可能是很经济的。

(e) 由图 8.2.4 可见，含矿渣粉的混凝土长期强度好。置换率越大，比表面积小，长期强度增长比例大。

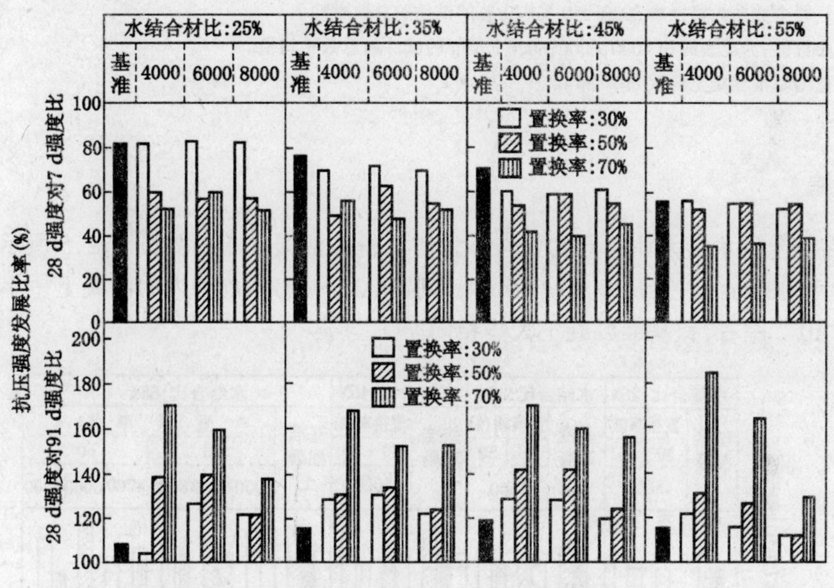

图 8.2.4　高炉矿渣粉混凝土的强度发展比率

(f) 如上所述，如不降低用水量，则工作度和流动性可以提高，因此，达到相同流动性时，含矿渣粉的混凝土可以降低用水量，使混凝土强度高于基准混凝土。如表 8.2.3 所示。因而，考虑到矿渣粉混凝土的长期强度，设计其配合比，相同胶结料的情况下，可以提高矿渣粉对水泥的置换率。可以大幅度降低水泥用量，不仅具有经济效果，还能降低水化热，对于大体积混凝土是十分有效的。而对推迟发热速度，得到的高强混凝土也是十分有效的。

六、静弹性模量

表 8.2.4 为高炉矿渣粉混凝土的静弹性模量。与基准混凝土相比，约差 10 %左右。弹模与抗压强度关系与基准混凝土的相似。

表 8.2.4　高炉矿渣粉混凝土的静弹性模量

水胶比(%)	基准混凝土	高炉矿渣粉混凝土					
		比表面积(cm^2/g)			置换率(%)		
		4000	6000	8000	30	50	70
25	4.03 (100)	4.16 (100)	4.28 (106)	4.40 (109)	4.39 (109)	4.21 (103)	3.76 (93)
35	3.86 (100)	3.87 (100)	4.07 (105)	4.14 (107)	4.07 (105)	3.97 (93)	3.55 (92)
45	3.62 (100)	3.37 (93)	3.42 (94)	4.05 (112)	3.43 (95)	3.36 (93)	3.44 (95)
55	3.45 (100)	3.45 (100)	3.34 (97)	4.00 (116)	3.35 (97)	3.10 (90)	3.11 (90)

表中数据为 28 d 的静弹模($\times 10^5$ kgf/cm^2)。

比表面积一栏中数据为置换率 30 %,50 %,70 %的试件的总数平均值。

置换率栏中数值,为比表面积 4000,6000,8000 cm^2/g 的试件的总数平均值。

“()”中数值为基准混凝土的百分率(%)。

七、干燥收缩

单方混凝土用水量大体相同的含与不含矿渣粉的混凝土干缩如图 8.2.5 所示。比表面积 4000,6000,8000 cm^2/g;置换率 30～50 %,水胶比 25～55 %范围内的混凝土一年龄期的干缩值均为 7×10^{-4}左右,和基准混凝土大体相同。

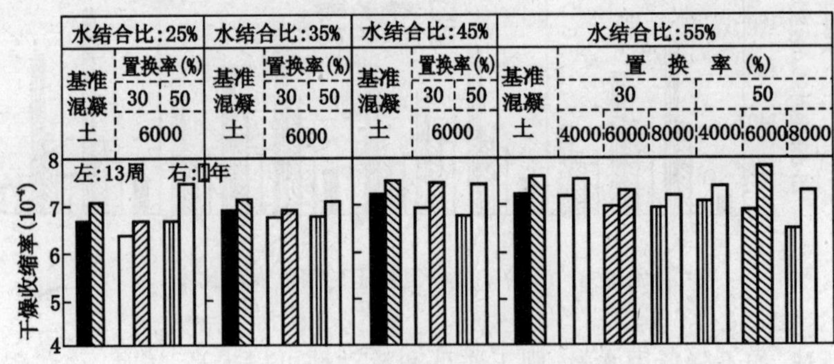

图 8.2.5　高炉矿渣粉混凝土长度变化试验结果

八、中性化

在水灰比相同的情况下,含矿渣粉的混凝土的中性化速度比基准混凝土稍快,特别是早期养护不良的情况下,中性化速度更快,含矿渣粉混凝土的中性化速度受水胶比的影响最大,矿渣的置换率大时,中性化速度也稍快。

九、抗冻性

按 ASTM-C666A(水中冻结-水中融解法)300 次循环后,混凝土的耐久性指数如表 8.2.5 所示,水胶比 45 %和 55 %,含气量 3 ～5 %的范围内,与基准混凝土相比,总的来看,抗冻性还稍高一些。

表 8.2.5　含高炉矿渣粉混凝土的耐久性指数

置换率（%）	矿渣粉的比表面积 cm^2/g	水胶比(%)							
		25		35		45		55	
		含气量（%）	耐久性指数	含气量（%）	耐久性指数	含气量（%）	耐久性指数	含气量（%）	耐久性指数
0	–	1.0	99	1.6	99	4.3	98	5.0	87
30	4000	1.2	99	1.0	99	4.0	99	5.5	91
	6000	1.6	99	1.0	93	4.2	98	4.0	99
	8000	1.8	98	1.2	100	4.5	99	4.2	90
50	4000	3.6	100	2.1	99	3.6	99	3.8	92
	6000	3.0	99	2.5	99	3.8	99	4.3	98
	8000	3.0	100	2.2	99	3.8	99	4.2	89
70	4000	2.6	100	2.1	99	3.5	98	3.9	97
	6000	2.0	99	2.1	99	3.7	99	3.2	99
	8000	2.4	100	2.0	99	3.9	99	3.9	90

* 水胶 25 %，35 %混凝土采用高效引气减水剂；45 %，55 %混凝土采用引气减水剂。

十、不透水性

图 8.2.6 为矿渣粉混凝土透水性试验的扩散系数，与基准混凝土相比，当矿渣粉对水泥的置换率为 20 %时为 1/3；当置换率为 50～70 %时，为 1/10。

十一、抗 Cl^- 离子扩散性能

1. 矿渣超细粉混凝土

矿渣超细粉与渗透到混凝土中的 Cl^- 离子结合，生成弗里德尔(Friedel)盐。在混凝土表层的 Cl^- 含量比硅酸盐水泥混凝土的多。但 Cl^- 的渗透深度比硅酸盐水泥混凝土低。因此，适当的保护层，可以确保 Cl^- 离子对钢筋腐蚀的抑制。图 8.2.7 为普硅水泥(符号 N)，矿渣水泥(BB)与矿渣水泥(BC)配制的混凝土，在海水中浸渍 20 年时氯化物(NaCl)的浸透量。在钢筋混凝土中，相当于离主筋位置的混凝土表面 3～6 cm 的部位，氯化物浸透量(对 BB 和 BC)经 20 年时，不足 0.2%，约为基准混凝土的 1/2 以下，具有良好的对氯化物屏蔽的性能。

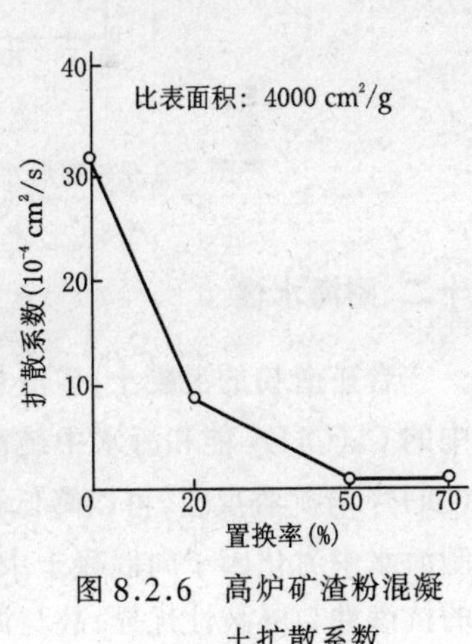

图 8.2.6　高炉矿渣粉混凝土扩散系数

2. 图 8.2.8 为用矿渣水泥(BB)，普硅水泥(N)，早强硅酸盐水泥(H)及中热硅酸盐水泥(M)配制的各种混凝土中，埋入的钢筋经 10 年龄期的生锈情况。即使海砂中氯化物含量为 0.4%，达到相当高浓度。矿渣水泥混凝土中埋放钢筋的生锈面积，最多者不超过 3%，与其他水泥的混凝土相比，可以认为具有明显的抑制生锈效果。

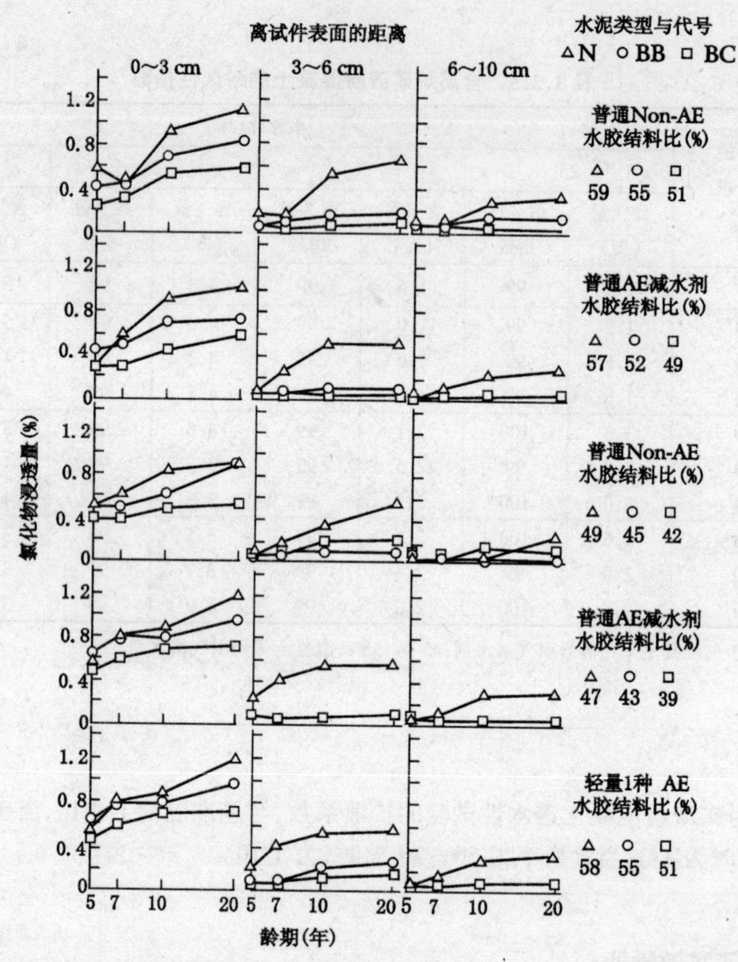

图 8.2.7 在海水中浸渍了 20 年混凝土的氯化物(NaCl)的浸透量的测定

十二、耐海水性

含矿渣粉的混凝土，矿渣粉和混凝土中 $Ca(OH)_2$ 反应，形成 C－S－H 凝胶。基准混凝土中的 $Ca(OH)_2$ 能和海水中硫酸盐反应，生成膨胀性的水化物，而含矿渣粉的混凝土由于 $Ca(OH)_2$ 与矿渣反应，可以降低这方面的侵蚀。同时，由于含矿渣粉的混凝土抗渗性提高，能抑制海水中劣化因子向混凝土中渗透。因此，比基准混凝土的耐海水性能提高。矿渣粉混凝土的抗渗性与屏蔽性优异，故与海水接触部分的混凝土应是有效的。

表 8.2.6 是海水中浸渍了 20 年的混凝土强度变化。图 8.2.9 是长度变化。基准混凝土经 5 年强度缓慢下降；但含矿渣粉的混凝土强度未见降低，相反，强度还有增长。在表 8.2.6 中各种水泥的 SO_3 含量，可换算成为 2.1～2.6％的石膏含量。矿渣粉混凝土中，除矿渣粉具有的特性外，还掺入石膏，进一步提高耐海水性能。而且矿渣粉混凝土在海水中长期浸渍的长度变化值很小，这可能与表面形成弗里德尔盐有关。

为了提高抗海水性能，石膏添加量，以 SO_3 换算要达 2％以上。

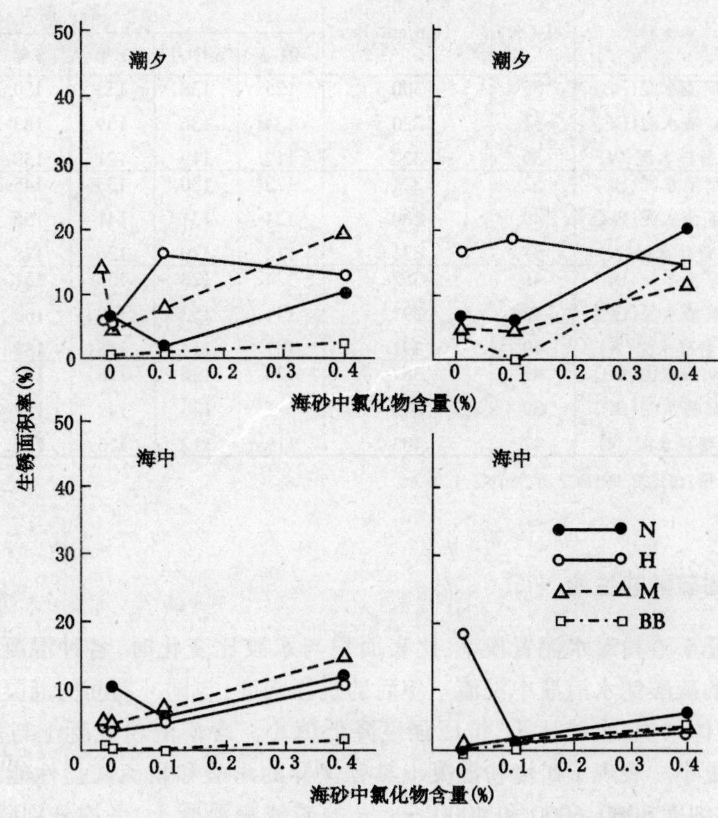

图 8.2.8　各种水泥混凝土的氯化物含量与钢筋生锈面积率关系

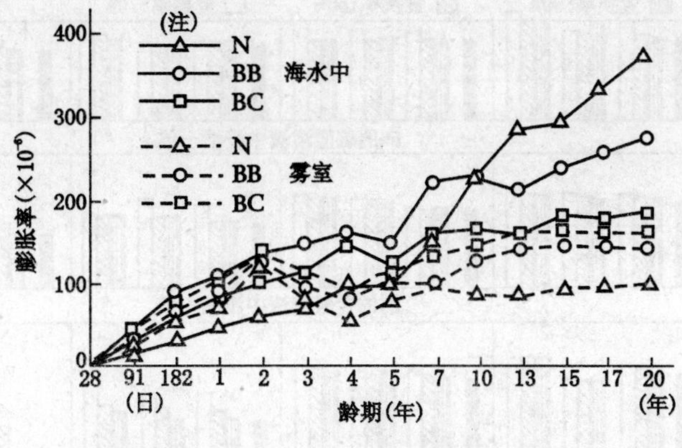

图 8.2.9　海水中浸渍了 20 年的混凝土的长度变化

表 8.2.6 海水浸渍混凝土的抗压强度

混凝土种类	试件类型		28 d 强度 (kgf/cm²)	以 28d 强度为基准的比率(%)					
	水泥种类	w/c(%)		龄期					
				91 d	6个月	1年	5年	10年	20年
无外加剂	矿渣水泥(BB)	55	300	125	128	133	150	157	167
	矿渣水泥(BC)	51	320	134	136	159	183	187	190
	普硅水泥(N)	59	327	117	119	121	139	130	130
木质素系减水剂	矿渣水泥(BB)	52	321	123	130	133	145	149	154
	矿渣水泥(BC)	49	280	124	131	141	156	173	176
	普硅水泥(N)	57	331	112	120	126	128	121	121
无外加剂	矿渣水泥(BB)	45	352	124	128	138	151	157	160
	矿渣水泥(BC)	42	291	141	153	160	160	164	167
	普硅水泥(N)	49	391	107	114	116	138	128	122
木质素系减水剂	矿渣水泥(BB)	43	387	120	126	128	140	142	145
	矿渣水泥(BC)	39	343	131	136	142	159	161	163
	普硅水泥(N)	47	403	110	112	116	131	116	111

各种水泥 SO_3 含量:BB2.2 %,BC2.6 %,N2.1 %

十三、耐酸性和耐硫酸盐性能

图 8.2.10 是矿渣粉对水泥置换率、比表面积与水胶比变化时,各种混凝土在 2%盐酸,5 %硫酸及 10 %的硫酸钠水溶液中浸渍一年后的抗压强度,与同一期间的混凝土在水中浸渍的强度比率。从整体来说,水胶比小,抗压强度降低值小。含矿渣粉混凝土与基准混凝土相比较,强度降低率更小。表现了矿渣粉混凝土具有优异的耐酸和耐硫酸盐性能。矿渣粉置换率大,强度降低小;细度 8000,6000 和 4000 cm^2/g 的矿渣粉混凝土,平均分别降低 7 %,8 %和 12 %左右。降低率均比基准混凝土低,比表面积越大,其效果越好。

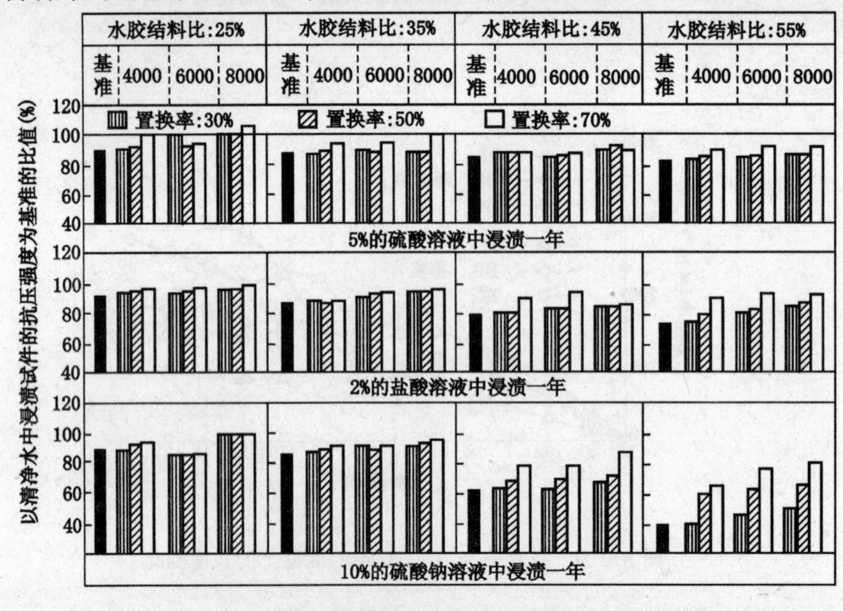

图 8.2.10 高炉矿渣粉混凝土的耐酸性,耐硫酸盐性试验结果

十四、耐热性

图 8.2.11 是混凝土在 110 ℃和 200 ℃下连续加热 1 年与在水中养护 1 年的混凝土强度的比较。总的来说，随着加热温度提高、水胶比增加混凝土的耐热性降低。含矿渣粉混凝土的强度比约 68 %，而基准混凝土为 63 %，耐热性能稍高一些。这是由于 $Ca(OH)_2$ 含量低而造成的。随着置换率提高和矿渣的细度增大，矿渣混凝土的耐热性稍有提高。

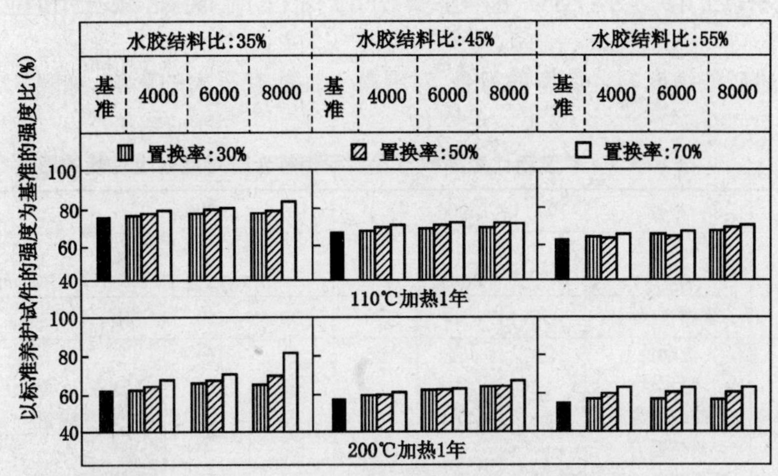

图 8.2.11　高炉矿渣粉混凝土耐热性试验结果

十五、碱-骨料反应的抑制效果

通过掺入矿渣粉抑制碱-骨料反应的效果，随着置换率增大而提高。图 8.2.12 是矿渣粉对水泥置换率和细度对砂浆膨胀的影响，矿渣粉的置换率为 30 %，膨胀值约为基准砂浆的 1/3。可以认为具有良好的抑制效量。

采用矿渣粉抑制碱-骨料反应量，矿渣的置换率为 40 %以上，水泥浆中碱含量 0.8 %以

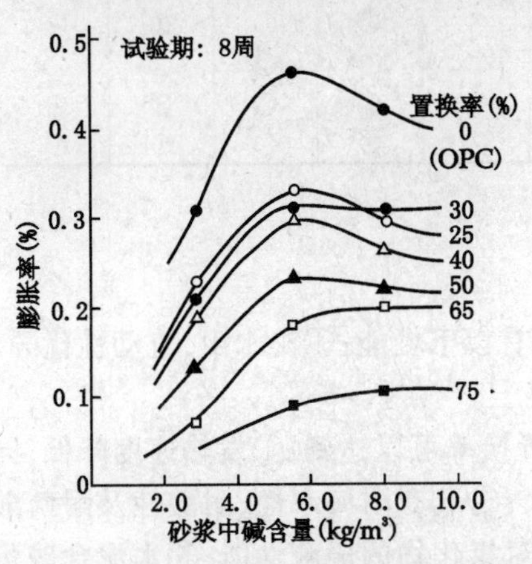

图 8.2.12　高炉矿渣粉混凝土的置换率和膨胀率关系

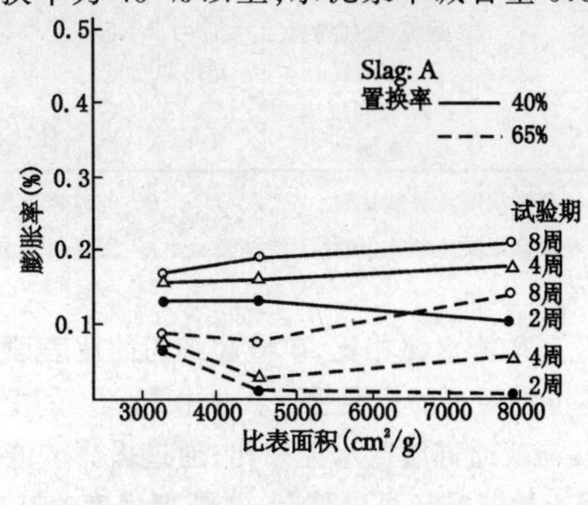

图 8.2.13　比表面积与膨胀率关系

下，这是很重要的界限。关于矿渣粉的细度。如图 8-2-13 所示，还没有明确的有意义的关系。

十六、施工注意事项

为了提高矿渣粉混凝土的质量，要注意充分浇水养护。矿渣细度、类型、贮藏、计量和搅拌等，都要加以充分注意。

第三节 利用矿渣超细粉的特性配制混凝土的应用

如前所述矿渣细度与置换率的组合，对混凝土性能有很大的影响，如表 8.3.1 所示。

表 8.3.1 矿渣粉比表面积与置换率相结合时对混凝土性能的影响

细度与置换率 / 性能	种类	4000			6000			8000		
	比表面积 (cm^2/g)	3000 以上 5000 以下			5000 以上 7000 以下			7000 以上 10000 以下		
	置换率(%)	30	50	70	30	50	70	30	50	70
新拌混凝土性质	流动性	○	○	○	⊙	⊙	⊙	⊙	⊙	○
	泌水性	○	○	△	⊙	⊙	⊙	⊙	⊙	⊙
	缓凝效果	⊙	⊙	⊙	⊙	⊙	⊙	○	⊙	⊙
	绝热温升	–	–	⊙	–	–	⊙	–	–	⊙
	降低放热速度	○	⊙	⊙	○	⊙	⊙	○	○	⊙
强度	早期强度	○	△	△	○	○	△	○	○	○
	28 d 强度	○	○	△	○	⊙	⊙	⊙	⊙	⊙
	长期强度	○	⊙	⊙	○	⊙	⊙	⊙	⊙	⊙
	高强度	○	△	△	○	⊙	⊙	⊙	⊙	⊙
耐久性	干缩	○	○	○	○	○	○	○	○	○
	中性化	–	–	△	–	–	△	–	–	△
	冻害性	○	○	○	○	○	○	○	○	○
	抗渗性	○	⊙	⊙	○	⊙	⊙	○	⊙	⊙
	氯化物屏蔽性	○	⊙	⊙	○	⊙	⊙	○	⊙	⊙
	耐海水性	○	⊙	⊙	○	⊙	⊙	○	⊙	⊙
	耐酸，酸硫酸盐	○	⊙	⊙	○	⊙	⊙	○	⊙	⊙
	耐热性	○	○	○	○	○	○	○	○	○
	碱-骨料反应	○	⊙	⊙	○	⊙	⊙	○	⊙	⊙
	耐磨性	○	○	○	○	○	⊙	○	⊙	⊙

⊙：比基准混凝土性能优良；　○：与基准混凝土大体相同或稍好些；
△：与基准混凝土相比，使用上要注意；　–：因条件而异。

1. 与矿渣水泥相比，矿渣超细粉的比表面积增大，具有以下性能：①泌水少，流动性优异！②与基准混凝土的早期强度大体相同；③适用于高强混凝土。

2. 与普通硅酸盐水泥相比，通过提高矿渣超细粉的置换率可以达到：①发热速度降低，同时混凝土的温升还可以抑制；②长期强度比基准混凝土大；③具有耐海水性、耐酸性及耐硫酸盐性能；④能得到致密的混凝土，提高混凝土的抗渗性与对氯化物的屏蔽性能；⑤水泥含碱量 0.8 %以下，矿渣置换率 40 %；或水泥含碱量超过 0.8 %，矿渣置换率在 50 %以上时，能抑制碱骨料反应。

这里所述的利用矿渣超细粉的特性，配制的混凝土，其用途如表 8.3.2 所示。特别应该指出的是：矿渣超细粉混凝土在潮湿环境中，特别是地下连续墙和基础的混凝土，会得到更多的应用。

表 8.3.2 活用矿渣超细粉的特性混凝土的应用

特　　长	比表面积(cm^2/g)	置换率(%)	主要用途
1. 流动性　　大	6000～8000	30～70	流态混凝土
2. 缓凝效果　　好	4000～8000	50～70	夏天与连续浇注混凝土
3. 放热性　　小	6000～8000	30～70	大体积混凝土 基础混凝土
4.28 d 强度　　大	4000～8000	50～70	提高耐久性
5.	6000～8000	50～70	
6.	4000～8000	50～70	
7.	4000～8000	50～70	
8.	4000～8000	50～70	
9.	4000～8000	50～70	
10.	4000～8000	50～70	
11. ASR	4000～8000	50～70	ASR

第四节　超细矿渣在混凝土工程中的应用

以表面积 8000 cm^2/g 的矿渣置换 40 %硅酸盐水泥，配制强度等级 C70、坍落度为 20 cm 以上的高性能混凝土。利用这种混凝土浇注了料仓等。

一、混凝土的配合比与制造

混凝土所用的原材料如表 8.4.1 所示，配合比如表 8.4.2 所示。混凝土用水平双轴强制式搅拌机搅拌，每次拌合混凝土 2.5 m^3。

表 8.4.1 混凝土用原材料

水泥	VKC	OPC
细骨料	河砂与山砂两种砂混合　表观密度 2.60，吸水率 2.5 % $FM=2.80$	
粗骨料	碎石 $D_{max}=20$ mm　表观密度 2.64，吸水率 0.6 %，$FM=6.60$	
化学外加剂	萘系高性能减水剂	

OPC——硅酸盐水泥　VKC——细度 8000 cm^2/g 的矿渣，置换 40 %OPC 而成。

表 8.4.2 混凝土配合比

水泥种类	$\frac{W}{(C+BF)}$ (%)	砂率 (%)	每立方米混凝土用料(kg)				高性能减水剂 $(C+BF)$%
			水	胶结料	细骨料	粗骨料	
VKC	28	39	165	589	631	1001	2.5
OPC	28	39	165	589	637	1013	2.5

(二) 混凝土的质量及波动情况

现场浇注混凝土的质量及其质量波动情况如表 8.4.3,表 8.4.4 所示。

表 8.4.3　施工混凝土的质量

时期	混凝土浇注量(m^3)	试验数	新拌混凝土性质				抗压强度(MPa)			
			坍落度(cm)	流动度(cm)	含气量(%)	温度(℃)	标准养护		密封养护	
							28 d	91 d	28 d	91 d
8 月	39	6	24.0	53.3	1.7	32.1	84.6	91.0	83.4	87.2
9 月	57	4	24.0	60.7	1.6	30.4	78.2	85.2	79.6	83.3
9 月	96	7	23.5	55.5	1.5	32.0	81.8	89.9	84.1	88.1
10 月	250	8	25.5	62.6	1.5	26.1	82.1	85.7	82.9	88.9
12 月	108	21	23.0	43.3	3.7	11.1	80.8	85.6	68.0	82.6

由此可见,混凝土坍落度达 23～25 cm,28 d 抗压强度达 78～85 MPa,完全符合 C70 的 HPC 要求。

表 8.4.4　混凝土品质变动情况

项目	每天间的变动					一天中的变动				
	新拌混凝土质量			抗压强度(MPa)		新拌混凝土质量			抗压强度(MPa)	
	坍落度(cm)	流动值(cm)	含气量(%)	28 d	91 d	坍落度(cm)	流动值(cm)	含气量(%)	28 d	91 d
试验数	46	46	46	120	120	21	21	2.1	63	63
平均值	23.5	51.4	2.5	81.3	86.7	23.0	43.4	3.7	80.8	85.6
标准差	1.5	9.7	1.2	4.74	4.41	1.1	5.7	0.8	5.89	4.50
变异系数(%)	6.3	18.9	48.0	5.8	5.1	4.8	13.1	21.6	7.3	5.3

在混凝土施工质量管理中,除了抗压强度外,坍落度、流动值也列入目标管理范围。

每天中的变动是指每天抽样检查,每组试样之间变动的统计结果;每天间的变动是指每天抽查试样之间质量的变动情况。从表 8.4.4 可见,抗压强度的每天中的变动与每天间的变动大体相同。

(三) 结构物的质量

按表 8.4.2 的混凝土配合比,按夏、秋、冬三季节在现场浇注柱子模拟构件,通过钻孔取样测定混凝土强度(图 8.4.1)。并在浇注时测定混凝土的温度。从图 8.4.2 可见,VKC 与 OPC 的混凝土相比,前者达到的最高温度值较后者低,但时间长。经钻孔取样的试件的抗压强度列于表 8.4.5。

温度高的季节,早期强度大,但后期增长慢。夏秋季节 VKC 比 OPC 的混凝土强度高 5 %,而冬季两者差不多。但不管哪一个季节,91 d 的强度均在 75 MPa 以上。

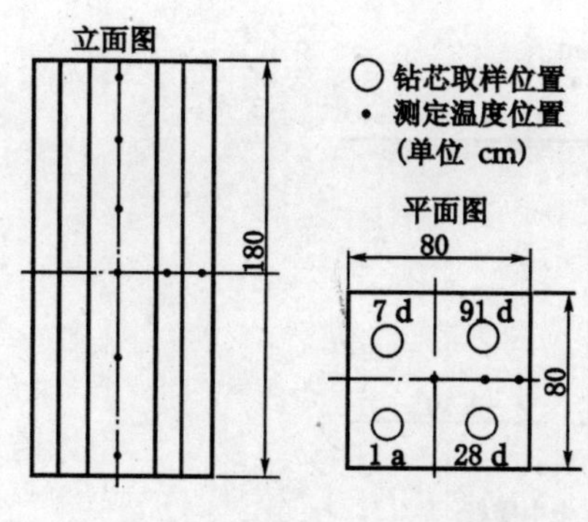

图 8.4.1　柱子模拟构件

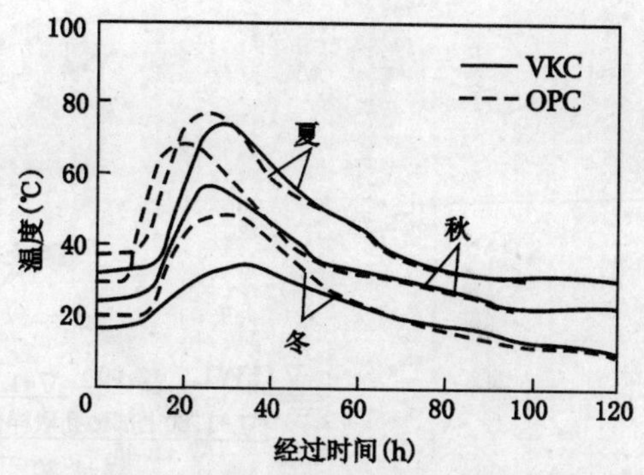

图 8.4.2　柱子模拟构件测温结果

表 8.4.5　结构物孔芯试件强度

季节	水泥品种	抗压强度(MPa)		
		7 d	28 d	91 d
夏	VKC	71.0	82.4	83.3
	OPC	71.2	78.4	79.6
秋	VKC	75.0	80.6	85.3
	OPC	63.9	74.7	80.9
冬	VKC	54.9	66.5	75.8
	OPC	60.9	66.4	75.6

此外，不同浇注高度试样的强度的 $\sigma=1.5\sim2.5$ MPa。说明质量均匀性好。

二、受海水作用的混凝土工程中的应用

混凝土工程如图 8.4.3 所示，系海岸护坡混凝土结构物。以 4000 cm^2/g 及 8000 cm^2/g 的磨细矿渣分别置换混凝土中 40% 的水泥，配制的混凝土配合比如表 8.4.6 所示。施工后五年半对其进行耐久性的调查与测试，结果如表 8.4.7 所示。

表 8.4.6　混凝土配合比

水胶比(%)	置换率(%)	每立方米混凝土用料量(kg)				
		胶结料	水	细骨料	硬矿渣碎石	AE 减水剂
60	40	300	180	721	1036	0.750

种类	新拌混凝土性质		
	坍落度(cm)	含气量(%)	温度(℃)
细度 4000 级	17.9	5.5	10.0
细度 8000 级	17.8	4.5	10.0

表中：粗骨料为硬矿渣碎石，表观密度 2.56，吸水率 2.2%。

$D_{max}=20$ mm。细骨料为山砂，密度 2.60，吸水率 1.6%。

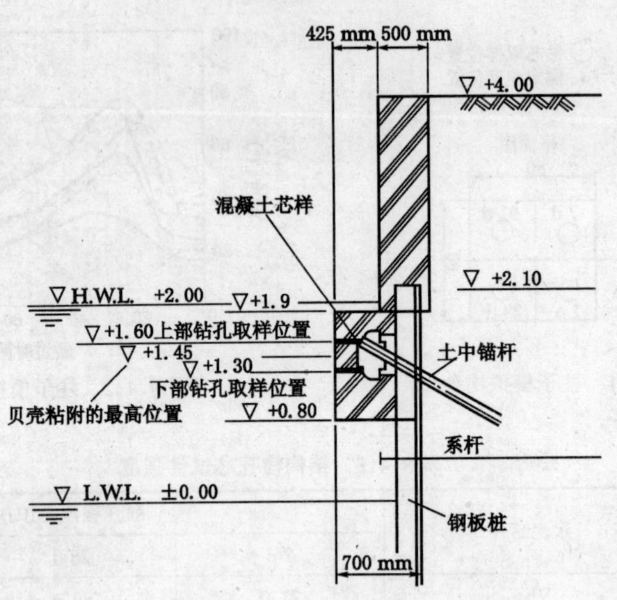

图 8.4.3　护岸结构物

表 8.4.7　龄期 5.5 年的混凝土芯样测试结果

细度 (cm^2/g)	取样位置	抗压强度 (MPa)	弹性模量 ($\times10^4$ MPa)	变色平均深度 (mm)	钢筋状况		NaCl(%)				备考
					保护层厚 (cm)	生锈	表层		距表层 20 cm		
							盐总量	可溶部分	盐总量	可溶部分	
4000	上段	39.8	3.3	25.4	5.0	无	0.361	0.044	0.035	0.033	
		41.9	3.3	22.6	5.0	无	–	–	–	–	
		35.9	3.1	30.1	5.0	无	0.612	0.057	0.065	0.051	
	下段	46.3	3.7	3.5	3.5	偶尔有	0.647	0.046	0.048	0.043	
		44.2	3.6	3.7	–	–	–	–	–	–	
		43.5	3.4	5.1	6.0	无	0.900	0.029	0.043	0.038	
8000	上段	44.7	3.6	21.4	4.5	无	0.510	0.021	0.069	0.041	
		41.5	3.4	25.0	5.5	无	–	–	–	–	
		45.9	3.6	36.5	5.3	无	0.406	0.043	0.060	0.049	
	下段	45.9	3.7	7.7	4.0	无	0.533	0.058	0.076	0.038	
		47.2	3.7	4.5	5.0	无	–	–	–	–	
		50.2	3.8	2.9	4.2	无	0.707	0.046	0.044	0.041	

由表 8.4.7 可见:①4000 cm^2/g 的矿渣混凝土,上段强度 39.2 MPa,下段强度 44.7 MPa;比表面积 8000 cm^2/g 的矿渣混凝土,上段强度 44 MPa,下段强度 47.8 MPa。细度大者强度高。②保护层 3.5～6.0 cm 的 D_{13} 钢筋,仅某些点上发生锈蚀。③Cl^- 的渗透量,细度 8000 cm^2/g的渗透量低。④从测孔结果来看,细度 4000 cm^2/g 的是 2100～3464 nm,而 8000 cm^2/g的是 1338～2271 nm,前者大,与上述 1～3 项结论一致。

附录　各国矿渣粉的规格

	项目＼规格	日本 JSCE-86	加拿大 CSAA368-83 CSA3A23.5(G.H)-86	美国 ASTMC989-89	英国 BS6699-92	南非 SA13S1491 Part1-89
矿渣的化学性质	碱度(C+M+A)/S	1.4以上	1以上(参考值)	–	–	1.0以上
	(C+M)/S	–	–	–	1.0以上	–
	(C/S)	–	–	–	1.4以下	1.4以下
	不溶物(%)	–	–	–	1.5以下	–
	烧失量	3.0以下 (700±50℃)	–	–	3.0以下	3.0以下
				2.5以下		
	硫化物离子(%)	2.0以下	–	4.0以下	2.0以下	2.0以下
	SO_3离子(%)	3.0以下	(2.5以下H型)	–	2.5以下	–
	MgO	–	(5.0以下G型)	–	14以下	–
	FeO	–	–	–	根据	–
	Mn_2O_3	–	–	–	客户	–
	CaO	–	–	–	要求	–
	SiO_2	–	–	–	而定	–
	Al_2O_3	–	–	–		–
	可溶碱R_2O(%)	–	–	–	1#	低碱反应性时
	全碱R_2O(%)	–	–	–	2#	1.5%以下
		–	–	–	0.1以下3#	–
	氯化物Cl^-(%)					–
	湿度	1.0以下	相对3.5以下(G型)	–	1.0以下	
	玻璃含量(%)	–	–	–	67%以上	
物理性质	细度					
	45 μm筛筛余(%)	–	20以下(±5)	20以下		
	比表面积(cm^2/g)	2750以上	–	测定	2750以上	3500以上
	比重	2.8以上	平均值±5%	–	–	–
	凝结时间	–	–	–	30%PC4#+70%	–
					矿渣初凝应大	5mm以下
					于基准水泥	(SABS方法753)
	安定性	–	–	–	10mm以下	
	蒸压安定性	–	0.5%以下(G型)	–	–	–
	活性指数SAI(%) (GGBFS+OPC)强度 /OPC强度	SAI 50/50质量比W/C=50% S/C=0.5四个试件平均值7 d 50%以上28 d 75%以上91 d 95%以上	SAI 50/50体积比S/C=2.75 28d 80%以上(CSA3)	SAI 50/50质量比S/C=2.75流动值比110% W/C=48.5% 7 d SAI　平均　各值 80级　–　– 100级 75以上 70以上 120级 95以上 90以上 28 d SAI　平均　各值 80级 75以上 70以上 100级 95以上 90以上 120级 115以上 100以上	–	–

续表

项目 \ 规格		日本 JSCE-86	加拿大 CSAA368-83 CSA3A23.5(G.H)-86	美国 ASTMC989-89	英国 BS6699-92	南非 SA13S1491 Part1-89
物理性质	强度(MPa)		本身强度(H型),砂1375克,矿渣量(克)=500×矿渣比重/3.15,流动110±5% 14 d 3.5以上,28 d 10.5以上	–	30% PC[4#](42.5级)+70%矿渣的砂浆强度(EN196)7 d 12以上,28 d以上32.5	SABS方法1153反应性试验(抗压强度)40 g OPC+160×矿渣比重/OPC比重。胶结料强度53～56℃ 6天养护5以上
	其它	流动值95%以上	–	关于ASR抑制:矿渣40%以上时0.1% R_2O的OPC有效,但上式要满足:$RE_{14d}\geq75\%$或$E_{14d}\leq0.02\%$,关于耐硫酸盐:矿渣60%～65%时,改善效果明显,通过试验确定。	关于耐硫酸盐性能及抑制ASR参考BS规程,BREDigest及其它。	关于ASR抑制以任意矿渣量置换水泥,按SABS1155反应性骨料膨胀值$E_{14d}\leq$0.02%作为有效。

第五节 今后展望

当今,粉体工学迅速进展,已经能开发出比表面积11000 cm^2/g(平均粒径3.5μm),17000 cm^2/g(2.0μm),30000 cm^2/g(1.0μm)左右的矿渣超细粉。在5℃低温下与硅粉混凝土相比不管哪一个龄期,含矿渣超细粉混凝土均高于硅粉混凝土,如表8.5.1。这样贵重的资源如何得到附加价值高的利用,是今后研究的课题。

表8.5.1 水胶比25%,坍落度18～20 cm混凝土的强度

NO	水泥	比表面积(cm^2/g)	置换率(%)	水中养护(℃)	龄期(天) 1	3	7	28	91	182	365
2	N	–	0	20 5	264 –	503 378	629 450	679 531	721 570	758 593	759 621
10	N	BF 17000	15	20 5	191 –	468 354	600 661	735 790	853 884	840 953	844 970
11	N	BF 17000	30	20 5	167 –	474 296	614 630	795 843	838 925	841 983	886 996
12	N	BF 30000	7.5	20 5	192 –	483 363	604 562	735 688	786 697	886 719	898 798
13	N	BF 30000	15	20 5	351 –	548 329	657 650	770 724	855 735	874 822	897 848
14	N	SF 200000	7.5	20 5	352 –	605 358	758 497	919 597	953 616	992 670	993 793
15	N	SF 200000	15	20 5	300 –	538 265	654 468	859 530	882 625	954 733	976 768

N:普硅水泥. BF:矿渣超细粉 SF:硅粉

参考文献

1 笠井芳夫·小林正幾:セメント·コンクリート用混和材料,技術書院 1993年,9月

2 H. Uchilkwa, T. Okamura:《Binary and ternary components blended cements》mineral admixtures in cement and concrete, abi 1993.(Editor S. L. Sarkar).

3 森山容州ほか:《高爐スラグ微粉末のコンクリートへの適用性に關するシンポジウム》土木學會,pp:81-88,1987

4 辻幸和ほか:《高爐スラグ微粉末のコンクリートへの適用性に關するシンポジウム》土木學會,pp:15-16,1987

5 今井益隆ほか:《高爐スラグ微粉末のコンクリートへの適用性に關するシンポジウム》土木學會,pp:67-72,1987

6 大友健ほか《コンクリート工學年次論文報告集》,pp,385～390,1989.

7 十河茂幸ほか:《コンクリート工學年次論文報告集》,pp397～402,1989

8 中条升ほか《コンクリート工學年次論文報告集》,pp,403～408,1989

9 小野文雄ほか《コンクリート工學年次論文報告集》,pp,755～760,1989

10 高木兼士ほか《コンクリート工學年次論文報告集》,pp,391～396,1989

11 沼田晉一:《鐵鋼スラグニュース》,NO.26,pp 11～20,1987

第九章　天然沸石在高性能混凝土中的应用

第一节　概　　述

从1972年起，我国陆续发现了许多天然沸石矿产资源，并对其在建筑材料的各个领域，开展了广泛的研究。迄今为止，在我国，天然沸石在建筑材料中的应用有以下几个方面：

1. 水泥掺合料，用以提高水泥的产量与改善水泥的性能，特别是最有效的解决了小水泥的安定性不良的问题；

2. 混凝土掺合料，用以配制高性能混凝土；以普通的混凝土原材料，高效减水剂，可以配制出强度60～80 MPa的高性能混凝土；

3. 用作载体。如载气体生产多孔混凝土；高效减水剂载体，控制混凝土坍落度损失；

4. 通过离子交换，抑制碱-骨料反应；

5. 用作轻骨料的原料，生产优质陶粒；

6. 用作硅钙合成材料的原料，生产特种功能的硅钙制品。

本章主要介绍天然沸石超细粉，生产HPC。

我国天然沸石贮量丰富，分布面广，利于开发应用，是一种宝贵的矿产资源。天然沸石的开发与应用对建筑材料的发展会有很大的促进作用。

天然沸石在中国的分布状况：

我国于1972年，在浙江省缙云县首次发现有工业价值的沸石矿床。其后不久，又在河南、山东、河北、黑龙江及内蒙古等地，陆续发现了天然沸石。现在查明，在我国的21省、区有沸石矿床120余处。北部的黑龙江(9处)、吉林(4处)、辽宁(10处)三省共有沸石矿床25处。华北的山西(6处)、河北(14处)及内蒙(5处)三省区，共有沸石矿床25处。而山东(7处)、河南(3处)、陕西(1处)、湖北(9处)、安徽(1处)、江苏(1处)、江西(2处)、浙江(21处)、福建(3处)等九省共有沸石矿床48处。在中国的南部，广东(10处)、广西(1处)；及西部的四川省(3处)、青海(2处)、新疆(3处)及西藏自治区(1处)等6省区共有沸石矿床20处。其中最大的天然沸石矿床是河北省赤城县独石口矿，贮量5亿t以上。我国最大的天然沸石矿点(独石口矿)见图9.1.1。

日本也是一个沸石资源丰富的国家。北起北海道，南至鹿儿岛各地，都有大量的沸石矿藏。在日本，天然沸石在建材中应用最多的是墙体，如房屋墙体的饰面，院墙等。

美国于1912年建造洛杉矶渡槽时，使用的水泥混凝土就掺入了30%以上的斜发沸石。

在意大利、法国、南斯拉夫、希腊、德国、罗马尼亚及保加利亚等国生产水泥时，使用的某些

图 9.1.1　我国最大的天然沸石矿点(独石口矿)

松散的火山灰和固结的凝灰岩,均为沸石族矿物,具有优良的水硬活性。现在有不少国家都注重于开发天然沸石作为水泥掺合料的研究。

第二节　天然沸石的特性

一、沸石的结构

沸石是一族架状构造的含水铝硅酸盐矿物。以沸石为主要造岩矿物的岩石称之为沸石岩(或称之为天然沸石岩)。

沸石是一种结晶矿物。在沸石的结晶骨架内,主要含 Na、Ca 及少数的 Sr、Ba、K、Mg 等金属离子。其 Si/Al 比和阳离子都是变值。其化学组成常用$(Na,K)_x(Mg,Ca,Sr,Ba)_y[Al_{x+2y}Si_{n-(x+2y)}O_{2n}].mH_2O$表示。式中 Al 的个数等于阳离子的总价数,O 的个数为 Al 和 Si 总数的两倍。目前已知的天然沸石有 38 种。我国在建筑材料中常用的沸石有斜发沸石和丝光沸石。其化学组成式分别如下:

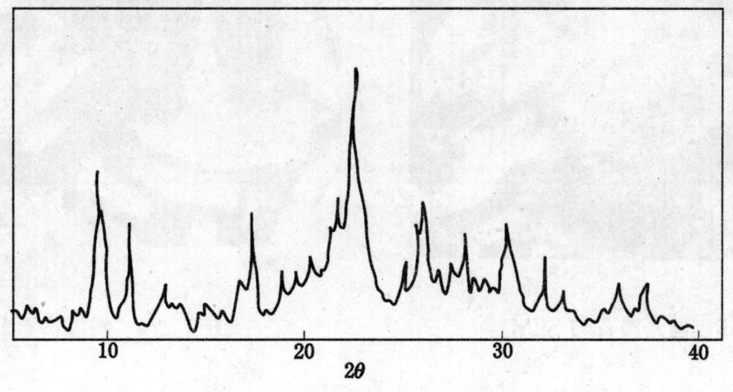

图 9.2.1　斜发沸石的 XRD 图谱

丝光沸石的化学组成式:$Na_8[Al_8Si_{40}O_{96}]\cdot 24H_2O$。有时含 Ca、K,其含量 Na、Ca>K。Si/Al=4.17~5.0。斜方晶系。

斜发沸石的化学组成式为:

$Na_6[Al_6Si_{30}O_{72}]\cdot 24H_2O$。有时含 K、Ca 及 Mg 等。其含量 Na,K>Ca,Mg。Si/Al=4.25

～5.25。为单斜晶系。

丝光沸石与斜发沸石的 X 射线衍射图谱(XRD)及扫描电镜图谱(SEM)分别如图 9.2.1,9.2.2,9.2.3 及 9.2.4 所示。

由图可见,丝光沸石是毛发丝状的,而斜发沸石则是宽板条状的。在 XRD 图谱上,丝光沸石往往与蒙脱石共生,而斜发沸石则与石英共生。

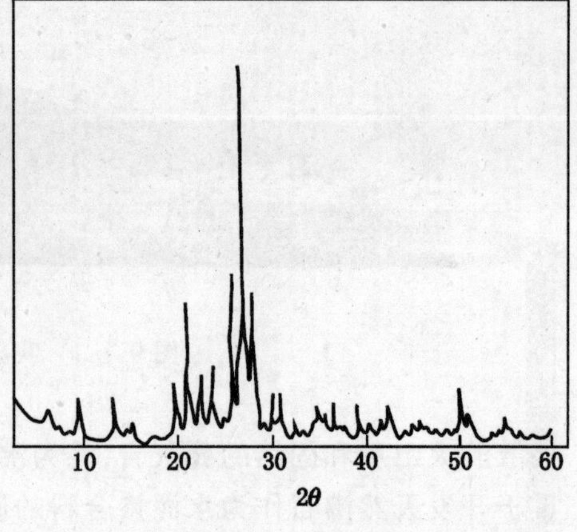

图 9.2.2 丝光沸石的 XRD 图谱

二、沸石结构的基本特性

如上所述,沸石是硅(铝)酸盐格架状结构的矿物,其基本单元是以 Si 为中心和周围 4 个氧离子排列而成的硅氧四面体〔SiO_4〕。如图 9.2.5 所示。硅离子处在四面体的中心,四个氧离子处于四面体的四个顶角。硅-氧离子之间的距离约为 0.16 nm,氧与氧离子之间的距离约为 0.26 nm。硅氧四面体中的硅离子如为铝离子置换就形成铝氧四面体〔AlO_4〕。在〔AlO_4〕中,铝、氧离子间的距离约为 0.175 nm,氧与氧离子间距离约为 0.286 nm。

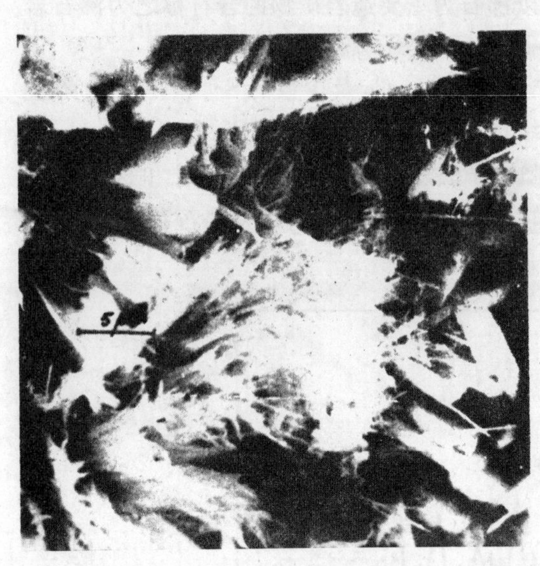

图 9.2.3 丝光沸石的 SEM

图 9.2.4 斜发沸石的 SEM

硅氧四面体只能通过角顶互相连接构成硅氧四面体群。位于公共角顶上的氧离子为相邻的四个硅氧四面体所共有,它的负二价电荷被相邻的两个四面体中心的硅离子中和;因此,角顶上的氧离子在电性上是不活泼的,为惰性氧。每个硅氧四面体中硅与氧之比为 1:2,Si^{+4} 离子为四面体角顶上的四个氧离子(各以负一价)所中和,故电价为 0。

如果硅氧四面体中的硅被铝离子所置换,则形成铝氧四面体。铝是正三价的,这样铝氧四面体的四个顶角中的氧离子有一个得不到中和,因而出现了负电荷。为了中和其电性,相应就有金属阳离子加入。因此,通常沸石骨架中都含有碱金属、碱土金属离子。由于沸石中铝置换

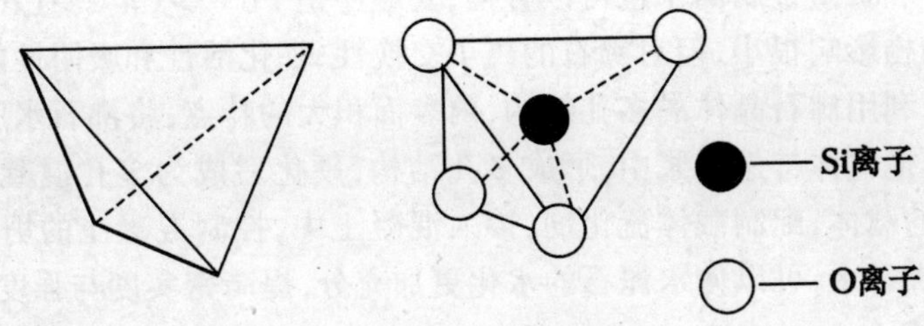

图 9.2.5　硅氧四面体

硅的数量是变化的，故硅铝比不同，碱金属或碱土金属离子的含量也不同。

硅氧四面体和铝氧四面体通过其角顶相互连接(一般二个铝氧四面体不能相互连接)，便构成了各种形状的三维硅(铝)氧格架状的结构，即沸石结构。

由于硅(铝)氧四面体多样性的连结方式，在沸石结构中便形成了许多孔穴和孔道。这些孔穴和孔道可以是一维的(即一个方向特别发育的孔道)、二维的(两个方向连通的)和三维的(空间三个方向相互连通的)。

沸石结构内部的孔穴和孔道通常都被水分子填充。水分子以结晶的形态存在。但这种水与普通的结构水 OH 基不同，其在某一特定温度下加热而脱除，但不破坏沸石结构，这种水称之为"沸石水"。沸石水脱除后留下的孔穴和孔道，变成了如海绵或者是泡沫状的结构构造，具有吸附的性质。这时，比沸石内部孔道小的分子即被沸石吸附而进入孔隙中，而比沸石内部孔道大的分子则不能被沸石吸附。因此，沸石能起分子筛分的作用，根据通过沸石孔穴气体分子的大小不同，能把化学分离难的分子筛分出来，称之为沸石分子筛。

为了平衡沸石结构中电荷而进入沸石晶体结构的碱金属或碱土金属的离子，可以被其他的离子所置换。把这种和盐基置换的容量(即阳离子交换容量)，通常称为 CEC(Cation Exchange Capacity)。CEC 是根据 Shollenberger 氏的醋酸阿母尼亚法测定的。这种方法是把沸石与硅砂混合，放入浸出管中，用 1 mol/L 的醋酸阿母尼亚液浸出(用这种溶液测定全部置换容量)，最后用酒精洗净试样中过剩的醋酸阿母尼亚，接着用 KCl 溶液冲洗置换浸出的 NH_4^+ 离子。通过蒸馏装置把这种浸出液定量出来。通常 CEC 以每 100 g 试样多少毫摩尔当量(mmol/100 g)来表示。纯度高的天然沸石的 CEC 值为 150～180 mmol/100 g 左右。在土壤改良、城市工业废水处理、养鱼池净化、保肥力增强剂等方面，就利用沸石的离子交换的性质。沸石等粘土矿物的碱置换容量的例子如表 9.2.1 所示。

表 9.2.1　粘土矿物的碱置换容量实例

矿石	CEC	交换阳离子		
		Ca^{++}	Na^+	K^+
沸石	153.0	15.9	72.1	74.9
膨润土	97.9	16.4	96.6	5.3

斜发沸石的阳离子交换的顺序如下：

$Cs^+ > Rb^+ > K^+ > NH_4^+ > Ba^{2+} > Sr^{2+} > Na^+ > Ca^{2+} > Li^+$。因此，用天然的 Ca 型和 Na 型的斜发沸石，可以通过离子交换除去水溶液中的放射性 CS 和 NH_4 形态的氮。沸石中的碱

金属、碱土金属离子和贵重金属离子也可以置换，其顺序是 $Pb^{2+}>Ca^{2+}>Cd^{2+}>Zn^{2+}$。置换不同的阳离子，对结构影响很小，但对沸石的离子交换性、催化活性和吸附性能则影响很大。

在建筑材料中，利用沸石晶体的多孔结构，内表面积大的特点，将沸石水脱除后，可以作为载气体，把空气或其他气体带进料浆中，形成多孔结构，硬化后成为多孔混凝土。也可以利用沸石为高效减水剂的载体，配制载体流化剂，掺入混凝土中，控制混凝土的坍落度损失。而沸石孔穴和孔道中的沸石水，可以使水泥石的水化更加充分，提高密实度与强度。

三、天然沸石的化学反应活性

(一)石灰吸收值及与消石灰的化学反应

沸石是一种晶态物质，与火山玻璃不同。但早在 1960 年，Sersale、Sabtelliv 和 Malguori 就强调过，沸石比玻璃有更强的反应能。我国几个天然沸石样品的石灰吸收值，一般高于凝灰岩和其他玻璃质的混合材料。如表 9.2.2 所示。

表 9.2.2 石灰吸收值比较(中科院地质所)

产 地	沸石含量(%)	30 天吸收值(毫克 CaO/克)
缙云(丝光)	>50	>150.0
宣化(斜发)	>50	176.12
海林(斜发)	>60	196.58
海林(斜发)	>70	262.0
江西凝灰岩		53.33
江南烧凝灰岩		74.44
新疆烧粘土		31.53
国标规定值		50～60

由表 9.2.2 可见，样品中的斜发沸石或丝光沸石，30 天的石灰吸收值均比火山玻璃的高，而且比国家规定的高 4～5 倍。从沸石与消石灰的反应能力(如表 9.2.3 所示)来看，斜发沸石一天龄期时 Al_2O_3 的反应量为 26.91 mg/g，占沸石岩的 5.38%；SiO_2 的反应量为 57.83 mg/g，占沸石岩的 10.56%。丝光沸石与消石灰的反应能力也有类似的情况。说明在水化初期沸石就能与石灰反应。并不像一般的晶态材料，与消石灰反应的速度很慢。

表 9.2.3 天然沸石与消石灰各龄期的硅铝反应量

样品	龄期(天)	已反应的 Al_2O_3		已反应的 SiO_2	
		毫克/克	占沸石岩(%)	毫克/克	占沸石岩(%)
斜发沸石	1	26.91	5.38	57.83	10.56
	3	29.20	5.84	72.13	14.42
	7	30.91	6.18	94.38	18.86
	28	33.49	6.68	117.75	23.54
丝光沸石	1	18.03	3.60	51.88	10.36
	3	18.89	3.70	61.25	12.24
	7	21.18	4.22	64.38	12.86
	28	27.19	5.43	78.75	15.75

这可能与沸石岩中含有可溶硅、铝，以及沸石的结构有关。作者对我国两种天然沸石粉，测定其有关参数，列于表 9.2.4。

表 9.2.4　沸石的孔特征及可溶硅、铝

沸石种类	N_2 吸附 BET (m^2/g)	最可几孔径 A°	平均粒径 (μm)	铵交换容量 (mmol/100g)	可溶 SiO_2 (%)	可溶 Al_2O_3 (%)
沸石-1	34.30	23.30	5.90	107.81	12.08	8.93
沸石-2	19.54	25.00	5.00	147.82	8.08	8.20

斜发沸石的铵离子交换容量是 218 mmol/100 g。按此可计算出表 9.2.4 中的沸石-1 的沸石含量约 50%；沸石-2 的沸石含量约 70%。由于沸石中含可溶的 SiO_2 及 Al_2O_3，故与消石灰拌合后，早期就发生化学反应。

(二)结晶态与玻璃态沸石的化学反应活性

以上所述，是天然沸石处于结晶态物质的情况。如通过热处理，使之变成玻璃态，活性如何？

1. 天然沸石的热处理

将日本的大谷石(天然沸石的一种)破碎至 1.2 mm以下，在 500℃、800℃下分别加热 2 小时，其 XRD 及 SEM 图谱如图 9.2.6，9.2.7 所示。经 800℃ 2 小时热处理的天然沸石的 TG-DTA如图 9.2.8 所示。

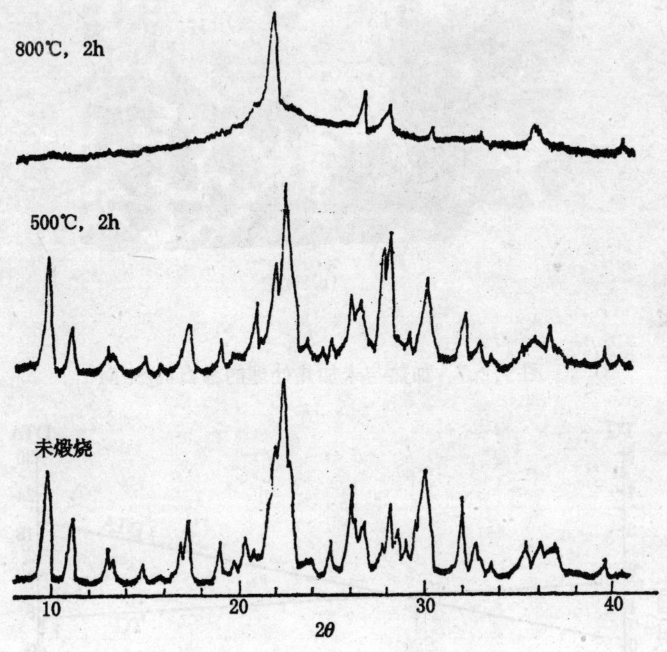

图 9.2.6　沸石岩的 X 射线衍射图

由图 9.2.6 可见，经 500℃热处理的沸石，其 XRD 图谱与未经热处理的基本相同。但经 800℃热处理的沸石，由于内部结构发生了变化，形成了玻璃体，XRD 图变得平直，沸石特征峰消失。

从图 9.2.8 可见，经 800℃处理的沸石，DTA 曲线上已没有吸放热的变化，TG 曲线上的失重也甚少。从 SEM 照片上，经 800℃处理的天然沸石，沸石矿物已大部分玻璃化，成为粗大的团块结构。

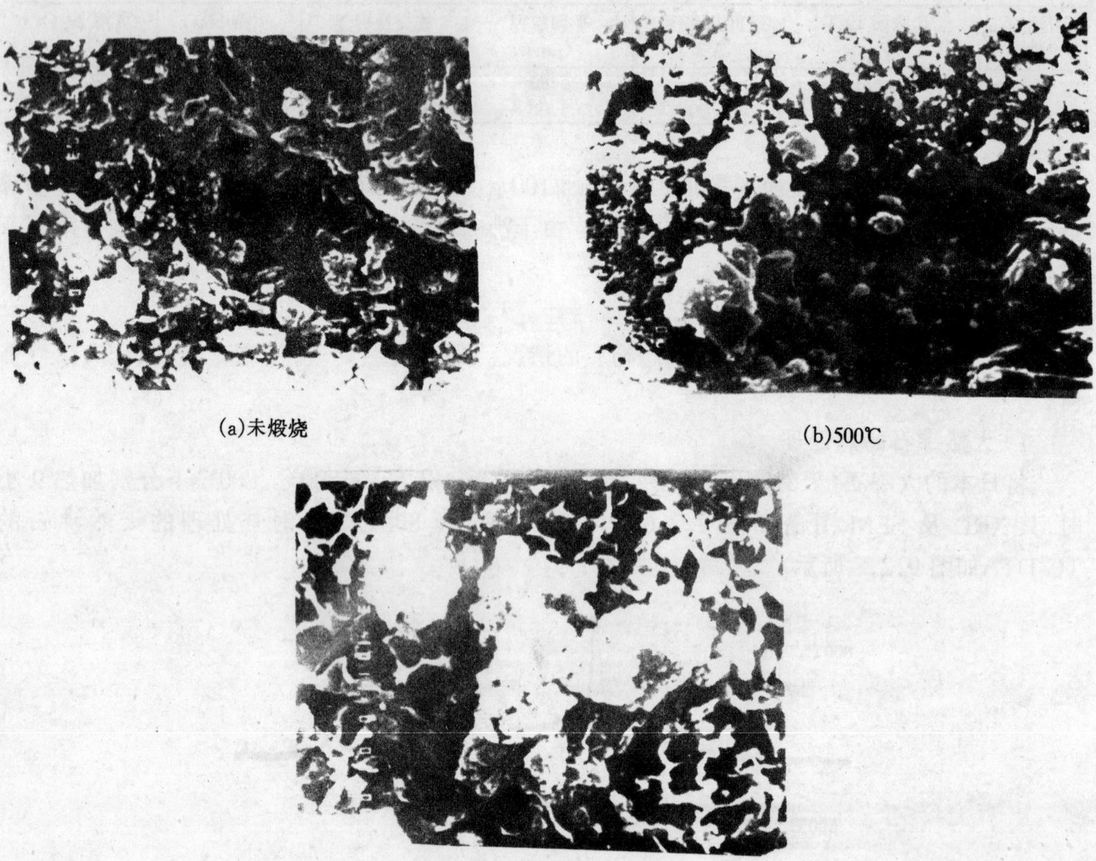

(a)未煅烧

(b)500℃

(c)800℃

图 9.2.7 加热与未加热处理的沸石的 SEM

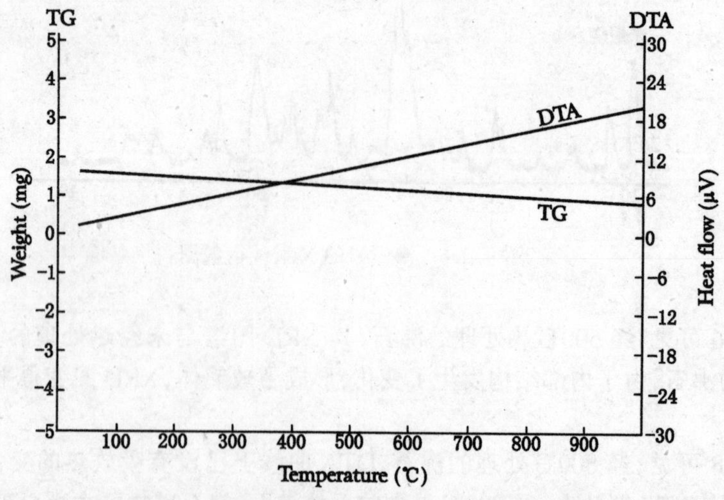

图 9.2.8 经 800℃煅烧天然沸石的 TG-DTA 曲线

2. 热处理的沸石粉与 $Ca(OH)_2$ 的化学反应

为了进一步了解热处理对大谷石活性的影响，以未经热处理，500℃及 800℃煅烧 2 小时的天然沸石粉（0.15 mm 以下），分别与 $Ca(OH)_2$ 和水按 3∶1∶2.6 的比例制成试件，经标养及蒸压（180℃、3 h）之后；进行各试件的 XRD、SEM 及 TG-DSC 分析，结果如图 9.2.9，图 9.2.10 及图 9.2.11。

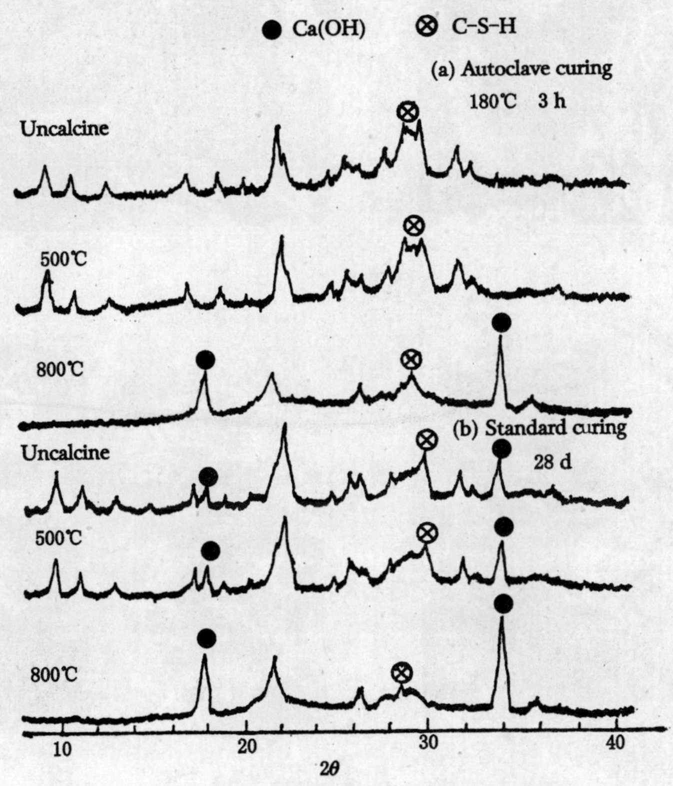

图 9.2.9 天然沸石-$Ca(OH)_2$-H_2O 试体的 XRD

由图 9.2.9(*b*)及图 9.2.11(*a*)可见，在标养条件下，不管天然沸石处理温度如何，都可以生成 C－S－H 和 C_4AH_{13}（图 9.2.9 中隐约可见，未标出）。由图 9.2.10(*a*)，标准条件下养护的试件，C－S－H 相是薄膜状的，与热处理的温度几乎无关。另一方面，根据图 9.2.11(*a*)的 DSC 分析，试体中 $Ca(OH)_2$ 与天然沸石反应，随着热处理的条件而变化，未经热处理和经 500℃热处理的天然沸石，其反应性能大体相同，28 d 时，试体中 $Ca(OH)_2$ 的反应程度约 90%；但经 800℃热处理后的天然沸石的试件中的 $Ca(OH)_2$ 的反应程度约 75%，也即经 800℃处理的沸石，化学反应能力下降。由图 9.2.11(*b*)DSC 图谱可见，在蒸压条件下，未经热处理及经 500℃热处理的天然沸石试件中，其中 $Ca(OH)_2$ 能与沸石全部反应，没有残留；但经 800℃处理的天然沸石，其试件中的 $Ca(OH)_2$ 只反应了 80%。从 XRD 图谱中也可以看到，未经热处理及经 500℃热处理的天然沸石，蒸压条件下，试件中的 $Ca(OH)_2$ 已全部与天然沸石反应，生成结晶度较高的 C－S－H 相，$Ca(OH)_2$ 的特征峰消失；而经 800℃处理的沸石试件

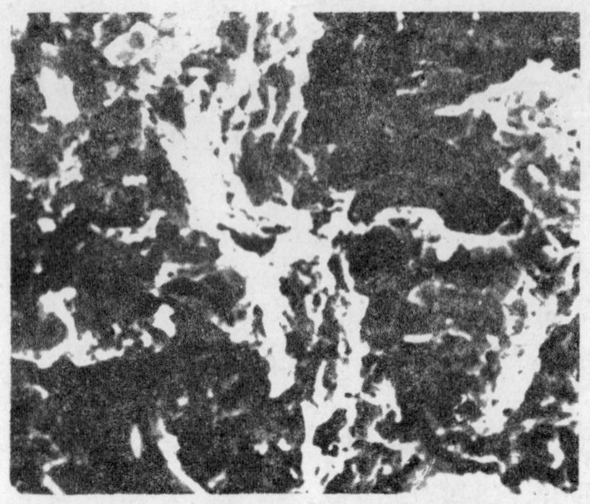

Uncalcined

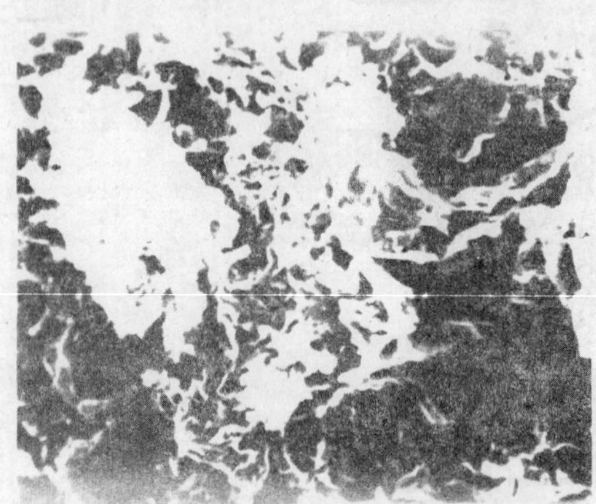
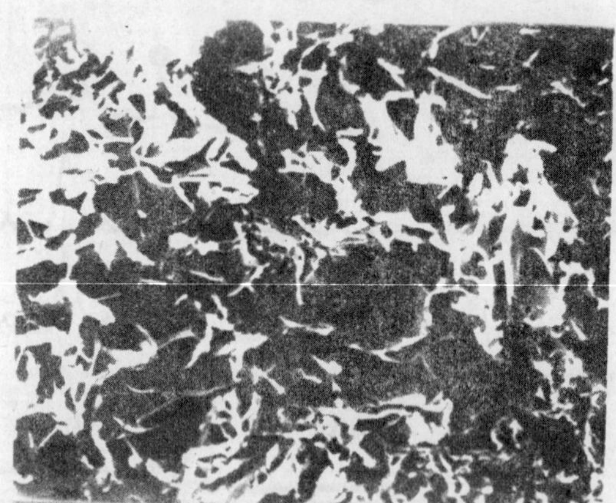

Calcined at 500℃

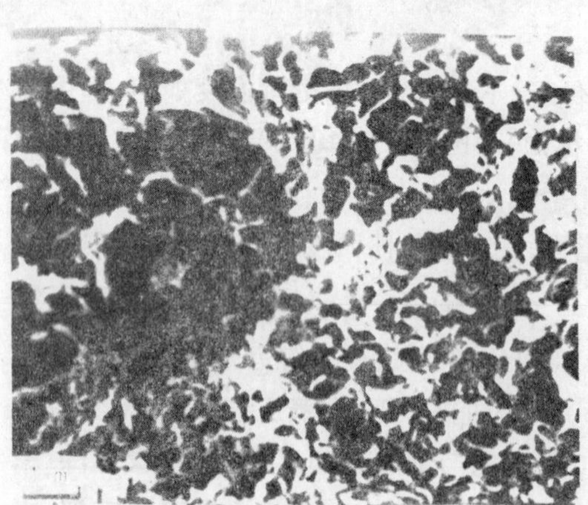

(a)Standard curing

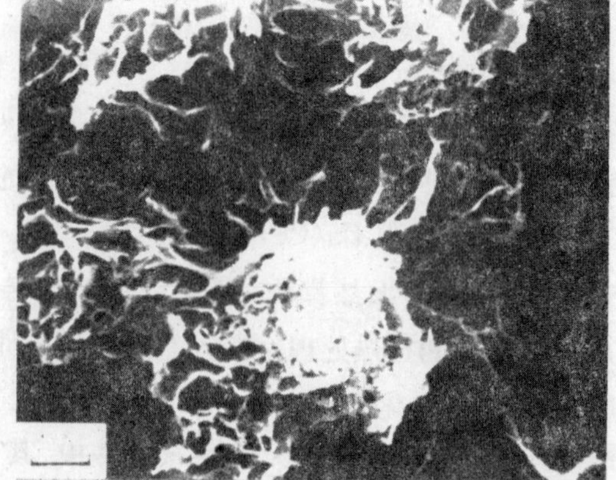

(b)Autoclave curing

Calcined at 800℃

图 9.2.10　天然沸石-$Ca(OH)_2$-H_2O 试体的 SEM

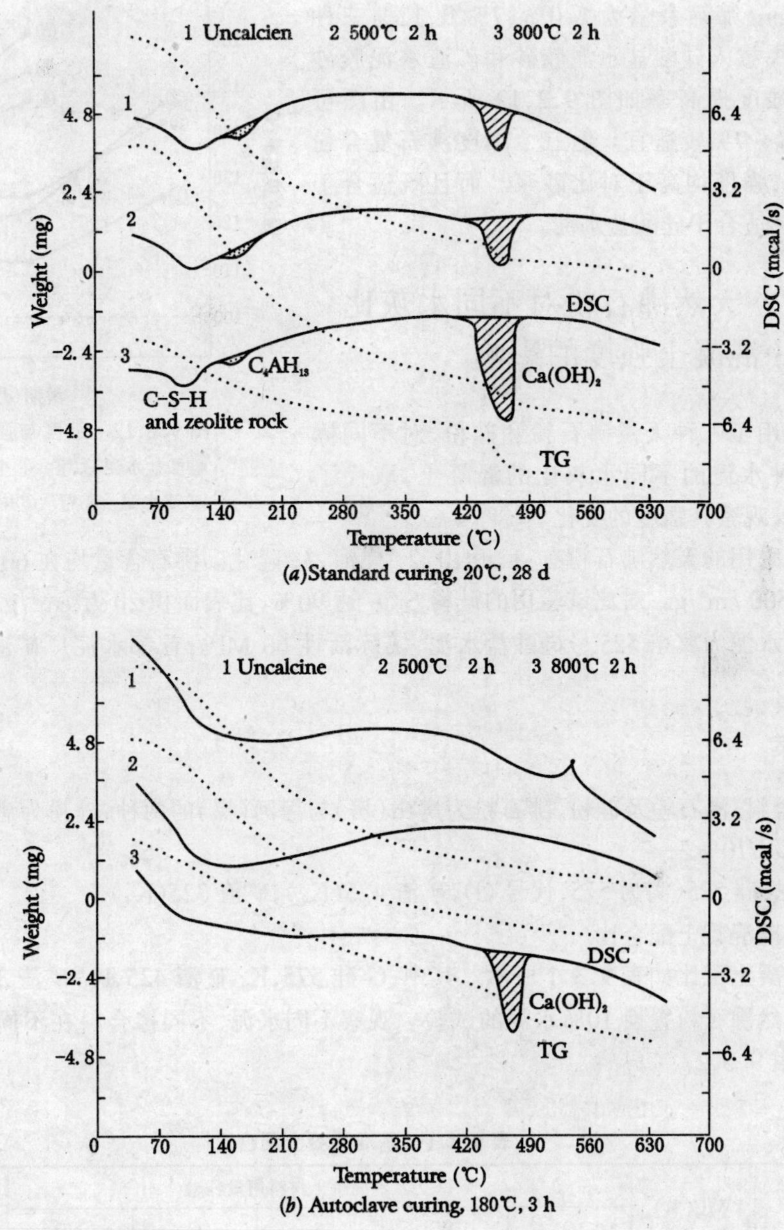

(a) Standard curing, 20℃, 28 d

(b) Autoclave curing, 180℃, 3 h

图 9.2.11 天然沸石-$Ca(OH)_2$-H_2O 试样的 TG-DSC

中，仍残留部分 $Ca(OH)_2$，XRD 图谱上仍可看到 $Ca(OH)_2$ 的特征峰。从 SEM 图谱中也发现，未经热处理及 500℃处理的试件，生成的是针状的 C－S－H 相；而 800℃处理后的天然沸石试件中，生成的是薄膜状的 C－S－H 相，覆盖于沸石颗粒上。

上述可见，天然沸石如果经热处理，变成玻璃态后，沸石的特征峰消失，化学反应活性下降。

（三）不同细度的天然沸石及其复合粉体的活性

以天然沸石与水淬高炉矿渣按 6:4 复合,分别磨到 0.08 mm 筛筛余量为 2.0%、7% 及 12% 三种细度,按 10% 掺入硅酸盐水泥胶砂和矿渣水泥胶砂中,各龄期强度提高率如图 9.2.12 所示。由图可见,细度 2%～7% 较适宜。但三个细度沸石复合粉的水泥砂浆,强度均高于对比砂浆。而且既适合于矿渣水泥,又适合于硅酸盐水泥。

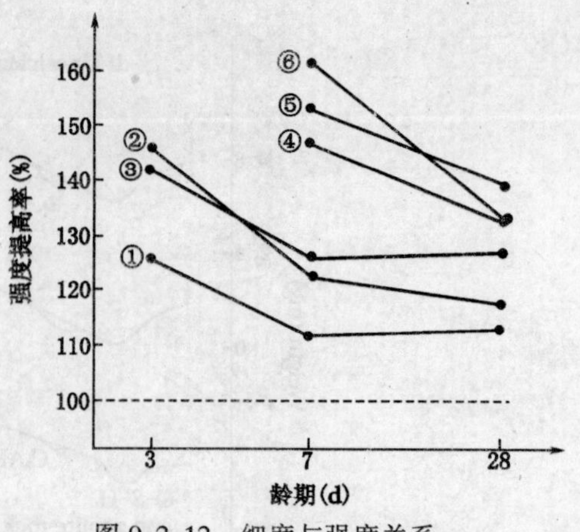

图 9.2.12 细度与强度关系

硅酸盐水泥 ①粗 ②中 ③细

矿渣水泥 ④粗 ⑤中 ⑥细

第三节 天然沸石粉对不同水灰比混凝土强度的影响

作者采用了三种天然沸石粉和硅粉,对不同标号、不同品种水泥的不同水灰比的混凝土,取代了 10% 的水泥,观察其强度的变化。

试验中采用的天然沸石粉有:1. 房山,2. 黑河,3. 隆化。沸石含量均在 60% 以上,比表面积 4000～4500 cm^2/g。对比试验用的硅粉 SiO_2 达 90%,比表面积 20 万 cm^2/g。

采用的水泥为冀东 525 号硅酸盐水泥,实际活性 60 MPa;首都水泥厂矿渣 425 号及 325 号水泥。

一、试验方案

A. 掺合料:沸石粉及硅粉,沸石粉为房山(房)与黑河(黑)的两种;硅粉为唐山铁合金厂产品。取代水泥 10%。

B. 水泥:硅 525(实为 575,代号 G),矿渣 425(K_4),矿渣 325(K_3)

(一)基准混凝土配合比

基准混凝土配比如表 9.3.1 所示。其中:G-硅 575,K_4-矿渣 425,K_3-矿渣 325。

(二)天然沸石粉置换 10% 水泥的试验。观察不同水泥、不同掺合料在不同水灰比混凝土中效果,如表 9.3.2。

表 9.3.1 基准混凝土配合比

编号	W/C(%)	每立方米混凝土材料用量(kg)					龄期(d)
		C	W	S	G	NF	
G-1	30	500	150	650	1200		3、7、28
G-2	45	400	180	670	1250		3、7、28
G-3	60	350	210	680	1260		3、7、28
K_4-1	35	500	175	650	1200		7、28
K_4-2	45	400	180	670	1250		7、28
K_4-3	60	350	210	680	1260		7、28
K_3-1	40	500	200	650	1200		7、28
K_3-2	50	400	200	670	1250		7、28

表 9.3.2　含沸石粉及硅粉混凝土对比试验

编号	W/C(%)	每立方米混凝土材料用量(kg)					龄期(d)
		C	W	S	G	NF	
GF-1(房)	30	450+50	150	650	1200		3、7、28
GH-1(黑)	30	450+50	150	650	1200		3、7、28
GG-1(硅)	30	450+50	150	650	1200		3、7、28
GF-2(房)	45	360+40	180	670	1250		3、7、28
GH-2(黑)	45	360+40	180	670	1250		3、7、28
GG-2(硅)	45	360+40	180	670	1250		3、7、28
GF-3(房)	60	315+35	210	680	1260		3、7、28
GH-3(黑)	60	315+35	210	680	1260		3、7、28
GG-3(硅)	60	315+35	210	680	1260		3、7、28
K_4H-1(黑)	35	450+50	175	650	1200		7、28
K_4F-1(房)	35	450+50	175	650	1200		7、28
K_4G-1(硅)	35	450+50	175	650	1200		7、28
K_4H-2(黑)	45	360+40	100	670	1250		7、28
K_4F-2(房)	45	360+40	180	670	1250		7、28
K_4G-2(硅)	45	360+40	180	670	1250		7、28
K_4H-3(黑)	60	315+35	210	680	1260		7、28
K_4F-3(房)	60	315+35	210	680	1260		7、28
K_4G-3(硅)	60	315+35	210	680	1260		7、28
K_3H-1(黑)	40	450+50	200	650	1200		7、28
K_3F-1(房)	40	450+50	200	650	1200		7、28
K_3G-1(硅)	40	450+50	200	650	1200		7、28
H_3H-2(黑)	50	360+40	200	670	1250		7、28
K_3F-2(房)	50	360+40	200	670	1250		7、28
K_3G-2(硅)	50	360+40	200	670	1250		7、28

二、试验结果

按试验方案的试验结果如表 9.3.3 所示。

三、结论

根据 76 组不同水泥、不同掺合料与不同水灰比的混凝土试验，测定其坍落度与不同龄期的强度，得到了以下基本结论：

1. 对于 575 号硅酸盐水泥

掺合料对水泥的置换量 10%，混凝土水灰比分别为 30%，45%及 60%，对于三种掺合料 GF(房山沸石)，GH(黑河沸石)及 GG(硅粉)对早期(3 d)均有很明显的增强效果；水灰比为 30%时增强效果最低为 7%，最高为 14.6%，水灰比为 45%时，最高 20%；最低 13%；水灰比为 60%时，最高 32%，最低 9.3%。对于 28 d 强度，低水灰比(30%)时增强效果明显(8.9～19%)，高水灰比(60%)时增强效果稍差(5.5～13.4%)。

对于坍落度除了硅粉外，掺入(置换 10%水泥)增强剂后，坍落度大体上与原来基准混凝土相同或偏高，而以硅粉置换时，则坍落度降低极明显。

表 9.3.3　试验结果汇总

编号	W/C(%)	置换水泥(%)	塌落度(cm)	抗压强度(MPa)			相对强度(%)		
				R_3	R_7	R_{28}	R_3	R_7	R_{28}
G-1	30	0	1.5	57.0	78.0	79.0	100	100	100
GF-1	30	10	3～5	61.0	77.8	86.0	107	99.7	108.9
GH-1	30	10	1～3	63.0	75.0	89.0	110.5	96	113
GG-1	30	10	1～3	65.0	83.3	94.0	114.6	106.8	119
G-2	45	0	7.5	35.0	47	57	100	100	100
GF-2	45	10	8～12	41.0	58.7	66.0	117	123	116
GH-2	45	10	8～12	39.5	50.3	71.0	113	107.0	125
GG-2	45	10	5～8	42.0	58.5	67.0	120	124	118
G-3	60	0	18～22	14.0	29.0	47.0	100	100	100
GF-3	60	10	18～22	18.5	36.0	49.3	132	124	105.5
GH-3	60	10	18～22	15.3	32.0	46.3	109.3	110.3	98.5
GG-3	60	10	12～18	17.7	36.7	53.3	126.4	126.6	113.4
K_4-1	35	0	23	38		41	100		100
K_4H-1	35	10	8～12	42		64.3	110.5		156.8
K_4F-1	35	10	8～12	38		58.0	100		141.5
K_4G-1	35	10	5～8	46.5		63.7	122.4		155.4
K_4-2	45	0	18～22	23.0		41.3	100		100
K_4H-2	45	10	8～12	26.7		47.7	116.1		115.5
K_4F-2	45	10	8～12	24.0		46.3	104.3		112
K_4G-2	45	10	12～15	32.7		53.7	142.2		130
K_4-3	60	0	18～22	8.3		17.0	100		100
K_4H-3	60	10	18～22	12.3		27.0	149		158.8
K_4F-3	60	10	18～22	13.0		23.0	156.6		135.3
K_4G-3	60	10	8～12	18.5		31.0	222.9		182.4
K_3-1	40	0	8～12	24		32	100		100
K_3H-1	40	10	6～8	27.3		48	113.8		150
K_3F-1	40	10	6～8	26.0		42.7	108.3		133.4
K_3G-1	40	10	8～11	32.0		48	133.3		150
K_3-2	50	0	12～15	14.7		23.7	100		100
K_3H-2	50	10	8～12	16.5		33	112		139
K_3F-2	50	10	8～12	13.7		27	93		113.9
K_3G-2	50	10	6～8	19		34	129.3		143.5

2. 对于 425 号矿渣水泥

沸石粉对水泥的置换量 10%，混凝土水灰比分别为 35%、45% 及 60%，对于房山沸石、黑河沸石及硅粉三种增强剂，对混凝土 7 d 及 28 d 强度均有很明显的增强效果。依上述顺序增强剂对混凝土的增强效果，当水灰比为 35% 时，28 d 强度分别提高 56.8%，41.5% 及 55.4%；当水灰比为 45% 时，28 d 强度分别提高 15.5%，12% 及 30%；而当水灰比为 60% 时，28 d 强度分别提高 58.8%，35.3% 及 82.4%。

对于坍落度影响。以 10% 沸石粉置换了 10% 水泥后，当水灰比为 35%，外掺水泥量 0.8% 的 NF，房山及黑河沸石为增强剂时，坍落度降低了 50%，而硅粉则降低了 75%；当水灰比为 60% 时，除硅粉掺入后降低坍落度 50% 外，其余两种增强剂的混凝土坍落度与对比混凝土大体相同。

3. 对于 325 号矿渣水泥

沸石粉对水泥的置换量为 10%，混凝土的水灰比分别为 40% 及 50%；当水灰比为 40% 时，28d 强度，黑河沸石提高 50%，房山沸石提高 33.4%，硅粉提高 50%；水灰比为 50%时，黑河沸石提高 39%，房山沸石提高 14%，硅粉提高 44%。坍落度除硅粉的影响较大外，其他均大体相同。

第四节　天然沸石高强度、高性能混凝土

采用天然沸石超细粉，平均粒径<10 μm，在水泥混凝土中内掺 10%，外掺胶结料 1.0%的高效减水剂，配制高性能混凝土。

一、使用原材料

1. 水泥：525 号硅酸盐水泥及 425 号矿渣水泥。

2. 骨料：粗骨料为北京立水桥产的碎卵石。细骨料为立水桥的河砂。骨料的物性如表 9.4.1 所示。

表 9.4.1　试验中骨料的主要物性

物性项目 / 种类	最大粒径 (mm)	细度模量	表观密度 (g/cm^3)	吸水率 (%)	单位体积重量 (kg/l)	粒度分布
碎卵石	20	6.40	2.69	0.50	1.56	合格
河砂	–	3.23	2.61	0.80	1.55	合格

3. 矿物质超细粉

采用日本的大谷石、二井的天然沸石及中国赤城县独石口的天然沸石。为了对比，还采用了北京西高井的粉煤灰及首钢的矿渣。两种日本的天然沸石的化学成分及不同温度下的活性 SiO_2 及 Al_2O_3 的量分别如表 9.4.2，9.4.3 所示。

表 9.4.2　大谷石及二井的天然沸石的成分

化学成分 / 岩石种类	SiO_2	Al_2O_3	Fe_2O_3	CaO	MgO	Na_2O	K_2O	烧失量
大谷石	70.17	11.81	1.68	2.54	0.52	2.73	1.95	8.71
二井沸石	68.37	11.82	2.29	2.47	0.99	3.01	2.21	9.39

表 9.4.3　大谷石的活性 SiO_2 及活性 Al_2O_3 含量

加热温度 / 活性成分	常温	500℃	800℃	备注
活性 SiO_2 量(%)	12.08	11.81	9.02	500℃下加热沸石的结构未破坏
活性 Al_2O_3 量(%)	8.39	8.37	7.37	800℃下加热，结构破坏

大谷石和二井沸石均为天然沸石。属斜发沸石。

4. 高效减水剂:中国淮南矿务局产的β萘磺酸盐甲醛缩合物。

二、试验计划

分成4个系列进行试验。其目的及所用混凝土的种类,如下所述。

(一)第一系列试验

基准混凝土的水泥用量500 kg/m³。不改变混凝土的配合比,内掺10%(50 kg/m³)的大谷石、二井沸石、粉煤灰及高炉矿渣,分别制作混凝土。对比各种掺合料对混凝土强度的影响。混凝土的配合比如表9.4.4所示。

表9.4.4 第一系列试验混凝土配合比

试件编号	水泥·掺合料		$\frac{W}{C+2}$* (%)	砂率 (%)	单方用水量 (kg/m³)	减水剂 (kg/m³)	每 m³ 混凝土用料量(kg)			
	种类	平均粒径 (μm)					水泥	掺合料	细骨料	粗骨料
1	水泥	8.0	35	32	175	5.0	500	–	560	1207
2	大谷石	6.2	35	32	175	5.0	450	50	560	1207
3	二井沸石	6.4	35	32	175	5.0	450	50	560	1207
4	粉煤灰	5.6	35	32	175	5.0	450	50	560	1207
5	矿渣	6.7	35	32	175	5.0	450	50	560	1207

* $W/(C+2)$为水胶结料比

(二)第二系列试验

与第一系列试验相同,基准混凝土的水泥用量为500 kg/m³,沸石粉的平均粒径为3个水平,均内掺10%。观察粒度变化与强度关系。该系列试验的混凝土配合比如表9.4.5所示。

表9.4.5 第二系列试验混凝土配合比

试件编号	水泥·掺合料		$\frac{W}{C+2}$* (%)	砂率 (%)	单方用水量 (kg/m³)	减水剂 (kg/m³)	每立方米混凝土用料量(kg)			
	种类	平均粒径 (μm)					水泥	掺合料	粗骨料	细骨料
6	水泥	8.0	35	32	175	5.0	500	–	1207	560
7	大谷石	6.7	35	32	175	5.0	450	50	1207	560
8	大谷石	6.2	35	32	175	5.0	450	50	1207	560
9	大谷石	5.6	35	32	175	5.0	450	50	1207	560
10	二井沸石	6.8	35	32	175	5.0	450	50	1207	560
11	二井沸石	6.4	35	32	175	5.0	450	50	1207	560
12	二井沸石	5.6	35	32	175	5.0	450	50	1207	560

(三)第三系列试验

胶结料总量(水泥+沸石粉)为500 kg,内掺沸石粉10,15及20%,配制混凝土,观察以沸石粉置换水泥后混凝土强度的变化。该系列试验配合比如表9.4.6所示。

表 9.4.6 第三系列试验混凝土的配合比

试件编号	水泥·掺合料		$\frac{W}{C+2}$ * (%)	砂率 (%)	单方用水量 (kg/m³)	减水剂 (kg/m³)	每立方米混凝土用料量(kg)			
	种类	掺入量(%)					水泥	掺合料	粗骨料	细骨料
13	大谷石	10	35	32	175	5	450	50	1207	560
14	大谷石	15	35	32	175	5	425	75	1207	560
15	大谷石	20	35	32	175	5	400	100	1207	560
16	二井沸石	10	35	32	175	5	450	50	1207	560
17	二井沸石	15	35	32	175	5	425	75	1207	560
18	二井沸石	20	35	32	175	5	400	100	1207	560
19	独石口沸石	10	35	32	175	5	450	50	1207	560
20	独石口沸石	15	35	32	175	5	425	75	1207	560
21	独石口沸石	20	35	32	175	5	400	100	1207	560

(四)第四系列试验

水泥种类由硅酸盐水泥换成高炉矿渣水泥,在不同水胶结料比的混凝土中,掺与不掺天然沸石粉。观测不同品种的水泥与天然沸石粉配制混凝土的效果。该系列混凝土试验的配合比如表 9.4.7 所示。

三、试件的制作与养护

试件尺寸为 10 cm×10 cm×10 cm,强制式搅拌机搅拌,标准振动台上振动成型,成型后试件 24 h 脱模,放入 20℃潮湿空气中养护,到规定龄期时试压。

表 9.4.7 第四系列试验混凝土的配合比

试件编号	水泥种类	掺与不掺沸石粉	$\frac{W}{C+2}$ * (%)	单方混凝土用水量 (kg/m³)	减水剂 (kg/m³)	每立方米混凝土材料用量(kg)			
						水泥	沸石	细骨料	粗骨料
22	硅酸盐水泥	无	37.8	170	4.0	450	0	620	1208
23		有				390	60	620	1208
24		无	35.5	160	5.0	450	0	620	1208
25		有				390	60	620	1208
26		无	33.0	150	5.5	450	0	620	1208
27		有				390	60	620	1208
28		无	31.0	140	6.0	450	0	630	1210
29		有				390	60	630	1210
30	矿渣水泥	无	37.8	170	4.0	450	0	620	1208
31		有				390	60	620	1208
32		无	35.5	160	5.0	450	0	620	1208
33		有				390	60	620	1208
34		无	33.0	150	5.5	450	0	625	1208
35		有				390	60	625	1208
36		无	31.0	140	6.0	450	0	630	1210
37		有				390	60	630	1210

四、试验结果及分析

试验结果如表9.4.8所示。将归纳起来,有以下几个方面:

表9.4.8 试验结果一览表(1~4的系列试验)

系列区分	试件编号	实测坍落度(cm)	实测含气量(%)	抗压强度(MPa)		
				3 d	7 d	28 d
第一系列	1	20.0	3.0	47.5	59.5	70.8
	2	17.4	3.0	52.4	67.0	80.0
	3	16.5	3.0	48.1	61.8	74.6
	4	20.0	3.0	43.1	50.7	66.9
	5	21.0	3.0	41.0	51.6	66.1
第二系列	6	20.0	3.0	47.5	59.5	70.8
	7	17.4	3.5	49.0	65.5	77.9
	8	17.0	3.5	51.3	66.6	77.9
	9	17.0	3.0	51.3	68.4	80.0
	10	17.2	3.5	48.5	62.5	75.7
	11	17.0	3.0	48.5	65.5	76.4
	12	17.0	3.5	52.2	64.2	74.3
第三系列	13	17.4	3.0		67.0	80.0
	14	17.0	3.4		59.5	77.8
	15	15.8	3.6		59.0	68.5
	16	17.2	3.5		62.5	75.7
	17	16.8	3.6		61.3	69.4
	18	15.6	3.6		58.3	72.1
	19	17.2	3.2		60.2	77.9
	20	16.5	3.4		54.8	74.3
	21	15.5	3.4		60.5	70.8
第四系列	22	17.0	3.0		52.0	59.2
	23	15.6	3.2		58.2	66.9
	24	14.6	3.0		53.8	66.8
	25	14.0	3.0		59.1	76.8
	26	14.0	3.0		58.7	71.2
	27	13.0	3.0		65.7	84.0
	28	10.0	3.0		61.8	74.2
	29	18.0	3.0		69.8	85.3
	30	15.6	3.0		34.2	45.0
	31	16.0	3.0		36.6	50.4
	32	14.8	3.0		36.2	47.8
	33	15.0	3.0		39.1	54.0
	34	14.0	3.1		39.0	52.0
	35	12.0	3.2		42.1	58.8
	36	10.0	3.0		48.3	56.4
	37	10.0	3.0		53.1	64.3

(一)新拌混凝土的性质

在本试验中,改变沸石粉细度、种类、掺入量等,而单方混凝土的用水量、粗细骨料的用量大体上为定值。测定混凝土的坍落度变化于10~20 cm之间,有点离散。但是,综合地对坍落度,进行分析时,在掺入沸石粉的混凝土的坍落度,比基准混凝土的坍落度降低1.5~3.0 cm

左右。而且随着沸石粉的掺量增大，坍落度降低越大。这是由于沸石的多孔结构所致，搅拌水一部为沸石粉吸进内部的空腔与孔道，造成拌合物坍落度的降低。但是，混凝土的含气量不因掺入沸石粉而发生变化。

(二)各种矿物质掺合料对混凝土强度的影响(第1系列试验)

以大谷石、二井沸石以及高炉矿渣和粉煤灰，代替混凝土中水泥重量的10%，混凝土3 d、7 d与28 d强度，与基准混凝土的强度的比值如图9.4.1所示。

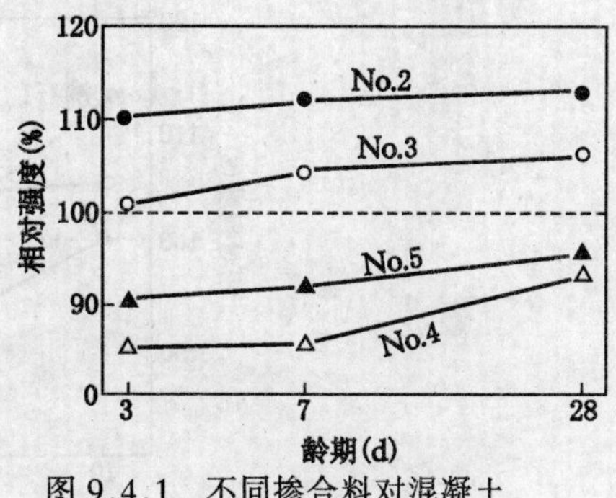

图9.4.1 不同掺合料对混凝土强度的影响

由图可见。大谷石粉末代替部分水泥的混凝土，与基准混凝土相比，无论是3 d、7 d或28 d均比基准混凝土强度提高10%以上。对于二井沸石粉也有类似的情况，但其强度提高的幅度比大谷石的低。而对矿渣与粉煤灰来说，含这两种掺合料的混凝土比基准混凝土的强度低，特别是3 d与7 d龄期的混凝土。但是，含这些掺合料的混凝土，随着龄期的增长，强度也提高。这是由于火山灰反应的结果。

(三)沸石粉细度与混凝土强度的关系(第2系列试验)

采用振动磨粉碎大谷石和二井沸石，其平均粒径为6.7,6.2和5.6μm，分三等级。研究沸石粉细度对混凝土强度的影响。图9.4.2是以不含沸石粉的混凝土为基准强度，与含沸石粉的混凝土强度的相对比值。

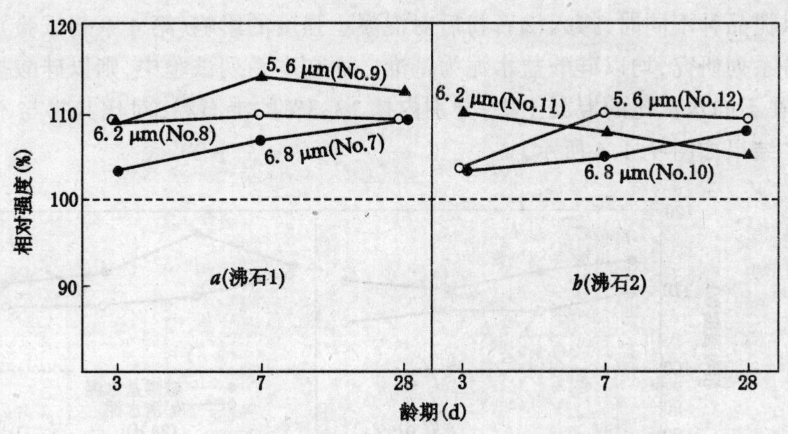

图9.4.2 沸石粉的平均粒度对混凝土抗压强度的影响

由图可见，掺入沸石粉的混凝土与未掺沸石的相比，在图9.4.1中已有说明；但在这里，可以进一步看出，沸石粉的细度越大，增强的效果越好。图9.4.2中，掺入平均粒径分别为6.7, 6.2及5.6 μm的沸石粉的混凝土，与不掺沸石粉的混凝土相比，7 d龄期时强度分别提高10%、12%和15%；28 d龄期时，强度分别提高10%、10%和13%。对于掺入二井沸石粉混凝土的强度也有类似的情况。但是沸石粉对混凝土的增强效果，不是越细越好，一般来讲，平均粒度6 μm左右即可。

(四)沸石粉对水泥的取代率与混凝土强度的关系(第3系列试验)

在第一系列与第二系列的试验中，沸石粉代替水泥的量一定，都是10%。而在本系列中是以沸石粉10%、15%及20%，代替相应的水泥，研究其对混凝土强度的影响。在本试验中，除了日本的大谷石及二井沸石外，还以赤城县独石口的沸石进行试验。试验结果如图9.4.3所示。

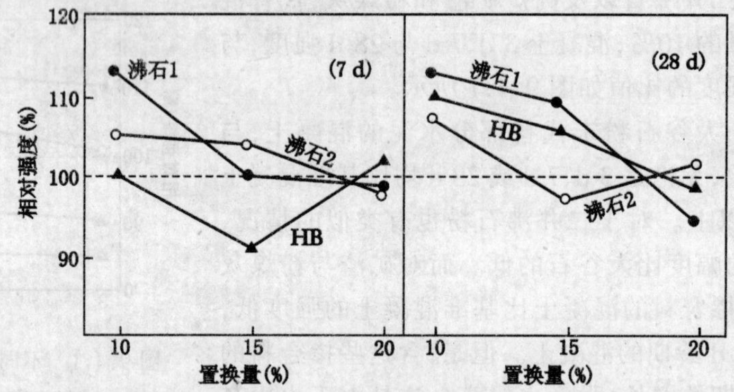

图9.4.3　沸石粉对水泥的取代率与混凝土强度的关系

由图可见，沸石粉对水泥取代10%的混凝土试件中，不管掺入那一种沸石粉，其抗压强度都比基准混凝土的强度高。沸石粉对水泥的取代率为15%时，效果稍差些；代替率为20%时，其强度与基准混凝土的强度大体相同。

为了提高混凝土的强度，沸石粉对水泥的取代率为10%时，效果最好。

(五)水泥品种不同时，掺入沸石粉后对混凝土强度的影响(第4系列试验)

上述各系列研究，均以硅酸盐水泥为基准。而在本系列试验中，则以硅酸盐水泥及矿渣水泥为基准，在不同水灰比的混凝土中，分别内掺13.3%的沸石粉，对比其掺与不掺沸石粉的混凝土强度。结果如图9.4.4所示。

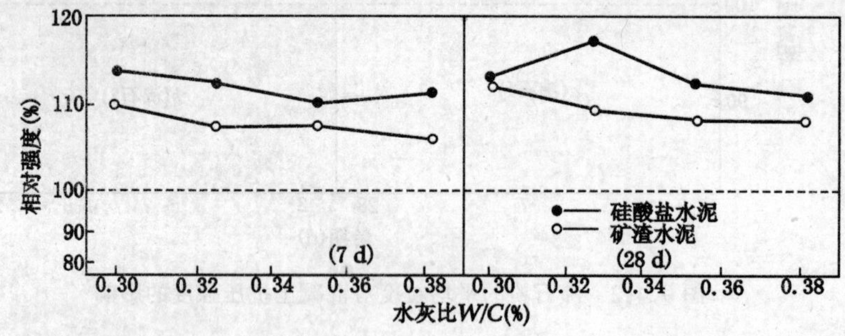

图9.4.4　内掺13.3%沸石粉的不同水灰比的混凝土的强度

由图可见，不管硅酸盐水泥或矿渣水泥，内掺13.3%大谷石粉的混凝土强度，与基准混凝土相比，强度均有不同程度的提高。硅酸盐水泥提高的幅度较大，达15.3%；矿渣水泥达13%左右。

第五节　天然沸石超细粉混凝土的微结构

天然沸石粉掺入水泥中，当掺量5%～10%时，可以提高水泥的标号；而在硅酸盐水泥的混凝土中，置换10%的水泥时，混凝土的强度比基准混凝土的强度提高10%以上。沸石是一种结晶矿物，与一般火山灰不同。天然沸石粉在水泥、混凝土中，发生了什么作用，为什么能提高混凝土的强度？这与其改善混凝土的微结构有关。

一、天然沸石粉的火山灰反应

F.M.Lea认为天然火山灰都是一些沸石状的化合物。也即天然沸石属于火山灰质材料的范畴。对于石灰-火山灰反应的机理，曾提出两个主要论据：碱交换与直接化合。

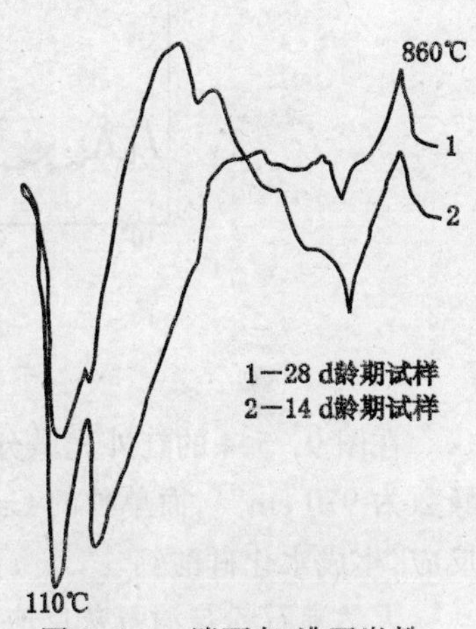

图9.5.1　消石灰-沸石岩粉试件的DTA

关于碱交换：也就是天然沸石通过离子交换与$Ca(OH)_2$结合。通过测定，当溶液为CaO 0.5 mg/L时，独石口的天然沸石钙离子交换容量为0.25钙mmoL/g原料。F.M.Lea认为，相当于火山灰重的1%～2%。在碱交换时，沸石矿物晶格没有任何变化，一个碱离子被另一个离子置换，进入到晶格的同一位置上，这个反应未必能起胶凝作用。

关于直接化合：天然沸石粉在水泥水化硬化中的作用主要是沸石粉中的SiO_2与$Ca(OH)_2$直接化合，生成水化硅酸钙。以独石口的天然沸石粉与消石灰混合制成试件，在室温水中浸泡，龄期14 d及28 d的试样，进行差热分析(DTA)、扫描电镜(SEM)、红外光谱(IR)及X射线衍射(XRD)分析。结果分别如图9.5.1，9.5.2，9.5.3及9.5.4所示。

(a)标准养护28d

(b)蒸压出釜

图9.5.2　天然沸石粉+消石灰试样的SEM

由图9.5.1可见：曲线上有两个热反应，110℃时的吸热反应和860℃时的放热反应。110℃是机械结合水的蒸发，而860℃放热峰是由于水化硅酸钙的强烈结晶作用。

由图9.5.2可见：由天然沸石粉与消石灰试样，标养28 d，有部分C－S－H凝胶及石灰的结晶；而蒸压试件则为针叶状水化硅酸钙。

由图9.5.3可见，天然沸石粉＋消石灰试件，28 d龄期的衍射图上出现C－S－H相。

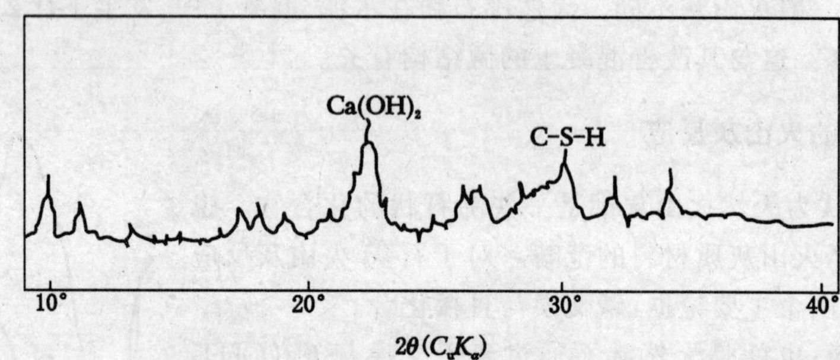

图9.5.3 天然沸石粉＋消石灰的XRD

在图9.5.4的红外光谱分析中，试样14 d与28 d龄期的IR，均显示有水化硅酸钙存在，峰数为970 cm^{-1}，而单独的$Ca(OH)_2$和沸石岩的峰不明显。这也证明了沸石岩粉与消石灰反应，生成水化硅酸钙。

天然沸石粉与消石灰反应，生成水化硅酸钙凝胶C－S－H相，主要由于沸石粉中含有可溶SiO_2与Al_2O_3，它们与石灰反应，生成水化硅酸钙或水化铝酸钙。而且随着龄期增长，反应性（或可溶性）的SiO_2与Al_2O_3随着增加，如表9.5.1所示。

表9.5.1 沸石粉与消石灰试样不同龄期的可溶SiO_2与可溶Al_2O_3（%）

组别＼龄期		3 d	7 d	28 d
A	SiO_2	4.88	6.13	9.63
	Al_2O_3	1.66	2.14	3.11
B	SiO_2	8.9	9.4	11.1
	Al_2O_3	2.14	2.29	3.26
C	SiO_2	8.7	7.1	
	Al_2O_3	2.14	2.24	3.11

A组：沸石粉50%＋消石灰50%

B组：沸石粉50%＋消石灰46%＋二水石膏4%

C组：沸石粉50%＋消石灰46%＋萤石4%

由表9.5.1可见，A、B两组试件的可溶SiO_2与Al_2O_3随着龄期的增长而提高。说明水化硅酸钙与水化铝酸钙也随着龄期而增多。

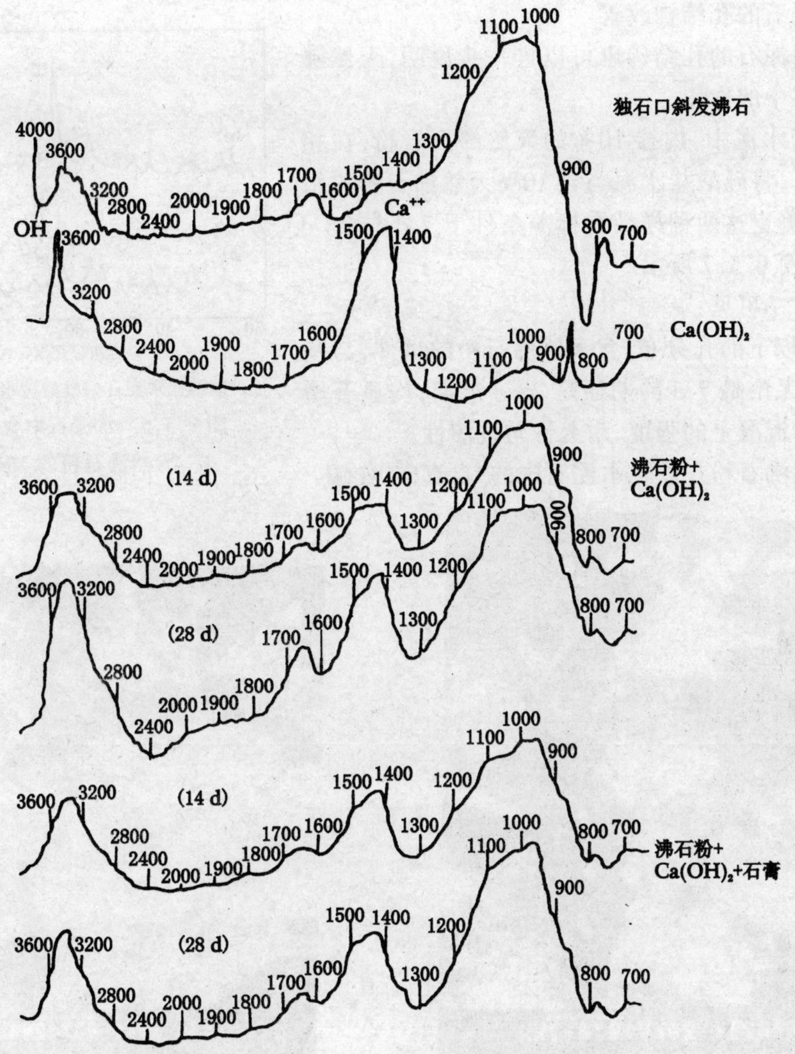

图 9.5.4　沸石粉＋石灰＋石膏的红外光谱(IR)

二、天然沸石粉在水泥浆中作用

(一)使 C－S－H 相增多,水泥石密实度提高

在硅酸盐水泥中,掺入 20% 的沸石粉,水灰比 25%,制作试件,标准养护 28 d 龄期,用 SEM 与 XRD 分析,如图 9.5.5,9.5.6 所示。

由图 9.5.5 可见,由于内掺 20% 沸石粉,在 XRD 图上,C－S－H 的特征峰值增大,$Ca(OH)_2$的特征峰降低。这就说明了,由于沸石粉的掺入,与水泥浆中的 $Ca(OH)_2$ 反应,形成了 C－S－H 相。

由图 9.5.6(*b*)中,由于内掺 20% 的沸石粉,在水化物间隙中,沸石粉与 $Ca(OH)_2$ 反应,产生 C－S－H 凝胶,因此,其密实度提高。特别是 28 d 龄期后,水化物间隙中,填充 C－S－H 凝胶,密实度提高。

(二)水泥石的孔结构改善

从硬化水泥石的孔结构也可以进一步说明，天然沸石粉在水泥浆中的作用。

在硅酸盐水泥中，内掺10%的天然沸石岩粉，在相同的水灰比下，将硅酸盐水泥与含10%天然沸石粉的水泥制成试件，测定这两种样品在标养条件下7 d与28 d的孔结构，如图9.5.7所示。

由图9.5.7可见：

100 mm以下的孔分布，含天然沸石粉的试件，与基准试件相比，无论是7 d龄期还是28 d龄期，均显著增加。这有利于混凝土的强度、耐久性与抗渗性。

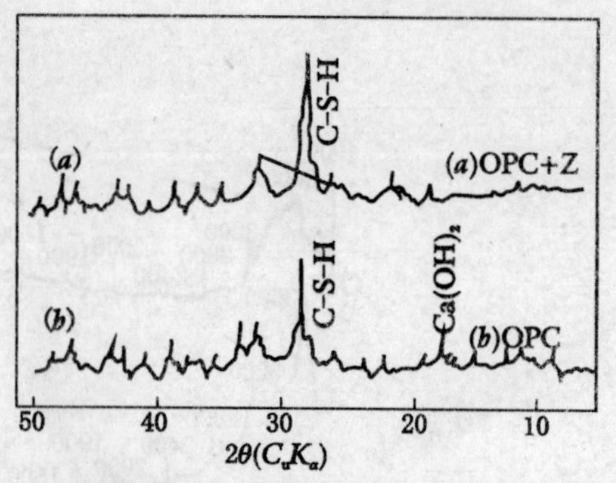

(a)硅酸盐水泥；(b)硅酸盐水泥+沸石粉

图9.5.5 水泥石中含与不含天然沸石粉的XRD

(三)天然沸石粉在硬化水泥石中的"自真空"作用

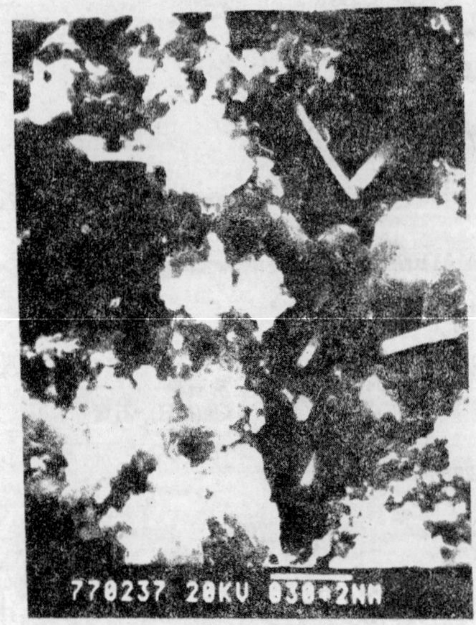

(a)硅酸盐水泥的水泥石

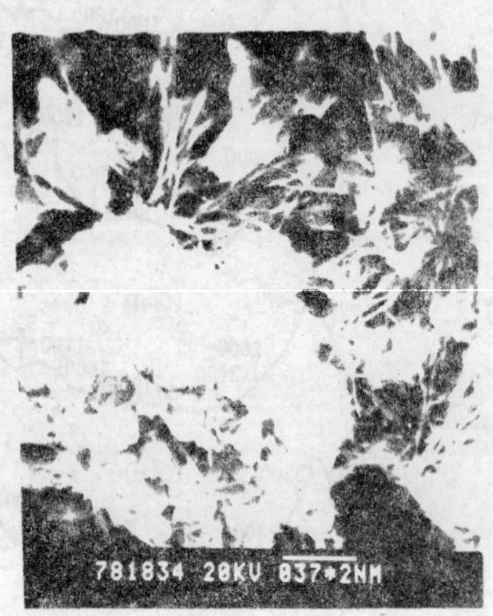

(b)含20%天然沸石粉的硅酸盐水泥石

图9.5.6 含与不含天然沸石粉的水泥石的SEM

如上所述，天然沸石岩中沸石含量约60%。沸石的内部有许多空腔与孔道，内表面积很大。例如A型沸石分子筛的内表面积约1100 cm^2/g。沸石粉掺入水泥混凝土后，在搅拌初期，由于沸石吸水，一部分自由水为沸石粉吸走，在水化硬化过程中，水泥进一步水化需水时，沸石粉排出原来吸入的水分，使沸石粉粒子与水泥水化物之间吸附得更加紧密。通过化学作用与物理作用，使粒子间联系更加紧密。

三、改善混凝土中骨料与水泥石的界面结构

对内掺10%天然沸石超细粉的混凝土($W/C=0.3$)，28 d龄期时进行SEM分析及对水泥石－石灰石骨料的界面过渡层进行了EDAX分析。从骨料一端开始，直至水泥石，进行连续元素线分布和间断氧化物含量测定，观察天然沸石超细粉对界面过渡层的影响。其结果分别

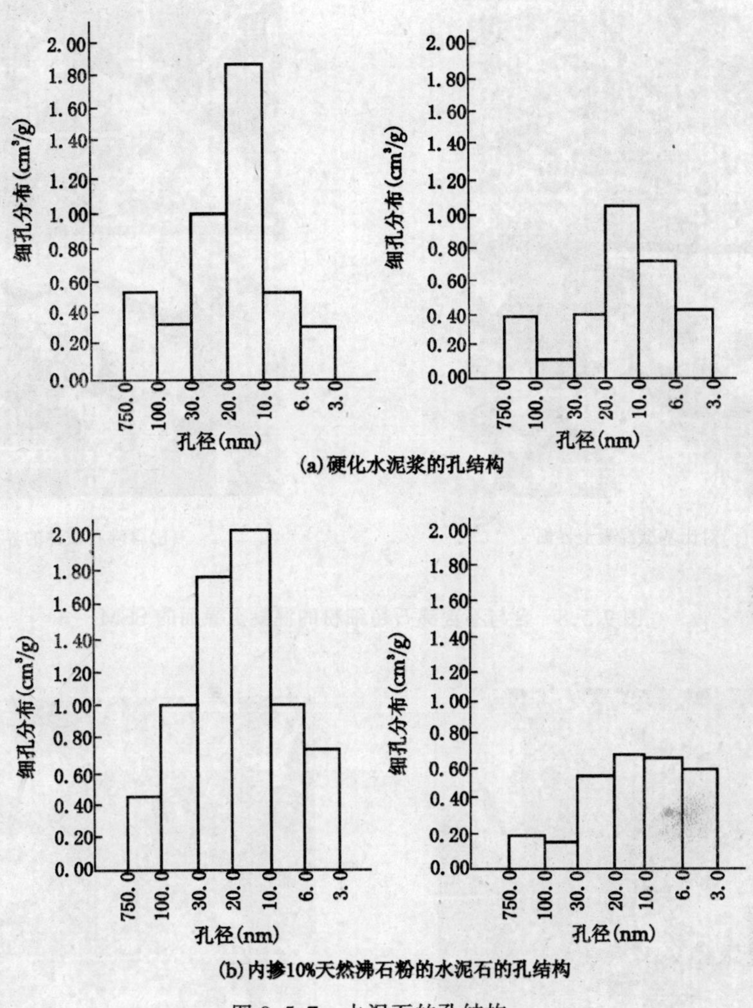

图 9.5.7 水泥石的孔结构

如图 9.5.8,9.5.9。

图中,白色横线是选定元素分布的位置选择线。白色斑点为沿位置线 Ca 元素的分布情况。

由图 9.5.9(a)可见,纯水泥石的界面过渡中,Ca 元素在集料端富集,这是由于 $Ca(OH)_2$ 在水膜层中定向富集结晶所致,对界面力学性能有害。掺入天然沸石粉后,由于高硅含量和在界面区域的微结晶作用,使 $Ca(OH)_2$ 的富集现象减弱。图 9.5.9(b)中的 Ca 元素分布均匀,无明显的富集现象。

作者还对同样试件,从骨料一端开始进行了 CaO、SiO_2 含量的 EDAX 点分析,并计算了过渡层中的 SiO_2/CaO 重量比,如图 9.5.10 所示。

由图可见,加入沸石粉后,界面过渡层中$\frac{SiO_2}{CaO}$比明显高于基准水泥石-集料界面。Si^{4+} 在界面过渡层中的大量存在使得 CSH 凝胶含量上升,而定向排列的片状 $Ca(OH)_2$ 减少。

本研究还对 $W/C=0.30$ 的纯水泥和内掺 10%沸石粉的水泥与石灰石集料界面 28 天龄

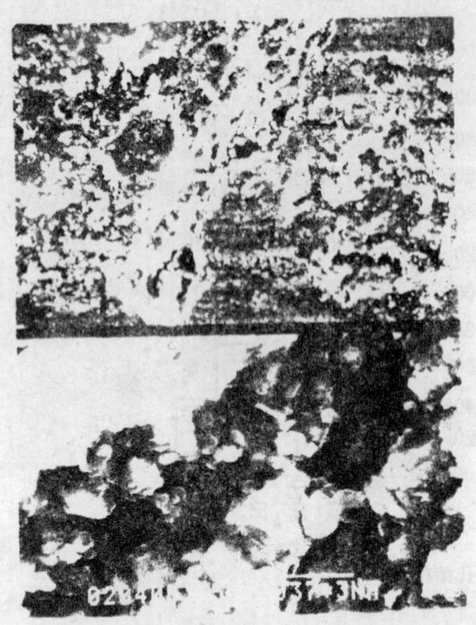

(a)对比基准混凝土界面

(b)含沸石试件的界面

图 9.5.8　含与不含沸石超细粉的混凝土界面的 SEM

(a)纯水泥过渡层 Ca 元素分布(左侧接触骨料)

(b)含天然沸石粉水泥石过渡层 Ca 元素分布(左侧接触骨料)

图 9.5.9　水泥石-骨料界面过渡层 Ca 元素分布的 EDAX

期进行了X射线层分析，逐层测定$Ca(OH)_2$的(001)晶面($2\theta=18.08°$)和(101)晶面($2\theta=34.08°$)的衍射峰强度I进行了测定，测定结果如图9.5.11和图9.5.12所示。按下式(1)计算取向指数R。结果如图9.5.11及9.5.12所示。

$$R=[I(001)/I(101)]/0.74 \qquad (1)$$

式中　R——$Ca(OH)_2$取向指数；

I(001)——(001)晶面衍射强度；

I(101)——(101)晶面衍射强度。

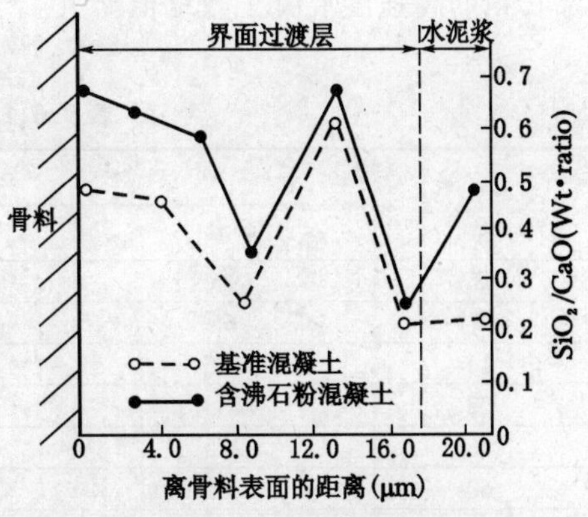

图9.5.10　含与不含沸石粉界面过渡层的SiO_2/CaO重量比

试验分析结果表明，掺入天然沸石超细粉，界面过渡层中$Ca(OH)_2$的结晶取向明显地比纯水泥-骨料界面过渡层取向减弱；取向范围由纯水泥界面中的50 μm减少到40 μm左右。$Ca(OH)_2$取向减弱，取向范围减小，使整个过渡层的结构不均匀性得到改善，界面得到增强。

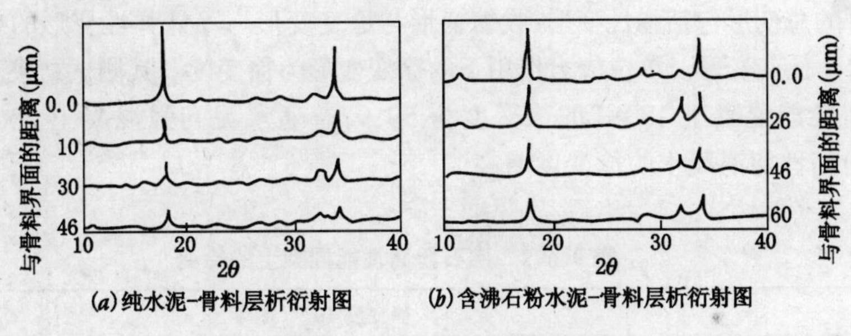

图9.5.11　$Ca(OH)_2$特征峰衍射图

第六节　天然沸石粉高性能混凝土的耐久性

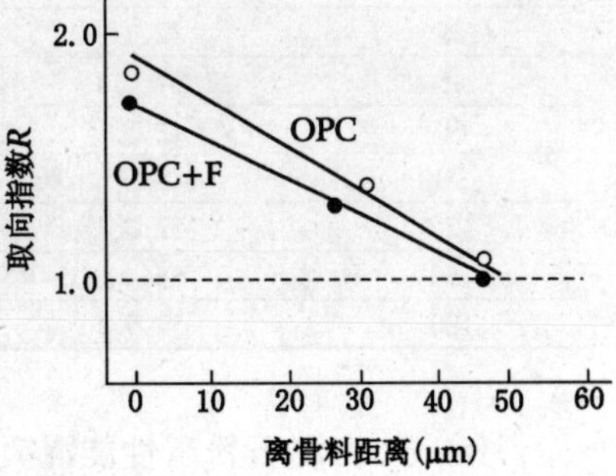

天然沸石是一种火山灰质的掺合料，与一般火山灰质掺合料具有类似的性能，如降低新拌混凝土的泌水、离析与分层，提高混凝土的抗渗性等。但是天然沸石粉与一般火山灰质材料又有差别，其是细微结晶材料，并具有多孔结构和离子交换的特性，掺入混凝土中后，耐久性具有很大的特点。

图9.5.12　$Ca(OH)_2$晶体的取向指数与取向范围

一、在室温下的干缩与徐变

以C60的沸石粉的高性能混凝土，成型6个10 cm×10 cm×30 cm的棱柱体试件，其中3个作徐变试验，另3个作补偿试件并测定收缩变形。

(一)收缩　在室温下测定的收缩值如表9.6.1所示。180 d的收缩值为401.7 με。有些文献介绍普通水泥的高强混凝土的收缩值254 d时为380 με左右，391 d为410 με。说明掺入沸石粉的高强度混凝土收缩值略大。

表 9.6.1 沸石粉高性能混凝土的收缩

编号 / t(d)	收缩值($\times 10^{-6}$)			
	4	5	6	平均
3	15	20	30	21.7
7	65	75	80	73.3
14	105	115	125	115.0
28	185	205	205	198.3
45	255	265	260	260.3
60	280	315	300	298.0
90	320	355	350	341.7
120	350	385	375	370.0
150	350	395	385	376.7
180	385	420	400	401.7

(二)徐变

持荷试件的总变形包括弹性变形、收缩变形与徐变变形。不计弹性变形的持荷试件变形扣除补偿变形后为徐变变形。单位应力作用下的徐变变形为徐变度。其测试结果见表 9.6.2。

沸石粉高性能混凝土 180 d 的徐变度为 59.9,普通水泥高强混凝土 200 d 的徐变度为 28.3。沸石粉高性能混凝土的徐变度略高。

表 9.6.2 沸石粉高性能混凝土的徐变

编号 / t(d)	徐变度 10^{-6}/MPa			
	1	2	3	平均
3	16.1	32.3	14.6	15.4
7	20.0	36.6	19.5	19.8
14	24.6	42.4	24.8	24.7
28	32.1	51.7	33.6	32.9
45	37.2	58.5	39.9	38.5
60	42.3	64.1	45.0	43.7
90	48.3	70.8	51.9	50.1
120	52.3	75.1	56.2	54.3
150	55.4	78.3	59.3	57.3
180	57.7	80.2	62.0	59.9

180 d 时,沸石粉高性能混凝土的徐变系数为 1.90,相应的普通水泥高强混凝土为 1.20。前者稍大些。

二、碳化性能

内掺 30% 天然沸石粉的水泥,其碳化收缩值与 425 号矿渣水泥相同,约 5.45×10^{-4}。C60 的沸石超细粉高性能混凝土,在 CO_2 气中碳化一个月,抗压强度为 63.7 MPa,未碳化的抗压强度(对比试件)为 66.4 MPa,强度损失 3.5%;碳化二个月时强度损失 2.5%。用 1% 的酚酞溶液测定其碳化深度，二个月碳化后，基本上没进入混凝土试件内。与普通水泥配制的基准混凝土具有相同的抗碳化性能。

三、抗冻性

以硅酸盐水泥 450 kg/m^3，天然沸石超细粉 50 kg/m^3，$W/C=0.34$，基准混凝土与沸石粉高性能混凝土的强度分别为 65 MPa 及 70 MPa，经 100 次冻融后，基准混凝土的强度损失约 5.0%，而沸石粉高性能混凝土为 4.6%，重量损失均为 0。沸石粉高性能混凝土具有优良的抗冻性。

四、抗渗性

按 GBJ82-85 进行沸石粉高性能混凝土的抗渗性试验。对 C60 的混凝土，水压加至 1.2 MPa，经 8 h 后没有渗水现象；继续加压至 2.0 MPa 也没有发现渗水现象，劈开试件渗水均在 30 mm 以内。由于高性能混凝土密实度高，用普通抗渗方法无法检验其抗渗性。

五、抑制碱-骨料反应

天然沸石对水泥混凝土中的碱-骨料反应，具有优异的抑制作用。在普通混凝土中，以 30% 的天然沸石粉置换相应的水泥后，即使混凝土中都是碱活性骨料，水泥中的碱含量达 1.82%，也不会发生碱-骨料的有害膨胀。天然沸石能抑制碱-骨料反应，主要是通过离子交换，降低了水泥石孔缝液中碱离子的浓度。

六、对钢筋锈蚀的抑制试验

本试验采用 S_{CA}-01 型钢筋锈蚀评定仪，将电化学测量和电化学加速融为一体进行综合评定。[10)] 配方为水胶比 0.5，砂胶比 2.5，矿粉内掺 30%，为加速腐蚀，加入 2%、4% 的 NaCl，见表 9.6.3。试块养护 28 天后进行自然电位的测定（表 9.6.3），阳极加速试验（图 9.6.1，9.6.2）和破型检查（图 9.6.3）。

表 9.6.3　钢筋锈蚀试块配方及自然电位（mV、饱和甘汞电极、三块平均值）

编号	配合比(g)					自然电位重复试验					结论
	水泥	矿粉	氯盐	水	标准砂	1	2	3	4	5	
0	300	/	/	150	750	−52	−99	−100	−102	−102	不锈蚀
1	210	90	/	150	750	−141	−244	−243	−241	−242	不锈蚀
2	300	/	6	150	750	−260	−351	−352	−352	−352	不确定
3	210	90	6	150	750	−125	−361	−323	−323	−324	不确定
4	210	90	12	150	750	−438	−442	−508	−508	−508	锈蚀

综合评定的结果归纳为：1$^{\#}$ 掺 30% 的矿粉，其内的钢筋仍处于钝化状态；2$^{\#}$、3$^{\#}$ 虽掺入 2% 的 NaCl，以测定数据和曲线判断为不确定或不明显；4$^{\#}$ 因掺入 4% NaCl，各项指标均判为有严重锈蚀。根据这些数据的判别，与破样检查的结果相符。沸石粉对阳离子钠 Na^+ 有交换作用，但对 Cl^- 无交换作用，将 4% NaCl 掺入试件中，Cl^- 对钢筋具有严重的锈蚀作用，锈蚀程度近 50%。

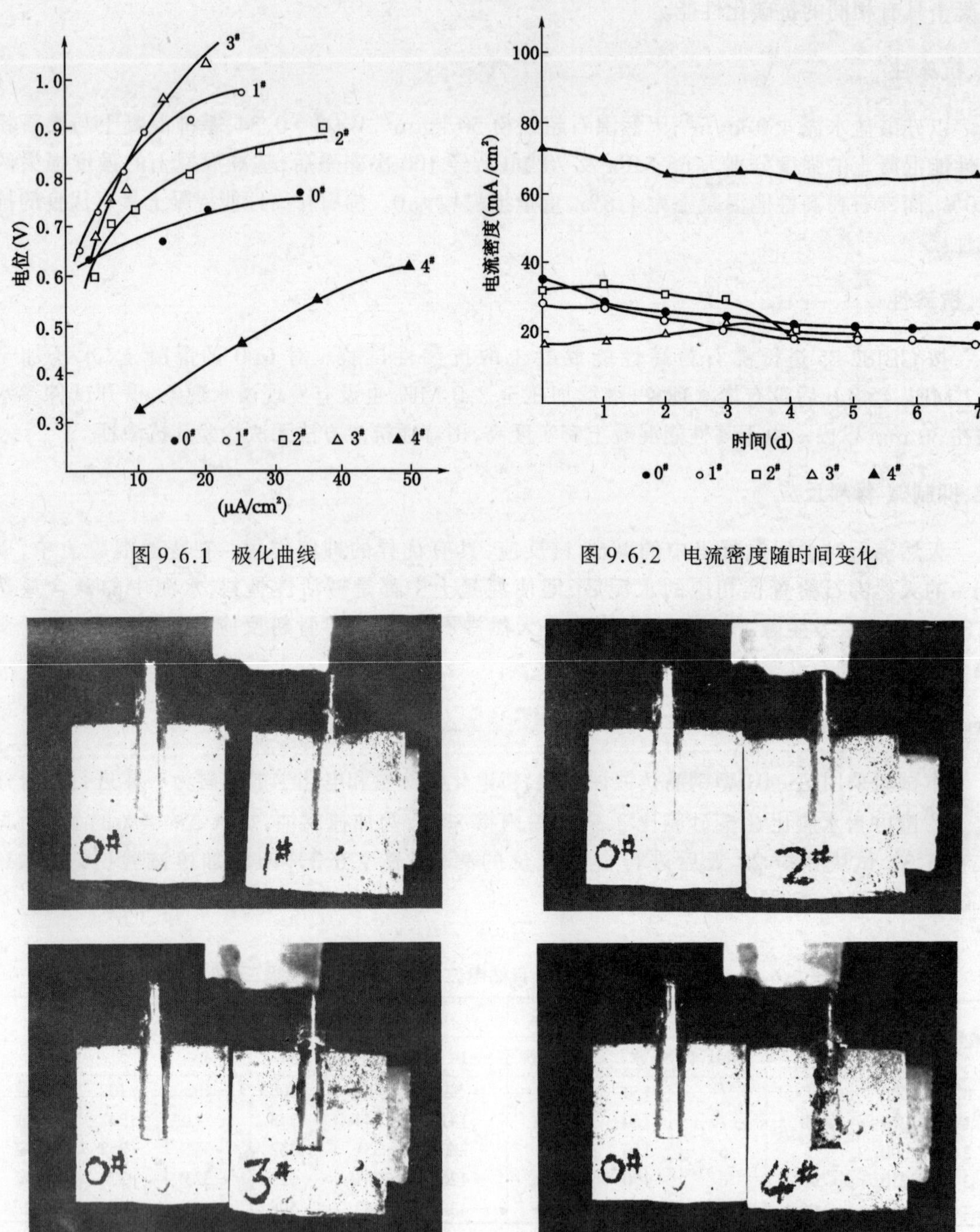

图 9.6.1　极化曲线

图 9.6.2　电流密度随时间变化

图 9.6.3　试块破样照片

参考文献

1 古階祥:沸石,北京,中國建工出版社,1980

2 郭兢雄等:沸石在水泥水化中作用機理的研究,中國硅酸鹽學報　1981年

3 馮乃謙、楊曉明、祖黎虹:F礦粉在水泥混凝土中的强度效應,武漢工業大學學報,1988,No.4

4 馮乃謙:氣體載體多孔混凝土的基礎研究,硅酸鹽學報　Vol.14,No1.1986.3

5 廉慧珍、郭玉順、李銘臻、盧瑋:沸石岩活性研究,中國硅酸鹽學會水泥專業委員會第三屆水泥年會,1986,11

6 唐運交、馮乃謙:沸石岩作混凝土高强劑的活性評價與試驗研究,遼寧建築,1993,No.3

7 馮乃謙、向井毅:コメクリートの强度增進材としてのゼオライトの有效性に關する研究,日本建築學會論文集,1988-06

8 Feng Nai qian: High-Strength and Flowing Concrete with a Zeolitic Mineral Admixture, ASTM cement, concrete, and aggregates Vol.12, N.2 winter 1992.

9 Feng Naiqian, YangHsia-ming and Zu Li-hong: The Strength Effect of Mineral Admixture on Cement Conerete, C.C.R Vol.18, pp, 464-472, 1988

10 洪乃豐:混凝土中鋼筋銹蝕與防護,冶金建築科學研究總院研究報告集,1990

注:清华大学从1978年与中科院地质所合作进行了沸石水泥的研究。先后参加过此项研究的有冯乃谦、王瑞、张玉荣、张淑清、郭玉顺、廉慧珍、张志龄、李桂芝等。后又有祖黎虹、杨晓明、馬昌钜、邢锋、郑红卫、肖俐、纪细煌、郝挺宇、封孝信等研究生参加了研究。对此表示衷心谢意。

第十章　矿物质掺合料对水泥水化及结构形成的影响

第一节　矿物质掺合料的特性

一、化学成分

1. 矿渣(SL):矿渣的化学成分随着铁矿石的杂质,加入的石灰石或白云石,以及作为还原剂的焦炭成分而变化。主要是 SiO_2、Al_2O_3、CaO 和 MgO,还有其他少量成分,如表 10.1.1。

表 10.1.1　矿渣的化学成分含量范围[1,2)]

	主要成分							
	SiO_2	Al_2O_3	CaO	MgO				
含量范围(%)	27~40	5~33	30~50	1~21				
	其他成分							
	Fe	$Cr_2O_3^-$	TiO_2	MnO	S	K_2O+Na_2O	P_2O_5	Cl
含量范围(%)	<1	0.003~0.007	<3	<2	<3	1~3	0.02~0.09	0.19~0.26

碱度是评价矿渣活性的一个可靠的指标,一般应保持 CaO/SiO_2 大于 1.0,$(CaO+MgO+Al_2O_3)/SiO_2$ 大于 1.4。

2. 粉煤灰(FA):粉煤中 CaO 含量小,碱度 $(C+M+A)/S$ 为 0.2~0.7 的粉煤灰称普通粉煤灰(或称普通灰);碱度为 1.0~1.8 的称高钙粉煤灰(或称高钙灰)。燃烧褐煤即得高钙灰。高钙灰成分与矿渣相似,普通灰的 CaO、MgO 含量低,Al_2O_3、SiO_2 含量高,如表 10.1.2。

表 10.1.2　普通粉煤灰与高钙粉煤灰的化学成分

	SiO_2(%)	Al_2O_3(%)	Fe_2O_3(%)	CaO(%)	MgO(%)
普通粉煤灰	34~60	17~31	2~25	0.5~10	1~5
高钙粉煤灰	25~40	8~17	5~10	10~38	1~3

这些成分随粉煤灰种类、粒子形状而异,通常粒子尺寸越小,钙、碱和 SO_3 含量越大,而大尺寸的粒子 Al_2O_3 含量更高。另外,粉煤灰还含 P_2O_5、TiO_2、MnO、BaO 和 SrO,其量分别小于 3%、3.5%、1%,1%和 0.5%,未燃炭的含量通常为 2~4%,有时可达 10%、粉煤灰中结晶的

和无定形的炭有不规则的或球状的，比表面积从每克几平方米到几百平方米。

3. 硅灰(SF)：其化学成分不仅取决于原料，如硅砂、石英石、铁和铬，而且还与煤和电极的质量有关。

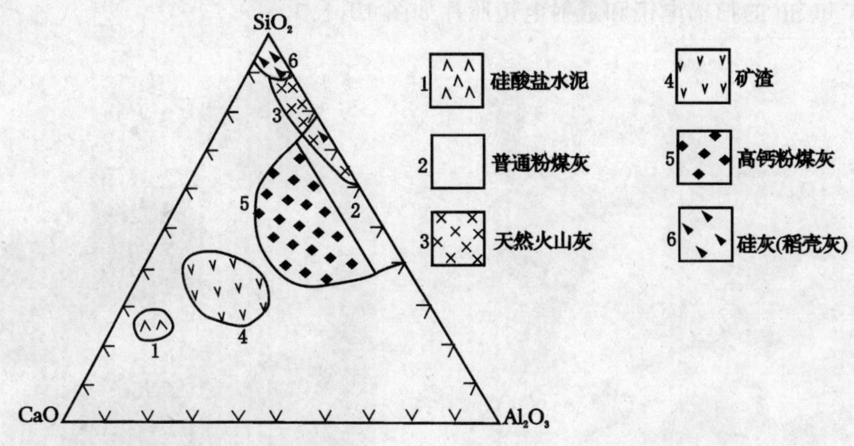

图 10.1.1 各种混合材在 $CaO-Al_2O_3-SiO_2$ 三元系统中的位置

硅灰中 SiO_2 常大于 80%，成分波动较小。其他成分为 Al_2O_3 0.1～0.5%，Fe_2O_3 0.1～5%，CaO<0.12%，TiO_2<0.1%，P_2O_5<0.07%，碱<1%，C 2～5%，S 0.1～0.2%。

与饱和的 $Ca(OH)_2$ 溶液混合，硅灰在 30 分钟内迅速溶解，溶液中的 SiO_2 浓度可达 5～6 ppm，随着水化物的形成，逐渐降到 1～2 ppm。硅灰不溶于浓盐酸，可是用热的浓盐酸处理后，约有 70% 的硅灰溶解于 10% 的 Na_2CO_3 溶液中。

图 10.1.1 表明了 $CaO-Al_2O_3-SiO_2$ 三元系统中各种掺合料的位置。

矿渣比其他掺合料含 CaO、MgO 量更高。

SL、FA 及 SF 中的玻璃相与结晶相的相对含量与结构，对活性影响很大。玻璃相是淬冷的无结晶体的熔融物；SL 和 FA 中存在的无定形相是一种玻璃；SF 的无定形相中没有玻璃；因为 SF 是气-气反应而产生的。SF 中无定形相的结构与石英玻璃相似。

二、XRD 图谱

典型的矿物质掺合料的 XRD 图谱如图 10.1.2。玻璃相平均含量 60% 以上。

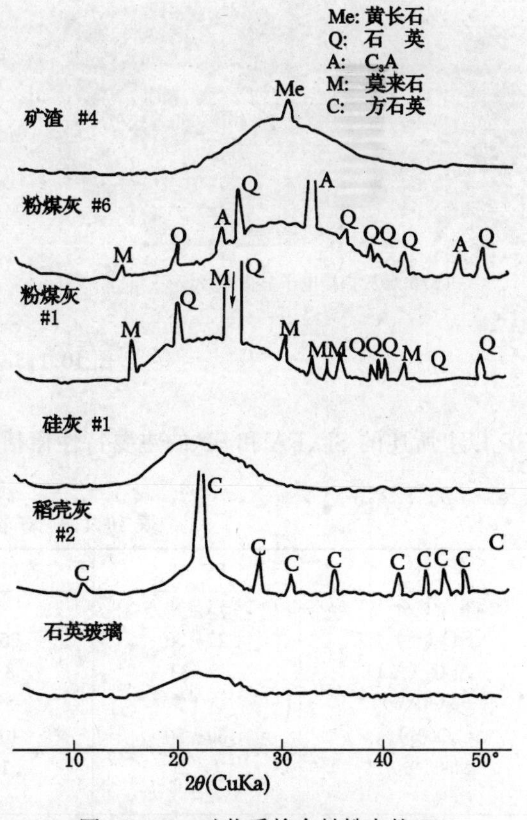

图 10.1.2 矿物质掺合料粉末的 XRD

三、矿物质掺合料的扫描电镜和透射电镜照片

SL、FA 和 SF 的扫描电镜和透射电镜照片如图 10.1.3。

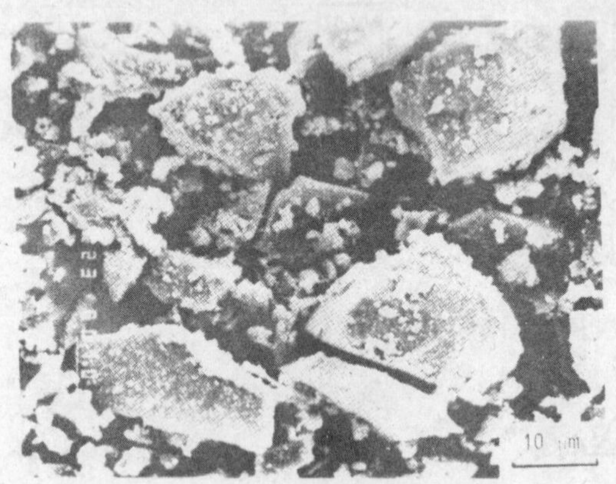

(a)矿渣扫描电子显微照片

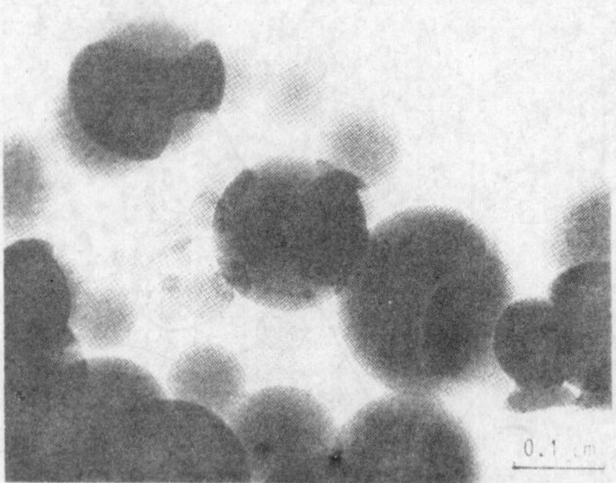

(c)硅灰透射电子显微照片

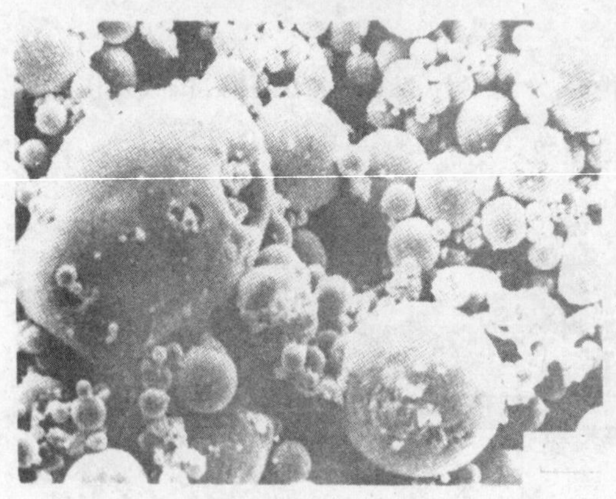

(b)粉煤灰扫描电子显微照片

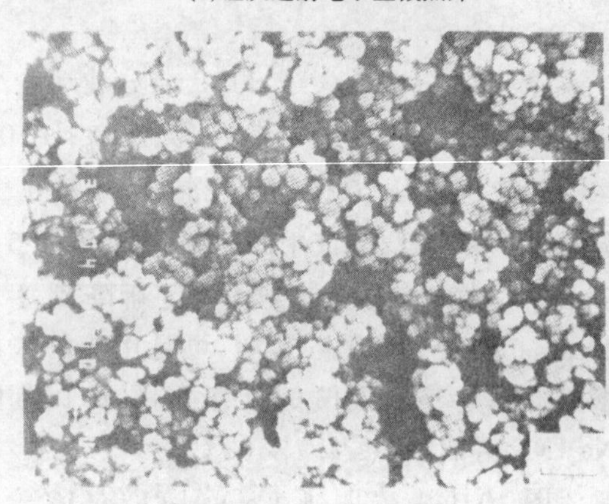

(d)硅灰扫描电子显微照片

图 10.1.3　SEM 图谱

以上所述的 SL、FA 和 SF 的主要特性概括于表 10.1.3 中。

表 10.1.3　矿物质掺合料的特性

	矿　渣	高钙粉煤灰	普通粉煤灰	硅　灰
化学成分				
SiO_2(%)	27~30	25~40	34~60	>80
$Al_2O_3^-$(%)	5~33	8~17	17~81	0.1~0.5
Fe_2O_3(%)	1	5~10	2~25	0.1~5
CaO(%)	30~50	10~38	0.5~10	<1
MgO(%)	1~21	1~3	1~3	-
C(%)	-	<10	<10	-
碱度	1.2~1.8	1.0~1.8	0.2~0.7	0.1

续表 10.1.3

	矿　渣	高钙粉煤灰	普通粉煤灰	硅　灰
晶相 种类 (数量%)	Me, Mr, La* <30	CA, Q, Mu, Aw 10~50	Q, Mu, M, H, A 10~50	Q <5
玻璃相 成分	Si-Al-Ca-O	Si-Al-Ca-O	Si-Al-(Ca)-O	Si-O
硅酸根离子聚合度	1>2>3(P)*	同矿渣	大于矿渣	高
结构	与莫来石相似	与 $C_{12}A_7$ 或莫来石玻璃同	与α一方石英相似	与α一方石英同
在水中溶解量(ppm)				
CaO	150~200	30~70	30~70	痕量
Na_2O	痕量	1~10	1~10	1~10
K_2O	痕量	1~35	1~35	1~35
SO_3	20~150	0.5~1400	0.5~1400	痕量
酸溶量(%)	99	50~80	10~50	10~15
颗粒形状	棱角—不规则	球状,不规则	球形,不规则	球形
细度				
勃氏(cm^2/g)	3000~6000	2500~4000	2500~4000	-
BET(m^2/g)	0.5~2	0.5~2	0.5~2	20~300
密度(g/cm^3)	2.9	2.0~2.7	2.0~2.7	2.3

注(*)Me:黄长石　Mr:镁硅钙石　Q:石英　Mu:莫来石　La:C_2S　H:赤铁矿 CA:C_3A　M:磁铁矿　Aw:$C_3A_3\cdot CaSO_4$　A:硬石膏　L:CaO　(**):多聚物

第二节　水化作用

一、水泥水化过程分类

水泥化合物和水泥的水化反应不尽相同,水化中形成的水化物种类也不同,且较复杂。采用不同的研究测定方法,得出的混合材料对水泥化合物水化的影响有不同的结论。例如,用粉末X射线衍射法测得的水化率通常是水泥石中得到的数据,而用放热曲线测得的数据是初级水化的数据,这是造成混淆的最重要原因之一。为了避免混淆,有必要讨论在每一水化程度时混合水泥的水化率。尽管按时间把水化过程分阶段还有争议,但为了进一步讨论的方便起见,本文还是根据放热曲线,将初期水化过程分为Ⅰ、Ⅱ、Ⅲ三个阶段。如图10.2.1所示。加入第三种组分如混合材,水泥和水泥化合物的水化发生变化。

由图10.2.1可见,C_3S 与水混合的第一阶段是渐渐放热期,相当于诱导前期和诱导期,生成的水化产物主要是C-S-H。第二阶段是快速放热水化期,相当于加速期,生成的水化产物是Ⅰ、Ⅱ型C-S-H和 $Ca(OH)_2$。第Ⅲ阶段是扩散期,由于未水化的 C_3S 颗粒周围沉积着一层C-S-H,水化速率降低,生成的水化产物主要是Ⅰ、Ⅲ型C-S-H。

C_3A 与水混合的第一阶段是快速放热,随后逐渐减弱,在这一阶段大量形成六方形水化产物(C_2AH_8、C_4AH_{19}),六方水化产物部分地转变成立方水化物(C_3AH_6),第Ⅱ、Ⅲ阶段的反应是缓慢的。

C_3A 与 $CaSO_4$ 混合物和 $C_3A+CaSO_4+Ca(OH)_2$ 混合物的第Ⅰ阶段形成钙矾石并放出大量的热。第Ⅱ阶段的放热峰表明钙矾石转变成单硫型盐水化物。

水泥的水化放热曲线包括固熔有铁酸盐的贝利特以及固熔铝酸三钙的阿里特的附加曲线，可以分为包括形成钙矾石的第Ⅰ阶段放热峰，包括阿里特快速水化和钙矾石晶型转变的第Ⅱ阶段放热峰，其后是连续扩散控制水化过程的第Ⅲ阶段。

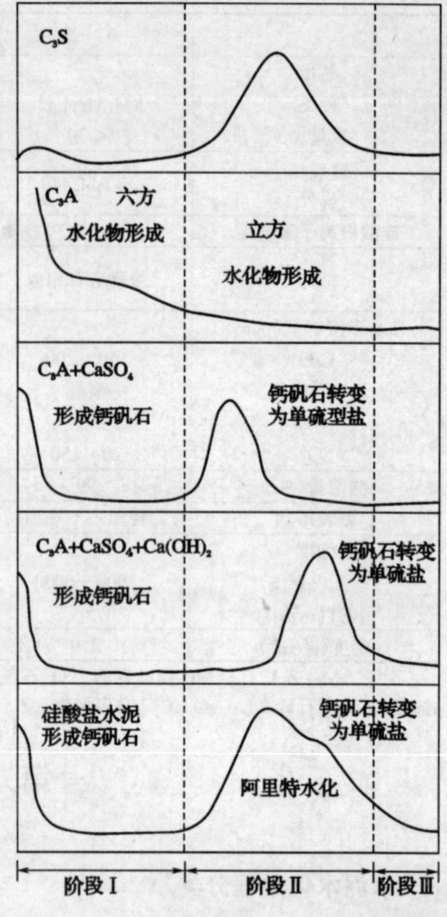

图 10.2.1 根据水化放热曲线，初极水化过程的分级

二、矿物质掺合料的水化作用

(一)粒化高炉矿渣的水化

1. 激发剂的效应

矿渣与水混合后，其表面形成一层渗透性低的假晶体，它抑制着水渗透到矿渣的微粒，也阻止矿渣中离子的溶解。因此为了保持矿渣的水化必须加入激发剂，碱、石膏、$Ca(OH)_2$ 和硅酸盐水泥都可做激发剂。矾土水泥、$Ca(OH)_2$、K_2SO_4 等的混合物及其细度对热处理矿渣有很好的效果。激发剂掺量 10 以内，以 7 天强度评定的激发效果表明：硅酸盐水泥及其熟料效果最好，其次是 Na_2CO_3 与 NaOH 混合物，石膏-水泥混合物、粉煤灰-NaOH 混合物的效果中等，粉煤灰、Na_2CO_3-$NaSiO_3$混合物、矾土水泥、HCl、$CaCl_2 \cdot 2H_2O$ 和石膏的效果较小。刚磨细的矿渣是活性的，没有激发剂也能产生高的强度，磨细的矿渣贮存一个月后丧失活性。

由于 OH^- 的作用，矿渣水化一般是 AlO_6 和 SiO_4 从链结构中脱离出来。为了维持水化活性，必须外加 OH^-，因为矿渣本身分离出的 Ca^{2+} 和 OH^- 是不够的，也需要在矿渣表面上形成合适结构的水化物，形成条件和水化物的结晶度主要取决于 OH^- 浓度，当 SO_4^{2-} 存在，液相中 pH 值保持在 12 时，能形成含铝的结晶良好的水化物。在高炉矿渣水泥中有一个对应着矿渣掺量的最佳 SO_3 含量。

2. 水化产物

当以碱和它的盐作激发剂时，C－S－H 具有低的克分子比，水化产物是 C_4AH_x、C_2ASH_8。随着龄期增长 C_4AH_x 转变成水榴石(hydrogarnet)，也就是说，碱相当于催化剂，用少量的 $Ca(OH)_2$作激发剂，生成的水化物与使用碱式盐时相同，而用量大则不形成 C_2ASH_8。当加入硫酸盐，形成钙矾石和单硫型盐水化物或单硫型水化物固溶体、C_4AH_x 和 $Al(OH)_3$，与硅酸盐水泥的 C－S－H 比较，其 C－S－H 的 C/S 降低，MgO 和 Al_2O_3 含量更大。矿渣中含有大量的 MgO，则形成 C_4AH_x-C_4MH_x 固溶体和 $Mg_8Al_2CO_3(OH)_{16} \cdot 4H_2O$。

(二)粉煤灰的水化作用

1. 高钙粉煤灰

高钙粉煤灰主要由玻璃相组成，其余的晶相包括 C_2S、C_3A、f－CaO、$CaSO_4$、C_4AS 和 MgO。它有自水化硬化的性质，当与水混合后 f－CaO 作为激发剂，能形成钙矾石，单硫型盐水化物及 C－S－H。高钙粉煤灰中的 C_2S、C_3A 与水泥中的 C_2S 和 C_3A 水化特性相似，但玻璃相形成 C－S－H 的速率相应低些。温度高于 40℃ 钙矾石的形成增多，在 60℃ 钙矾石分解。

2. 普通粉煤灰的水化

普通粉煤灰本身不水化，但加入碱或 $Ca(OH)_2$ 它可水化，形成的水化产物有 C－S－H、$C_3A·CaSO_4·H_{12}$，(C_4AH_{13})和 C_2ASH_8，后期还形成水化石榴石。粉煤灰水泥生成的水化物几乎与硅酸盐水泥同，但形成的 C－S－H 的 C/S 比常低于硅酸盐水泥和矿渣水泥。

加入 $Ca(OH)_2$ 越多，所形成的水化产物含钙量越高，$Ca(OH)_2$ 的消耗也越快。当掺入二水石膏，粉煤灰的反应度增加，因与 SO_4^{2-} 反应的 Al_2O_3 离解，玻璃与晶相结构自溃，表面积增大。粉煤灰中玻璃相与 Ca^{2+} 的反应是较慢的，室温下 1～3 天才开始。

(三)硅灰与 $Ca(OH)_2$ 的水化作用

硅灰是小于 0.1μm 的微小颗粒，它有大的表面能，它在饱和的 $Ca(OH)_2$ 溶液中只需 5～15 分钟，硅灰颗粒表面上即沉积着一层高硅的水化物。20℃ 和水后 24 小时或 38℃ 和水后 8 小时，就可看到 C/S 比为 1 的 C－S－H 水化物。稻壳灰与硅灰有很多相似之处。

硅灰与 $Ca(OH)_2$ 的反应受比表面积、颗粒尺寸分布的影响，由 SiO_2 结构的微应变引起的表面能也有影响，与矿渣和粉煤灰比较，水化产物 C－S－H 的 C/S 比较低。C/S 比小于 0.8 的 C－S－H 被认为是不可能存在，如果 $Ca(OH)_2$ 不足，已生成的 C－S－H 会发生分解，放出 $Ca(OH)_2$ 并形成另一种 C－S－H。SiO_2 过量，C/S 比大于 0.8 的 C－S－H 可与 SiO_2 共存。

三、矿物质掺合料水泥的水化作用

(一)矿渣水泥

矿渣掺入水泥中，由于矿渣的细度和掺量不同，矿渣水泥的水化反应是有差别的。总的来说，由于矿渣的沉积作用，水化反应空间更大，对阿里特的第Ⅲ阶段后的水化加速，所以矿渣含量范围更大时对阿里特的水化有促进作用。掺超细矿渣的矿渣水泥第Ⅰ、Ⅱ阶段的加速水化见图 10.2.2。

掺入超细矿渣，阿里特的加速水化可以认为是由于 $Ca(OH)_2$ 饱和比最大值的改变而引起的，且增大了水化物凝结场地，液相中符合阿里特水化活性的上升点对应更短的时间。掺入超细矿渣，升高水化温度，第Ⅰ阶段中阿里特水化加速的原因似乎由矿渣消耗液相中 Ca^{2+} 引起，并促进来自阿里特的 Ca^{2+} 溶解，这与扫描电镜照片中看到的阿里特表面结构变化是一致的。由于掺入矿渣，Ca^{2+}、SO_4^{2-} 也是固定的，在 Ca^{2+} 和 SO_4^{2-} 存在时促进中间相的水化，$Ca(OH)_2$ 和 $CaSO_4$ 的饱和比下降。

(二)粉煤灰水泥

在水泥浆中，普通粉煤灰可溶的 Ca、Si、Al 和碱离子只小量溶解，水泥水化形成的水化产物在粉煤灰颗粒表面上凝结。因为阿里特的水化，粉煤灰阻止了 $Ca(OH)_2$ 饱和率的增加，降低了Ⅰ、Ⅱ阶段中水泥浆体 $CaSO_4$ 饱和率，促进了中间相的水化，阿里特水化则推迟。在和水后 4 小时，粉煤灰表面上可看到 $Ca(OH)_2$、钙矾石、C－S－H 等。在第Ⅲ阶段及后期阿里特、中间相的水化比纯硅酸盐水泥更加速了粉煤灰表面上产生均匀的覆盖层，杆状的钙矾石在粉煤灰表面上生长。FA 比 SL 更加速第Ⅲ阶段的水化作用。

高钙粉煤灰水化历程基本上与普通粉煤灰相同，C－S－H 在高钙粉煤灰玻璃相的外侧生

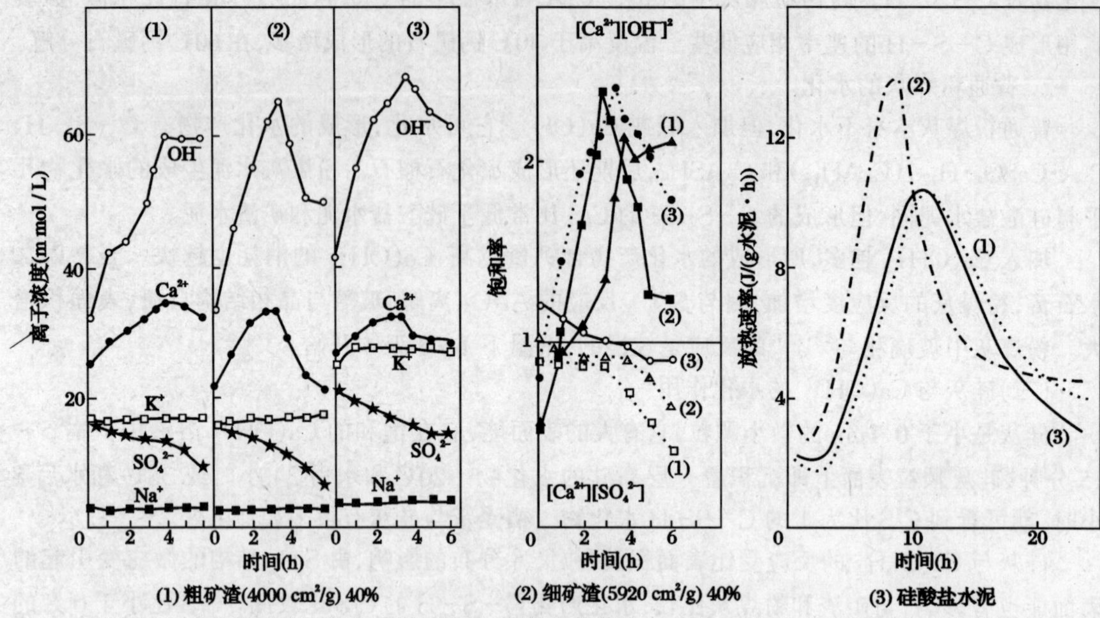

图 10.2.2　20℃矿渣水泥水化离子浓度、新拌水泥浆中 $Ca(OH)_2$ 和 $CaSO_4$ 饱和率、放热曲线

长,由于粉煤灰的火山灰反应,3 天以后逐渐形成硬化水泥石的结构。

粉煤灰水泥水化作用曲线如图 10.2.3 所示。

(三)硅灰水泥

SF 水泥的放热曲线如图 10.2.4 所示。(SF 中,$SiO_2=94.5\%$,$Fe_2O_3=0.25\%$,$Al_2O_3=3.4\%$,BET 表面积 17 m^2/g)。

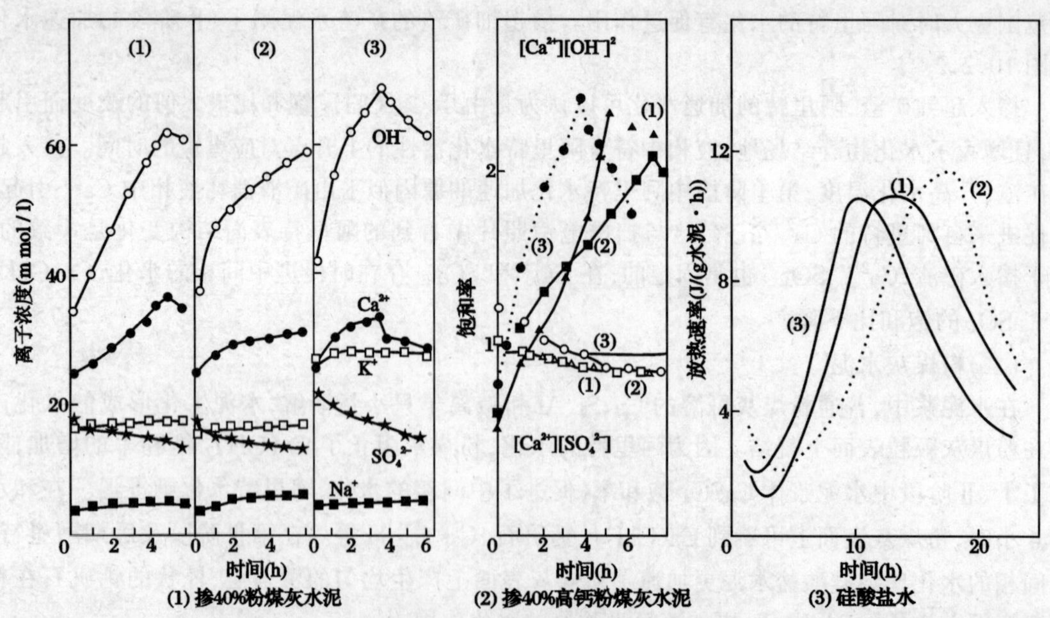

图 10.2.3　粉煤灰水泥 20℃时的离子浓度,新拌浆体中 $Ca(OH)_2$ 和 $CaSO_4$ 饱和率、放热曲线

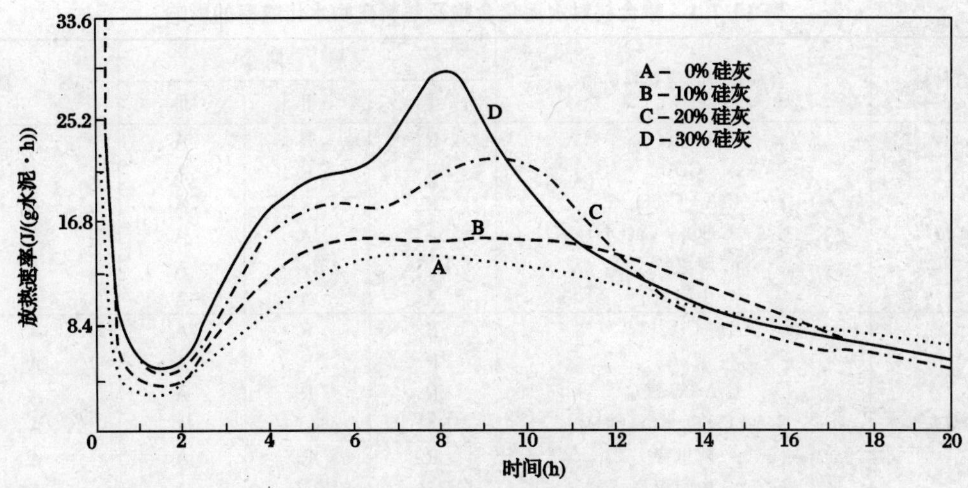

图 10.2.4 硅水泥的水化放热曲线

由于掺入硅灰，阿里特在第Ⅰ、Ⅱ、Ⅲ阶段的早期水化均加速，中间相的水化也加速，钙矾石向单硫型盐水化物转变所引起的第三个峰向前移。加水后，掺入了硅灰的浆体液相的 $Ca(OH)_2$ 饱和率立刻降低，其后又升高，达到最大值比其他水泥更早，如图 10.2.5，$CaSO_4$ 达到饱和的时间也缩短。

SL、FA 及 SF 对水泥化合物及熟料矿物水化的影响，归纳于表 10.2.1。不同龄期的反应度列于表 10.2.2。

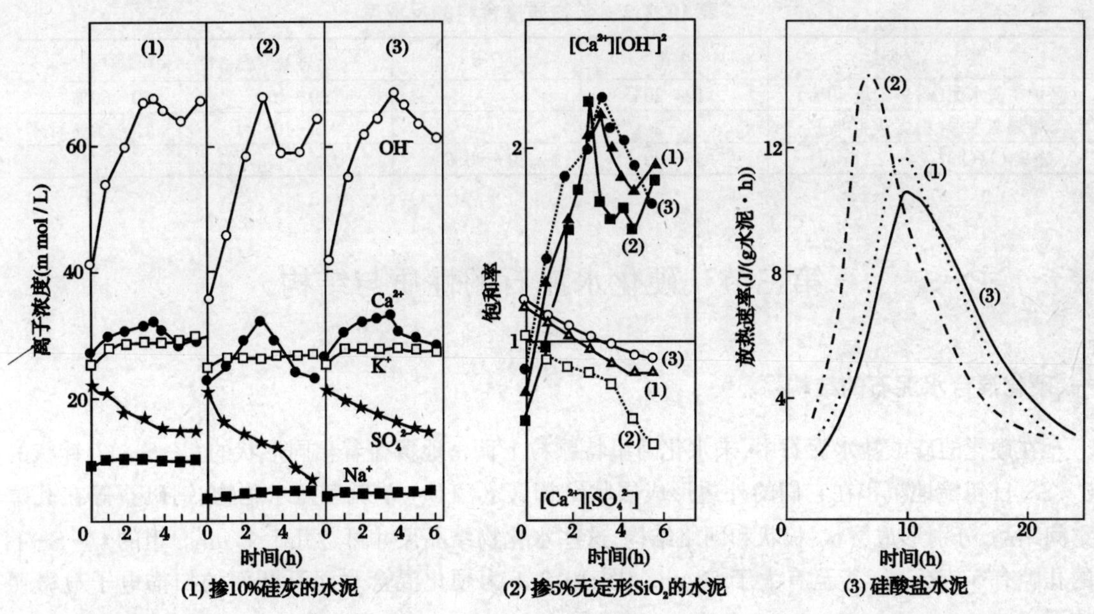

图 10.2.5 20℃ SF 水泥的离子浓度，新拌浆体液相 $Ca(OH)_2$ 和 $CaSO_4$ 饱和率、水化放热曲线

表 10.2.1 掺合料对水泥化合物及熟料矿物水化速率的影响

混合材料	合成化合物或熟料矿物	早期			后期
		Ⅰ	Ⅱ	Ⅲ	
矿渣	C_3S	R	R	A	A
	C_3A	R	R	A	A
	$C_3A+CaSO_4$	R	R	A	A
	$C_3A+CaSO_4+Ca(OH)_2$	A	A	A	A
	阿里特	R_1*	R_2*	A	A
	中间相	A	A	A	A
粉煤灰	C_3S	R	R	A	A
	C_3A	R	R	A	A
	$C_3A+CaSO_4$	R	R	A	A
	$C_3A+CaSO_4+Ca(OH)_2$	R_2*	R_2*	A	A
	阿里特	R	R	A	A
	中间相	R_2*	R_2*	A	A
硅灰	C_3S	A	A	A	A
	C_3A	A	R_3*	A/N	A/N
	$C_3A+CaSO_4$	A	R_3*	A	A
	$C_3A+CaSO_4+Ca(OH)_2$	A	A	A	A
	阿里特	A	A	A	A
	中间相	A	A	A	A

注A——促进；R——推迟；N——不影响；

*1——掺入超细矿渣的情况，Ⅰ、Ⅱ阶段的水化速率往往加速；

*2——有高钙的吸附能力和高火山灰活性的粉煤灰通常加速粉煤灰水泥第Ⅰ、Ⅱ阶段的水化速率；

*3——由于 C_3A 表面上形成富 $Al_2O_3^-$ 层，水化速率暂时延迟。

表 10.2.2 矿物质掺合料的反应度

龄期	1 d	7 d	28 d	180 d
高炉矿渣水泥(高炉矿渣 40%)	10～20		30～40	50～60%
粉煤灰水泥(粉煤灰 40%)	1～2		5～10	15～20%
硅灰-$Ca(OH)_2$(4～22 m^2/g)	35～60	80～90%		

第三节 硬化水泥石的性质与结构

一、硬化混合水泥石的结构

在硬化的硅酸盐水泥石中，未水化阿里特颗粒上稠密地覆盖着相同形状的 C-S-H，针状的 C-S-H 粗糙地沉积在它们的外边形成层状结构，$Ca(OH)_2$、单硫型盐水化物、钙矾石等在孔隙空间结晶，分别形成层状、板状和网络结构，这些水化物结晶尺寸可达几十个 μm。粗的 C-S-H 的孔隙有 5～50 nm，甚至有大于 50 nm。图 10.3.1 为硬化混合水泥石断面的扫描电子显微照片。

在硬化的矿渣水泥石中，矿渣粒子和水化物之间有一层空隙，空隙外边的稠密结构主要是 C/S 比低的 C-S-H 构成的。稠层之外是单硫型的水化物 、钙矾石和 C-S-H 沉积形成粗

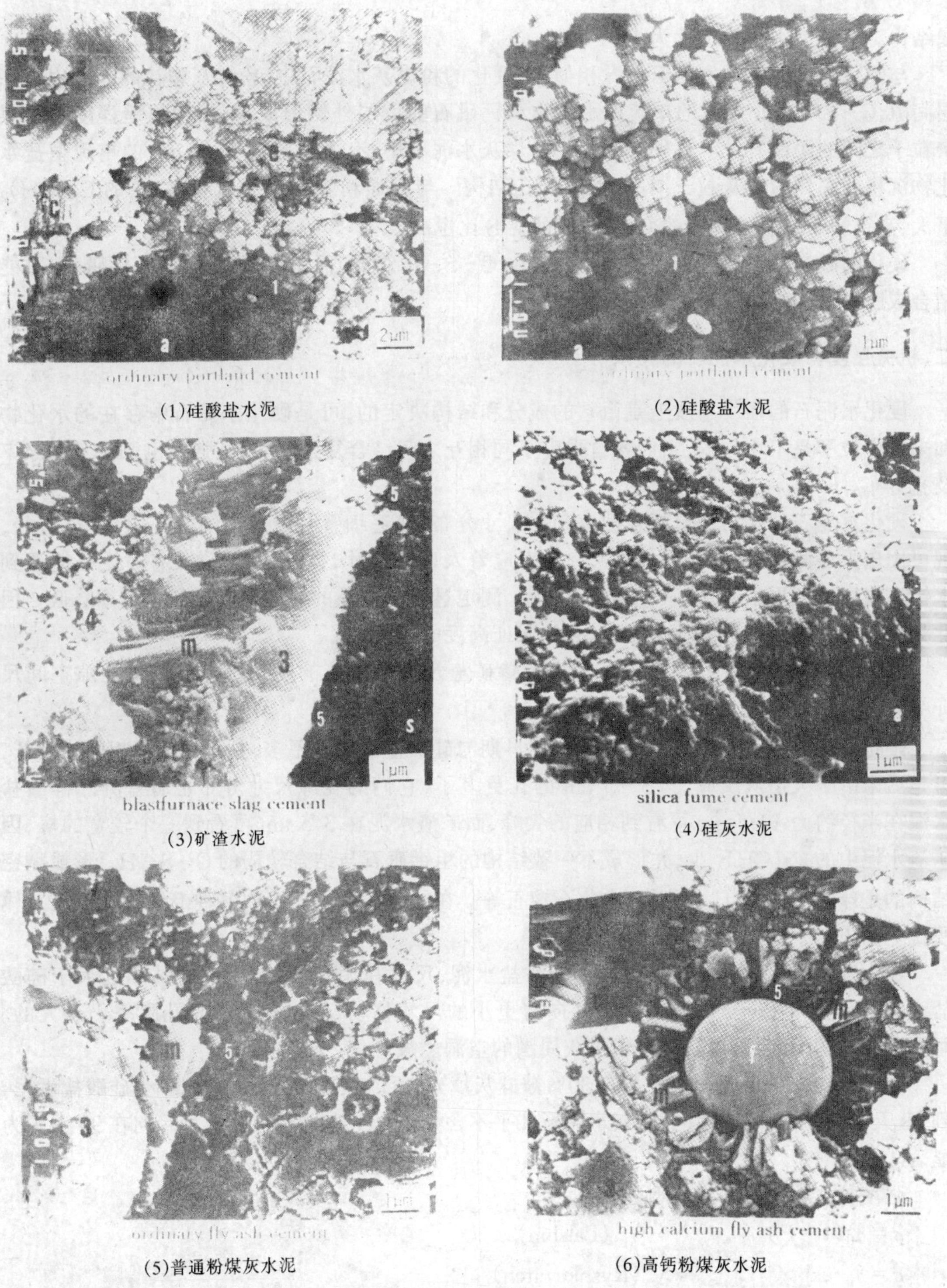

(1)硅酸盐水泥 (2)硅酸盐水泥

(3)矿渣水泥 (4)硅灰水泥

(5)普通粉煤灰水泥 (6)高钙粉煤灰水泥

1——相同的C-S-H 2——针状C-S-H 3——稠密C-S-H相 4——粗糙C-S-H 5——间隙层

m——单硫盐 c——$Ca(OH)_2$ a——阿里特 s——矿渣 f——煤粉灰 e——钙矾石

图10.3.1 硬化水泥石断面典型的扫描电子显微照片

糙结构。单硫型水化物尺寸为 1～2 μm。

与硬化的高炉矿渣水泥石情况相似，在硬化的粉煤灰水泥石中，粉煤灰颗粒的周围也有一层间隙，C－S－H、小尺寸的单硫型水化物和钙矾石朝稠层外侧形成，其结构粗糙程度与粉煤灰粒子之间的距离有关。在硬化的高钙粉煤灰水泥石中，有大量的 0.5～1 μm 的单硫型盐水化物沉积在高钙粉煤灰粒子周围，形成多孔结构。与普通粉煤灰水泥石相比，它的 $Ca(OH)_2$ 量大，高钙粉煤灰颗粒周围的 C－S－H 的 C/S 比也高。

硬化的硅灰水泥石中稠密结构主要是由 C－S－H 组成，而单硫型盐水化物、钙矾石，可能结合成胶体结构，常无法认出。

二、机械强度与硬化水泥石的关系

硬化水泥石的强度本质上是由它的成分和结构决定的，可是硬化水泥石中存在的水化物和未水化粒子是不均匀的，它们各自强度不同相互之间结合复杂。另外，强度也取决于孔隙率及孔分布。

硬化水泥石的孔结构包括孔隙率和孔尺寸分布，在毛细管孔中更微细的孔达 3 nm 直径，现可用压汞法测定，可是测得的孔尺寸是对应着入口的尺寸，并不是精密的，有时还可能遇到水银不能穿透到更细的孔、不可靠的点接触、测定过程中样品的损坏等问题使孔隙率降低。因此为使测定值与吸附法的数据对应，必须保证高度的可靠性。

图 10.3.2 示出了用 N_2 吸附法测得的掺矿渣及掺粉煤灰的硬化水泥石胶体孔隙空间尺寸分布、直径最大值约 2 nm。

硬化的矿渣水泥石的空隙尺寸分布在早期与硅酸盐水泥差不多，总孔隙体积相同或稍低，可是后来由于火山灰反应，其 3～5 nm 的孔更多了，它们的孔隙尺寸分布也有差异。硅酸盐水泥在半径约为 12.5 nm 可看到相应的尖峰，而矿渣水泥在 3.5 nm 可看到一个较宽的峰，因矿渣水泥中的 $Ca(OH)_2$ 少，并形成不一致结构的粗钙矾石与结合较弱的 C－S－H。形成稠密结构的是球状 C－S－H 水化物，水化石榴石等。在硬化混合水泥石中各种毛细管孔隙尺寸体积比见图 10.3.3。

粉煤灰水泥石的孔隙率早期大于硅酸盐水泥，尺寸在 100 nm 以上大孔体积远大于硅酸盐水泥。孔隙尺寸分布的峰值随龄期向着更小的尺寸移动，但 180 天的总孔隙率仍是大的。早期的孔隙体积大，可以认为是粉煤灰周围的空洞之故。

在硬化的硅灰水泥石中大孔有 30％被硅灰填充，所以在早期(7 天)它们小于硅酸盐水泥，到 28 天，虽然总孔隙率相同，硅灰水泥石几乎不含大于 0.1 μm 的孔隙，这种趋向在 90 天更为显著。

强度与孔隙率关系的典型公式有：

$\sigma = \sigma_0(1-P)^A$ (Balshin)

$\sigma = \sigma_0 \cdot \exp^{-BP}$ (Ryshkewitch)

$\sigma = C \cdot \ln(Per/P)$ (Schiller)

式中 σ：强度，

σ_0：孔隙率为 0 时的强度，

P：孔隙率，

Per:强度为 0 时的孔隙率,

A、B、C:常数。

用这些公式计算强度在早期与实际测定值是一致的,但如果不考虑 C-S-H 强度随龄期的变化,后期测定值与计算值之间偏差很大[11]。这表明水泥的强度受定性因素的影响,如形成的水化物形式、水化物之间及水化物与未水化颗粒之间的粘结力、孔隙形状等。此外,还受定量因素的影响,如孔隙体积、水化物的数量等(如图 10.3.4)

归纳以上所述,硬化水泥石强度的影响因素主要有:

定性因素

·未水化物和水化物的强度;

·它们之间的相互粘结强度;

·孔隙尺寸分布;

·孔隙形状和连通。

定量因素

·水化物的量;

·孔隙率的量。

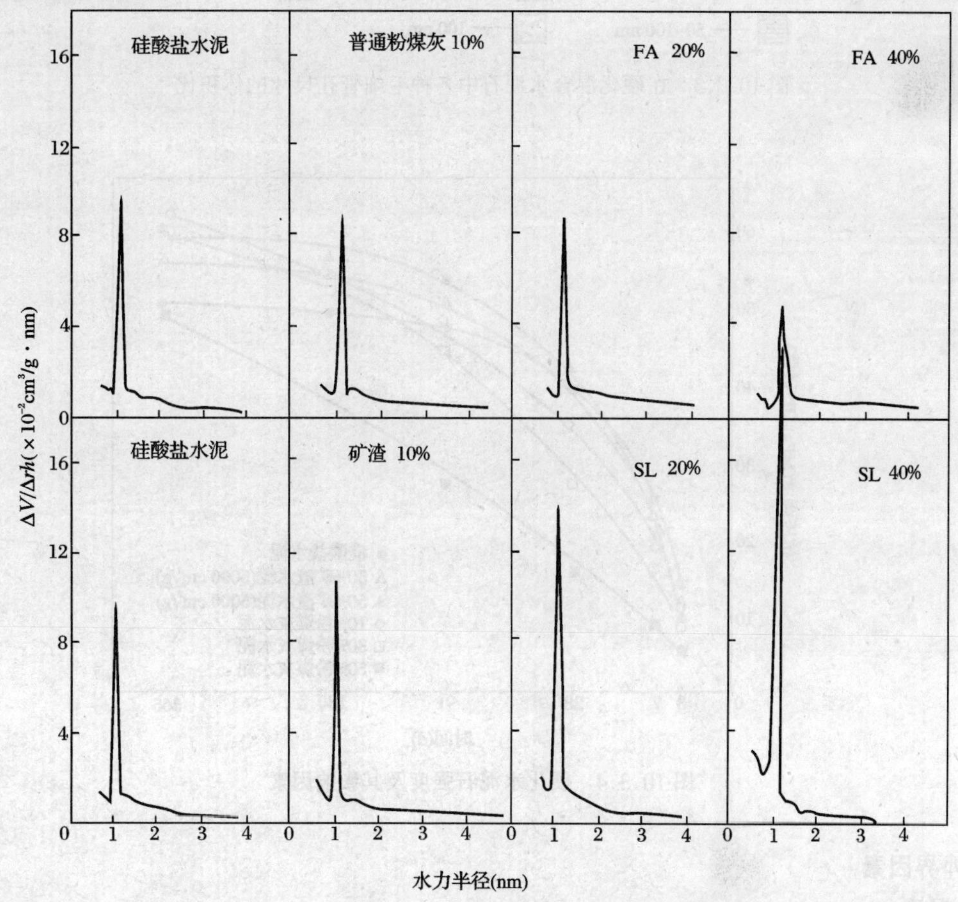

图 10.3.2 用 N_2 吸附法测得的掺矿渣和粉煤灰的硬化水泥石胶体孔隙尺寸分布($W/C=0.40$,45℃)

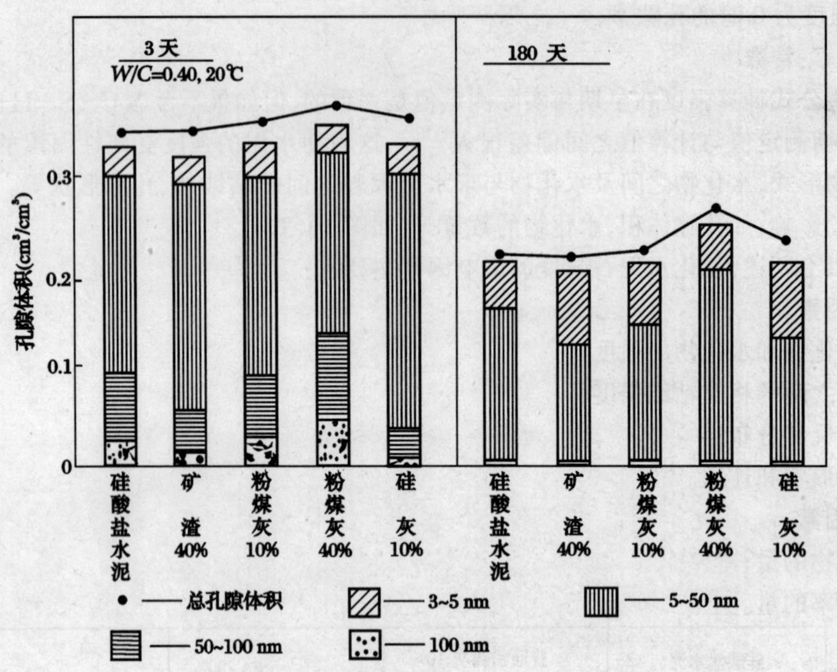

图 10.3.3　在硬化混合水泥石中各种毛细管孔尺寸的体积比

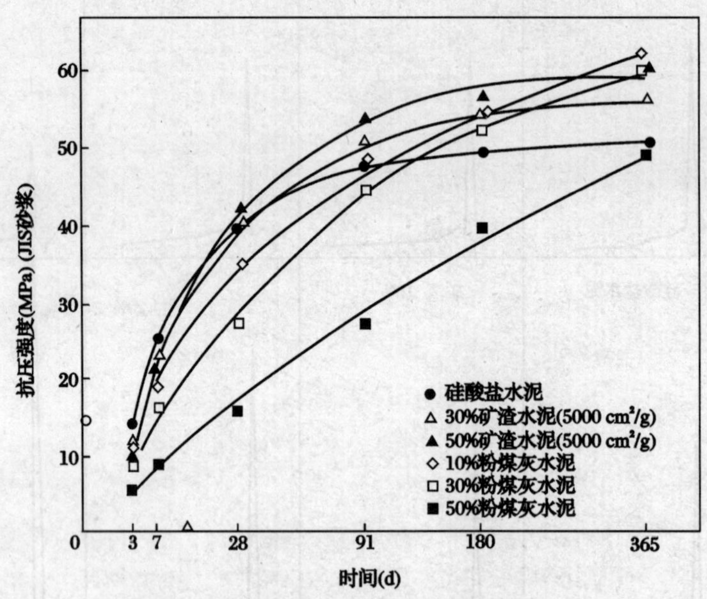

图 10.3.4　硬化水泥石强度及其影响因素

外界因素

·温度；

·压力；

·湿度。

混合硬化水泥最终的高强度取决于下列因素。

○低孔隙率(通常);

○连通的孔隙量小;

○形成低 C/S 的 C－S－H 和高的比表面积;

○粗大的不均匀结构的与 C－S－H 联接弱的 $Ca(OH)_2$ 少。

三、硬化混合水泥混凝土的结构和耐久性

(一)冻融稳定性和混凝土结构的关系

混凝土的冻融稳定性与气孔的空隙系数有很大的关系(ASTM,C457-80)。为提高冻融稳定性,必须降低尺寸为几个 nm 的孔体积(这些孔在－20℃～0℃是不稳定的),且增大尺寸为几十 nm 的大孔的体积(这些孔用普通光学显微镜可见),即减少气孔空隙系数。直径为 10～90 nm 的气孔体积增大,抗冻性提高。

当掺入硅灰到硅酸盐水泥中,与普通水泥混凝土比,大于 100 nm 的孔隙体积减少,而 50～5 nm 的孔隙体积增加,这就提高了抵抗冻融循环的能力,改善了抗冻性。使用粉煤灰,随掺量的增加,抗冻性降低,尤其掺量大于 30%时,抗冻性非常低。

粉煤灰中可溶性碱提高了混合水泥中碱的含量,导致抗冻性降低。高钙粉煤灰含有大量的可溶碱,当高钙粉煤灰掺量为 30%,混合水泥中的碱含量可达 1.4%。

(二)抗渗性与水泥石结构的关系

渗透性(K_1)随水灰比增加按指数规律增大,且随水化的进行和龄期而急剧下降。水灰比高增大了总孔隙率和开口直径,但对小于 132 nm 的孔隙体积影响较小。渗透性与大于 132 nm 孔隙体积关系很大。由尺寸大于 132 nm 孔隙体积(V_1)、尺寸在 132～29 nm 之间孔隙体积(V_2)、开口直径(TD)、修正空隙率(MTP＝总孔隙率/水化程度)等四个因素可估算出渗透性,如图 10.3.5。

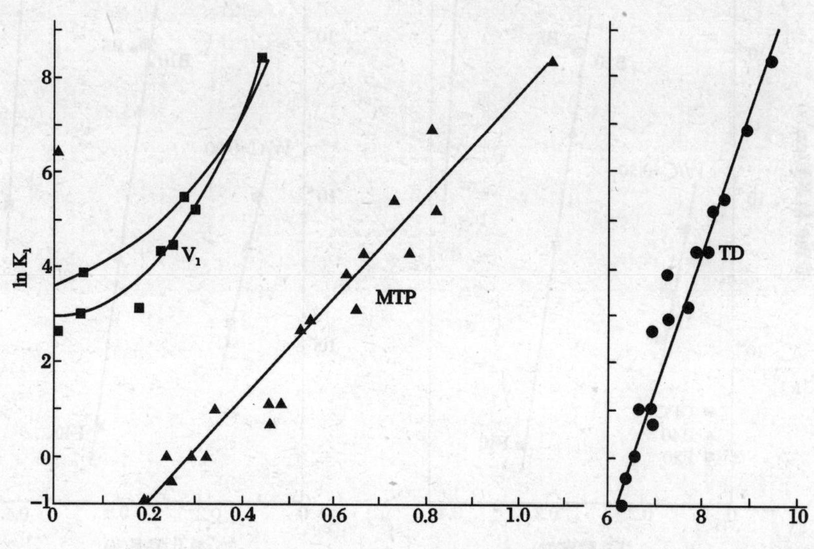

图 10.3.5　V_1、MTP、TD 和渗透性的关系

硬化水泥石的渗透性常随水化进行而减少,减少程度与凝胶量没有直接关系,但与凝胶形成的位置有关,凝胶如能堵塞毛细管孔则渗透性降低。硅酸盐水泥水化形成的 $Ca(OH)_2$ 在空隙中沉淀,没有堵塞的效果,而火山灰反应生成的 C-S-H 和 C_4AH_{19} 可以堵住毛细管孔,因此硬化的混合水泥渗透性降低。

水或空气的渗透性与大于一定级别的孔体积有关,而不是总的孔隙率。因此孔隙是否连通是很重要的,如果入口直径大于 100 nm 很有可能是连通孔,小于 100 nm 的孔很可能是封闭的。

在矿渣水泥硬化相中,大于 100 nm 的孔体积早期小;而粉煤灰水泥硬化相中早期有大孔,后期则大孔减少;硅灰水泥中这种大孔体积下降很历害。混合水泥硬化相的渗透性可以用这些孔的变化来确定。

(三)离子渗透与硬化相结构关系

讨论 Cl^-,碱离子通过硬化水泥石的渗透性,必须考虑离子的静电作用、离子与水化物及未水化物之间的反应和孔隙尺寸分布。

Cl^- 通过硬化水泥石的扩散系数随 W/C 比的增大而增大,如图 10.3.6 所示。可见水灰比为 0.6 时扩散系数急剧上升,此时大于 100 nm的连通孔隙体积增大。扩散系数也随温度的升高而增大,是直线关系。Cl^- 在各种水泥中的扩散系数顺序为:抗硫酸盐水泥>硅酸盐水泥>含 30%粉煤灰的水泥>含 65%矿渣的水泥。抗硫酸盐水泥的系数最高是因为孔隙体积大;而粉煤灰水泥和矿渣水泥硬化相的扩散系数小,并非是孔隙率小,而与其它的因素有关。

碱离子扩散运动同样受水泥石结构的影响,同种水泥时,孔隙率减小,孔隙尺寸分布向小尺寸漂移,则碱离子扩散较难。对于降低扩散系数,毛细管孔比凝胶孔作用更大些。碱离子通

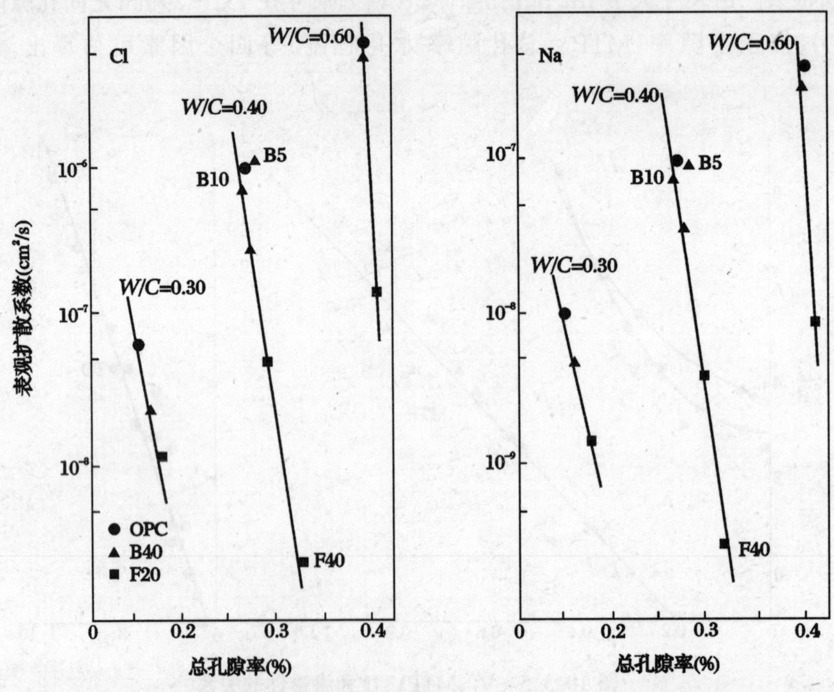

图 10.3.6 硬化水泥石(25℃硬化)的总孔隙率和 Cl^-、Na^+ 扩散系数的关系

过硬化的硅酸盐水泥石的扩散系数最高，接着是矿渣水泥、粉煤灰水泥。掺入混合材料后生成C/S比低C－S－H，所形成的C－S－H固体表面之间的平均距离更小，这导致了扩散系数的降低。其他的因素如成分、水化物结构、界面特征等均有影响。

孔隙尺寸对硬化水泥石耐久性的影响综述于表10.3.1中。

表10.3.1　孔尺寸对硬化水泥石耐久性的影响

耐　久　性	孔　直　径	耐久性顺序
抵抗冻融	≥2 μm （引入空气的孔） 增加→好 100～1000 nm 增加→好 5～50 nm 它吸收效应小于几个nm的孔 ＜几个nm的 增加→坏	矿渣水泥≈硅灰水泥 ＞普通硅酸盐水泥＞粉煤灰水泥
气和水的渗透 对碳化 反应影响	1百nm以上 增加→坏	早期 粉煤灰水泥＞硅酸盐水泥 ＞矿渣水泥＞硅灰水泥 后期 硅酸盐水泥＞粉煤灰水泥 ＞硅灰水泥＞矿渣水泥
离子的扩散和迁移 对化学、海水 硫酸盐、氯化物 侵蚀及碱骨料反应的抵抗	几十nm或更小 增加→坏	Cl和碱离子 硅酸盐水泥＜矿渣水泥 ＜粉煤灰水泥＜硅灰水泥

（四）加入矿物质掺合料对碱骨料反应的抑制

掺入火山灰质混合材料，对碱骨料反应抑制原因综述如下：(*a*)火山灰反应形成低C/S比的C－S－H，通过吸附作用和固溶，它将碱离子固定下来，因此降低了孔隙溶液中碱离子浓度；(*b*)火山灰反应形成的C－S－H填满硬化水泥石的孔隙，这就形成更稠密的结构并抑制了孔隙溶液的流动；(*c*)碱离子吸附在火山灰材料表面，与$Ca(OH)_2$进行火山灰反应，在孔隙溶液中的OH^-浓度低；(*d*)掺入火山灰使硬化水泥石中孔表面上的Zete电位转变为正，抑制了碱离子在孔隙溶液中的流动和扩散；(*e*)火山灰材料的掺入，使单位用水量增大，引起孔隙率的变化。

掺入火山灰质材料有助于降低碱骨料反应，掺入少量的火山灰材料如粉煤灰，有时导致膨胀，因掺入小量的混合材，在早期与$Ca(OH)_2$反应释放出来的碱大于液相中它所吸附的碱量。这种假设有待实验证明。

（五）耐久性与水泥石孔形状的关系

汞渗透和气体吸附技术主要用于测定孔隙率和孔尺寸分布，以分析水泥石中的孔结构。这两种技术只能给出孔的尺寸分布而不能给出孔在断面上的长度变化。近年已尝试用一种新的技术测定硬化的硅酸盐水泥与混合水泥硬化相的差别。

硬化硅酸盐水泥与粉煤灰水泥石的孔结构用甲醇浸入，氦比重计和汞渗透法分析，得到的数据可以判断水化程度和 $Ca(OH)_2$ 含量,也可看出水泥石的结构。这一研究展示了混合水泥石的孔是不连通的,而硅酸盐水泥石中孔是连通的。

第四节 基本结论

一、粒化高炉矿渣是最普通的混合材,它含棱角的不规则形状的砂状材料,主要成分是 SiO_2、Al_2O_3、CaO 和 MgO,一般用水淬冷,大部分矿物以玻璃相存在。

二、粉煤灰由单一球形或更小的球的多种球形所组成,约 20% 的粉煤灰粒子是空的,粒子比表面积为 2500～4000 cm^3/g,主要含 SiO_2、Al_2O_3、Fe_2O_3、CaO,普通粉煤灰碱度为 0.2～0.7,高钙粉煤灰碱度为 1.0～1.8,玻璃相范围是 55～85%。

三、从气相沉淀的硅灰,是 SiO_2 在高温下汽化的氧化作用形成的,含 0.1 μm 以下的微小球状粒子,比表面积 20～200 m^2/g,含 SiO_2 达 80% 以上,还存在少量的 Fe_2O_3、Al_2O_3、C。

四、矿渣、粉煤灰、硅灰的水化过程是:水溶液中的 OH^- 打破 - Si - Si 链或 - Al - Al 链。

五、矿物质混合材料的火山灰活性随碱度、酸可溶硅含量、Al_2O_3、结构应力的增大而提高,随玻璃相中硅酸盐离子聚合度降低而提高。比表面积、颗粒尺寸分布也影响火山灰活性。火山灰反应速度是硅灰>矿渣>粉煤灰。

六、掺入矿渣或粉煤灰推迟了水泥中 C_3S、C_3A、阿里特在第Ⅰ、Ⅱ阶段的水化,但加速了中间相的Ⅰ、Ⅱ阶段的水化,硅灰加速了水泥中 C_3S、阿里特和中间相的Ⅰ、Ⅱ阶段的水化,也加速了 C_3A 第Ⅰ阶段的水化。

七、混合水泥水化形成的 C - S - H 的 C/S 比小,如硅酸盐水泥 C/S 比为 2.1～1.7,矿渣水泥 1.9～1.6,粉煤灰水泥 1.7～1.0,硅灰水泥 1.5～0.8。

八、硬化水泥石的强度受定性因素的影响,包括未水化颗粒和水化物的强度、它们之间的粘结强度、孔隙尺寸分布和连通孔等,也受外部因素如温度、湿度的影响,也受定量因素如水化物的量与孔隙率的影响。

九、耐久性与孔隙尺寸分布关系为:①直径大于 2 μm 或小于几个 nm 的孔,影响抗冻性;②几十到几百 nm 的孔涉及气水渗透,影响碳化;③直径几十 nm 以下和 100～1000 nm 的孔与扩散、耐化学腐蚀、耐海水、阻止碱骨料反应有关。

参考文献

1 H.G. Smolczyk,(1980), slag Structure and Identification of Slag,7th. Int. Congr. Chem. Cem. paris, Ⅰ:Ⅲ - 1/3 - 1/17

2 Y. Ono, S. Kawamura and T. Ito,(1983). Strength of Slag Cement and Contribution of Basicity and Vitrification Degree, Cem. Gijutsu Nenpo(in Japanese),37:77～80

3 H. Uchikawa,(1986). Effect of Component on Hydration and Sfructure Formation, 8th Int. Congr. Chem. Com.,Riode Janeiro,1:249～280

4 H. Uchikawa, S. Uchida and S. Hanehara,(1986). Effect of Character of Glass phase in Bleeding Components on Their Reactivity in Calcium Hydroxide Mixture,8th Int. Congr. Chem Cem., Rio de Janeiro,Ⅳ:245～250

5 H. Uchikawa, S. Uchida and K. Ogawa, (1982). Influence of the properties of Fly Ash on the Fluidity and structure of Fly Ash Cement paste, Int. Symp. Use of PFA in Concrete, Leeds:83～94

6 W. Richartz,(1984), Composition and properties of Fly Ashes. Zement Ralk Gips,37:62～71

7 S. Diamond and F. Lopez - Flores,(1981). On the pistinction in physical and Chemical Characteristics Between Lignitic and

Bituminous Fly Ashess, proc. Ann. Mtg, Mater. Res. Soc. , Boston. Effect of Fly Ash Incorpopation in cement and concrete: 34～44

8 H. Uchikawa, S. Uchida and T. Okamura, (1987). Influence of Blending Compoment on the hydration of cement compound and Blending cement, cem. Gijyutsu Neupo (in Japanese), 41:42～47

9 H. Cheng－Yi and R. F. Feldman, (1985). Hydration Reaction in portland cement－silica Fume Blend, Cem. concr. Res. , 15 (4):585～592

10 M. Relis and I. Soroka, (1980). Compressive Strength of low－porosity Hydrated portland cement, J. Amer. Ceram. Soc. , 63:690～694

11 H. Uchikawa, S. Uchida and K. Ogawa, (1986). Influence of Character of Blanding Component on Diffusion of Na^+ and Cl^- in Hardened Blened Coment paste, 8th Int. Congr. Chem. Cem. , Rio de Janeiro, Ⅲ:251～260

12 H. Uchikawa, (1985). Effect of Blast－furnance Slag And Fly Ash Blanding on the Diffusion of Alkali Ions Thraugh Hardened Cement past, Cem. Coner. (in Japanese), 460:20～27

13 H. Uchikawa, (1990). Development of New Cement and Conerete, Gypsum and Lime(in Japanese), 229:497～505

14 小野田研究報告 38 卷 2 册 115 号 昭和 61 年

第十一章　新拌混凝土的工作性能

在高强度、高性能混凝土进行施工操作时，要对其性能进行客观评价，采用相应的施工方法与手段，我们必须对其拌合物的特性有充分的了解。

第一节　高性能混凝土拌合物的粘性

一、特殊的高粘性

粘性是表示流体内部阻碍相对流动的性能。高性能混凝土拌合物，由于水灰比低，掺入高效减水剂，其特点如下：1. 坍落度大，2. 粘性大，3. 泌水量低。由于水泥浆的粘度大，抗离析性好，因而即使坍落度很大，也能施工应用。

在我国，高强度混凝土中往往掺入缓凝型外加剂，以控制其坍落度损失，但是控制的时间短，对强度也有影响。在国外是采用新型 AE 高效减水剂，既具有高的减水效率，又能控制坍落度在 90 min 内基本上无损失。使高性能混凝土具有高粘性、高流动性与维持坍落度在一定时间内稳定的性能。

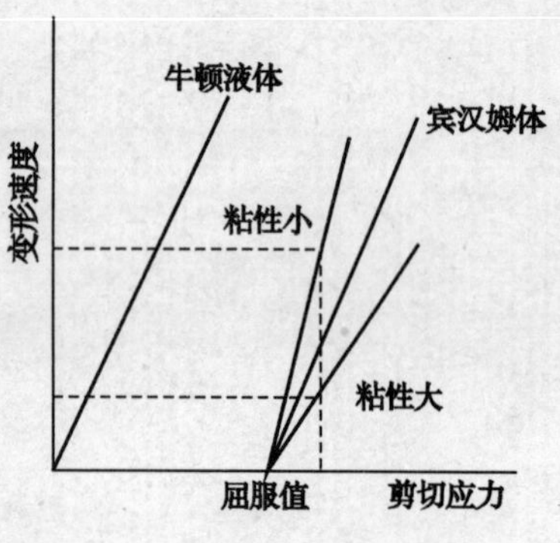

图 11.1.1　混凝土拌合物的流变性

高强度、高性能混凝土的粘性如图 11.1.1 所示。属于宾汉姆体。当作用外力超过屈服值时，混凝土拌合物才产生流动，而流动的快慢则与其塑性粘度有关。图 11.1.1 中的直线斜率，即表示拌合物的塑性粘度。

高性能混凝土与普通混凝土相比，即使坍落度相同，由于粘性大，坍陷的速度慢，施工作业时填充模型的速度缓慢。也就是说，坍落度与粘度是两个独立的概念。过去用坍落度评价普通混凝土拌合物的工作性能，是公认、可行的。但是高性能混凝土拌合物的工作性能如何评价呢？这是一个值得研究的问题。

二、坍落度可否评价高性能混凝土拌合物的特性

屈服值与粘性是表示材料特性的物理量(流变系数)。屈服值相同的混凝土拌合物，如图 11.1.1 所示，其粘性可以有很大不同，施工难易也不同。坍落度及坍落度流动值是表征混凝土拌合物工作性的一种指标；作为材料的比较、评价时，引用这些评价指标是足够可以的。坍落度反映混凝土拌合物在重力作用下的流动与变形性能。如重力能克服混凝土拌合物的内磨擦阻力(τ_0)，则开始流动，也即坍陷。但坍陷的快慢则与拌合物的粘性大小有关。也即坍落度相同的拌合物，粘性可以不同。因此，如何测定与评价高性能混凝土拌合物的粘性，是高强度、高性能混凝

土施工限度的原因之一。

三、坍落度流动值能否评价高性能混凝土拌合物的特性

对于高强度、高性能混凝土的稠度评价，使用坍落度值不行；但有一种动向，想采用坍落度流动值。而坍落度流动值仅仅是坍落度值测定范围的延长，上述的粘性问题并未解决。

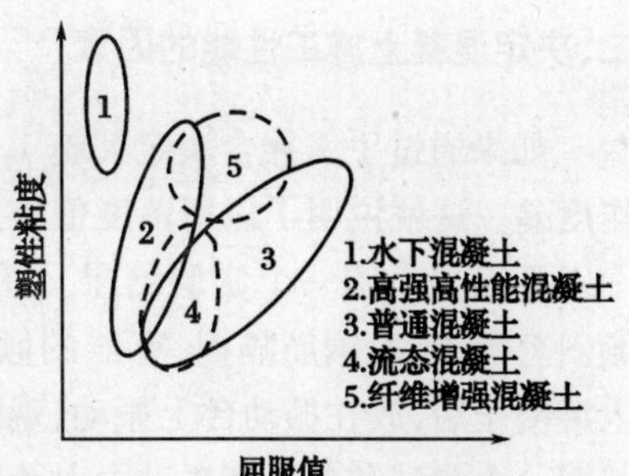

图 11.1.2　各种混凝土流变性质范围

图 11.1.2 是各种混凝土流变性质分布范围。对于普通混凝土，屈服值与塑性粘度大体上分布于成比例的范围内。因此，根据坍落度试验，只测定屈服值，就能大体上把握混凝土的性质。但高强度、高性能混凝土则超越了这个范围，水下混凝土与纤维混凝土也如此。对于这种新型的混凝土拌合物，至少用两个流变参数才能表达其流动性。坍落度或坍落度流动值，是难以表达的。

四、高性能混凝土拌合物的性质以什么指标表达

对于施工管理来说，能以数值表达的仅有坍落度值。但对泵送性能、离析性能、振动捣实性能等，在施工时都没有确立以数值评价方法，没有具体指标。

此外，还要开发各种外加剂，从材料设计的角度考虑时，新拌混凝土具有什么样的性能，施工作业就好呢？

要回答这个问题，必须采用流变学参数。通过流变学参数，对高强度、高性能混凝土拌合物进行定量的评价。

第二节　高性能混凝土的粘性与施工性能

一、混凝土拌合物粘性的简易检验

图 11.2.1 所示中，A、B 两种类型的混凝土拌合物。A 的屈服值大、粘性小。而 B 正相反。坍落度试验时，B 的坍落度大，比较软。坍落度试验如果 A、B 相同时，开始坍陷时是由相应的 V_A 与 V_B 值来确定的。也就是说，B 种混凝土的变形速度小，表现出坍陷慢。A 种是普通混凝土，B 种是高性能混凝土。

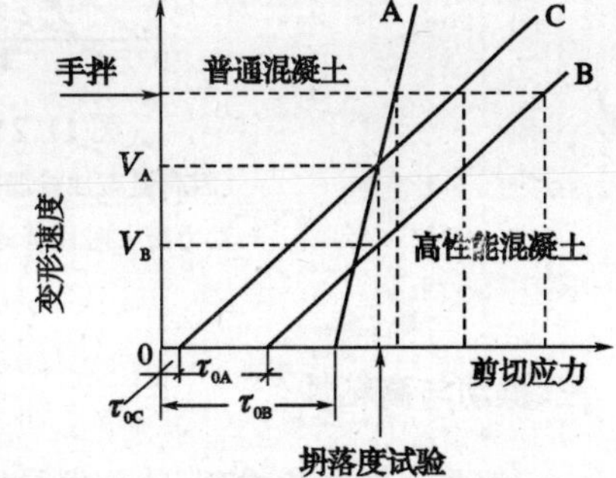

图 11.2.1　高性能混凝土拌合物特性

图中所示的 C 种混凝土与 B 具有相同的粘性，但极限屈服强度 $\tau_{0C} < \tau_{0B}$，坍落度试验时，坍陷速度与 A 相同，即 $V_A = V_C$。C 种混凝土的坍落度大，粘性大。通过坍落度试验难以判别。通过目测和附加坍陷速度的测定来加以区别也很难。但这种混凝土掺入了大量的超细粉以及高效减水剂以后，施工操作是可行的。

简易的检验这些混凝土拌合物之间的不同点，是很方便的。手工将铲子放入这些混凝土中，

进行搅拌,速度大时就发现C比A的粘性大。这种现象的机理就是一种简单的流变学。

二、决定混凝土施工性能的因素

如果通过手工拌合决定其施工性能为主要目的的话,那么C种混凝土比A种的差,也即工作度差。这就说明了以坍落度值作为工作度的评价指标是不行的。

下面再介绍一个实验结果。图11.2.2所示为一倾斜容器,放入钢筋隔栅,容器的倾斜角可以改变,装入混凝土后,放在振动台上振动,观察新拌混凝土流下状况。由测试结果得到振动力对流下速度的影响如图11.2.3所示。

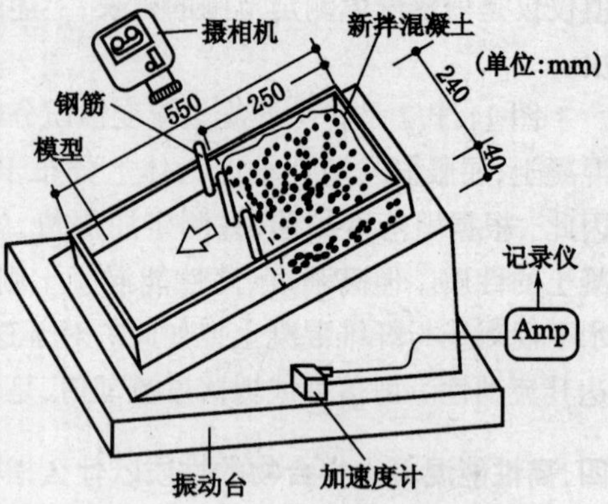

试验时,普通混凝土(A)坍落度为18 cm,高性能混凝土(B)为21 cm,模型的倾斜角为15°与30°,A与B两种混凝土的直线相似。振动加速度(也即应力)小的范围内,B种混凝土的流动速度快,加速度大时正好相反。说明高强度、高性能混凝土的施工性能比较差。

图11.2.2　新拌混凝土流动性试验

在实际施工中所需的工作度是不同的。根据施工要求的流动速度 V(图11.2.1中的纵坐标),能预计到其抵抗力(图11.2.1中的横坐标)。这是以流变学为基础的新的施工设计的概念。换言之,高强度、高性能混凝土的施工方法与普通混凝土不同。

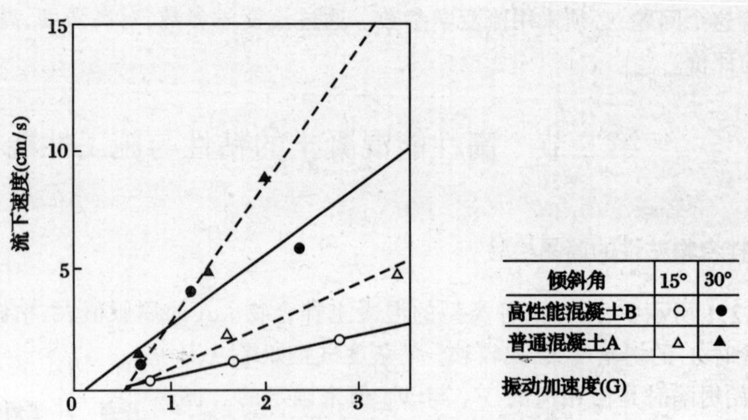

图11.2.3　流下速度与振动加速度之间的关系

(因高强高性能混凝土的坍落度大,即使振动力很小也开始流动,但振动力很大时比普通混凝土流动速度慢)

三、振动与高粘性

混凝土的浇注成型,其前提是振动。振动能使混凝土液化,产生流动,也促进泌水与粗骨料的沉降,以及排除空气等,这与硬化后混凝土的性能关系很大。

振动的传播与新拌混凝土的组成有关。

混凝土拌合物在受振的一瞬间,其流变性质如图11.2.4所示,屈服值降低。这对高性能混凝土及普通混凝土都一样。但由于两者的粘性不同,流动速度不同,粘性大者流动慢。由于振动,骨料与水泥浆的相对密度不同,就会产生分离。但由于粘性大,粗骨料下沉的速度慢,在相同的振动时间内,下沉的距离短,稳定性、均匀性好。

由此可见,关于混凝土的振动,也需要研究其流变学现象。

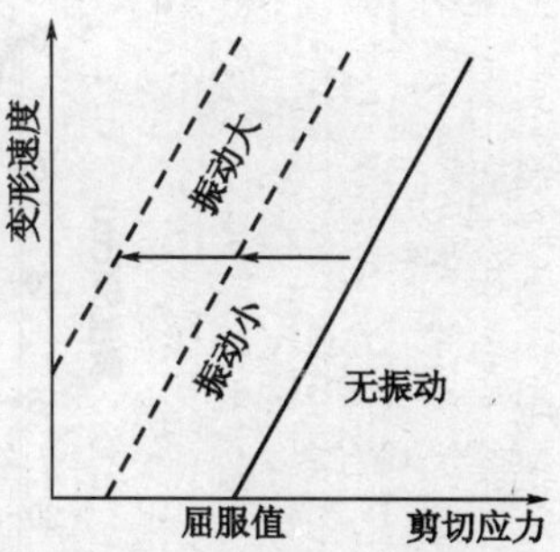

图 11.2.4 混凝土拌合物受振时流变性

四、泵送与高粘性

高性能混凝土的高粘性,对于泵送也是一个问题。受压送的混凝土,在管内是受到相当高的压力与相当高的速度的。是现在混凝土工程中最严酷的施工条件。

在管内流动的混凝土,通常称之为栓流,形成"固体栓",一方面与管壁产生摩擦,另一方面被压送。混凝土泵送过程中的压力损失是由于混凝土在管内滑动时发生的抵抗。但是内部的混凝土并不产生变形。这就是说,滑动产生的屈服值比混凝土拌合物的极限剪切强度要小。

关于新拌混凝土的滑动还没有一个明确的定义。只是作为一般的性状,但无定量的描述。高性能混凝土以高速滑动时,比普通混凝土会产生比较大的阻力。

泵送的高性能混凝土,当坍落度超过 20 cm 时,极限剪切强度是很小的。也就是能满足栓流的条件下,可以产生很大的变形。在某种程度下,伴随着变形,管内发生流动的可能性很大。高性能混凝土在管内的流动,在这一点上与普通混凝土是不同的。如图 11.2.5 所示的混凝土在管内流速的分布。

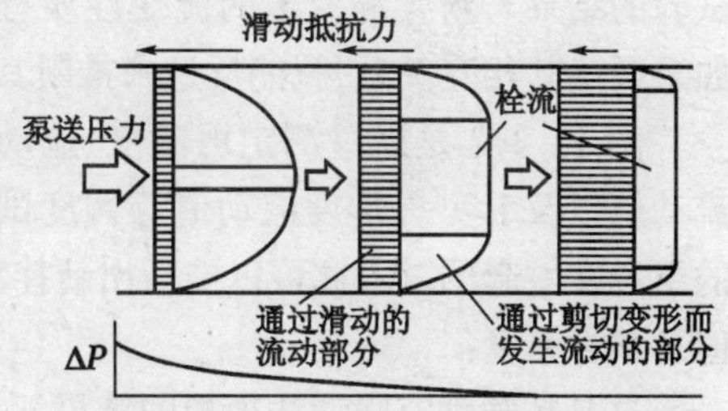

图 11.2.5 混凝土在管内流动模型

图中左边,混凝土滑动时抵抗阻力大,在管壁的滑动量小;而由于混凝土拌合物克服剪切极限变形而产生的流动比例较多。而图中右边,正好相反,由于滑动而产生的流动比例较多。高性能混凝土则属于这种状况。

高性能混凝土在管内流动的阻力,速度高阻力系数大。高速泵送对高性能混凝土非常不利。有人认为,高强混凝土与普通混凝土相比,都在不改变其压力损失的条件下泵送,高性能混凝土则需要 2 倍以上的压力。

第三节 流变学参数的测定方法

高强度、高性能混凝土的粘性大,与普通混凝土相比,达到相同的坍落度条件下,所需时间长。故国外有人把高强度、高性能混凝土的坍落度与时间的关系称之为粘稠度(slumping)。如图 11.3.1 所示,一般混凝土坍落度试验,2 秒钟内变形即稳定。但高性能混凝土则需 6 s 以上。

因此,对高性能混凝土流变参数测定时,必须测定出其粘度。但是,由于混凝土是一种非常难办的材料,许多流变参数试验需要高速流动条件。测定时间一长,拌合物的性能发生变化。而且由于粗骨料的存在,小型装置是不能反映实际的流动性质的。现有回转粘度计与浮球试验等的流变试验,对于砂浆可以,但对新拌混凝土的适应性则难以估计。因此,为了对新拌混凝土进行质量管理,必需使用一种在现场比较容易的、短时间能测定的方法。

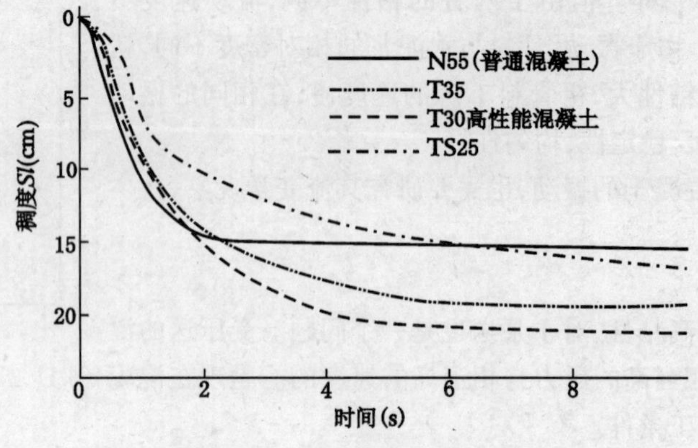

图 11.3.1 混凝土粘稠度曲线

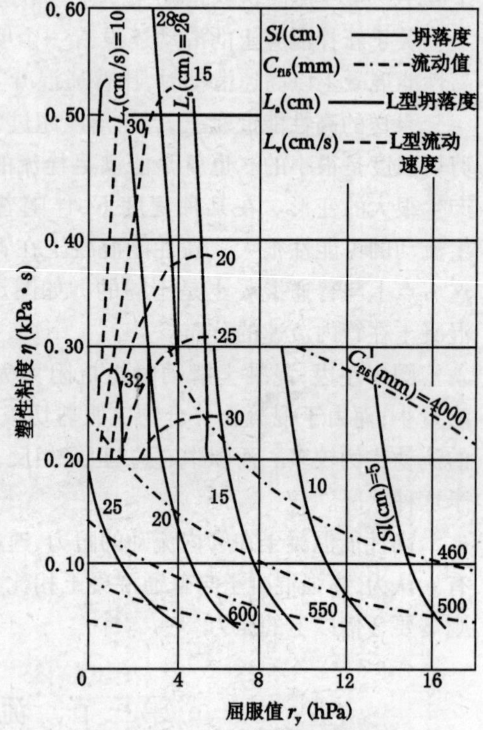

图 11.3.2 流变参数与混凝土各种稠度试验值的关系

一、从稠度试验值推定流变参数

坍落度值强烈地影响测定的屈服值。现行的稠度试验的结果与新拌混凝土的流变性质有什么关系呢。如果明确其相互关系,就能反过来推断其流变学性质。

图 11.3.2 是通过测定坍落度、流动值、混凝土的流动值以及 L 型坍落度流动值等稠度试验结果,综合的组合在一起的。由此可以推断出新拌混凝土的屈服值及塑性粘度。

这是粘塑性有限元法模拟的结果汇总在一起。坍落度值(Sl)几乎与屈服值成比例。坍落度值和混凝土的流动值(C_{f15})两曲线之间的交点如能求出,就可以推断出流变参数。也就是说,测定高性能混凝土坍落度的同时,测定坍落度流动值,就可根据此图大体上判断其流变参数了。

二、高性能混凝土稠度的评价指标

1. 坍落度试验时扩展度

坍落度与坍落度试验的扩展度的关系如图 11.3.3 所示。当坍落度 18 cm 以下时,高性能混凝土($W/C=30\%$)和普通混凝土($W/C=45\%$),坍落度与坍落度试验时扩展度的关系大体相似。但当坍落度>20 cm 时,即使两者的坍落度相同,但高性能混凝土的坍落度试验时的扩展度降低了。粘性大的水下浇注混凝土,用坍落度试验时的扩展度来评价混凝土的稠度。

三、流动值

坍落度试验时的扩展度,是了解混凝土拌合物施加一种静的能量时的粘性。与此相对应,旧的 ASTMC 124 及 DIN 1048,通过施加一种落下冲击的能量时的扩展度,测定混凝土的稠度。将

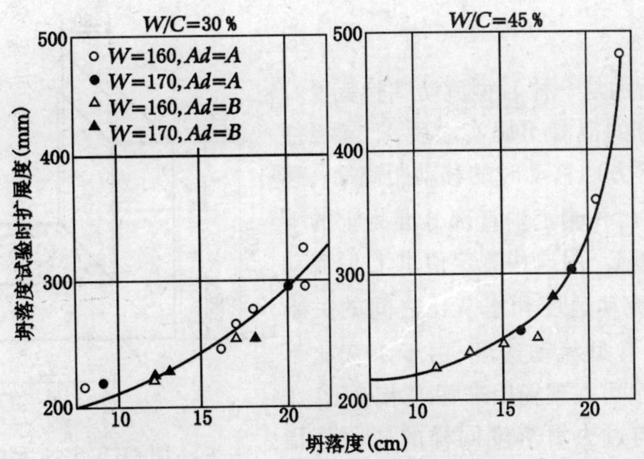

图 11.3.3　坍落度与坍落度试验时扩展度的关系

坍落度筒放在一边与固定底座铰接的板上，捣实浇注混凝土后，把筒提走，然后按规定将板提上、自由落下，达到规定的次数后，测定其扩展度。DIN 1048 是按规定次数加以冲击后，混凝土拌合物在板上扩展的直径，而 ASTM 则是：(按规定冲击后混凝土的扩展度－坍落度筒底部直径)÷坍落度筒下部直径。称之为流动值。

坍落度和旧 ASTMC 124 求到的流动值的关系如图 11.3.4 所示。普通混凝土与高性能混凝土具有相同的流动值时，坍落度差别很明显；普通混凝土的坍落度要低。

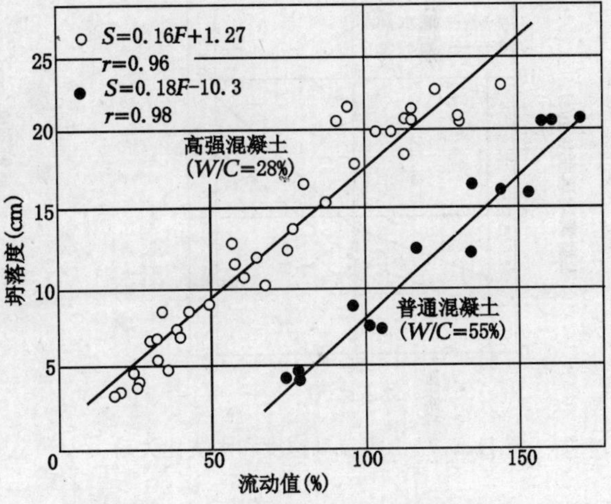

图 11.3.4　坍落度与 ASTM 流动值关系

高性能混凝土的扩展度也比普通混凝土低。坍落度与 DIN 1048 的扩展度的关系如图 11.3.5 所示。

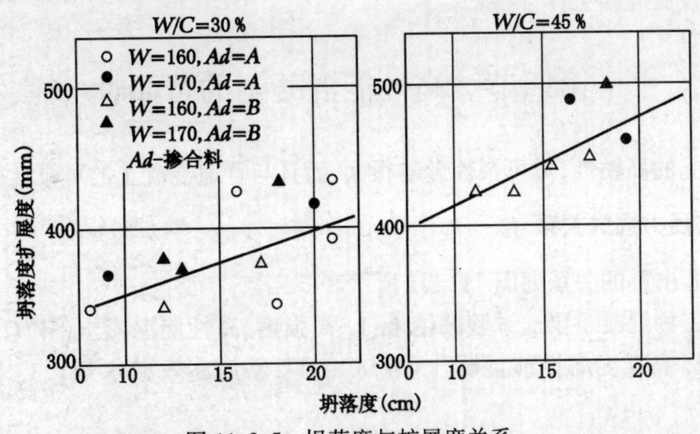

图 11.3.5　坍落度与扩展度关系

四、L 型流动

如图 11.3.6 所示是一种 L 型流动试验装置。试验时，将垂直部分的混凝土捣实之后，把隔板往上提，混凝土向水平方向移动时的移动距离 L_f，移动开始到停止时间 t，并测定垂直部分混凝土的下沉量 L_S（L 形坍落度）。用这些测定值求 L 形流动速度（L_f/t）。L 型流动速度和水灰比之间的关系如图 11.3.7 所示。L 型流动速度，由于水灰比不同，差别很大。因此，可在现场用来管理水灰比。L 型坍落度，表示了与过去坍落度同样的屈服值指标，通过 L 型坍落度对新拌混凝土施工性能管理是可能的。L 型坍落度和坍落度之间关系如图 11.3.8 所示。

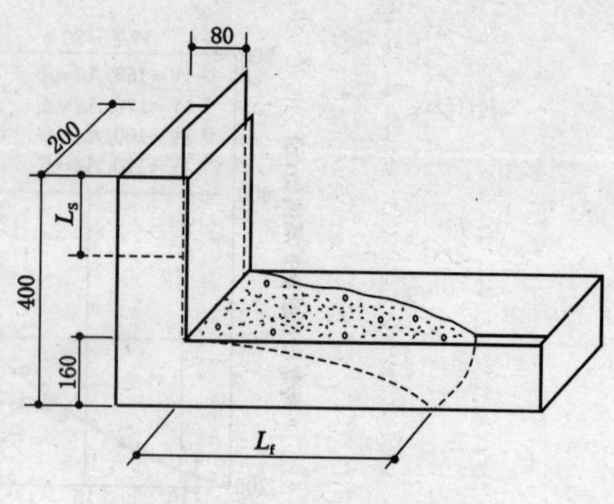

图 11.3.6　L 型流动试验装置

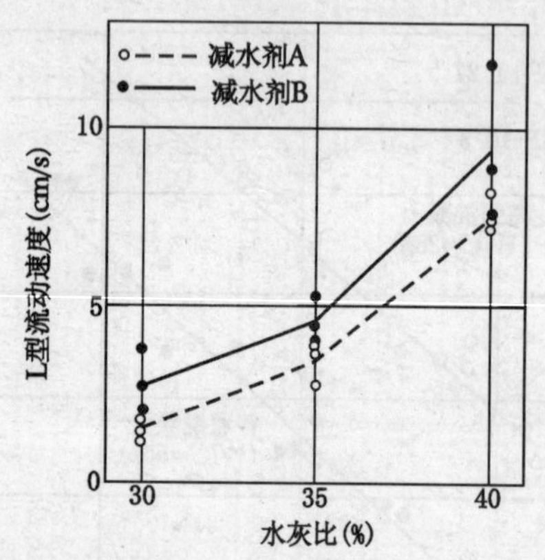

图 11.3.7　L 型流动速度和水灰比关系

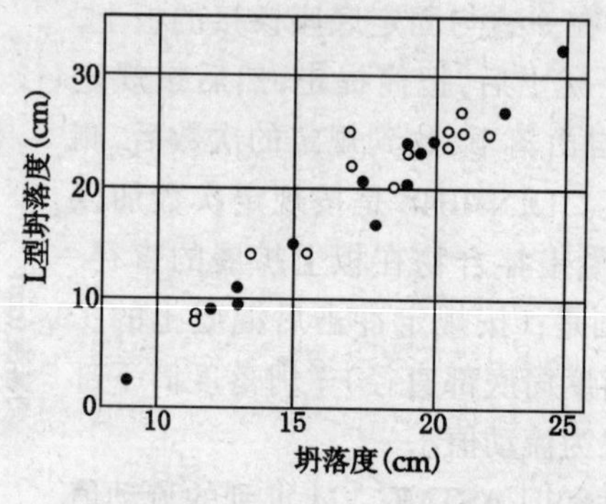

图 11.3.8　L 型坍落度和扩展度关系

L 型流动速度 L_f/t，在剪切应力不变的条件下，代表粘度参数。L 型坍落度既能表示与过去坍落度同样的屈服值指标，L 型流动速度又能反映混凝土拌合物的粘度，因此 L 型流动试验装置可适宜于评价高性能混凝土拌合物。

第四节　高性能混凝土的可泵性

高性能混凝土的高粘性，对可泵性影响很大，而且与普通混凝土的可泵性也有很大差别。

一、实际吐出量与压力损失关系

压力损失与吐出量的关系如图 11.4.1 所示。

图中表示了三种混凝土泵送试验的结果：1. 高强度、高性能混凝土（W/C 0.28～0.30，添加高性能减水剂），2. 高强度高性能混凝土（W/C 0.37，添加高效减水剂），3. 普通混凝土（W/C 0.45，0.57）。

对于坍落度为 15～25 cm 的普通混凝土，即使压送速度有所变化，压力损失也就是 0.01～

0.02 MPa/m 的范围内,而对于水灰比为 0.28、0.30 的高强度高性能混凝土,当吐出量为 30～35 m^3/h 左右时,压力损失达 0.05～0.06 MPa/m。这可能是由于其高粘性,泵送过程中,混凝土与管壁剪切抵抗大之故。试验证明,$W/C=0.385$ 的混凝土,粘着力为 0.01 MPa,而 $W/C=0.28$ 的高性能混凝土则为 0.04 MPa,系其 4 倍。

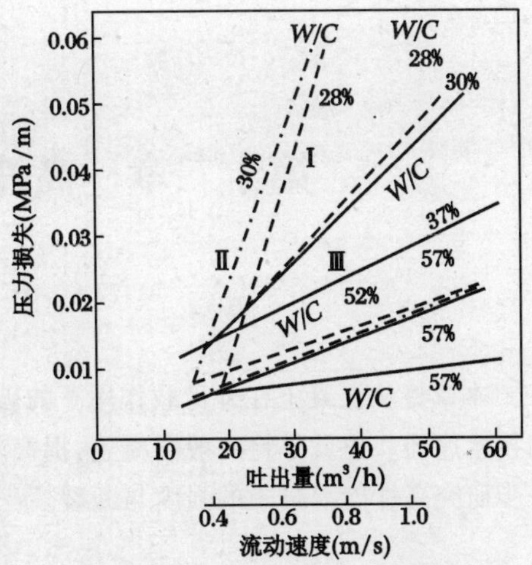

图 11.4.1　压力损失与吐出量关系

二、压力损失与稠度

压力损失与扩展度(ASTMC 124)关系如图 11.4.2 所示。图中的曲线是把实际吐出量作为参数求出的回归曲线。吐出量越大,压力损失增大;扩展度越大,压力损失减少。泵送吐出量不同,压力损失也不同。

当吐出量为:

20 m^3/h 时,$p=7330/s^3+0.07$　相关系数 $R=0.70$

30 m^3/h 时,$p=18600/s^3+0.10$　相关系数 $R=0.70$

40 m^3/h 时,$p=24800/s^3+0.10$　相关系数 $R=0.99$

50 m^3/h 时,$p=39500/s^3+0.11$　相关系数 $R=0.99$

由此可见,吐出量相同,提高混凝土拌合物的坍落度扩展度 S,可以降低压力损失。扩展度 S 相同,吐出量越大,压力损失也大。

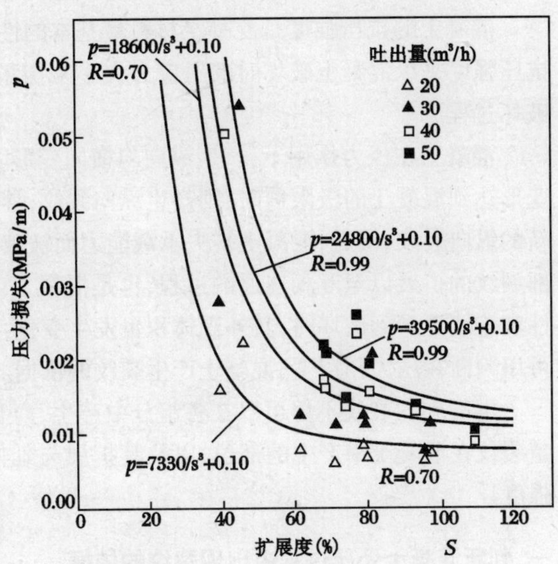

图 11.4.2　压力损失与扩展度关系

高性能混凝土泵送施工时,应根据 S 及吐出量(m^3/h)去选择合适的泵机(决定泵机所需的泵送压力);如果泵机的性能已定,就需要调整坍落度扩展度或吐出量,以适应泵机要求。

参 考 文 献

1　児玉和己,岡沢智:高强度化のための高性能 AE减水剤の開發,セメント·コンりリート No.546, Aug, 1992.

2　森博嗣:高强混凝土施工界限,セメント·コンクリート, No.546, Aug. 1992.

3　冯乃谦:高强混凝土技術,中国建材出版社,1992,12.

4　笠井芳夫:コメクリートの試驗,社団法人セメント协会,1985,2.

5　冯乃谦:流态混凝土,中国铁道出版社,1987.

6　陈健中:泵送混凝土流变学特性,混凝土与水泥制品,1992,2.

第十二章　高性能混凝土的强度与断裂

本章将从混凝土在外荷载作用下的破坏过程,分析破坏机理,针对破坏原因,寻找提高强度的技术途径。也就是将一般混凝土,提高其性能,向高性能混凝土过渡的途径。在此基础上,进一步研究高性能混凝土的强度与断裂。

第一节　混凝土的破坏机理

混凝土的抗压强度是混凝土材料最基本的性质,也是实际工程对混凝土要求的基本指标;而抗压强度是以混凝土破坏时的压应力大小来衡量。因此,研究混凝土的强度必须研究混凝土的破坏过程。

混凝土在压力作用下,产生纵向与横向变形。当荷载增大到一定程度以后,试件中部的横向变形达到混凝土的极限值时,则产生纵向裂纹;继续增加荷载,裂纹进一步扩大和延伸,同时产生新的纵向裂纹,最后,混凝土丧失承载能力而被破坏。因此,混凝土的受压破坏过程,实际上是内部裂纹的扩展以至互相连通的过程,也是混凝土内部结构不连续的变化过程。当混凝土的整体性和连续性遭到破坏时,其外观体积也发生变化,随着荷载增大,体积发生膨胀。根据这一现象,可以判断在压力作用下,混凝土产生裂纹的依据。

混凝土的裂纹不但可以在各组分中产生,而且也可以在水泥石和骨料的界面处产生。搞清楚裂纹在混凝土中产生的部位,以及其扩展与延伸的途径,可以采取针对性措施,提高混凝土的强度。

一、判断混凝土受压过程中出现裂纹的依据

采用混凝土棱柱体试件,尺寸为10 cm×10 cm×30 cm。在轴向压力作用下,从中取出单位立方体,其体积变化可用下式表示:

$$\frac{\Delta V}{V} = \varepsilon(1 - 2\mu) \tag{12.1.1}$$

式中:$\frac{\Delta V}{V}$——混凝土的体积变化与原来体积之比;

ε——纵向变形;

μ——泊桑比。

从上式可见,当 $\mu>0.5$ 时,表示在压缩的情况下,混凝土的体积反而产生膨胀,这是由于混凝土在受压过程中产生了裂纹,使混凝土外观体积增大,故 $\mu>0.50$。

混凝土及其组成材料是在荷载增大到一定程度之后,才出现裂纹的。当裂纹出现后,其特征

是荷载增大的同时，体积发生膨胀。

当作用压力为 P_1 时，材料的体积变化为：

$$\frac{\Delta V_1}{V}=\varepsilon_1(1-2\mu_1)$$

当作用压力为 P_2 时，材料的体积变化为：

$$\frac{\Delta V_2}{V}=\varepsilon_2(1-2\mu_2)$$

式中 ε_1——作用压力为 P_1 时的纵向弹性变形；

ε_2——作用压力为 P_2 时的纵向弹性变形；

μ_1——作用压力为 P_1 时的泊桑比；

μ_2——作用压力为 P_2 时的泊桑比；

$\frac{\Delta V_1}{V}$——作用压力为 P_1 时的体积变化与原体积比；

$\frac{\Delta V_2}{V}$——作用压力为 P_2 时的体积变化与原体积比。

作用压力由 P_1 增大到 P_2 时，其单位体积变化为：

$$\frac{\Delta V_2-\Delta V_1}{V}=(\varepsilon_2-\varepsilon_1)(1-2\mu_{12})$$

式中 μ_{12}——作用压力由 P_1 增大到 P_2 时，混凝土在该荷载区间的泊桑比。

由上式可见，若 $\mu_{12}>0.5$，则说明作用荷载由 P_1 增大到 P_2 时，混凝土的体积膨胀。$\mu_{12}>0.5$ 作为检验混凝土在压缩条件下出现裂缝的依据。

二、混凝土受压破坏过程的观测

以 525 号矿渣硅酸盐水泥、5～20 mm 的石灰石碎石、河砂（中砂）配制混凝土；单方混凝土的材料用量为：水泥 570 kg、水 190 kg，砂 450 kg，碎石 1315 kg。成型棱柱体试件 10 cm×10 cm×30 cm，养护 28 d 后，在不同荷载作用下，对试件中部的混凝土、砂浆、粗骨料及砂浆与粗骨料的界面处的纵向、横向弹性变形进行了量测，其结果列于表 12.1.1。由表 12.1.1 可见：1. 混凝土的泊桑比 μ 在 $\sigma=16.0$～20.0 MPa 之间时，显著增大；$\sigma=20.0$～24.0 MPa 之间时，增长速率进一步加快；而 $\sigma=24.0$ MPa 时，混凝土的泊桑比为 0.51，说明混凝土中已产生裂缝了。进一步考察混凝土应力由 20.0 MPa 增大到 24.0 MPa 这一区间，其泊桑比为 $\frac{528-196}{1038-636}=0.83>0.50$，说明在此区间内，混凝土中已产生了裂缝。而在应力为 16.0 MPa～20.0 MPa 这一区间，其泊桑比为 0.46<0.5，混凝土中没有产生裂缝。应力超过 20.0MPa 以后，泊桑比为什么有这样的变化呢？2. 粗骨料的泊桑比变化不大，无论在哪一个应力区间，其泊桑比均小于 0.5，这说明混凝土中的裂缝不是由于碎石出现裂缝而引起的。3. 砂浆的泊桑比，在混凝土的应力 $\sigma=20.0$ MPa 以后，发生显著的变化。在 20.0～24.0 MPa 的应力区间，其泊桑比为 0.78；说明砂浆在此应力区间已产生裂缝，混凝土的裂缝和砂浆中的裂缝有密切的关系。4. 混凝土的应力 $\sigma=16.0$ MPa，以后，砂浆与粗骨料的界面泊桑比发生明显的变化。混凝土应力 $\sigma=16.0$～20.0 MPa 的区间内，其泊桑比为 0.53，说明界面处在此应力区间已发生裂缝。在应力区间 16.0～20.0 MPa 范围内，粗骨

料与砂浆都未出现裂缝。因此,裂缝产生的部位只能在界面上。在应力区间20.0～24.0 MPa之内,泊桑比为1.85,说明裂缝已有很大扩展。

表12.1.1 混凝土、骨料、砂浆及其界面的变形

变形($\times10^{-6}$)		应力(MPa)					
		4.0	8.0	12.0	16.0	20.0	24.0
混凝土	纵向	93	203	318	446	636	1038
	横向	19	48	69	105	196	528
	波桑比	0.20	0.24	0.22	0.24	0.31	0.51
碎石	纵向	76	140	214	288	367	472
	横向	15	32	51	73	99	111
	波桑比	0.20	0.23	0.24	0.25	0.27	0.23
砂浆	纵向	134	241	354	498	657	848
	横向	27	51	76	112	155	304
	波桑比	0.20	0.21	0.21	0.22	0.24	0.34
粘结面	纵向	93	185	283	406	593	876
	横向	12	26	39	66	166	689
	波桑比	0.13	0.14	0.14	0.16	0.28	0.79

由以上试验观察与分析,可以得出以下结论:1. 在压力作用下,混凝土最先出现裂缝的部位是在砂浆与骨料之间的界面处;2. 随着混凝土中压应力的增加,粘结面的裂缝向水泥砂浆中延伸,同时界面裂缝扩展,其结果导致混凝土丧失承载能力,从而使混凝土整体破坏;3. 混凝土泊桑比显著增大是由于砂浆与粗骨料界面产生裂缝引起的;混凝土泊桑比急剧增大是由于粘结面裂缝的扩展和向砂浆延伸的结果。由此可见,混凝土的泊桑比开始显著增大所对应的混凝土应力就是开始出现裂缝的应力,即初裂应力。

三、初裂应力及其与极限应力比值

在分析了混凝土初始裂纹发生部位及其延伸扩展的途径之后,有必要研究初裂应力和极限应力的比值。即在压缩荷载作用下,最先出现裂缝所对应的应力值究竟有多大,这对混凝土的设计与应用是很有意义的。对不同强度的混凝土棱柱体,不同荷载作用下,应力与应变测试的结果如表12.1.2所示。

棱柱体强度为9.0 MPa时,其泊桑比发生显著变化的应力值可近似为4.5 MPa,其初裂应力与极限应力比值为50%。棱柱体强度为13.7 MPa时,初裂应力与极限应力的比值为58%;棱柱体强度为15.0 MPa时,初裂应力与极限应力比值为50%;棱柱体强度为24.0 MPa时,混凝土初裂应力与极限应力的比值为50%;棱柱体强度为27.8 MPa时,初裂应力与极限应力的比值为58%。

由此可见,矿渣水泥配制的混凝土,其初裂应力与极限应力的比例为50%～60%。

对于硅酸盐水泥或火山灰质水泥的混凝土,初裂应力与极限应力的比例也应≥50%～60%。

表 12.1.2　不同强度混凝土的应力与应变值

混凝土棱柱强度 (kgf/cm^2)	变形 ($\times 10^{-6}$)	应力(kgf/cm^2)																				初裂应力 极限应力 (%)
		10	15	20	25	30	40	45	50	55	60	65	70	75	80	100	120	125	150	200	250	
90	纵向		68			174		284			416			632								50
	横向		8			21		39			73			191								
	泊松比		0.12			0.12		0.14			0.18			0.30								
137	纵向			113			243				371				437	653	1210					58
	横向			24			46				79				104	180	520					
	泊松比			0.21			0.19				0.22				0.24	0.28	0.43					
150	纵向				84				172					280		424		670				50
	横向				11				30					52		120		227				
	泊松比				0.13				0.17					0.19		0.28		0.34				
240	纵向						171								319		460		718	1045		50
	横向						29								59		101		187	445		
	泊松比						0.17								0.18		0.21		0.26	0.43		
278	纵向						93								203		318		446	635	1038	58
	横向						19								48		69		105	196	528	
	泊松比						0.20								0.24		0.22		0.24	0.31	0.51	

第二节　混凝土的微观结构与混凝土的高性能

一、硬化混凝土的微观结构

硬化混凝土的微观结构如图 12.2.1 所示。在骨料与水泥石之间有一过渡层，主要是 $Ca(OH)_2$ 结晶，与其它部分的水泥石相比，界面过渡层具有相当多的多孔性物质，对强度和抗渗性都很不利。

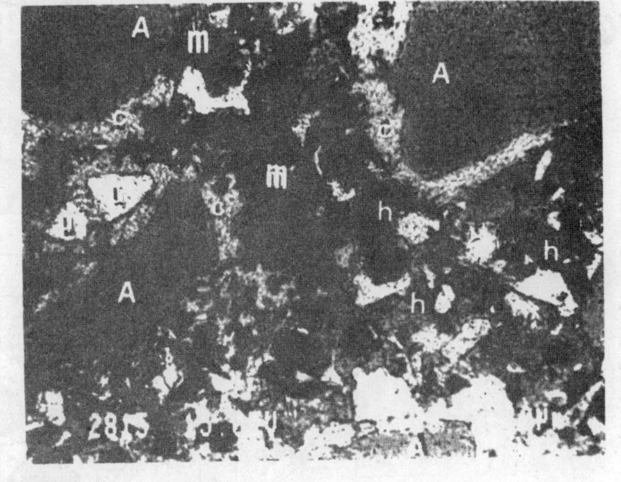

图 12.2.1　硬化混凝土抛光面的 EPMA

A——骨料；C——$Ca(OH)_2$；h——C-S-H；m——硫铝酸钙水化物($3CaO \cdot Al_2O_3 \cdot 3CaSO_4 \cdot 32H_2O$)；u——未水化水泥粒子

过渡层的形成主要是由于骨料及混凝土拌合物水的分散不均匀而造成的。这与骨料大小、形状及表面结构有关，称之为墙壁效应(Wall Effect)。水泥浆中水分离析，积蓄于粗骨料表面，其结果使骨料周围水泥浆的水灰比局部增大，就形成这种不均匀的结构。因此，要获得高强度，必须极力抑制过渡层的形成，使骨料周围生成的 $Ca(OH)_2$ 与火山灰质材料反应，使之消失。

二、掺入矿物质超细粉对界面过渡层的改善

在混凝土中掺入矿物质超细粉，对硬化混凝土结构有两方面的作用：1. 改善界面结构，2.

改善水泥石的孔结构。下面分别加以论证。

(一)改善界面结构

混凝土中掺入矿物质超细粉后,水泥石中 $Ca(OH)_2$ 的量明显降低,如图 12.2.2 所示,掺入10%的硅粉,$Ca(OH)_2$ 在水泥石的含量降低 50%左右。硅粉与 $Ca(OH)_2$ 的反应,降低了 $Ca(OH)_2$ 在界面过渡层的富集与定向排列,如图 12.2.3 所示。普通混凝土($W/C>0.4$,不含硅粉),水化后,在界面过渡层上有大量的 $Ca(OH)_2$ 富集;但含10%硅粉的高性能混凝土($W/C<0.4$),界面过渡层上 $Ca(OH)_2$ 的含量明显的降低,有利于提高混凝土的强度与耐久性。

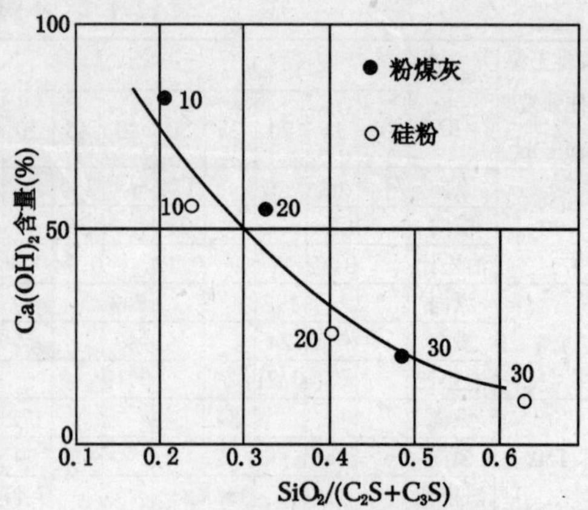

图 12.2.2　含超细矿粉的水泥石中的 $Ca(OH)_2$

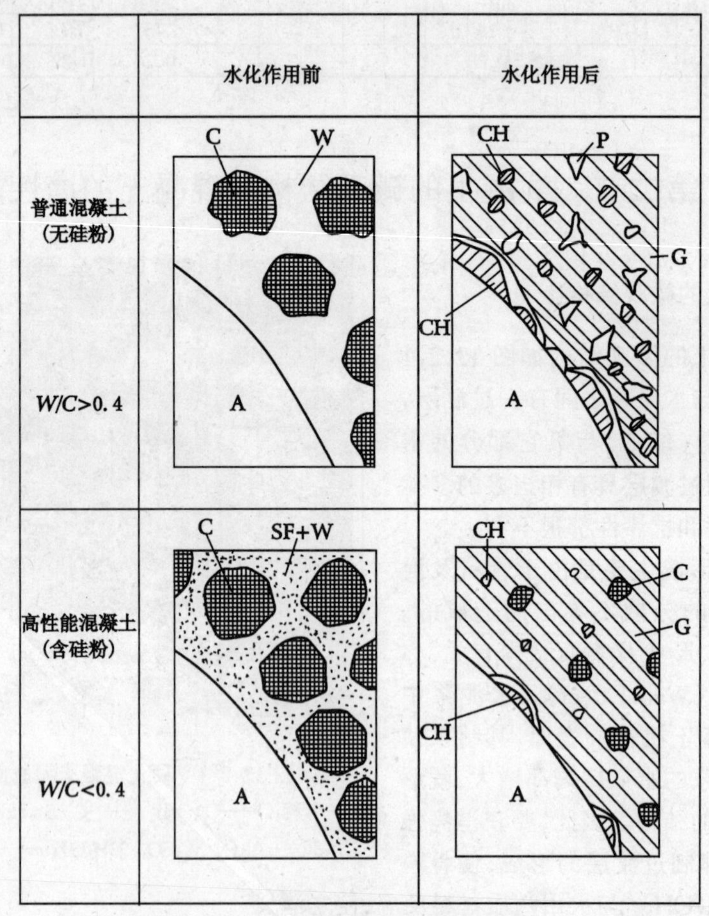

C——水泥; W——水; A——骨料; SF——硅粉; P——毛细孔; G——凝胶; C-S-H CH-$Ca(OH)_2$。

图 12.2.3　普通混凝土与高性能混凝土在水化前后微结构的示意图

(二)填充水泥石中毛细管孔隙,使混凝土高强化

超细矿物质掺合料掺入水泥混凝土中,由于粒径不同,与硅酸盐水泥颗粒组合的空隙率也不同,如图 5.2.1 所示。粒径为 10.09 μm 的粉煤灰,掺入粒径为 10.4 μm 的硅酸盐水泥中,掺量由 0~100%,胶凝材料的空隙率基本不变。

但是,当粉煤灰的粒径降至 0.95 μm 时,掺入的粉煤灰为 30%,硅酸盐水泥为 70%时,这时胶凝材料的空隙率大大的降低,约为 22%;而用粒径为 0.1 μm 的硅粉时,胶凝材料的空隙只有 18%左右。超细粒子的粒径一般都要比水泥细得多,而且与水泥比例均为 3:7 左右,这时空隙率最低。

在水泥浆中掺入矿物质超细粉除了使胶凝材料粉体的空隙下降以外,还由于超细粉参与水泥的水化反应,使水泥石的孔结构改善,总孔隙降低,如表 12.2.1 所示。不含超细粉的浆体,总孔隙增大,大孔含量增多,强度与耐久性降低。

表 12.2.1　含与不含 F 矿粉的水泥浆的孔分布与孔含量

孔直径(nm)	3 d				7 d				28 d			
	孔含量		累积孔含量		孔含量		累积孔含量		孔含量		累积孔含量	
	1	2	1	2	1	2	1	2	1	2	1	2
	OPC	OPC + FMA	OPC	OPC + FMA	OPC	OPC + FMA	OPC	OPC + FMA	OPC	OPC + FMA	OPC	OPC + FMA
7500.0	0	0	0	0	0	0	0	0	0	0	0	0
750.0	0.1305	0.1389	0.1305	0.1389	0.2850	0.1855	0.2850	0.1855	0.0446	0.1396	0.0446	0.1396
181.6	0.4567	0.1389	0.5872	0.2778	0	0.0931	0.2850	0.2786	0.1340	0.0465	0.1786	0.1861
93.8	0.4567	0.1389	1.0439	0.4167	0.4750	0.0456	0.7600	0.3251	0.2232	0.1396	0.4018	0.3257
62.5	1.1744	0.6249	2.2183	1.0416	0.9500	0.7430	1.7100	1.0681	0.2678	0.3258	0.6696	0.6515
37.5	3.8495	4.0277	6.0678	5.0693	4.1326	4.1793	5.8426	5.2474	2.5000	2.7455	3.1696	3.3970
21.4	1.8922	2.3611	7.9600	7.4304	2.2325	2.2754	8.0751	7.5228	1.5625	1.8614	4.7321	5.2584
12.5	2.1530	2.2916	10.1130	9.7220	1.8525	1.9039	9.9276	9.4267	1.2053	1.5822	5.9374	6.8406
7.5	1.8269	1.5278	11.9399	11.2498	1.4251	1.2538	11.3527	10.6805	1.6518	1.1634	7.5892	8.0040
5.4	0.8482	0.2778	12.7881	11.5276	0.5225	0.8358	11.8752	11.5163	0.8328	0.6980	8.4829	8.7020
4.2	0.7830	0.5555	13.5711	12.0831	0.1425	1.3003	12.0177	12.8166	0.7143	0.3257	9.1963	9.0277
3.8	0	0.2083	13.5711	12.2914	0.1425	0.3250	12.1602	13.1416	0.2232	0.2327	9.4195	9.2604

注:OPC——硅酸盐水泥;FMA——F 矿粉(超细粉)。

三、含增强剂(矿物质超细粉)高性能混凝土的力学特性

(一)增强剂及其混凝土的强度

增强剂是以水化硅酸钙脱水相与天然沸石按比例配合共同磨细而成的超细粉。不同水胶比下,内掺 10%的增强剂的混凝土;以及水胶比相同,增强剂不同掺量的混凝土;其配合比及试验结果如表 12.2.2,12.2.3 所示。

当 $W/C=0.30$ 时,增强剂对混凝土增强的效果最明显,与基准混凝土相比,强度提高了 13.2%。增强剂的掺入也有利于和易性。

无论是内掺或外掺增强剂,均能提高混凝土强度。

表 12.2.2　不同水灰比、内掺 10%增强剂的混凝土

W/C	增强剂(kg)	水泥(kg)	水(kg)	砂(kg)	石(kg)	NF(kg)	坍落度(cm)	抗压强度(MPa)
0.25	0	550	137.5	556	1297	5.5	0	54.7(100%)
	55	495	137.5	556	1297	5.5	0	58.3(107%)
0.28	0	550	154	551	1285	5.5	5	57.7(100%)
	55	495	154	551	1285	5.5	6	65.3(107%)
0.30	0	550	165	548	1277	5.5	16	57.7(100%)
	55	495	165	548	1277	5.5	18	63.0(113.2%)
0.40	0	550	220	531	1239	5.5	20	41.3(100%)
	55	495	220	531	1239	5.5	21	45.3(109.2%)
0.50	0	550	275	515	1200	5.5	21	35(100%)
	55	495	275	515	1200	5.5	21	37.0(105.7%)

表 12.2.3　不同掺量增强剂的混凝土及强度

	掺量(%)	掺量(kg)	水泥(kg)	水(kg)	砂(kg)	石(kg)	NF(kg)	坍落度(cm)	抗压强度(MPa)
	0	0	550	154	551	1285	5.5	6.0	54.1
内掺	5	27.5	522.5	154	551	1285	5.5	6.0	56.3
	10	55.0	495	154	551	1285	5.5	7.0	63.3
	15	82.5	467.5	154	551	1285	5.5	7.0	67.7
外掺	5	27.5	550	154	551	1285	5.5	8.0	55.0
	10	55.0	550	154	551	1285	5.5	9.0	62.0
	15	82.5	550	154	551	1285	5.5	9.0	65.0

(二)含与不含增强剂混凝土的力学性能

为了比较基准混凝土与含增强剂混凝土的力学性能，按表 12.2.2 中 $W/C=0.28$ 的混凝土，进行各项力学性能试验，结果如表 12.2.4 所示。

表 12.2.4　含增强剂混凝土与基准混凝土对比

项目 \ 混凝土类型	基准混凝土	含增强剂混凝土	提高比例
抗压强度(MPa)	75.0	86.5	15.3%
劈裂抗拉强度(MPa)	4.74	5.40	13.9%
抗折强度(MPa)*1	9.83	10.97	11%
棱柱体强度(MPa)	53.4	56.4	5.6%
弹性模量(10^4MPa)	4.15	4.44	6.9%
断裂能(N/m)	314.6	384.9	22.35%
断裂韧度(MPa $\sqrt{m}$)	1.23	1.46	18.7%
临界裂纹尖端张开位移(m)	3.46×10^{-5}	4.552×10^{-5}	14.7%
脆性指数 B*2	0.317	0.314	-0.95%

1. 抗折强度的试件尺寸 10 cm×10 cm×30 cm，跨距 24 cm
2. 脆性指数 $B=f_t^2L/EG_f$，E——弹模，G_f——断裂能，L——混凝土试件断裂韧带高度，f_t——劈裂抗拉强度。

由表 12.2.4 可见，含增强剂混凝土各项力学性能均高于对比的基准混凝土，但脆性并无增加反而下降，说明增强剂可以改善高强混凝土的脆性断裂行为。增强剂是一种矿物质超细粉，掺入混凝土中，改善了水泥石孔结构与混凝土的界面结构，故能使混凝土高性能化，改善了

各种性能。

第三节　高性能混凝土断裂性能的研究

混凝土中掺入矿物质超细粉后，可使其获得比基准混凝土的高性能。作者试验研究了基准混凝土与高性能混凝土的断裂力学参数，证明高性能混凝土比基准混凝土具有优异的断裂特性。

一、混凝土断裂力学研究中的问题

断裂力学是研究带裂纹固体的强度和裂纹传播规律的科学。自 1961 年 Kaplan 把 Griffth 理论引入混凝土材料强度理论以来，人们对线弹性断裂力学在混凝土中应用的可能性和局限性，做了大量的工作。但迄今为止，混凝土的设计准则还是按传统的设计理论 $\sigma \leqslant [\sigma]$，即混凝土中的应力不超过安全的允许应力。而不是建立在断裂力学理论基础之上。

混凝土断裂力学没能实用化的根本原因是其内部结构的极端复杂性。其内部大量的微裂缝和材料的不均匀性，从加载一开始就表现出显著的非线性行为。另一方面，混凝土在开裂过程中存在具有大量微裂缝的过程区，使主裂纹产生“钝化效应”，使混凝土的切口失去敏感性。使线弹性断裂力学失去了应用的前提。尽管人们花费了大量的时间，做了大量的工作，却得到了许多相反的结论，主要的症结是实验所得的断裂力学参数具有很大的可变性，混凝土断裂性

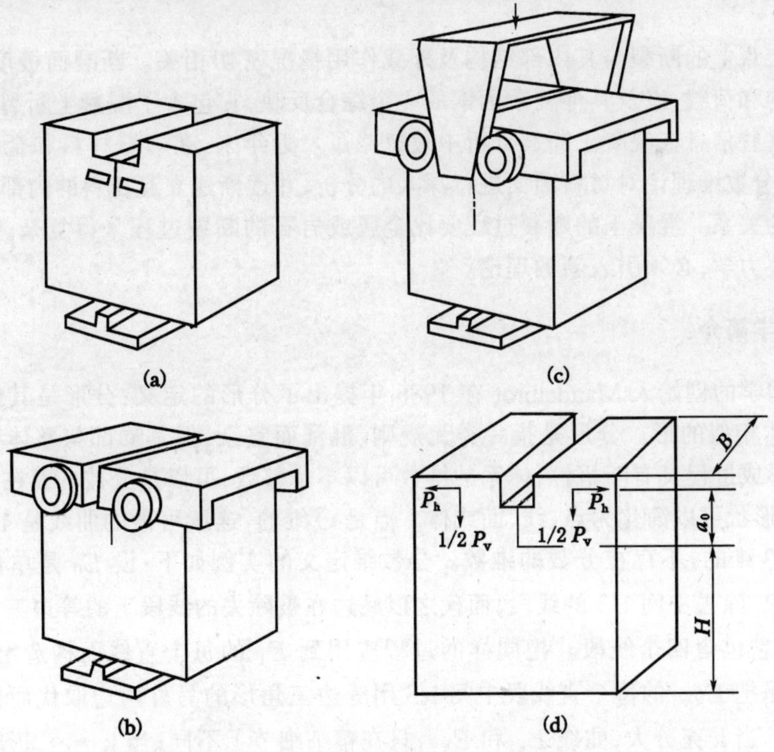

图 12.3.1　楔入劈裂法装置

(a)试件形状；(b)顶部、底部支架(c)整套加载装置；(d)受力分析

能具有尺寸效应等。

二、研究工作的主要内容与进展

针对混凝土断裂力学中的问题。作者引入了分数维理论,研究了净浆、砂浆及混凝土断裂面的分数维结构,导出了断裂面真实断面面积的计算公式,并由此解决了混凝土断裂能尺寸效应的难题。对混凝土微裂纹区进行了测定,根据 F.O.Slate 对微裂区作的定义,及用电阻应变计测定主裂纹前缘不同位置的应变,确定混凝土的微开裂及微裂区长度。对混凝土的水灰比,骨料的最大粒径与种类,骨料的含量与砂率对断裂能的影响进行了研究,得出了混凝土组成材料质量与数量对断裂能的关系。利用分数维理论对水泥石的结构进行定量描述,由此阐明内部结构对混凝土断裂能的影响。

三、测试方法

混凝土断裂能的测试方法很多,有三点弯曲法,紧凑拉伸法,双边带缺口的立体加压法以及楔入劈裂法等。本研究介绍的断裂能测定采用楔入劈裂法,试件形状及装置如图 12.3.1 中的(a)、(b)、(c)所示。试件在加载时受力分析如图中的(d)所示。此法是由 RILEM 推荐的测定断裂能的方法。

第四节　分数维理论在混凝土断裂研究中的应用

混凝土宏观上的断裂与其内部结构及外载作用情况密切相关。断裂面极度粗糙不平,这是其微观结构和荷载,以及其他复杂因素的一个综合反映,它包含了混凝土断裂微观机理的基本信息。但这些信息在混凝土断裂分析中被忽略了。近年来,在岩石材料和金属材料的研究中,人们应用分数维理论对材料断面进行深入的分析,并逐渐建立起材料的内部结构与宏观断裂行为之间的关系。混凝土的断裂过程要比金属或岩石的断裂过程来得复杂,要建立起完善的混凝土断裂力学,必须引入新的理论。

一、分形几何学简介

分形几何学的创始人 Mandelbrot 在 1986 年提出了分形的定义:分形是其组成部分以某种方式与整体相似的形。分形是指一类无规则、混乱而复杂,但其局部与整体有相似性的体系。体系的形成过程具有随机性,体系的维数可以不是整数,可以是分数。而在传统的欧氏几何中,物体的形状可以简化为点、线、面或体。点是 O 维的,连续可微的曲线是 1 维的,平面是 2 维的,体是 3 维的,不存在分数的维数。分数维定义的实例如下:设 E_0 是单位长度的直线段,E_1 是由 E_0 除去中间 1/3 的线段,而代之以底边在被除去的线段上的等边三角形的另两边所得到的集,它包含四个线段。把同样的过程应用到 E_1 的每个直线而构造出 E_2。以此类推,于是 E_k 是把 E_{k-1} 的每个直线段中间 1/3 用等边三角形的另外两边取代而得到的。如图 12.4.1 所示。当 k 充分大,曲线 E_k 和 E_{k-1} 只在精细细节上不同;当 $k\to\infty$,折线序列趋于曲线 F。从 E_{k-1} 到 E_k,折线长度增加 $\frac{1}{3}$,由此可见,E_k 的长度是 $(4/3)^k$。

对于这样的图形,其维数不是 1,而是大于 1。分数维的定义是:设某分数维曲线是由 N

条等长直线组成的折线段(称基本单元或生成器),若此折线段两端的距离与直线段长度之比为 $1/r$ 时,则这条分数维曲线的维数 D 为:

$$D = \lg N/\lg(\frac{1}{r}) \qquad (12.4.1)$$

由此分数维定义为:

$$D = \lim_{r \to 0} \lg N/\lg(\frac{1}{r}) \qquad (12.4.2)$$

由(12.4.1)式 $\qquad N = (1/r)^D = r^{-D} \qquad (12.4.3)$

r 可以看成是构成基本单元的直线线段长度。当 r 越来越小时,折线的数目越来越多。曲线总长度 $L(r)$ 为:

$$L(r) = N \cdot r = r^{1-D} \qquad (12.4.4)$$

当 $r \to 0$ 时,$N \to \infty$,$L(r) \to \infty$,即曲线总长趋于无穷大。

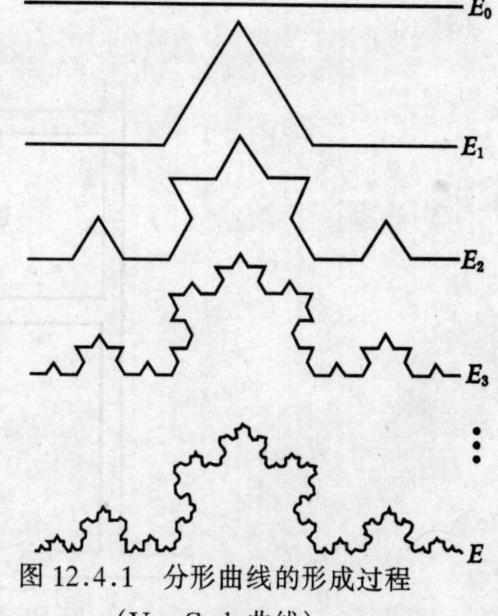

图 12.4.1 分形曲线的形成过程
(Von Coch 曲线)

图 12.4.1 中 E_1 的分数维,可根据式(12.4.1)计算 $D = \lg 4/\lg 3 = 1.2618 > 1.0$

二、分数维与断裂参数的定性关系

混凝土断面的曲折度一直是令人非常关心的问题。许多人把混凝土断裂偏离线弹性行为归因于断面的曲折度。目前已有不少人开展了断面的定量描述工作。

如图 12.4.2 所示的一条断面迹线,其投影长度为 L_p,真实长度为 L,则线曲折度 R_L 定义为:

$$R_L = L/L_P \qquad (12.4.5)$$

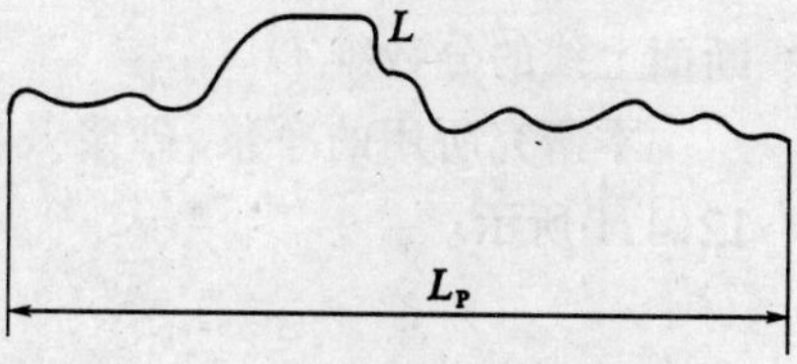

图 12.4.2 曲线折度的定义示意图

设有一断面,其投影面积为 A_p,真实面积为 A,则面曲折度 R_A 定义为:

$$R_A = A/A_P \qquad (12.4.6)$$

一般说来,真实断面面积 A 很难求得,为此,S·M·EL-Soudam 提出了由线曲折度 R_L 求算面曲折度 R_A 的计算式:

$$R_L = \begin{cases} \dfrac{\pi\sqrt{R_A(2-R_A)}}{4\tanh^{-1}\sqrt{(2-R_A)/R_A}} & 1 < R_A < 2 \\ \pi/2 & R_A = 2 \\ \dfrac{\pi\sqrt{R_A(R_A-2)}}{4\tanh^{-1}\sqrt{(R_A-2)/R_A}} & 2 < R_A < \infty \end{cases} \qquad (12.4.7)$$

实测 R_L,然后按牛顿迭代法解方程式(12.4.7)求 R_A。

本研究自制了一台仪器,并测定了水泥硬化浆体、砂浆、混凝土断面上线的分数维。如图 12.4.3 所示。横梁钢尺最小刻度为 mm,水平移动的游标卡尺精度为 0.002 mm,游标卡尺活动的尾部安装一个针尖,测定由左向右进行,每隔 1 mm 读取一个水平坐标和标高坐标,断面的总投影长度为 145 mm,因此,测定断面上的一条线需读取 145 对坐标,每个断面测定 4 条线。

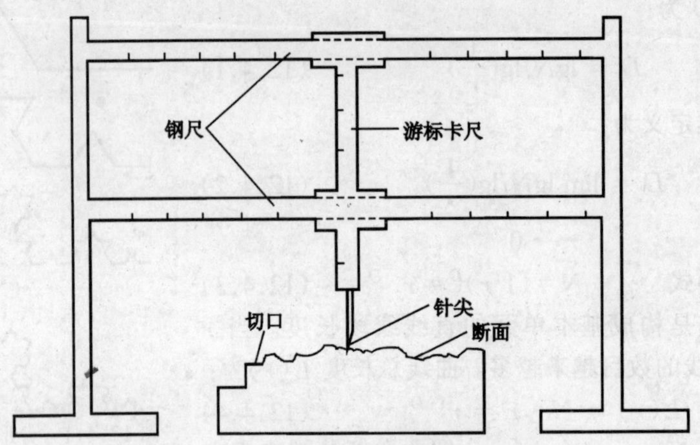

图 12.4.3 测量断面线上各点坐标所用的仪器

有了断面上线的各点坐标,就可以采用变步距法按下式:$L = L_0 r^{1-D}$ 计算线分数维 D,式中:L_0 为常数,r 为量测步距,L 为量测曲线的实际长度。两边取对数:

$$\lg L = \lg L_0 + (1 - D)\lg r \qquad (12.4.8)$$

在 $\lg L - \lg r$ 坐标系上,可得到一条直线,由线性回归可得到该直线斜率,由此斜率可求得断面上线的分数维 D。

本研究所用的净浆、砂浆及混凝土配合比和 56 天龄期的断裂力学参数实测结果如表 12.4.1 所示。

表 12.4.1 净浆、砂浆及混凝土配合比和实测系数

参数 试件	水灰比	水泥 (kg)	水 (kg)	砂 (kg)	石 (kg)	强度 (MPa)	K_{1c} (MPa $\sqrt{m}$)	G_f (N/m)
净浆	0.35	1487	520.5			79.4	0.497	51.27
砂浆	0.35	612	214	1530		60.8	0.890	154.8
混凝土	0.35	450	157.5	551	1286	68.5	1.24	306.8

* 水泥为 525 号硅酸盐水泥

从表中的实测的断裂力学参数结果,可以看出:同水灰比条件下,净浆的抗压强度最高,这是因为净浆中没有骨料,不存在薄弱的界面,净浆的均匀性比砂浆、混凝土高得多;然而与之相反,净浆的断裂能和断裂韧度却是最低的,这是因为其中没有骨料,破坏断面平坦。混凝土的断裂韧度和断裂能最高,这是因为混凝土中骨料的骨架作用,骨料的存在使得混凝土裂缝的扩展弯弯曲曲,并使混凝土产生较大的微裂区,因此 K_{1c} 和 G_f 最大;砂浆则处于净浆和混凝土之间。

由实测净浆、砂浆、混凝土断面上线的各点坐标分别如图 12.4.4、12.4.5、12.4.6 所示。实测的结果与表面直观观察的结果一致。混凝土断面的曲折度最大,砂浆次之,而净浆的断面变化比较平缓。按变步距法,及(12-4-8)式求算 D,回归结果如图 12.4.7~12.4.9。

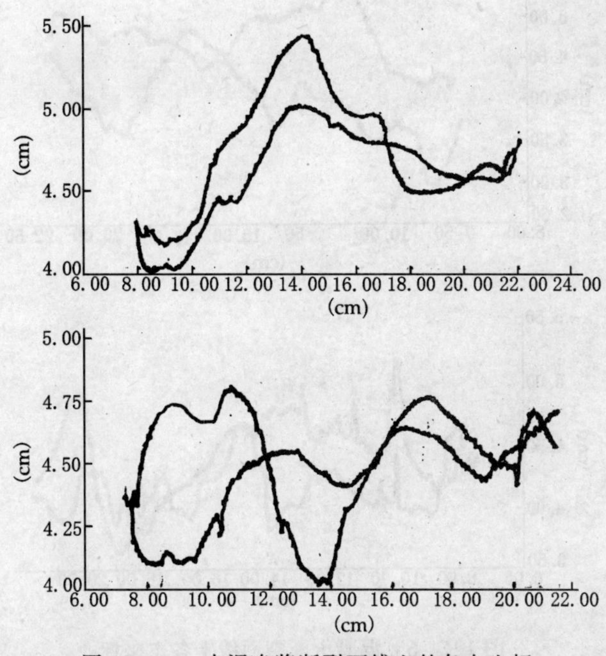

图 12.4.4 水泥净浆断裂面线上的各点坐标

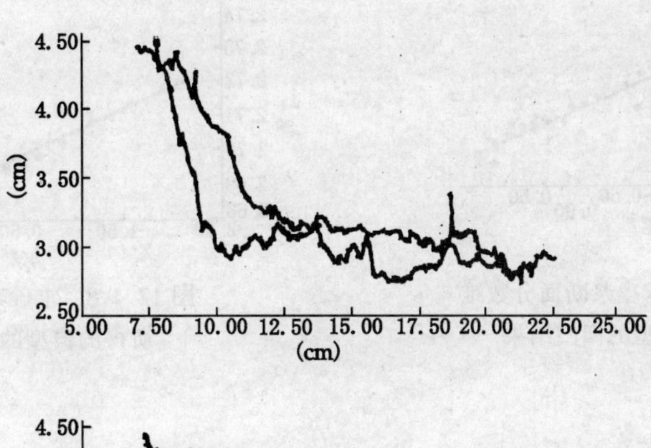

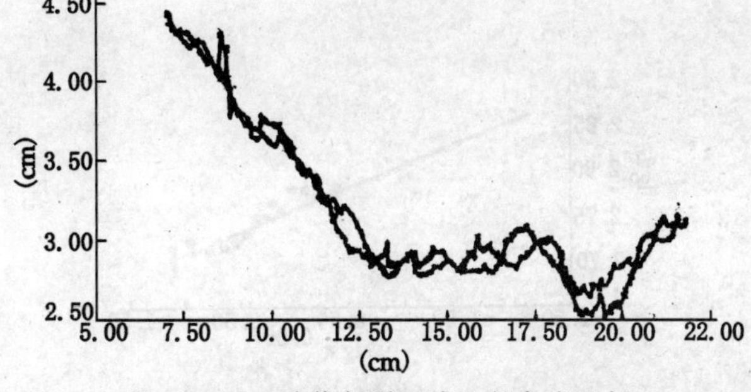

图 12.4.5 砂浆断裂面线上的各点坐标

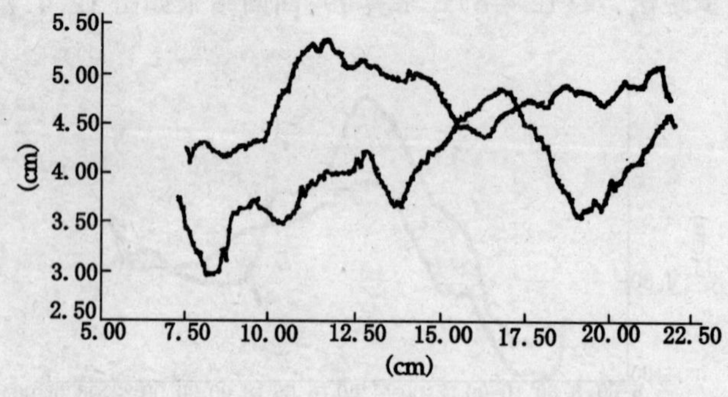

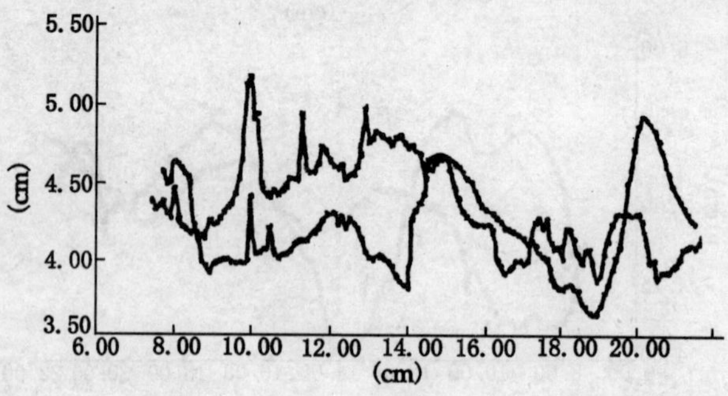

图 12.4.6 混凝土断裂面线上各点坐标

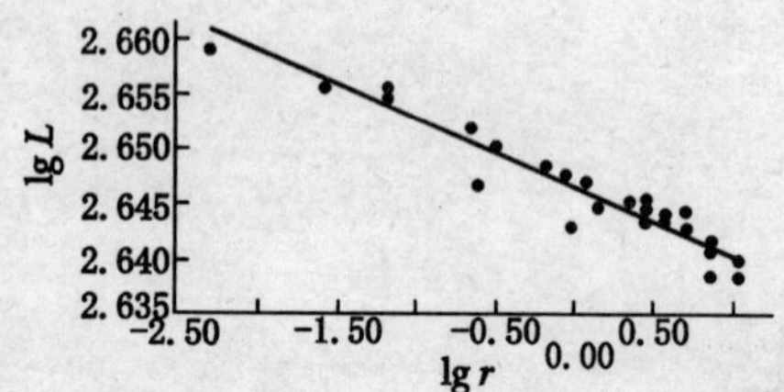

图 12.4.7 求净浆断面分数维所得的典型的回归结果

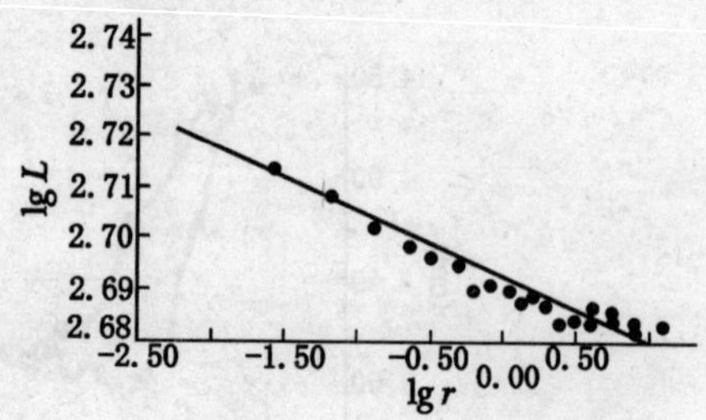

图 12.4.8 求砂浆断面分数维所得的典型的回归结果

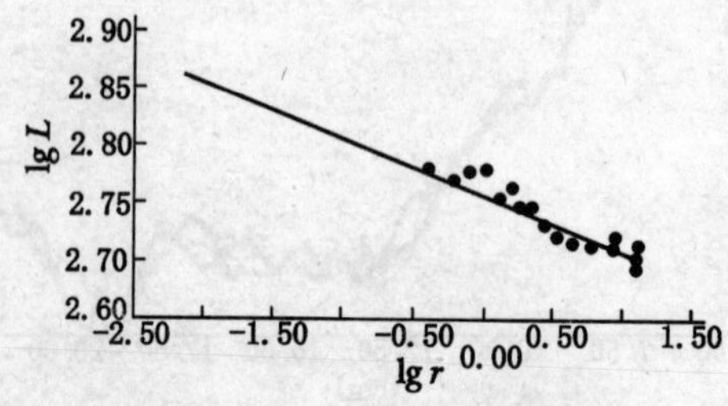

图 12.4.9 求混凝土断面分数维所得的典型的回归结果

表 12.4.2 是净浆、砂浆、混凝土断面的分析结果。R_L 为线曲折度，R_A 为面曲折度，D 为分数维，r 为相关系数。

表 12.4.2　净浆、砂浆、混凝土断面分析结果

参数 材料	R_L	R_A	D	r	标高的最大与最小值之差（cm）
净浆	1.0413	1.0655	1.0078	0.9697	1.280
	1.0275	1.0434	1.0063	0.9772	1.020
	1.0301	1.0476	1.0063	0.9422	0.658
	1.0384	1.0609	1.0089	0.9491	0.780
平均	1.0343	1.0544	1.0073		0.9345
砂浆	1.0685	1.1093	1.0130	0.9501	1.686
	1.1223	1.1974	1.0219	0.9059	1.886
	1.1388	1.2248	1.0265	0.8913	1.750
	1.0855	1.1369	1.0137	0.9149	1.658
平均	1.1038	1.1671	1.0188		1.7450
混凝土	1.1972	1.3232	1.0488	0.9755	1.900
	1.1003	1.1612	1.0219	0.9526	1.228
	1.3083	1.5164	1.0685	0.9297	1.312
	1.2075	1.3408	1.0488	0.9706	1.038
平均	1.2033	1.3354	1.0470		1.3695

由表 12.4.2 可见：混凝土的线曲折度、面曲折度及断面线分数维都是最大的，砂浆次之，净浆最小。回归分数维的相关系数 r 都较高，说明净浆、砂浆和混凝土的断面均具有分数维结构。可以用分数维加以描述。

由于仪器分辨率的限制，本研究中所得的断面线曲折度，对混凝土而言，最大的线曲折度 $R_L = 1.3083$，对应的面曲折度 $R_A = 1.5164$，即实际面积大了 51.6%。M.A.Issac 等人对砂浆的梁的三点弯曲断面的线曲折度 $R_L = 1.23$，两者的结果相吻合。

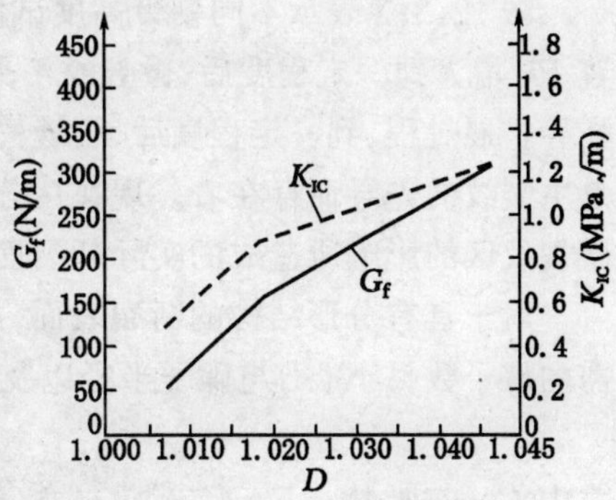

图 12.4.10　水泥基材料的断裂能（G_f）及断裂韧度（K_{IC}）和断面分数维 D 的关系

净浆、砂浆、混凝土断面的分数维与对应的 K_{IC}，G_f 的关系如图 12.4.10 所示。

由此可见，断面分数维 D 与断裂能，断裂韧度至少存在定性关系。D 越大，G_f、K_{IC} 均越大。故采用分数维理论，有可能使人们从混凝土材料断面的分数维 D，推断混凝土的 G_f 或 K_{IC} 的大小。

第五节　混凝土断裂能尺寸效应

一、分数维理论用于混凝土断裂能尺寸效应的论证

混凝土内部存在大量的、不连续的、随机分布的孔隙，以及内部结构的不均匀性，使内部各

点具有的断裂韧度不同。在同样的外力作用下,各点的应力强度因子也不同。断裂韧度小的部分,或应力强度因子大的部分,首先开裂。因此,由外力导致的微裂缝也是不连续的、随机分布的。微裂缝与宏观主裂缝一样,极度曲折而且分叉。对于这样复杂的、不规则的微裂隙结构体系,可以用分数维进行模拟研究。

设微裂纹区中微裂纹的分布为树枝状结构,如图 12.5.1 所示。取出其中一个基本单元(生成器)如图中(b),折线段为单位长度。按公式(12-4-1):$D=\lg N/\lg\left(\dfrac{1}{r}\right)$计算该裂隙结构的分数维:$D=\lg 3/\lg(2\cos(\beta/4))$。可见该裂隙结构的分数维 D 大于 1。实际的微裂隙结构要比上述模型要复杂得多。但可利用这个模型对微裂区结构进行定性的描述。

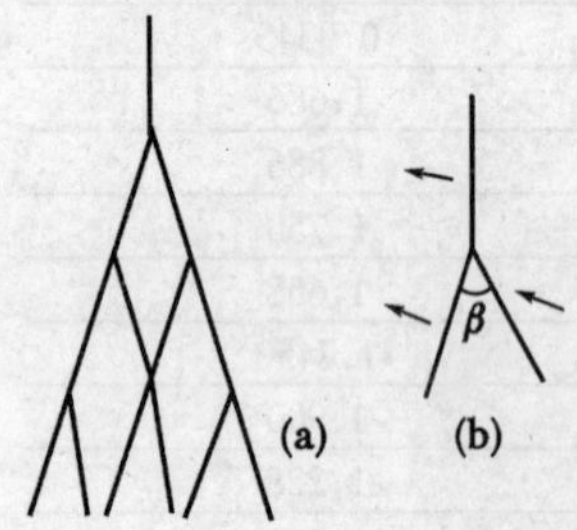

图 12.5.1　微裂纹区中微裂纹的树枝状分叉结构

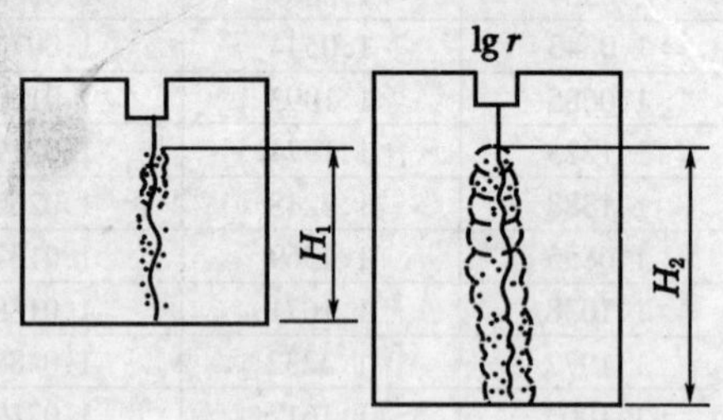

图 12.5.2　不同韧带高度试件的微开裂、主裂纹开裂示意图

图 12.5.2 表示不同韧带高度试件的微开裂及主裂纹开裂过程。在外力 Ph 的作用下,随着 Ph 增大到一定程度后,微裂纹汇聚、贯通,从而引起混凝土的起裂,开始了混凝土裂缝的亚临界扩展过程,到一定程度后,裂缝失稳扩展。从起裂-亚临界扩展-失稳扩展,微裂区一直是主裂纹的先导而存在着。现在用分数维理论重新考察图 12.5.2 中不同韧带高度试件,由于微裂纹区的影响所造成的实际断裂面积的非线性差异。

对于具有分形结构的断裂表面,用一系列具有不同半径 r 的小碟子去覆盖此表面时,所需的碟子数目 $N(r)$ 与碟子半径以及断裂表面的分数维 D 的关系应满足下式:

$$N(r) = Cr^{-D} \tag{12.5.1}$$

式中 C——常数。

如用一固定半径 r_0 的小碟子去覆盖一系列具有不同长度 R 的断裂表面时,所需的碟子数 N 与 R 的关系如何?无论断面如何不规则,如果用很小的放大倍率去观察时,可看成为一个半径为 R_0 的球面。把量测用的码尺-碟子半径 r_0 变更为码尺 r,此时的半径 R 为:

$$R = R_0 r_0 / r$$

把 r 用 R 表示:$r=R_0r_0/R$ 代入(12.5.1)得到所需碟子数目 N 与 R 关系为:

$$N = C(r_0 R_0)^{-D}R^D = C'R^D \tag{12.5.2}$$

式中 $C'=C(r_0R_0)^{-D}$为一常数。

如果 $R=R_0$,以 $r_0=r$ 去测量,则(12.5.2)式转化为(12.5.1)式。可见两式是等价的。

同理,用一固定码尺 r_0 沿主裂纹扩展方向去量测具有如图 12.5.2 所示的不同韧带高度 H 的试件的所有断裂表面,所需的量测次数 N 为:

$$N = C'H^{D_C}$$

式中 D_C 不是材料宏观断裂表面的分数维，而是开裂过程中所有裂隙结构的分数维。

为了由韧带高度 H 精确的求算实际断面长度 H_R，使用最小的码尺 $r_0=2b$(即 2 倍的原子间距)。

$$H_R = N \cdot r_0 = C'H^{D_C} \cdot r_0 = C''H^{D_C}$$

式中 $C''=C' \cdot r_0=2C'b$

有了实际断裂长度 H_R，即可求实际断面面积 A_R：

$$A_R = B \cdot H_R = C''H^{D_C} \cdot B \qquad (B\text{—— 试件厚度})。$$

设混凝土材料的表面能为 γ_s，在混凝土的整个开裂过程中，共有 A_R 断裂面积产生，共消耗的能量：$W=A_R \cdot 2\gamma_s=2C''H^{D_C} \cdot B \cdot \gamma_s$。

由 RILEM TC50-FMC 委员会所定的断裂面积 A 和断裂能 G_f 分别为：

$$A=B \cdot H \qquad (H\text{ 为断裂韧带高度},B\text{ 为试件宽})$$

$$G_f = W/A = 2\gamma_s \cdot C''H^{D_C-1} \tag{12.5.3}$$

由(12.5.3)式可见，影响混凝土断裂能 G_f 的因素有：(1)混凝土的表面能 γ_s：表面能越大，断裂能便越大；(2)混凝土微裂区裂隙结构的分数维 D_C：D_C 大、G_f 大；D_C 的大小与微裂区区域的大小、微裂区中的微裂纹密度、曲折度、试件几何尺寸及加载形式有关；(3)混凝土的韧带高度 H：H 大，G_f 大。但 G_f 与 H 的变化不呈线性关系；(4)C''：即 G_f 与量测断裂面积所采用的最小码尺有关。

二、断裂能的尺寸效应

在式(12.5.3)中 G_f 与 H 的关系，即断裂能的尺寸效应。

$$\mathrm{d}G_f/\mathrm{d}H = 2\gamma_s C''(D_C - 1)H^{D_C}/H^2 \tag{12.5.4}$$

当材料为理想的弹脆性体，断裂表面为平面。$D_C=1$，由(12.5.4)式 $\mathrm{d}G_f/\mathrm{d}H=0$。即断裂能与韧带的高度无关，不存在尺寸效应。对于水泥基材料，其主裂缝前沿总有一个微裂区，$1<D_C<2$，因此 $\mathrm{d}G_f/\mathrm{d}H>0$。即 G_f 是 H 的增函数。如果微裂区大，或微裂区中微裂纹密度、曲折度大，D_C 也大，则 $\mathrm{d}G_f/\mathrm{d}H$ 越大，断裂能的尺寸效应越显著。

由于 $1<D_C<2$，当 H 很大时，H^{D_C}/H^2 很小，则 $\mathrm{d}G_f/\mathrm{d}H$ 很小。即试件尺寸很大时，可认为 G_f 无什么尺寸效应。

由式(12.5.3)也可以推广到由于试件厚度 B 变化引起断裂能的尺寸效应。G_f 与 B 关系与 H 的关系相似。

D_C 可作为断裂能尺寸效应显著性的一个度量。知道了 D_C，即可计算出断裂能 G_f。

三、微裂隙结构分维数 D_C

由式(12.5.3)$G_f=2\gamma_s \cdot C''H^{D_C-1}$两边取对数：

$$\lg G_f = \lg(2\gamma_s C'') + (D_C - 1)\lg H \tag{12.5.5}$$

D_C 为 $\lg G_f-\lg H$ 双对数坐标系下直线的斜率加上 1。

当 $H=0$ 时，直线截距 S 为：

$$G_{f(H=0)} = S = \lg(2\gamma_s C'') \tag{12.5.6}$$

式中 C''为常数，故由 S 大小可知道材料表面能γ_s 的大小。S 越大，γ_s 越大。

Wittmann 等曾提出用外推办法求混凝土材料的表面能，其计算公式为：

$$\gamma_s = g_{(a)H=0} \tag{12.5.7}$$

$g(a)$为混凝土断裂能在整个断裂韧带高度 H 上分布的函数。可见由式(12.5.6)与(12.5.5)求算 γ_s 的方法一致。

四、实验验证

(一)不同韧带高度 H 产生的尺寸效应。

1. 混凝土试件及配比

试件的几何参数示意及楔形加载工具、试件受力示意如图 12.3.1 所示。试件的混凝土配合比及抗压强度如表 12.5.1 所示。其中含增强剂的混凝土为高性能混凝土。

表 12.5.1 混凝土的配合比及抗压强度

No.	水灰比	增强剂(kg)	水泥(kg)	水(kg)	砂(kg)	石(kg)	NF(kg)	抗压强度(MPa)
1	0.45		450	202.5	575	1222		44.9
2	0.30(空)		550	165	541	1264	5.5	66.8
3	0.30(增)	55	495	165	541	1264	5.5	74.4

2. 不同韧带高度的确定

为了研究尺寸效应，采用两种方法得到不同的韧带高度。

(1)固定 W(总高)，切割出初始裂缝长度 a_0 分别为 3.95 cm, 6.65 cm, 8.45 cm 及 10.3 cm，与之相对应的 H 分别为 14.5 cm, 11.8 cm, 10.0 cm 及 8.15 cm。混凝土试件的配合比如表 12.5.1 中的 No.1。

(2)固定 $a_0 = 3.95$ cm, H 分别为 14.55 cm, 12 cm, 10.0 cm, 8.0 cm, 6.0 cm 和 4.0 cm。混凝土配比如表 12.5.1 中 No.1、2、3。

(二)实验测定

不同韧带高度试件的 P-COD 全曲线如图 12.5.3。断裂能 G_f 随韧带高度 H 变化如图 12.5.4。根据(12.5.3)在 $\lg G_f - \lg H$ 双对数坐标系下，回归得到的直线如图 12.5.5 所示。

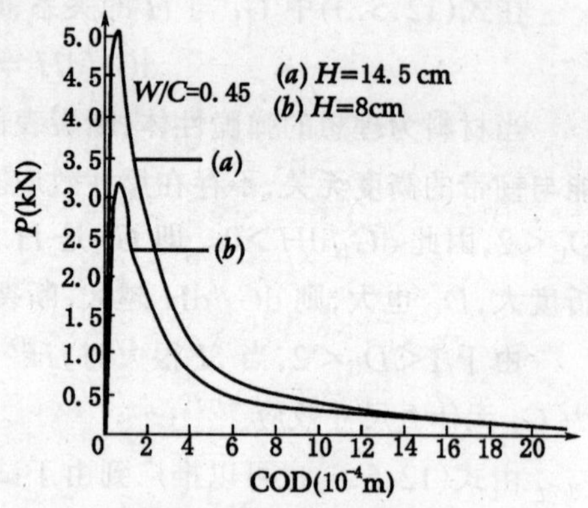

图 12.5.3 不同韧带高度混凝土的荷载-裂纹口张开位移全曲线

两种情况下的 K、S、r 及 D_C 汇总于表 12.5.2。

表 12.5.2 不同韧带高 H 的试件的有关参数

改变韧带高 H 方法	K	S	r	D_C
(1)固定 W，改变 a_0	0.4406	1.9534	0.9787	1.4406
(2)固定 a，改变 H	0.4950	1.9089	0.995	1.495

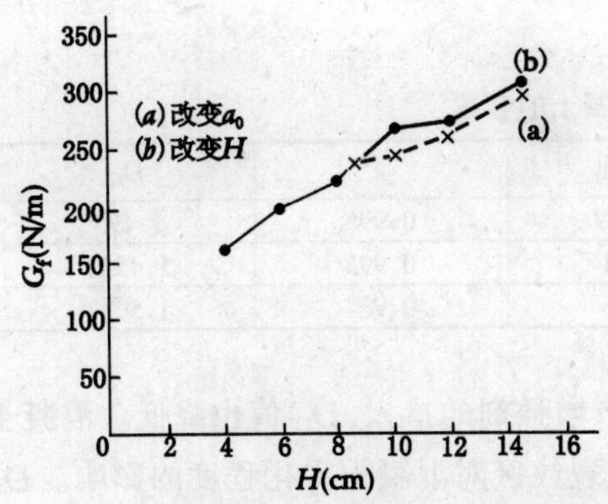

图 12.5.4 试件几何形状不同的混凝土断裂能与断裂韧带高度的关系

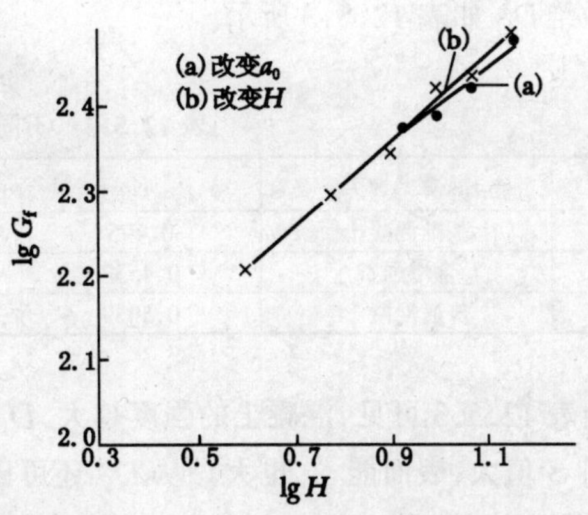

图 12.5.5 试件几何形状不同的混凝土的 $\lg G_f$ 与 $\lg H$ 关系

由表 12.5.2 可见：情况(1)的 D_C<第(2)种情况的 D_C。说明后者 G_f 的尺寸效应比前者明显。也说明了由于试件的几何形状不同，断裂能尺寸效应显著不同。

(三)固定 a_0、改变 H 的断裂能尺寸效应

混凝土试件的配合比如表 12.5.1 所示。不同 W/C 的混凝土的 K_{IC} 与断裂韧带高度 H 之间关系如图 12.5.6 所示。W/C 低，混凝土强度高，K_{IC} 值也大。含增强剂的混凝土，W/C 相同时，比对比的空白混凝土强度高，同时断裂韧度 K_{IC} 也高。图 12.5.7 为 $W/C=0.3$ 含与不含增强剂的混凝土和 $W/C=0.45$ 的普通混凝土，其断裂能与韧带高度之间的关系。在双对数坐标 $\lg G_f-\lg H$ 关系下，进行回归，得图 12.5.8 所示的直线。

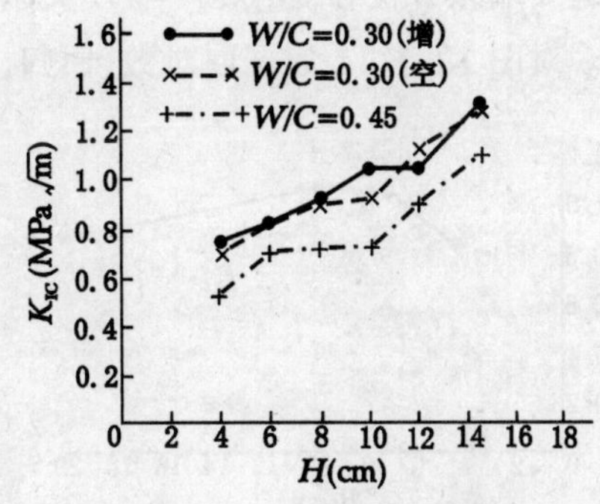

图 12.5.6 不同水灰比混凝土的断裂韧度与断裂韧带高度的关系

三种混凝土的直线斜率 K、截距 S，相关系数 r

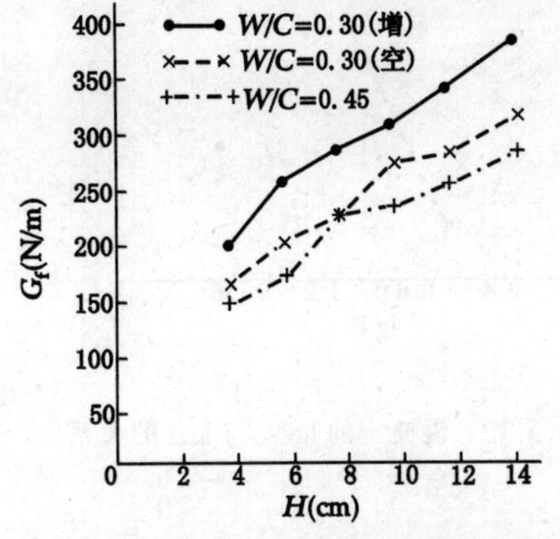

图 12.5.7 不同水灰比混凝土断裂能与断裂韧带高度关系

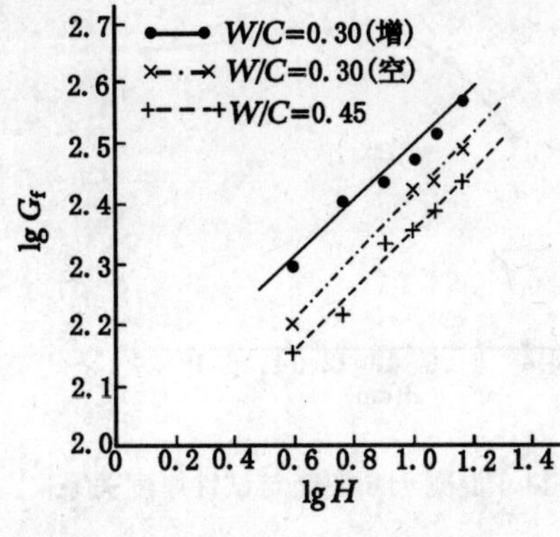

图 12.5.8 不同水灰比混凝土的 $\lg G_f$ 与 $\lg H$ 关系

及分数维 D_C 如表 12.5.3 所示。

表 12.5.3 不同 W/C 混凝土的参数

W/C	混凝土种类	K	S	r	D_C
0.3	基准混凝土	0.495	1.9089	0.995	1.495
0.3	含增强剂	0.4532	2.031	0.993	1.4532
0.45	普通混凝土	0.5039	1.855	0.984	1.5039

由表 12.5.3 可见，混凝土的强度越大，D_C 值越小；增强剂的掺入，D_C 值也降低。混凝土强度高 S 值大，表面能 γ_s 也大。从 D_C 还可以看到微裂纹区对混凝土劣化程度的影响。D_C 越大，微裂纹区中裂纹的密度或曲折度越大，混凝土在断裂过程中结构所受到的破坏程度越显著。

(四)试件厚度 B 对 G_f 的影响

试件的混凝土配合比如表 12.5.1 中的 No.1，几何尺寸为：$a_0=3.95$ cm，$W=18.45$ cm，$H=14.5$ cm，B 分别为 4.5 cm，7.2 cm，10.0 cm 和 20.0 cm。K_{1C}值与试件厚度 B 的关系、临界裂缝尖端张开位移 $CTOD_C$ 与 B 关系，G_f 与 B 的关系，分别如图 12.5.9、12.5.10、12.5.11 所示。对图 12.5.11 数据取对数，回归，得到 $\lg G_f-\lg H$ 双对数坐标系下的直线图 12.5.12。

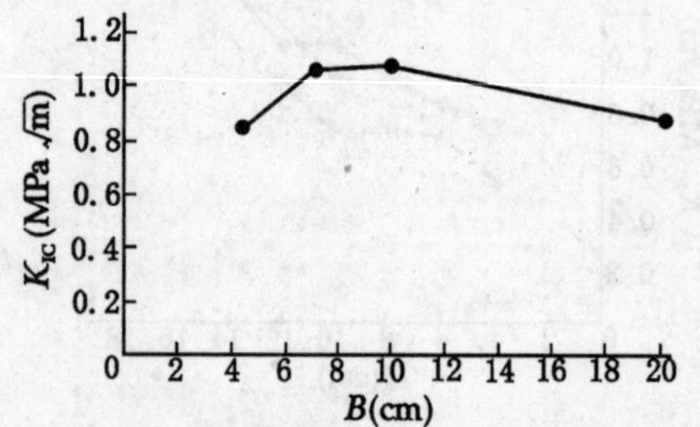

图 12.5.9 断裂韧度 K_{1C}与试件厚度关系

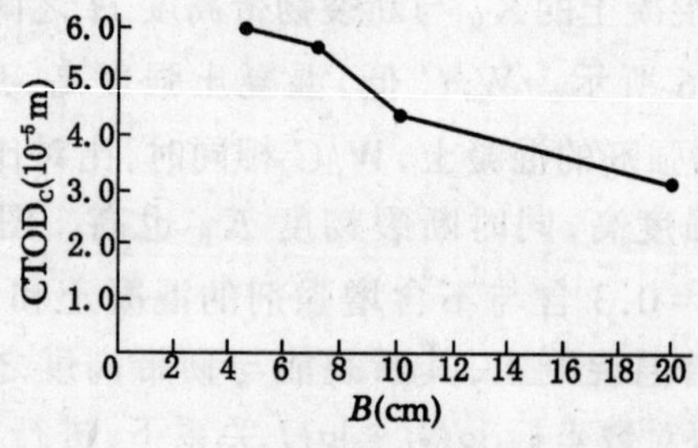

图 12.5.10 临界裂缝尖端张开位移与试件厚度关系

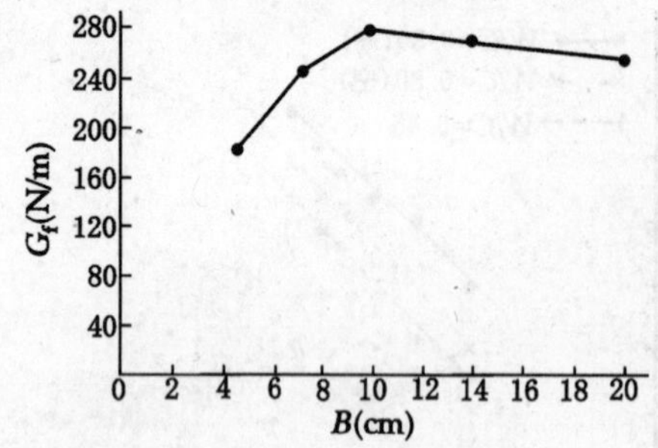

图 12.5.11 混凝土断裂能与试件厚度关系

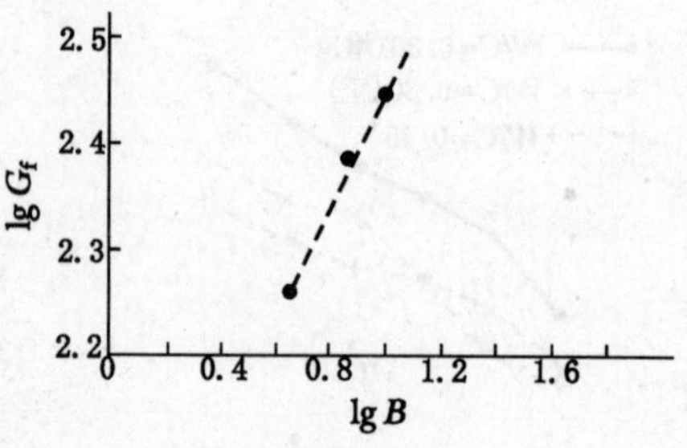

图 12.5.12 混凝土的 $\lg G_f$ 与 $\lg B$ 的关系

由图 12.5.9～12.5.12 可见：(1)试件厚度 B 对 K_{IC}的影响不甚显著；开始时 K_{IC}随 B 增大而增大，但增大到一定程度后即下降；(2)B 越大，$CTOD_C$ 越小；这是因为试件厚度 B 加大，混凝土更脆，裂缝在失稳扩展时，所能达到的 $CTOD_C$ 更小。(3)G_f 与 B 的关系与 K_{IC} 与 B 的关系相似；当 $B=10$ cm 时，G_f 随 B 的增大而增大，尺寸效应很明显，但当 $B>10$ cm 时，G_f 却下降。这是因为当 $B=20$ cm 时，混凝土为平面应变破坏，故 K_{IC} 与 G_f 降低。(4)由图 12.5.3，当 $B=4.5$ cm，7.2 cm 和 10.0 cm 时，相关系数 $r=0.993$，$S=1.918$，$D=1.536$，而当 $B=20$ cm 时则不在 $\lg G_f$ 与 $\lg B$ 关系直线上；说明只有厚度 B 在一定范围内式 12.5.4 对平面应力破坏的混凝土 G_f 的描述才有效。

五、结论

引起混凝土断裂能尺寸效应的根源，在于混凝土开裂过程中一直存在于主裂缝前缘的微裂区。目前，由 RILEM TC50-FMC 专业委员会所定义的裂缝面积显然偏小。裂缝面积应包含混凝土在开裂过程中所有开裂过的面积，尤其是微裂区中大量微裂纹的面积。微裂区的结构包括该区域大小、微裂纹的密度、曲折度等等。

本书应用分数维理论，把混凝土微裂区中微裂纹简化为树枝状分叉结构，并求得了该结构的分数维大小。

本书从另外一个角度考察了分数维理论的最基本的公式，并根据 TC50-FMC 关于断裂能的定义，推导得到了描述混凝土断裂能 G_f 与表面能 γ_s，微裂区结构参数 D_C 及韧带高度 H 的关系公式：$G_f=2\gamma_s C'' H^{D_C-1}$。理论分析结果表明，混凝土的断裂能是 γ_s、H、D_C 的增函数。当试件尺寸 H 足够大时，G_f 几乎就没有尺寸效应。

本书还实验验证了描述混凝土断裂能与试件尺寸关系的公式。结果表明：1. 混凝土强度越大，表面能也越大；2. 混凝土强度越大，微裂区的结构参数 D_C 越小，且 G_f 的尺寸效应越不明显；3. 试件的几何形状不同，微裂区的结构不同，D_C 值也不同；4. 试件厚度变化也会引起 G_f 的尺寸效应。

第六节　混凝土微裂纹区测定与研究

混凝土的微裂区对其断裂性能有很大影响。对混凝土微裂区的研究一直是研究的焦点。也是难点。

目前对微裂区的测定已有很多，但是，由于对微裂区的定义十分模糊，测定所得微裂区的长度都不相同。

F. O. Slate 对微裂区作的定义是：微裂缝的上限是 0.1 mm，下限是混凝土的拉伸应变极限。超过该极限时，即使卸荷，材料的基本构成单元将不恢复到原来的位置，造成粒子间的永久分离。

本研究采用电阻丝应变计测定混凝土主裂缝前缘不同位置的应变，当混凝土的应变达到极限拉应变 ε_μ 时，即认为该位置的混凝土已经微开裂。

一、混凝土配合比及有关力学参数

混凝土配合比如表 12.6.1 所示。表中的极限拉应变 ε_μ 按下式求得：$\varepsilon_\mu=f_t/E$。f_t——劈裂抗拉强度，E 为弹性模量。

表 12.6.1　净浆、砂浆、混凝土配比及力学参数

<table>
<tr><th rowspan="2">No.</th><th rowspan="2">W/C</th><th colspan="6">单方混凝土用料量(kg)</th><th>抗压强度</th><th>f_t</th><th>E</th><th>ε_μ</th></tr>
<tr><th>增强剂</th><th>水泥</th><th>水</th><th>砂</th><th>石</th><th>NF</th><th>(MPa)</th><th>(MPa)</th><th>(10^4Pa)</th><th>($\mu\varepsilon$)</th></tr>
<tr><td>1</td><td>0.30</td><td>55</td><td>495</td><td>165</td><td>541.5</td><td>1264</td><td>55</td><td>69.43</td><td>4.66</td><td>3.738</td><td>124.6</td></tr>
<tr><td>2</td><td>0.30</td><td></td><td>550</td><td>165</td><td>541.5</td><td>1264</td><td>55</td><td>58.87</td><td>4.22</td><td>3.622</td><td>116.5</td></tr>
<tr><td>3</td><td>0.40</td><td></td><td>450</td><td>180</td><td>575</td><td>1222</td><td></td><td>49.67</td><td>2.15</td><td>3.590</td><td>60.12</td></tr>
<tr><td>4</td><td>0.45</td><td></td><td>648.0</td><td>291.9</td><td>1297</td><td></td><td></td><td>53.2</td><td>3.01</td><td>1.196</td><td>252</td></tr>
<tr><td>5</td><td>0.33</td><td></td><td>1295</td><td>427.4</td><td></td><td></td><td></td><td>57.5</td><td>2.11</td><td>1.104</td><td>191.0</td></tr>
</table>

二、试件的几何形状

如图 12.3.1 所示。无论是净浆、砂浆，还是混凝土试件，均采用固定初始裂纹长度 $a_0 = 3.95$ cm，改变韧带高度 H，H 分别取 14.5 cm，12 cm，9 cm，6 cm。

三、电阻丝应变计的贴片位置

对 $H = 14.5$ cm，12 cm，9 cm，6 cm 的试件，电阻丝应变计的贴片位置分别如图 12.6.1 所示。图中横线表示电阻丝应变计位置。

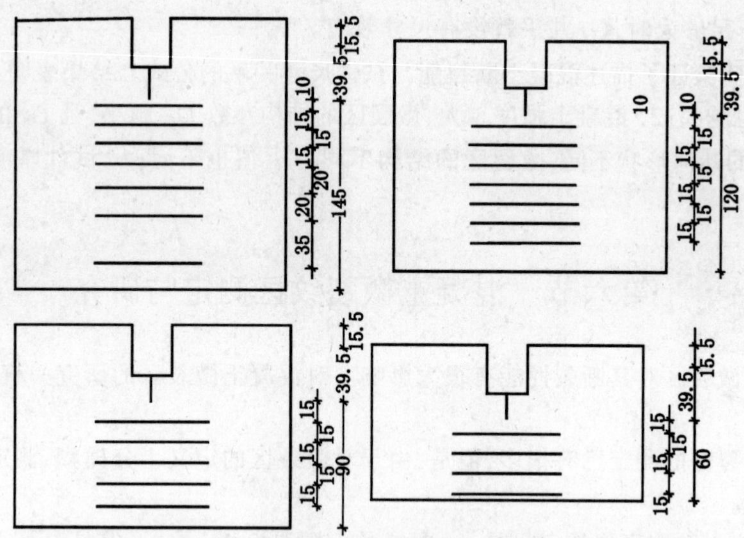

图 12.6.1　不同韧带高度试件表面上电阻丝应变计（图中以横线段表示）的贴片位置

四、试验量测与结果

试验时，每隔一定的荷载打印出电阻丝应变计上的应变值，接近最大荷载时，打印次数加密，以便仔细跟踪在峰载附近各电阻丝应变计上应变值的变化。作出不同荷载水平下，主裂缝前缘上不同位置的应变离主裂缝尖端距离的关系曲线图。图 12.6.2 是 No.1 含增强剂的混凝土。

图 12.6.3 为 No.2,对比的基准混凝土试件;图 12.6.4 为 No.3 的混凝土试件;图 12.6.5 为 No.4 的砂浆试件;图 12.6.6 为 No.5 净浆试件。

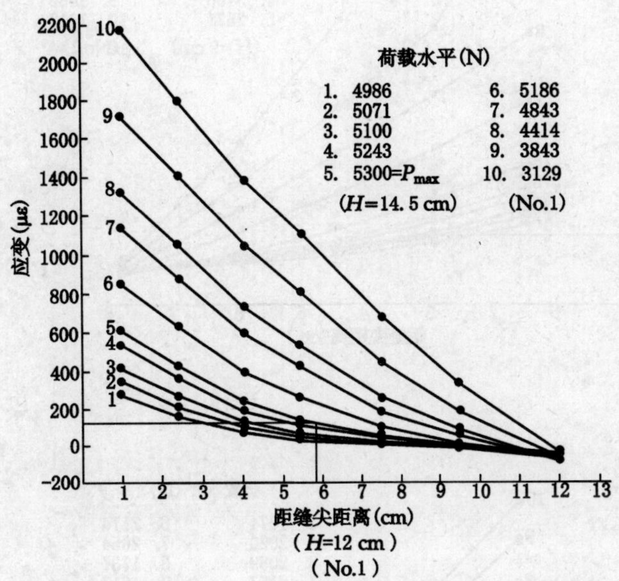

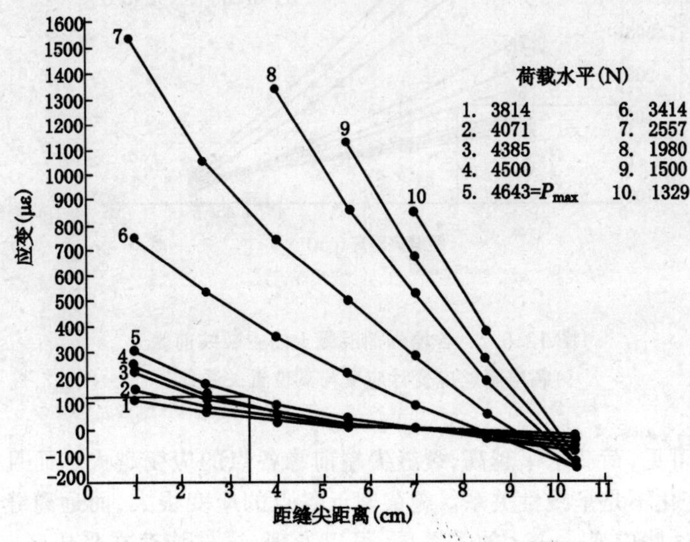

图 12.6.2　含增强剂混凝土的主裂纹前缘上各电阻丝应变计应变与其位置关系(一)

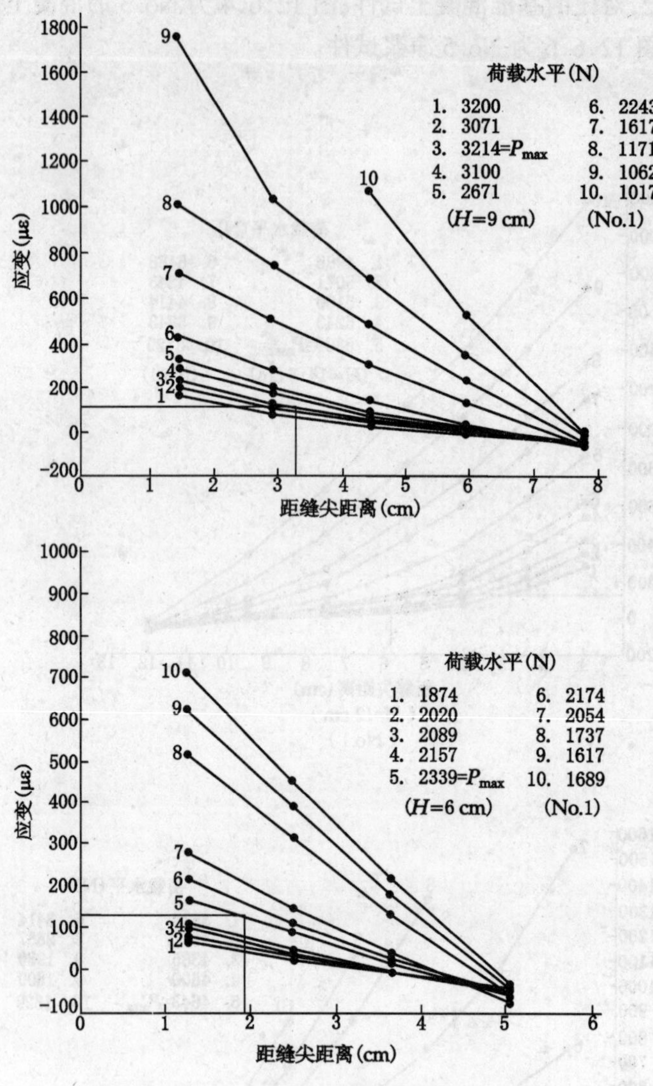

图 12.6.2 含增强剂混凝土的主裂纹前缘上各电阻丝应变计应变与其位置关系(二)

由图 12.6.2 可见,荷载水平越高,裂缝尖端前缘各点的应变越大。而且裂缝尖端前缘上各点随距离口的变化不是呈线性关系。缝尖附近各点的应变很大,而远离缝尖各点的应变却很小。另外,考察这些应变——d 的关系图,可以发现,试件均存在受压区。O 应变点(即中性轴)随着荷载水平的增大,或混凝土逐渐开裂,中性轴逐渐向底部移动。在这些应变——d 图上分别作一条应变值为 ε_u 的水平线,此线与荷载水平 P_{max} 时的应变——d 曲线相交点,对应的横坐标表示的长度,即为微裂区的长度。由图 12.6.2 可见:韧带高度分别为 $H=14.5$ cm,12 cm,9 cm,6 cm 的试件,其微裂区长度 l_p 分别为 5.92 cm,3.40 cm,3.32 cm 及 1.94 cm。

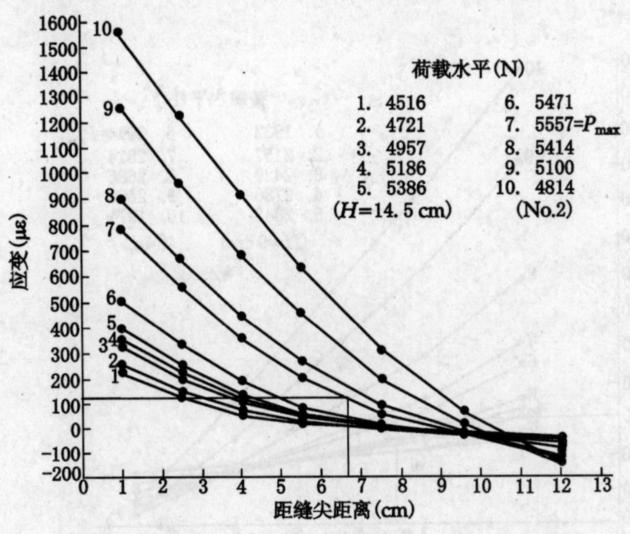

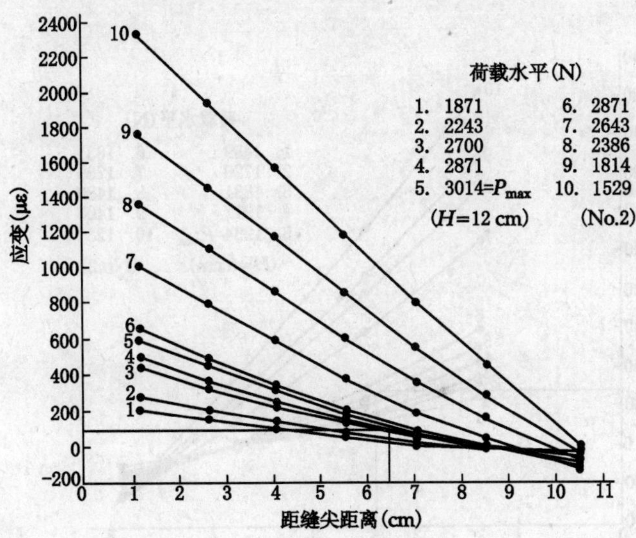

图 12.6.3　空白混凝土主裂纹前缘上各电阻丝应变计应变与其位置关系(一)

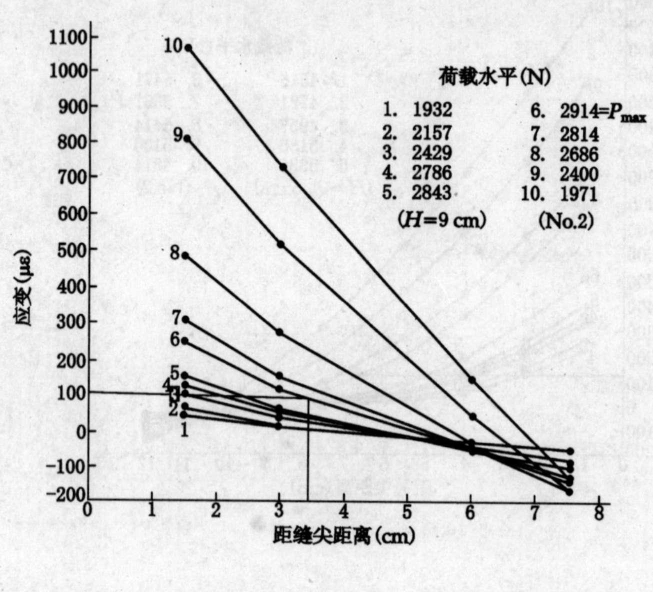

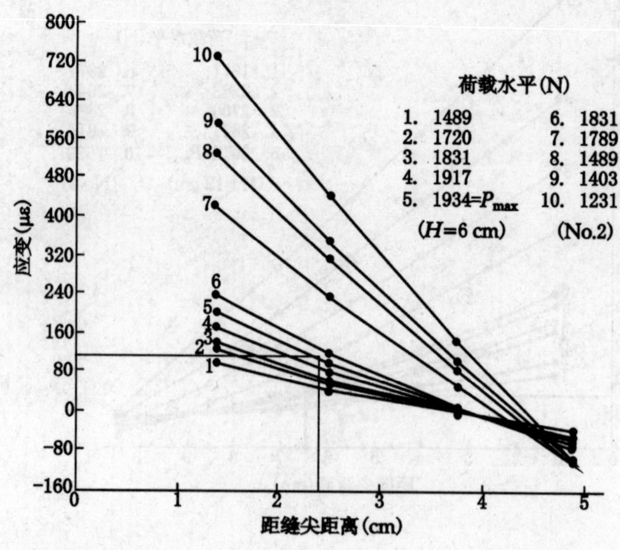

图 12.6.3 空白混凝土主裂纹前缘上各电阻丝应变计应变与其位置关系(二)

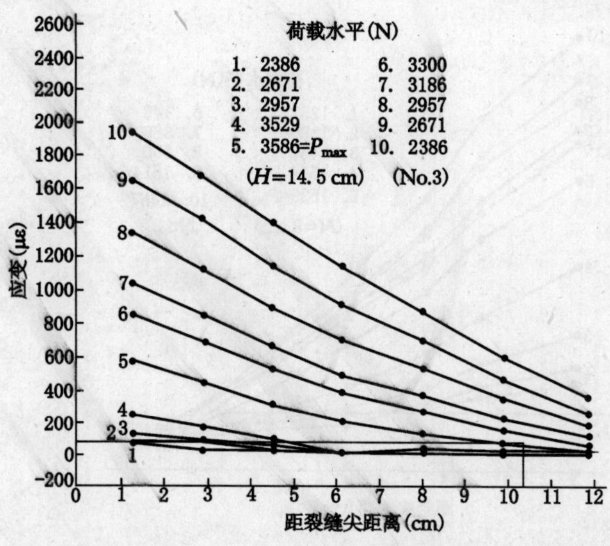

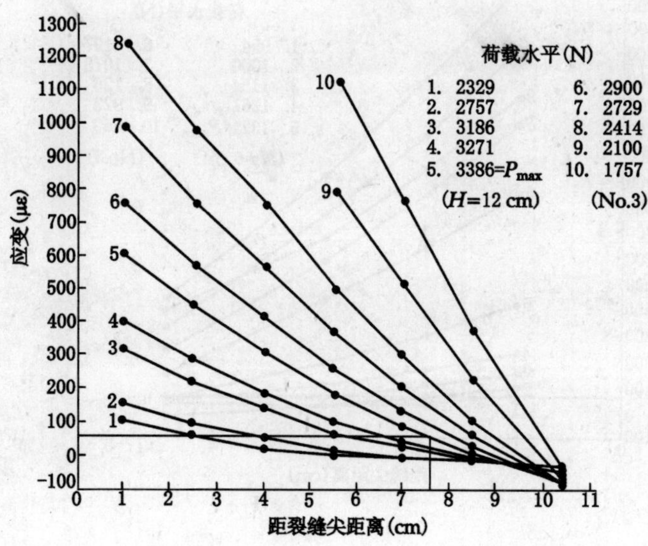

图 12.6.4 混凝土主裂纹前缘上各电阻丝应变计应变与其位置关系(一)

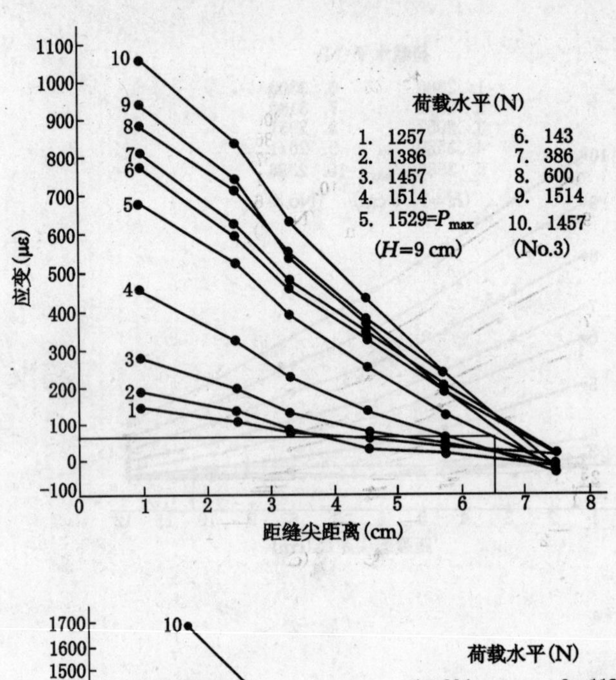

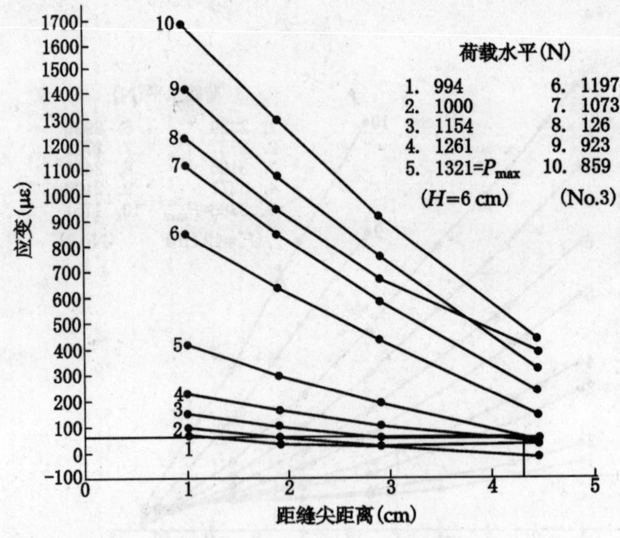

图 12.6.4 混凝土主裂纹前缘上各电阻丝应变计应变与其位置关系(二)

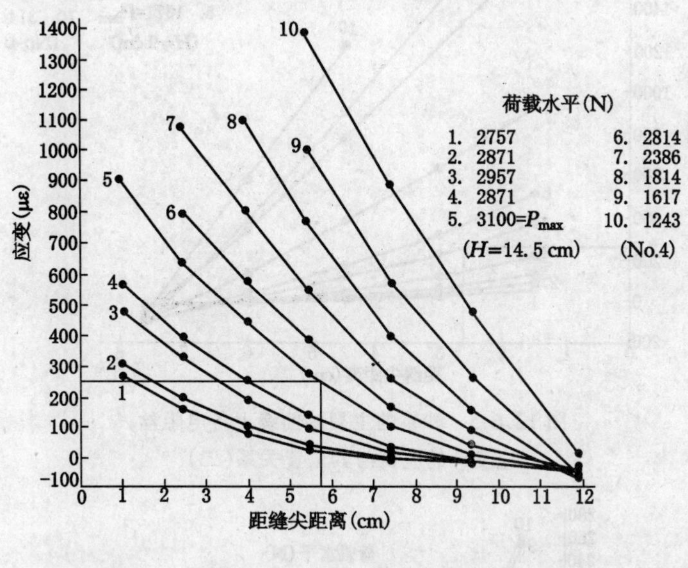

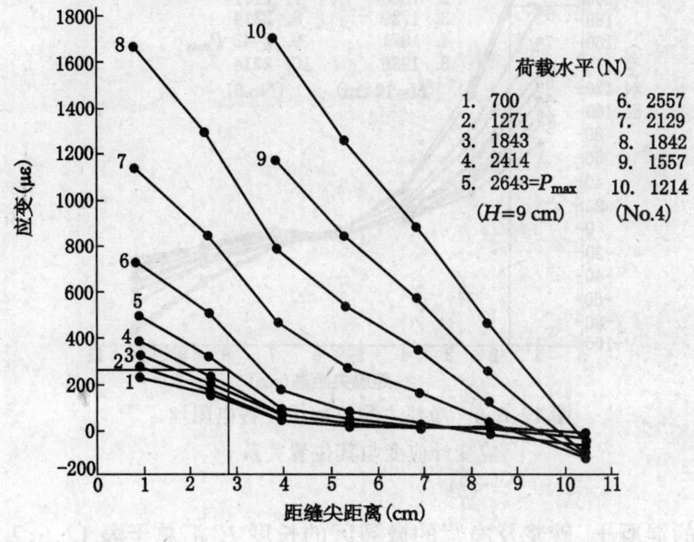

图 12.6.5 砂浆的主裂纹前缘上各电阻丝应变计的应变与其位置关系(一)

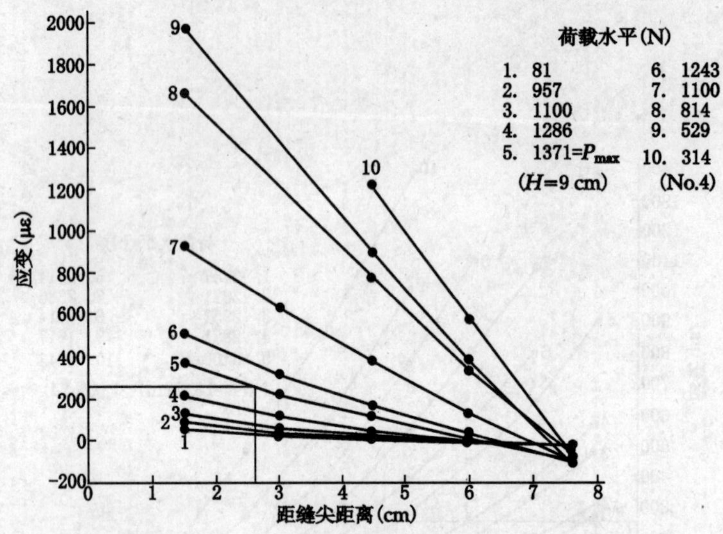

图 12.6.5 砂浆的主裂纹前缘上各电阻丝应变计的应变与其位置关系(二)

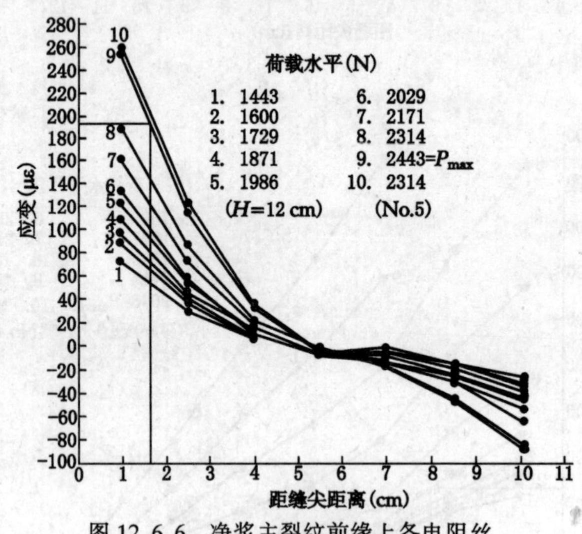

图 12.6.6 净浆主裂纹前缘上各电阻丝应变计应变与其位置关系

本研究中测定的混凝土、砂浆及净浆的微裂区的长度 l_p 汇总于表 12.6.2。

表 12.6.2 混凝土、砂浆、净浆微裂区的长度

No.	H (cm) / l_p (cm) / 材料	14.5	12	9	6
1	W/C=0.3 混凝土	5.92	3.40	3.32	1.94
2	W/C=0.3 混凝土	6.60	6.50	3.56	2.40
3	W/C=0.4 混凝土	8.32	7.52	6.56	4.37
4	W/C=0.45 砂浆		2.80	2.64	
5	W/C=0.33 净浆		1.70		

由表 12.6.2 可见,(1)l_p 与 H 有关,H 越大,l_p 也越大;(2)l_p 受混凝土强度的影响,含增强剂混凝土(No.1),强度提高,l_p 减小;(3)微裂区长度 l_p 以 $W/C=0.40$ 的混凝土最大;(4)净浆的微裂区最小,砂浆次之,而混凝土最大。由于净浆,砂浆的微裂区较小,故其断裂能尺寸效应不如混凝土显著。

与测定微裂区长度相对应的各种混凝土、砂浆、净浆的断裂能、断裂韧度随韧带高度 H 的变化关系如图 12.6.7,12.6.8,12.6.9,12.6.10 所示。

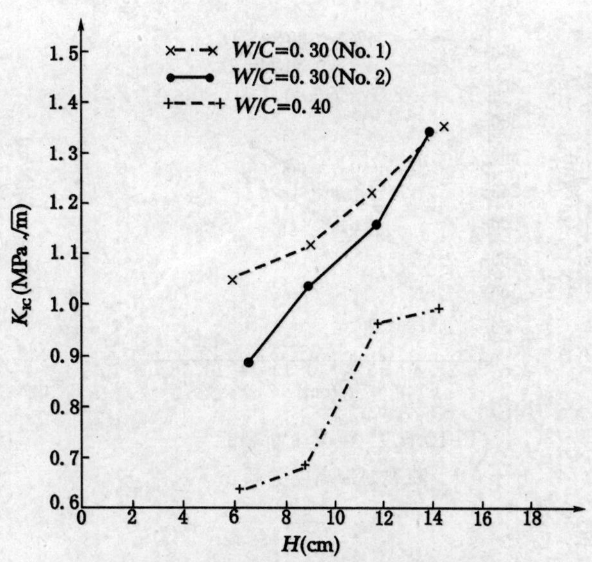

图 12.6.7 不同水灰比混凝土断裂韧度与断裂韧带高度关系

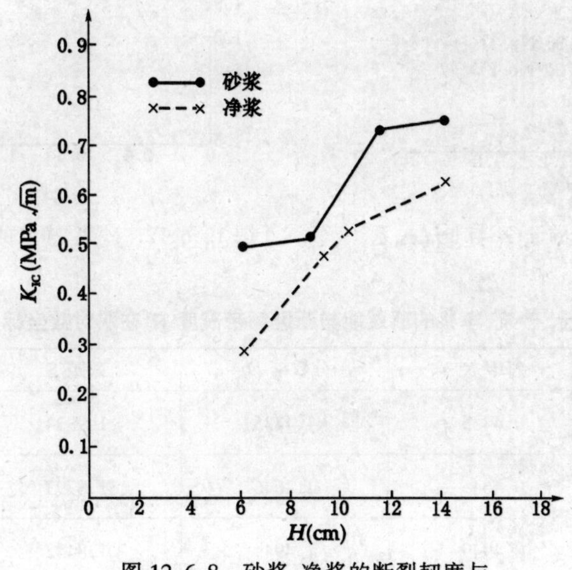

图 12.6.8 砂浆、净浆的断裂韧度与断裂韧带高度关系

对断裂能 G_f 与断裂韧带高度的关系,按公式(12.5.3)$G_f=2r_s\cdot C''H^{D_C-1}$,在 $\lg G_f-\lg H$ 双对数坐标系下,回归得到的直线见图 12.6.11,12.6.12。回归得到的结果见表 12.6.3。

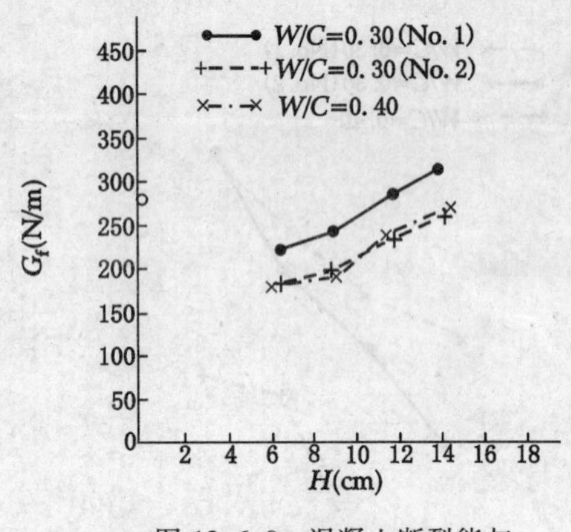

图 12.6.9 混凝土断裂能与断裂韧带高度关系

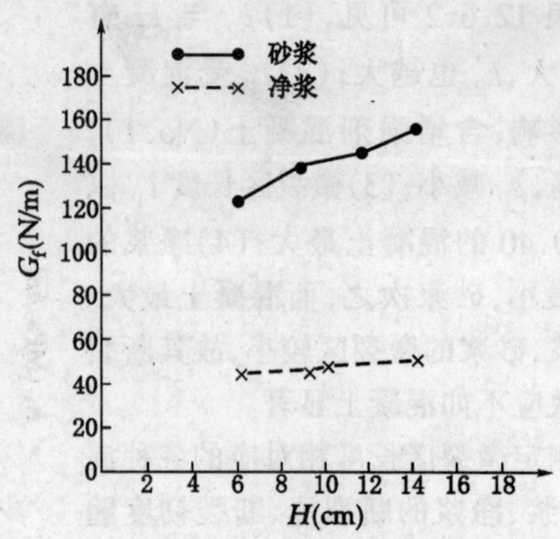

图 12.6.10 净浆、砂浆的断裂能与断裂韧带高度关系

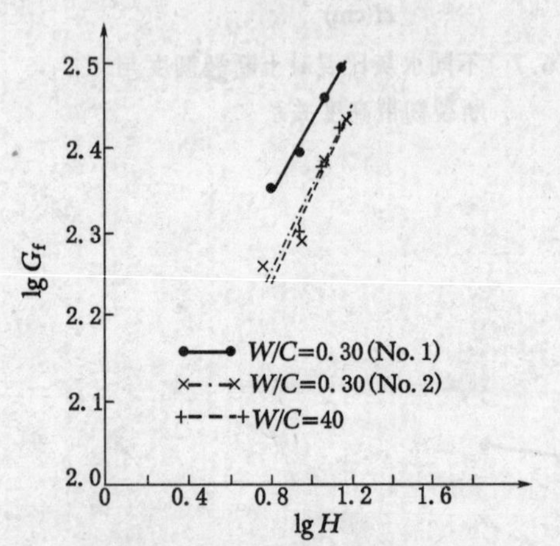

图 12.6.11 混凝土的 $\lg G_f$ 与 $\lg H$ 关系

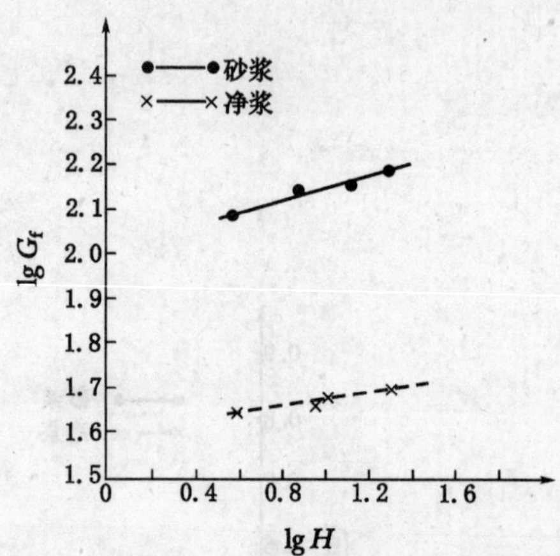

图 12.6.12 砂浆、净浆的 $\lg G_f$ 与 $\lg H$ 的关系

表 12.6.3 混凝土、砂浆、净浆的断裂能与断裂韧带高度 H 在双对数坐标下，回归分析结果

试件种类	斜率 K	分数维 D_C	截距 S	相关系数 r
$W/C=0.3$ (No.1)混凝土	0.4435	1.4435	1.9814	0.989
$W/C=0.3$ (No.2)混凝土	0.4646	1.4646	1.8793	0.946
$W/C=0.4$ (No.3)混凝土	0.4949	1.4949	1.8442	0.985
$W/C=0.45$ (No.4)砂浆	0.2612	1.2612	1.8849	0.991
$W/C=0.33$ (No.5)净浆	0.1384	1.1384	1.534	0.964

由表 12.6.3 可见，分数维 D_C 从大到小排列顺序为 $W/C=0.4$ 的混凝土，$W/C=0.3$ 的对比基准混凝土，$W/C=0.3$ 含增强剂的混凝土，然后是砂浆、净浆。表 12.6.2 中微裂纹区由

大到小的排列顺序与上述 D_C 的排列一致。说明微裂纹区越长，D_C 越大。这也说明了 D_C 值可作为一个表征微裂区中微裂隙结构的参数。

五、结论

对混凝土、砂浆、净浆的微裂区长度实测的结果表明；微裂纹区的长度与断裂韧带高度 H 有关，H 越大，微裂纹区长度越大。微裂区长度随混凝土强度的提高而降低。在相同水灰比下，混凝土的微裂纹区长度最大，砂浆次之，净浆最小。实验结果还表明，微裂区长度越大，微裂区结构参数 D_C 越大。微裂区结构可以用分数维理论加以描述。

第七节　组成材料对混凝土断裂能的影响

混凝土的强度与耐久性均与其组成材料的质量、数量、以及各组分之间的数量比例有关。混凝土的断裂能、断裂韧度与这些参数间的关系又如何呢？本节重点试验研究了水灰比、骨料的最大粒径、体积含量以及砂率等对断裂能 G_f 与断裂韧性 K_{1C} 的影响。

一、试验原料

1. 水泥：525 号硅酸盐水泥
2. 骨料：(1)粗骨料-碎卵石，$D_{max}=30$ mm，级配合格，表观密度 2.65，松堆密度 1450 kg/m^3。(2)细骨料-河砂，$F_M=2.86$，级配合格，表观密度 2.65，松堆密度 1450 kg/m^3。
3. 高效减水剂：萘系高效减水剂 NF
4. 水：自来水

二、试验计划与内容

本部分试验研究内容有以下四个方面：

(一)第一系列试验，水灰比对混凝土断裂性能的影响。试验用混凝土及其 28 d 强度如表 12.7.1 所示。

表 12.7.1　混凝土配比及 28 d 龄期强度

No.	W/C	水泥(kg)	水(kg)	砂(kg)	石(kg)	NF(kg)	抗压强度(MPa)
1	0.25	740	185	526	1119	7.4	81.6
2	0.30	617	185	566	1202	0.2	85.3
3	0.40	463	185	615	1307		78.7
4	0.50	370	185	645	1307		70.5
5	0.60	303	185	665	1412		58.0

(二)第二系列试验　粗骨料粒径对混凝土断裂能的影响。混凝土配比及 28 d 龄期抗压强度如表 12.7.2 所示。

表 12.7.2 混凝土配比及 28 d 强度

No.	D(mm)	水灰比	水泥(kg)	水(kg)	砂(kg)	石(kg)	抗压强度(MPa)
1	5～10	0.40	463	185	615	1307	70.1
2	10～15	0.40	463	185	615	1307	72.4
3	15～20	0.40	463	185	615	1307	58.4
4	20～25	0.40	463	185	615	1307	67.1
5	25～30	0.40	463	185	615	1307	69.1

(三)第三系列试验　不同砂率对 G_f,K_{IC}影响试验用混凝土的配合比如表 12.7.3 所示。

表 12.7.3 不同砂率混凝土配比及强度

No	砂率(%)	水灰比	水泥(kg)	水(kg)	砂(kg)	石(kg)	抗压强度(MPa)
1	20	0.40	463	185	384	1538	68.3
2	40	0.40	463	185	769	1153	69.9
3	60	0.40	463	185	1153	769	73.5
4	80	0.40	463	185	1538	384	67.0
5	100	0.40	463	185	1922	0	64.4

(四)第四系列试验　粗骨料体积含量对 G_f、K_{IC}的影响。混凝土配合比如表 12.7.4,试件经标养后 90 d 龄期时进行试验。

表 12.7.4 混凝土配比及抗压强度(90 d)

No.	粗骨料体积含量(%)	水灰比	水泥(kg)	水(kg)	粗骨料(kg)	抗压强度(MPa)
1	0	0.32	28	8.96	0	95.51
2	25	0.32	22.3	7.12	9.81	71.1
3	50	0.32	15.78	5.05	20.83	74.24
4	75	0.32	8.42	2.70	33.36	78.86

三、结果与讨论

(一)W/C 对混凝土断裂性能的影响(第一系列试验)

由表 12.7.1 的混凝土配合比制作试件。断裂能测定所需试件按 RILEM 推荐的楔入劈裂法试件。抗压强度试件尺寸为 10 cm×10 cm×10 cm,再乘系数 0.95。均为标准养护。

由试验得到的 G_f、K_{IC}随 W/C 的变化关系如图 12.7.1 所示。抗压强度随 W/C 的变化关系如图 12.7.2 所示。

由图 12.7.2 可见,混凝土的抗压强度随 W/C 的增大而降低,但当 $W/C=0.25$ 时,由于成型不密实,强度反而降低。混凝土 G_f 与 K_{IC}随 W/C 的变化关系,与抗压强度和 W/C 的关系变化相似,在 $W/C=0.25$ 时,也是 G_f、K_{IC}值较小,而在 $W/C=0.3\sim0.6$ 范围内,G_f 和 K_{IC}都随 W/C 的增大而降低。

(二)粒径对混凝土断裂能的影响(2 系列试验)

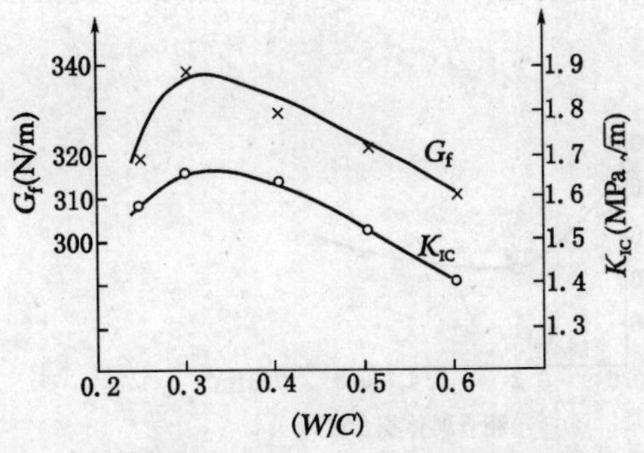

图 12.7.1 G_f、K_{1C}与 W/C 关系

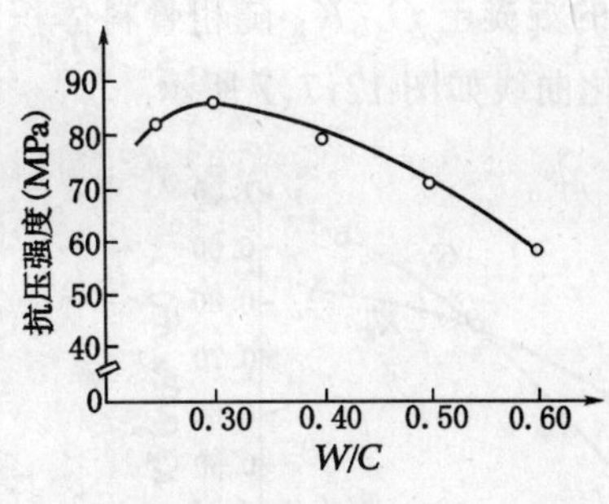

图 12.7.2 混凝土强度与水灰比关系

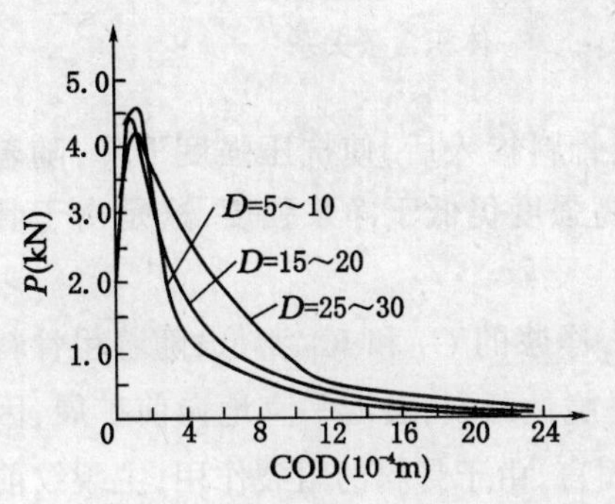

图 12.7.3 荷载-裂纹张开位移全曲线

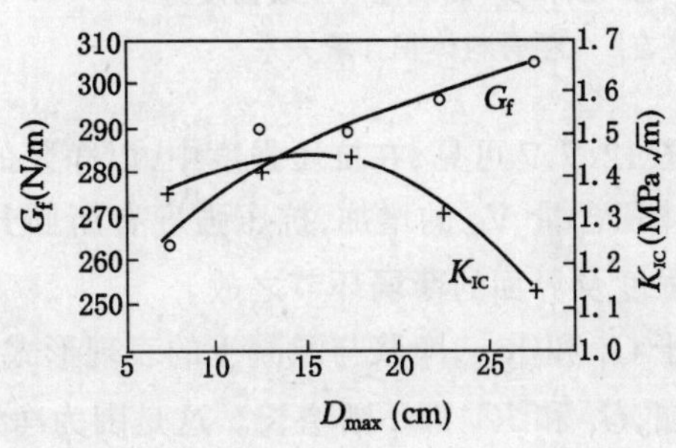

图 12.7.4 G_f、K_{1C}与粗骨料 D_{max}关系

由试验得到的荷载－裂缝张开位移全曲线如图 12.7.3；断裂能、断裂韧度随最大粒径的变化关系如图 12.7.4 所示；最大裂缝张开位移 COD_{max}和 D_{max}的关系如图 12.7.5 所示。

由图 12.7.3 可见，粗骨料的粒径越大 P-COD 曲线包含的面积比较大，断裂能 G_f 也相应大一些。从图 12.7.4 也可看出，G_f 随着 D_{max} 的增大而增大，与上述的变化规律一致。但对 K_{IC}从图 12.7.4 看不出明显的规律性，K_{IC}开始先随 D_{max} 的增大而略有增大，但当 $D_{max} > 20$ mm 以后，K_{IC}却随 D_{max} 的增大而减小；这可能由于骨料太大以后，在其下部形成水囊，大大地削弱了骨料与砂浆的粘结强度；因此，P-COD 曲线的峰值降低，故 K_{IC}值反而下降。

(三)砂率对 G_f、K_{IC}的影响(3 系列试验)

试验所得的混凝土断裂能与砂率的关系如图 12.7.5 所示。

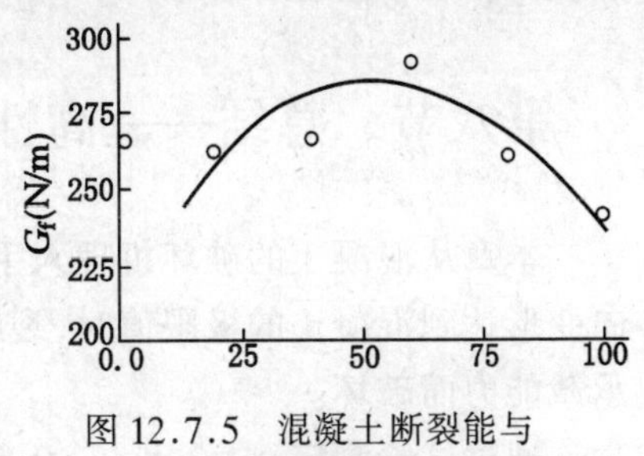

图 12.7.5 混凝土断裂能与砂率的关系

由图 12.7.5 可见，存在一个最佳砂率，使混凝土的断裂能达最大值。这个砂率大约为 50%～60%。对于混凝土的流动性也存在一个最优砂率，在这个砂率下，混凝土的流动性达最大值。断裂能的最优砂与流动性的最优砂率的数值不同，前者大于后者。

(四)粗骨料体积含量对 G_f、K_{IC}的影响

试验所得的混凝土 G_f、K_{IC}随粗骨料体积含量 V_a 的变化曲线如图 12.7.6 所示。抗压强度与 V_a 的变化曲线如图 12.7.7 所示。

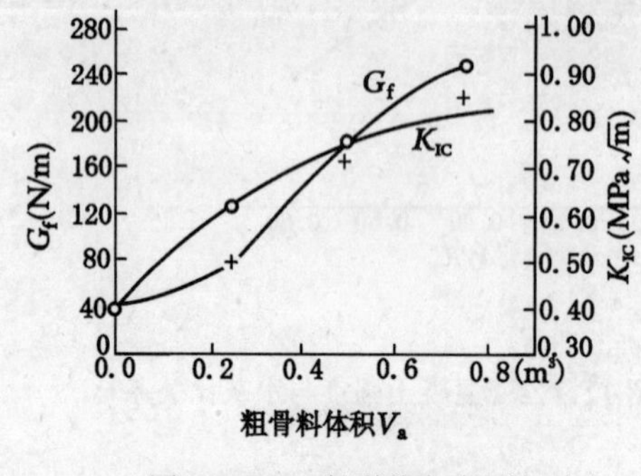

图 12.7.6 断裂能与断裂韧度与粗骨料体积含量关系

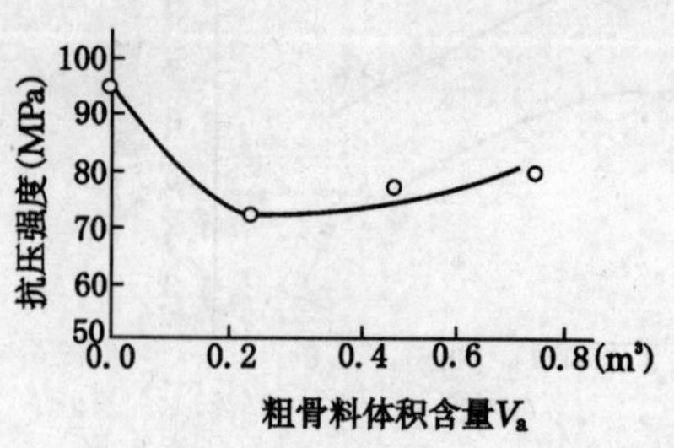

图 12.7.7 抗压强度与体积含量关系

由图 12.7.7 可见,在抗压强度中,以净浆的最高。粗骨料掺入后,使抗压强度下降,随着粗骨料体积含量 V_a 的增加,抗压强度有所回升,但其最高强度仍低于净浆强度,这是由于骨料本身强度及界面的薄弱环节之故。

对于 G_f 和 K_{IC},净浆与混凝土的表现形式截然不同。净浆的 G_f 和 K_{IC}都低,随着粗骨料含量增加,G_f 和 K_{IC}都不断增长。这是因为净浆的断裂呈脆性断裂,裂缝平直地向前扩展,因此消耗的能量较少;故 G_f 与 K_{IC}均较小。但对于混凝土而言,由于骨料的阻裂作用,主裂纹前缘存在着微裂纹区,以及断面的曲折度等原因,使得断裂总面积大大增加,消耗的能量增加,因此,G_f 和 K_{IC}均随 V_a 的增加而增加。

四、结论

1. 随着水灰比增大,混凝土强度下降,同时其断裂能与断裂韧性也下降。

2. 粗骨料的 D_{max}对混凝土的断裂能有比较显著的影响;D_{max}增大,G_f 增大。本研究发现,粗骨料的 D_{max}对混凝土的断裂韧度的影响不如对断裂能的影响显著。

3. 砂率对混凝土断裂能的影响不特别显著。存在着一个最优砂率,使断裂能达最大值。

4. 在水泥净浆(低 W/C)中,掺入粗骨料后,能提高 G_f 和 K_{IC},随着净浆中粗骨料含量增加,G_f 和 K_{IC}也逐渐增加。

第八节 总结——高性能混凝土的结构、强度与断裂特性的关系

本章从混凝土的破坏机理入手,分析了混凝土受压破坏的过程。在压力作用下,试件的横向变形达到混凝土的极限值时,裂纹扩展和延伸,同时产生新的纵向裂纹,最后使混凝土丧失承载能力而破坏。

通过试验测定,泊桑比 $\mu>0.5$ 时,是判断混凝土受压过程中出现裂纹的主要依据。矿渣水泥配制的混凝土,其初裂应力与极限应力的比例为 50%~60%,这对混凝土设计与应用是很有意义的。

混凝土可以看成是骨料、界面过渡层与水泥石构成的。提高混凝土强度与性能的方法主要是选择适宜的骨料,降低水泥石的水灰比及改善界面结构。关键是改善界面结构。高性能混凝土中,一般 W/C 较低,掺入超细矿物质掺合料,使界面过渡层 $Ca(OH)_2$ 结晶及定向排列减弱,界面过渡层比普通混凝土及一般高强混凝土的结构得到改善,混凝土的性能得到提高。

普通混凝土、高强混凝土与高性能混凝土的断裂破坏过程有很大差异。普通混凝土的微裂纹区长度大,$W/C=0.4$ 的混凝土、断裂韧带 H 为 14.5 cm 时,微裂区长度为 8.32 cm,而 $W/C=0.3$ 的高强混凝土为 6.62 cm,含掺合料 $W/C=0.3$ 的高性能混凝土则为 5.92 cm。而断裂韧度及断裂能则是高性能混凝土>普通高强混凝土>普通强度混凝土。由于掺入(置换)超细矿物质掺合料(增强剂),混凝土各项力学性能均高于对比的基准混凝土,断裂能、断裂韧度提高,说明高性能混凝土可以改善高强混凝土的脆性断裂行为。

利用分数维理论研究与分析混凝土的断裂过程,是一种很有用的数学工具。相同水灰比下($W/C=0.35$),混凝土的断面分数维 D>砂浆的 D>净浆的 D,且 D 越大,G_f、K_{IC}均越大。用分数维理论,有可能使人们从材料的断面分数维值推断材料的断裂能及断裂韧度的大小。

微裂区裂隙结构的分数维 D_C,随着混凝土的强度提高而降低;同水灰比下($W/C=0.3$)基准混凝土的 $D_C=1.495$,而含超细矿粉的高性能混凝土的 $D_C=1.4532$,$W/C=0.45$ 的普通混凝土的 D_C 则为 1.5039。D_C 越大,微裂纹区中裂纹的密度或曲折度越大,混凝土在破坏的过程中结构所受到的破坏程度越显著。试件的几何形状不同,微裂区的结构不同,D_C 值也不同。混凝土的断裂能 G_f 是表面能 r_s、微裂区结构参数 D_C 和韧带高度 H 的函数。混凝土的强度越高,D_C 越小,G_f 的尺寸效应越不明显。

从组成材料对混凝土断裂能的影响可知,随着水灰比增大,混凝土的强度下降,G_f 与 K_{IC} 也下降。粗骨料的 D_{max}对 G_f 的影响很显著。在本研究中 G_f 随着 D_{max}增大(本研究中 $D_{max}=30$ mm)而增大;但当 $D_{max}>20$ mm 以后,K_{IC}却随 D_{max}的增大而减小。因此,众多文章认为高强度高性能混凝土的粗骨料的粒径应≤20 mm。砂率对 G_f 的影响不十分显著,但也存在着一个使 G_f 达最大值的最优砂率(50%左右)。

参考文献

1 赵若鹏:混凝土破坏机理,混凝土与建筑构件,1979.1(创刊号).

2 宇智田 俊一郎,岡村 隆吉:高强度化のためのセメントの開發と水和の理論,セメント·コンクリート,1992,8.

3 寺村 吾,坂井 悦郎:高强度化のための混和材の開發,セメント·コンクリート,1992,8.

4 H. S. Müller, K. Rubner:《高强混凝土——微观特征及有关耐久性问题》,高性能混凝土的耐久性,冯乃谦,丁建彤等译,科学出版社,1998.

5 冯乃谦:高性能混凝土强度与断裂特性,混凝土与水泥制品 1996,5.

6 RILEM Technical Committees 78-MCA and 51-ALC: Autoclaved Aerated Concrete, properties, Testing and Design, E&FNSPON 1993.

7 纪细煌:高强混凝土的断裂与内部结构关系研究,申请清华大学工学博士学位论文,(导师:冯乃谦)1994,1月.

第十三章　混凝土的耐久性

第一节　目前混凝土耐久性的问题

如第一章所述,混凝土技术与环境的协调性的关系中,长寿命,也即耐久性好是重要的一个方面。也成为整个社会强烈关心的问题。在70年代的日本,有的新闻报道,以混凝土的"梅毒"为题,介绍了混凝土结构物毁坏的情况,引起了世人的惊恐。

日本的混凝土由于碱-骨料反应而造成的破坏是极其严重的[1)]。在鸟取县境内,八东中学校校舍,1979年竣工,1989～1990年调查,1991年修补;1983年竣工的体育馆,由于AAR,屋檐明显开裂破坏;预应力钢筋混凝土的见内桥,1980年竣工,因AAR现已严重损坏,并决定于1、2年内拆除重建。

在美国,根据1980年的报道,有56万座公路桥因使用除冰盐而引起混凝土剥蚀和钢筋锈蚀,其中有9万座需要大修或重建,仅1978年,经济损失已达63亿美元[2)]。美国要维修或更换所有劣化的混凝土结构将花2000亿美元。

我国混凝土的耐久性问题更为突出,在某些化工和冶金工业建筑中,最严重时,刚建成的厂房尚未投产使用就需废弃,有的使用2～3年后即丧失工作能力,有的在使用2～10年后,为保持其工作能力而花去的维修、加固费用,早已超过结构造价本身[3)]。中国的混凝土质量低,平均强度等级为C25左右。1983年在中国的9省市自治区77个混凝土预制厂、104个工地调查,检查了68000个试件,其结果,预制厂生产的混凝土的合格率约70%,现场施工的混凝土合格率仅50%。说明提高混凝土的质量,提高混凝土的耐久性是当前混凝土技术的迫切任务。

材料的耐久性和生态学之间有着紧密的联系。延长材料的寿命和保持自然资源,两者的本质相同,最终都是一个生态学的手段。如果原子能发电站的泄漏、低温液化气容器、海洋平台及水工结构物等,如过早地突然破坏,将造成生态环境的严重污染,严重的经济损失和人身的惨重损失。

现在,很多人都认识到,在结构设计时,对所用材料的耐久性,应象初始造价和力学性能一样,予以仔细的考虑。

一、耐久性的定义

混凝土的耐久性主要指其抵抗物理和化学侵蚀,如冻融、高温、碳化,以及硫酸盐侵蚀等等的能力[4)]。这种能力主要取决于混凝土抵抗腐蚀性介质侵入的能力;也即取决于硬化后体积稳定性,体积稳定性好,无裂缝发生,抵抗腐蚀性介质侵入的性能高;也取决于硬化水泥浆中毛细管孔隙率,以及有意无意引入的空气量。如侵蚀性介质侵入混凝土中,混凝土耐腐蚀性能将受水化产物的组分和分布的影响。

因此,就耐久性而言,孔隙率、体积稳定性和材料本身抵抗化学侵蚀能力都很关键。

碱-骨料反应是耐久性问题的另一方面。是由于混凝土组成材料,生成碱-硅凝胶,吸收外部水分,造成有害膨胀而使混凝土开裂。

高性能混凝土水灰比低,通过掺入不同品种、不同细度及不同掺量,取代混凝土中部分水泥后,会使混凝土的密实度高,体积稳定性好,强度也高,故耐久性好。这是高性能混凝土的特点。

第二节　混凝土的渗透性

混凝土的抗渗性是指混凝土在压力水的作用下抵抗渗透的能力。如抗渗性不好的混凝土,溶液性的物质能浸透混凝土,使混凝土的耐久性降低。例如,混凝土中的 $Ca(OH)_2$ 不断的被析出,以及侵蚀性液体对混凝土水泥石组分的侵蚀,会使混凝土逐渐毁坏。

在钢筋混凝土中,由于水分与空气的渗透,会引起钢筋的锈蚀。钢筋的锈蚀导致其体积增大,造成混凝土保护层的开裂与剥落。使钢筋混凝土结构失去其耐久性。

渗透性对混凝土的抗冻性也有重要的影响。因为渗透性决定了混凝土可能为水的饱和程度。渗透性高的混凝土,其内部孔隙为水分充满,在水的冰冻压力作用下,混凝土内部结构会产生损伤与破坏。

可以说,混凝土的抗渗性是其耐久性的第一道防线。

一、混凝土的渗透性与其内部结构的关系

混凝土是水泥石、骨料与界面三相组成的。水泥石与骨料本身都含有孔隙。但从整体来说,混凝土的空隙是由于施工浇注的不密实和泌水而造成的。在界面处由于泌水,$Ca(OH)_2$ 的富集与定向排列,成为混凝土强度与耐久性的薄弱环节。混凝土中的骨料是由水泥浆包裹和填充的。因此,水泥石的渗透性对混凝土的渗透性影响很大。

1. 水泥石的渗透性与水灰比关系

如水泥石的水化程度相同,水灰比越低,渗透性越低。图 13.2.1 所示为水泥石水化程度达 93%时的渗透系数与水灰比的关系。

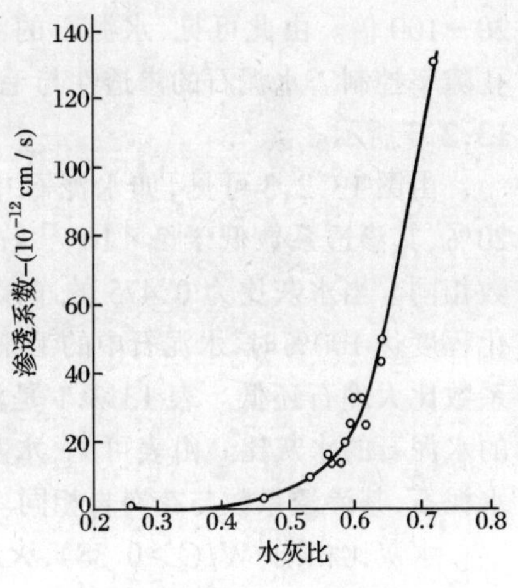

图 13.2.1　水泥石的渗透性与水灰比关系(水泥的水化程度 93%)

由图 13.2.1 可见,当水灰比低于 0.6 时,渗透系数急剧降低,如水灰比由 0.7 降至 0.3 时,则渗透系数可减少到千分之几。这是由于低水灰比的水泥石,其毛细管的体积含量及形状不同而造成的。高性能混凝土的水胶比一般都在 0.38 以下,加之高性能混凝土中的超细矿物质掺合料,填充水泥粒子的空间,使水泥石的密实度比基准水泥石更加密实,参阅图 5.2.1。因此,其抗渗性比同水灰比的普通水泥石高。也就是说水泥石的强度越

高，抗渗性越好。

由图 13.2.2 可知，100 nm 以上的大孔，纯水泥石中的含量为 0.40 cm^3/g，而含 10% 超细矿粉的水泥石中仅 0.20 cm^3/g。Mehta 认为，只有 100 nm 以上的孔才对强度与抗渗性有害。小于 50 nm 的孔可能属于以凝胶为主水化产物内部的微孔。因此，小于 50 nm 的孔数量的多少可能反映出凝胶数量的多少。水化产物多，则强度高，抗渗性也好。

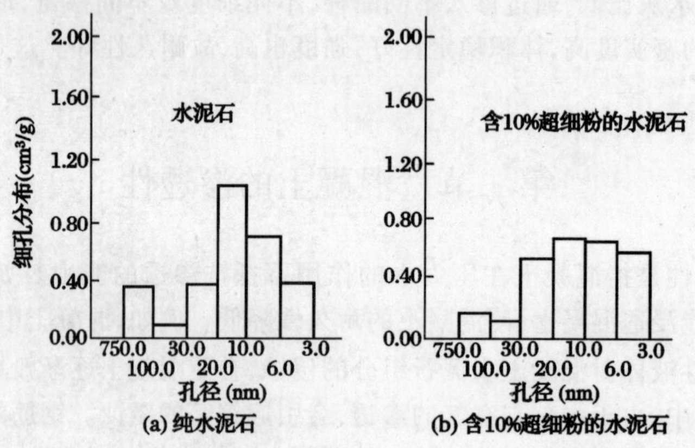

图 13.2.2　含与不含矿物质超细粉的水泥石的孔径与孔分布(28 d 龄期)

2. 水泥石的渗透性与孔隙率的关系

试验证明，水透过毛细孔而流动比透过更细小的凝胶孔容易得多。水泥石作为一个整体的渗透性比凝胶体大 20～100 倍。由此可见，水泥石的渗透性由其中的毛细管孔隙率控制。水泥石的渗透性与毛细管孔隙率的关系如图 13.2.3 所示。

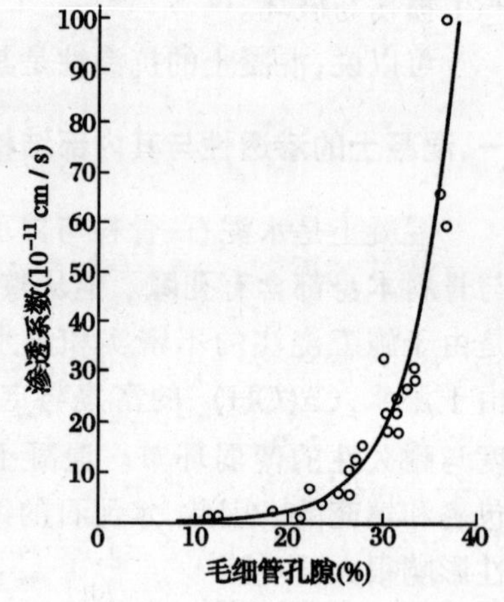

图 13.2.3　水泥石的渗透性与毛细管孔隙关系

由图 13.2.3 可见，如水泥石中的毛细管孔隙率低于 20%，其渗透系数低于 2×10^{-11} cm/s，与大理石的渗透系数相同。当水灰比为 0.475 的净浆在密封试管中水化，水化程度达 100% 时，水泥石中的毛细管仅占 14.4%，其渗透系数比大理石还低。表 13.2.1 是渗透性与一些岩石相同的水泥石的水灰比。由表可见，水灰比为 0.7、水化完好的水泥石，其渗透系数与花岗岩相同。

水灰比相同($W/C>0.38$)，火山灰质水泥浆的渗透性比硅酸盐水泥浆的渗透性高，但随着龄期的增长，由于火山灰反应，其渗透性要降低。Mehta 用一种天然火山灰，按不同百分含量掺入水泥浆中，研究了这种水化水泥浆的孔分布。将孔体积分成＜4.5 nm，4.5～50.0 nm，50～100 nm 和＞100 nm 四级。结果如图 13.2.4 所示。随着龄期的增长，大孔含量降低，而且大孔转变成小孔，改善了孔结构。

表 13.2.1 岩石与水泥石渗透性之间的比较

岩石种类	渗透系数(cm/s)	相同渗透系数水泥石的水灰比
致密的火成岩	2.47×10^{-12}	0.38
石英闪长岩	8.24×10^{-12}	0.42
大理岩	2.39×10^{-11}	0.48
大理岩	5.77×10^{-10}	0.66
花岗岩	5.35×10^{-9}	0.70
砂岩	1.23×10^{-8}	0.71
花岗岩	1.56×10^{-8}	0.71

Costa 和 Massaza 研究了普通水泥(OPC)石与掺入 30% Baccoli 火山灰的水泥石的孔隙率与渗透性。水泥浆的水灰比 0.32,0.40 和 0.50,试验结果如表 13.2.2 所示。

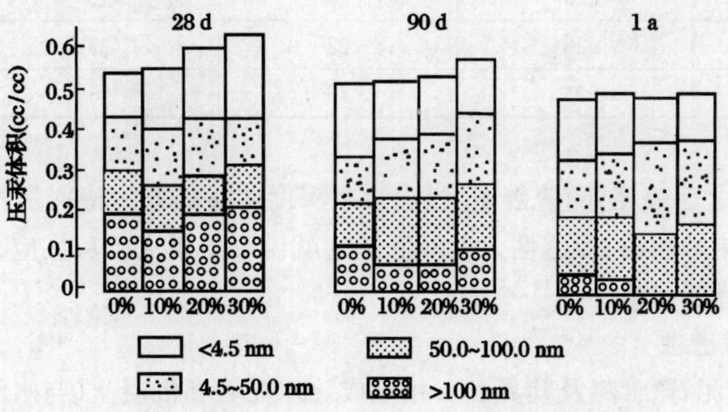

图 13.2.4 含 0~30% 天然火山灰(Santorin earth)的水泥浆的孔尺寸分布

表 13.2.2 1 d、28 d 及 90 d 龄期的渗透性和孔隙(%)

	W/C	渗透性($m^2\times10^{-17}$)			孔隙(%)		
		1 d	28 d	90 d	1 d	28 d	90 d
硅酸盐水泥	0.32	5.60	0.01	0.00	20.8	9.8	5.9
硅酸盐水泥	0.40	18.70	0.07	0.00	33.3	16.8	11.1
硅酸盐水泥	0.50	214.00	0.19	0.00	43.6	20.8	14.5
掺火山灰水泥	0.32	1.94	0.06	0.00	29.5	14.7	7.1
掺火山灰水泥	0.40	14.30	0.02	0.00	39.3	20.6	10.9
掺火山灰水泥	0.50	218.00	0.06	0.00	44.4	24.4	22.4

由表可见,似乎含火山灰的水泥浆的孔隙率比普通水泥的还高,但 28 d 龄期以后,两者的

渗透性没有多大差别。这可能是由于孔的体系不同造成的。在火山灰反应的情况下，物质沉淀到孔隙里是不可能完全填充大的孔隙的。但却有足够的数量去阻挠与障碍比较小的毛细孔与大孔相连，或者至少能降低大孔的开口程度。这样，即使可能含火山灰的水泥浆，其孔隙率高于普通水泥浆，但其渗透性随时间而降低。

许多研究者已经证实了混凝土孔结构的改善，对于改善混凝土的化学耐久性和机械强度来说，是一个十分重要的参数。Mehta 研究了普通水泥浆与含天然火山灰(Santarin earth)水泥浆的水渗透深度。在不同水化阶段与天然火山灰不同含量的水泥浆试件，渗透性试验结果如表 13.2.3 所示。

表 13.2.3　含火山灰的水化水泥浆水的渗透深度

水化龄期	渗透深度(mm)			
	硅酸盐水泥	火山灰掺入量(%)		
		10	20	30
28 d	26	24	25	25
90 d	25	23	23	22
1 年	25	23	18	15

经过 3 h 量测之后表明，随着龄期增长，渗水深度明显降低。特别是外掺 20%～30% 火山灰的试件，经过一年龄期后，渗透性大大降低。这就说明由于火山灰反应，随着龄期增长，改善了内部的孔结构，降低渗透性。

3. 混凝土的渗透性

混凝土是由水泥石、骨料及其界面三相组成。水泥石和混凝土(与水泥石含有相同的水灰比)渗透性的差异是由于骨料本身的渗透性与界面的渗透性来鉴别的。如果利用的骨料渗透性低于水泥石，在一定的压力水作用下，水分渗透过水泥石，但渗流到了界面处，必定沿着界面绕过骨料颗粒，而使渗透的通路加长，也就是说，由于骨料的存在，使混凝土的渗透性比砂浆低。

普通混凝土，由于界面上 $Ca(OH)_2$ 的富集与结晶的定向排列，界面结构疏松强度低，如果混凝土拌合物产生泌水，则骨料界面上还有水膜层，硬化后则产生原生裂缝。造成渗透通路。在普通混凝土中，混凝土的渗透性一定低于同水灰比的水泥石的渗透性。

在高性能混凝土中，由于水灰比低，且以一部分矿物质掺合料代替相应的水泥，泌水离析现象得到了相应的解决，$Ca(OH)_2$ 在界面上的富集与结晶定向排列得到了解决，界面的粘结强度比普通混凝土高，抗渗性也相应提高，这是高性能混凝土耐久性提高的重要原因。含与不含硅粉混凝土的渗透性对比列于表 13.2.4。

由表 13.2.4 可见，胶凝材料总量 297 kg/m^3(其中硅粉 22 kg)的混凝土测不出其渗透性。胶凝材料总量 250 kg/m^3(其中硅粉含量 20 kg)、水胶比 0.74 的混凝土，渗透系数是 0.7×10^{-14} m/s；与水泥用量 300 kg/m^3，水灰比 0.55 的混凝土的渗透性相当。按照 Moukwa 和 Aitcin 的观点，胶凝材料 250～300 kg/m^3 的混凝土，$W/C=0.6$ 时，渗透系数在 $10^{-14}\sim10^{-15}$ 范围内。因此，可以认为掺入少量硅粉，可以有效的降低混凝土的渗透系数。这也是高性能混凝土的抗渗性比普通混凝土高的原因。

表 13.2.4 硅粉对混凝土渗透性的影响

		1	2	3	4	5	6
每立方米用量(kg)	水	165	165	160	185	135	160
	水泥	250	300	370	230	275	275
	硅粉	0	0	0	20	22	22
	粗骨料	1050	1050	980	1050	970	970
	细骨料	825	780	800	780	940	860
$W/(C+SF)$		0.66	0.55	0.43	0.74	0.45	0.52
含气量(%)		5.3	5.3	5.0	5.7	5.2	5.9
坍落度(mm)		85	90	90	130	95	85
$f'C$(7 d)(MPa)		18.4	23.9	36.6	15.2	32.6	30.6
$f'C$(28 d)(MPa)		24.5	32.1	43.3	26.8	47.0	42.6
K(m/sec)		5.1×10^{-14}	0.3×10^{-14}	—	0.7×10^{-14}	—	—

美国开垦局认为混凝土合格的抗渗极限是 1.5×10^{-11} m/s。而水灰比为 0.42，水泥用量 400～450 kg/m^3 的混凝土渗透系数仅 10^{-11} m/s。但此种混凝土用于北海的海工结构中，海水仍渗入混凝土中。在不同水头压力下，经过了一年与 30 年后，其渗透深度如表 13.2.5 所示。

表 13.2.5 北海海洋工程混凝土渗透深度

水头压力(m)	渗透深度(m)	
	1 年后	30 年后
25	30	200
140	75	
200	100	600

由此可见，在很高的水头压力作用下，海洋工程混凝土的渗透深度较大，加上海水的化学侵蚀，Cl^- 的渗透，海洋工程混凝土是很容易发生毁坏的；因此，混凝土的抗渗性十分重要。提高抗渗性的途径除了降低水灰比外，还需要掺入超细粉。

二、氯离子渗透

如前所述，高性能混凝土一般水灰比都比较低，而且掺入了部分超细矿物质掺合料，其渗透系数是比较低的，甚至测不出来。这样，必须寻找新方法来评价 HPC 的渗透性。而且，对于混凝土的耐久性来说，除了考虑水的渗透以外，还有一个很重要的方面，就是要考虑 Cl^- 离子的渗透而引起的对混凝土及钢筋混凝土的破坏。例如混凝土路面上，冬季下雪结冰时，常常撒上除冰盐，海洋工程混凝土以及近海钢筋混凝土结构遭受海水中氯盐的侵蚀时，都与氯离子的渗透有关。

除冰盐(deicing)和水泥中的水化物反应,生成易溶解的盐;而且和铝酸钙水化物反应,生成膨胀性很大的复盐($C_3A \cdot CaCl_2 \cdot 10H_2O$),使混凝土路面遭到破坏。海洋工程混凝土在深水位水的渗透,带进了Cl^-离子,降低了阳极氧化铁保护膜的效果,当Cl^-/OH^-达到极限值0.63时,钢筋开始锈蚀。在国外称之为盐害(chloride)。受到了极大的关注。

(一) 混凝土原材料的Cl^-离子含量

1. 水泥中氯化物含量:在日本的有关技术标准规定,水泥中氯化物含量0.02%以下;如果单方混凝土中水泥用量400 kg,Cl^-离子含量最大为0.08 kg/m³,这与日本土木学会、日本建筑学会规定的Cl^-含量为0.30 kg/m³ 相比,低得多,是可以忽视的。

2. 海砂中Cl^-含量:从水深10~50 m左右的海底,通过泵采用的海砂,Cl^-离子含量约0.1~0.3%左右。如果为0.3%,混凝土中海砂用量800 kg/m³ 时,那么Cl^-含量为2.4 kg/m³。远远超过规范的限制值。在日本,1964年,建造的钢筋混凝土结构物,发生了早期劣化,完全是由于海砂带进的Cl^-造成的。

3. 拌合水中含的Cl^-离子:一般自来水,Cl^-离子的含量为200 mg/l,混凝土中用水量为200 kg/m³ 时,Cl^-含量为4 g/m³,这与规定值0.3 kg/m³ 相比是可以忽略的。但如果采用海水搅拌混凝土,单方混凝土用水量200 kg/m³,则Cl^-含量约4 kg/m³。因此,禁止用海水搅拌混凝土。

4. 化学外加剂中含的Cl^-离子:日本工业标准把掺入外加剂混凝土中Cl^-离子含量分作三类:1类混凝土中掺入外加剂Cl^-离子含量<0.02 kg/m³;2类为0.02~0.20 kg/m³;3类为0.2~0.60 kg/m³。

5.Cl^-离子允许含量

为了防止硬化混凝土中钢筋腐蚀,规定了新拌混凝土中Cl^-离子含量为0.3 kg/m³。

(二)硬化混凝土中Cl^-离子侵入

1. 海水中Cl^-离子的影响:在海岸周边的混凝土,受海水、海水滴以及海水气泡破坏时,海盐粒子飞溅过来,侵入混凝土,使混凝土中钢筋明显地受到腐蚀。我国主要港口海水化学成分如表13.2.6所示。

表13.2.6 标准海水分析值(日本规格协会)

分析项目	单位	数值	分析项目	单位	数值
pH	—	7.8~8.2	Na^+	ppm	10,550
抵抗率	Ω·cm	20~25	Mg^{2+}	ppm	1,270
比重	g/cm³	1.025	Ca^{2+}	ppm	400
Cl^-	ppm	18,960	K^+	ppm	380
SO_4^{2-}	ppm	2,650	Fe(全铁)	ppm	tr
S^{2-}	ppm	0	NH_4^+	ppm	tr
DO	ppm	8	NH_3	ppm	0.006~0.05
COD	ppm	8以下	NO_2^-	ppm	tr
Eh	mV	+400	NO_3^-	ppm	0.001~0.6

由上表可见，海水的 pH 值基本上为中性，含有大量的 Cl^- 离子，对钢材腐蚀的速度很大。在海上发生的 Cl^- 离子量，换算成 NaCl 量大约为 5×10^9 t/年（全世界），可以想象在海岸边盐害之大。

2. Cl^- 离子对硬化混凝土的侵入

从空气中飞溅来的 Cl^-，粘附在混凝土表面，徐徐地侵入混凝土深处，积蓄起来，最后如图 13.2.5 所示。

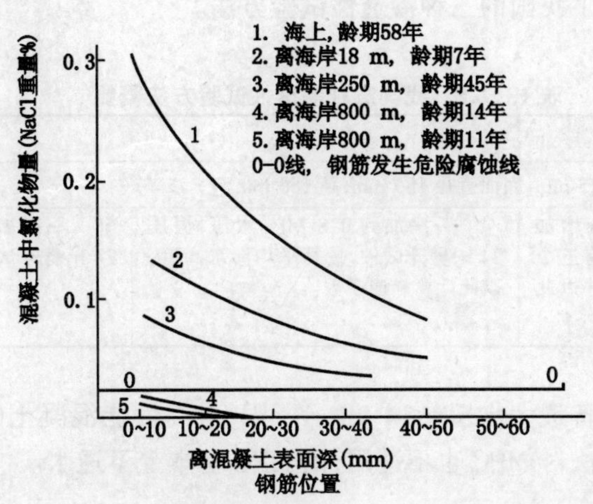

图 13.2.5　氯离子在混凝土中分布梯度（樫野纪元）

（水灰比 60～70%的混凝土）

由图可见，离海岸 18 m 和 250 m，龄期分别为 7 年与 45 年的混凝土，Cl^- 离子侵入量很多。也即越靠近海岸，越容易受 Cl^- 离子侵入。

3. Cl^- 离子在硬化水泥浆中扩散系数 $D(\times10^{-9}cm^2/s)$

Page，Short 和 Tarras 等人曾测定了不同水灰比，厚度为 3 cm 的水泥石试件，在不同温度下 Cl^- 离子的扩散系数，结果如表 13.2.7 所示。Cl^- 离子在水泥浆中的扩散系数 D，随着温度的提高而线性地增大。Cl^- 扩散首先受到材料的孔分布控制。$W/C=0.6$ 的水泥浆的扩散系数 D，大于 $W/C=0.5$ 和 0.4 的水泥浆的扩散系数。$W/C=0.6$ 的水泥浆，具有较大的连通孔的体积，而且孔径大于 100 nm；而在相同条件下，$W/C=0.5$ 和 0.4 的水泥浆的平均孔径是 40 nm。Cl^- 离子在大孔的扩散、渗透，比小孔容易。因此，改善孔结构可望降低扩散系数。

表 13.2.7　氯离子在水泥浆中的扩散系数 $D(\times10^{-9}$ $cm^2/s)$

温度(℃)	水灰比		
	0.40	0.50	0.60
7	11.0	20.7	51.9
14	12.7	23.6	84.6
25	26.0	44.7	123.5
35	44.7	94.8	165.2
44	84.0	183.6	318.2

Gautefall 测定了含超细粉水泥浆的 Cl^- 离子扩散性能,水泥浆的水胶比为 0.50,0.70 和 0.90,硅粉掺量分别为 5%,10%和 15%;另一组是用含 10%粉煤灰的混合水泥。试验证明,含粉煤灰的混合水泥的扩散系数比基准水泥石低 30%~50%。而掺硅粉的水泥石则比基准水泥石低 68%~84%。

三、我国混凝土渗透性试验方法

表 13.2.8 所示,介绍了我国的三种渗透性试验方法。

表 13.2.8 我国三种渗透性试验方法概要

抗渗标号法	渗透系数法	渗水高度法
试件形状尺寸:圆台,顶面直径 175 mm,底面直径 185 mm,高 150 mm。		
从 0.1 MPa 开始,每隔 8 h 增加 0.1 MPa 水压,直至六个试件中有三个端面渗水,停止试验,记录水压并以此计算抗渗标号。	一次加到 0.8 MPa 水压,恒压 24 h,劈开试件,量算平均渗水高度,以此计算渗透系数。	一次加到 1.2 MPa 水压,恒压 24 h,劈开试件,量算平均渗水高度。

其中抗渗标号法受设备最大水压(<4 MPa)所限,对高性能混凝土(HPC)无法获得试验结果。渗透系数法及渗水法对 HPC 也不适用,因 HPC 基本上不透水。

四、高性能混凝土渗透性检测方法

(一)直流电量法:对于高性能混凝土渗透性检测,国际上均采用 AASHTO·T259 和 ASTMC1202-94 的直流电量法。试验装置如图 13.2.6 所示。其对混凝土渗透性评价如表 13.2.9。

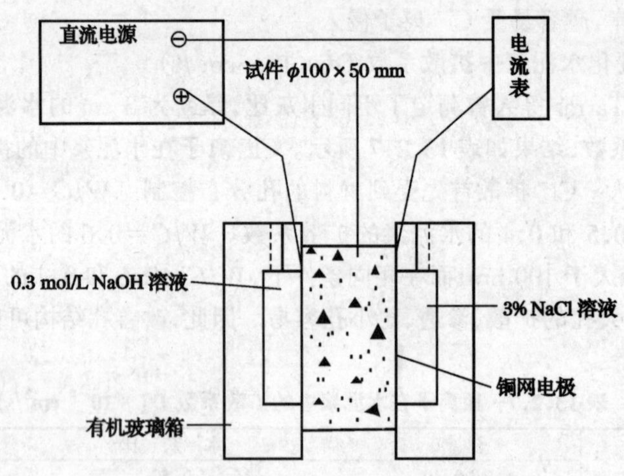

图 13.2.6 直流电量法测定混凝土的渗透性

试验前试件先在真空下饱水,再经侧面密封及密封安装到试验箱上;试验时每隔 30 分钟记录一次电流,持续试验 6 个小时,计算 6 个小时中通过的总电量(库仑),评定混凝土的渗透性。

(二)高浓度盐溶液饱和的电导法:由 P.E.Streicher 等人提出的。

试验前,试件先在 50℃ 的烘箱中烘 7 天,再在真空条件下用 5 mol/L 的 NaCl 溶液浸泡 5 h,并在实验室条件下继续浸泡 18 h 左右。试验简图如图 13.2.7,测出混凝土试件两端的电压及通过的电流后,可计算混凝土的电导率。将混凝土孔溶液看作为 5 mol/L 的 NaCl 溶液,由 Nernst-Planck 方程可得混凝土的渗透性。

表 13.2.9 ASTMC1202 对混凝土渗透性评价

直流电的 ASTMC 1202 方法	
电量(库仑)	Cl^- 渗透性
＞4000	高
2000～4000	中等
1000～2000	低
100～1000	很低
＜100	可忽略

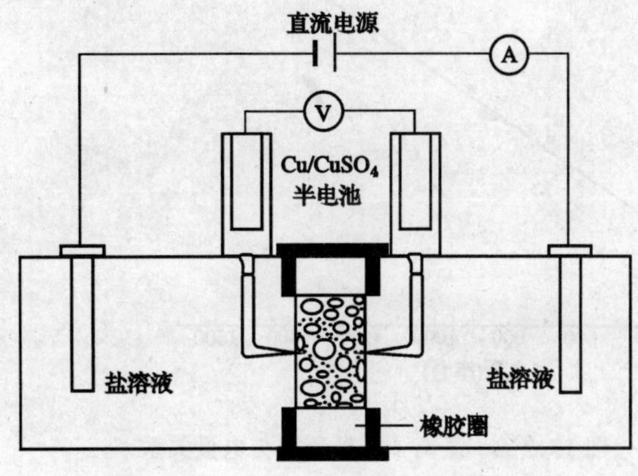

图 13.2.7 混凝土电导率测试装置

(三)氯离子扩散系数测定法

氯离子在混凝土中扩散系数的大小,反映了混凝土渗透性的好坏。氯离子扩散系数大者,比较快的透过混凝土保护层,使钢筋锈蚀,耐久性降低或完全失效。因此,氯离子扩散系数的大小是评价在海洋工程环境下钢筋混凝土寿命的重要指标。饱盐混凝土的电导率,也反映混凝土渗透性好坏,而且两者是一致的。

将混凝土切成 2.0×10×10 cm 的试件,放入真空箱中抽真空,脱除混凝土孔隙中的水分,然后放入饱和的氯化钠溶液中,使混凝土孔隙被盐溶液所饱和,测混凝土的电导率。

若把混凝土看成是固体电解质,那么带电离子 i 在混凝土中的扩散系数 D_i 与混凝土电导率 σ 的关系为:

$$D_i = RT\sigma_i t_i / z_i^2 F^2 C_i \quad (1)$$

(1)式称为 Nernst－Einstein 方程

式中:D_i——粒子扩散系数,此处为 Cl^- 扩散系数(cm^2/s);

R——气体常数,取 8.314 J/mol;

T——绝对温度(K);

σ_i——混凝土电导率,s/cm;

z_i——粒子的电荷数或价数;

F——法拉第常数,取 96500 c/mol;

c_i——粒子的浓度,mol/cm^3;

t_i——离子 i 的迁移数。

根据上述原理可以快速准确地测定氯离子扩散系数。

此外,还可以通过直流电量法,测定混凝土 6 小时通过的总电量,按以下公式转换成氯离子扩散系数。

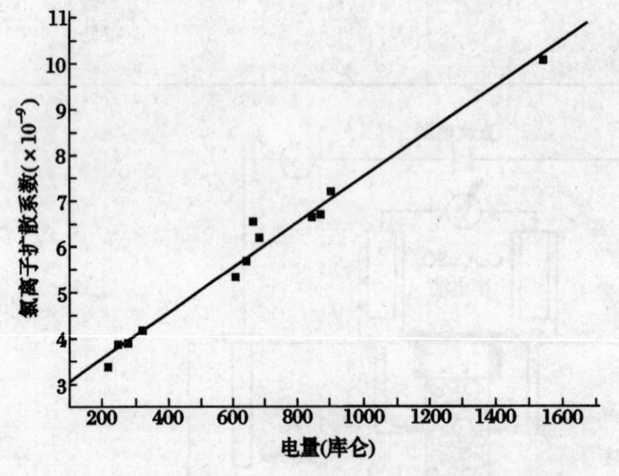

图 13.2.8　氯离子扩散系数与电量关系

通过回归分析,得到回归方程:

$$y = 2.57765 + 0.00492x \tag{2}$$

式中:y——氯离子扩散系数($\times 10^{-9}$ cm^2/s)

x——电量(库仑)

相关系数 $r = 0.99007$。

通过迄今为止进行的各种试验可以确认:普通混凝土的渗透系数 D 取决于配合比、水泥品种及养护条件等,取值范围的下限为$(0.3\sim0.5)\times10^{-8}$ cm^2/s,上限超过 10×10^{-8} cm^2/s(见

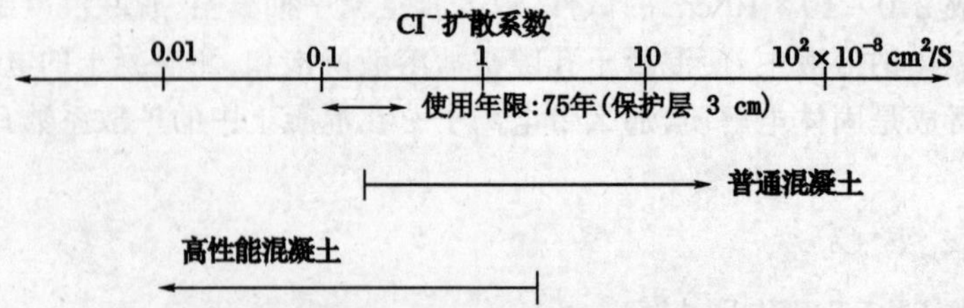

图 13.2.9　普通混凝土和高性能混凝土的 Cl⁻ 扩散系数的一般范围

图 13.2.9);高性能混凝土的 D 值上限大约为 $(3\sim5)\times10^{-8}\ cm^2/s$,同样取决于组成和浇筑因素。

第三节　体积稳定性

混凝土的体积稳定性是指混凝土在抵抗物理、化学作用下产生变形的能力。体积稳定性不好的混凝土会产生收缩开裂,使混凝土的抗渗性及其他物理、化学、力学性能降低,溶液性的物质渗透到混凝土中,其耐久性下降。因此,研究混凝土的耐久性,首先应研究其体积稳定性。

关于混凝土体积变化可分成三个阶段:1. 初期体积变化;2. 硬化过程中的体积变化;3. 硬化后的体积变化。如表 13.3.1 所示。

表 13.3.1　混凝土的体积变化,收缩分类

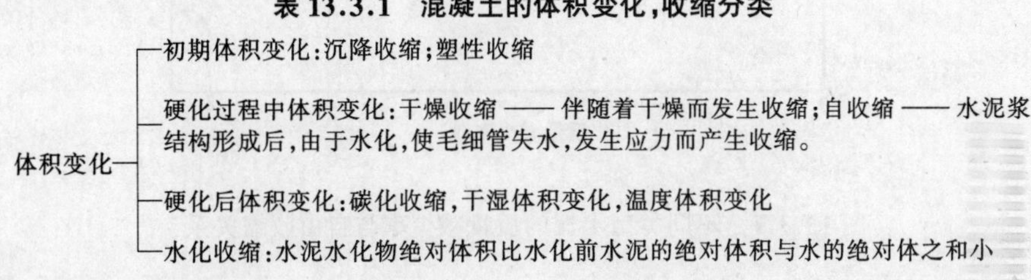

一、初期体积变化

水灰比较大的混凝土浇注成型后,由于泌水和沉降,从浇注后 2.5 小时到 9 小时左右(外界温度 20℃时),发生迅速的收缩,称之为早期收缩(early age shrinkage);水灰比较低的混凝土,虽然较干,但浇注后也产生干缩,也称之为早期收缩。

(一)种类:混凝土的早期收缩,有以下几种:1. 由于水分蒸发的干燥收缩;2. 水泥浆水化过程中,水很充分的情况下,由于水化而产生的收缩(一般认为,水化生成物的体积比反应前水泥的体积与水体积之和小,而产生的收缩)。混凝土凝结之后,其外形尺寸完全固定,进一步缓慢地进行水化,水泥浆中毛细管失水而产生收缩,把这称之为自收缩;其值约为干缩值的 1/10 左右。采用硅灰和高效减水剂的高性能混凝土,水泥石的结构致密化,自收缩增大[12)]。此外,铝酸盐成分多,早期反应快的水泥,早期的自收缩增大,低热水泥自收缩小[13)]。

(二)早期干缩:各种水泥混凝土干燥时的自由收缩(早期收缩),如图 13.3.1 所示。30℃ 5 小时左右(20℃ 9~10 小时左右)还继续;此后 30℃ 1 d 龄期左右(20℃ 3~4 天左右),即使试件水分干燥,收缩也几乎不增加。对混凝土早期收缩的影响因素有温度、湿度、风速等。

二、硬化过程体积变化

(一)干燥收缩:水泥混凝土由于干燥而发生长度或体积减少,称为干缩。

混凝土的干燥收缩,是由于水泥石干燥收缩而引起的。普通混凝土以 1 d 龄期为基准,在相对湿度 70%左右,最终的收缩变形为 $(5\sim8)\times10^{-4}$左右。

混凝土干燥收缩变形的主要原因有两方面:1. 内在的:单方混凝土的水泥用量、用水量、水灰比、骨料(种类与单方用量)、以及构件的大小(厚度);2. 外因:相对湿度,干缩期限等。

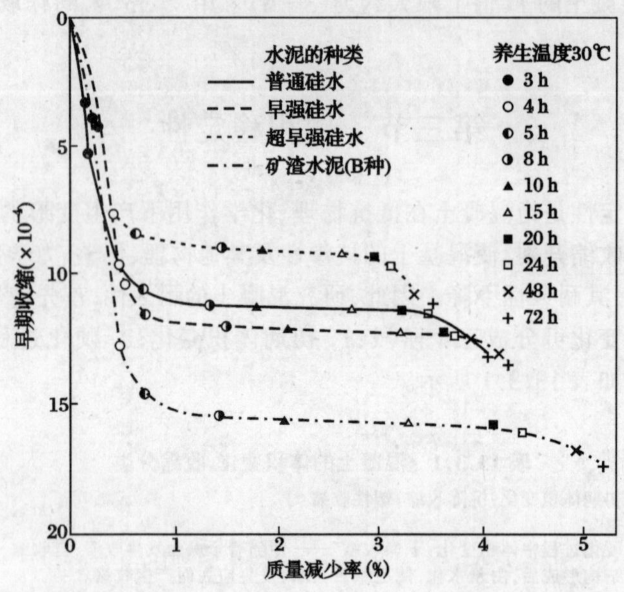

图 13.3.1 不同类型水泥的质量减少率与自由收缩关系

水泥石的干缩比混凝土大得多，其值不低于 $5,000\times10^{-6}$，这与水化生成物的凝胶结构以及凝胶中水的存在形态密切相关。

(二) 水化收缩

水泥和水反应生成水化物的体积，与反应前水泥体积和水的体积之比小，水泥水化进行的同时绝对体积减少，也即发生水化收缩。水化收缩可以通过直接将水注入水泥浆中，通过求水泥浆的吸水量而得到；或者通过理论计算水泥的矿物组成和水化反应而求得。水化收缩也叫硬化收缩。

(三) 自己收缩(自己干燥收缩)

所谓自己收缩，是水泥浆骨架形成之后，与外部环境无质量交换条件下，随着水泥浆中水的消耗，微管中水分形成凹液面而产生负压，出现了收缩现象，这称之为自己收缩。由于自己收缩而产生的应力，称之为自收缩应力。

过去普通混凝土实际上是忽视了自收缩值。但是，近年开发起来的高强混凝土和高流态混凝土等，水泥及矿物质超细粉用量大，水胶比低，水泥浆量大，自己收缩变形达到(400～800)$\times10^{-6}$左右。

三、硬化后的体积变化

混凝土硬化后在使用过程中，会产生由于碳化而产生收缩，干湿而产生体积变化以及温度变化而产生体积变化等。碳化收缩将于本章第三节加以论述。

(一)干湿体积变化

混凝土硬化后，即使结构已经很稳定，但放入水中或高湿度的环境中，会吸水膨胀，把这种现象称为**润湿膨胀**。

混凝土的润湿膨胀的主要原因有：混凝土中水泥用量，用水量，水灰比，骨料的种类与用量以及构件的大小(厚度)，混凝土在水中浸渍前的干燥状态，水中安放的时间等。混凝土硬化后，由于干燥，水泥浆凝胶产生收缩，把这种收缩称之为干缩(drying shrinkage)；但这种收缩遇水后是可以恢复的。

(二)温度体积变化

1. 水化发热膨胀

由于水泥浆的水化反应，浇注捣实后的混凝土，在早期凝结、硬化阶段，发生水化热，会引起混凝土膨胀。

根据混凝土绝热温升试验结果，水泥用量 300 kg/m^3 左右的普通混凝土，温升试验 30～40℃左右，这时膨胀变形达$(300\sim400)\times10^{-6}$左右。

水化热引起膨胀的主要原因有：水泥的种类、水泥浆量、构件形状、断面尺寸、混凝土浇注的温度，以及外界环境温度等。

2. 热膨胀系数

混凝土的热膨胀系数，与水泥浆量与所用骨料类型等有关。石英质骨料混凝土热膨胀系数大，花岗岩、石灰岩及玄武岩的骨料时，热膨胀系数小。

(三)收缩的抑制

混凝土由于种种原因，产生收缩或膨胀，从而发生变形。变形大时，混凝土表面发生裂纹，引起结构上、耐久性上、美观上的性能下降。

由于外界温度，相对湿度等环境条件，抑制收缩是困难的；但为了抑制其变形在某一范围内，抑制其收缩是很重要的。

抑制收缩的主要因素，有水泥的种类，单方混凝土水泥用量，用水量，水灰比及骨料的类型与用量等配合比条件，也与设计的断面尺寸有关。

抑制收缩最积极的办法是外掺膨胀剂以及降低收缩外加剂等。

第四节　裂纹、剥落、散开

一、裂纹的类型

(一) 干燥裂纹

混凝土干燥收缩变形，使钢筋及连接构件产生约束应力，由于约束应力发生，在混凝土抗拉强度低的情况下，在条件最恶劣的部分发生裂纹。如构件开口部四个角处会发生斜裂纹，管口连接处裂纹，混凝土墙中央部位裂纹等，它们完全是由于收缩而引起的。如图 13.4.1 所示。

(二) 温度裂纹

结构物的一部分受到加热或冷却时，由于温度而产生热应力，膨胀部分(高温部分)的周边发生拉应力；由于这种应力而产生大的压缩徐变，其后温度降低时，产生拉应力而使混凝土开裂。此外，由于低温收缩，而周围产生约束发生的拉应力，也会引起混凝土开裂。如图 13.4.2 所示。

(三) 弯曲裂纹

梁板处，受弯矩大的地方，受弯面产生较大的拉应力而发生裂纹。如图 13.4.3 所示。梁

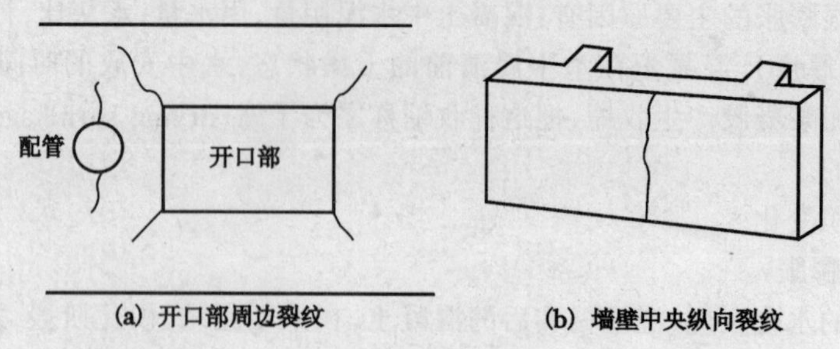

图 13.4.1　干燥收缩裂纹

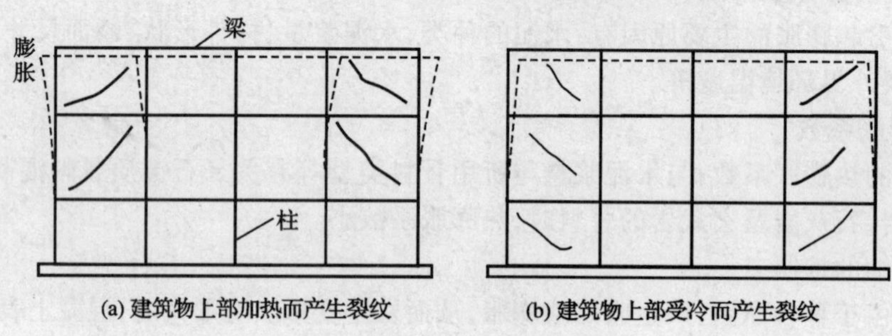

图 13.4.2　温度裂缝

跨中部下缘部分由于弯曲而产生裂纹。悬臂梁接头处受弯而产生裂纹。

（四）剪切裂纹

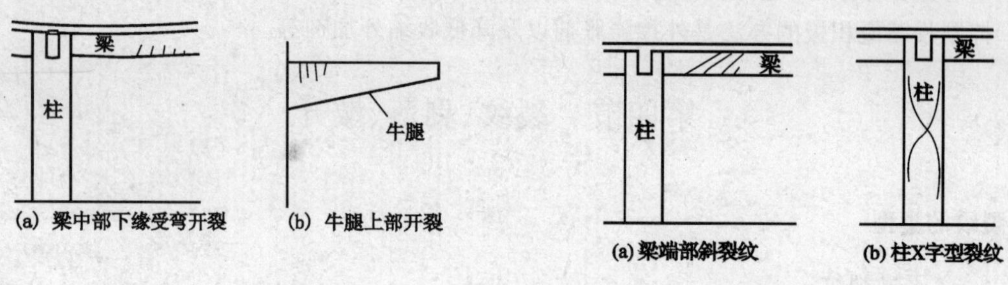

图 13.4.3　弯曲裂纹　　　图 13.4.4　剪切裂纹

由于受剪力而发生的裂纹。如图 13.4.4 所示梁承受大的荷载作用下，梁端部发生斜向裂纹。地震时，柱子产生“X”型裂纹。

（五）沉降裂纹

混凝土构件浇注捣实后，混凝土发生沉降，但水平钢筋阻止混凝土下沉，混凝土沉下部分产生拉应力，沿着钢筋上表面混凝土发生裂纹。如图 13.4.5 所示。这与混凝土浇注高度与浇注速度等有关。地基不均匀沉降也使结构发生裂纹。

（六）粘结裂纹

由于钢筋受到的拉力大，混凝土与钢筋之间失去了粘结，保护层混凝土产生开裂，严重时

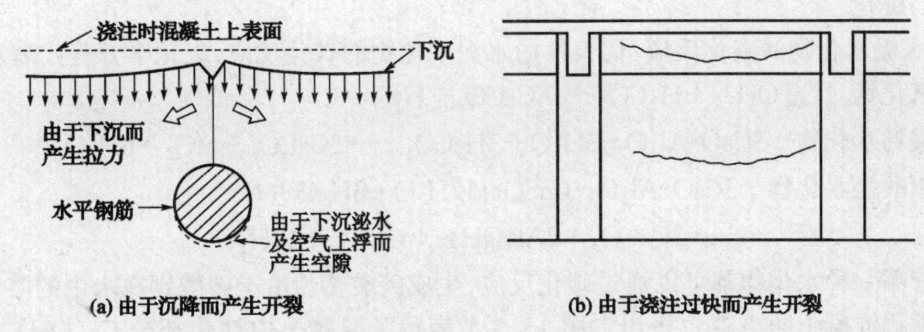

图 13.4.5　沉降裂纹

保护层剥落。这种现象称之为粘结裂纹。

二、裂纹与耐久性

混凝土抗渗性是耐久性的第一道防线，如果混凝土开裂，混凝土的渗透性提高，侵蚀性液体、有害离子，渗透与扩散到混凝土内部，对混凝土造成腐蚀，或钢筋腐蚀，进而影响钢筋混凝土结构物耐久性。

可以说，控制混凝土裂纹的发生是提高混凝土抗渗性与耐久性的首要措施。

与裂纹密切相关的，如钢筋腐蚀、漏水、碳化等问题，将在以下加以详细论述。

第五节　中　性　化

日本混凝土工学协会指出，水泥石中碱性低下的现象称之为中性化。而碳化(carbonation)是水泥水化物与 CO_2 反应，分解成碳酸化合物与其他物质的现象。但是，碳酸化也是各种中性化之一。

混凝土中性化是以酚酞试液(酚酞试液 1 %的酒精溶液中加入 15%左右的水组成)。喷在混凝土表面上，不呈红色的部分判断为中性化部分。用酚酞试液检查时，pH 值 7.8 以下为无色，pH 值 10.0 以上为红色。因此，混凝土的 pH 值降到 8.5～10 左右称之为中性化。

工民建的混凝土与钢筋混凝土结构物的耐久性与混凝土的中性化有密切的关系。混凝土的 pH 值低于 10 时，钢筋要发生锈蚀，铁锈要比铁的体积膨胀 2.5 倍。因此，钢筋生锈的同时，混凝土发生裂纹，与钢筋粘结力降低，保护层混凝土剥落，钢筋的断面面积发生缺损，使钢筋混凝土造成重大损伤，耐久性大大降低。

一、中性化因子

(一)混凝土的 pH 值

混凝土中细孔溶液，水泥水化物是在 $Ca(OH)_2$ 一定浓度下才能稳定存在。水泥水化物作为一种固体能稳定存在，水化物不同对细孔溶液的 pH 值不同，$Ca(OH)_2$ 的 pH＝12.23，水泥的主要水化物 C—S—H 相，如 $5CaO\cdot 6SiO_2\cdot 5.5H_2O$ 的 pH＝10.4。因而，碱性水泥水化物和酸中和反应，混凝土细孔溶液的 pH 值降低，进行中性化。

(二)碳化

1. 水泥水化物的碳化反应：代表性的水泥水化物的碳化反应，以化学方程式表示如下：

氢氧化钙　$Ca(OH)_2 + H_2CO_3 \longrightarrow CaCO_3 + H_2O$

硅酸钙水化物　$3CaO \cdot Al_2O_3 \cdot 3H_2O + 3H_2CO_3 \longrightarrow 3CaCO_3 + SiO_2 + 6H_2O$

硫铝酸盐水化物　$3CaO \cdot Al_2O_3 \cdot CaSO_4 \cdot 12H_2O + 3H_2CO_3$

$$\longrightarrow 3CaCO_3 + 2Al(OH)_3 + CaSO_4 + 12H_2O$$

不管哪一种水化物都可以通过碳化反应，生成碳酸钙。由于碳酸钙在水中的溶解度小，碳酸钙在硬化混凝土的空隙中析出。图 13.5.1 表示了混凝土中性化部分 $Ca(OH)_2$ 和 $CaCO_3$ 的分布。

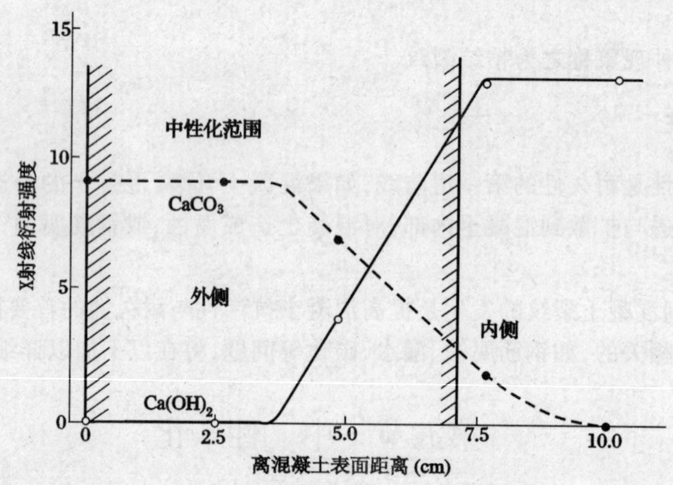

图 13.5.1　混凝土中性化部分 $Ca(OH)_2$ 和 $CaCO_3$ 的分布

混凝土表面，$Ca(OH)_2$ 完全碳化，但是中性化范围内，外侧仍有 $Ca(OH)_2$ 与 $CaCO_3$ 存在，$Ca(OH)_2$ 没有完全被碳化。

2. 碳酸气(Carbonic acid gas)碳化：通过 CO_2 气水泥水化物的碳酸化，并不是 CO_2 直接与水化物作用，而是通过硬化混凝土细孔溶液中水分作用，变成碳酸，再与水化物作用。CO_2 溶解于水中，生成 CO_3^{2-} 离子或 HCO_3^- 离子；溶液的 pH 值高时，CO_3^{2-} 离子的比例多。$Ca(OH)_2$ 的碳化模式图如图 13.5.2 所示。碳酸根离子 CO_3^{2-} 和水泥硬化体中 Ca^{2+} 反应，生成 $CaCO_3$；由于这个反应，水泥石中 $Ca(OH)_2$ 被消耗，结果混凝土的 pH 值下降，中性化进行。

此外，砂浆与混凝土的炭化速度，与其暴露环境的相对湿度有关。图 13.5.3 表示在同一暴露时间下，相对湿度达 60% 时，碳化深度达到最大值。水泥石中的含水量与相对湿度有关。相对湿度大时，空隙孔径大的毛细孔充满水分，CO_2 的扩散受到阻碍；相反，相对湿度低时，水泥石含水量减少，碳化几乎不进行。

Reardon, James 和 Abouchar 等人，以硅酸盐水泥 8.8 kg，砂 13.2 kg(FM = 2.75)，三聚氰胺减水剂 132 ml，水 3.52 kg，做成砂浆试件，在高压 CO_2 下进行中性化快速试验，其反应如图 13.5.4 所示。分成三个阶段：(1)CO_2 迅速进入细孔中碱的水溶液；(2) CO_2 从水膜向固相缓

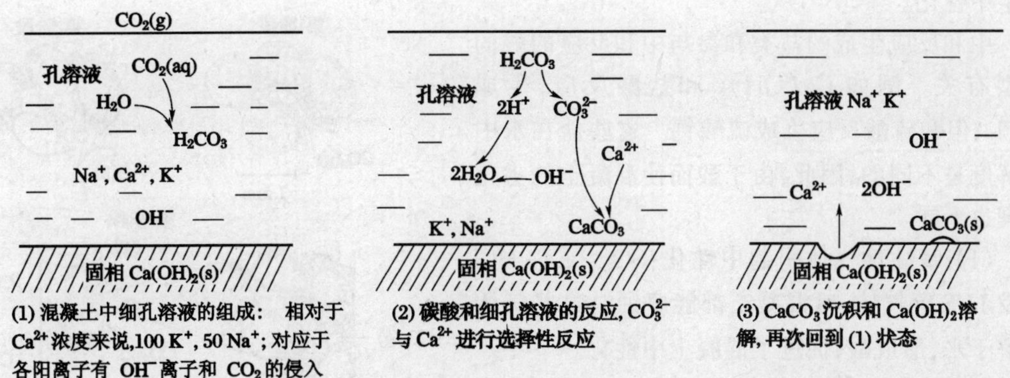

图 13.5.2　$Ca(OH)_2$ 的碳化模式图(小林一辅,宇野佑一)

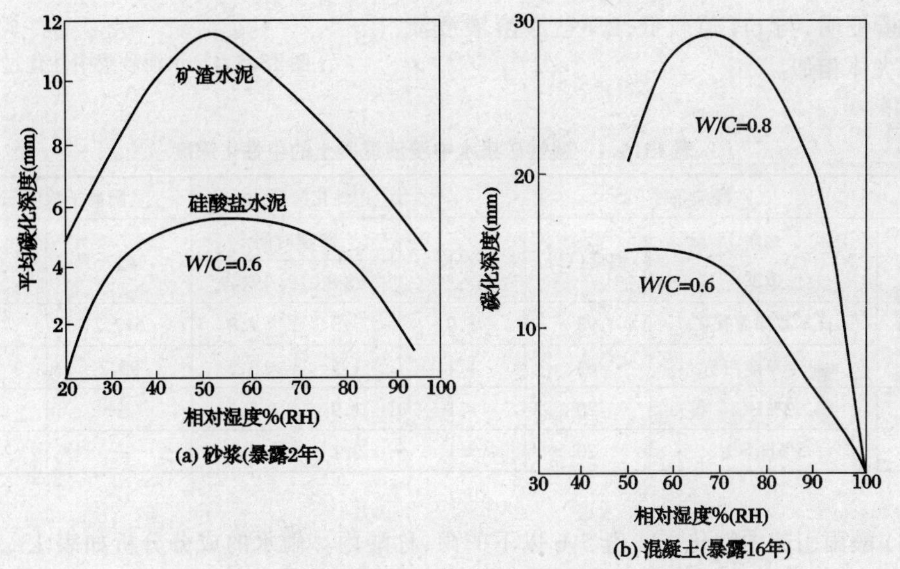

图 13.5.3　相对湿度对砂浆与混凝土碳化深度影响

(试件在水中养护 7 d,暴露温度 20℃)

慢扩散;(3) 由于中性化放出的水份,使细孔封闭。上述三阶段是连系的。这些阶段中,不管是那一个受到妨碍的话,就能够推迟中性化。例如,把试件先干燥而进行中性化加速试验时,就妨碍第一阶段中性化的进行,试件中性化速度将非常缓慢。

3. 由于酸而发生的中性化

由于酸而发生的中性化,是由于维持混凝土 pH 值的细孔溶液中的 OH^- 离子和由酸供给的 H^+ 离子起中和反应生成水,使细孔溶液中 OH^- 离子减少。使混凝土中性化。碳酸化也是由于酸的 H^+ 与 OH^- 中和反应的结果。

细孔溶液中 OH^- 离子浓度和水泥水化物保持平衡;但由于和酸的中和反应,OH^- 离子被消耗,水泥水化物分解,以供应 OH^- 离子。但是由于不断的中和反应,原来的碱度不能保持,发生中性化。

中和反应生成的盐类和参与中和反应的酸的类型有关。例如 $Ca(OH)_2$ 和盐酸反应，生成 $CaCl_2$；但和硫酸反应生成硫酸钙。这些盐在水中溶解度是不同的；因此，由于酸而使混凝土的劣化机理也不同。

(1) 腐蚀性气体引起中性化：SO_2、NO_x、HCl 以及 H_2S 等气体，对混凝土都能腐蚀。这些气体溶解于水，形成酸，促进了混凝土中性化。

(2) 酸性泉水引起的中性化：把温泉以 pH 值分类的话；pH<2 属于强酸性泉水；pH=2～<4 为酸性泉水；pH=4～<6 为弱酸性泉水。表 13.5.1 为混凝土浸渍于温泉情况下，中性化深度。试验证明，与 pH 值较低，2% 盐酸溶液浸渍的情况大体相似。

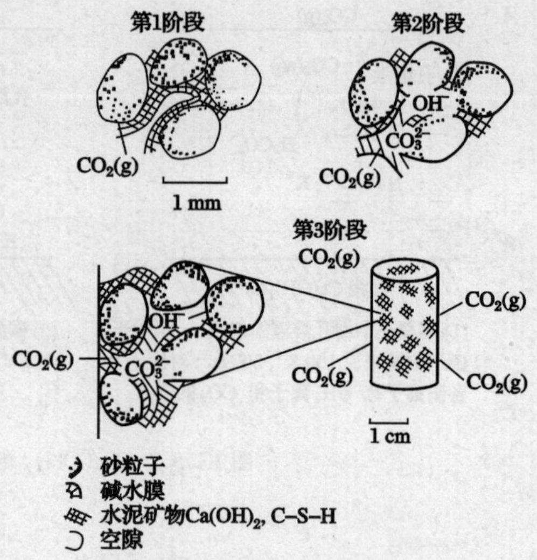

图 13.5.4　水泥砂浆中性化过程

表 13.5.1　酸性矿泉水中浸渍混凝土的中性化深度

浸渍条件				中性化深度(mm)		阴离子浓度(mg/l)	
溶液	场所 浓度	温度(℃)	pH	浸渍时间		Cl^-	SO_4^{2-}
				28 d	91 d		
温泉	日本草津万代矿	93	1.0	2.3	4.8	647.2	1,463
	日本草津白旂	63	1.1	1.5	3.2	95.7	1,439
酸液	2%HCl	20	<1	1.9	3.2	—	—
	5%H_2SO_4	20	<1	2.1	3.6	—	—

(3) 酸雨引起中性化：pH 值 5.6 以下的雨，称酸雨。雨水的成分分析如表 13.5.2 所示。雨水的 pH 值由雨水中的阴离子和阳离子的化学当量平衡来决定。阴离子多，阳离子少的情况下，H^+ 离子浓度增大，pH 值降低。

表 13.5.2　雨水成分分析(mg/l)

雨水	pH	Cl^-	NO_3^-	SO_4^{2-}	Na^+	NH_4^+	K^+	Mg^{2+}	Ca^{2+}
A	3.9	1.36	5.74	4.86	1.02	1.02	0.36	0.26	1.04
B	6.8	2.23	3.39	3.58	0.54	0.54	0.31	0.26	3.32

采用 pH=4.5～6.5 模拟酸雨，对混凝土浸渍⇌干燥反复循环，测定混凝土中性化深度与碳化深度，结果如表 13.5.3 所示。

表 13.5.3　浸渍于模拟酸性雨的混凝土中性化深度与碳化深度

浸渍溶液的 pH 值	中性化深度(mm)	碳化深度(mm)
4.5	6.4	5.8
5.5	6.4	5.4
6.5	5.8	5.8

注:1. 混凝土配比 $W/C=50\%$

2. 浸渍-干燥循环条件:浸 6 小时,干 18 小时(RH60%)

pH 值=6.5 的中性化深度比其他 pH 值的中性化深度小,但与碳化深度几乎相同。在这个实验范围里,中性化与通过浸渍-干燥碳化基本上是相同的。通过模拟酸雨,快速中性化并不显著。

二、中性化(或碳化)带来混凝土性能的变化

混凝土(水泥浆)中性化的话,质量、孔结构、孔体积与强度等均发生变化。通常,这对混凝土的物理性质影响不大。但是,如果水泥水化物 C—S—H 相劣化时,由于中性化失去对钢筋的防锈作用,那问题就大了。所谓中性化,是通过空气中的 CO_2 的碳化为主,还包含了溶解于水中的碳酸及其他酸类的中性化。此处论述的主题是由于碳化而引起混凝土性质的变化。

(一)质量变化

水泥石中 $Ca(OH)_2$ 和 CO_2 化合时,

$Ca(OH)_2+CO_2 \rightarrow CaCO_3+H_2O$

左边供给 CO_2,分子量 44;右边失水 H_2O,分子量 18。从整个反应式来说分子量增加 26。

$Ca(OH)_2$ 分子量为 74,$CaCO_3$ 分子量为 100,从单纯的化学反应式计算,固体增大 1.35 倍(100/74=1.35)。从密度来说,$Ca(OH)_2$ 为 2.24 g/cm^3,$CaCO_3$ 准稳定相为 2.94 g/cm^3,稳定相为 2.72 g/cm^3。大理石的密度 2.70~2.75 g/cm^3,由于碳化生成的 $CaCO_3$ 稳定相为 2.72 g/cm^3。$CaCO_3$ 和 $Ca(OH)_2$ 的密度比 2.72/2.24≐1.21。也有的报告认为 $Ca(OH)_2$ 变成 $CaCO_3$ 体积约增大 1.117 倍。[22)] 这与上述的 1.21 是一致的。

(二) 孔结构变化

用 CO_2 快速养护时候,与未受碳化部分相比,75~750A°的细孔容积约减少$\frac{1}{2}$。这是因为孔隙溶液中 $Ca(OH)_2$ 与 CO_2 结合,生成 $CaCO_3$,沉积于细孔中,使细孔孔径变小。但是,室外自然暴露试验时,细孔 200~7500 A°的部分容积,与快速碳化相比,提高了 2~3 倍。因为室外暴露试验,除了 CO_2 的作用外,还有其他方面的作用。

超快硬水泥的碳化的孔结构变化,与普通水泥不同。

(三) 体积变化(收缩)

如上所述,$Ca(OH)_2$ 和 CO_2 结合,放出水变成 $CaCO_3$,密度增大,由于碳化而产生收缩。

B. Kroone 等人的试验证明,龄期 27 d 受到 CO_2 作用时,砂浆的收缩相当大。上村的试验认为:1∶2 或 1∶4 砂浆,进行 CO_2 快速试验时,相对湿度 50%时,收缩最大。相对湿度 100%

时，碳化停止，不产生收缩。相对湿度25%以下时，由于水分少，碳化基本上不进行。

图13.5.5表示快速碳化试验中，湿度和收缩率的关系。干燥后再进行快速碳化试验时，1:2河砂的砂浆的中性化收缩(S_{b1}—S_{c1})值，在相对湿度为50%时，达最大值为0.15%。

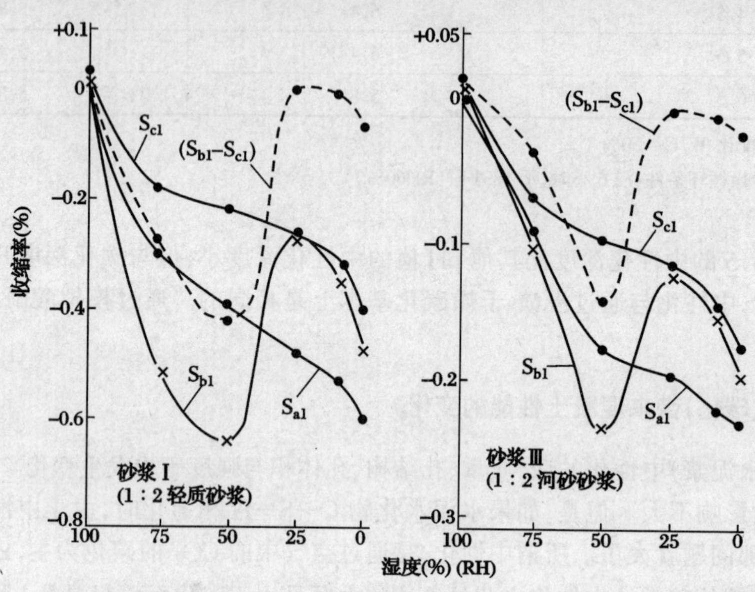

S_{a1}——不同湿度下干湿与中性化同时发生时

S_{b1}——在早期不同湿度下干燥，达到平衡后，在各种相同湿度下使之中性化时

S_{c1}——仅仅在各种湿度下进行干燥时

图13.5.5 在快速碳化试验中，湿度与收缩率关系(上村)

(四) 强度的变化

由于$Ca(OH)_2$的碳化带来强度的变化。水泥水化产生的$Ca(OH)_2$碳化后密度增大，体积产生收缩。其结果，使抗压强度增大。B. Kroone报道，砂浆受到碳化时，强度增大，但离散性大。图13.5.6为干湿循环快速碳化时，抗压强度的经时变化。早期养生的时间短时，由于碳化，强度增大。龄期短的矿渣水泥试件容易碳化。根据久保田等的高炉矿渣水泥快速碳化试验的结果，早期养生期间短的时候，添加石膏对强度发展有效，提出了具有抗碳化性能的矿渣水泥。

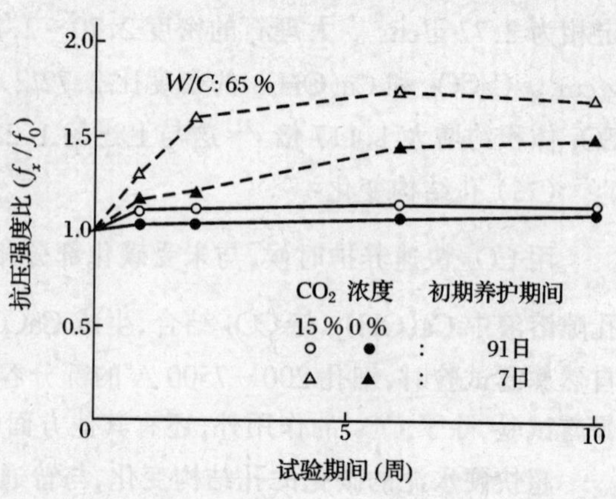

图13.5.6 干湿循环快速碳化试验时抗压强度经时变化(佐伯．米山)

普通水泥与超快硬水泥混凝土，通过碳化试验，抗压强度提高1.5倍～2.0倍。

由于C—S—H的碳化带来强度的劣化。

铃木等人以 Ca/Si 的摩尔比为 0.61 与 1.15，合成 C—S—H(水泥的水化物)，并使之碳化。低摩尔比 0.61 的 C—S—H 碳化速度很快。一般混凝土的水泥水化物 C—S—H 凝胶的摩尔比 1.2～1.6。早期龄期进行碳化时，或养护不够充分时，生成摩尔比小的 C—S—H。图 13.5.7 是从实际结构物取样，水化物的 Ca/Si 摩尔比与 $CaCO_3$ 关系。劣化混凝土碳酸钙增加，C—S—H 的摩尔比降低，强度明显劣化。

(五)碳化与钢筋锈蚀

混凝土的 pH 值 12～13 左右。混凝土中不含有害的腐蚀性物质时，钢筋受到保护，不会产生锈蚀。混凝土碳化之后，pH 值降至 10～11 以下，失去了保护作用，钢筋腐蚀。如果是钢筋混凝土外墙，潮湿状态，混凝土碳化达到钢筋开始腐蚀的时候，腐蚀速度相当快。室内混凝土，处于干燥状态，虽然混凝土受到碳化，但钢筋腐蚀缓慢。日本的嵩英雄等人的试验，室内混凝土碳化超过钢筋保护层厚度 20～30 mm 时，钢筋开始腐蚀。

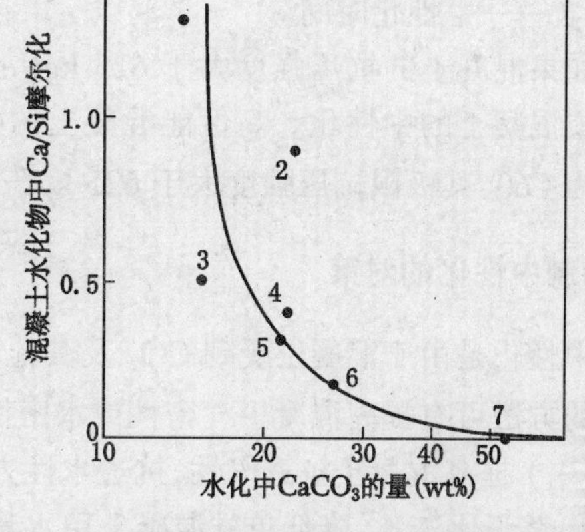

图中：1——未劣化混凝土(龄期 12 a)

2——海水侵蚀混凝土(龄期 2 a)

3～6——海水中劣化混凝土(龄期 33 a)

7——由于 ASR 劣化混凝土(龄期 10 a)

图 13.5.7 从实际结构物中取样，水泥水化物中 $CaCO_3$ 的变化

三、碳化速度

混凝土碳化速度，受以下因素影响：

(一)环境条件：1. CO_2 的浓度：大气中 CO_2 浓度约为空气体积含量的 0.03%；但快速碳化试验时，CO_2 浓度越高，碳化速度越快。2. 温度：温度越高，碳化速度越快。3. 湿度：相对湿度 90% 以上碳化速度变慢；RH 25% 以下时，水分不足，碳化速度降低。RH 50～60% 时碳化速度最快。4. 室内、室外：室内一般 CO_2 浓度高，也具有适宜的湿度，碳化速度快；室外受雨露水作用，混凝土细孔中有水，CO_2 扩散速度下降，碳化速度也变慢。有的文章指出，室外为室内的 0.59 倍。[21] 5. 装饰材料：试验证明，塑料壁纸装饰抗碳化效果最好，其次是砂浆抹灰，涂料；水泥基喷涂稍差；无饰面的抗碳化最差。

(二) 混凝土材料、品质的影响：在混凝土的组成中，影响中性化的主要原因有水泥品种，骨料品种，掺合料，化学外加剂以及配合比等。$W/C>65\%$ 时，中性化速度很快；$W/C<50\%$ 以下时，中性化速度很慢；$W/C<40\%$ 时，中性化基本上不进行。混凝土处于润湿状态，室外环境下基本上不发生中性化。

(三) 中性化速度的计算

HO 和 Lewise 对不同粉煤灰掺量、水灰比的混凝土，进行了 60 种配合比的试验，结果证明，中性化速度与 W/C 有很好的相关性。W/C 与中性化的关系如图 13.5.8 所示。使用化学外加剂对抗碳化有利。

由中性化速度和水灰比的关系可知：水灰比越低，中性化的速度越慢；但 W/C 越低，混凝土强度越高；因此，中性化速度与混凝土的强度密切相关。Smolczyk 提出了用强度来预测混凝土中性化深度的关系式：

$$x = 250(R_C^{-0.5} - R_g^{-0.5}) \times T^{0.5}$$

式中：x——中性化深度(mm)；

R_g——假定的不中性化的混凝土的极限强度，625 kgf/cm^2；

R_C——混凝土 28 d 的抗压强度(kgf/cm^2)；

T——中性化时间。

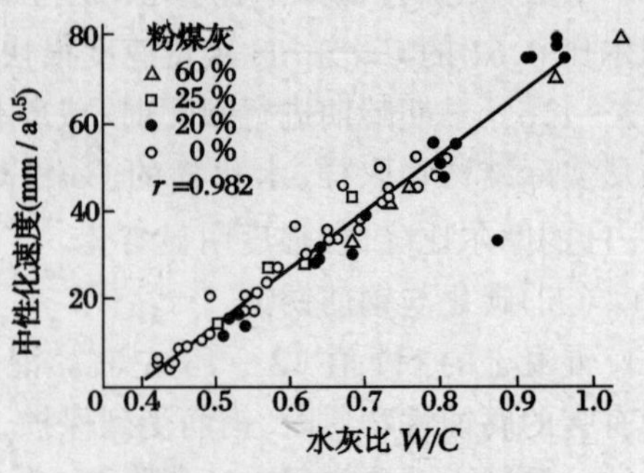

图 13.5.8 中性化速度与 W/C 关系

如果混凝土的抗压强度大于 625 kgf/cm^2 时，可不考虑混凝土的中性化。高性能混凝土的抗压强度等级为 C60，其极限抗压强度大于 625 kgf/cm^2，故可不考虑中性化问题。

四、抑制中性化的对策

中性化是由于混凝土受到 CO_2 及其他气体或酸类作用，失去碱性的结果。因此，抑制中性化的方法可有提高混凝土气密性或水密性方法，以及涂装气密性装饰材料的方法。

(一) 提高混凝土抗透气性、抗透水性方法

1. 降低水灰比，降低单方混凝土用水量：此方法对抗碳化性能极为有效。岸谷孝一的经验，W/C 38％以下时，混凝土碳化速度接近 0。飞坂的试验证明，W/C 以下时，不会发生碳化。但这都是针对普通混凝土而言；对于轻骨料混凝土，CO_2 气体会通过骨料进行碳化，要加以注意。混凝土受酸性液体作用时，从表面开始受到中性化。

2. 聚合物水泥混凝土(砂浆)：将水泥与聚合物复合，水泥水化物和骨料的表面覆盖一层水化物薄膜，使得混凝土具有很高的气密性与水密性。抑制混凝土碳化。

3. 聚合物浸渍混凝土(砂浆)：使混凝土(砂浆)干燥，浸渍于具有渗透性的聚合物中，能抑制碳化。用烷基丙烯基化合物系聚合物浸渍砂浆，抗碳化性能优异。

(二) 用气密性大的装饰材料装饰混凝土表面的方法

1. 在混凝土表面涂抹砂浆 2～3 层，总厚 15～25 mm。以砂浆为保护层以防止中性化。

2. 涂刷有机或无机涂料方法，防止 CO_2 扩散，抑制中性化。

第六节　抗冻融性能

一、冻害的定义与类型

混凝土中的冻害，是由于混凝土细孔中的水分受到冻结，伴随着这种相变，产生膨胀压力；剩余的水分流到附近的孔隙和毛细管中，在水运动的过程中，产生液体压力；膨胀压力及液体压力，使混凝土被破坏。这种现象称之为混凝土的冻害。冻害的基本机理除了混凝土的组织膨胀劣化之外，表面层剥落与开裂等现象均会发生。

(一) 膨胀劣化：这是混凝土冻害的基本机理，一般结构物均能见到的一种冻害现象。劣化基本原因是由于混凝土中水分冻结，水泥石的组织发生膨胀，初期时观察到裂纹发生，继续进行冻融时，混凝土的组织产生崩裂。混凝土由于冻融而产生的裂纹是龟甲状的。当混凝土

内部膨胀超过极限值时,部分混凝土产生崩裂。对于这种冻害,掺入适量的引气剂是相当有效的。

(二) 表层剥离:由于混凝土表面受水份濡湿,潮湿部分由于膨胀劣化,出现表层剥落。在这种情况下,仅掺入引气剂是对付不了的,最重要的是降低水灰比和充分养护,使混凝土的结构致密。

混凝土由于冻害表层剥离有如下几种情况:

1. 水灰比大的混凝土受冻融作用时,常常产生表层剥落;

2. 含海水等盐害与冻融复合作用时,发生表面剥落;

3. 由于泌水,混凝土表层疏松,冻融时,表面剥落。

(三) 崩裂　由于使用了多孔质吸水率高的骨料,由于骨料中水分冻结膨胀,骨料表面砂浆剥离,这种现象称为崩裂。在这种情况下,即使掺入引气剂,也难以预防。

二、冻害劣化机理

除了由于崩裂之外,混凝土的冻害破坏,基本上都是由于冻融作用、硬化水泥石的组织结构发生膨胀而造成的。发生冻害的混凝土,在冻结时发生异常的膨胀;解冻后,有一部份膨胀仍残留下来。受冻温度越低,膨胀值越大。残留膨胀值是冻害劣化的指标,动弹性模量降低。抗拉强度降低。如图 13.6.1,图 13.6.2 所示。

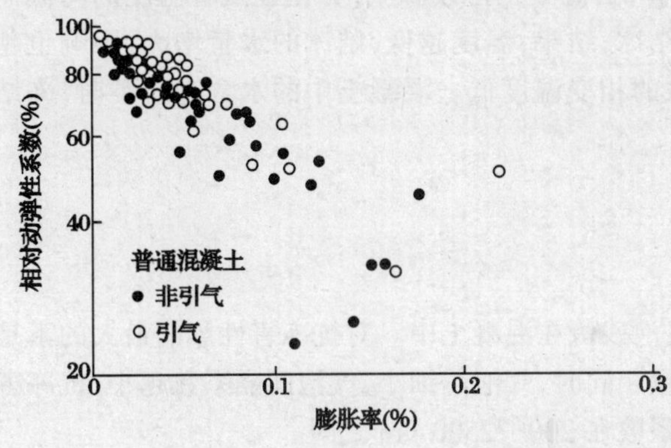

图 13.6.1　由于冻害膨胀与相对动弹模量降低的关系

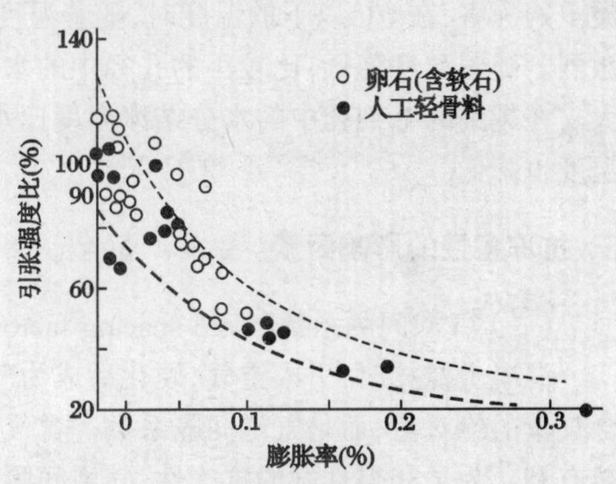

图 13.6.2　由于冻害膨胀与抗拉强度下降的关系

Powers 的水压理论:冻害是由于混凝土孔缝中水的结冰,生成压力使水移动,水在移动过程中产生液体压力。T.C.Powers 理论能说明以下几点。

(1) 冻结是从温度低的表层开始,表层毛细管中的水分先冻结。

(2) 伴随着水分冻结而发生膨胀,挤压未冻结的水分,向未受冻的混凝土内部移动。

(3)向内部流动的水,通过微孔的过程中发生粘性阻力,形成水的压力梯度;这种水的移动压力如超过混凝土的抗拉强度,就产生混凝土的劣化。

移动水的压力,当混凝土的组织致密、透水性越低;冻结速度越快;冻结水量越多时,就越大。这个机理说明了由于引气,缓和了水流压力,有效的防止了冻害。而水压力的缓和与水的移动距离,也即气泡间距离,气泡间隔系数间的关系是十分重要的。

这个理论，伴随着冻结温度降低劣化继续进行，但并不能说明即使是0℃以下的温度也持续膨胀，而混凝土并没有劣化。为此，其后对该理论进行了修正。加入了："毛细管中水分冻结之后，凝胶水向冰晶方向扩散"的内容；也就是说，必须注意到结冰形成时，一部分水泥石产生膨胀，而另一部分由于C—S—H凝胶失水，会产生收缩，要考虑到这两部分的叠加作用。

关于水分扩散移动的作用，从未冻结内部向冻结表层移动和扩散，是其重要的观点。

临界饱水度

水发生结冰时压力显著增大，混凝土是不能阻止这个膨胀压力的。为此，缓和仅仅由于结冰体积膨胀，混凝土内部具有一定含气量时，就可以避免冻害；否则混凝土就受到损伤。也就是说，冻害发生与否与混凝土的饱水程度有关(参阅图13.6.3)。超过临界饱水度的混凝土发生受冻破坏。

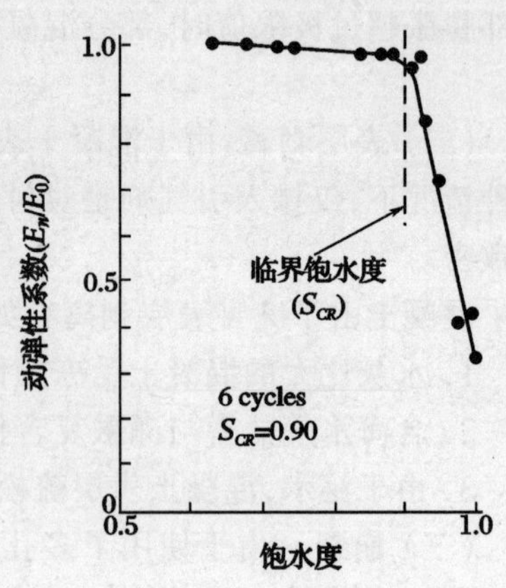

图13.6.3　临界饱水度

水分冻结温度

通常水处于结冰阶段时，发生9%的体积膨胀。但随着温度降低产生体积收缩。但是，混凝土的冻害，在0℃以下的温度时，随着温度降低，混凝土持续膨胀；劣化也随着温度的降低而激烈。随着温度降低，比较小的孔径中的水结冰；结果，温度越低，结冰的水量增大，影响也越大。在越细的毛细孔中的水分结冰温度比水的相变温度低。混凝土中的水含有盐类时，冻结温度也降低。

三、抗冻害性的影响因素

(一) 气泡间隔系数(Void spacing factor)

混凝土搅拌时，引入空气，硬化后成为气泡残留在混凝土中。对抗冻害性影响最大的不是含气量的绝对值，而是气泡间隔系数。含气量相同时，气泡越细小，气泡间隔系数越小，抗冻害越有利。为了获得良好的抗冻性，气泡间隔系数在200～2500 μm之间。

(二) 水灰比与养护条件和抗冻性关系

水灰比是决定混凝土组织致密性，也即是决定孔结构特性的基本因素，水分的冻结与混凝土细孔孔径有相关性，水灰比低、混凝土越致密，抗冻性越好。而且，细孔孔径在某一极限值以下时，其内部水分是不冻结的。相当低水灰比的高强混凝土，在一般的冻结温度范围内，其中的水份是不受冻的。即使不掺入引气剂也得到优异的冻融的效果。

(三) 抗冻性与骨料的作用

混凝土的水灰比相同，养护条件相同，使用的骨料不同，抗冻性不同。骨料对抗冻性的作用，主要是吸水率的影响。有的人提出低品位骨料的要求主要是规定其吸水率和安定性损失。也有人提出从骨料的细孔构造来判断其抗冻性等。

在混凝土冻结融解的过程中，受到很大的温度变动；从冻害的主要机理出发考虑骨料的作用的话，骨料与硬化水泥浆的热膨胀特性不同，表面的粘结性能是重要的。甚至，骨料，特别是细骨料，引入混凝土中气泡的特性给予抗冻性能以很大的影响。

四、关于抗冻性试验

混凝土受冻害的影响，不仅与冻融循环次数有关，而且与冻结时的最低温度、及与水接触的条件等有关。

国内外的冻融循试验方法，都是将材料的抗冻融破坏性能相互比较为目的，不能预测实际使用的混凝土的耐久性。

(一) 快速冻融试验　使用这种方法的有 ASTMC666 及 JISA6204。在一定的温度条件下进行反复冻融试验。ASTMC666 有 A 法(水中冻结融解法)、B 法(空气中冻结、水中融解法)。A 法与 B 法冻结最低温度 -18℃，融解温度 +5℃；经过一定冻融循环之后，测定质量损失与动弹性系数降低，按下式计算耐久性指数(durability factor)

$$DF(\text{耐久性指数}) = \frac{PXN}{M}$$

式中　P：相对动弹性系数

N：动弹性模量降至 60% 时循环次数

M：原则上是 300 次循环

在冻融试验时，冻结时试件表面的水的状态对试验结果有显著的影响。冻结时水的状态不同的 A 法与 B 法的冻融试验结果相比较，如图 13.6.4 所示。与 A 法相比，B 法的条件相对是稳定的。混凝土的冻融试验一般按 A 法进行。

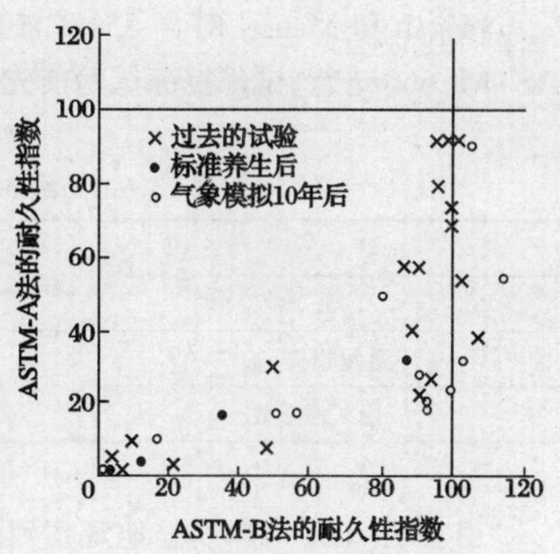

图 13.6.4　A 法与 B 法试验结果比较

五、含不同矿物质粉体的抗冻性

(一) 硅粉混凝土的抗冻性

当前，关于硅粉混凝土的抗冻融性能是一个有争论的问题，而且缺乏长期试验数据。几年以前，有人推测硅粉混凝土可以不需要引气剂来提高其抗冻性，因为硅粉填充水泥空隙，使胶凝材料密实，水泥石-骨料界面改善。但也有很多人，认为需要引气剂，硅粉混凝土按照 ASTMC666-A 进行冻融循环试验时，发现含硅粉混凝土所需的气泡间隔系数，比普通混凝土要求的 250(相当于 500 μm)低得多。这种临界气泡间隔系数的变化，与硅粉混凝土的密实度和低的渗透性有关。这样，硅粉混凝土在冻融循环时，水分迁移到临近的孔隙中去比较难。Carette 等人断言混凝土中有一个临界硅粉含量，以获得耐久的含气量的混凝土。他们认为是 10%。图 13.6.5 是他研究的不同硅粉含量的混凝土，在不同冻融循环下的相对动弹性模量系数。他们的结论得到了 Yamoto 和 Pigeon 等人工作的支持。硅粉含量很高时(20%～30%时)，水胶比在 0.35～0.55 范围内，测定了其抗冻性能；而低硅粉含量时，水胶比更宽些还更有益。

Cheng-Yi 和 Feldman 讨论过含硅粉砂浆的抗冻性与孔结构关系。发现含硅粉砂浆在 20000～2000 和 2000～350 nm 的孔体积比基准砂浆大得多。而且认为 $Ca(OH)_2$ 首先沉积在骨料周围的界面上。硅粉与 $Ca(OH)_2$ 反应，影响到砂浆的孔结构，而且进一步引起在砂粒界面周围 2000～350 nm 的孔。经过计算，孔的间隔低于 0.1 nm，满足 ASTMC457-71 对抗冻性的要求。在这些孔径范围内，分体积的孔是墨水瓶型的，水分是相对进不去的。这些特性，使试件在冻融循环时饱和度相对降低。也就是说，这些孔能起贮水池作用，在冰冻过程中，接纳由小孔迁移过来的水分。当硅粉含量大时(30%)，硅粉比完全反应所需的量还多，这就需要比较高的有效水灰比。特别是，在这样的系统中，水化作用是不完全的，在水胶比 0.45 时，有相当数量的可蒸发水仍然留在孔缝中，在冻融过程中，由于水泥石低的渗透性，这些水受冻，导致破坏。

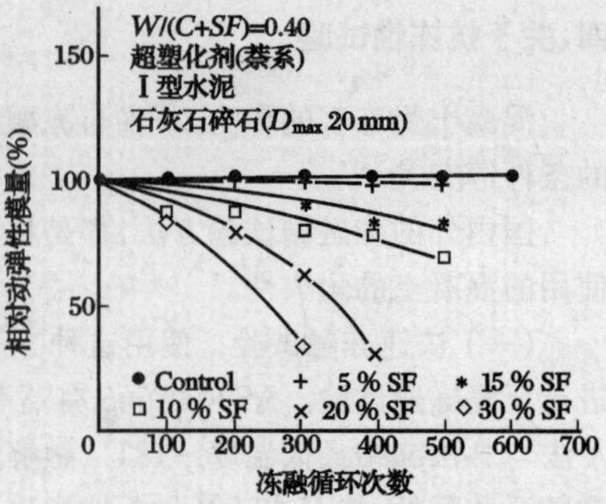

图 13.6.5 冻融试验(ASTMC666-A)后，棱柱体试件的相对动弹性模量

(二) 超细矿渣混凝土的抗冻性

许多研究者的研究证明，含气量混凝土，按 ASTMC666-84(A)进行抗冻性试验，硅酸盐水泥与掺入矿渣细粉水泥的混凝土是相同的。

Hogan 和 Meusel 对含 5% 矿渣的水泥混凝土(掺入一定引气剂)进行抗冻性试验。按 ASTMC666 进行，试件抗冻试验前先在潮湿养护室中养护 14 天，试验结果如表 13.6.1 所示。

表 13.6.1 经 301 次冻融循环之后试件膨胀和重量损失

	对比混凝土	矿渣:水泥(1:1)
膨胀，%	+0.010	+0.026
重量损失，%	-3.25	-2.42
耐久性系数	98	89(相对耐久性系数 91)

由表 13.6.1 可以明显地观察到耐久性系数有很大差别。然而，含与不含矿渣的两种混凝土，都认为是抗冻的。

Malhotra 以 25%～65% 的矿渣置换相应的硅酸盐水泥，配制含矿渣的对比混凝土与基准混凝土，试验标准按 ASTMC666(B)进行抗冻试验对比，经 100 次冻融循环后测定一次，试验经过了 700 次循环。测定了重量、长度、纵向共振频率和脉冲速率。按 ASTMC666(B)计算耐久性系数。不同配合比混凝土的耐久性系数如表 13.6.2 所示。

混凝土中含一定引气剂可大大改善抗冻性。当混凝土强度与含气量保持一个常数时，掺入矿渣可稍为改善抗冻性。

采用超细矿渣混凝土可以获得抗冻性很好的混凝土。但是如果以部分矿渣代替水泥，如果不掺引气剂，抗冻融性能是不能改善的。保持混凝土中含气量为一个常数，并与基准混凝土具有相同的强度，矿渣水泥混凝土的抗冻性甚至比基准混凝土还好。

表 13.6.2　混凝土冻融试验结果

系列	配合比	$\frac{W^*}{C+S}$	纵向共振频率 HZ**		耐久性系数(%)	相对耐久性系数(%)
			0 次循环	700 循环		
B1	基准混凝土		5150	5200	102	100
2	基准混凝土 + SP		5150	5138	99	97
3	25%矿渣		5300	5225	97	95
4	25%矿渣 + SP		5125	5100	99	97
5	65%矿渣		5140	4950	93	91
6	65%矿渣 + SP		5025	4875	94	92
D1	基准混凝土		5000	5010	100	100
2	基准混凝土 + SP		4980	4980	100	100
3	25%矿渣		5000	5000	100	100
4	25%矿渣 + SP		5040	5050	100	100
5	65%矿渣		4940	***		
6	65%矿渣 + SP		4930	****		

* $W/(C+S)$；水/(水泥 + 矿渣)；** 采用 345 mm 长试件

*** D_5 棱柱体试件，经 553 次冻融之后破坏了共振频率 3840 Hz

**** D_6 棱柱体试件，经 450 次冻融之后破坏了共振频率 4150 Hz 全部混凝土均含引气剂。SP 超塑化剂。

（三）粉煤灰混凝土的抗冻性

粉煤灰掺入混凝土中，为了提高抗冻性也要有一定的含气量。Whiting 试验了含粉煤灰、不同含气量、不同养护条件的高强混凝土的抗冻性。试验中也使用了去冰盐。试验结果归纳如下：

1. 非含气混凝土

空气中养护的试件比潮湿条件下养护的试件具有比较高的耐久性。在空气中养护，混凝土的饱和程度是降低的。水化作用过程和渗透性的降低，使得融化过程时水份难以填充孔隙，降低了冰在混凝土中的形成。空气中养护的高强混凝土(抗压强度 69 MPa)，经 300 次冻融循环以后，初始弹性模量降低到 70%(按 ASTMC666-84)。而湿养护试件经 200 次冻融后破坏。

使用去冰盐时，全部非含气混凝土试件，经≤50 次冻融循环时，出现严重的剥落。去冰盐溶液 $CaCl_2$ 含量 4%，试验方法按 ASTMC672。

2. 含气混凝土

全部含气的混凝土试件的性能，均远远超过非含气混凝土。经过 300 次冻融后，动弹模是原始数值的 99%或者还稍高一些，重量损失甚少。空气中养护的试件重量损失也很低。

使用去冰盐时有以下结果：

抗压强度 41 MPa 含气量 3.5%的混凝土试件，抗冻融效果很好，经过 300 次冻融循环，仅少量剥落。而抗压强度 69 MPa 的混凝土，即使含气量更高一些，其抗冻融性能也比 41 MPa 的混凝土稍差些。冻融后剥落程度随着强度增加而增加。

Malhotra 等人使用 F 级(低钙灰)粉煤灰配制混凝土，按 ASTMC672 方法，进行抗盐冻融试验。在该方法中,以 $CaCl_2$ 溶液代替去冰盐。混凝土中水泥用量 150 kg/m³,水胶比 0.32,粉煤灰用量为胶凝材料总量的 56%。气泡间隔系数 0.253 mm。比通常 0.2 mm 的气泡间隔系数稍高。按照 ASTM 观察得到的剥落程度,试验的试件属于 5 级。说明有严重的剥落,粗骨料已外露。说明高体积含量的粉煤灰混凝土抗盐冻融试验差。

第七节　在海水中混凝土的耐久性

由于海水中的各种成分对混凝土缓慢的劣化作用,通过混凝土在海水中长期暴露试验证明,5 年龄期的混凝土强度还能提高,但 10 年龄期后,强度逐渐降低。而且含掺合料的混凝土比硅酸盐水泥基准混凝土的强度降低慢。

海水对混凝土的作用应该受到特别的重视。因为海岸及近海结构同时受到许多物理和化学的破坏作用。大多数海水都含有大约 3.5% 的可溶盐。Na^+ 和 Cl^- 离子浓度高达 11000 和 2000 mg/L。而从耐久性观点来看,Mg^{2+} 和 SO_4^{2-} 在溶液中允许的相应浓度仅为 1400 mg/L 和 2700 mg/L。而海水中 SO_4^{2-} 含量约 2500 mg/L~3000 mg/L。海水的 pH 值介于 7.5 和 8.4 之间。混凝土暴露于海水中,受到海水的许多破坏,如海水的化学作用对水泥水化作用产物的影响,碱-骨料反应膨胀,盐在混凝土结晶中产生的压力,以及对钢筋的腐蚀等。

海水对水泥胶凝材料的化学腐蚀由于两方面作用的结果。一方面是硫酸盐和水泥的化学作用,另一方面是 Cl^- 离子和水泥胶凝材料的作用。使石灰(水泥石中 $Ca(OH)_2$)溶解,硬化水泥浆的渗透性增加和其他组分的碳化作用增加。甚至优良的胶凝组份 C-S-H,由于 Ca^{2+} 溶解或与 Mg^{2+} 离子交换,生成 M-S-H。硫酸盐能与 C_3A 反应,形成钙矾石,而氯化物与 C_3A 反应,生成氯铝酸盐。钙矾石和氯铝酸盐都是膨胀性化合物。而混凝土在海水中预防腐蚀的关键是具有抗渗透的能力。其途径常常是提高水泥系数,降低水灰比和采用矿物质掺合料。采用矿物质掺合料,通过火山灰反应降低 $Ca(OH)_2$。特别是在基体中降低 $Ca(OH)_2$,降低 C-S-H 中的 Ca^{2+} 离子,使基体变成密实。硅粉是一种活性最高的火山灰质材料,很适合于这种使用条件。

在寒冷地区,海岸及近海的混凝土结构,除了遭受冻融作用外,还受潮汐的干湿作用,以及遭受海水浪花的冲击,这部分的混凝土最容易损坏。

一、掺硅粉混凝土

当采用硅粉取代部分硅酸盐水泥,掺入高效减水剂,可以生产出渗透性很低、强度很高的混凝土。这两方面的性能对寒带混凝土结构和寒冷地区近海结构工程,都令人满意。硅粉也曾用于近海结构的水下维修。使用这些材料,降低渗透性和提高抗磨损性能,很适宜于恶劣环境下的维修工程。

Moukwa 曾进行过混凝土在 −25℃ 受冻,在 −1℃ 的海水下融化的耐久性试验。而且叙述了在寒冷的海洋中混凝土的破坏机理。经过在海水中冻融循环的混凝土,孔结构变粗。$Ca(OH)_2$ 滤出和在表面产生微裂纹,可能是由于大孔变粗而引起的。骨料和水泥浆的物理性质不协调,在低温下和温差循环作用下,在混凝土中产生膨胀性裂纹。这样的微裂纹对海水渗入混凝土中有明显的影响。在这样的环境下,发现硅粉掺入混凝土中很有利。因为其不仅使水泥石密实，也使界面结构密实，渗透性降低、水泥石的裂纹和界面裂纹达到最低限度。不同混凝土在海水中冻融后的重量变化及吸水量变化，如图 13.7.1，图 13.7.2 所示。

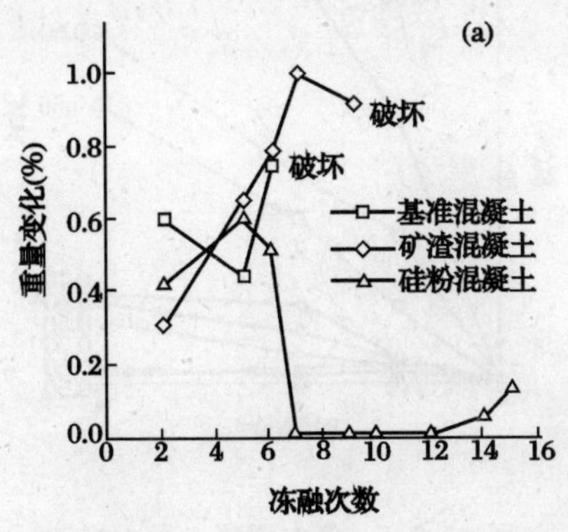

图 13.7.1 掺硅粉混凝土及其他混凝土，在海水中冻融后重量损失

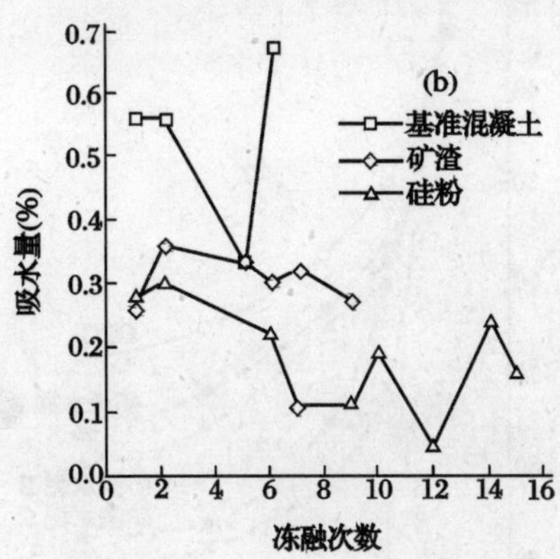

图 13.7.2 掺硅粉混凝土等试件，在 −25℃～−1℃的海水中冻融后，吸水量变化

从微结构观测可见，试件表面层 2 mm 以内有盐的浓缩层。使孔隙堵塞，降低了腐蚀性离子向硅粉混凝土内部迁移。

二、矿渣水泥混凝土

矿渣水泥在海洋工程混凝土中具有优异的耐久性。混凝土结构受海水侵蚀的主要原因是 Cl^- 离子的侵入，使钢筋腐蚀。

在海水中 Cl^- 离子向混凝土内部渗透的速度比硫酸根离子快，当 Cl^- 离子到达钢筋表面后，钢筋的保护膜层破坏，发生腐蚀。但使用矿渣掺合料的水泥混凝土，对 Cl^- 离子的固着率高，而且 Cl^- 离子的渗透比普通水泥混凝土慢。在海水中具有优异的耐久性，如图 13.7.3，13.7.4 及 13.7.5 所示。

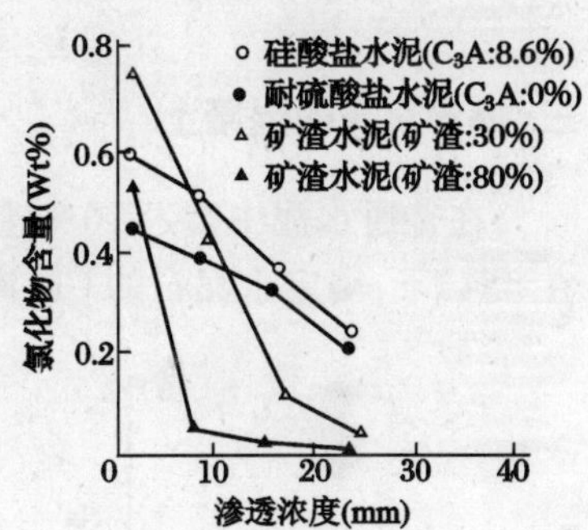

图 13.7.3 不同水泥砂浆中氯化物渗透深度

不同矿渣掺量的水泥，配制不同水灰比的混凝土，在氯盐溶液中 Cl^- 离子的扩散速度如图 13.7.5 所示。经过 2 年后，在混凝土有 2 cm 厚的 Cl^- 离子不渗透层。Cl^- 离子在混凝土中的渗透，不仅与矿渣的掺量有关，还与水灰比有关。矿渣的掺量大，水灰比低，Cl^- 离子的渗透量低，混凝土在海水中的耐久性提高。

由于矿渣水泥混凝土具有优异的耐海水性能，在德国不仅用矿渣水泥生产钢筋混凝土，也用来生产预应力混凝土构件。在德国科隆的来因河上，用矿渣水泥混凝土建造了一条最现代化的桥梁。由矿渣水泥制成的钢筋混凝土柱墩，浸泡于盐水中，经过 23 年观测，确认其具有优良的性能。

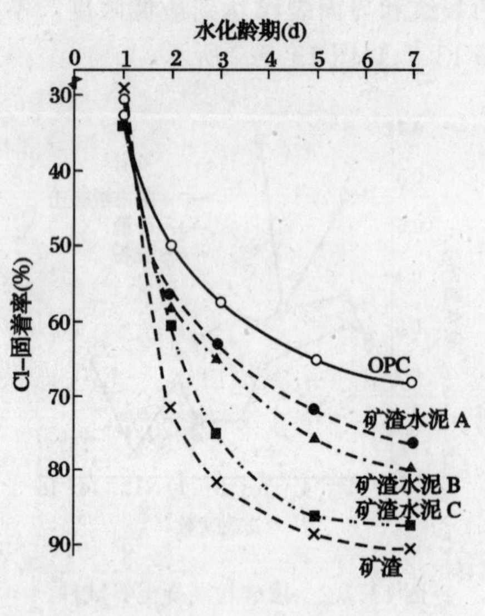

图 13.7.4　不同水泥对 Cl^- 离子的固着率

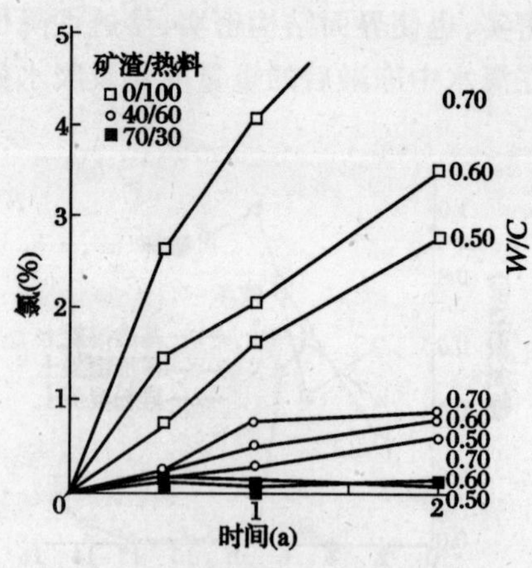

图 13.7.5　氯在混凝土梁中扩散

（扩散层厚 2～4 cm）

（NaCl 溶液，3 mol/L）

三、掺粉煤灰的混凝土

在普通水泥中掺入 10%硅粉，以及分别掺入粉煤灰和矿渣，按 $W/C=0.40$ 配制水泥浆，在 45℃下，测定水泥石的 Cl^- 离子及 Na^+ 离子的表观扩散系数，如图 13.7.6 所示。扩散系数

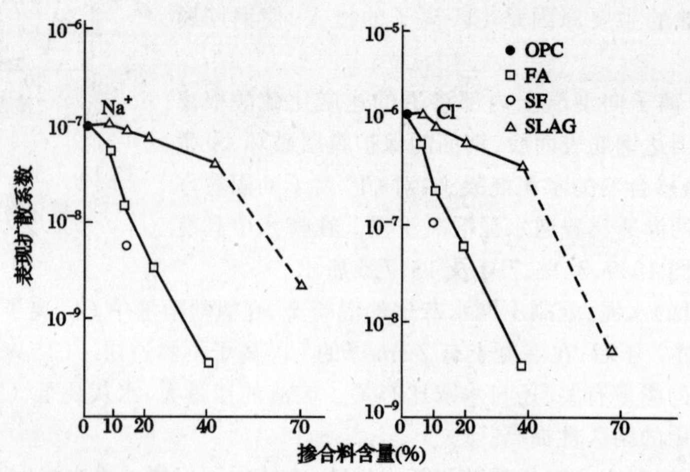

图 13.7.6　Na^+ 和 Cl^- 离子在水泥浆中的扩散系数

低，说明其抵抗腐蚀的能力强。当掺量均为 10%时，抵抗腐蚀能力是：硅粉＞粉煤灰＞矿渣。水泥石的 Cl^- 离子表观扩散系数为 10^{-8}～10^{-9} 时，粉煤灰掺量为 40%，而矿渣则需要 70%。说明掺粉煤灰的混凝土对氯盐的抵抗能力比掺矿渣的还好。

由 Roy 等人的试验结果证明，掺入高炉矿渣和粉煤灰的水泥混凝土，对防止 Cl^- 离子的扩散是很有益处的。这是由于掺入超细矿渣和粉煤灰以后，降低了水泥石的孔隙率以及改善了孔结构，因此，抗 Cl^- 离子渗透性能提高。

第八节　硫酸盐腐蚀

混凝土与外界硫酸盐离子相接触时，很容易受到腐蚀。这是由于水化作用产物，如 C_3AH，$Ca(OH)_2$ 和 C-S-H 凝胶，与硫酸盐反应以后，生成膨胀性盐，引起膨胀，使表层开裂或软化。裂缝又助长了含有硫酸盐和其他离子的侵蚀性水的渗透，进一步加速了混凝土的毁坏。而且也影响到水泥水化物的粘结性能，最终要影响到其强度。混凝土的强度在开始时由于微结构的密实而提高；但由于硫酸盐反应的发展，而使强度不断下降。

水泥水化物中的 $Ca(OH)_2$ 和 C_3AH 是最容易受硫酸盐离子腐蚀的。硅酸盐水泥水化时，C_3A 和石膏反应，生成单硫型水化物（$C_3A\cdot C\overline{S}\cdot H_{18}$）。但当 C_3A 含量超过 8% 时，也生成 $C_3A\cdot CH\cdot H_{18}$；在 $Ca(OH)_2$ 和石膏存在的条件下，转变成高硫酸盐型的钙矾石（$C_3A\cdot C\overline{S}\cdot H_{32}$）。这就是大家一致公认的混凝土与硫酸盐溶液接触时，产生钙矾石，造成混凝土膨胀。除此以外，硫酸钠、或硫酸镁溶液（Na^+ 或 Mg^{2+}）与 $Ca(OH)_2$ 和 C-S-H 反应，形成结晶石膏，也会引起混凝土的膨胀和开裂。

$$Na_2SO_4 + Ca(OH)_2 + 2H_2O \rightarrow CaSO_4\cdot 2H_2O + 2NaOH \quad (1)$$

$$MgSO_4 + Ca(OH)_2 + 2H_2O \rightarrow CaSO_4\cdot 2H_2O + Mg(OH)_2 \quad (2)$$

$$3MgSO_4 + 3CaO\cdot 2SiO_2 3H_2O + 8H_2O \rightarrow 3(CaSO_4\cdot 2H_2O) + 2Mg(OH)_2 + 2SiO_2\cdot H_2O \quad (3)$$

在(1)种情况，生成 NaOH 和石膏，能保证 C-S-H 稳定的系统所需要的碱度。而在第(2)种情况形成的石膏是相对不溶解的，和低碱性的 $Mg(OH)_2$，降低了 C-S-H 的稳定性。因此，由于 Na_2SO_4 和 $MgSO_4$ 造成两种不同类型的腐蚀，而 $MgSO_4$ 的腐蚀更加严重。这是由于水镁石沉淀于水泥石的结构中。

在 ACI 规程 318-83 中，有以下描述：可以忽视的侵蚀——在土壤中硫酸盐含量为 0.1%，或者在水溶液中低于 150 ppm(mg/l)；中等侵蚀——硫酸盐在土壤中含量为 0.1%～0.2% 或在水溶液中为 150～1500 ppm；严重侵蚀——在土壤中含量为 0.2%～2.0%，或者在水溶液中为 1500～10000 ppm；非常严重的侵蚀——在土壤中含量超过 22%，或在水溶液中超过 10000 ppm 时。硫酸盐对水泥混凝土的腐蚀视条件而定。

一、天然火山灰抗硫酸盐侵蚀的性能

以 10%，30% 和 40% 的火山灰掺入硅酸盐水泥中，配制 1:3 砂浆试件，放入 1% $MgSO_4$ 溶液中存放 5 年，其膨胀值与存放时间关系如图 13.8.1 所示。

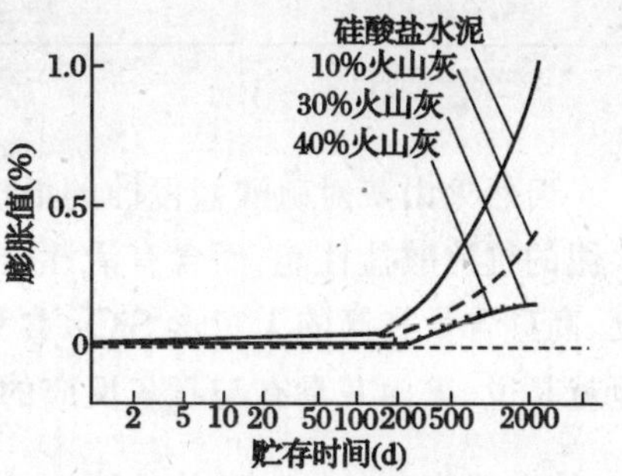

图 13.8.1　火山灰取代部分水泥对 1:3 砂浆试件膨胀值的影响

由此可见，火山灰取代 30%～40% 水泥的试件，膨胀值大大降低。Massazza 和 Costa 认为这是因为降低了 $Ca(OH)_2$ 的含量和降低了渗透性。在这种情况下，

$Ca(OH)_2$处于不渗透的C-S-H凝胶周围,不利于膨胀性盐类,如石膏和钙矾石的形成,也就是明显地改善抗硫酸盐性能。

Mehta按照ASTMC150试验方法,采用10%,20%和30%的天然火山灰(Santorin earth)代替相应的水泥,按照2种方法进行抗硫酸盐试验。

1. 胶凝材料:砂=1:2　$W/C=0.6$ 试件在室温养护28天,然后浸入10% Na_2SO_4 溶液中,每周换一次溶液,其膨胀值测量至26周,结果如表13.8.1所示。由表可见,含20%和30%的砂浆试件膨胀值很低。

表13.8.1　在10% Na_2SO_4 溶液中砂浆试件膨胀值

水泥种类	膨胀值(%)			
	4周	8周	12周	26周
硅酸盐水泥	0.004	0.0340	0.0212	0.520
10%火山灰*	0.006	0.018	0.071	0.285
20%火山灰	0.007	0.010	0.048	0.050
30%火山灰	0.006	0.008	0.027	0.050

* Santorin earth.

2. 加速试验方法　试件在50℃下养护一周,接着将试件浸入4%的 Na_2SO_4 溶液中,使溶液的pH值和 SO_4^{2-} 离子保持一个常数。在这种试验中,浸泡28 d后,如试件强度损失25%为不合格。试验结果如表13.8.2所示。由此可见,含10%天然火山灰试件,强度损失49%;而含20%和30%天然火山灰试件,强度损失20%或更低一些。

表13.8.2　浸入4% Na_2SO_4 溶液(pH为常数)中圆柱体试件的强度损失

水泥类型	浸泡前强度(MPa)	浸泡28d后强度(MPa)	强度损失(%)
硅酸盐水泥	18.0	6.1	65
10%天然火山灰*	18.5	9.5	49
20%天然火山灰	16.1	12.9	20
30%天然火山灰	15.2	12.8	16

* Santorin earth.

天然火山灰对硫酸盐侵蚀的抵抗能力是不同的;如果火山灰中含有结晶硅或石英,则降低水泥的抗硫酸盐性能;而含有活性硅较多的,如硅藻土,页岩和浮石,改善抗硫酸盐性能。高细度、高硅含量和高的无定形 SiO_2 含量的火山灰,对降低硫酸盐侵蚀引起的膨胀是最有效的。也就是说,火山灰具有与石灰反应的能力,改善混凝土的耐久性。

二、掺入粉煤灰的抗硫酸盐性能

Dustan提出了粉煤灰抗硫酸盐侵蚀理论分析的概念:$R=(C-5)/F$ 式中 $C=CaO\%$,$F=Fe_2O_3\%$。根据这个公式,判断粉煤灰抗硫酸盐的性能。也就是说粉煤灰中 CaO 和 Fe_2O_3 含量,对水泥混凝土抗硫酸盐性能的影响是主要因素。采用不同R粉煤灰掺入混凝土中抗硫酸盐性能如图13.8.2所示。

由图13.8.3可见,系数R越高,抗硫酸盐侵蚀的性能越低。其研究结果归纳如下:

R的界限	抗硫酸盐侵蚀
<0.75	相当大的改善
0.75~1.5	中等改善
1.5~3.0	没有明显变化
>3.0	降低

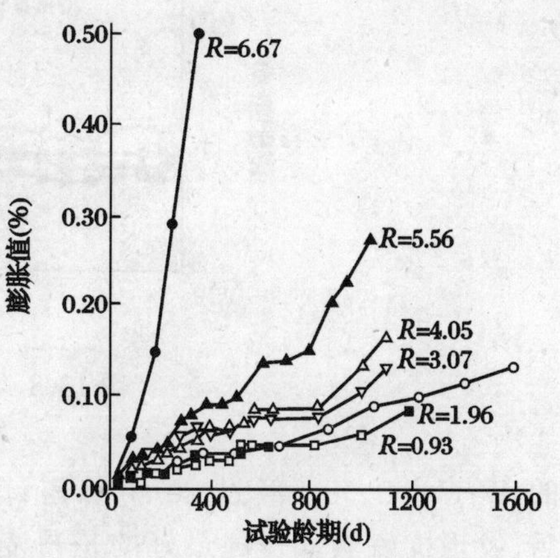

图13.8.2 CaO含量不同的粉煤灰混凝土的硫酸盐膨胀

三、掺入高炉水淬矿渣对混凝土抗硫酸盐性能影响

由于高炉矿渣具有改善抗硫酸盐的特性,在许多国家得到了广泛应用。在德国、法国和荷兰用矿渣代替混凝土中部分胶凝材料,用于有硫酸盐侵蚀的环境下。

图13.8.3是50%矿渣与50%硅酸盐水泥,不同水灰比下,抗硫酸盐砂浆棒膨胀值。由图可见,水灰比0.50和0.55时,实际上没有硫酸盐膨胀;水灰比0.6的试件,24个月后膨胀值突然增大。$W/C=0.45$的试件,膨胀值随着龄期而增大。当矿渣含量70%时,没有任何膨胀,而且无论水灰比如何,对膨胀均无影响。如图13.8.4所示。

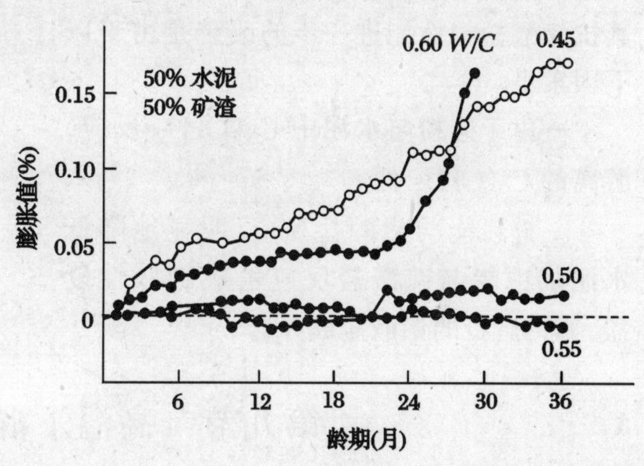

图13.8.3 含50%矿渣砂浆棒膨胀值

四、含硅粉混凝土抗硫酸盐腐蚀

含硅粉10%~15%的混凝土,放入10%的硫酸钠溶液中,抗硫酸盐性能得到很大的改善。popovic等人将试件(25 mm×25 mm×160 mm)放入硫酸钠溶液中,证明含15%硅粉的试件能防止硫酸盐腐蚀。Mehta曾经对比硅酸盐水泥混凝土及含15%硅粉混凝土的抗化学侵蚀性能,混凝土的水胶比为0.33。将试件放入5%的硫酸钠及硫酸氨的溶液中,对硫酸钠溶液没有发现什么明显的影响。但是对于硫酸氨溶液,与对比的基准混凝土一样,发现有相同程度的破坏。这是由于硫酸氨对C-S-H相分解所致。

在挪威曾进行过这样的试验:将混凝土浇注在首都Oslo铝矾土及油页岩区域,进行长期试验。地下水每立升中含4 mg的SO_3,而且pH值在2.5~7之间,试件由不同水泥及活性掺合料做成,其中包括以15%硅粉代替相应水泥的试件。含硅粉试件的$W/C=0.62$,其他试件

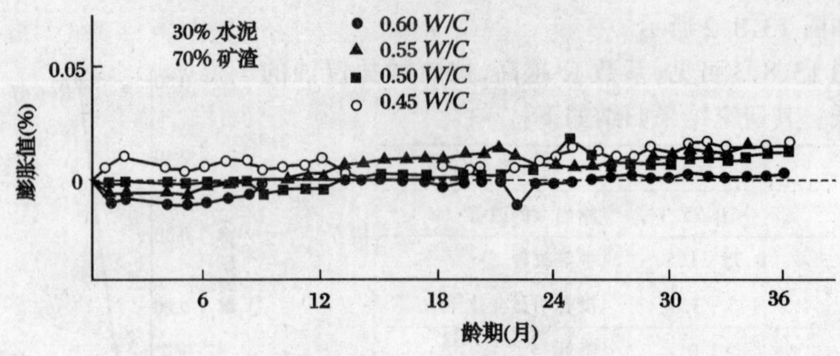

图 13.8.4 含 70%矿渣试件的膨胀值%

的 $W/C=0.50$。经过 20 年暴露试验之后,发现抗硫酸盐侵蚀最好的是丹麦的抗硫酸盐水泥混凝土和含 15%硅粉的混凝土,如图 13.8.5 所示。

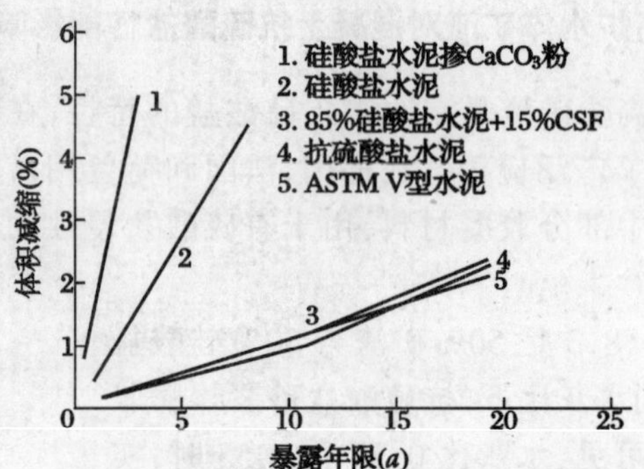

图 13.8.5 100 mm×100 mm×100 mm 混凝土试件埋放于富硫酸盐和酸溶液水的 Oslo 铝矾土—油页岩区的体积减缩

硅粉混凝土的抗硫酸盐的性能,如上所述,比较多的原因是由于其化学的作用。其抗硫酸盐的性能进一步的改善是由于以下因素:

—由于硅粉与水泥中 $Ca(OH)_2$ 反应,游离的 $Ca(OH)_2$ 低。

—硅粉能与铝酸盐反应,明显地降低水泥浆中能与硫酸盐反应生成膨胀性复盐,如钙矾石的铝酸盐成分。

第九节 高温下混凝土的力学性质

高温条件下混凝土的内部结构,由于加热温度不同而明显不同。也由于加热温度不同,混凝土受热与力学性质也发生变化。影响高温条件下混凝土性质的主要原因:1. 发生微观温度应力。这种应力的发生与加热的温度无关,在骨料界面附近形成微小裂纹。2. 混凝土中的脱水现象。这种脱水作用,根据加热温度大小而不同。在低温度域里为物理脱水(蒸发),在高温域里为水泥石脱水。高温条件下混凝土的加热过程,就是由于这些因素的复合作用,使混凝土发生热的与力学性质的变化。

在本节将介绍加热温度超过 200℃的条件下,水泥石的化学组织也发生变化;研究不同品种水泥,在不同温度下,对混凝土性质的影响。通过 XRD 分析不同温度下的相变,同时还测定混凝土的力学性质。

一、试验概要

(一) 使用材料

试验中使用的水泥有硅酸盐水泥(NP),早强硅酸盐水泥(HP),粉煤灰水泥(FL)矿渣水泥(SL),铝酸盐水泥(AL)及中等水化热硅酸盐水泥(MH)共6种。其化学成分及物理性质如表13.9.1,13.9.2所示。

表13.9.1 水泥化学成分(质量%)

成分＼水泥品种	NP	HP	FL	SL	AL	MH
MgO	1.6	1.6	1.4	3.6	—	1.6
SO_3	2.0	2.8	1.8	2.0	—	1.9
$3CaO \cdot SiO_2$	—	—	—	—	—	45.0
$3CaO \cdot Al_2O_3$	—	—	—	—	—	3.0
Al_2O_3	—	—	—	—	53.2	—
Fe_2O_3	—	—	—	—	1.1	—
CaO	—	—	—	—	36.7	—
烧失量	1.1	0.9	1.0	1.3	—	0.6

表13.9.2 水泥的物理性质

物理性质		NP	HP	FL	SL	AL	MH
比重		3.16	3.13	2.97	3.04	2.96	3.20
比表面积(g/cm^2)		3240	4370	3420	3860	4820	3200
凝结	W/C(%)	27.4	29.8	28.6	28.8	—	26.0
	初凝(min)	152	138	196	202	—	195
	终凝(min)	209	193	257	268	—	265
安定性		好	好	好	好	—	好
抗压强度	1 d(MPa)	—	15.7	—	—	55.4	—
	2 d(MPa)	14.8	28.4	13.3	12.4	—	11.2
	7 d(MPa)	25.2	38.6	19.7	20.5	—	15.0
	28 d(MPa)	41.9	47.7	35.8	42.7	—	30.0

粗骨料为碎石,细骨料为山砂。骨料的物理性质如表13.9.3所示。

表13.9.3 骨料的物理性质

骨料的物理性质	粗骨料(花岗碎石)	细骨料
最大粒径(mm)	25	5
表观密度	2.61	2.51
吸水率(%)	3.22	4.49
细度模量	7.06	2.27

(二)混凝土试验　混凝土配合比如表 13.9.4。

表 13.9.4　混凝土配合比

种类	W/C (%)	单方混凝土用料(kg/m³)					坍落度 (cm)	抗压强度(MPa)		
		W	C	S	G	高效减水剂(%)		7d	28d	91d
NSC	60	210	350	440	1255		8.0	39		47
HSC1	35	190	550	478	1178	0.8	18.0	76		84
HSC2	28	152	550	433	1308	1.2	18.0	94		118
NP	50	227	454	918	636		9.0		41	
HP	50	231	462	906	628		11.0		41	
FL	50	215	430	934	648		8.5		31	
SL	50	225	450	914	634		12.0		33	
AL	50	195	390	984	682		9.5		61	
MH	50	205	410	974	675		8.0		25	

二、普通混凝土、高强混凝土及超高强混凝土(NSC、HSC1、HSC2)对比试验

试验时成型 10×10×10 cm 试件，拆模后在 20℃水中养护 28 d，然后在 20℃、75%相对湿度下养护至 28 d。对同一种混凝土，每三个试件一组，每组试件在电炉中加热到 400、600、800、1000 与 1200℃的系列高温试验，并在某一高温恒温 60 min。电炉升温曲线及 ISO834－1975(E)曲线相比较示于图 13.9.1。

试件自然冷却后，分别测定了抗压强度与劈裂抗拉强度。从破坏的混凝土试件中取出砂浆碎块 hcp，处理成 5 mm 的颗粒，在压汞仪上测定 hcp 的孔分布，测孔仪的可测压力范围为 $1.02\times10^{-2}\sim2.04\times10^{2}$ Mpa。本研究测孔时接触角选取为 141°，故可测孔范围为 0.007～144 μm。

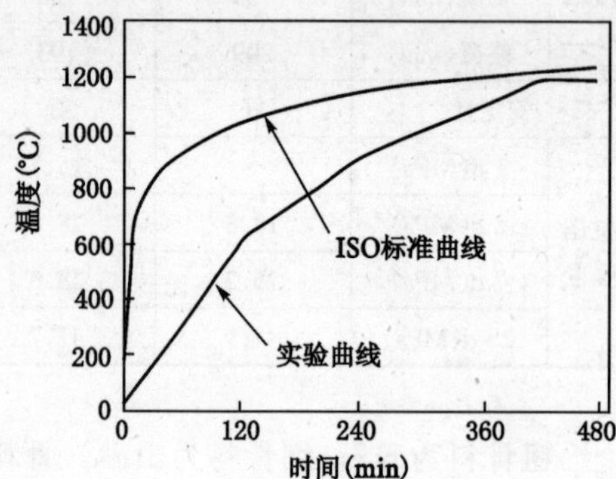

图 13.9.1　电炉升温曲线与 ISO 标准曲线

1. 混凝土遭受高温后抗压强度变化

混凝土在高温加热后强度变化如图 13.9.2 所示。

根据强度衰减，可将高温划分为三个范围：200～400℃，400～800℃及 800℃以上。

(1) 在 400℃以下，NSF 强度降低 15%；HSC 强度分别降低 1%及 10%。

(2) 抗压强度大幅度衰减发生在 400～800℃，无论是 NSC 或 HSC 都是这样。因为 C－S－H 凝胶在高温下必定分解，导致水泥浆胶结能力的下降。400～800℃是混凝土强度衰减的关键范围。

(3) 800℃以上的温度范围，强度衰减更加严重，残余强度仅为 9～20%。这是 NSC 及

HSC 彻底破坏阶段。

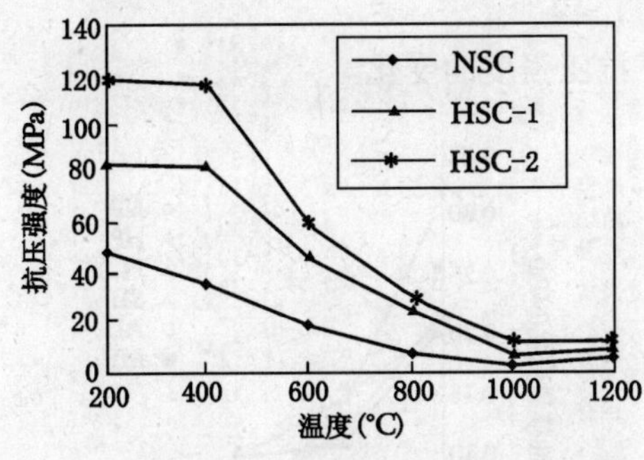

图 13.9.2　三种混凝土遭受高温后抗压强度

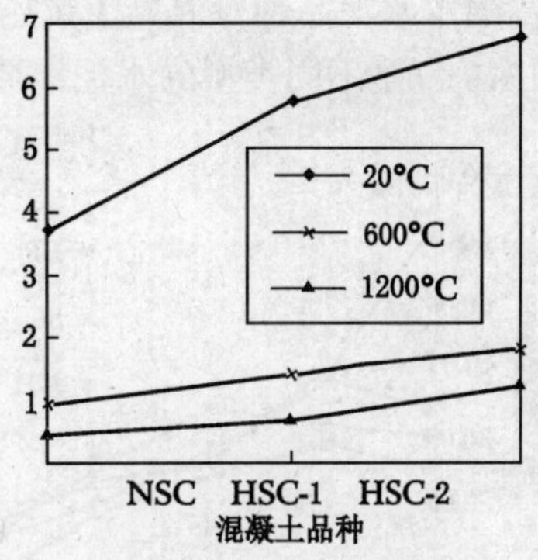

图 13.9.3　高温后的劈裂抗拉强度

2. 劈裂抗拉强度的变化

图 13.9.3 为三种混凝土劈裂抗拉强度变化的结果。

劈裂抗拉强度的衰减对温度的敏感性更大。加热至 600℃时,NSC 的劈裂抗拉强度下降了 75%,HSC 的下降更大,约 80～85%。这是由于高温下,混凝土的裂纹大量形成,抗拉强度对裂纹更加敏感。

三、不同品种水泥的混凝土

1. 高温对抗压强度与弹性模量的影响

高温下混凝土抗压强度与弹性模量的变化如图 13.9.4,图 13.9.5 所示。

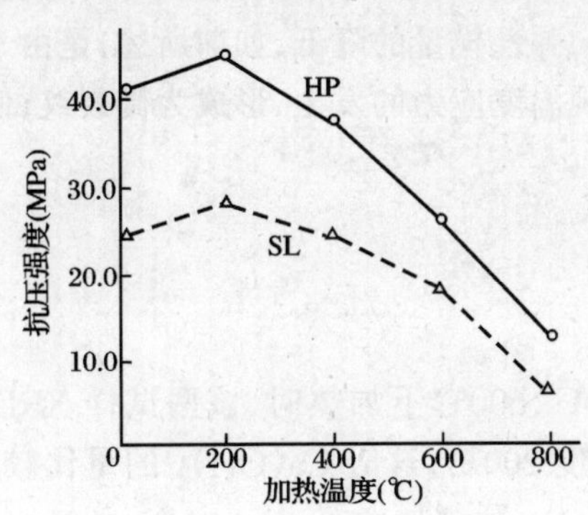

图 13.9.4　高温下温度对混凝土抗压强度的影响

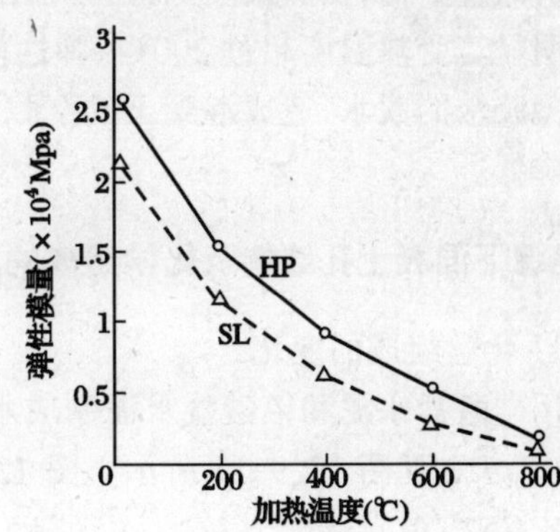

图 13.9.5　高温下温度对混凝土弹性模量的影响

当温度为 200℃时,混凝土抗压强度与常温下相比,稍有提高。由于毛细水和凝胶水失水,混凝土干燥,强度提高。加热到 400℃,水泥浆中含 Al_2O_3 和 Fe_2O_3 的水化物脱水,水泥浆中结构松弛,造成强度下降。

弹性模量由于加热而明显下降。混凝土在遭受高温时,与抗压强度相比,弹性模量下降更大。这是因为高温下，砂浆中形成了大量的微裂纹。

2. 高温下水泥品种对混凝土抗压强度的影响

图 13.9.6 是不同类型的水泥混凝土，在高温下抗压强度的变化。

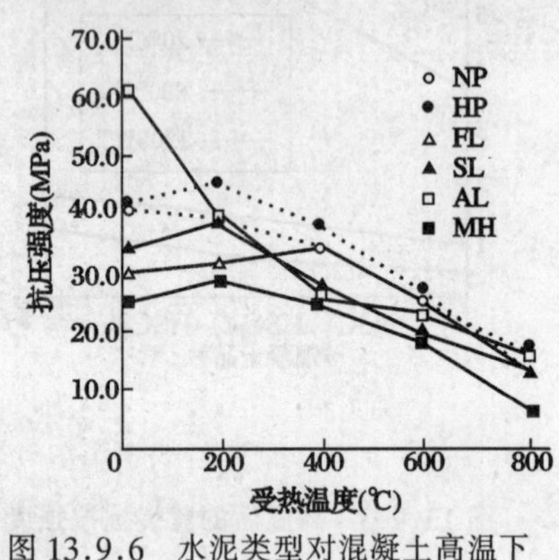

图 13.9.6 水泥类型对混凝土高温下抗压强度的影响

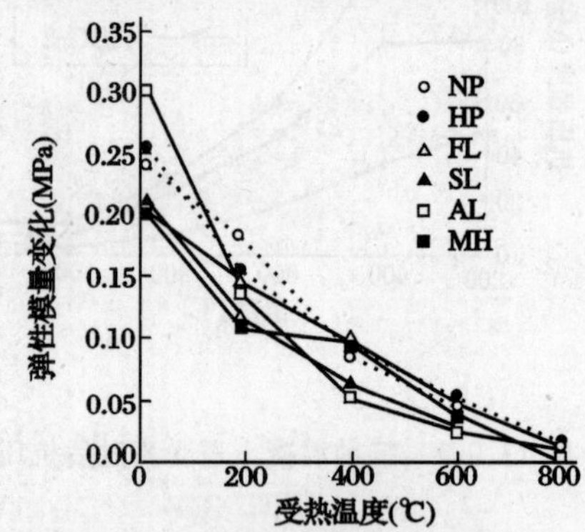

图 13.9.7 水泥类型对混凝土高温下弹性模量的影响

除铝酸盐水泥混凝土外，其他品种的水泥混凝土，经受 200℃温度时，抗压强度未见下降。但进一步加热时，则各种水泥混凝土的强度均下降。C－S－H 脱水及 Ca(OH)2 脱水，温度应力发生，微裂纹形成，使强度降低。

铝酸盐水泥，由于加热，相转变，比重增大，体积收缩，结晶粒子的空隙增大，故强度降低。

3. 高温下混凝土弹性模量的变化

各种水泥的混凝土的弹性模量和受热温度之间的关系如图 13.9.7 所示。由图可见，不管水泥的品种如何，受热温度上升，弹性模量降低，特别是铝酸盐水泥和矿渣水泥，弹性模量的下降更明显。受热温度超过 200℃，弹性模量降低 50%，弹性模量的降低，如前所述，是由于毛细水和凝胶水的脱水，造成混凝土的空隙；以及由于微观温度应力的发生，形成为微裂纹，使弹性模量降低。

四、高温下混凝土孔结构及化学组成的变化

1. 化学组成的变化

用硅酸盐水泥和铝酸盐水泥制成水泥浆，在 200℃、600℃下加热时，该两试样 XRD 图谱如图 13.9.8 到图 13.9.11 所示。图 13.9.8，加热温度 200℃，这时 $Ca(OH)_2$ 的量比较多，特征峰比较强；但当温度为 600℃时(图 13.9.9)，$Ca(OH)_2$ 特征峰降低，$Ca(OH)_2$ 的量也减少。而对于铝酸盐水泥也有类似的结果。200℃时发生相转变，形成稳定的 C_3AH_6；此时由于结晶粒子间的空隙增加，故强度明显降低。

2. 孔结构的变化

图 13.9.12(a)(b)(c)是三种混凝土的砂浆在遭受 600℃前后的孔结构变化。由图 13.9.12 可见，高温 HSC 和 NSC 的砂浆均有粗化效应。

三种混凝土中，孔径大于 1.3 μm 的累计体积在遭受高温后均增大(图 13.9.13)。而孔径大于 1.3 μm 的孔对混凝土渗透性有明显影响。说明高温也导致耐久性劣化。

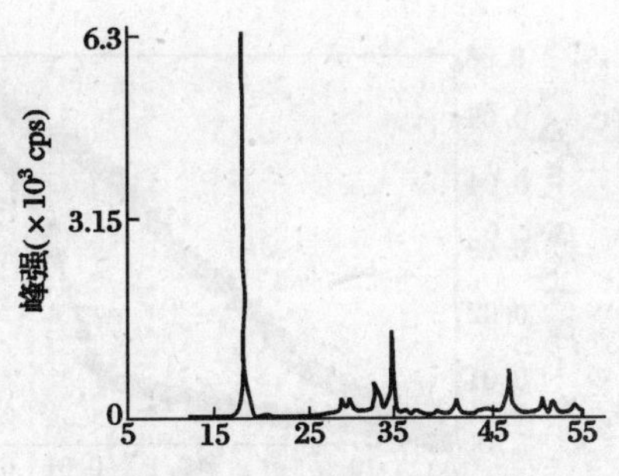

图 13.9.8　X 射线衍射图谱
（普通水泥 200℃）

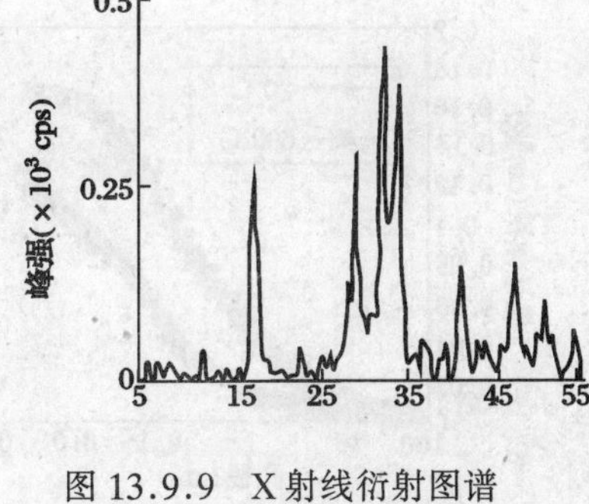

图 13.9.9　X 射线衍射图谱
（普通水泥 600℃）

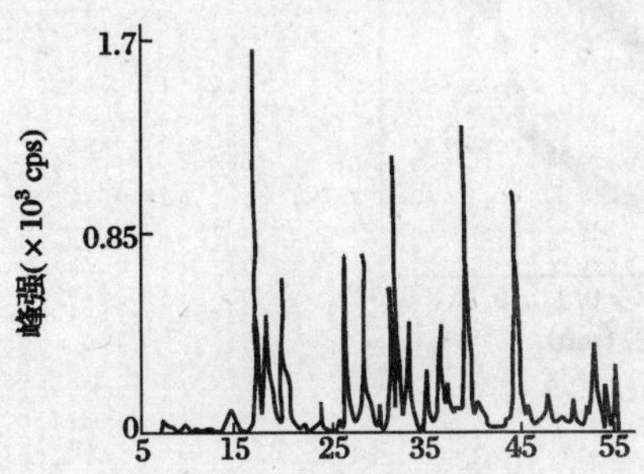

图 13.9.10　X 射线衍射图谱
（铝酸盐水泥 200℃）

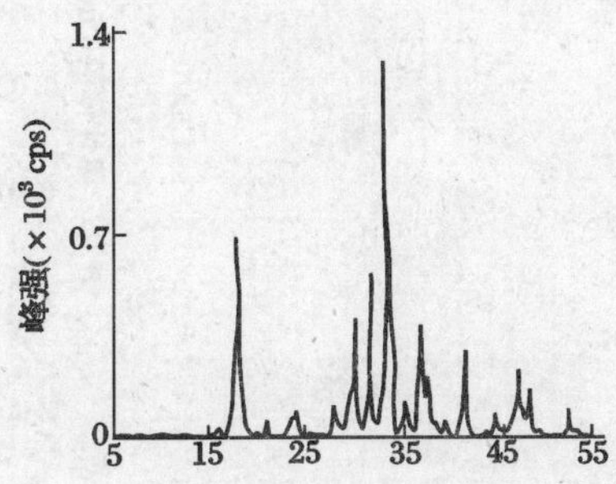

图 13.9.11　X 射线衍射图谱
（铝酸盐水泥 600℃）

3. 对骨料的影响

骨料的空隙率和矿物组成对受火烧的混凝土行为起重要影响。含石英的硅质骨料，如花岗岩和砂岩，在 573℃ 时在混凝土中破坏，因 α 型石英转变为 β 型石英伴随着突然膨胀 0.85%；石灰石骨料在 700℃ 左右 CO_2 分解，对混凝土也有类似破坏。从耐高温的角度，选择石灰石骨料的效果更好些。

HSC 在高温下比 NSC 更易于破坏，掺入硅粉的高性能混凝土，密实度高，干燥更慢，内部产生更高的蒸汽压力，在高温时更容易破坏。

五、结论

1. NSC、HSC(包括 HPC)遭受高温时，400℃ 以下的温度时，强度降低不大，NSC 约 15%，HSC 约 10%。

2. 混凝土抗压强度的衰减发生在 400℃ ～800℃，这是混凝土强度衰减的关键阶段。800℃ 以上的范围，强度衰减更加严重，残余强度仅为 9～20%。

3. 对于 NP、HP、FL 以及 MH 在遭受 200℃ 以下的温度时，强度仍有提高，但 AL 较差。单进一步加热时，各种水泥砼的强度均明显下降。

4. 在 200℃ 下加热时，NP、MP、FL 以及 MH 等品种水泥试件，氢氧化钙的特征峰加强，强度提高；但 600℃ 下加热时，氢氧化钙的特征峰降低，氢氧化钙的量也减少，强度降低。AL 水

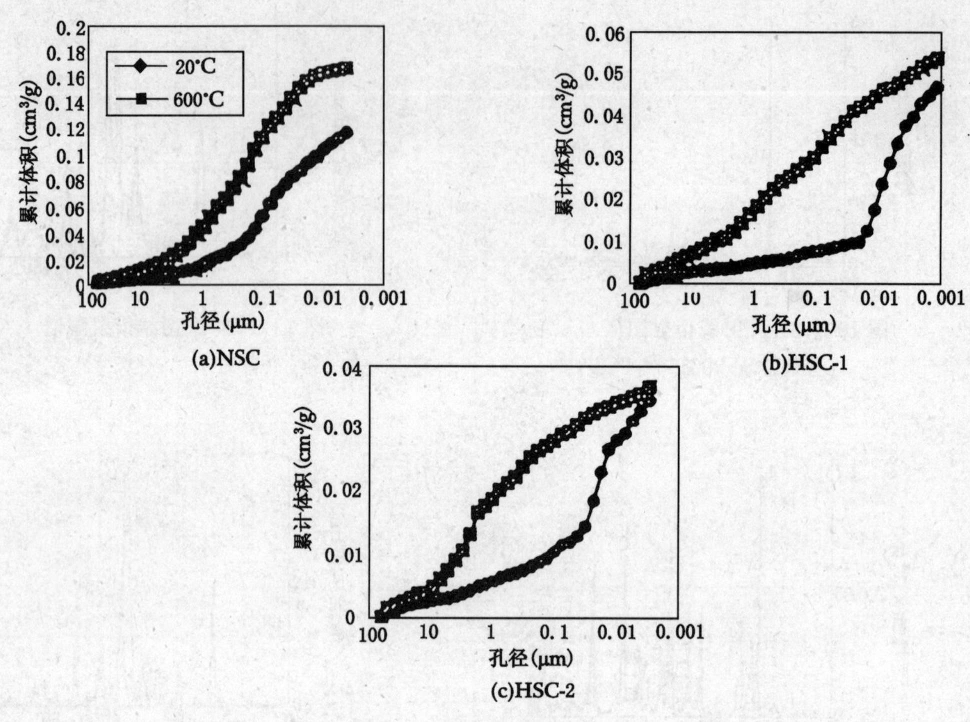

图 13.9.12　三种混凝土的 HPC 在遭受 600℃左右温度作用时的孔径分布

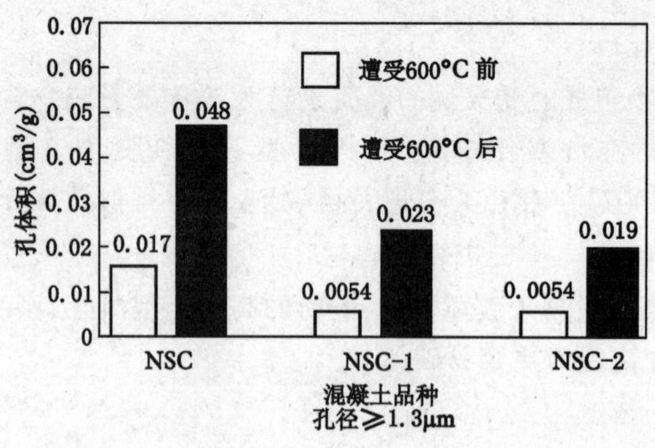

图 13.9.13　在遭受 600℃左右温度作用时 HPC 中
孔径大于 1.3 μm 的孔累计体积

泥加热时,发生相转变,形成稳定相 C_3AH_6,结晶粒子间空隙率增大,强度下降。

5. 高温下各种混凝土的孔结构均发生变化,均有粗化效应。

6. 从耐高温角度来看,选择石灰石骨料比含石英质骨料(如砂岩及花岗岩)好。

第十节　高耐磨性混凝土

一、概述

海岸、河流的护坡及其相邻接的结构物及水坝、堰堤等水工结构物，受到波浪和流水、砂砾和岩石的激烈的磨耗作用。特别是在海滨的高架桥、钢筋混凝土采油平台的支撑等，受到严冬期激烈的波浪攻击，加上泥砂及卵石等的反复冲击作用。

日本道路公团川崎工程事务所所长增田隆等，在北陆高速公路、海岸高架桥桥墩，用 100 MPa 的高性能高强度的混凝土增强。经过 2 个寒冬之后，进行磨耗损伤的调查，证明耐磨耗性能良好。但经过三个冬天以后调查时，发现粗骨料已外露，证明其进一步经受磨耗已不行了。

经受摩擦与冲击双重作用的混凝土，受到严重的磨耗作用。把混凝土面磨耗的进展状况，作为一种单纯的模型来处理如图 13.10.1 所示。

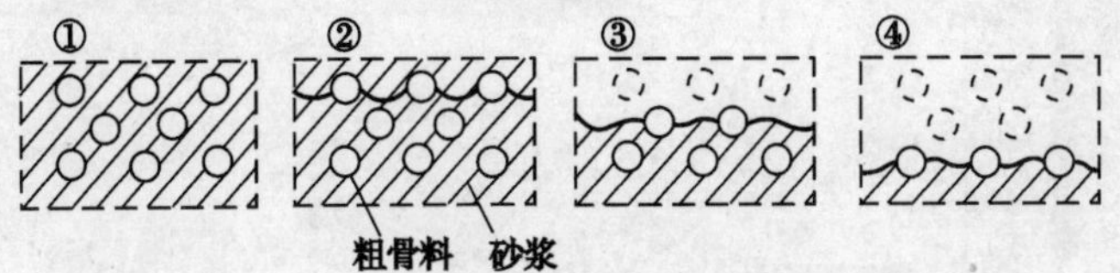

图 13.10.1　混凝土面的磨耗发展状况模型

图中，首先砂浆部分被磨损，露出粗骨料；接着由于冲击力，粗骨料破坏或者被拔出来，形成空穴；进一步砂浆被磨耗掉，粗骨料又进一步露出来。如此反复进行。实际上露出的粗骨料大小不同，被冲走后留下大小不同的凹槽。粗骨料被拔出来之后的空穴，如果砂砾进入里面，由于高速水流的转动，孔隙向混凝土内部扩大，年长月久进行下去，即使在混凝土表面只看到一条裂缝，但其内部已形成很大空洞。像这样严重的摩擦损耗，要提高混凝土的耐磨性能，其必须具备以下条件。

1. 提高混凝土的强度，使混凝土面均匀的受磨损。

2. 骨料的最大粒径要适宜，以免被水流冲磨出来后形成大孔穴。

3. 砂浆部分的粘结力大，比砂浆耐磨性高的粗骨料的面积要大。也就是适当选择粗骨料的种类与砂率。

4. 砂浆部分的抗磨耗性能也要提高。

图 13.10.2 是不同强度混凝土的磨损系数与磨损时间的关系。试验条件是在湿式条件下磨损与冲击的双重作用下，粗骨料也受到破坏。磨耗时间与混凝土磨损量成直线关系。

二、影响耐磨耗性的主要因素

（一）抗压强度与耐磨性

众所周知，混凝土的抗压强度和磨损系数之间，存在着相关关系，如图 13.10.3 所示。

抗压强度越高，磨损系数成指数关系降低。一般，相对于碎石混凝土，使用卵石混凝土的曲线向耐磨性大这一侧移动。

这是因碎石表面粗糙,容易磨损之外,另一方面,砂浆-碎石之间的粘结力强,抗压强度大;而对于卵石,表面光滑不容易磨损,但从另一方面来看,砂浆与骨料的粘结力小,抗压强度低。故卵石混凝土的曲线向耐磨性高的一侧移动。碎石的粘结力大,拔出来难,但容易被削平。综合的考虑,即使磨损系数稍大些,与卵石相比还是碎石方面更能适应于高耐磨性的混凝土。无论是砂浆部分也好,粗骨料(碎石)也好,要想得到均匀的磨损,其抗压强度要在 80~90 MPa 以上。

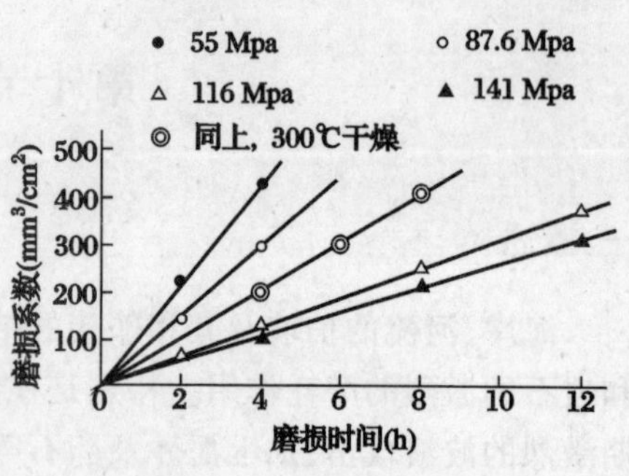

图 13.10.2 不同强度混凝土磨损系数

以外,对于砂浆的情况下,由于碎石混凝土的曲线

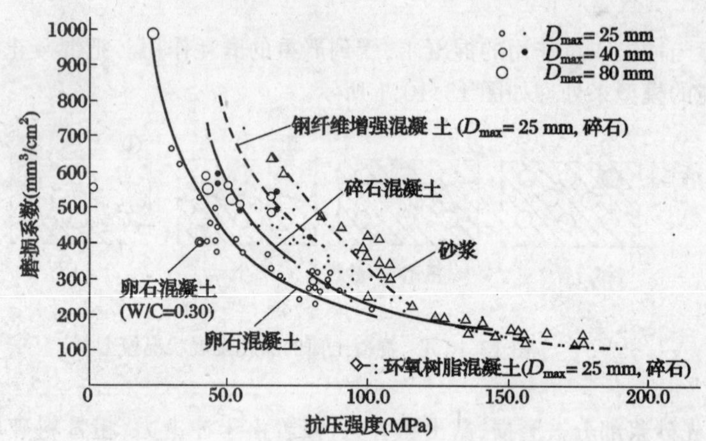

图 13.10.3 抗压强度与磨损系数关系

收敛,抗压强度 130 MPa 以上的砂浆,其耐磨损性能比碎石混凝土大得多。图 13.10.4 是湿式护坡砂浆与抗压强度 110~140 MPa 的混凝土的磨损试验比较。比混凝土抗压强度高 20~30 MPa,砂浆的强度为 153 MPa 时,其磨损系数比混凝土低。进一步提高砂浆的抗压强度达 175 MPa 时,这时砂浆具有更优异的耐磨性。

在图 13.10.3 中,材质完全不同的环氧树脂混凝土,磨损系数明显的降低。但是在冲击力特别大的水坝的溢洪口,使用环氧树脂混凝土 1 年后的磨损深度 4 cm,而在相同条件下的 80 MPa 的混凝土的磨损深度仅 1 cm。室内试验的评价和实际可以得到完全不同的结果。

(二) 骨料的最大粒径和耐磨性

如前所述,由于骨料从混凝土中被拔出来,磨耗立刻继续进行下去,进入孔穴中的砂砾由于高速水流而转动,使混凝土受到洗挖,结构物本身的安定性由于缺陷损伤而受影响。因此,混凝土的最大粒径(D_{max})的选择是很重要的。

当单方混凝土的水泥用量及水胶比(W/B)一定时,改变 D_{max} 时,磨损系数如图 13.10.5 所示。不管单方水泥量多少,D_{max} 为 25 mm 时磨损系数最低。这是由于抗压强度低,砂浆部分容易削弱,单方水泥量少的混凝土更加明显。

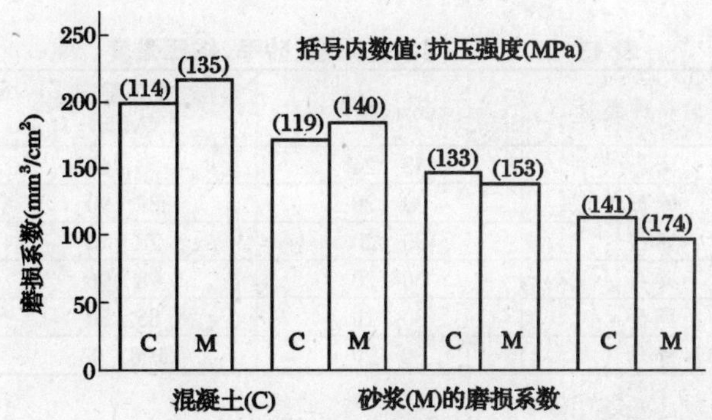

图 13.10.4　混凝土(C)与砂浆(M)的磨损系数

由于 D_{max} 不同，磨损系数不同的原因，从磨损试验后的试件观察的结果，D_{max} 10 mm 的情况下，粗骨料被拔出来的比例大；而 D_{max} 40 mm 的粗骨料与粗骨料之间由砂浆填充，考虑到磨损系数和骨料被拔出来的孔穴大小，最适宜的粗骨料 D_{max} 是 25 mm 左右。

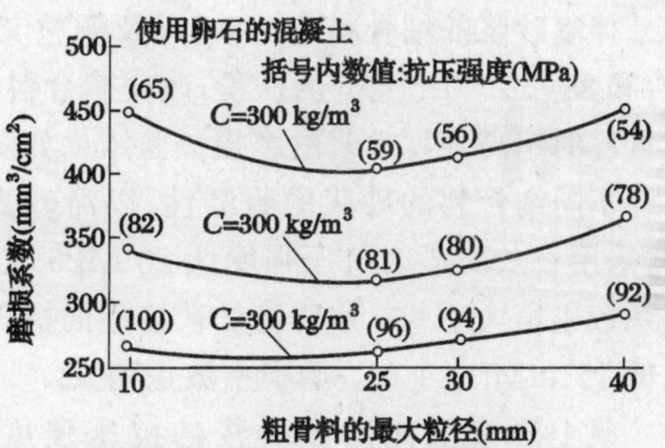

图 13.10.5　最大粒径与磨损系数关系

（三）砂率（S/a）和耐磨性

砂率低时粗骨料占有的面积大，混凝土强度低的情况下，其耐磨损性能由粗骨料承担，对耐磨是有利的。

D_{max} 25 mm 的碎石和卵石的混凝土，坍落度一定，对每单方水泥用量的混凝土，改变其砂率（S/a 越小，W/B 变小）时，S/a 和磨损系数的关系如图 13.10.6 所示。无论是卵石或碎石，水泥用量 400 kg/m³ 以下，S/a 越小磨损系数降低；水泥用量 450 kg/m³ 以上时，S/a 在 30％左右，磨损系数达最小值。而且使用碎石混凝土时，单方混凝土中的水泥用量越多，更加明显。

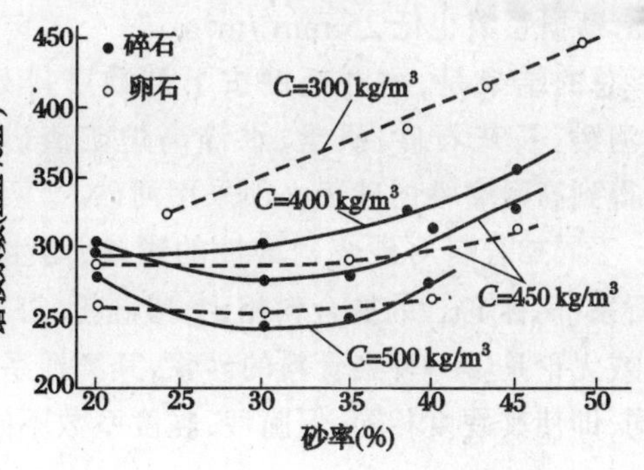

图 13.10.6　砂率与磨损系数关系

这是由于水泥用量 400 kg/m³ 以下时，混凝土抗压强度随着砂率降低而提高，耐磨性比砂浆大的粗骨料，占有露出的面积大，磨损系数降低。而另一方面，水泥用量 450 kg/m³ 以上时，即使砂率降低，混凝土的强度未必提高。S/a 降低，混凝土脆性进一步增大，由于硬、脆，骨料露出的面积大，磨损系数也增大。使用碎石时，受泥砂流冲击时，比卵石混凝土更容易产生孔穴。

另一方面，混凝土脆性增大，与细骨料胶结料的比例也有关系；其比值在 0.7 以下时，强度降低，脆性增大（表 13.10.1）。

表 13.10.1　不同水泥用量、砂率、抗压强度

水泥用量 (kg/m³)	骨料种类	S/a(%)	抗压强度 (MPa)	细骨料胶结料比
300	卵石	43　24	53　68	2.20　1.42
400	碎石	30　20	89　90	1.25　0.83
450	卵石	30　20	78　76	1.08　0.72
450	碎石	30　20	98　96	1.09　0.73
500	卵石	30　20	85　80	0.87　0.65
500	碎石	30　20	108　93	0.89　0.63

(四) 细骨料和掺合料的种类与高耐磨性砂浆的制造及其耐磨性

把混凝土中砂浆部分的耐磨性能，提高到高于混凝土本身与粗骨料的耐磨性的话，就能制造出高耐磨性的混凝土。而且也能够作为高耐磨性的砂浆使用。

拌制砂浆的细骨料有河砂，以及调整其粒度分布与河砂相同的石灰石砂，水淬高炉矿渣砂，和 88 μm～0.5 mm 的铁粉；改变掺合料(简化成 Add)的种类，水胶比(W/B)为 0.20 的1∶1重量比的超高强度砂浆的磨损试验结果如图 13.10.7 所示。

不同细骨料的砂浆的耐磨性，以河砂为基准时，采用石灰石砂时抗压强度低 20 MPa 左右，磨损系数也稍大一些。水淬高炉矿渣砂的抗压强度也低 15.0 MPa 左右。磨损系数也稍大。

矾土砂浆虽比河砂砂浆的抗压强度高 15 MPa 左右，但其磨损系数却高 65 mm³/cm²，耐磨性能反而下降。

铁粉砂浆与河砂砂浆相比，抗压强度高 4.0 MPa，磨损系数也低 25 mm³/m²。

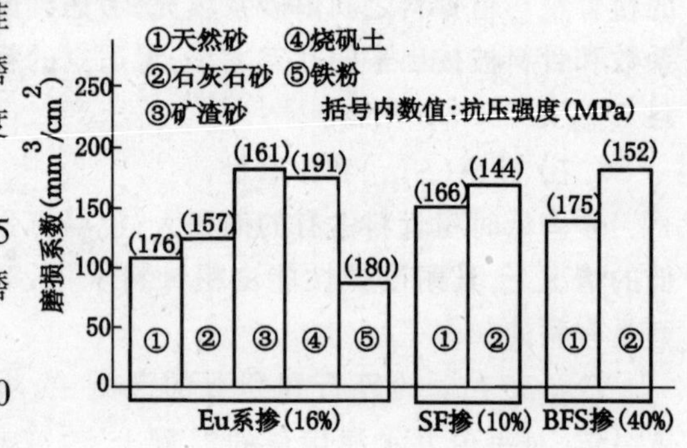

图 13.10.7　不同掺合料与细骨料的砂浆的磨损系数

总的结果是，耐磨耗性按下列顺序排列：铁粉、河砂、石灰石砂、矾土、水淬高炉矿渣砂。因此，得到高耐磨性的砂浆必须采用河砂。

不同掺合料对砂浆耐磨性的影响，与生成钙矾石系(简称 Ett)的掺合料相比，掺硅粉(SF)及 10 μm 以下的水淬矿渣(BFS)时，河砂、石灰石砂，或无论是哪一种细骨料的砂浆，其磨损系数约为 25～50 mm³/cm² 左右。由于掺合料品种不同，即使其硬度相同，但脆性，脆度系数不同，对于耐磨性的影响也不同。

第十一节　碱-骨料反应

混凝土耐久性的各种主要原因中，在一些国家里，最受关心的是由于碱-骨料反应(Alkali Aggregatc Reaction，简写为 AAR)造成对混凝土的开裂破坏。

AAR 的现象是相当复杂的。水泥中的含碱量、骨料的矿物组成、气候条件及环境条件等，随国情而不同；即使在同一个国家里也由于地区差别而明显地不同，因此解决 AAR 成为一个大难题。

一、碱-骨料反应的种类

一般说来，碱-骨料反应，按其反应机理以及骨料中含有的反应性成分，可以分为碱-氧化硅反应、碱-碳酸盐反应，以及碱-硅酸盐反应三类。

（一）碱-氧化硅反应（ASR）

在常温下，骨料中的活性 SiO_2 与水泥中析出的 KOH，NaOH 反应，生成硅胶，在水的作用中产生膨胀，膨胀压力造成混凝土结构物产生裂缝损伤。ASR 与蛋白石、鳞石英、方晶石、玉髓以及火山玻璃等有关。表 13.11.1 表示有代表性的 ASR 的岩石。

表 13.11.1　世界主要地区 ASR 骨料岩种

美　国 加拿大	安山岩类、流纹岩类、火山玻璃、玉髓、隐晶质石英、燧石、蛋白石、硅质石灰石、玉髓质燧石、蛋白石质燧石等
欧　洲	蛋白石质砂岩、火打石、玄武岩
印　度	硅石、石英砂岩、千枚岩、绿泥石砂岩
日　本	粘板岩
其　他	澳大利亚（蛋白石），伊拉克（燧石）

（二）碱-碳酸盐反应（ACR）

ACR 是 1957 年，在加拿大 Ontario 州的道路混凝土中发现的。在调查时，发现混凝土裂纹损伤。E.G.Swenson 根据 ASTM 方法检验不出来有反应性骨料，但发现含有粘土质的石灰岩能与碱反应，ACR 就是从这个认识开始的。这种反应的特征是在混凝土的空隙里已经反应的骨料的界面上不存在有凝胶体，具有反应环的骨料粒子上也存在很少。他认为在混凝土的空隙里存在着碳酸钙、氢氧化钙以及钙矾石等 2 次反应生成物，甚至认为火山灰对这种反应也无法抑制。但是，ACR 的外观特征与 ASR 没有多大差别。

后来的详细调查研究结果，进一步明确了这种反应的机理与过去的 ASR 是基本不同的，因而称之为碱-碳酸盐反应。

（三）碱-硅酸盐反应

这种反应是在加拿大的 Nova Scotia 州，调查混凝土的异常裂纹损伤时发现的。反应性骨料是硬砂岩，粘土质岩及千纹岩。这种反应的膨胀非常缓慢，反应环几乎分不出来，凝胶的渗出很少，与过去的 ASR 所见到的现象是很不同的。

Gilloll 等人，不认为在这些岩石中有引起 ASR 的硅质矿物存在，而是由于含有蛭石的粘土质岩石吸水膨胀，从而引起混凝土的膨胀。这种反应称之为碱-硅酸盐反应。但是，这种反应还没有确切的机理，一般认为 ASR 的膨胀速度相当缓慢。

碱-氧化硅反应，碱-碳酸盐反应和碱-硅酸盐反应的实例如图 13.11.1 所示。

二、碱-骨料反应的试验方法及损伤检查方法

自 stanton 发现 AAR 以来，为了评价碱-骨料反应的试验方法很多，将其有代表性的汇总于表 13.11.2。

照片1　ACR实例(Canada，Onlario州)

照片2　碱硅酸盐反应实例(Canada，Nova Scotia州)

照片3　ASR实例(日本鸟取县体育馆檐口)

图13.11.1　碱-骨料反应实例

表13.11.2　碱-骨料反应试验方法

分类	试验方法		试验条件、判定基准等
岩石学方法	ASTM C295		试料采取方法
	Poinf Count法		适宜于含有蛋白石骨料，现场管理实用化
化学方法	ASTM C289		80℃ NaOH(1N溶液)中，24 h反应，测定Sc，Rc，根据判断图来判断
物理方法	砂浆棒方法	ASTM C227方法	2.54 cm×2.54 cm×2.85 cm 37.8℃ RH 100%[判定值] ASTM 0.05%(90 d)，0.1%(180 d) Corp of Engineer 0.05%（6 m)，0.1%(360 d) Bereau of Reclamation 0.2%(360 d) CSA，CAN 3A 23.1-M77 0.03%(与令期无关)
		丹麦方法	4 cm×4 cm×16 cm，50℃，饱和NaCl溶液中浸渍 [判定值]无特别规定
		中国法	1 cm×1 cm×4 cm，100℃、RH 10%(4h)→高压釜(10%KOH溶液浸渍)(6h).[判定值]无特别规定
	混凝土棱柱体法	CSA CAN 3A 23.1-M77	7.5 cm×7.5 cm×35 cm～12 cm×12 cm×45 cm，23±3℃，RH 100%[判定值]0.03%(与令期无关)，0.02%(潮湿90 d)0.04%(干燥90 d)
	岩石法	小型试块棱柱体方法	3 cm×6 cm×30 cm，2N NaOH溶液浸渍[判定值]无特别规定

续表

分类	试验方法		试验条件、判定基准等
混合法	岩石学方法与化学方法	德意志法	4 mm 以下试料 4%NaOH 的试验,4 mm 以上岩石的方法,蛋白石砂岩:10%NaOH 试验[判定值]表
	物理的方法与化学的方法	格哈特法	将试样埋入 $W/C=0.4$ 的水泥浆中,在 $Ca(OH)_2$ 饱和溶液中加入 0.5N NaOH KOH 溶液,然后把试件放入浸渍,观察碱·硅凝胶发生情况

实际上检查与判断混凝土结构物中产生的裂缝、变位及破损等变态是否由于碱骨料反应所引起的,是很有必要。在这里列举在日本有代表性的反应性骨料(安山岩系骨料)发生的变态的检查和判断方法。如表 13.11.3 所示。

诊断实际混凝土结构物发生变态的原因时,仅从一种现象判断是否为 ASR 是不够的。必须要从反应环、混凝土溶出物以及取样的膨胀值,甚至对岩石学的、化学的试验验证的结果,进行综合的判断。

表 13.11.3　发生 ASR 混凝土结构物的特征

项　目	查对项目	特　征
结构物外观	(1)裂纹	含筋率大的混凝土结构物:主筋上比较大范围内发生裂纹 无筋混凝土:无约束情况下随意抽查,有约束的情况下在约束上方发生裂缝
	(2)裂纹部位	受雨水、排水、日晒的面
	(3)裂纹变色	湿润面,由于凝胶色浓很多地方容易变色
	(4)裂纹悬差	ASR 的膨胀裂纹里裂纹长短不一
	(5)变位破损	(1)接缝宽度缩小,产生错落现象 (2)梁、横梁等的弯曲,接缝部分由于互相挤压而破损
超声波传播速度	(1)实际结构物	$V_1<3.5$ km/s(也有 2~1 km/s 的)
	(2)站孔取样	$V_1<3.7$ km/s 可疑性很大
钻孔取样的特征	(1)凝胶浸出	20℃,相对湿度 100%下存放数小时至数日,有凝胶发生
	(2)反应环	芯样侧面骨料表面有反应层
	(3)样芯的膨胀	20℃相对湿度 100%时膨胀值在 0.05%以上
	(4)静弹性模量	为正常混凝土的 1/2~1/3
	(5)详细调查	(1)X 射线、化学分析等对凝胶分析,加以判断 (2)芯样中骨料的反应性 (3)生成凝胶的骨料,用 XRD,矿物显微镜观察 (4)通过混凝土分析 Na_2O,K_2O 及 Cl 的含量

三、矿物质超细粉对碱-骨料反应(ASR)的抑制的研究

(一)原材料及其物理化学性能

1. 碱活性骨料:硬玻璃(A)、高纯度凝熔石英(B)及北京永定河天然骨料中流纹岩及黑色玉燧(C)等三种。其活性指标及判断如表 13.11.4 及图 13.11.2。

表 13.11.4 碱活性骨料活性指标

骨料	Rc(mmol/l)	Sc(mmol/l)	判断图
A	57.4	65.7	有害
B	87.4	984.1	有害
C	98.4	115.8	潜在有害

由此可见,骨料 A、B 均系有害碱活性骨料,骨料 C 具有潜在反应性。Sc 的大小是碱-硅酸盐凝胶量大小的指标。Sc 越大,则凝胶的生成量越大。Rc 是生成的凝胶聚合度的指标。Sc 相同时,Rc 大者表示硅的聚合度低,Sc/Rc 的比值大者由于硅的聚合度大而成为有害。骨料 A 的 Sc/Rc=1.14,骨料 B 的 Sc/Rc=11.26。可以推断 B 的活性大大地高于 A。

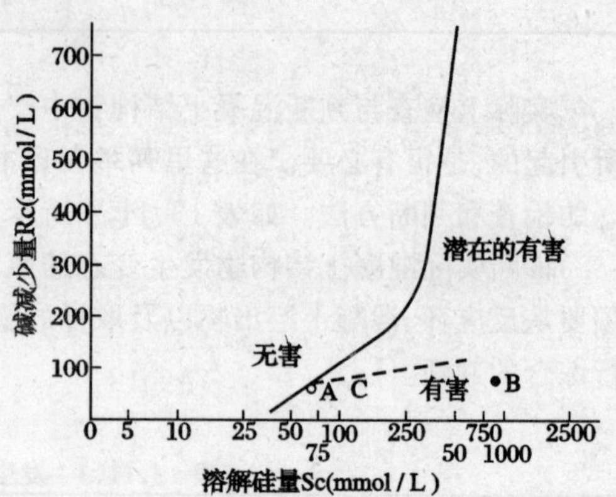

图 13.11.2 ASTM 289 判断图(化学法)

2. 水泥 首都水泥厂熟料 + 4%二水石膏磨细而成。比表面积 5000 cm^2/g。熟料矿物组:C_3S—33.92%, C_2S—37.91%, C_3A—4.80%, C_4AF—15.96%。

采用化学纯 NaOH 为外加碱,调节水泥含碱量。

3. 天然沸石 河北省赤城县独石口天然沸石。化学成分如表 13.11.5,属斜发沸石,沸石含量 65%,细度如表 13.11.6 所示。

表 13.11.5 河北省赤城县独石口天然沸石化学成分

沸石产地	化学成分(%)													
	SiO_2	Al_2O_3	Fe_2O_3	HgO	CaO	Na_2O	K_2O	TiO_2	P_2O_5	Mn_2O	FeO	H_2O^+	H_2O^-	烧失量
河北独石口	67.71	11.22	1.12	1.10	2.64	1.55	2.65	0.11	0.08	0.04	0.17	7.52	4.74	10.00

表 13.11.6 天然沸石的细度

种类	0.08 mm 方孔筛筛余量(%)				DBT-127 比表面积(cm^2/g)			
独石口	15.6	7.8	2.5	1.0	2510	5280	6960	8920

4. 粉煤灰、矿渣 化学成分及物理性能见表 13.11.7 及表 13.11.8。

表 13.11.7 粉煤灰与矿渣的化学成分(%)

种类	SiO_2	Al_2O_3	Fe_2O_3	MgO	CaO	Na_2O	K_2O	TiO_2	烧失量
高井粉煤灰	47.78	37.71	3.53	0.77	3.23	0.25	0.62	1.62	2.88
首钢矿渣	33.27	12.10	1.63	11.18	38.39	0.5	0.75	2.11	0.01

表 13.11.8 粉煤灰与矿渣的物理性能

种类	密度(g^2/cm)	比表面积(cm^2/g)	0.08 mm 筛筛余(%)
粉煤灰	2.27	7040	0.4
矿渣	2.96	6340	1.4

(二) 试验方法 按水工混凝土 SD105-82 砂浆棒法进行试验。砂浆配合比参数为水泥:砂=1:2.25,一组三个试件共用水泥 400 g 砂 900 g,用水量根据跳桌流动度为 105~120 mm 来决定。试件成型前 24 h,将试验所用材料放入 20±2℃的室内。制备砂浆时先加入水,然后倒入水泥,搅拌 30 s,加入砂料的一半拌和 30 s;然后再加入剩余的砂料拌和 90 s。砂浆分两层装入试模,每层捣 20 次,浇第一层后安放测头后再浇第二层,振实刮平。然后放入标准养护室,养护 2~3 d 后脱模,测基准长度。然后立即放入养护筒中,调整至恒温 38±2℃,相对湿度大于 95%。

测长的龄期,从测基准长度算起。在测长前一天,把试件从恒温养护箱中取出,放入 20℃±2℃恒温室待测,并用湿布覆盖,以防水分蒸发。试件膨胀率的计算:

$$Et(\%) = \frac{Lt - Lo}{Lo - 2\Delta} \times 100 \tag{13.11.1}$$

式中 Et——试件在七天龄期的膨胀率(%);

Lt——试件在七天龄期长度(mm);

Lo——试件的基准长度(mm);

Δ——测头的长度(mm)。

以三个试件测值的平均值,作为某一龄期膨胀率的测定值。当膨胀率<0.02%时,测得的单个值与平均值的差值应<0.003%;当膨胀率>0.02%时,单个测值与平均值的差值不得大于平均值的 15%;如有超过,取其余两个测值的平均值作为该龄期膨胀值的测定值。当一组试件的测值少于 2 个时,该龄期的膨胀率通过补充试验。

(三) 判断标准

根据 SD105—82 有两个判断标准:1.14 d 砂浆棒膨胀率<0.02%;2. 标准砂浆与对比砂浆两者 14 天龄期的膨胀率之差,与标准砂浆膨胀率比值,应等于或大于 75%,且 56 天对比砂浆的膨胀率不得大于 0.05%。

满足上述 2 条,就认为该水泥即使与碱活性骨料共同使用,也不会产生具有危害性的碱-骨料反应。

(四)试验项目与结果

1. 第 1 系列试验

(1)大坝水泥、沸石水泥(沸石岩掺量为 30%)与活性骨料的试验结果

大坝水泥(DC)碱含量 0.62%,沸石水泥中碱含量分别为 1.42%和 1.82%。碱活性骨料为硬玻璃。试验结果如图 13.11.3 所示。

(2)沸石水泥与活性骨料及非活性骨料对比

活性骨料用硬质玻璃,非活性骨料用标准石英砂。试验结果如图 13.11.4 所示。

由图 13.11.3 和图 13.11.4:即使碱含量 1.82%,全部为碱活性骨料,掺入 30%沸石粉的水泥,完全能抑制碱-骨料反应发生。

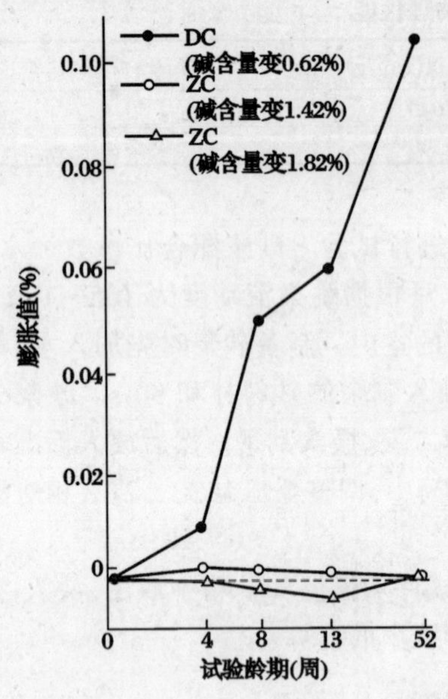

图 13.11.3　沸石水泥与大坝水泥对碱骨料反应的影响

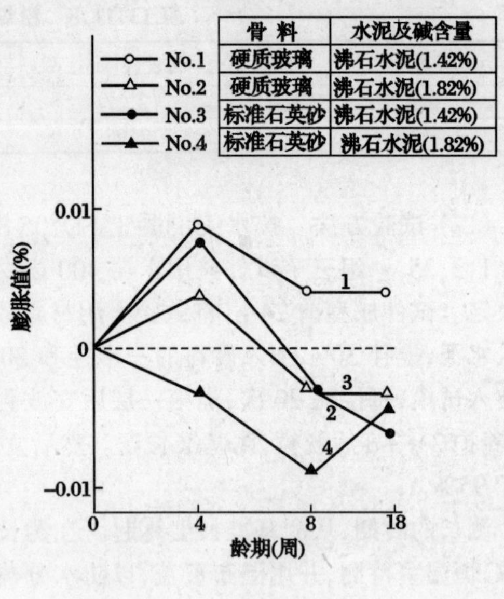

图 13.11.4　沸石水泥与活性骨料及非活性骨料的作用

2. 第 2 系列试验

不同细度沸石对碱-骨料反应的影响。试件中骨料 A 的用量为 100%；骨料 B 用量为 20%，其余为标准砂。试验结果如图 13.11.5，图 13.11.6 所示。

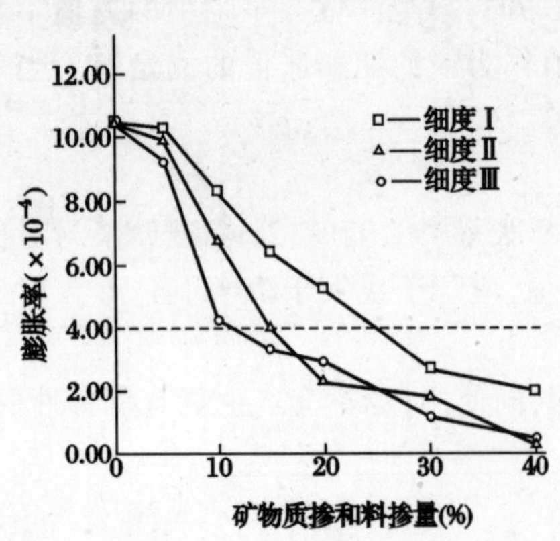

图 13.11.5　沸石细度变化对骨料 A 引起膨胀的影响(180 d 龄期)

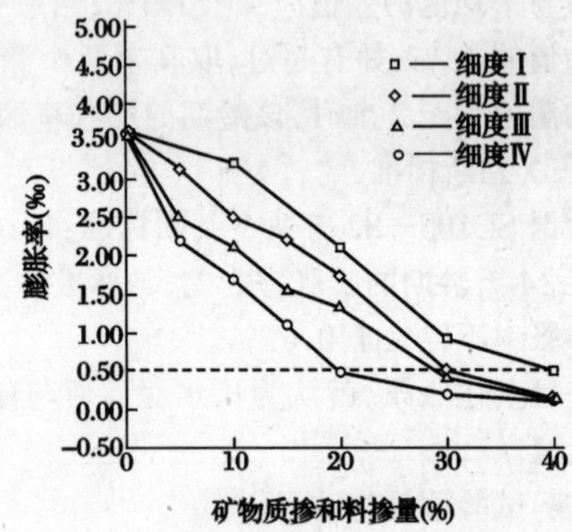

图 13.11.6　沸石细度变化对骨料 B 引起膨胀的影响(90 d 龄期)

由图 13.11.5 和 13.11.6 可见：(1)对于 A 种骨料，细度Ⅰ(比表面积 2510 cm^2/g)的沸石对膨胀抑制的效果较差；但细度Ⅱ、Ⅲ(比表面积分别为 5000 及 7000 cm^2/g)对膨胀的抑制效果差别不大；掺量 20%，180 d 龄期时的膨胀率均在 0.04% 以下，而细度Ⅰ的沸石，掺量要在 30% 以上才能有效的抑制碱-骨料反应。(2)对于 B 种骨料，90 d 龄期的膨胀率在 0.05% 以下时,细度Ⅳ(比表面积 9000 cm^2/g)的沸石只需掺量 20%,细度Ⅱ、Ⅲ的沸石则需要掺 30%,而细度Ⅰ沸石则需掺 40%。

天然沸石在水泥混凝土中对碱-骨料的抑制,不仅与其掺量有关,而且还与其细度有关。

3. 第 3 系列试验　不同掺合料对碱-骨料的抑制效果。试验中选用了粉煤灰、矿渣、硅粉及天然沸石进行了对比试验。

粉煤灰、矿渣的比表面积均为 7000 cm^2/g,硅粉为 200000 cm^2/g,试验方案如表 13.11.10 所示。

表 13.11.10　不同掺合料对骨料 A、B 引起的碱骨料反应

编号	掺合料种类	掺入量(%)	骨料 A		骨料 B	
			骨料 A 用量	水泥中含碱量	骨料 B 用量	水泥中含碱量
1	天然沸石	0,5,10,15,20,30,40	100%	1.4%	20%	2.2%
2	粉煤灰	0,5,10,15,20,30,40	100%	1.4%	20%	2.2%
3	矿渣	0,5,10,15,20,30,40	100%	1.4%	20%	2.2%
4	硅粉	0,5,10,15,20	100%	1.4%	20%	2.2%

试验结果如图 13.11.7 及 13.11.8 所示。

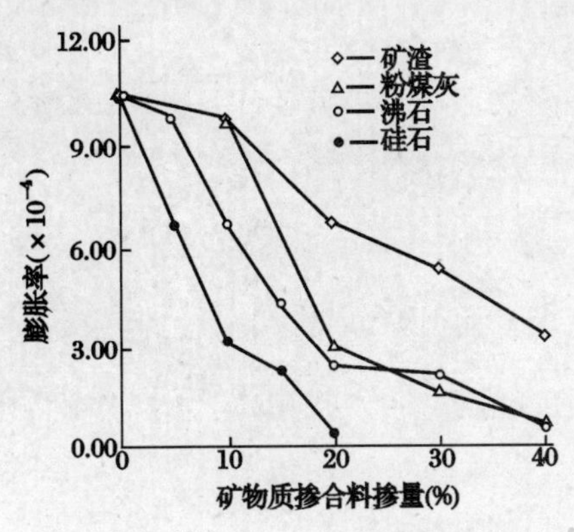

图 13.11.7　不同掺合料对活性骨料 A 引起的碱骨料反应的影响(180 d)

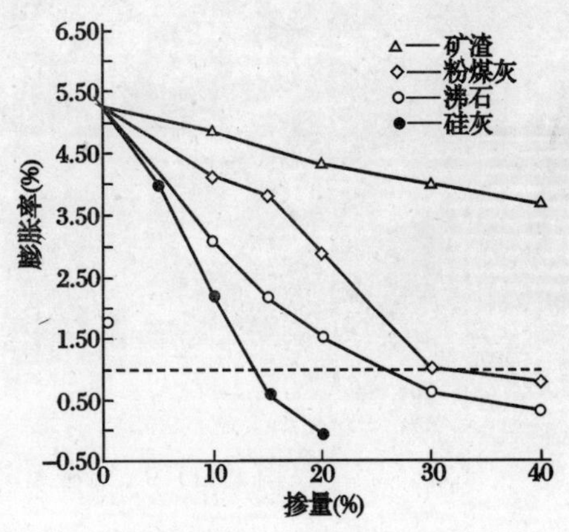

图 13.11.8　不同掺合料对活性骨料 B 引起的碱骨料反应的影响(180 d)

由图 13.11.7 可见,对于骨料 A,粉煤灰与沸石对碱-骨料反应的抑制效果大体相同。掺量 20%时,180 d 的膨胀率≤0.03%;硅粉的效果较好,掺量 10%时,即可达到上述效果。矿渣效果较差,掺量 40%时,才能达到上述效果。

由图 13.11.8 可见,对于骨料 B,掺 30%沸石与掺 15%硅粉的抑制效果相同,180 d 龄期膨胀率为 0.050%左右;而粉煤灰掺量为 30%时,180d 龄期膨胀率达 0.10%,为相同掺量沸石的 2 倍;矿渣的效果最差,掺量为 40%时,膨胀率仍达 0.371%。

（五）矿物质掺合料抑制碱-骨料反应机理

1.ASR 反应的机理

碱-SiO_2 反应是活性硅和水泥浆细孔溶液中碱的反应。水泥与水搅拌时，溶液很快达到 pH＝12～13 的高碱性，碱金属离子迅速溶出；开始 K^+ 的溶出快，其后 Na^+ 的溶出量增大的同时，水泥浆开始硬化，硬化后水泥浆的细孔溶液中长期存在 OH^- 离子，Na^+ 及 K^+ 离子；细孔溶液中也含有大量的 $Ca(OH)_2$，硅酸与 KOH，NaOH 溶液反应生成硅酸钠(钾)凝胶。

碱 - SiO_2 反应的机理如下：

硅醇

$$Si-OH+OH^- \rightarrow Si-O^- + H_2O$$

$$Si-O^- + Na^+ \rightarrow Si-ONa$$

硅酸盐凝胶

$$Si-O-Si+2OH^- \rightarrow Si-O^- + O=Si+H_2O$$

$$Si-O^- + O^- - Si+2Na^+ \rightarrow 2(Si-ONa)$$

硅酸盐凝胶

硅酸盐凝胶在骨料表面上，形成一个“反应环”，如图 13.11.9 所示。

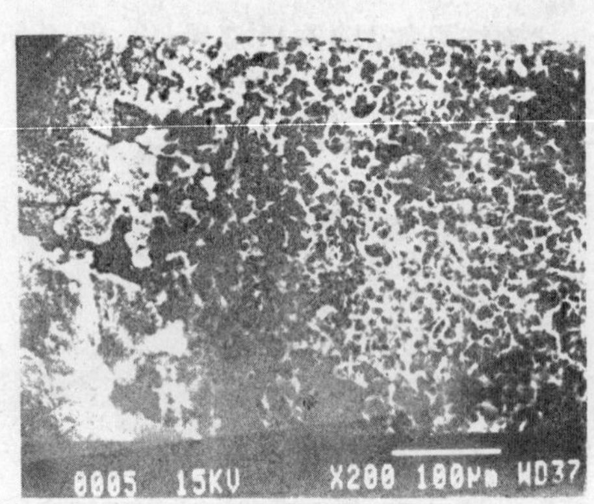

图 13.11.9 二种无定形的骨料表面上的硅酸盐凝胶

如果水分渗透到混凝土内部，遇到硅酸盐凝胶反应环，吸水后体积膨胀，造成硬化混凝土的开裂。能检测到结构的退化是当结构施工好了以后 5～30 年间，出现裂缝和裂纹，并有白色的凝胶被挤出来。

2. 天然沸石抑制 ASR 机理

沸石加入水泥浆中能通过离子交换而降低硬化水泥浆细孔溶液中的 Na^+ 及 K^+ 离子的浓度，消除了 Si-ONa 的形成，从而控制了碱-骨料反应的发生。

实验中以 NaOH 0.8 g 加入 20 ml 蒸馏水中，加入沸石 15 g，充分搅拌、过滤、洗涤之后 pH＝7，通过这样处理之后，Na^+ 离子能进入沸石骨架中，置换出其中的 Ca^{++} 及 K^+ 离子这种沸石称交换后的沸石。将原沸石与交换后的沸石用 1 mol/L NH_4Cl 溶液处理(100 mg 沸石或交换后的沸石用 1 mol/L NH_4Cl 溶液 20 ml 煮沸 2 小时)，过滤洗涤至无 Cl^+，稀释至 100 ml，测定滤液中的 CaO、K_2O、Na_2O 的含量。

由此可见：

(1) 交换后沸石中的 Na_2O 量增加，Ca^{++}，K^+ 离子被置换出，含量降低，且 Ca^{++} 降低较多，上述现象符合斜发沸石的离子交换规律；

(2) 经交换，进入沸石中的 Na^+ 离子，折合成 Na_2O 为 $(2.54-1.86)\times 100/31=1.87$ mmol；

交换出之 CaO 毫克当量数为：$(2.17—1.74)\times 100/28=1.53$；

交换出之 K_2O 毫克当量数为：$(2.33—2.26)\times 100/47=0.15$；

交换出的 K_2O 与 CaO 总和折算成 Na_2O 时为 $1.53\times 1.107+0.15\times 0.659=1.79$ mmol 与进入沸石的 Na_2O 的 mmol 数甚为接近；

由(1)、(2)可以判断，沸石与 NaOH 作用，NaOH 降低系离子交换的结果。

(3) 水泥石孔隙中溶液的 K_2O，Na_2O 含量的测定

试样的制备按以下配方配制

C-W（纯水泥试件）　水泥 100 g，水 60 g，Na_2O 4 g

C-Z-W（水泥中掺沸石试件）　水泥 70 g，沸石 30 g，水 60 g，Na_2O 4 g

成型后，用塑料袋密封，放在标准养护室中养生，28 天龄期时将其放入容器中加压挤出其孔隙中溶液，分别分析其钾、钠含量如表 13.11.11。

表 13.11.11　孔缝溶液中 K^+、Na^+ 含量

编号	K_2O(mg/ml)	Na_2O(mg/ml)	折合成 Na_2O 毫克当量数
C-W	2.9	5.2	1.91+5.2=7.11 mg/ml
C-Z-W	0.44	2.6	0.29+2.6=2.89 mg/ml

C-W 水泥石孔缝中溶液的 Na_2O 浓度为 7.11 mg/ml；但内掺 30% 沸石粉的试件 *C-Z-W* 孔缝溶液中 Na_2O 浓度降至 2.89 mg/ml，浓度降低了 59.4%。证明沸石粉消除孔隙溶液中阳离子的有效作用。

3. 硅粉抑制 ASR 的机理

硅粉对 ASR 的抑制作用可能是降低渗透性和改变孔结构，特别是水泥石-骨料界面上的结构。降低渗透性，会影响到各种类型的碱-骨料反应，因为吸收水分是一个不可缺的因素。硅粉的化学作用是改变孔缝溶液中的化学组份。

硅粉有益的作用是能降低全部的 CaO∶SiO_2 比，从水泥石中挤出的溶液分析表明，硅粉能迅速降低孔缝溶液中碱离子浓度，这样就使得碱活性骨料无法与碱反应，如图 13.11.10 所示。

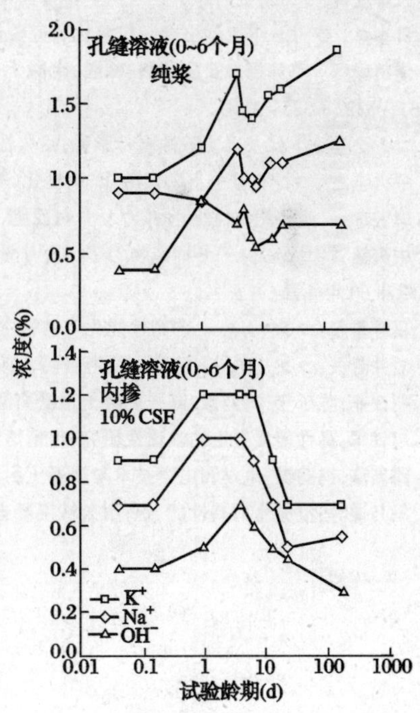

图 13.11.10　基准水泥浆与含 10% 硅粉的水泥浆不同龄期孔缝溶液中碱的浓度

参 考 文 献

1 冯乃谦:东亚的碱-骨料反应　混凝土与水泥制品,1998.2

2 Kilareski WR. Failure of Reinforced Concrete Structures Due to Corrosion. Materials Performance, 1980, 3, pp48－50

3 蔡昊:混凝土抗冻耐久性预测模型,申请清华大学工学博士学位论文　1998.4 月

4 冯乃谦,丁建彤等译:高性能混凝土的耐久性,(H. 索默　编)科学出版社,1998

5 冯乃谦:高性能混凝土的耐久性与超高耐久性混凝土的开发,混凝土　1998,2 期

6 李国泮等译　混凝土的性能,中国建筑工业出版社　1983 年 12 月　pp448—450

7 Feng Naiqian, Yang Hsiaming and Zu Lihong: The Strength Effect of Mineral Admixture on Cement Concrete, CCR Vol. 18, pp464～472, 1998

8 S. L. Sarkar, S. N. Ghosh: Mineral Admixtures in Cement and Concrete, Vl. 4　pp469－470

9 冯乃谦,路新瀛等:耐久性 100 年以上的高性能混凝土与水泥制品,1998,4

10 AASHTO Designation. T277－83. Standard Method of Test for Rapid Determination of the Chloride Permeability of Conerete

11 ASTM C1202-91. Standard Test Method for Elect-rical Indication of Concrete's Ability to Resist Chloride Ion penetration.

12 田沢榮一　セメントペーストの自己收缩,セメント·コンクリート論文集,NO.46 pp. 684－689(1992)

13 田沢榮一　自己收缩に及ほすセメントの化学組成の影響,セメント·コンクリート論文集 NO. 47, pp528－533(1993)

14 笠井芳夫　コンクリートの初期收缩に関する研究,日本建築学会関東支部研究報告集, pp. 309－312(1977)

15 中村伸　セメントの收缩てコンクリートの亀裂,セメント·コンクリート, NO. 72, pp2－7(1953)

16 Ravina, D., shalon, R. Plastic Shrinkage Cracking, ACl Journal Proc. Vol. 65, NO. 4, pp. 282－292(1968)

17 横山清,笠井芳夫　養生温度·湿度を变元たコンクリートの初期收缩,セメント技術年報 . Vol. 34, pp. 226

18 大岸佐吉,小野博宣　コンクリートの中性化判定に関する一考察,セメント技術年報, Vol. 37, pp. 318－321, 1983

19 日本コンクリート工学協会　炭酸化研究委员会報告書 .1993

20 依田彰彦　草津温泉及び鹽酸、硫酸、硫酸ナトリウム　溶液中に浸せきしたコンクリート,セメント技術年報, Vol 37, pp322－325　1983.

21 コンクリートに及ほす酸性雨の影響,耐久性専門委员会報告 D－4,セメント協会　1992

22 飛内圭之 .コンクリートの炭酸化、中性化,セメント.コンクリート, No. 465, pp27－33, 1985

23 岸谷孝一,西澤紀昭他编:アルガリ骨材反應　技報堂出版　1986.4

24 中野錦一:コンヶリート構造物のアルカリ骨材反應による变状てとの要因に關よる研究　申請京都大学博士論文　昭和 60 年 4 月

25 長瀧重義:コンヶリートの高性能化　技報堂出版　1997

26 笠井芳夫:コンヶリート總覽　技術書院　1998 年 3 月

27 朋改非,陈延年,冯乃谦:高强混凝土遭受高温的性能衰减特征《混凝土》1999 年 1 期

28 赵铁军:高性能混凝土的渗透性研究(申请清华大学工学博士学位论文)导师:朱金铨　冯乃谦 1997 年四月

29 路新瀛,冯乃谦:电学和电学技术与混凝土耐久性　混凝土与水泥制品　1998 年第 4 期

30 冯乃谦等:混凝土的高性能与高耐久性混凝土的研究与应用　鉴定文件,1999 年 6 月深圳

第十四章　高性能混凝土的微观结构

第一节　引　　言

硬化混凝土的力学性能与金属材料相比,最明显的差别在于其断裂韧性低。这是由于混凝土材料本身的非均质性,毛细孔以及满足新拌混凝土工作度要求而高于水化所需的含水量存在。混凝土中把骨料粘结在一起的基体是由不同的水泥水化产物所组成。其最主要成分是呈纤维状的水化硅酸盐 C-S-H 凝胶和六角板状的 $Ca(OH)_2$ 晶体,如图 14.1.1 所示。

图 14.1.1　$W/C=0.5$ 的硅酸盐水泥浆体

1——C-S-H 纤维;2——2CH;3——毛细孔

对于 $W/C=0.5$ 的硅酸盐水泥浆体,其总孔隙率测得在 25%~30%之间,其中可再分为两级:1. 纳米尺度(10^{-9} m)的 C-S-H 凝胶孔;2. 由存在于水化产物之间,气泡、裂缝所组成的毛细孔,其尺寸范围则在 100 nm 和几个毫米之间(10^{-7}~10^{-3} m)。

十几年来,大量的科学研究工作业已证明,混凝土力学性能和耐久性的改善,关键在于降低含水量。同时发现,如在配合比设计中采用最密实混合原则(最小空间比),则可获得一种连续的,如岩石般坚硬的混凝土材料。目前在国际上使用抗压强度在 100~150 MPa 的高性能混凝土已很普遍。获得如此高性能的混凝土的方法,可大致归纳为两种:1. 水泥颗粒的散凝作用:通过掺入有机物质,如常用的超塑化剂,水泥颗粒遇水后的凝絮作用可被降低,由此便能在不影响工作度的前提下，大量减少混凝土含水量，降低了水灰比。如图 14.1.2 所示。2. 扩大颗粒尺寸范围：在水泥中掺入适量的超细活性粉末材料，如硅粉、钙质填料、黑炭等，由于微孔被填充，同时新拌混凝土的流变性能改善，便使得硬化浆体非常致密和均匀，因此混凝土的力学性能及耐久性大大提高。如图 7-4-1 所示的(c)，为 DSP 系统结构示意图。

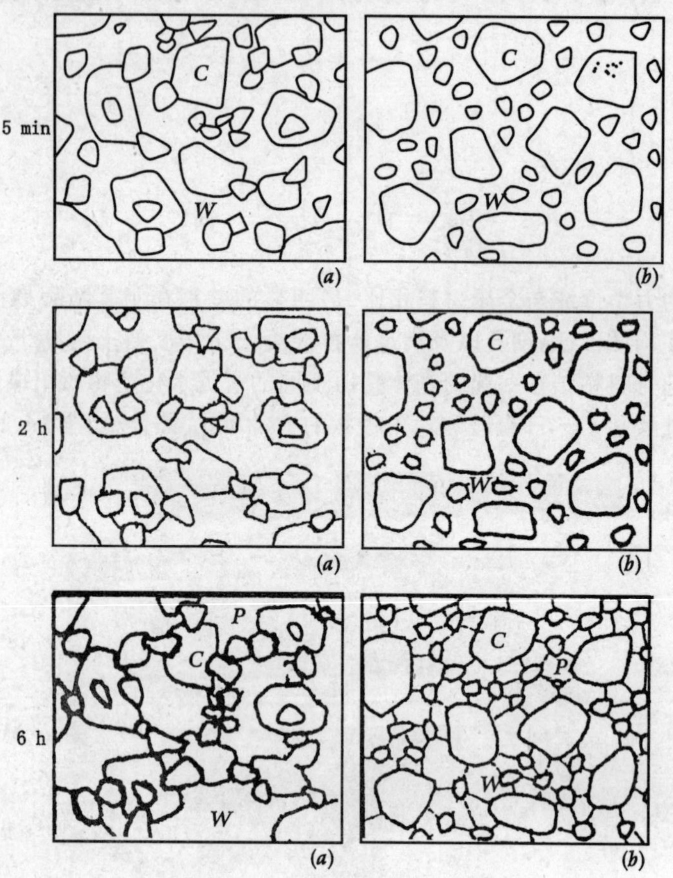

图 14.1.2　超塑化剂在水泥浆中散凝作用示意图(内川浩)

(a) 硅酸盐水泥浆；(b) 掺有超塑化剂的水泥浆

按照材料科学的观点，任何一种材料的特殊性能的获得或改进，实际上都是要通过其微观结构的改变；即材料的宏观性能取决于微观结构。当然，化学组分也同样重要。

由于本章集中讨论高性能混凝土的微观结构，因此利用化学或矿物学手段来研究与微观结构相关的水泥水化过程，在本章将不作讨论。为了便于理解，我们首先介绍国际上对普通混凝土微结构研究的进程，在此基础上进一步讨论掺合料及外加剂或特殊成型工艺对其结构特征的影响。最后，作为具体分析的实例，简要论述几种常被应用于工程实践中的高性能混凝土的结构特征。

第二节　描述混凝土微观结构的模型

虽然40多年前，T.C.Powers等对于水泥石微观结构开始进行了研究，但至今对于水泥加水所形成的体系的了解仍很不完整。水泥石的主要组分有三项：固相、孔、水。固相包括水化产物与残余的未水化的熟料粒子。孔包括各种尺寸的孔缝，在水泥石中占据相当大的体积百分比。孔中一般存在空气与水。固相周围的吸附水与毛细孔凝聚水，与固相间的相互作用，影响水泥石的性能很大，因此水应认为是水泥石三个主要组分之一。由于硬化水泥浆体的微观结构非常复杂，因此某一个模型，仅能理解为材料某单一（特殊）问题的描述和模拟。

一、固相及其与水的相互作用

1.Powers-Brunauer模型

水泥凝胶主要由硅酸三钙和β-硅酸二钙的水化产物所组成。其结构类似于结晶很不完善的天然矿物托勃莫来石。由于托勃莫来石具有层状结构，因此认为水化水泥浆体也是层状结构。通过测量凝胶的内比表面积（大约180 m^2/g左右），便可推算出平均粒径为10 nm的固-固相粒子之间的间距为1.8 nm。他们认为：胶孔只能让水分子通过（因为其入孔直径＜0.4 nm）。在此模型中所有未被水泥凝胶所占据的空间均称为毛细空间。利用这个模型，混凝土的徐变和收缩便可通过存在于凝胶孔和毛细孔之间的水的运动来解释，同时还受到胶粒之间化学键的抑制作用。

2.Feldman-Sereda模型

此模型把混凝土的微观结构视为硅酸盐不完整层状晶体结构。可通过图14.2.1来解析。其中的水，有一部分已在凝胶结构的自由表面上形成氢键，而另一部分由物理吸附于表面上。降低相对湿度时，水将进入已被破坏了的层次结构中，而当相对湿度提高时，由于毛细凝聚作用，水便充满大孔中。根据上述分析，进入层状水化物之间的水应认为是组成结构的一部分组份，而且对材料的刚性有影响。与Powers-Brunauer模型的假设相反，他们认为结构中并非含有大量的胶孔。对混凝土吸湿膨胀原因，可以通过以下几点来理解：1.由于表面与水分子的物理作用，即Bangham效应，而导致固体表面能下降；2.水分子渗入层状结构之间，发挥着一定的分离作用；3.毛细凝聚而产生的弯月面现象；4.老化作用，即层片状水化产物的进一步聚集。

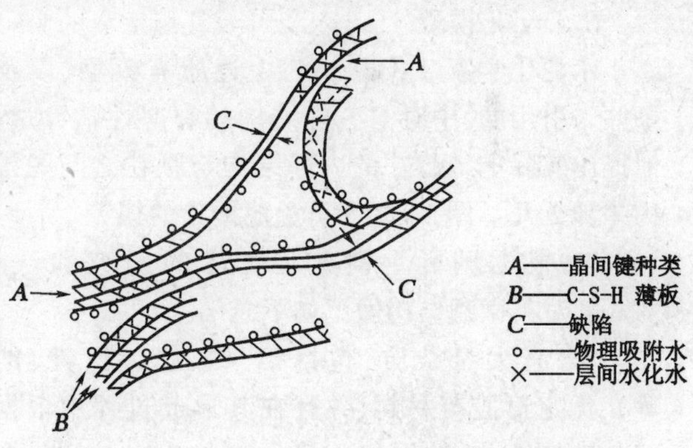

图14.2.1　Feldman-Sereda混凝土微观结构

3.München模型

混凝土微观结构层次上的固体骨架，或称为干凝胶是由晶体和较小的无定形粒子所组成。过去用各种吸附方法来研究固体骨架，虽有一定的成绩，但由于水化产物的含水量随外界条件而变化，测定的结果很不一致。1976年Wittmann提出了München模型。它是以吸附测定为基础,加上直接测定的小距离范德华力,再经热力学计算(主要以吉普斯吸附方程和 Bangham 关系)得出当相对湿度低于 42%时,材料体积随湿度变化的原因是由于内部表面能的变化;而在较高的相对湿度条件下,由于拆开压力,原由范德华键而结合在一起的凝胶粒子被其间的水膜撑开,使固体骨架的稳定性减弱。通过这个模型,能够定量地预测由于水和固相间的相互作用所引起的混凝土不同行为的变化。对于固相组分的不均匀性则采用统计平均值。在这里,个别胶体粒子的形貌并不在考虑范围之内。

4. 近藤-大门模型

这是一个描述 C-S-H 凝胶相的另一种观点。微晶集团由胶孔分开。在每一个凝胶粒子中,存在着微晶间孔,而在单个微晶中有微晶内孔。如图 14.2.2。可以认为这个模型折衷了 Powers-Brunauer 和 Feldman-Sereda 模型中的对立观点。

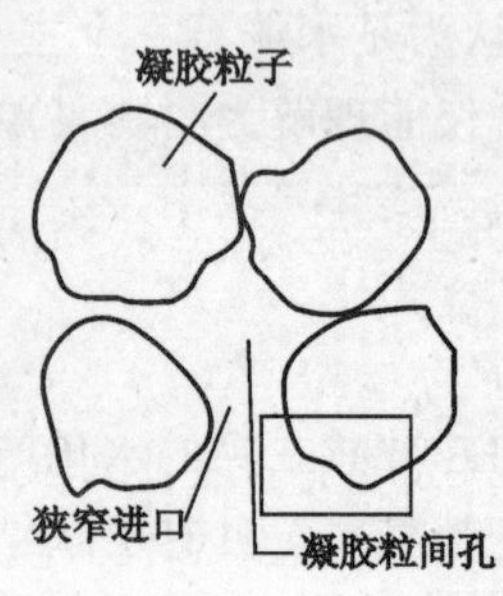

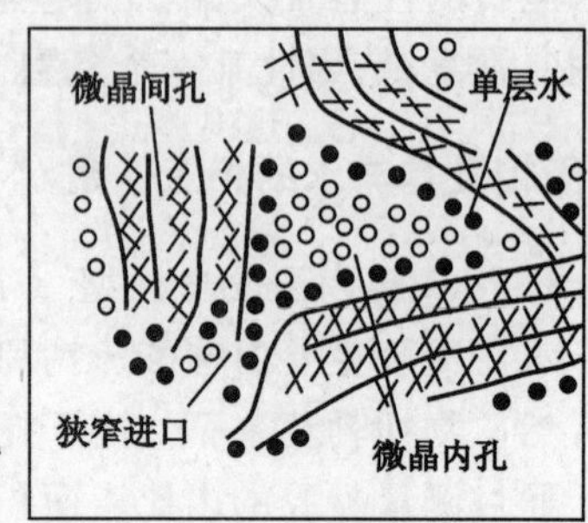

图 14.2.2 近藤-大门的硅酸盐水泥浆结构示意图

5.Grudemo 模型

根据观测,在 0.9～1.5 nm 范围内并未发现有基底反射这一事实说明很少有层状结构的存在。因此他认为水泥凝胶是一种准微晶的结构元复合体。其中某些与托勃莫来石相似,有些类似于黑柱石或氢氧钙石。

6.Taylor 模型

水泥化学家 Taylor 认为上述所有模型(以及本章并未引用的)中对 C-S-H 结构的有序性估计过高。他提出实际上“颗粒”的内部结构与颗粒之间的键结构差异无几。图 14.2.3 示意他提出的模型。

7. 根据国际上对于 C-S-H 的研究和认识,Young 对其微观结构做了如下总结:

“含有大量杂质(包括铝、铁、硫、镁、钾、钠等等)、无定形胶凝材料、并且在其形成过程中根据局部条件其组分、结构相差很大。大量的水分存在于孔系中。随着硅酸盐单元的聚合,材料逐渐老化至一能量较低状态,在此过程中始终伴随着物理化学变化。老化受温度和水分的迁移影响,并可导致某些区域的短程有序进一步发展。然而这些区域也是由完全无定形材料而分散开来。

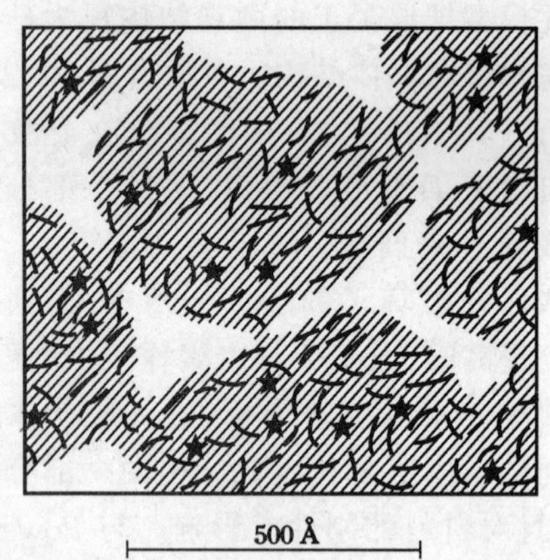

图 14.2.3 Taylor 提出的硬化水泥浆体结构

(带有阴离子,包括 Si_2O_7 的 Ca-O 薄片)

★典型的含有 Ca,H_2O 和阴离子的空间

有趣的是尽管对 C-S-H 的认识不完整,不统一,但这并未影响到混凝土材料,特别是高性能混凝土的发展和使用。实践已表明材料的强度与原子尺度上 C-S-H 微结构关系并不密切。按照 Wittmann 的观点,材料强度主要取决于混凝土细观和宏观结构上的特征。这里必须强调,若我们同时考虑材料其它方面的性能,如徐变、

收缩、耐久性等,更深一层次上的结构参数,即微观结构特征应当讨论。

8. 计算机模型

用计算机模拟方法来研究水泥石微观结构,就其发展进程,可分为三代。

第一代模型侧重模拟水化产物和尚未水化的熟料粒子在硬化浆体中的空间分布。通过定量的关系,来解释某些物理—化学和力学行为。遗憾的是在这方面的发展近几年来很小。

第二代模型主要描述水化过程和微观结构。水泥的水化动力学可由 Avrami 方程代表:

$$\frac{d\alpha}{dt} = nkt^{(n-1)}(1-\alpha)$$

式中 α 为水化程度,n 为水化产物的内/外部体积比例。

通过引进表面积参数,Bezjak 对上述方程作了改进。对于内部水化产物的发展,可由方程(a)表征:

$$[1-(1-\beta\alpha)^{1/3}]^{1/n} = k\beta t/R^M \qquad (a)$$

式中 β 代表内部产物增长参数,k,R 均为热力学常数;

M 是与水化产物和结晶成核速率有关的常量。

外部水化产物的发展则通过方程(b)表征:

$$[1-(1-\gamma\alpha)^{1/3}]^{1/n} = k\gamma t/R^M \qquad (b)$$

式中 γ 代表外部水化产物增长参数。

以渗流理论为基础,Bentz 和 Garboczi 提出的微结构计算机模型较成功地建立了 C_3S 相水化程度、内部网络的联接和输运过程与微结构发展的关系。这一模型的另一优势在于能够同时预算外加掺合料对微结构的影响。

第三代模型模拟了浆体微结构的物理性能。以水泥组分、细度、养护温度及条件为基本输入参数,Parrot 通过计算机模型推算水化程度、水化热的演变、结合水量、孔隙率等物理性能。

二、外加剂和掺合料对水泥浆体微观结构的影响

由于外加剂或掺合料与波特兰水泥的反应,高性能水泥石的化学组分,孔结构,水化相的形态均发生变化。因此在利用上述结构模型,或在建立新的模式时,C-S-H 的化学成分,比表面积以及 CH 相的变异等因素必须同时考虑进去。下面将分别从三个不同方面,即:氢氧化钙、附加的胶凝材料和聚合物及其它外加剂改性浆体,进行具体讨论。

(一) 氢氧化钙(CH)

氢氧化钙(CH)是硅酸盐水泥中的主要成分,占体积约 20%~25%。Yilmaz 和 Glasser, Barker 等人和 Inokawa 及其合作者都曾报导过 CH 和塑化剂之间的反应。磺化三聚氰胺甲醛缩合物 SMF(Sulphonated Melamine Formaldehyde)掺入水泥浆体中,既影响 CH 形貌,又改变结晶尺寸。例如掺入 1% SMF 浆体中,CH 已变成边缘平滑的准六角板状(棱角不分明),偶尔还能发现垂直于平板的螺旋线状产物。若 SMF 的掺量>2%,则 CH 结晶变得非常薄而且无规则。Na,Cl 和 S 元素与 CH 结构并存。CH 结晶尺寸总的来说变小,并从原来的块状转化为板状。钙矾石呈现出较粗糙的条状。

(二) 附加胶凝材料

业已证明,掺有硅粉、粉煤灰或碳酸钙浆体,其 C-S-H 相的结构和性能均发生变化。

1. 掺入硅粉的影响

Groves 和 Rodger 在利用分析透射电子显微镜观察外掺硅粉的 C_3S 和波特兰水泥系统的微结构时发现，硅粒夹在 C-S-H 凝胶层之间，而且两相之间的结合非常牢固。C-S-H 相呈箔状。与普通浆体相比，C-S-H 相的内、外部水化产物的钙/硅比也有相应变化。含有硅粉的波特兰水泥系统中，其内部产物的钙/硅比约为 0.80，外部产物的钙/硅比偏低，约为 0.66。

2. 掺入粉煤灰的影响

粉煤灰对 C_3S 水化产物的形貌并没有很大影响。C-S-H 相的钙/硅比普遍降低。Rodger 在描述水化一年后的浆体形貌时作了如下阐述：水石榴石空腔在粉煤灰粒子反应区域内形成；C-S-H 的形成过程可分为两个阶段：首先出现在粉煤灰颗粒表面外层，随后伴着有节律的淀析作用空腔便在反应区域内形成，其内、外部产物的钙/硅比接近，分别约为 1.4 和 1.5。

波特兰水泥—粉煤灰系统的反应过程与 C_3S-粉煤灰系统相似。粉煤灰颗粒反应后形成放射纤丝状凝胶和水石榴石相。同时发现有与 C-S-H 夹杂在一起的，结晶很不完善的含铁元素小晶粒和水石榴石针状相存在。原因估计是由于水泥熟料中 C_4AF 填隙相参与反应所致。

3. 掺入石灰石粉的影响

由于在欧洲和北美洲使用碳酸钙水泥愈来愈广泛，因此碳酸钙 $CaCO_3$ 在水泥当中的作用，特别是与水泥中铝酸盐的反应已得到很大的重视。为了更好地理解 $CaCO_3$ 对水泥浆体的改性作用，这里我们将主要讨论 $CaCO_3$ 与 C_3S 系统的结构特征。首先要强调的是 $CaCO_3$ 在水泥中不是惰性填料。以含有 5% 的 $CaCO_3$-C_3S 系统和 5% $CaCO_3$-普通水泥系统水化 28 天的浆体为例，其结构特征可大致概括为：主要是平行的六角板状 CH 相以及不同尺寸的纤维状颗粒。粒径尺寸较正常的 C_3S 水化浆体小些。如 $CaCO_3$ 含量增至 15%，则纤维特征消失，仅偶尔发现几块六角板状晶体。从孔隙率测定结果看，细小孔的比例增大，表面呈致密的网络状。对于 C-S-H 相的发展，$CaCO_3$ 起到一个晶核的作用。Ramachandran 认为由于 $CaCO_3$ 的存在，硅酸盐离子可以更远地从 C_3S 边界移出、并在 $CaCO_3$ 颗粒上形成 C-S-H 相，钙/硅比较普通浆体稍高，约为 1.95。

（三）聚合物及其他外加剂

与普通水泥硬化浆体相比，聚合物水泥浆体结构的变化主要体现在孔系上。一般认为随聚合物/水泥比例增加，浆体的总孔隙率降低，孔尺寸分布亦有相应变化，其中直径大于 0.4 μm 的大孔比例降低，而小于 150 nm 的小孔含量增多。

第三节　孔　　系

作为多孔材料，水泥混凝土的固体骨架亦是多孔体的骨架，其孔系的特征直接反映了微观结构。尤其在建立微观结构与宏观性能的关系，特别是力学性能方面，到目前为止，孔隙率是唯一被采用的参数。孔隙学的目的在于研究孔系的特征，它包括总孔隙率，孔径分布和孔几何学。与之相关的数值是水力半径和内比表面积。

一、孔的尺寸、名称及测定方法

随着测试技术的发展和完善，人们对孔结构的认识也不断深入，对于不同的孔径范围，所采用的测定方法也应有变化。表 14.3.1 列出了不同的研究者对水泥石中孔的分类以及相应的测试手段。对于水力半径小于1 nm的微孔一般采用吸附方法确定,而对大于此孔径的毛细孔应利用水银压入技术。对于更大的粗孔,如在加气混凝土中由引气剂所产生的毫米尺度的球形孔,可用光学方法观测。计算机化的图象分析技术已得到很普遍的应用。

表 14.3.1　孔的尺寸、名称及其测定方法

孔尺寸 nm*	孔的名称(定义者)	测定方法
小于0.6	超微孔 (Brunauer) 内部小孔 (Mikhail) 微晶内孔 (近藤等) 层间间隙 (Feldlman)	体积填充或He流法或H_2O吸附法
0.6~1.6	微孔 (Brunauer) 内部大孔 (Mikhail) 微晶间孔 (近藤等) 吸附孔 (Feldman) 凝胶孔 (Powers)	微孔法或甲醇、CaO溶液、N_2溶液吸附法
1.6~100	中孔 (Brunauer) 外部大孔 (Mikhail) 胶粒间孔 (近藤等) 毛细孔 (Powers)	ML法或水银压入法
大于100	大孔 (Brunauer, Mikhail, 粗孔 近藤等, Powers, Feldman 等)	水银压入法

* 相当于水力半径的一半。主要参考近藤文献。

二、孔结构特征取决于测定方法

在这里需要注意的是材料的孔隙率或孔尺寸分布与测试技术相关,因此在对比材料孔结构变化时,必须针对同一测试方法而言。水银压入法是普遍应用的测试技术。其测试结果证明在很大程度上取决于样品的制备。水泥浆微观结构对于湿度、温度和应力非常敏感,而在进行水银压入法的样品制备过程中不可避免地要移出孔隙中的液相,因此在解释所得数据时,必

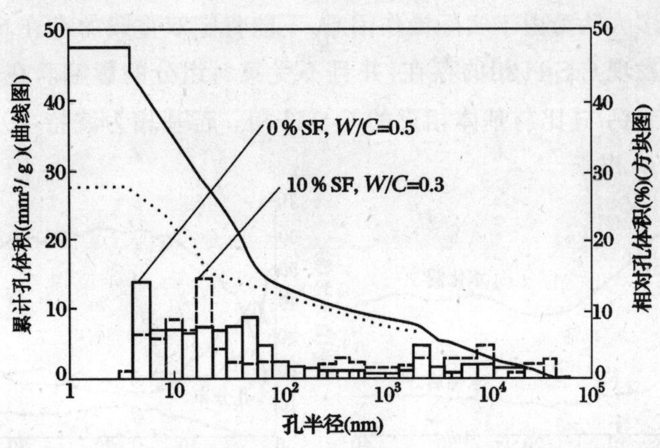

图 14.3.1　水银压入法测得普通砂浆和高强砂浆孔体积、孔分布曲线

(SF——硅粉, W/C——水灰比)

须切记孔结构特征并不能代表材料的本征特征，而取决于测定方法。为了稳固水泥石结构，曾偿试用溶剂置换方法，即将孔中的水由有机液体取代，如甲醇。但此方法也有弊端，对于孔尺寸分布的影响似乎不能忽略。

图14.3.1是一典型的通过水银压入法测得的累计总孔体积和孔尺寸分布图。其中实线代表普通水泥砂浆，虚线为掺有10%硅灰的高性能水泥砂浆孔系特征。

由此可见，由于水/灰比降低，以及活性硅粉的作用，使得浆体总孔隙率大大降低，同时孔径分布曲线向小孔尺寸偏移。用 N_2 吸附法测得的比表面积，表明高性能砂浆的内比表面积有大幅度降低。

第四节 水泥浆体——集料界面结构

由于混凝土中水泥基体与集料接触而产生的界面的特殊性；用来描述水泥石的结构模型并不能反映界面特征。一般称为厚度为50 μm的界面区为过渡区。到目前为止，对于过渡区的形成条件、组分、结晶取向孔结构等参数尚未有统一认识，过渡区的微结构只能作如下定性的描述：平行于集料表面有一薄层CH晶体；少量的尚未水化熟料大颗粒；已水化了的颗粒空腔；孔；定向垂直于集料表面的CH晶体；少量的C-S-H凝胶相和钙矾石。

一、普通混凝土的界面结构

自从第八届国际水泥化学会议以来，很多的研究人员提出在过渡区存在双重薄膜：0.5 μm厚的CH层和紧靠集料表面的0.5 μm厚的C-S-H相。提出在过渡区存在有CH定向层的主要依据是X-射线衍射分析。通过对比过渡区和浆体基相的CH峰强比率，Grandet及其合作者认为在过渡区的CH趋于定向。但这一结论曾得到Zürz & Odler的反驳，他们的理由是峰强比率同时受到水化时间、水/灰比以及外加剂的影响。后来有人曾利用比X-射线衍射技术更精确的方法，如：极谱偏角仪、X-衍射散射等手段都证实了CH在界面区的定向性。而对于双重膜的测试，很多人认为由于实际操作困难，不能肯定双重膜的存在。TEM(透射电子显微镜)观察结果仅仅发现C-S-H相的存在，并且不受集料组分的影响。在 C_3S 和石英砂界面过渡区上，只能观测到钙/硅比与基体相近的C-S-H相。若基相为波特兰水泥，则集料界面上还可见到AFt和AFm相。

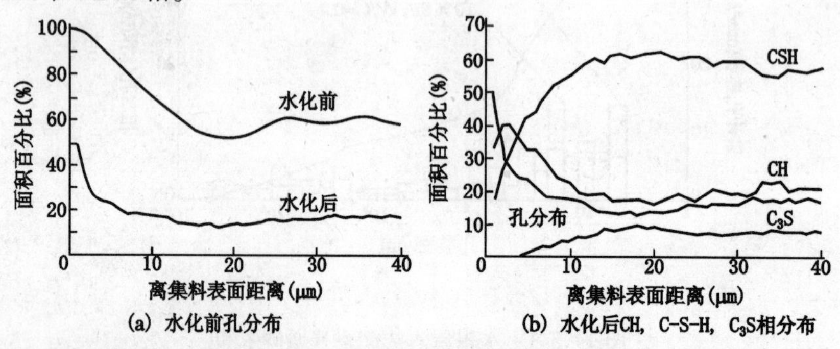

图14.4.1 计算机模拟的过渡区各相分布

显然，对过渡区的组成和结构的研究仍有待于深入和精细化。近几年来计算机的应用也显示了一定的成绩。借用导电模型来模拟水泥-砂界面结构，可以推算过渡区的密度，是否有化学反应，以及微结构的形成和发展过程。Garboczi 和 Bentz 根据溶解-扩散循环机理，建立了界面过渡区模型。他们计算的结果如孔隙率，CH 相、C-S-H 相的相对含量如图 14.4.1 所示。

二、过渡区的孔结构

采用背散射电子成像技术，不仅能定量测定过渡区的未水化材料及 CH 的含量，而且还能估计孔隙率。由于在过渡区是以细小颗粒水化后形成的空腔形水化产物为主，因此总孔隙率大幅度提高。对于孔径分布的变化，尚未见报导。图 14.4.2 提了三种不同集料与水泥石过渡区的孔隙率变化情况。

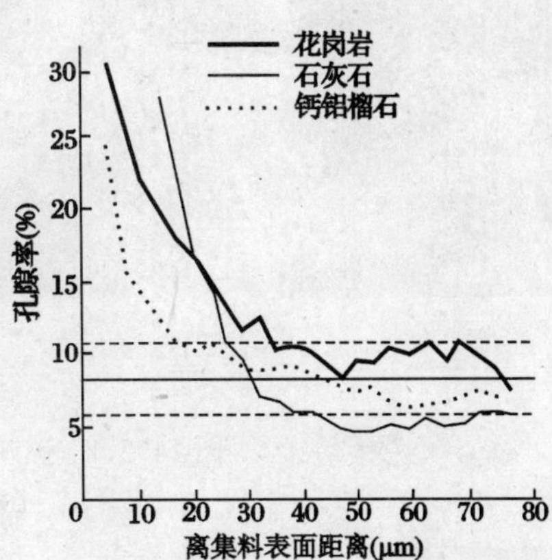

图 14.4.2　不同集料混凝土过渡区孔隙率

三、掺合料对界面微结构的影响

不同的研究者都曾报道过掺合料，如硅粉、超细矿渣以及粉煤灰等对基体——集料界面的改善作用。Mehta 和 Monterio 对过渡区的研究结果表明，双重膜消失，CH 晶体变小，而且不显示出定向性，大孔减少，因而体系致密。

第五节　几种被广泛应用于实践中的高性能混凝土结构的具体分析

一、高性能水泥浆体

高性能水泥浆体的获得主要通过降低含水量或掺入有机、无机材料以填充毛细孔等途径。与普通水泥浆体相比，其微观结构的特征是较均匀、无定形。

（一）浸渍浆体

聚合物浸渍手段既可提高抗拉、抗压强度，又能增大弹性模量。比较普遍采用的是树脂和硫磺浸渍混凝土。图 14.5.1 是 C_3S 和硫磺浸渍的 C_3S 水化 18 天后的 SEM 显微结构照片。浆体硬化之前，硫磺已充满了孔隙。在观察样品的断裂面时发现，浸渍后的浆体断裂直接穿过未水化的水泥熟料；而在普通浆体中，断裂则通过 C-S-H 水化产物之间的毛细孔。遗憾的是由于 C_3S 水化造成 pH 值增高，从而导致硫磺无法稳定存在。在应用中应予注意。

（二）低水灰比浆体

2000 多年以前，Lucretius 就曾发现："物质内含空隙越多，越易屈服。Férét 在 1897 年把这一原则首先应用于混凝土中，他推导了一个经验公式：

$$\sigma_c = B[V_c/(V_c + V_w + V_a)]^2$$

式中 σ_c 代表抗压强度，V_c、V_w 和 V_a 分别是水泥、水和空气的体积，B 是常数。这个公式之所以有效，原因在于在混凝土混合时所掺入的水量决定了混凝土的孔隙率。但受工作度的限制，W/C 比要满足一最低值。使用塑化剂，可以使固体颗粒很好地分散，从而降低了水/灰比。图

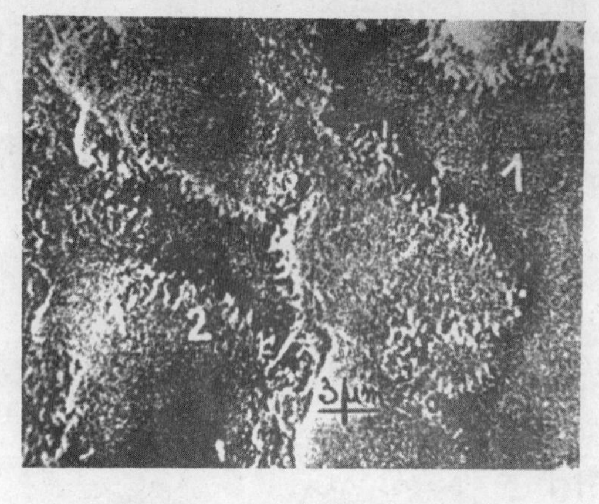

(a)

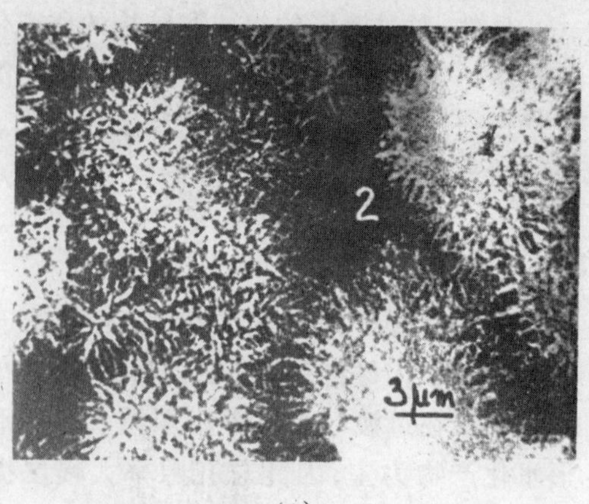

(b)

图 14.5.1　硫磺浸渍 C_3S 浆体和普通 C_3S 浆体

（水化 18 d 后浸渍）

(a)　1——硫磺、2——C-S-H；　　(b)　1——C-S-H(Ⅰ)、2——毛细孔

14.5.2 示意出不同水/灰比的内部结构。显见其高强原因，首先是低孔隙率，如 W/C 为 0.2 时，测得总孔隙率在 5% 左右，另一个原因是低于 70% 的水化率，即尚未水化的水泥熟料对材料总强度的贡献。

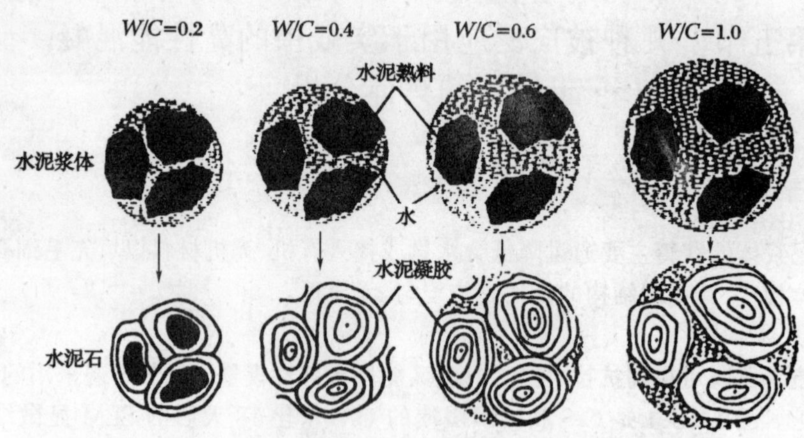

图 14.5.2　水灰比对水泥浆体硬化前后结构的影响

（三）加压振动成型普通水泥浆体

对于普通细度的水泥，高强还可通过在成型过程中加压或振动来达到。例如水化程度低于 30% 的热压浆体（150℃ 下加压 1020 MPa 成型）抗压强度可达 644 MPa，其孔率隙低于 2%。强度提高的幅度当然与温度和所加的压力有关。扫描电镜下的水化产物绝大部分是 C-S-H 凝胶。利用三甲基硅烷化学分析热压浆体标明有 SiO_4^{4-} 和 $Si_2O_7^{6-}$ 相对含量的变化。同时发现部分 $Si_3O_{10}^{8-}$ 和 $Si_4O_{12}^{8-}$ 离子的存在。因此热压浆体的高强并不能通过聚合化理论来解释。如图 14.5.3 所示。无定形的 C-S-H 凝胶把尚未水化的熟料颗粒粘结在一起。在这种情况下，

可以推断，水化产物和熟料颗粒对强度均起着积极的作用。

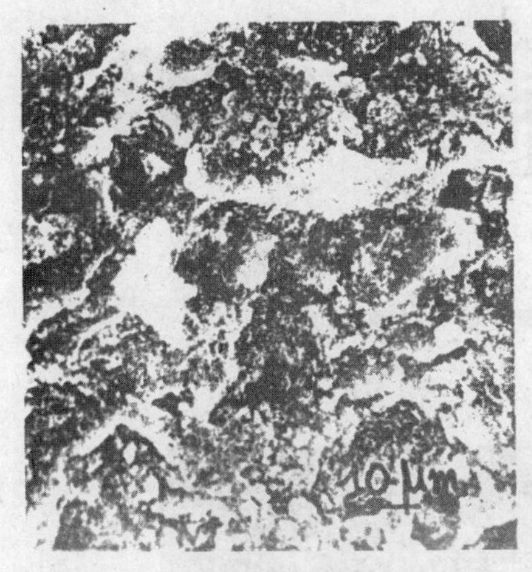

（a）热压成型

（b）普通成型

图 14.5.3　水化 28 d 的低 W/C 浆体的微观结构

（四）含超细粉的浆体

在国际上已被普遍研究和应用的所谓 DSP 系统是指一种含有均匀分布的超细颗粒的致密体系——粒径在 0.5～100 μm 的波特兰水泥与粒径在 5 nm 到 0.5 μm 之间的超细硅粉按一定比例混合，经水化硬化后的浆体。这里硅粉起着双重作用。一是作为堵塞孔隙的填料；二是与 C_3S 水化时释放出来的 CH 发生化学反应。为避免在成型时的絮凝现象，DSP 系统一般要加适量的超塑化剂。由此获得的抗压强度高达 270 MPa。C-S-H 相仍是无定形，孔隙率很低。未水化的熟料颗料在显微镜下显而易见。硅粉的水硬性质可通过 CH 在浆体中的含量来证实。在普通波特兰水泥＋30%硅粉的浆体中，水化反应中释放出来的 CH 完全由与硅粉的反应所消耗。钙/硅比有规律地下降，见表 14.5.1 所示。

表 14.5.1　C-S-H 相的化学组成（电子探针显微分析）

混凝土	Ca/Si	Al_2O_3*	K_2O*	SO_3*
13%硅粉	1.3	3.4	0.4	1.0
28%硅粉	0.9	2.4	0.4	1.1

*代表重量百分比

（五）无宏观缺陷水泥 MDF

MDF 水泥石是通过水溶性有机聚合物与普通水泥加上少量水经强力机械搅拌后，水化硬化的无宏观缺陷浆体。其结构的发展过程可由图 14.5.4 示意。

水泥的水化过程即是聚合物的脱水过程。硬化后的制品结构特征是大量的尚未水化水泥熟料由致密的无定形凝胶粘聚在一起。CH 晶体均匀地以薄片形态分布在浆体中。如图 14.5.5 所示。浆体的总孔隙率降至 1%左右。由于空间的限制，晶体无法长大，因而也就避免了断裂顺沿着较弱的界面或从解理穿过。

应用 Griffith 断裂理论，Bircball，Howard 和 Kendall 进一步发展了如下公式：

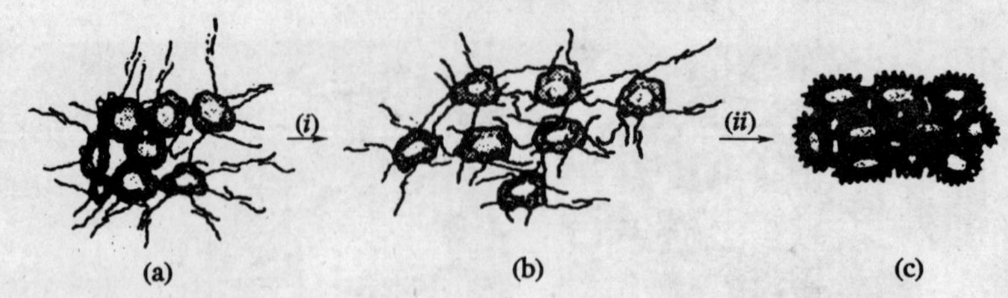

图 14.5.4　MDF 水泥浆体凝结硬化过程

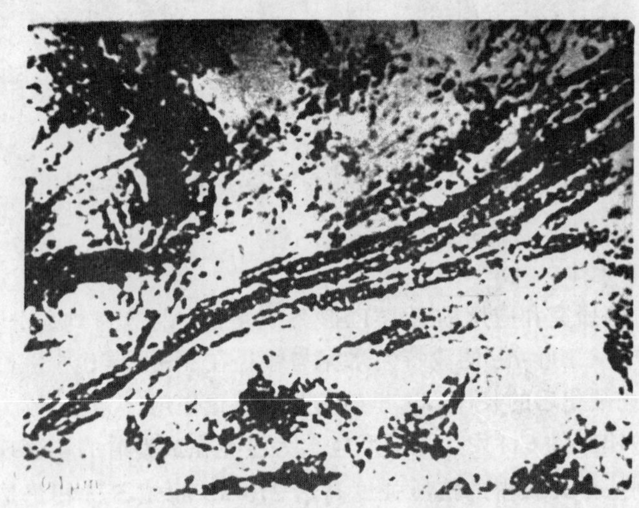

图 14.5.5　MDF 水泥浆体显微结构

$$\sigma = \left[\frac{E_0 R_0 (1-p)\exp(-kp)}{\pi c}\right]^{1/2}$$

式中　E_0——弹性模量；

R_0——在孔隙率 $p=0$ 时的断裂能；

$2c$——裂缝长度；

k——经验常数

在这个公式中，强度是总孔体积和最大孔尺寸的函数。MDF 的抗弯强度通过上述公式计算得出 150 MPa。

二、蒸压砂浆

水泥浆与石英砂混合，经蒸压釜处理后所得的制品其抗压强度可达 200 MPa 之高，如此高强度的原因主要归结于界面区的改善。常温下砂子只能作为惰性骨料，而在高温高压下，砂子的化学活性被激发，从而与水泥浆体建立起牢固的化学键。水化产物主要是托勃莫来石或硬硅钙石纤维。

三、高性能混凝土

高性能混凝土的结构特征主要体现在水泥浆体和水泥浆——集料界面上的变化。由于前面几节中已分别进行了讨论,这里我们将介绍有关微裂缝特征和总孔隙率的变化;

混凝土的微裂缝可通过染色法进行观察,从混凝土试件中随机地取出切片,然后在显微镜下计量单位长度上的裂缝数量。表 14.5.2 列举了二种不同高性能混凝土的微裂缝密度。

图 14.5.6 系高强、超高强混凝土与普通混凝土孔隙率、孔尺寸分布的情况。高强混凝土孔隙变化主要有两个因素:(1) 水硬性填料硅粉的掺入;(2) 超塑化剂把 $W/C=0.56$ 降至 0.21。

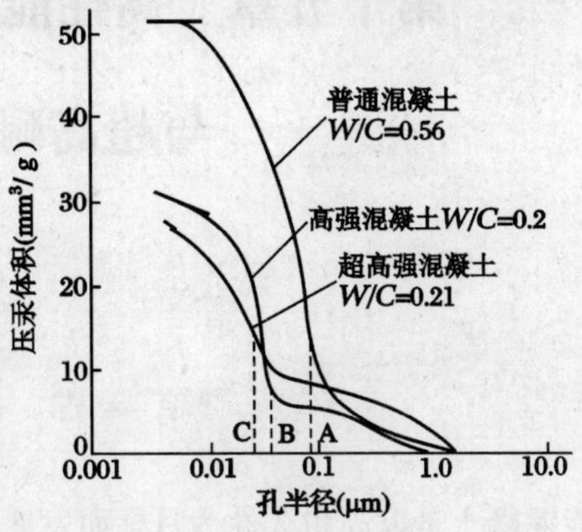

图 14.5.6　三种不同混凝土孔隙率和孔分布

表 14.5.2　混凝土微裂缝和微缺陷密度(n 为数量)

混凝土 MPa	细缝 ncm^{-1}	微孔界面区 ncm^{-1}	微孔浆体 ncm^{-1}
76	0 0.02	1.45 1.50	1.35 0.40
110	0.04 0.07	0.20 1.00	0.06 0.25

第六节　小　　结

与普通混凝土相比,高性能混凝土的微结构特征是:

1. 基相:低结晶度、无定形、无序、均匀。

2. 界面:CH 晶体尺寸变小,非定向,低孔隙率,过渡区逐渐消失。

3. 孔系:总孔隙率降低,其中小孔比例增多,大孔减少。

4. 形成密实颗粒的连续网络。

低 W/C 比→低水化程度→大量未水化的水泥熟料颗粒本身固有强度与其晶间键,对于混凝土性能的改善贡献突出。

由高性能混凝土微结构分析可见,以矿物质超细粉及高效减水剂,低水灰比,改善混凝土的内部结构,从而达到提高性能的目的。

第十五章　高性能混凝土的裂纹损伤与超高耐久性混凝土的开发应用

第一节　概　述

高性能混凝土是以高耐久性为目标而发展起来的。为了保证混凝土具有高的耐久性，高性能混凝土的水胶比一般低于0.38，这样从理论上可以阐明混凝土中的水泥石仅存在水泥凝胶、凝胶水和大约8%左右的孔隙：而无毛细水[1]。混凝土具有高的抗渗性与耐久性。

根据上述理论，许多国家开发和应用了低水灰比的高强度混凝土。1979年，美国混凝土协会(ACI)成立了高强混凝土委员会，有系统地研究与推广高强混凝土(HSC)；并于1982年将100 MPa的HSC用于美国芝加哥贸易大厦。1989年，在芝加哥商业大厦6层以下的柱子，使用了强度为96 MPa的HSC，其中一根柱子使用了117 MPa的HSC。美国港口城市西雅图的联邦广场大厦部分结构的混凝土强度达120 MPa。

日本在新钢筋混凝土(NRC)计划中，把混凝土抗压强度Fc＝30～120 MPa，钢筋抗拉强度σ＝400～1200 MPa作为配套开发[2]，用于60层(建筑物高175.8 m)及40层(建筑物高162.0 m)的钢筋混凝土结构的建筑。

法国国家项目"高性能混凝土"的开发研究与应用的课题中，英吉利海峡隧道衬砌采用了平均抗压强度为63 MPa的高性能混凝土。由于设计寿命为120年，耐久性方面的要求，对原来规定衬里混凝土强度为45 MPa，提高到63 MPa，超过结构所需的强度值。

马来西亚在建造当前世界上最高的超高层钢筋混凝土建筑中，混凝土设计基准强度Fc＝80 MPa，配合比强度达到了100 MPa。

以上事实说明，要提高混凝土的耐久性，必须要降低混凝土的水灰比，提高混凝土的强度，这说明了问题的一个方面。但是混凝土高强度不一定带来高耐久性；而且强度不十分高的混凝土(一般也在60 MPa以上)也会具有高的耐久性。关键是混凝土中材料的组成、数量与质量。当然，其前提是保证混凝土的振动密实成型。

第二节　高性能混凝土尚需进一步研究解决的问题

从当前的情况来看，高性能混凝土需要进一步解决的问题，可以归纳为三方面。

一、脆性

图15.2.1中给出了不同强度的混凝土的典型的应力——应变曲线。

由图可见，当混凝土的应变达到3‰时，普通混凝土的承载能力仍能保持一半以上。但若同样的应变值加于高强混凝土时，则实际承载力已近于零。也就是说，在这种情况下，在高强度混凝土中观察到裂缝的形成。在混凝土中，由于湿度、温度梯度产生的应变，会达到3‰。因此，混凝土构件往往是处于应变而不是应力状态中。在强度很高的高性能混凝土结构设计时，必须要考虑到这种情况。

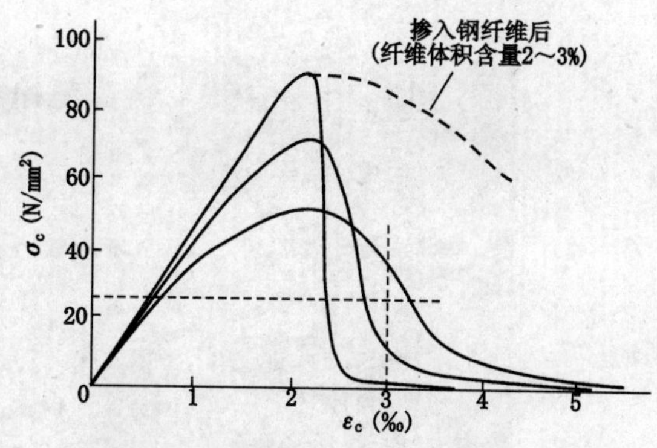

图 15.2.1 混凝土抗压应力-应变曲线
(按 CEB-F/P90 规范)

通过掺入纤维，可以补偿强度韧性的损失。如图15.2.1所示。由于掺入钢纤维，混凝土的断裂能大大提高，应力应变曲线的下降段也变得平缓。

但在侵蚀性环境中，钢纤维并不适用。因此，现实迫切需要发展一种高强的纤维增强混凝土。

二、自收缩开裂

由于水泥石内部的自干燥而产生的收缩，高性能混凝土的水灰比低；当水灰比低于0.38时，水泥石中的水泥不能完全水化，在凝结硬化过程中，未水化的水泥进一步水化时，吸取水泥石中毛细管中水分，使毛细管产生自真空，在毛细管内部产生负压，从而使硬化水泥石产生自收缩。自收缩应力大于水泥石的抗拉应力时，水泥石(或混凝土)产生裂纹。水灰比越低，掺合料越细时，这种情况越严重。

高性能混凝土由于自干燥，并由此产生的自动收缩，使混凝土产生早期裂纹，与长期的干燥收缩是不同的。必须把两者区别开来，才能了解高性能混凝土开裂的本质；并采取相应的措施。

Guse 和 Hilsdorf 对水灰比0.30及0.25的高性能混凝土表面的裂纹进行了观测。24小时脱模时的高性能混凝土试件的表面，出现网状裂纹，分别如图15.2.2、图15.2.3及图15.2.4所示。而且水灰比0.25的高性能混凝土比0.3水灰比的高性能混凝土更加严重[3]。在抛光的表面上，裂纹宽度达25 μm，且裂纹常沿着骨料与水泥石的界面。这种裂纹的图形说明在水化初期就已经形成，也即在混凝土的龄期不超过1天的时候。Guse 和 Hilsdorf 还指出：这种裂纹可以通过尽快地给混凝土提供附加水而得到降低。(1) 初凝后尽可能快地脱模，而且立刻用水养护混凝土的表面。(2) 混凝土浇注入模后，尽快用水养护各个表面。这两种作法对研究工作是可行的，但对工程应用，尚需进一步研究。

由于自收缩产生的裂纹，降低了混凝土的耐久性。这是高性能混凝土发展中必须克服的又一方面的问题。

三、“湿胀”开裂

所谓“湿胀”开裂是由于高性能混凝土的水灰比低，混凝土中部分水泥没有得到水化。高性能混凝土在水分长期的作用下，水分扩散到混凝土内部，未水化的水泥发生水化反应，产生

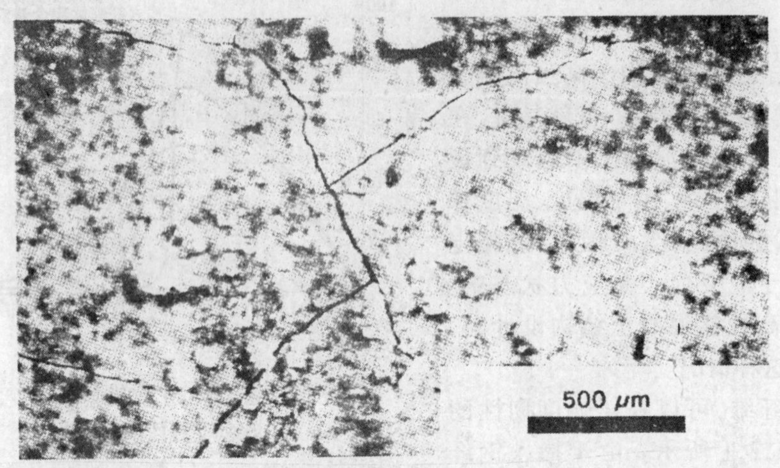

图 15.2.2 试件表面裂纹

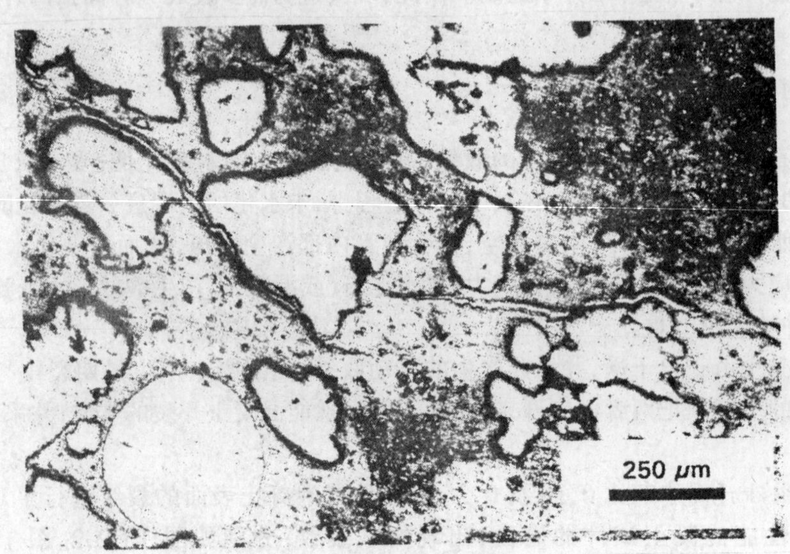

图 15.2.3 表面抛光后的裂纹状况

体积膨胀,其膨胀应力超过混凝土的抗拉强度,混凝土即产生开裂。

根据 powers 的理论,水泥凝胶体积是未水化水泥的 2.1 倍。水分子进入低水灰比的水泥浆中,将产生继续水化,其凝胶产物的体积也是未水化水泥的 2.1 倍。但这时没有可供凝胶生长所必须的空间,内部膨胀力的增大,导致混凝土的裂纹。

德国柏林工业大学的 B.HLLMEIER 与 M.SCHRCDER 为了证实上述观点,按照 DIN1048 的规定条件,养护水灰比 0.30 和 0.25 的两种高性能混凝土试件,龄期为 56 天。抛光试件两个相对表面以测试抗压强度。为了加速这种硬化混凝土中水泥的继续水化,将试件放入 90℃的热水中,浸泡 7 天,在抛光表面上发现很均匀的裂纹。如图 15.2.5、图 15.2.6 所示。

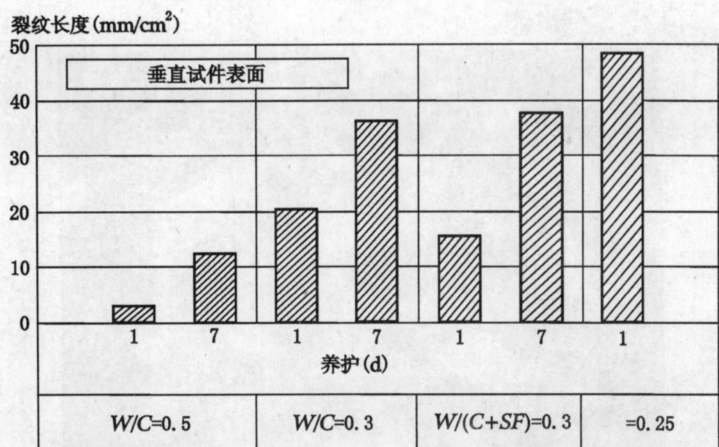

图 15.2.4 裂纹分析结果

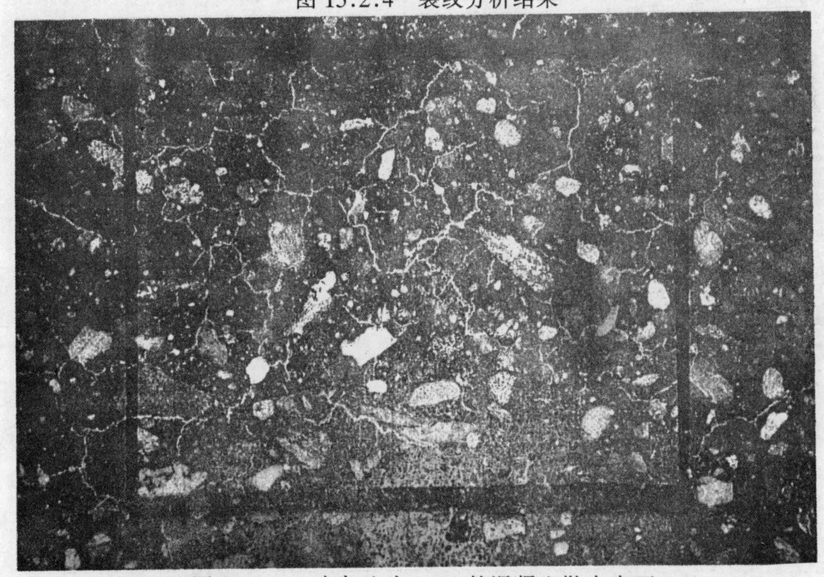

图 15.2.5 水灰比为 0.30 的混凝土抛光表面，
因继续水化而产生的微裂纹

因此，高性能混凝土处于露天或水下的条件下，水的缓慢扩散过程可能导致后期继续水化，随后产生裂纹和强度下降。但是在干燥环境下上述自破坏过程是不可能发生的[5]。

由二、三可知，不管其是由于自收缩或继续水化所产生的裂纹，都是由于高性能混凝土的水灰比过低而造成的。而裂缝的形成与开裂，又使混凝土耐久性降低。本来发展高性能混凝土是为了提高混凝土的耐久性，然而过低水灰比的高性能混凝土，由于裂纹的形成，反而降低了混凝土的耐久性。

发展高性能混凝土不应当以强度为追求目标，追求越来越低的水灰比；而是应当以耐久性为中心。在相应的技术条件下，使混凝土达到最高耐久性的水灰比，也就是高性能混凝土最优的水灰比。

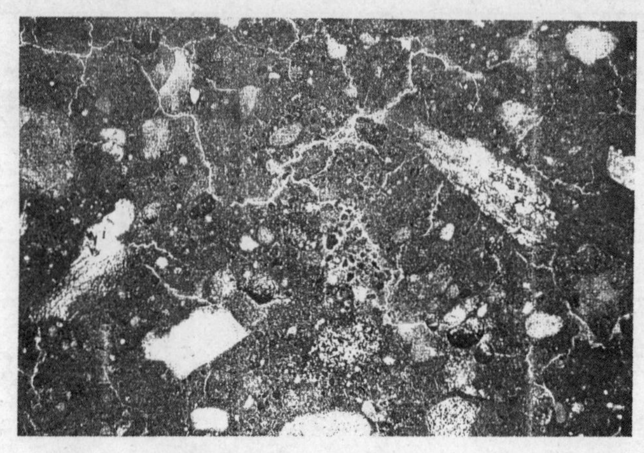

图 15.2.6　图 15.2.5 中的方框部分中的
胀坏放大图

第三节　超高耐久性混凝土的开发与应用

提高混凝土的耐久性,首要措施是提高其抗渗性。而混凝土的裂纹是抗渗性下降的主要原因。为了克服高性能混凝土的脆性与裂纹,往往掺入钢纤维、碳纤维或有机纤维,使高性能混凝土具有高的韧性、高的抗渗性耐久性,以及高的强度。这种混凝土对于超高层建筑、大跨度桥梁等十分重要。但对于低层耐久性要求极高的建筑物或结构物,如纪念碑、纪念堂、教堂以及博物馆等,其耐久性要求 500 年以上,但混凝土的强度要求并不高,这就需要开发另一种超高耐久性的高性能混凝土。

超高耐久性混凝土考虑的破坏因素主要有三方面:(1) 大气中的 CO_2 和 NO_x 等酸性气体,渗透混凝土中,使混凝土中性化,从而使内部的钢筋发生锈蚀;(2) 靠近海岸地区,随海风吹来的 Cl^- 及其他有害离子,扩散到混凝土内部,使内部钢筋锈蚀;(3) 混凝土的收缩与水化热等因素,使混凝土开裂,有害离子侵入混凝土内部。上述三方面的因素对混凝土的破坏,采用一般的对策是不行的,为了达到 500 年的耐久性,其途径是在混凝土中掺入耐久性改善剂。

一、超高耐久性混凝土的特性

普通混凝土与超高耐久性混凝土的配合比如表 15.3.1 所示。两者的水灰比均为 50%,但超高耐久性混凝土中多掺 10 kg/m³ 耐久性改善剂,水泥用量也稍高一些。

表 15.3.1　普通混凝土与超高耐久性混凝土

混凝土种类	坍落度(cm)	含气量(%)	水灰比(%)	粗骨料 D_{max}(mm)	砂率(%)	单方混凝土用水量(kg)	单方混凝土用料量(kg/m³)				
							水泥	细骨料	粗骨料	高性能 AE 减水剂	耐久性改善剂
A	15	1.0	50	25	47.0	175	350	877	989	1.4	10
B	15	4.0	50	25	45.0	163	326	827	1011	1.0	—

A——超高耐久性混凝土　B——普通混凝土,比较用

试验结果:1 d、28 d 的抗压强度,A 均比 B 稍高,28 d 达 50 MPa 左右。干缩 A 也比 B 降低 1/3;碳化深度 A 约为 B 的一半;抗冻融耐久性 A 与含引气剂的混凝土同,比 B 高得多。1 d、28 d、Cl^- 扩散深度 A 约为 B 的 1/2;渗水性试验的扩散系数 A 约为 B 的 1/3。说明含耐久性改善剂的混凝土,耐久性远远优越于对比的普通混凝土。

二、耐久性改善剂的功能

1. 耐久性改善剂在普通混凝土中,对混凝土孔隙,具有填充和密实作用,使细孔含量发生变化。含 10% 耐久性改善剂的水泥石($W/C=0.5$)细孔含量,还不到对比的基准水泥浆的一半。如图 15.3.1 所示。

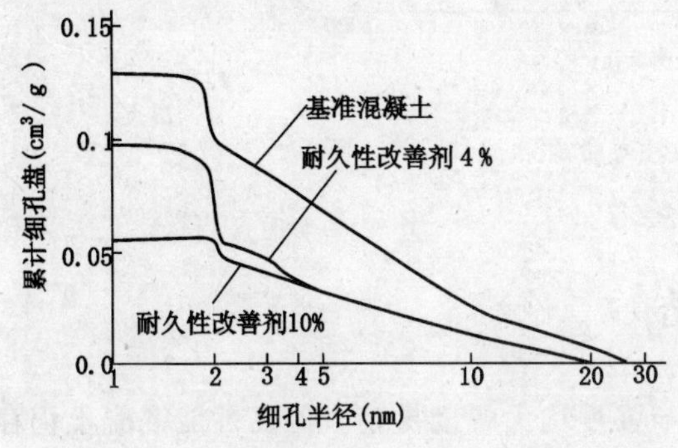

图 15.3.1 含与不含耐久性改善剂砂浆的孔含量

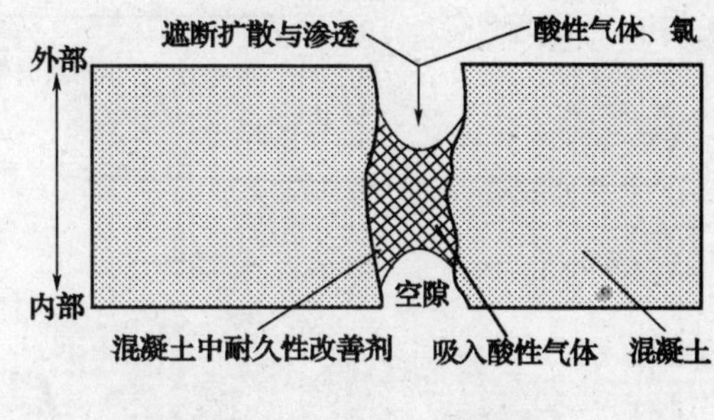

图 15.3.2 耐久性改善剂作用机理概念图

2. 耐久性改善剂在混凝土中,对有害成分有吸收作用,如 CO_2 及 Cl^- 能被耐久性改善剂吸收,防止其向混凝土内部侵入。耐久性改善剂作用机理概念图如图 15.3.2 所示。

3. 超高耐久性混凝土寿命预测。通常条件下,混凝土碳化达到钢筋位置时,钢筋发生锈蚀,钢筋混凝土寿命终结。此处对钢筋混凝土的预测,基于以下两种考虑:(1) 根据统计学观点,考虑钢筋混凝土结构物中,混凝土碳化深度和钢筋保护层厚度关系的离散性,定量地定义结构物使用的年数。(2) 或者确定钢筋腐蚀率,定量地定义由于钢筋腐蚀而使结构物产生故障的年数。图 15.3.3 是钢筋混凝土寿命预测实例。由图可见,使用年数与保护层厚度关系,在普通环境条件下,超高耐久性混凝土寿命超过 500 年。

4. 应用实例。日本神户市立正教教会新建工程,使用了耐久性 500 年的超高耐久性混凝土。混凝土配合比如表 15.3.2 所示。

表 15.3.2 超高耐久性混凝土配合比

混凝土浇注部位	配合比强度(MPa)	坍落度(cm)	含气量(%)	水灰比(%)	最大粒径(mm)	砂率(%)	单方混凝土用料量(kg/m³)				
							水	水泥	细骨料	减水剂	耐久性改善剂
基础、地基梁	27	8	1.0	54.7	20	45.2	175	320	825	0.64	9.60
B3F	27	12	1.0	50.0	20	47.2	170	340	861	3.40	10.20
B2F	27	15	1.0	47.2	20	49.1	169	358	884	3.58	10.74
B1F	27	15	1.0	47.1	20	45.2	165	350	848	3.50	10.50
1F-RF	27	18	1.0	50.0	20	47.2	175	350	835	3.50	10.50

注:试件尺寸 φ15×30 cm,矿渣水泥,粗骨料为碎石。细骨料为河砂与海砂混合,但混凝土中 Cl^- 含量低于 0.20 kg/m³。

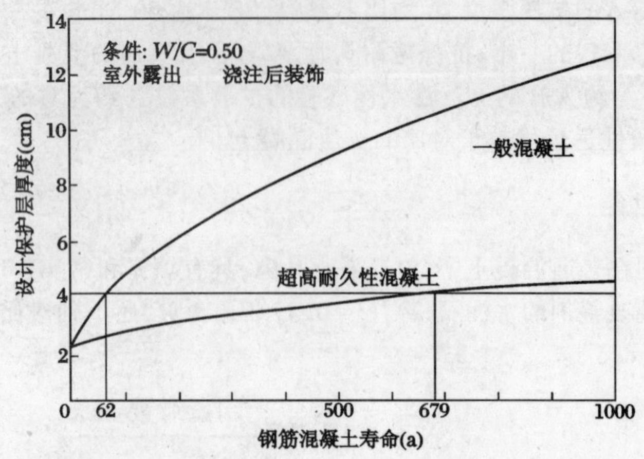

图 15.3.3　耐久性寿命预测

第四节　结　论

高性能混凝土技术的发展,混凝土的耐久性与强度均大幅度提高。但高性能混凝土仍存在着脆性、自收缩裂纹及继续水化产生的裂纹等。解决这些问题,高性能混凝土技术将得到进一步完善。

近年来,由于河砂、河卵石的资源减少,碎石的应用使混凝土用水量增大。从钢筋混凝土结构物延长寿命,节约天然资源,减少混凝土废弃物,保存人类环境等方面出发,研制与开发超高耐久性混凝土,提高混凝土耐久性的技术越来越重要了。

参考文献

1. 大滨嘉彦(1992)"手段を尽ばここまで高强度にたゐ——高强コンクリートの限界"セメントコンクリート,08,1992.
2. 日本建築学会(1991)"State of the Art Report on High strength Concrete."昭和工業写真印刷所(株)
3. U. Guse, and H. K. Hilsdorf, "Surface cracking of High Strength Concrete"High Performance concrete P.69~89F. H. Wittmann 1995
4. T. C. Powers, "The physical stracture and Engieering Properties of Concrete."Portland Cement Associatin, Bulletion No.90, 1958.
5. B. HLLEMEIER. M. SCHRODER"水灰比 0.3 的高性能混凝土的耐久性差吗?"高性能混凝土耐久性 冯乃谦、丁建彤等译 . 中国科学出版社 1997 年 .
6. 柳桥邦生,吉罔保彦,齐藤俊夫:"超高耐久性混凝土"コンクリート Vol.32. No.7 1994.7

第十六章　高性能混凝土配合比设计

高性能混凝土(HPC)的主要技术要求是耐久性。具有长的使用寿命。如何根据耐久性要求,进行HPC的配合比设计,是本章讨论的问题。

第一节　HPC所处的环境及技术要求

HPC是在一定的环境条件下工作的。因此,需要研究不同环境对HPC性能的影响,如氯离子渗透、硫酸盐侵蚀以及碳化速度等,是对HPC化学侵蚀的主要因素,要分别研究、综合考虑其影响,才能正确地对HPC进行配合比设计。

混凝土的耐久性和使用寿命,对混凝土材料本身来说,意义是较小的。更多的是对于制品;也即用HPC制成的钢筋混凝土构件。提高使用寿命,除了考虑HPC的组成成分及其结构外,更重要的是考虑HPC结构构件的耐久性。也就是钢筋在混凝土中的劣化与寿命问题。

海洋工程混凝土及其制品的劣化,主要是由于Cl^-扩散渗透,造成钢筋锈蚀、劣化、失效的结果。抗Cl^-扩散渗透是HPC配合比设计要考虑的主要问题。

而在酸雨地区、工厂废水及有些隧道函洞渗水,都含有大量SO_4^{2-},在这样的环境条件下工作的HPC构件,抗硫酸盐腐蚀是配合比设计的关键。

而地面上的钢筋混凝土结构,地下的钢筋混凝土基础,如果没有酸性介质的腐蚀,碳化是HPC配合比设计要考虑的主要问题。

环境条件对HPC构件的侵蚀与腐蚀,往往是综合因素同时作用的结果。因此,除了考虑单因子的侵蚀作用,进行配合比设计外,还需要进一步检验综合因素作用下的效果。

第二节　按Cl^-渗透性进行HPC配合比设计

根据混凝土的Cl^-渗透性进行配合设计的主要依据有:

1. ASTMC1202方法。按混凝土6小时通过总电量(库仑),确定Cl^-渗透性。一般希望通过总电量<500库仑,Cl^-渗透性属于非常低范围或可忽略的程度。

2. 计算Cl^-扩散系数。可按以下公式进行:

$$Y = 2.57765 + 0.00492X$$

Y——Cl^-扩散系数($\times 10^{-9}\ cm^2/s$)

X——6小时通过总电量(库仑)

3. 预测混凝土的使用寿命

根据Cl^-扩散系数、海洋环境条件、钢筋保护层厚度,预测HPC钢筋寿命。

4. 基本参数

(1) 水灰比与HPC强度等级

水灰比	强度等级
0.35～0.38	C50
0.32～0.34	C60
0.30～0.32	C70
0.30～0.28	C80

(2) 超细粉与HPC导电量

水灰比	强度等级	水泥＋超细粉		导电量(库仑)	
				28 d	90 d
0.35～0.38	C50	300	SG200	1639	700
		350	FA150	1974	700
		460	SF40	1148	500
0.32～0.34	C60	330	SG220	1450	550
		485	FA165	1798	500
		506	SF44	1100	500
0.30～0.32	C70	330	SG220	1340	500
		485	FA165	1700	450
		506	SF44	1000	450
0.30～0.28	C80	360	SG240	1223	400
		420	FA180	1600	400
		552	SF48	950	400

注:SG为矿渣超细粉,比表面积6000 cm^2/g;

FA为Ⅰ级粉煤灰;

SF为硅粉。

在耐久性设计时,建议按90 d取值。

5. 实例:某港工混凝土要求HPC的使用寿命100年以上,强度等级大于C60。泵送施工。要求进行配合比设计。

工地提供的原材料如下:

(1) 水泥　525[#]普硅水泥;

(2) 超细粉:SF,FA(Ⅰ级灰),SG(比表面积6000 cm^2/g);

(3) 氨基磺酸系高效减水剂;

(4) 粗骨料-石灰石碎石,比重2.65,容重1480 kg/m^3,粒径5～25 mm,级配合格;

细骨料-河砂,中砂,比重2.65,容重1450 kg/m^3。

(5) 自来水。

解:根据设计要求 C60,使用寿命 100 年;以及提供的原材料,进行 HPC 配比设计。

(1) 水灰比确定

强度等级 C60→$W/C \doteq 0.33$

(2) 胶凝材料用量 500 kg(其中水泥 300,SG200)

(3) 用水量 $W = 500 \times 0.33 = 165$ kg

(4) 砂(S)碎石用量(G)通过假设容重法求解

$C + W + S + G = 2450\ kg/m^3$

砂率:$\frac{S}{S+G} \times 100\% = 38 \sim 42\%$

选择砂率时,应通过不同砂率值 38%,40%,42%,作流动度试验,选流动性优者的砂率。本例选砂率 40%

则:$S + G = 2450 - 500 - 165 = 1785$

$(S/S+G) = 40\%$

$S = 1785 \times 40\% = 714$

$G = 1785 - 714 = 1071$

初步得出单方混凝土的各种材料用量:

水泥 300 kg,矿渣超细粉 SG200 kg,

水 165 kg,砂 714 kg,碎石 1071 kg。

混凝土泵送施工,坍落度 16~18 cm,外掺氨基磺酸系高效减水剂 1.4%(折合成粉剂)。

试配:进行流动性、耐久性及强度试验。流动性需要满足施工泵送要求,强度需要进行 3 d、7 d、28 d 抗压强度试验;耐久性则在 28 d 及 90 d 龄期时,按 ASTMC1202 方法,测定 6 小时通过的总电量,判断其 Cl^- 渗透性。

试配时,如果流动性不满足要求,则通过调整外加剂掺入量,使坍落度增大或减少,以满足设计要求。坍落度损失通过氨基磺酸盐系减水剂加以控制。强度则通过调整水胶比得到满足。耐久性则通过调整超细粉的数量与质量得到满足。

通过试验试配及 Cl^- 渗透性检测,结果如下:坍落度 18~20 cm,抗压强度:3 d,56 MPa;7 d,65.0 MPa;28 d,74.5 MPa。6 hr 总导电量:28 d,1440 库仑;90 d,500 库仑。按照公式 $Y = 2.57765 + 0.00492X$ 计算 Cl^- 扩散系数:

$$Y = 2.57765 + 0.00492 \times 1440 = 9.6624 \times 10^{-9}\ cm^2/s\ (28\ d)$$

$$Y = 2.57765 + 0.00492 \times 500 = 5.0376 \times 10^{-9}\ cm^2/s\ (90\ d)$$

参考西班牙马德里建筑水泥科学研究所 C.Andrade 和 M.A.Sanjuan 的研究结果。他们认为,通过迄今为止进行的各种试验可以确认:普通混凝土 Cl^- 扩散系数 D 取决于配合比、水泥品种及养护条件等,取值范围的下限为$(0.3 \sim 0.5) \times 10^{-8}\ cm^2/s$,上限超过 $10 \times 10^{-8}\ cm^2/s$。HPC 的 D 值上限大约为$(3 \sim 5) \times 10^{-8}\ cm^2/s$。预测混凝土在特定环境下的使用寿命,需要用到 Fick 第二定律,并假设:(1) 海水环境(Cl^- 浓度为 0.5 M);(2) 保护层厚 2~3 cm,Cl^- 扩散系数 D 值为 $0.5 \times 10^{-8}\ cm^2/s$,此时钢筋混凝土的使用寿命为 75 年。现在本例子中的 Cl^- 扩散系数为 $0.50376 \times 10^{-8}\ cm^2/s$,如上述条件,则使用年限也为 75 年。现要求 100 年以上,有 2 个途径:1. 是进一步降低水胶比,适当扩大超细粉掺量。2. 是把钢筋保护层由原来 3 cm 扩大加厚到 5 cm,这时也可以满足 100 年的要求。但保护层太厚对结构受力也会产生问题,只能在一定范围内增加保护层厚度。

6. 参考资料

1) 根据日本笠井芳夫等人试验结果,不同水灰比,不同掺合料混凝土的 Cl^- 扩散系数如下:

掺合料		水胶比	Cl^- 扩散系数($\times 10^{-8}$ cm^2/s)
1. 基准混凝土			2.50
2. 矿渣(4500 cm^2/g,30%)			1.50
3. 矿渣(4500 cm^2/g,55%)			1.50
4. 矿渣(4500 cm^2/g,65%)		0.40	1.00
5. 矿渣(6000 cm^2/g,55%)			1.00
6. 矿渣(8000 cm^2/g,55%)			1.00
7. 硅粉	10%		0.50
8. 基准混凝土			1.50
9. 矿渣(4500 cm^2/g,55%)		0.30	1.00
10. 矿渣(6000 cm^2/g,55%)			0.50

由此可见,Cl^- 扩散系数首先是混凝土中的水胶比,然后是掺合料的品种、数量与细度。

2) 挪威方面资料

(1) 针对加拿大公路桥梁破坏的主要原因是化冰盐渗透引起的钢筋锈蚀和冰融引起的劣化;突出了对 HPC 要求的低渗透性和高抗冻性。配合比设计如下表 16.2.1。硬化混凝土性能如表 16.2.2。

表 16.2.1 混凝土配合比

	HPC 试验项目——20 号公路桥	HPC 试验项目——407 公路桥
胶凝材料	450 kg	430 kg
硅酸盐水泥	414 kg	297 kg
硅　粉	36 kg	28 kg
矿　渣	0	105 kg
水胶比	0.32	0.32

表 16.2.2 硬化混凝土性能

28 d 压强(MPa)	80.1	70
标准差(MPa)	4.2	–
含气量(%)	4.5	5.4
气泡间隔系数(mm)	0.212	0.179
Cl^- 渗透(ASTMC1202)	758 库仑	549 库仑
平均吸水率(真空处理)	22.7	19.2
(60~90 d,6 点平均)	10^{-3} $mm/min^{1/2}$	10^{-3} $mm/min^{1/2}$ *
电阻率(埋入碳/不锈钢探针)	40	39
(60~90 d,4 个点平均)	ohm×10^3	ohm×10^3

* 407 公路桥 30 MPa 普通混凝土吸水率 49.6×10^{-3} $mm/min^{1/2}$,电阻率 5.1 ohm×10^3。

由此可见,水胶比相同(0.32),20号公路桥混凝土胶凝材料用量450 kg(其中水泥414,硅粉36);407公路桥混凝土胶凝材料用量430 kg(其中水泥297,硅粉28,矿渣105)。后者的6小时总电量及平均吸水率均较前者低。说明矿渣与硅粉复合,取代混凝土中30%的水泥,具有较好效果。

而且吸水率为普通混凝土的一半以下,而电阻率则是普通混凝土的8倍左右,意味着HPC具有优良的护筋性。

根据ASTMC1202或AASHTOT227对混凝土的分类大致如下表16.2.3。

表16.2.3 快速Cl^-渗透试验

通过电量(库仑)	Cl^-渗透性	典型混凝土种类
>4000	高	高水灰比(>0.6)普通混凝土
2000～4000	中	中等水灰比混凝土(0.5～0.6)
1000～2000	低	低水灰比(0.4以下)普通混凝土
100～1000	非常低	低水胶比,掺硅粉5～15%混凝土,乳胶改性混凝土
<100	可忽略不计	聚合物混凝土,掺硅粉15～20%的低水胶比混凝土

(2) 加拿大联盟大桥HPC耐久性

在Canadian Journal of Civil Engineering杂志(1997.12)中,介绍了该桥的有关资料如表16.2.4。

表16.2.4 联盟大桥HPC配比及性能

混凝土性能及配比要求		HPC配合比	
dod强度	60 MPa	水泥	430 kg/m^3
胶结料	≥450 kg/m^3	粉煤灰	45 kg/m^3
水泥	10SF(含7.5%硅粉)	砂	704 kg/m^3
粉煤灰	≤10%	碎石	1029 kg/m^3
含气量	5～8%	水	145 kg/m^3
坍落度	180±40 mm	减水剂	液体1742 g/m^3
水胶比	≤0.34	高效减水剂	液体3076 g/m^3
渗透性	<100库仑	引气剂	按要求掺入

按上述配比施工应用,6个月混凝土Cl^-扩散系数$\leqslant 4.8\times10^{-13}\ m^2/s$,比普通混凝土低10～30倍。6个月龄期混凝土电阻率470～530 ohm－m范围,而普通混凝土电阻率只有50 ohm－m左右。

关键是采用HPC,而且保证混凝土的水养护。采用水养护、薄膜养护及模内养护5 d。

(3) HPC应用实例

表16.2.5是国外HPC施工应用的实例。

表 16.2.5 国外 HPC 应用实例

类型	名称与地点	施工年份	混凝土组成
高层建筑			
地面 24 层地下 4 层停车场	比利时布鲁塞尔欧州议会 D_3 会议大厦	1992/93	C80 水泥 450 kg/m^3 硅粉 45 kg/m^3 超塑化剂 12.8 l/m^3 碎石 1080 kg/m^3 河砂 790 kg/m^3
68 层建筑高强混凝土柱	加拿大多伦多 Scotia 广场高层	1983/86	C70 水泥 338 kg/m^3 粉煤灰 94 kg/m^3 硅粉 37 kg/m^3
高强柱	美国西雅图太平洋第一中心大厦	1989	120～130 MPa Ⅰ型水泥 535 kg/m^3 粉煤灰 60 kg/m^3 硅粉 40 kg/m^3 砂 620 kg/m^3 10 mm 骨料 1020 kg/m^3 水 130 kg/m^3 超塑化剂 9.5 l/m^3 液凝剂 2.4 l/m^3
高速公路路面			
高速公路路面	挪威	1992/93	抗压强度 82～84 MPa 水泥 390～414 kg/m^3 硅粉 15～17 kg/m^3 水胶比 0.38
80 mm 厚桥面	挪威 Raanaasfoss 大桥	1989	平均强度 110 MPa 水胶比 0.34 钢纤维 50 kg/m^3 硅粉混凝土

第三节 硫酸盐腐蚀条件混凝土配合比设计

硫酸盐对混凝土的破坏主要有钙矾石结晶型和石膏结晶型 2 种类型。Cl^- 的存在将显著缓解硫酸盐破坏程度和速度。因 Cl^- 的渗透速度大 SO_4^{2-}，Cl^- 与水化铝酸钙反应生成 $3CaO \cdot Al_2O_3 \cdot CaCl_2 \cdot 10H_2O$(单氯硫酸钙)和 $3CaO \cdot Al_2O_3 \cdot CaCl_2 \cdot 32H_2O$(三氯铝酸钙)使硫铝酸钙失去形成条件。

1. 硫酸盐和镁盐对混凝土腐蚀

硫酸盐较广泛地存在于土壤、地下水、海水和工业污水中。硫酸盐是否能渗入混凝土与水泥中的 C_3A 含量和水化过程产生的 $Ca(OH)_2$ 量，环境潮湿程度有关。

2. 抗硫酸盐混凝土及其试验

表 16.3.1 硫酸盐和镁盐对混凝土腐蚀等级

介质组分	指 标	SO_4^{2-} 对不同结构的破坏等级		
		钢筋混凝土	素混凝土	砖砌体
SO_4^{2-} 含量(mg/L)	>4000	强	强	强
	1000～4000	中	中	中
	250～1000	弱	弱	弱
Mg^{2+} 含量(mg/L)	>4000	强	强	强
	3000～4000	中	中	中
	1500～3000	弱	弱	弱

表 16.3.2 抗硫酸盐试验的混凝土配比及试验方法

组成材料 \ 混凝土品种		硅粉混凝土	胶乳酸性混凝土	低水灰比混凝土
水泥	kg/m^3	400	400	490
细骨料(砂)	kg/m^3	890	1015	875
粗骨料(卵石,12 mm)	kg/m^3	890	675	875
水	kg/m^3	132	140	160
外掺		40 kg/m^3 硅粉	64 kg/m^3 乳胶*	减水剂
水胶比		0.33	0.35	0.33
含气量	%	4.1	5.6	1.5
28 d 强度	MPa	70	57	64
试件浸渍前养护条件		水中 6 d,再在 50% RH、20℃养护 6 周	50%RH 20℃养护 7 周	同硅粉混凝土
试验方法		将 ϕ45×90 mm 试件分别浸于 20℃ 1% HCl、1% H_2SO_4、1%乳酸和 5%醋酸溶液,每周换一次,用钢丝刷刷去试件表面受腐蚀疏松层,清洗试件和称重,当失重达 25%时,认为破坏。		

*. 丁苯胶乳胶液,加入量指固体含量。

试验结果如图 16.3.1 所示。低水灰比混凝土与含乳胶混凝土均比含硅粉混凝土的破坏时间早。

硅粉能有效地减少混凝土中的 $Ca(OH)_2$ 含量,同时大幅度降低混凝土的渗透性,防止有害硫酸盐渗入混凝土。因此硅粉混凝土抗硫酸盐腐蚀性能非常优良。图 16.3.2 可见,掺 10%的硅粉的普硅水泥的抗硫酸盐侵蚀性能比抗硫酸盐水泥性能还好。

由此可见,如果配制抗硫酸盐混凝土,可采用外掺硅粉 10%,能得到抗硫酸盐非常优良的混凝土。

采用低钙粉煤灰等量置换混凝土中的水泥,外掺 2.0%的防腐剂及高效减水剂,可以抵抗硫酸盐含量(SO_4^{2-} 含量)>4000 mg/L 的强腐蚀。

矿渣超细粉(6000 cm^2/g),对混凝土中水泥置换率 65～70 %以上时,与采用抗硫酸盐水泥配制的混凝土,具有相同的抗硫酸盐效果。

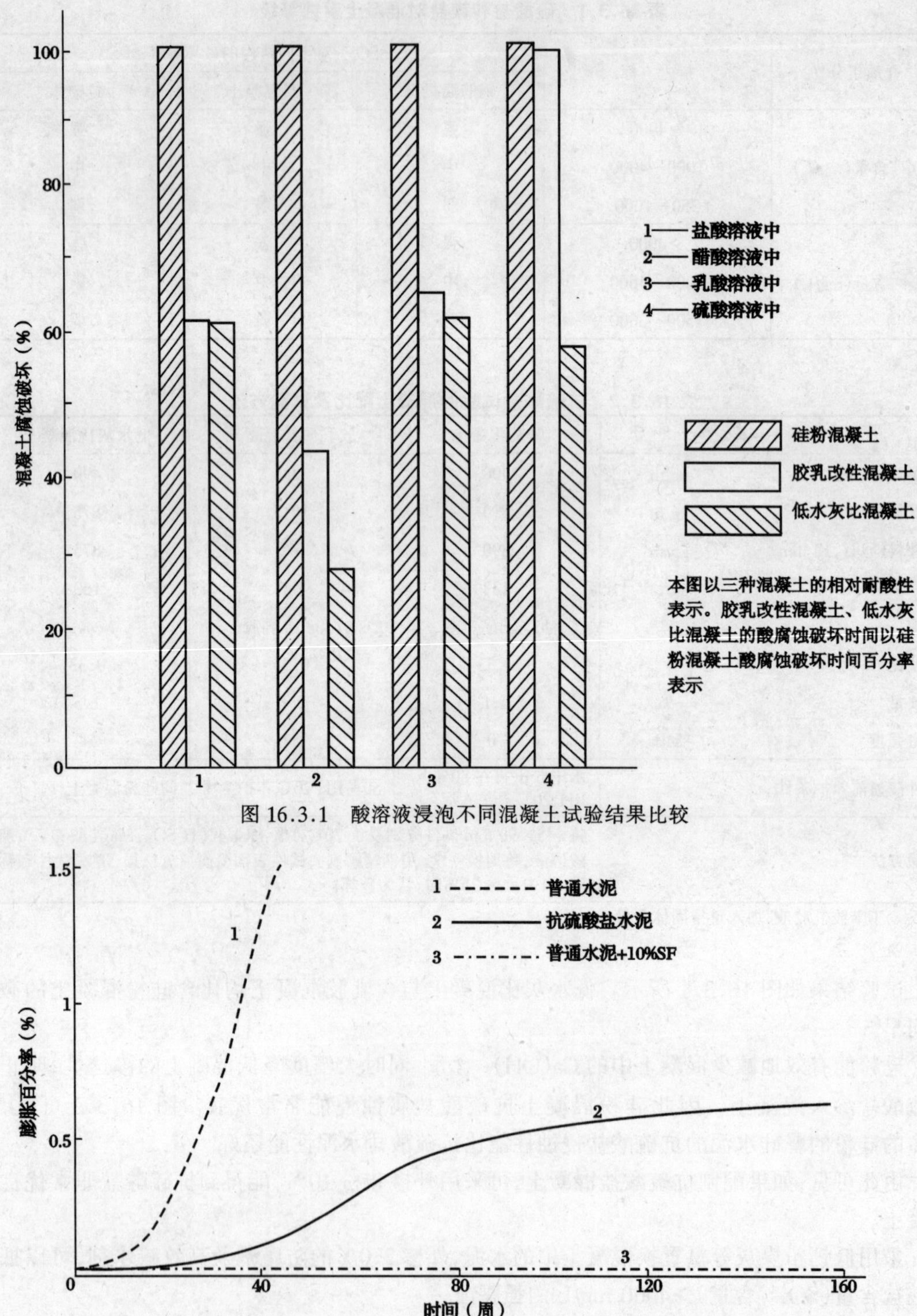

图 16.3.1　酸溶液浸泡不同混凝土试验结果比较

图 16.3.2　硅粉对普通水泥抗硫酸盐腐蚀作用

第四节 抗碳化的HPC配合比设计

由于碳化作用,本来高碱性的混凝土内部的碱度降低了。如果碳化达到混凝土中钢筋附近,钢筋会因钝化膜破坏而受到腐蚀。如果水分适度,由于碳化而造成钢筋腐蚀,在碳化深度离钢筋数 mm 处就开始了。

混凝土碳化速度,与混凝土使用的材料、配合比、施工技术,以及环境的温湿度、CO_2 浓度等有关。

图 16.4.1 是混凝土抗压强度与碳化进行速度关系。抗压强度越大,碳化进行速度降低。碳化速度能通过抗压强度评价是工程学里面的重要问题。

$$y/\sqrt{t}=1.024-0.157\sqrt{f'_{28}}$$

式中:y——碳化深度(mm)

t——龄期(天)

f'_{28}——28 d 抗压强度(MPa)

相关系数 $r=0.888$

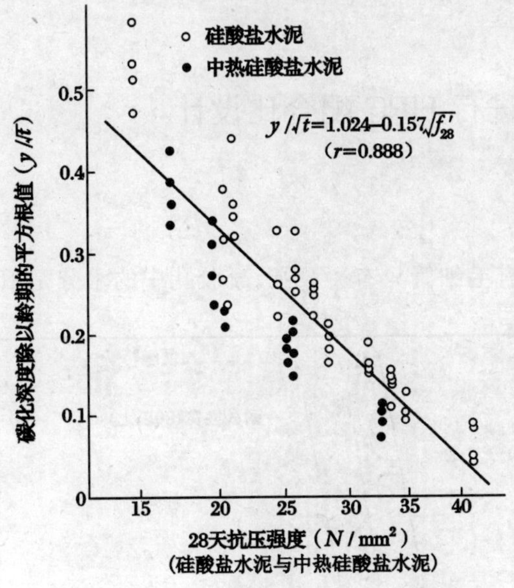

图 16.4.1 28 d 抗压强度与碳化速度关系

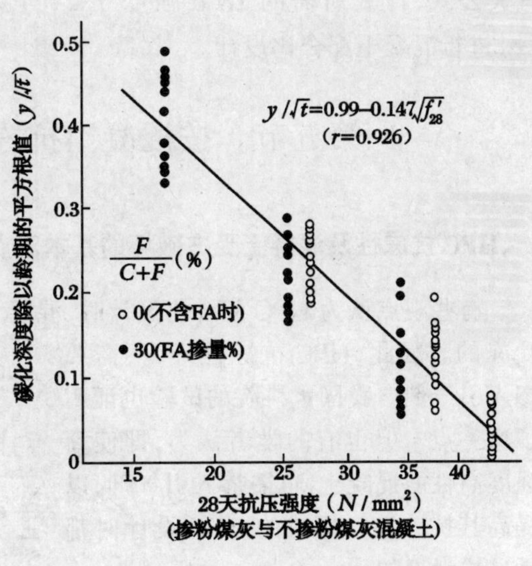

图 16.4.2 抗压强度与碳化速度的关系

掺粉煤灰混凝土,由于粉煤灰的利用,混凝土中 $Ca(OH)_2$ 的数量降低,对碳化的抑制是不利的。但另一方面由于粉煤灰的火山灰反应,使混凝土的结构致密,能有效地降低碳化速度。抗压强度与碳化速度的关系如图 16.4.2 所示。与不掺粉煤灰的混凝土相同。

$$y/\sqrt{t}=0.99-0.147\sqrt{f'_{28}} \qquad (相关系数\ r=0.926)$$

y——碳化深度(mm)

t——混凝土龄期(d)

f'_{28}——28 d 抗压强度(MPa)

对于矿渣超细粉的混凝土,如果早期养护不好,抗压强度低,碳化速度快。因此,必须确保充分养护,在潮湿环境下养护的矿渣超细粉混凝土,其碳化速度与粉煤灰混凝土相同。比表面积 8000 cm^2/g 的超细矿渣掺入混凝土中,强度发展与基准混凝土相同,但 $Ca(OH)_2$ 消耗太大。难以用抗压强度评价碳化速度。如图 16.4.3 所示。

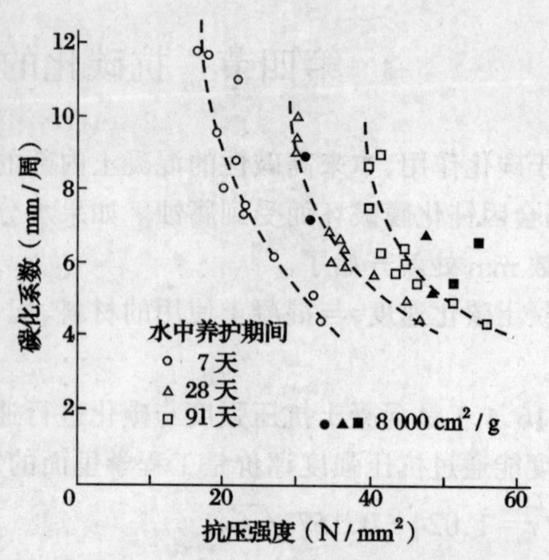

图 16.4.3 抗压强度和碳化速度关系

(含超细矿渣混凝土)

含硅粉混凝土,硅粉对水泥取代率 10% 时,与基准混凝土相同,含硅粉混凝土一般水胶比较低,碳化很难。

如果粉煤灰、矿渣等掺量超过 30% 时,混凝土的碳化速度明显增大。

由上述可见,设计抗碳化的混凝土配合比,可根据保护层厚度(碳化深度)要求,根据有关公式,计算所需的 28 d 强度 f'_{28},再按 f'_{28} 进行混凝土配合比设计。

第五节 按混凝土抗冻性进行 HPC 配合比设计

一、HPC 抗冻性及混凝土受冻破坏的基本观点

有些观点认为 HPC 配合比设计时,混凝土没有毛细管只有凝胶孔,凝胶孔中的水分是不受冻的。因此,HPC 抗冻性好,不需要掺入引气剂。我国水科院的试验也证明了这一点。但也有的学者认为,即使高强度高性能混凝土,也需掺入引气剂,以提高其抗冻性。挪威的 HPC 设计时都是这样考虑的。

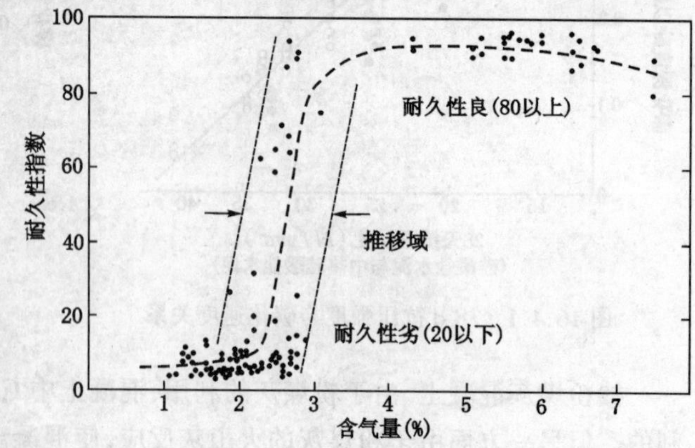

图 16.5.1 含气量与抗冻性关系

在混凝土中,抗冻性重要的是气泡特性,而不是含气量的绝对值,即气泡间隙系数是影响混凝土抗冻性的主要因素。为了达到良好的抗冻性,推荐的气泡间隔系数为 200~250 μm。图 16.5.1 是改变水泥量、水灰比及含气量,用不同骨料制成混凝土的抗冻性,仅仅以含气量作为指标的实例。也就是说含气量应当在 3.5% 以上,混凝土才具有良好的抗冻性。

按 ASTMC666-A 进行冻融循环试验时,发现硅粉混凝土需要的气泡间隔系数比普通混凝

土要求的低得多。Carette 认为混凝土中有一个临界的硅粉含量,以获得耐久的含气量混凝土,这个临界值是 10%。

当混凝土强度与含气量保持为一个常数时,掺入矿渣可以稍微改善抗冻性。但是,以部分矿渣代替水泥,如果不掺引气剂,抗冻性是不能改善的。

含粉煤灰混凝土,如果非引气,使用除冰盐时,经≤50 冻融循环时,就出现严重剥落。41 MPa 含粉煤灰混凝土,含气量 3.5%,经 300 次冻融循环后仍很完好。

二、抗冻融的 HPC 设计

HPC 配合比设计时,必须掺入引气剂,使含气量达 3.5% 以上。但混凝土中含气量增加 1% 时,强度降低 3~5%。因此,HPC 配合比设计时,必须考虑引气剂对强度降低的影响;比非引气混凝土强度提高 10~15%。

以硅粉 10%、粉煤灰 20~30%、超细矿渣 20~40% 等量取代混凝土中的水泥,这样 HPC 既能抗冻融破坏,又能除冰盐的侵蚀。

HPC 抗 Cl^- 渗透及抗冻性,抗硫酸盐腐蚀以及抗碳化,这是 HPC 抵抗物理化学侵蚀的主要方面。对于抗 Cl^- 渗透及抗硫酸盐腐蚀,都希望提高超细矿渣或粉煤灰的掺量,但这与抗碳化有矛盾。但是,如上所述,混凝土的碳化速度与抗压强度有关。一般 HPC 均为 C60 以上,也即其 28 d 抗压强度 70 MPa 以上。按以上有关公式计算出现负值,也即不受碳化影响。

也即 HPC 抗碳化配合比设计,只要其强度等级≥C60 时,不需要特别考虑。

参考文献

1 土木學會　シリカフエームを用ひたコソクリートの設計·施工指針(案),コンクリートライブラリー,No.80,1995.10.

2 長瀧重義,大賀宏行:FAを混和したコソクリートの中性化と上铁筋の發锖に関する長期試験研究(その Ⅲ),東京工業大學土木工學科研究報告,No.38,pp.15~30,1987.12.(其中“發”的日文显示不出,暂用此字代替)

3 小林一輔:コンクリートの炭酸化に関する研究,土木学会論文集,NO.433,V-15,pp.1~14,1991,8.

4 長瀧重義等:高炉スラグ微粉末を混和したコンクリートの中性化,高炉スラグ微粉末のコンクリートへの適用に関するシンポジワム論文集,pp.143—150,1987.3.

5 挪威埃肯集团公司:在海洋与化冰盐环境中混凝土构筑物的钢筋防锈技术对策　1999 年 4 月

6 挪威埃肯集团公司:应用微硅粉配制高强高性能混凝土和低回弹喷射混凝土,1999 年 5 月

7 Adam Neville & pierre-Claude Aitein High performance Concrete-An overview, Materials and structures vol.31,1998, March, pp111—117

8 冯乃谦、丁建彤等译 .H. 索默编　高性能混凝土的耐久性　科学出版社　1998

9 冯乃谦:建筑工程材料,中国建材工业出版社,1992.12 月

第十七章　普通混凝土高性能化

普通强度等级的混凝土在结构形成过程中,由于泌水与离析,产生内分层与外分层。采用5～10 mm的豆石取代15～20%的粗骨料,调整其级配,降低空隙率,并以复合超细粉取代混凝土中的部分水泥,降低单方混凝土的用水量和水泥浆用量,使普通强度等级的混凝土性能提高,使用寿命延长,这称之为普通混凝土高性能化。试验证明,高性能化后的普通混凝土,与原来的基准混凝土相比,强度和流动性大体相同,但泌水量明显降低,结构粘度提高,混凝土的结构均匀性得到明显改善,Cl^-扩散系数大大降低,使用寿命由原来的40年延长到70年,达到了高性能化。

第一节　引　言

当前国内外大量研究与生产应用的高性能混凝土,属于高强度高性能混凝土。作者对高性能混凝土的定义是具有高的强度、高的体积稳定性与长的使用寿命,水灰比≤0.38,水泥石中只有凝胶孔没有毛细孔,抗渗性高。针对不同的使用环境,可以用矿物质超细粉(如硅粉、超细矿渣、超细粉煤灰或超细天然沸石粉)取代混凝土中部分水泥,提高混凝土的抗渗性与耐久性。高性能混凝土的用水量一般较低,必须采用新型减水剂,使其获得高的流动性,并具有控制坍落度损失的功能,保证混凝土的施工浇注和密实成型。

在国外,强度140 MPa的高性能混凝土已得到应用,强度230 MPa的高性能混凝土也已试验应用。但是,这种水胶比很低(≤0.23)的混凝土,更容易出现自收缩开裂及进一步水化开裂,这是高强度、高性能混凝土必须要进一步解决的技术关键。

但是,目前国内外大量使用的还是普通强度的混凝土。全世界混凝土浇筑量约28亿m^3,而中国大陆就占去了45%,中国大陆混凝土年产量约13亿m^3,其中大约95%以上属C20、C30、C40强度等级的普通混凝土,其使用寿命一般为40～50年。如何使这些混凝土获得高性能、高耐久性,使用寿命由原来的40～50年提高到70～80年,这对省资源、省能源以及节省资金均有重大的意义,而且也可以减少混凝土及钢筋混凝土过早毁坏而带来的环境污染。从材料科学的角度来看,混凝土的耐久性主要受其组成成分、内部结构及性能所制约。本文从研究与分析普通混凝土的结构形成入手,合理调节各组分,掺入特种矿物质超细粉,使普通混凝土获得了高性能与高耐久性。

第二节　普通混凝土的结构形成及其特点

混凝土的结构表示为混凝土中气、液、固三相的比例及空间相互关系。由于物理化学、物理力学的作用,引起此三相在数量与形态上的变化,而形成一定的空间相关关系的过程,称为混凝土结构形成过程。

普通混凝土浇注成型后,在未凝结前,由于重力作用而产生沉降时,对结构的均匀性有很大影响。由于粗骨料的表观密度较水泥浆大,会往下沉,把砂浆往上挤,最后形成粗骨料在底下,水与水泥浆浮在混凝土上部,这称之为外分层(图 17.2.1)。在粗骨料与细骨料之间的区域里,也会发生沉降作用,小石子沉积在下层粗骨料的上方,水分浮至上层粗骨料的下面,停滞不动,形成“水囊”,此现象称为内分层,如图 17.2.2 所示。水分较多,流动性大的混合物,分层现象比较严重。

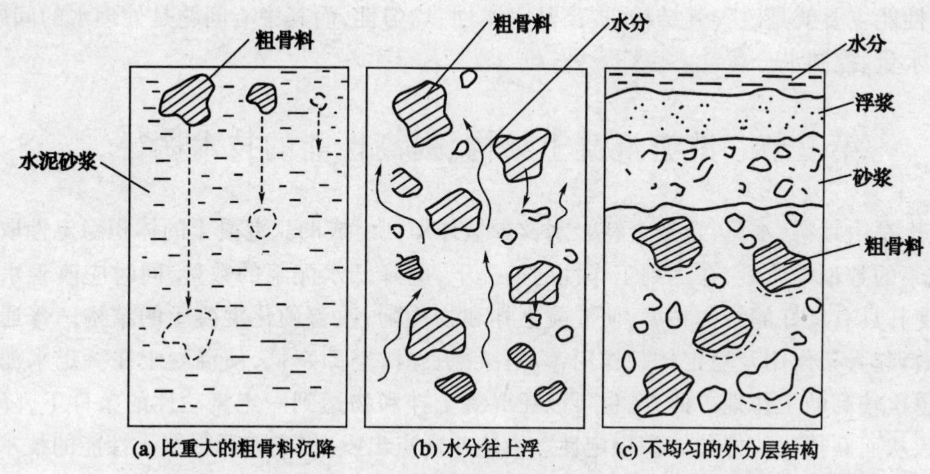

图 17.2.1　外分层

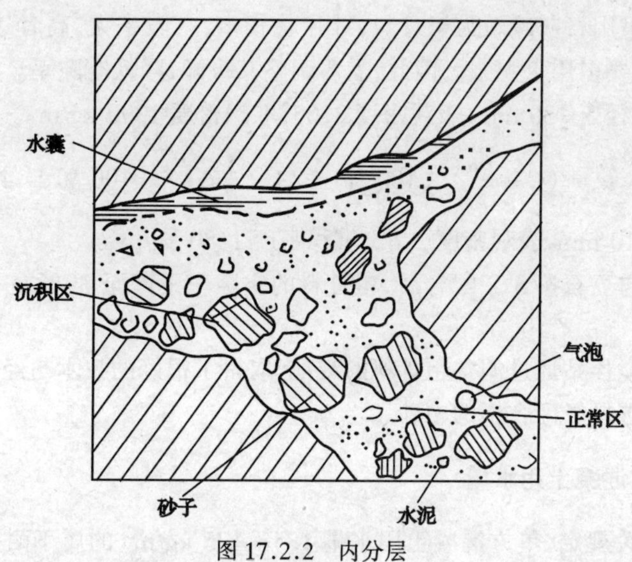

图 17.2.2　内分层

吸附现象也会引起结构不均匀。骨料表面有较高的自由能,力图吸附水泥粒子来降低表面能。因此,骨料之间的水泥浆稀稠度也是不均匀的。靠近骨料表面,水泥粒子及水化产物被吸附较多，粘度较大，W/C 较小，硬化后强度也较大；离骨料表面远，则粘度较小，W/C 较大。如果骨料之间距离很近，骨料表面的分子引力场都能彼此达到对方的表面，吸附作用就应减弱，以至粘度、W/C 变化较均匀。

硬化过程中，多余的自由水分蒸发而形成的细小毛细孔，以及由于泌水而形成连通毛细孔，往往垂直于蒸发面及平行于重力方向。内分层形成的“水囊”，在水分蒸发后，形成较粗空腔。胀缩会引起体积不均匀变化，引起裂缝的产生。水泥水化收缩产生内部的孔隙约占水泥石总体积 10%左右，占混凝土的 2%左右，这也会形成细小的裂缝。

混凝土结构的均匀性与密实性，对混凝土的抗渗性、耐久性和强度均有很大的影响。提高混凝土的性能主要就是改善其结构，提高其密实性、均匀性，而其中心问题是处理水的问题，如降低自由水量、控制水分运动。

第三节　改善混凝土结构、提高性能的技术途径

混凝土是由骨料、水泥(含掺合料)、水及少量外加剂组成的。混凝土的体积稳定性取决于其中水泥浆的数量与质量，在达到工作性的前提下，应降低水泥浆的数量，同时应改善水泥浆的组成，使其具有良好的结构粘度，使混凝土拌和物均匀，改善硬化混凝土的结构。普通混凝土中的骨料起骨架作用及稳定体积作用，应是级配良好，空隙率低，使混凝土在一定水泥浆用量下，获得比较高的工作性。此外，也可以在混凝土拌和物达到一定流动性的条件下，降低水泥浆用量，从而获得比较好的体积稳定性。由这些观点出发，提高普通混凝土性能的技术途径归纳如下：

一、改善骨料级配，降低空隙率

我国目前大量采用石灰碎石为粗骨料，针片状较多，空隙率大，高者达 53%，用这样的骨料配制混凝土，必定要多用水泥浆。因此，需要调整其级配，降低空隙率。例如：

石灰石碎石：粒径 5～30 mm，表观密度 2.65，堆积密度 1390 kg/m^3

$$\text{空隙率}\ p = (1 - \frac{p_0}{p}) \times 100\ \% = (1 - \frac{1.39}{2.65}) \times 100\ \% = 47.5\ \%$$

豆石：粒径 5～10 mm，表观密度 2.62，堆积密度 1480 kg/m^3。

将石灰石碎石与豆石按 8∶2 配合后，粗骨料的空隙率下降至 39%左右，比原来的空隙率降低了 8.5%。

深圳市建厂局搅拌站通过调整粗骨料的级配，取得了很好的技术与经济效果。

对细骨料也要选择级配合格的中砂。

二、合理的选择单方混凝土用水量

参照日本的有关规定，单方混凝土用水量 185～175 kg/m^3 的属于耐久性混凝土，用水量 175 kg/m^3 以下属于高耐久性混凝土。C20、C30 混凝土采用 180～185 kg/m^3 的用水量，C40、C50 混凝土采用 175 kg/m^3 左右的用水量，通过对外加剂的质量和掺量进行调整，使混凝土拌合物的工作度满足要求。

三、胶凝材料用量

根据混凝土强度等级不同，胶凝材料用量建议如下：

C20≤350 kg/m³，其中 C=200 kg，Ad≤150 kg；

C30≤400 kg/m³，其中 C=250 kg，Ad≤150 kg；

C40≤450 kg/m³，其中 C=300 kg，Ad≤150 kg；

C50≤500 kg/m³，其中 C=350 kg，Ad≤150 kg（C 为水泥，Ad 为超细粉）。

胶凝材料用量中，水泥与矿物质超细粉的比例，按水泥品种与标号（文中所谈的是 525# 普通硅酸盐水泥）以及超细粉的品种与质量来定。

关于超细粉，有填充性超细粉与填充分散性超细粉两种。前者如硅粉，掺入水泥中，填充水泥空隙，使水泥石的密实度提高，抗渗性与耐久性提高。后者如矿渣超细粉，掺入水泥中，不仅填充水泥空隙，而且使水泥粒子分散，增大水泥浆体的流动性。

本研究采用的是复合超细粉，以这种超细粉取代混凝土中 30% 左右的水泥，使混凝土在不增加用水量的情况下，具有较好的流动性和结构粘度，不产生泌水，混凝土拌和物具有好的匀质性。

图 17.3.1　普通混凝土高性能化

通过上述措施，可使普通混凝土获得高的抗渗性与耐久性，即达到高性能化。归纳如图 17.3.1 所示。

第四节　实　　例

以 C40 混凝土配合比为例，高性能化前后配合比如表 17.4.1 所示。其中水泥为 525# 泰立牌普通硅酸盐水泥；粗骨料为石灰石碎石，粒径 5～25 mm，表观密度 2.65，堆积密度 1320 kg/m³；豆石，粒径 5～10 mm，表观密度 2.65，堆积密度 1400 kg/m³；砂的细度模量 M_K=2.6，表观密度 2.61，堆积密度 1500 kg/m³；粉体为复合超细粉，比表面积 6000 cm²/g；减水剂为萘系与非萘系复合的 FFDT。

表 17.4.1　混凝土配合比

编号	强度等级 C40	水胶比	水 (kg/m³)	水泥 (kg/m³)	砂 (kg/m³)	碎石 (kg/m³)	豆石 (kg/m³)	超细粉 (kg/m³)	外加剂 (kg/m³)
1	高性能化前	0.42	180	366	690	1053	/	FA 96	8.6*1
2	高性能化后	0.40	175	300	780	800	200	140*2	4.4

*1外加剂 8.6 kg 为浓度 40% 的水剂；4.4 kg 为 FFDT 粉剂。*2为复合超细粉

一、新拌混凝土性能

新拌混凝土测定了坍落度的经时变化、泌水量,以及进行了浮球试验,结果见(表 17.4.2、表 17.4.3):

表 17.4.2 坍落度的经时变化

编号	初始	1 hr	2 hr
1	21.0 cm	21.0 cm	20.0 cm
2	21.0 cm	20.5 cm	20.0 cm

表 17.4.3 泌水量(g/L)

编 号	30 min	60 min	90 min	120 min
1	2	4	10	12
2	0	0	0	2

浮球试验:如图 17.4.1 所示,将乒乓球放在圆筒底部,装入混凝土拌和物,轻轻抹平顶部,开振动台。由于混凝土振动液化,球往上浮,记录从振动开始到球上浮到表面的时间,时间长者说明粘度较大。编号 1#混凝土为 8~10 秒,编号 2#混凝土约 12~14 秒。

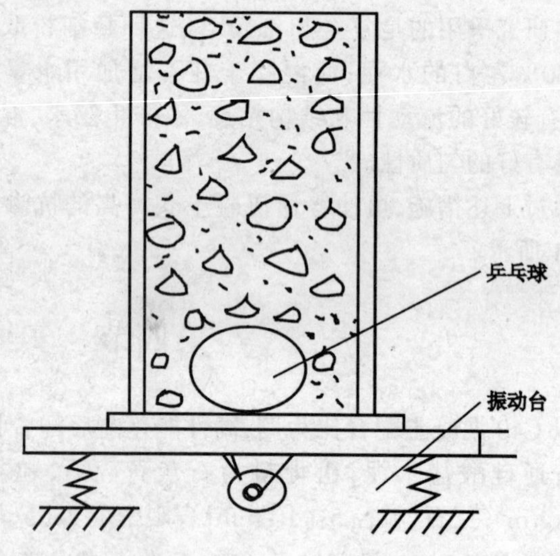

图 17.4.1 浮球试验装置

二、硬化混凝土性能

测定了硬化混凝土在不同龄期的抗压强度,通过电量及 Cl^- 扩散系数,如表 17.4.4 所示。

表 17.4.4 硬化混凝土性能

编号	抗压强度(MPa)				Cl^- 扩散系数	电量	寿命预测*
	3 d	7 d	28 d	轴压	($\times10^{-8}$ cm^2/s)	(库仑)	(年)
1	26	36.2	48.8	34.6	0.855	1285	46
2	27	37.0	50.2	36.2	0.584	898	70

表 17.4.4 中的导电量按 ASTMC1202 测定。Cl^- 扩散系数按下式计算:$y = 2.57765 + 0.00492x$,y - Cl^- 扩散系数($\times10^{-9}$ cm^2/s),x 为 6 小时通过的总电量(库仑)。寿命预测根据

Cl^- 扩散系数，钢筋保护层厚度及介质中 Cl^- 浓度(假定为 0.5 mol/L)，用 Fick 第二定律计算。

第五节 施工应用

施工应用试验是由建厂局搅拌站完成。试验时共浇注了 36 m^3 混凝土，混凝土配合比如表 17.5.1。

表 17.5.1 普通混凝土高性能化后施工应用

水胶比	单方混凝土用量(kg/m^3)							备注
	水泥	超细粉	砂	碎石	豆石	水	FFDT	
0.40	300	140	800	800	200	175	4.4	1999.6.14 用泰立 525＃水泥

施工应用时，现场抽检了搅拌运输车 6 车试样，其结果如表 17.5.2 所示。

表 17.5.2 混凝土抽样检测结果

坍落度经时变化(cm)				抗压强度(MPa)		
初始	1 hr	2 hr	3 hr	3 d	7 d	28 d
22.5	22.0	20.0	19.5	32.8	41.5	56.8

按照 GBJ82-85 进行混凝土抗渗试验。试件尺寸顶部 ϕ175 mm，底部 ϕ185 mm，高 150 mm。试验时加水压从 0.1 MPa 开始，每隔 8 小时增加 0.1 MPa 水压，直至 6 个试件中有 3 个端面渗水，停止试验，记录水压，并以此计算抗渗标号。

试验结果，抗渗等级超过 S35，打开试件渗水高度 2～3 cm。

按照 ASTMC1202-91 方法，测定混凝土 6 hr 通过的总电量为 1226 库仑，Cl^- 渗透性属于非常低范围，Cl^- 扩散系数为 6.9×10^{-9} cm^2/s。

施工应用的混凝土，经深圳市工程质量监督检验总站检查(芯样试压)25 d 龄期芯样抗压强度 57.6～61.6 MPa。

第六节 微观结构

在试验研究中进一步测定了含不含超细粉的混凝土中，粗骨料与水泥石的界面；以及含不含超细粉的水泥石的孔结构，以进一步解明普通混凝土高性能化后，耐久性提高的原因。

一、界面的 SEM

混凝土的水灰比 35%，以 20% 复合超细粉等量取代混凝土中的水泥，标准养护 28 d，观测骨料与水泥石的界面结构，如图 17.6.1。

不含复合超细粉的混凝土中界面裂缝明显。而含复合超细粉的混凝土中，通过局部放大后，才看得比较清楚的界面裂纹。界面裂纹，对于混凝土的抗渗性，耐久性及强度，均有较大的

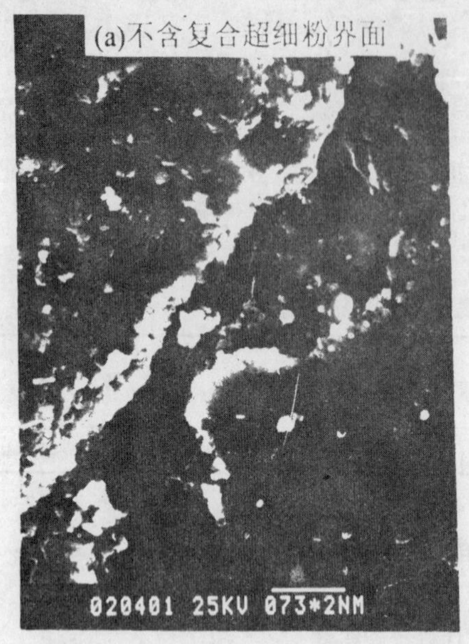

以 20%复合粉等量取代水泥的混凝土, $W/C=0.35$,标养 28 d。

图 17.6.1 含不含复合超细粉混凝土中骨料界面 SEM

影响。

二、水泥石的孔结构

以水胶比为 35%,配制纯水泥的水泥浆,以及内掺 20%复合超细粉的水泥浆,同条件下养护(标养)7 d 及 28 d,用压汞法测定其不同孔径下的孔体积含量,如图 17.6.2 所示。

由图 17.6.2 可见,含复合超细粉的试样,与纯水泥石试件相比,在 7 d,28 d 龄期时,细孔(＜1000 Å)体积增加,大孔体积减少。≥1000Å 的孔是有害孔,对混凝土的抗渗性与耐久性均不利。掺入复合超细粉能改善孔结构,相应混凝土的性能和强度也提高。

第七节 结 论

(1) 普通混凝土拌合物结构不均匀,成型后由于粒子沉降及泌水,造成内分层与外分层;硬化后形成连通毛细管及粗骨料与水泥石之间的界面孔隙,降低了混凝土的抗渗性与耐久性,使用寿命也因之而缩短,一般仅为 40 年左右。

(2) 通过调整级配,使骨料的空隙率降低,从而降低水泥浆用量,这样可以使骨架作用加强,混凝土体积稳定性提高。

(3) 以复合超细粉取代混凝土中部分水泥,能有效的解决混凝土泌水及离析分层等问题,使混凝土拌合物获得均匀性、稳定性,硬化混凝土也具有良好的体积稳定性。

(4) 限制混凝土中单方用水量,是提高混凝土耐久性的重要措施;添加矿物质复合超细粉,可使浆体的结构粘度提高,有效地解决泌水与离析,也即控制水分运动,避免在混凝土中形成连通毛细管,以及界面孔隙,使抗渗性大幅度提高,使用寿命得以延长。

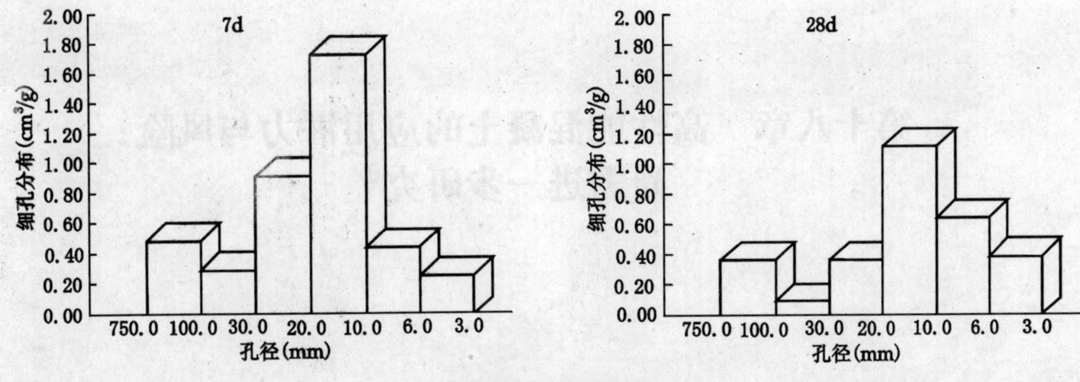

(a)不含复合超细粉的水泥石

(b)含复合超细粉的水泥石孔结构

以 20%复合超细粉等量取代水泥,$W/C=0.35$,标养 7 d、28 d 的孔结构

图 17.6.2 含不含超细粉硬化水泥浆孔结构对比

(5) C40 混凝土的使用寿命一般为 40~50 年,而高性能化后可达 65~70 年。

参 考 文 献

1 冯乃谦．高性能混凝土．北京:中国建筑工业出版社,1996

2 冯乃谦,丁建彤,庄青峰等译．高性能混凝土的耐久性．北京:中国科学出版社,1997

3 笠井芳夫．The Concrete 日本 技报堂 1998

4 关国雄．关于混凝土材料的商谈会 香港科技大学 1998.1.20

5 混凝土的高性能与高耐久性混凝土的研究与应用鉴定材料．深圳市恒高混凝土实业有限公司,1999.7

6 胡多闻等．混凝土工艺学．北京:清华大学印刷厂,1964

7 笠井芳夫．Concrete 试验．日本:社团法人セソント协会

8 陆新瀛．电学和电化学技术与混凝土的耐久性 100 年以上的高性能混凝土．混凝土与水泥制品,1998(4)

9 冯乃谦．陆新瀛等耐久性 100 年以上的高性能混凝土．混凝土与水泥制品,1998(4)

10 Hiraishi, Yokyama and Kasai Whight loss and tree shrinkage of high-strength flowing concrete due to drying at early ages j·struct constr. Eng, AIJ, No. 511, 9~15, sept, 1998.

11 冯乃谦等:混凝土的高性能与高耐久性混凝土的研究 鉴定文件．深圳市 1999.6

第十八章　高性能混凝土的应用潜力与风险：尚需进一步研究①

采用高效压实技术来获得高强混凝土在许多年以前已经成为现实。然而高强材料的应用却仍受到很大局限。仅自高效减水剂的问世以来，高性能混凝土的技术和应用才得到迅速发展和重视。

在大多数国家的规范中，混凝土的等级均以其抗压强度来划分。若强度在一个狭窄的范围内变动，当然可以使用相关的设计规范；但若抗压强度远已超过了普通混凝土的基准值 60 MPa 时，还能套用现有的规范吗？问题的关键在于强度提高的同时，其它性能是否也随之改变了。

众所周知，随着强度的提高，大多数结构材料如钢材、砖石以及混凝土的塑性相应下降。如果不考虑这一因素，必将导致更多的脆弱结构的出现。因此设计规范的基本假设应当加以修改。在此，我们将进一步讨论如下几个专门问题：脆性、收缩和耐久性。

一、脆性

图 18.1 给出不同抗压强度的混凝土的典型的应力-应变曲线。混凝土构件往往是处于应变而不是应力状态中，例如混凝土中的由湿度、温度梯度产生的应变。当普通混凝土的应变达到 3‰时，其承载能力仍能保持在一半以上。但若同样的应变值加于高强混凝土，则实际承载力已近于零（参见图 18.1）。这就意味着在这种情况下，我们只有在高强混凝土中观察到裂缝的形成。

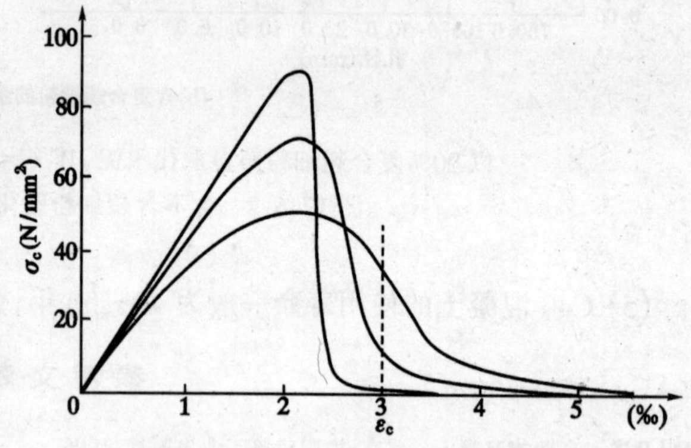

图 18.1　普通混凝土抗压应力-应变曲线（按 CEB-F/P90 规范）

注：图 18.1 的意义是当施加的应变超过 3‰时，剩余的承载能力与抗压强度成反比。

在实际应用中，真实的应力-应变曲线常常是用抛物矩形来模拟的（图 18.2）。材料的断裂能可通过估计最大应变值来推算。然而我们知道裂缝扩展的稳定性同时取决于断裂能和下降分支的斜率。倘若这一关系被忽略，将会导致不可靠的设计规范。

① 本章由 F.H.Wittmann 教授撰写，特约张新华博士译。

通过掺加纤维,可以补偿高强混凝土韧性的损失。但在侵蚀性环境中,钢纤维并不适用。因此现实迫切需要发展一种高强纤维混凝土,并拟订相应的设计规范。

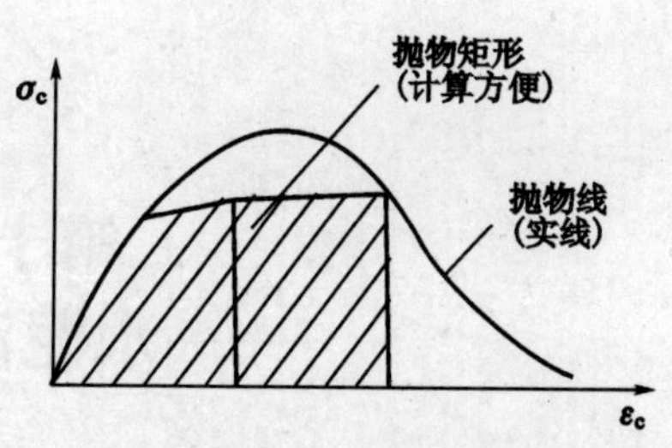

图 18.2 真实应力-应变曲线的抛物矩形计算

二、收缩

高强混凝土的水泥用量一般比普通混凝土高,因而其最终收缩应变也较大。到目前为止,实际应用中这一作用尚未得到重视。其原因在于由于混凝土湿度扩散系数很小,因此其随时间而演变的收缩应变发展缓慢。然而高强混凝土中的内收缩在实践中将十分重要。

对于普通混凝土,在水泥的水化趋近于最后阶段时,孔隙中仍存在足够的水分与近于100%的相对湿度保持平衡。相反,在高强混凝土中,由于初始用水量较低,大部分水分在水化初期已被消耗掉,以至使孔体系中的相对湿度低于80%。在这种条件下,材料便如同被暴露在相应的相对湿度下一样,开始产生收缩。问题的要害是内收缩过程开始于水化速率处于高潮阶段的头几天。正是由于这种内收缩的提前发生,基于干燥收缩机理而建立的设计规范不再适用。我们通常所指的收缩是混凝土构件中湿度分布对时间的一种依赖关系。湿度梯度首先引发表面裂缝,若构件的变形受到约束的话,则进一步产生收缩裂缝。显然表面裂缝不能归咎于内收缩的产生。那么在实际设计规范中,如何也把内收缩考虑进去呢?

三、耐久性

混凝土的耐久性主要取决于其渗透性。在这方面高强混凝土应被称之为高性能混凝土。但若裂缝的产生与发展不在控制之下,其优势将会丧失(参见图 18.1)。正如针对力学行为建立的设计规范一样,耐久性的设计概念也必须重新修正。

高强混凝土未必是高性能混凝土,而高性能混凝土的抗压强度也许相对较低。性能(Performances)的定义囊括了力学及非力学负荷条件。因此可以说大多数普通混凝土的设计规范不能直接应用于高强混凝土的构件及结构中。为了表征高强材料的特殊性能,尚需进一步的实验工作。设计规范的基础必须重新检验。我们衷心期望这一挑战任务在促进切实于高强混凝土的设计规范的建立与发展的同时,为普通混凝土的设计规范奠定更合理的基石。

第十九章　与环境共生
——水泥混凝土技术发展的新方向

一、导言

人口膨胀、资源短缺、环境恶化是当今社会持续发展面临的三大问题。现在地球总人口约56亿,以现在的速度发展下去,21世纪中左右,约达100亿,这就是所谓人口膨胀。从资源与能源的消耗来看,现在每年消耗的能源换算成石油量约80亿吨。而排出 CO_2 的数量约为消耗能源的3倍,也即为240亿吨。到2050年左右,煤碳、石油、化工原料(燃料)的消耗量约600亿吨,CO_2 排放量约2000亿吨。这是根据发展中国家的国民经济生产总值(GNP)大大增长,全世界每人平均国民经济生产总值8000美元计算的。

由于 CO_2 增加,产生温室效应,地球平均温度上升,到2050年左右,平均气温上升3℃。由于温度上升,两极冰川溶解,海水水面升高约60 cm。另一方面,整个地球也不断地进行沙漠化。由此可见环境恶化的一个侧面。

从水泥混凝土行业来看,全世界水泥总产值每年约15亿吨;全世界混凝土产量每年约28亿 m^3。在中国,水泥产量为世界之冠,约5.5亿吨;混凝土约占世界混凝土总产量的40%,13亿 m^3 左右。如把香港的混凝土产量加上,约占50%左右。这样巨大的水泥和混凝土产量,需要更加巨大的资源和能源,也给环境恶化带来更大的影响。

针对上述问题,日本人提出的主要对策是“共生时代”,或称之为“生态平衡的时代”。也就是说,人类、动物、植物、海洋以及陆地等,处在一个地球船上共生,共同生存的时代。

在水泥工业方面,省资源、省能源——CO_2 低减型水泥的生产技术,是国际上水泥工业发展的方向。混凝土工业是天然资源耗费最大部门之一,其发展方向是充分利用工业废渣,资源再生利用;并获得高的耐久性,以达到省资源、省能源,降低环境污染的目的。

二、省资源省能源水泥的开发

1. 省资原省能源水泥的类型

在日本,把省资源、省能源的水泥分为三种类型:

A型:大量利用城市垃圾焚烧灰和下水道污泥为原料,并用部分废弃塑料制品加工成块状燃料,烧成水泥熟料,磨细而成水泥。

B型:大量利用玻璃工业废砂以及转炉矿渣为原料生产的水泥。

C型:硅酸盐水泥生产时,大量掺入石灰石粉和高炉矿渣粉而生产的水泥。

2.A型节能水泥

大量利用城市垃圾灰和下水道污泥为原料,适当补充天然原料石灰石粉等,烧成水泥熟料,磨细后,再配以无水石膏粉,得到A型节能水泥,也叫做生态水泥(Eco-cement)由Ecology与水泥(Cement)的合成语而命名。

每生产一吨A型水泥要用0.5吨垃圾焚烧灰(城市生活垃圾5.5吨烧成后的产品),下水道污泥0.3吨(将下水道污泥泥浆脱水),补充的天然原料0.3吨(石灰石粉等)。

生态水泥的矿物组成如表19.1所示。

表19.1 生态水泥的矿物组成(%)

矿物 / 水泥类型	C_3S	C_2S	C_3A	$C_{11}A_7CaCl_2$	C_4AF	$CaSO_4$
生态水泥	50	7	–	20	6	15
普通水泥	46	29	8	–	10	3

生态水泥是以C_3S和$C_{11}A_7CaCl_2$为主要成分,并含氯约1%。$C_{11}A_7 \cdot CaCl_2$是以Cl取代超快硬水泥矿物$C_{11}A_7 \cdot CaF_2$中的F元素而成。生态水泥的特点是凝结硬化快,使用时要掺入缓凝剂。生态水泥中含有1%的Cl,故一般不用于重要的钢筋混凝土结构。

3.B型节能水泥

这种水泥主要是节省资源,和制造熟料时节省能源;并降低CO_2发生量。除了通常水泥原料外,还使用玻璃工业、铸造业的废弃砂为原料,达到节省资源目的。采用转炉渣代替石灰石,达到进一步的节省资源。而且与采用石灰石相比,减少排除CO_2的能源。总的来说,能达到省资源。省能源和降低CO_2排放的目的。

4.C型节能型水泥

为了降低CO_2的排出量,(1)扩大已脱除CO_2的石灰石原料成分的含量;(2)扩大混合水泥的应用。硅酸盐水泥:石灰石粉:水淬矿渣粉=70:25:5。这样可以节省能源约30%,降低30%的CO_2排放量。

5.节能水泥的能源消耗和CO_2排出量估算

以硅酸盐水泥的能源消耗和CO_2排放为1,则A、B、C三种类型节能水泥的能源消耗和CO_2排放量如图19.1,图19.2。

由图19.1和19.2可见A型节能水泥可节省能源15~20%,CO_2排放量可降低50%以上;B型节能水泥可节省能源20%左右,CO_2排放量也可以降低20%;C型节能水泥可以节省能源25~30%,CO_2排放量可降低30%。

6.节能水泥的性能

(1)节能水泥的性质

A、B、C三种类型的节能水泥与硅酸盐水泥的化学成分如表19.2所示。A型节能水泥含Cl量比普通水泥高。因此,如在钢筋混凝土中使用时,会对钢筋产生锈蚀。B型节能水泥与普通水泥相比,铁、镁及SO_3含量偏高。C型节能水泥,由于采用石灰石粉作为掺合料,烧失量偏高。

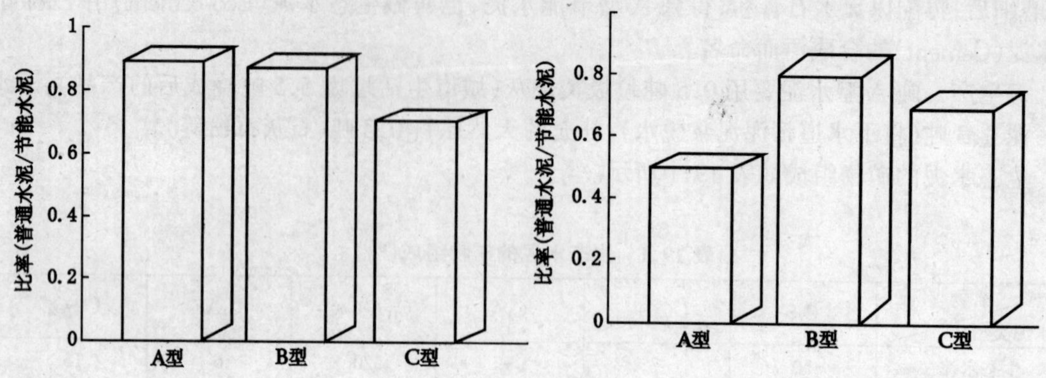

图 19.1 节能水泥与普通硅酸盐水泥能耗比较

图 19.2 节能水泥与普通硅酸盐水泥排放 CO_2 量比较

表 19.2 节能型水泥的化学成分

水泥类型	化学成分(%)											
	烧失量	不溶物	SiO_2	Al_2O_3	Fe_2O_3	CaO	MgO	SO_3	Na_2Oe	P_2O_5	MnO	Cl
A	0.8	0.2	15.2	10.2	1.9	80.3	1.4	8.8	0.63	0.80	0.10	0.50
B	0.5	1.1	21.2	4.2	4.2	61.9	2.4	3.4	0.32	0.25	0.54	0.001
C	11.9	0.2	10.3	4.1	2.2	60.9	1.6	1.5	0.48	0.09	0.10	0.005
N	1.2	0.0	21.4	5.3	2.7	64.6	1.6	2.0	0.64	0.14	0.11	0.006

表 19.3 是 A、B、C 型节能水泥和普通水泥的物理试验结果。节能水泥的细度比普通水泥高 20～30%左右。A 型节能水泥比其他三种水泥的凝结时间都快,而且初凝与终凝时间相差甚短。A 型节能水泥的抗压强度发展比普通水泥快;而 B、C 型节能水泥的强度发展则较慢。

表 19.3 节能水泥的物理性质

水泥类型	密度	比表面积 (cm^2/g)	凝结时间			安定性	抗压强度			
			拌合水数量 (%)	初凝 (h～min)	终凝 (h～min)		1 d	3 d	7 d	28 d
A	3.13	4300	27.7	0～9	0～13	完好	15.1	25.2	31.0	38.0
B	3.22	4200	21.8	2～00	2～50	完好	3.6	11.4	15.3	26.3
C	3.04	3800	26.2	3～00	3～50	完好	3.8	11.3	18.0	27.8
N	3.17	3350	28.0	2～45	3～40	完好	6.4	14.6	25.8	45.0

(2) 节能水泥混凝土的性能

采用 A、B、C 三种类型的节能水泥与普通硅酸盐水泥,按表 19.4 配合比配制混凝土。其中细骨料为河砂,比重 2.60,细度模量 2.92;粗骨料为碎石,比重 2.64,细度模量 6.51,最大粒径 20 mm。达到相同坍落度时,A、B 两种水泥的用水量偏低。四种水泥混凝土的含气量大体相同。所用减水剂(agent)均为市售木质素磺酸盐为主要成分配成。硕化混凝土抗压强度如图 19.3。混凝土快速碳化试验如图 19.4。

表 19.4 混凝土配合比

水泥类型	W/C(%)	砂率(%)	单方用料量(kg/m³)				减水剂(g/m³)	缓凝剂(g/m³)	坍落度(cm)	含气量(%)
			W	C	S	G				
A	55	44	152	276	821	1,057	708	2,028	11.5	4.4
B	55	44	157	286	815	1,049	735	–	10.0	4.0
C	55	44	160	291	802	1,033	741	–	10.5	4.5
N	55	44	160	291	808	1,040	740	–	10.5	4.8

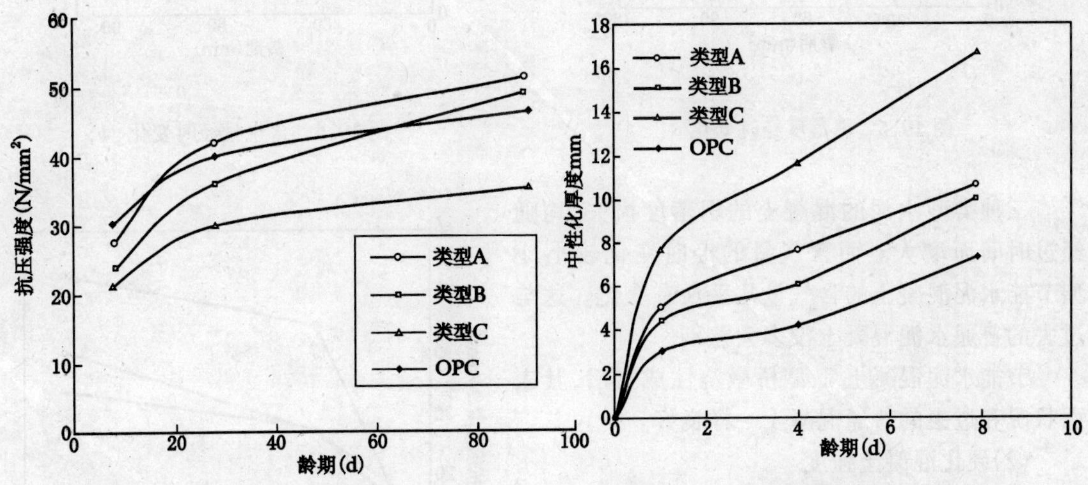

图 19.3 混凝土抗压强度与龄期关系

图 19.4 不同类型水泥混凝土中性化厚度与龄期关系

由图 19.3 可见,C 型节能水泥的强度发展较慢;而 A、B 型水泥混凝土 7 d 强度比普通水泥混凝土偏低。28 d 龄期和 91 d 龄期时则与普通水泥混凝土相同。

由图 19.4 可见,A、B、C 三种节能水泥混凝土的炭化速度均比普通水泥混凝土快。

通过上述结果分析,三种节能水泥在使用上要稍加注意,但均能与普通水泥一样,可以使用。在此基础上进行了 A、B、C 三种水泥的工程应用试验。

(3) 水泥砂浆的溶出试验

由于节能水泥中以城市垃圾灰等为原料,考虑到环境方面的影响,进行了砂浆中重金属的溶出试验。溶出试验时,考虑到重金属(Hg,Cd,Pb,As,Cu,Zn,Cr^{6+})的溶出量,其结果均符合日本环境标准所规定的数值。

7. 施工应用试验及耐久性试验

和普通混凝土的施工方法一样,用表 19.4 配合比的混凝土浇注 T 型桥墩。混凝土用 α 轴强制式搅拌机搅拌，容量 1.1 m^3，用吊篮从 T 型梁上部向下浇注，插入式振捣器振捣，然后表面抹平。

(1) 施工性能项目的考查

混凝土搅拌后静置，观察坍落度和含气量变化，目测混凝土表面泌水与下沉情况。坍落度与含气量的经时变化如图 19.5、图 19.6。

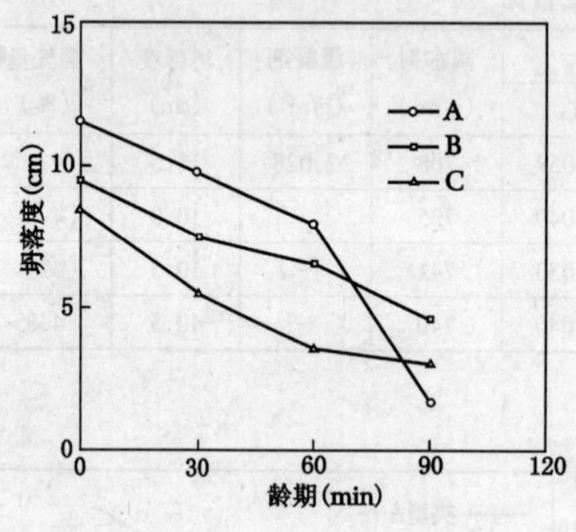

图 19.5　坍落度经时变化

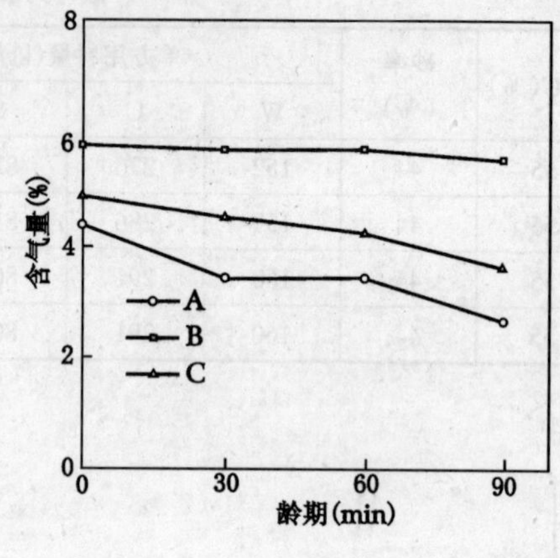

图 19.6　含气量经时变化

三种类型水泥的混凝土的坍落度损失，均随经过时间而增大。而含气量的经时变化较小，B 型节能水泥混凝土的含气量几乎没有变化。这与过去的普通水泥混凝土没多大差别。

节能水泥混凝土 T 型桥墩浇注成型后，其表面状况和过去的普通混凝土一样良好。

(2)硬化混凝土强度

三种节能水泥混凝土的强度如图 19.7 所示。强度随着龄期的增加而增大，28 d 时强度均在设计基准强度 24 MPa 以上。90 d 龄期时，强度继续发展。

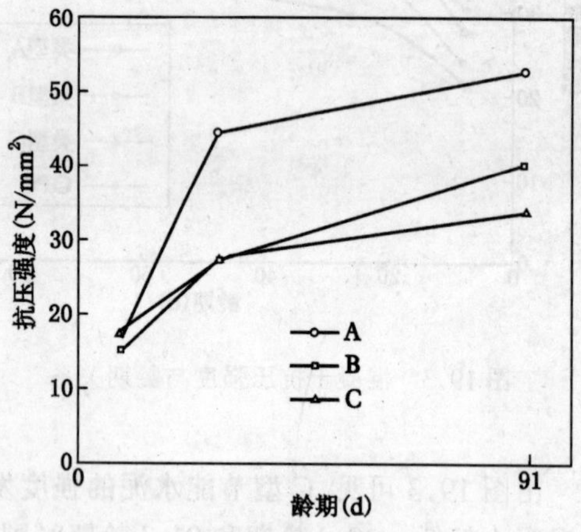

图 19.7　混凝土龄期和抗压强度

(3) 暴露试验

以 ϕ10×20 cm 试件，按照保护层厚度 10、20 及 30 mm 埋设钢筋，放在露天进行暴露试验。龄期 1 年时，测定碳化深度及抗压强度。结果如表 19.5 所示。

由表 19.5 可见，不管那一种节能水泥，一年龄期时强度不断增长，特别是 A 型节能水泥混凝土强度最大。而且由于碳化深度主要受抗压强度支配，A 型节能水泥混凝土的碳化深度也较小，与快速碳化试验的结果是一致的。

表 19.5 暴露试验 1 年时的碳化深度及抗压强度

水泥类型	抗压强度(N/mm^2)	中性化厚度(mm)
A	66.7	5.5
B	45.3	5.9
C	36.9	9.3

8. 结论

(1)节能水泥的能源消耗及 CO_2 排出量,与普通水泥相比,能源消耗降低 11~30%,CO_2 排放量降低 18~50%。

(2)A 型节能水泥原料中,大量含有 Cl;因此,在钢筋混凝土结构物中使用时,会引起钢筋锈蚀,故必须采用相应的对策。

(3)节能水泥的抗弯、抗压强度与普通水泥相比,早期强度相当高。但是,无论是那一种节能水泥,水灰比 55%时,28 d 时均能达到设计基准强度。

(4)节能水泥混凝土的施工性,与普通水泥相比,没有什么特殊障碍,虽凝结时间稍快些,但掺入缓凝剂后可以确保安全操作。

(5)水泥砂浆的重金属溶出试验证明,节能水泥的溶出成分,均符合环境要求的基准。

三、再生混凝土

将解体后的钢筋混凝土建筑物,得到的混凝土块,经破碎、筛分、水洗、分级,得到的粗细骨料,称为再生粗骨料和再生细骨料。用这种粗细骨料制成的混凝土称为再生混凝土。

1. 再生骨料

在日本,每年建造的住宅中,约有$\frac{1}{3}$为钢筋混凝土结构,其使用寿命一般为 40 年。因此,日本每年都有大量的钢筋砼建筑及结构物拆除,带来大量的工业垃圾,利用这些钢筋混凝土废弃物制成粗细骨料,用于混凝土及钢筋混凝土生产,可以省资源、省能源,并降低环境污染。在日本的东京、千叶、名古屋、大阪、京都等地均有再生骨料工厂。

混凝土废弃物进入收料斗,经打碎,进入破碎机;破碎后经磁选除铁,进入筛分;粒径<40 mm 的成再生粗骨料,粒径>40 mm 的再进入破碎机,并进一步磁选、筛分,得到≤5 mm 的再生细骨料及微粉;粗的进一步破碎筛分,20~5 mm 的再生骨料,在生产过程中,用水冲洗。最后得到≤40 mm 的再生碎石,20~5 mm 再生粗骨料,5~0 mm 再生细骨料,以及微粒。根据需要送到混凝土搅拌站,用来生产商品混凝土。

2. 再生骨料的质量标准。

(1) 再生细骨料　日本工业协会制订的再生细骨料标准如表 19.6 所示。

表 19.6 再生细骨料质量标准

绝干比重 2.0 以上	吸水率(%) 13.0 以下		冲洗试验失重(%) 7.0 以下		Cl 含量(%)(以 NaCl 计) 0.04 以下		
公称尺寸(mm)	10	5	2.5	1.2	0.6	0.3	0.15
通过质量百分率(%)	100	90~100	80~100	50~90	25~65	10~35	2~15

(2)再生粗骨料:再生粗骨料的标准如表 19.7 所示。

表 19.7　再生粗骨料质量标准

绝干比重 2.2 以上	吸水率(%) 7.0 以下		冲洗试验失重(%) 1.0 以下		密实体积(%) 55 以上
公称尺寸(mm)	25	20	10	5	2.5
通过质量百分率(%)	100 100	90 ~ 100	20 ~ 55	0 ~ 10	0 ~ 5

(3)再生骨料质量管理方法

再生骨料质量管理方法按表 19.8 进行。

表 19.8　再生骨料质量管理方法

项　目		试验·检查方法	频度**
粒度 细度模量	判定基准适合于表 19.6 或表 19.7	JISA 1102	1 次
比重* 吸水率		JISA 1109 JISA 1110	1 次
冲洗试验失重		JISA 1103	1 次
按粒形判定密实度		JISA 5005	1 次
不纯物	标准范围以下	符合标准范围	1 次

*用 5 mm 以上物料

**每天 1 次

3. 再生混凝土

使用再生骨料或用再生骨料与天然骨料复合成混合滑料,配制的混凝土。组合骨料如表 19.9 所示。

(1) 使用骨料组合

表 19.9　试验中骨料组合

种　类	实验Ⅰ	实验Ⅱ
细骨料	再生细骨料 比重 2.16,吸水率 8.0%	山砂 比重 2.62　吸水率 2.06%
粗骨料	再生粗骨料　非水洗 比重 2.36 吸水率 4.94% 再生粗骨料(水洗) 比重 2.34 吸水率 4.62%	石灰石碎石 比重 2.61 吸水率 1.76% 再生粗骨料(水洗) 比重 2.32 吸水率 5.20%

(2) 混凝土配合比　试验中的混凝土配合比如表 19.10、表 19.11 所示

表 19.10 混凝土配合比(实验Ⅰ)

水洗与否	水灰比(%)	砂率(%)	单方用水(kg/m³)	水泥 kg/m³	外加剂 kg/m³
无	45	46.0	190	422	6.77
	50	46.5	190	380	6.10
	55	47.0	190	345	5.54
	60	47.5	189	315	5.06
有	45	46.5	185	411	6.60
	50	46.5	185	370	5.94
	55	47.0	185	336	5.39
	60	47.5	184	307	4.93

表 19.11 混凝土配合比(实验Ⅱ)

再生骨料置换率%	水灰比(%)	砂率(%)	单方用水 kg/m³	水泥 kg/m³	外加剂 kg/m³
0	50	45.5	181	362	3.87
30		45.5	185	370	3.96
50		46.0	187	374	4.00
100		46.5	190	380	4.07
0	60	46.5	180	300	3.21
30		46.5	184	307	3.28
50		47.0	186	310	3.32
100		47.5	192	320	3.42

(3) 试验结果

以实验Ⅰ骨料及实验Ⅱ骨料配制混凝土,试验结果如表 19.12,表 19.13。

表 19.12 混凝土抗压强度与弹性系数(实验Ⅰ骨料)

	W/C %	压缩强度 N/mm²		静弹性系数 ×10³N/mm²	
		拌后成型	120 分后	拌后成型	120 分后
水洗处理无	45	32.7 (100)	30.3 (93)	18.7 (100)	17.4 (93)
	50	31.0 (100)	27.7 (89)	20.0 (100)	17.4 (87)
	55	27.5 (100)	22.5 (81)	17.7 (100)	16.3 (92)
	60	24.7 (100)	20.2 (82)	17.1 (100)	16.5 (96)
水洗处理有	45	30.6 (100)	26.1 (8.5)	18.7 (100)	17.6 (94)
	50	28.0 (100)	24.8 (89)	18.8 (100)	19.1 (102)
	55	24.5 (100)	23.0 (94)	17.8 (100)	17.4 (98)
	60	22.7 (100)	20.6 (91)	17.0 (100)	16.8 (99)

水洗再生骨料混凝土与非水洗的再生骨料混凝土相比，单方用水量可降低 5 kg；两者的坍落度经时变化及含气量基本相同，在表 19.12 的结果中，搅拌后立即成型试件与经 120 分钟后成型的试件相比，抗压强度高 10～15%，弹模高 2～8%。再生骨料有无水洗时，混凝土的强度与弹性模量均相差较小。

表 19.13　混凝土抗压强度与弹性模量(实验Ⅱ)

置换率 %	抗压强度 N/mm²			静弹性系数 × 10³ N/mm²		
	搅拌后成型	60 分后	120 分后	搅拌后成型	60 分后	120 分后
0	31.8 (100)	29.9 (94)	27.5 (86)	30.0 (100)	30.4 (101)	31.4 (105)
30	34.8 (100)	32.3 (93)	30.4 (87)	29.2 (100)	28.9 (99)	28.5 (98)
50	33.3 (100)	31.3 (94)	30.6 (92)	26.4 (100)	27.3 (103)	27.0 (102)
100	33.7 (100)	31.2 (93)	29.0 (86)	23.7 (100)	24.3 (103)	22.2 (94)
0	29.2 (100)	25.9 (89)	26.3 (90)	29.3 (100)	26.9 (92)	25.8 (88)
30	26.1 (100)	25.6 (98)	25.7 (98)	24.8 (100)	23.1 (93)	24.6 (99)
50	26.9 (100)	26.2 (97)	24.9 (93)	24.0 (100)	23.3 (97)	22.7 (95)
100	28.8 (100)	26.3 (91)	26.2 (91)	22.5 (100)	21.0 (93)	21.1 (94)

以再生骨料 0,30,50,70 及 100%取代石灰石骨料，细骨料为山砂，水灰比为 50%及 60%的混凝土。再生骨料 100%时比 0%时的混凝土多用水 9～12 kg/m³。而再生骨料混凝土经 120 分钟的坍落度及含气量均小于全部为石灰石的混凝土。混凝土强度，搅拌后立即成型的均高于 60 分钟后或 120 分钟后成型的混凝土；而弹性模量的差别不大。

由上述试验结果可见，再生骨料可以部分取代人工碎石骨料或全部取代碎石骨料，配制的混凝土均具有良好的物理力学性能。

在日本的商品混凝土搅拌站还对砼运输车冲洗废水及搅拌冲洗废水进行沉淀循环利用，并将水泥废浆用于水泥生产。达到了再生、循环、省资源、省能源的目的。

四、混凝土的高耐久性

混凝土高耐久性是有效利用资源，降低环境污染及降低成本的重要方面。

1. 什么叫高耐久性混凝土

按照 1986 年版 JASS 5 的规定，高耐久性混凝土是设计使用期在 100 年以上。同时还规定，主体结构与构件，在使用期间，其修补只是局部的轻微的。不发生钢筋锈蚀及混凝土重大劣化。满足上述条件的预定时间称之高耐久性混凝土。

2. 如何达到高耐久性——对策

地上建造的高层与超高层钢筋混凝土结构的住宅，需要采用高强度混凝土，设计基准强度为 36～60 MPa(相当于我国的 50～74 MPa)。混凝土的质量及其配合比设计时，多采用如下规定:(1)用水量<175 kg/m^3;水泥用量≥290 kg/m^3。(2)水灰比<55%,希望在45%以下。(3)坍落度<18 cm,一般为16~17 cm。(4)混凝土的抗压强度不良率在2.3%以下。

一般情况下,通过以上规定,可使混凝土获得高耐久性。但是混凝土与钢筋混凝土的耐久性,除了在使用过程中承受各种荷载以外,还要考虑到其自身劣化及环境影响造成的劣化问题。可参考本书前述的有关章节。

五、结语

有效的控制人口增长,省资源、省能源,控制环境恶化,人类才能与环境共生。发展省资源、省能源及CO_2低减型的水泥工业;在混凝土工业中充分利用再生资源及有效利用工业废渣,并使混凝土及钢筋混凝土在环境服役中获得高耐久性;可以达到省资源、省能源、降低环境污染的目的。与环境共生是水泥混凝土技术的发展新方向。

参考文献

1. 山本良一　环境材料　化学工业出版社,1997.8.

2.3. 笠井芳夫　建築物ライフ·ソンテナンス·リサイクルへの試論　建築の技術　施工　1995.3

4. 笠井芳夫　ユンクリー|總覽　技術書院　1998,3

5. 建设省土木研究所材料施工部化学研究室,省エネルギー型セメントの利用技術の開發に関する報告書 1997.3

6. 横山滋　エコセメント　ニユーセラミシクス　1998,NO.1

7. 立石勲　コンクリート塊の再利用　土木技術 50 巻 2 号　1995

8. 立石勲　再生骨材製造ブラント　コンクリート工学　1997.7

9. 阿部道彦　コンクリート用再生骨材　コンクリート工学　1997.7

10. 桝敢,福部聰,飛坂基夫　実機プラントで制造しだ,再生コンクリートのスランプ及び空気量の經時变化建材試験情報 1'97

11. 嵩英雄,野口贵文　JASS5に 見る戰后コンクリートの变遷建築技術 2000.3

12. 桝田佳寛　これからの高耐久コンクリートの实现　建築技術 2000,3

13. 长瀧重義　コンクリートの高性能化　技報堂出版　1997

(注:其中“發、实、后”三个字的日文显示不出,暂用此字代替)